Hans-Peter Tietz

Systeme der Ver- und Entsorgung

Hans-Peter Tietz

Systeme der Ver- und Entsorgung

Teubner

Bibliografische Information der Deutschen Bibliothek
Die Deutsche Bibliothek verzeichnet diese Publikation in der Deutschen Nationalbibliografie; detaillierte bibliografische Daten sind im Internet über <http://dnb.d-nb.de> abrufbar.

Prof. Dr.-Ing. Hans-Peter Tietz lehrt an der Fakultät Raumplanung der Universität Dortmund das Fachgebiet Ver- und Entsorgungssysteme in der Raumplanung.

Email: Hans-Peter.Tietz@uni-dortmund.de
Internet: www.raumplanung.uni-dortmund.de/ves/

1. Auflage Januar 2007

Lektorat: Dipl.-Ing. Ralf Harms / Sabine Koch

Der B.G. Teubner Verlag ist ein Unternehmen von Springer Science+Business Media.
www.teubner.de

Umschlaggestaltung: Ulrike Weigel, www.CorporateDesignGroup.de
Druck und buchbinderische Verarbeitung: Strauss Offsetdruck, Mörlenbach
Gedruckt auf säurefreiem und chlorfrei gebleichtem Papier.

ISBN 978-3-519-00497-4

Vorwort

Mit diesem Buch sollen alle, die in Ausbildung und Beruf mit Ver- und Entsorgungssystemen in Berührung kommen, in die Lage versetzt werden, diese Systeme in ihrer Gesamtheit zu verstehen, Grundkenntnisse über ihre Funktion zu erlangen und deren Raum- und Umweltwirkungen kennen zu lernen. Jeweils einzeln beschäftigen sich eine ganze Reihe unterschiedlicher fachlicher Disziplinen mit der technischen Weiterentwicklung und den Wechselwirkungen im Raum und mit der Umwelt - gemeinsam für alle zusammen mit einer einheitlichen Systematik geschieht dies in einem Fachbuch hier zum ersten Mal in diesem Umfang.

Den Systemen ist gemeinsam, dass diese dazu dienen, Siedlungsgebiete weitgehend leitungsgebunden mit dem zu versorgen, was man dort zur Grundversorgung braucht (Strom, Wärme, Wasser, Nachrichten), bzw. von dem zu entsorgen, was man nicht mehr braucht (Abwasser, Abfall). Ihre Besonderheit besteht in der technischen sowie betrieblichen Vielfältigkeit und dem sehr unterschiedlichen Zugang über recht verschiedenartige Fachdisziplinen. Dies bedeutet einerseits, dass auch die Fachingenieurin oder der Fachingenieur häufig grundlegende Zusatzkenntnisse aus dem jeweils anderen Fachgebiet benötig, andererseits, dass es für den Raum- und Umweltplaner oftmals sehr mühsam ist, bei der Vielfalt der Literatur, den richtigen Einstieg in Umfang und Detaillierungsgrad zu bekommen.

Die Elektrotechnik, der Maschinenbau, das Bauingenieurwesen beschäftigen sich traditionell im Rahmen der Gesamtsysteme mit den unterschiedlichen Anlagen der Ver- und Entsorgung, jeder für sich, jeder in seinem Teilbereich. Hinzu kommen inzwischen spezialisierte Ingenieurdisziplinen, die sich mit weiteren Details befassen (Verfahrenstechnik, Nachrichtentechnik, Wasserwirtschaft, Abfallwirtschaft). Diese benötigen einerseits einen Überblick über die Systeme als Ganzes, andererseits nicht-technisches Grundwissen, um deren Funktion als Bestandteil unseres Siedlungsraumes zu verstehen.

Aber auch die Ökologen, Geographen, Raumplaner oder Stadtplaner wollen die Ver- und Entsorgungssysteme mit Hilfe ihrer Fachdisziplin nicht nur in eine Gesamtplanung integrieren, sondern auch unseren zukünftigen Lebensraum gestalten. Auch dazu benötigen sie ausgewähltes technisches Grundwissen.

Intention dieses Buches ist es, mit einer einheitlichen Systematik, die Grundlagen hierfür als Einstieg für alle Fachdisziplinen zu schaffen, welche die Voraussetzungen liefert, sich anschließend gezielt in den jeweiligen Teilbereichen je nach Bedarf weiter zu vertiefen. In der nachfolgenden Auseinandersetzung mit den einzelnen Teilsystemen nimmt das Kapitel zur Stromversorgung deutlich mehr Raum ein, als die Übrigen. Die ist der Tatsache geschuldet, dass sich in diesem Bereich in jüngsten Vergangenheit weitgehende Veränderungen ergeben haben, die darzustellen waren.

Hans-Peter Tietz

Dortmund, im September 2006

Inhaltsverzeichnis

1 Ver- und Entsorgung als System

Die Versorgung der Siedlungen mit Strom, Wärme, Nachrichten und Wasser sowie deren Entsorgung von Abwasser und Abfällen erfolgt jeweils in Ver- bzw. Entsorgungs*systemen*. Diese werden in räumlichen Planungsprozessen und bei der Beurteilung ihrer Umweltwirkungen fast ausschließlich mit ihren spezifischen Systemeigenschaften berücksichtigt und damit selten gemeinsam betrachtet, obwohl sie zahlreiche strukturelle Gemeinsamkeiten aufweisen und ihre vielfältigen Wirkungen auf die Umwelt im Raum kumulieren.

1.1 Systembetrachtung

Eine Systembetrachtung erleichtert es, gedankliche „Ordnung“ in die einzelnen Aufgaben und die Anlagen zur Ver- und Entsorgung zu bringen und Parallelen und Gemeinsamkeiten zwischen den Systemen aufzuzeigen. Dabei werden die *Ver- und Entsorgungssysteme* jeweils als eine dreiteilige Systemkomponente verstanden, deren Aufgabe es ist, den räumlich und zeitlich notwendigen Austausch zwischen anderen Systemkomponenten, hier definitionsgemäß den ‚natürlichen Ressourcen' und den ‚Siedlungen', herzustellen (Bild 1-1). Diese setzen sich jeweils wiederum aus den Systemelementen Umwandeln, Transport und Verteilen/Sammeln zusammen.

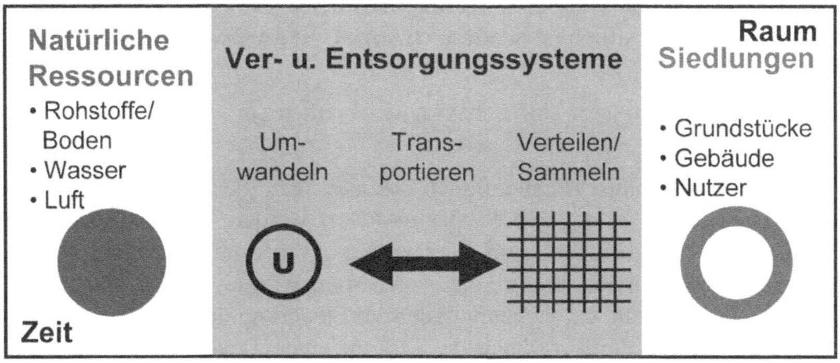

Bild 1-1 Ver- und Entsorgungssysteme, natürliche Ressourcen und Siedlungen

Die *natürlichen Ressourcen* umfassen die Rohstoffe für die Strom- und Wärmeversorgung sowie das Wasser für die Trink- und Brauchwasserversorgung. Rohstoffe und Wasser müssen hierfür zunächst gewonnen bzw. gefördert werden. Schließlich müssen die Ressourcen die nach der Nutzung übrig bleibenden Reststoffe wieder als Abfälle oder als Abwasser aufnehmen, soweit diese Reste nicht wieder verwertbar sind. Es findet somit gewissermaßen ein Stoffwechsel (Metabolismus) statt. Es gibt zwar auch eine Versorgung der Siedlungen mit

Frischluft, die Ressource Luft nimmt jedoch bei den Ver- und Entsorgungssystemen eine besondere Stellung ein. Ähnlich wie das Wasser für den Transport fester und flüssiger Abfälle ist sie in erster Linie ein Trägermedium für die Nachrichten und dient zur Aufnahme von Abfallstoffen (hier den „Luftschadstoffen“) aus den Ver- bzw. Entsorgungsprozessen..

Die *Siedlungsräume* (kurz als ‚Siedlungen' bezeichnet) stehen für die Grundstücke und die Gebäude, die versorgt werden müssen und für die Nutzer mit ihren Bedürfnissen und ihrem Aufkommen an zu entsorgenden Stoffen.

Einzelne Elemente der Ver- und Entsorgungssysteme überlagern sich räumlich meist mit den natürlichen Ressourcen bzw. den Siedlungen. Dies bedeutet, dass z.B. die Kraftwerke in den Rohstoffabbaugebieten oder sämtliche Systemelemente der Abwasserentsorgung innerhalb der Siedlungen liegen können.

Die Systeme werden jeweils von Strom, Wärme, Wasser, Abfall oder von Nachrichten „durchflossen“. *Durchfluss* bedeutet hier, dass von außen etwas zugeführt wird (input), dass das System dieses ‚Etwas' umwandelt, transformiert und zum Aufbau von Ordnungsmustern oder von Leistung nutzt und schließlich in anderer Form und nach einer gewissen Zeit irgendwo im Raum wieder abgibt (output).

Bei globalen Modellierungen geht es darum, inwieweit bestimmte Variablen noch gesteigert werden können (Wirtschafts- und Bevölkerungswachstum, Outputs in Atmosphäre und Umwelt etc.), ob durch negative Feedbacks angetriebene Prozesse in katastrophenartige Zustände führen (Aufbrauchen der Rohstoffe, endgültige Verseuchung von Boden, Wasser und Luft) oder ob ein System auch über Bremsmechanismen (positive Rückkoppelungen) verfügt, welche die eingeführte Tendenz der Abweichungsverstärkung zu hemmen oder zu blockieren vermögen. Ziel muss es dabei sein, die anthropogenen Systeme so zu betreiben, d.h. durch vorausschauende Planung und umweltverträglichen Betrieb so einzuregeln, dass diese langfristig nicht nur wirtschaftlich, sondern auch sozial- und umweltverträglich (also „nachhaltig“) funktionieren.

Bei der Betrachtung von Ver- und Entsorgungssystemen sind somit drei Aufgaben von besonderer Bedeutung:

(1) In Ver- und Entsorgungssystemen finden Prozesse statt, die in dem dazugehörigen System jeweils in spezifischer Form *geregelt* oder *gesteuert* werden. Das bedeutet, dass Elemente (bzw. Strukturen) zu entwickeln sind, welche den ‚Versorgungsfluss‘ der Zustände, Stoffe oder Materialien charakterisieren (in Form von Strom, Wärme, Nachrichten, Wasser, Abwasser, Abfall) und solche, die der Regelung oder der Steuerung des Ver- bzw. Entsorgungsflusses dienen. Bezieht man darüber hinaus die Systemelemente ‚natürliche Ressource' (die Sozialwissenschaftler würden ganz allgemein ‚Natur‘ sagen) und dem ‚Siedlungsraum' (der hier entsprechend räumlich konkreter, ganz allgemein für die ‚Gesellschaft‘ steht) mit in die Betrachtung ein, dann müssen die aus Versorgungsfluss und Versorgungsregulation zusammengesetzten Versorgungssysteme im Übergangsbereich zwischen den Ressourcen und den Siedlungen einen geregelten Nutzungsprozess erfüllen - entweder in dem Fluss zwischen Quelle und Senke, oder umgekehrt.

Bei einer Modellierung von Prozessregulationen für Ver- und Entsorgungssysteme in Anlehnung an die *systems dynamics* kann man innerhalb einer Systemgrenze allgemein zwischen den verschiedenen Elementen und speziell zwischen Flussgrößen, Ventilen, Verzögerungen und Rückkopplungen als Regelungselemente unterscheiden [1.1]. Damit ein so konzipiertes

System auch bei Versorgungs- oder Entsorgungsaufgaben als selbstreguliertes adaptives System operieren kann, muss eine eigene Ebene der Steuerung und Regelung organisatorisch und technisch aufgebaut und mit der Ebene des Versorgungsflusses verbunden werden (siehe Bild 1-2).

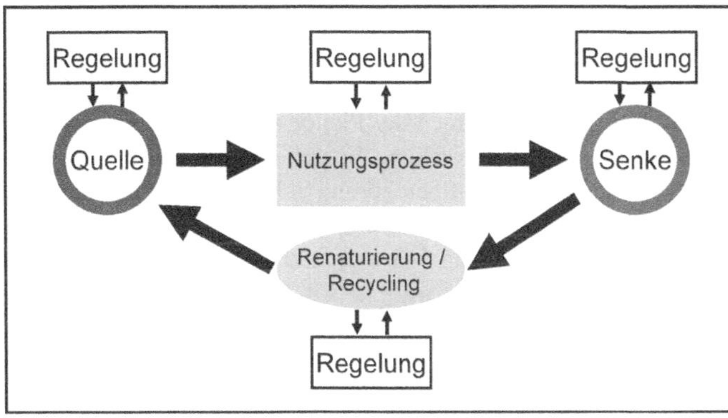

Bild 1-2 Allgemeine Regelung eines Versorgungssystems nach [1.1]

(2) Systeme müssen optimiert werden. Planerisches Ziel ist es hier, die zunächst linear ausgelegten Systeme in Kreisläufe umzuwandeln, damit diese möglichst energie- und ressourcenschonend funktionieren. Das heißt, dass die einzelnen Systeme möglichst wenige Ressourcen verbrauchen und möglichst wenig belastete Ressourcen an die Natur zurückgeben. Während ihrem Funktionsablauf sollten diese auch selbst so wenig Energie wie möglich benötigen. Damit kommt den Ver- und Entsorgungssystemen eine besondere Bedeutung zu, weil sie das Bindeglied zwischen den Siedlungen mit ihren Nutzern und den natürlichen Ressourcen darstellen. Eine Optimierung der Siedlungsplanung kann daher nicht ohne eine Einbeziehung der natürlichen Ressourcen erfolgen – und auch nicht ohne Einbeziehung der Ver- und Entsorgungssysteme.

Klassische Rückkopplungssysteme erfassen Abweichungen von einem Sollwert immer erst dann, wenn sie auch tatsächlich aufgetreten sind. Für die Ver- und Entsorgungssysteme gilt aufgrund teilweise fehlender Sollwerte darüber hinaus, dass solche Abweichungen oft erst dann wahrgenommen werden, wenn bereits irreparable Schäden eingetreten sind (Waldsterben, aufgebrauchte Ressourcen, Ausgestorbene Arten). Für eine vorsorgende Planung sollten aber Abweichungen schon erfasst werden, wenn sie in der Regelstrecke auftreten, um dann antizipierend gegenzusteuern. Eine solche *feed-forward-control* durch ‚vorwärts geregelte Regelkreise‘ werden bei der technischen Prozessoptimierung in Kombination mit Rückkopplungen angewendet [1.2]. Man spricht hier dann von (planerischer) ‚Vorwärtsoptimierung‘ und (technischer) ‚Rückwärtsoptimierung‘. Diese Prozessoptimierung muss aber nicht nur im technischen System, sondern auch im Gesamtsystem aus natürlichen Ressourcen, Ver- und Entsorgungssystemen und den Siedlungsräumen und ihren Nutzern erfolgen.

(3) Sämtliche Systeme benötigen Speicherelemente. Da im Nutzungsprozess jeweils nur eine ganz bestimmte Menge an *input* erforderlich ist (bedarfsabhängige Systeme) oder nur eine bestimmte Menge an *output* entstehen soll (aufkommensabhängige Systeme), muss es eine

Regelung zwischen dem Nutzungsprozess und der Quelle bzw. der Senke geben (Bedarfsanpassung), damit diese nicht alleine zur Systemerhaltung betrieben werden. Bei den Ver- und Entsorgungssystemen ist eine solche Regelung der Quellen und Senken nicht immer möglich (z.B. ist der Wind für die Stromerzeugung oder die Aufnahmekapazität für Abwasser in einem Fluss nicht für jeden Zeitpunkt bestimmbar – allenfalls ist er mit einer gewissen Wahrscheinlichkeit vorhersehbar). Daher sind im System der Ver- und Entsorgung immer auch Komponenten für die Speicherung des *inputs* oder des *outputs* vorzusehen.

Die ungenügende zeitliche Übereinstimmung zwischen Angebot und Bedarf von Wasser, Energie u.a. gehört zu den Grundproblemen der Planung von Ver- und Entsorgungssystemen. Obwohl sich die Motivation für die stoffliche Speicherung – auch Energiespeicherung ist nahezu ausschließlich an eine stoffliche Speicherung gebunden – im Laufe der Zeit geändert hat, ist es in der Praxis im Allgemeinen weder sinnvoll noch wirtschaftlich, eine Anpassung der Momentanwerte von Bedarf und Angebot anzustreben. Stattdessen müssen Speicherprozesse als eine Möglichkeit des zeitlichen Ausgleichs in das System eingebaut werden.

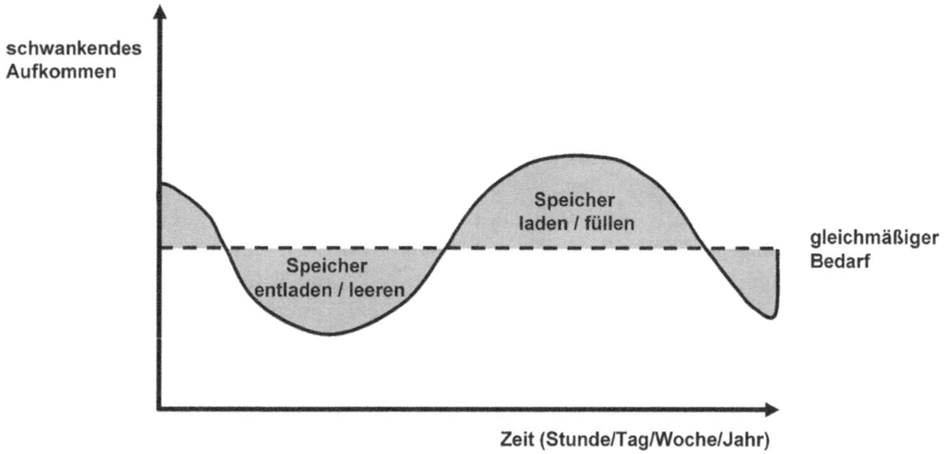

Bild 1-3 Speichervorgang: laden und entladen

In der Energiewirtschaft z.B. kommt hinzu, dass Anlagen mit einer möglichst konstanten Leistung betrieben werden sollten, weil An- und Abfahr- sowie Teillastvorgänge stets mit zusätzlichen Verlusten oder zusätzlichen Umweltbelastungen verbunden sind. Von nicht so großem Einfluss, aber dennoch nicht zu vernachlässigen, ist auch die Möglichkeit, dass trotz der thermodynamischen Verluste die gespeicherte Energie eine „Werterhöhung" erfahren kann, wenn beispielsweise tarifzeitlich unterschiedliche Preise fixiert sind.

Grundprinzip der Konzipierung einer Speicherung ist es (Bild 1-3), effektiv arbeitende und den benötigten Stoff- oder Energiestrom bereitstellende Systeme mit einer konstanten Leistung zu installieren. Bei Bedarfswerten, die kleiner als das Angebot sind, wird der Speicher vom System geladen (bzw. gefüllt) und bei Bedarfswerten, die größer als das Angebot sind, wieder entladen (bzw. entleert). Unter Berücksichtigung der Verluste und bei Kenntnis der Belastungsganglinien (Stunde, Tag, Woche, Saison, Jahr) sind damit Handlungsregelungen für die Speicherdimensionierung und den Systembetrieb gegeben.

1.2 Definitionen

Für eine raum- und umweltverträgliche Planung steht nicht die Beschreibung von Systemen in Form von mathematischen Modellen [1.3], sondern die qualitative Abbildung von Systemen der technischen Ver- und Entsorgung zum Verständnis der Wirkungszusammenhänge und deren Qualitäten im Vordergrund. Dabei sollen zunächst die Raum- und Umweltwirkungen abgeleitet werden mit dem Ziel einer Integration der jeweiligen Fachplanung in die raumbezogene Planung – und dies auf allen Betrachtungsebenen (lokal, regional, national).

Eine quantitative Untersuchung des Stoff- beziehungsweise des Energieumsatzes (teilweise für ganze Industriezweige, zum Beispiel den Energiesektor) wurde in den vergangenen Jahren im Rahmen von so genannten Stoffstromanalysen durchgeführt. Hierbei wurden drei Bilanzierungsarten unterschieden: prozessbezogen, produktbezogen und stoffbezogen.

Im Falle der Stoffstromanalysen werden für eine bestimmte räumliche Einheit die Energie und Materialflüsse bestimmt und für einen bestimmten Zeitraum bilanziert. Mathematisch entspricht dies einer so genannten Diskretisation (Unterteilung) in Raum und Zeit, physikalisch einer orts- und zeitspezifischen Erfassung. Solche Untersuchungen sind entweder stationär, das bedeutet Zeitunabhängigkeit des Systems und damit auch Zeitunabhängigkeit aller Größen oder quasistationärer, das heißt alle Flüsse sind zeitunabhängig.

Für die prozessbezogene quasistationäre Systembetrachtung der Ver- und Entsorgung wird diese zunächst in die Systeme *Versorgung* und *Entsorgung* eingeteilt. Diese beiden bestehen jeweils aus den gleichen Systemkomponenten, verlaufen jedoch in ihrem Systemablauf spiegelbildlich (siehe später Bild 1-4 und Bild 1-5). Diese beiden können weiter entsprechend ihrer Funktion in Teilsysteme aufgeteilt werden, die dann unterschiedliche Versorgungsträger bzw. Aufgabenträger repräsentieren.

Definition „Ver- und Entsorgung“

Als Ver- und Entsorgung werden diejenigen Anlagen und Einrichtungen bezeichnet,

> *welche den Nutzern in den Siedlungsräumen Wasser, Energie und Nachrichten bereitstellen bzw. welche das anfallende Abwasser und die anfallenden Abfälle wieder den Ressourcen zuführen oder diese schadlos beseitigen.*

Unter Einbeziehung sektoraler Fachdisziplinen wie Ökonomie, Recht, Soziologie, Geographie, Bodenordnung und Vermessung beschäftigen sich dort auch die Fachplanungen wie Wohnungswesen, Gewerbeplanung, Finanzen und Haushaltsplanung, Landschaftsökologie, Landschaftsplanung oder Verkehrswesen mit den Ver- und Entsorgungssystemen.

Nachfolgend erfolgt eine mehrdimensionale Betrachtung der unterschiedlichen Systeme in Raum und Zeit unter Berücksichtigung der Umweltfaktoren Boden, Wasser, Luft (Klima), Pflanzen/Tierwelt, Landschaft und Kultur und Sachgüter unter besonderer Berücksichtigung des Faktors „Mensch“ als Verbraucher, als Produzent oder als Akteur; als Betroffener von Umweltwirkungen, von Gefahren oder von Kosten und als Gestalter des Lebensraumes (individuell, politisch oder administrativ).

Versorgung lässt sich im Bereich der technischen Infrastruktur definieren als:

> *die Versorgung der Siedlungsräume mit Energie (Strom, Gas, Fernwärme), Wasser und Nachrichten.*

Als Versorgungssysteme werden allgemein Systeme der sozialen, technischen oder institutionellen Infrastruktur bezeichnet, welche zur Versorgung mit Gütern (insbesondere Nahrungsmittel) und Dienstleistungen dienen. Hier wird die Versorgung mit Wasser als Trink- und Brauchwasser und mit Strom sowie mit Raumwärme und mit Nachrichten verstanden.

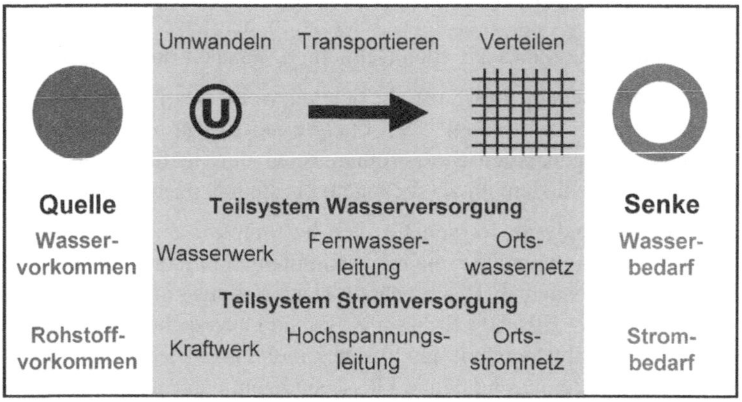

Bild 1-4 Systemkomponenten und Teilsysteme des Systems Versorgung

Für die Funktion *versorgen* muss zunächst das Gut aus einem geförderten oder gewonnenen Rohstoff an einem Standort „erzeugt", das heißt veredelt, umgewandelt oder aufbereitet, dann über eine gewisse Strecke kontinuierlich oder diskontinuierlich transportiert und schließlich an die Nutzer verteilt werden (Bild 1-4). Als Güter werden dabei räumlich und zeitlich differenziert Licht, Kraft, Wärme, Trink- oder Brauchwasser nachgefragt, aber auch immaterielle Nachrichten.

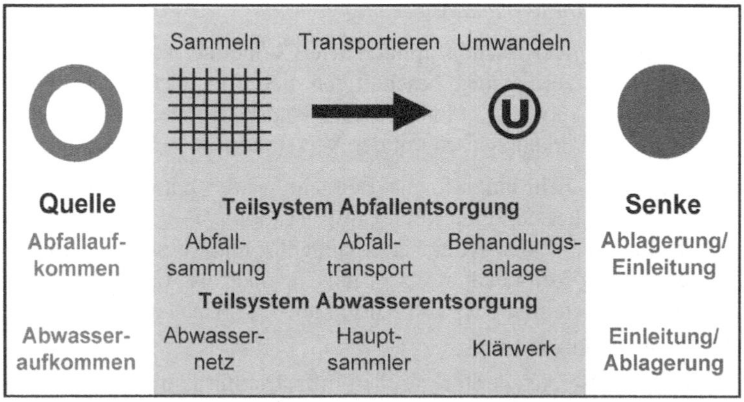

Bild 1-5 Systemkomponenten und Teilsysteme des Systems Entsorgung

Allgemein versteht man unter *Entsorgungssystemen* die Entsorgung von Gütern (insbesondere von Abfällen) und Dienstleistungen der technischen und institutionellen Infrastruktur.

Für die Funktion *entsorgen* muss das Gut, dessen sich jemand im Raum entledigen will (oder muss), zunächst eingesammelt, dann über eine gewisse Strecke transportiert, um schließlich an einem Standort abgelagert, dort in ein Gewässer eingeleitet oder in einen Stoffkreislauf rückgeführt zu werden (Bild 1-5). Dabei handelt es sich um die ‚Güter' *Abfall* und *Abwasser*.

Entsorgung lässt sich im Bereich der technischen Infrastruktur definieren als:

> *Abtransport und geordnete Beseitigung, wie Aufbereitung, Behandlung (Konditionierung) und/oder gefahrlose Deponierung von Abfallreststoffen aller Art (einschließlich Abgase und Abwasser) unter Einbeziehung der Abfallverwertung (Recycling).*

Wie die Bilder 1-4 und 1-5 ebenfalls zeigen, bestehen die Teilsysteme Versorgung bzw. Entsorgung weiterhin aus einzelnen Systemelementen, die jeweils auch einen bestimmten Infrastrukturtyp repräsentieren. Zusätzlich kann danach unterschieden werden, ob die Systemelemente oberirdisch oder unterirdisch verlaufen (z.B. Hochspannungsfreileitung oder -kabel bzw. offenes Abwassergerinne oder Abwasserrohr).

Besondere Beachtung aus sicherheitstechnischer Sicht erfordern die nukleare Entsorgung, welche die Wiederaufarbeitung, Zwischenlagerung und Endlagerung radioaktiver Abfälle umfasst, und die Entsorgung von Sonderabfall. Beide werden wegen ihrer sehr speziellen planungs- und Umweltprobleme nicht weiter betrachtet.

Definition Infrastruktur

Unter „Infrastruktur" versteht der Ökonom öffentliches Kapital und unter „Infrastrukturinvestitionen" öffentliche Investitionen. Der Begriff fand in den 1960er Jahren Verbreitung im Zusammenhang mit Engpässen, die im Zuge des raschen Wirtschaftswachstums der Nachkriegszeit auftraten. Er entstammt ursprünglich der Fachsprache der französischen Eisenbahnen, die unter „infrastructure" die erdgebundenen Einrichtungen mit langer Lebensdauer (Bahnkörper, Tunnel, Brücken, Sicherungsanlagen usw., nicht aber Fahrzeuge) versteht. Über die NATO, die mit „Infrastruktur" Kasernen, Versorgungsdepots, Radarstationen u. dgl. bezeichnet (nicht aber Waffensysteme), ging der Begriff ins wirtschafts- und regionalwissenschaftliche Vokabular über [1.4].

Infrastruktur wird auch als „Unterbau der Wirtschaft" übersetzt. Diese Bezeichnung weist daraufhin, dass es sich um das Fundament einer Volkswirtschaft, welches Voraussetzung für die Herstellung, Verteilung und Verwendung von Waren und Dienstleistungen ist, handelt.

Zu den klassischen Bereichen der Infrastruktur gehören die Verkehrseinrichtungen (Verkehrsinfrastruktur; Straßen, Gleise, Flughäfen usw.), die Anlagen der Energieerzeugung und -verteilung, der Wasserversorgung (Pumpstationen, Wasseraufbereitung, Wasserwerke, Hochbehälter), der Entsorgung (Kläranlagen, Deponien, Müllverbrennungsanlagen) und Nachrichtenübermittlung (Telekommunikation, Radio und Fernsehen). Man spricht dann auch von „Technischer Infrastruktur". Bei den Anlagen des Bildungs-, Kultur-, Gesundheits- und Freizeitbereichs spricht man dann von „Sozialer Infrastruktur"; gelegentlich wird auch von einer immateriellen Infrastruktur gesprochen.

1.3 Funktionen und Merkmale

Trotz gleicher Systemkomponenten weisen die einzelnen Ver- und Entsorgungssysteme sehr unterschiedliche Funktionen und Merkmale auf, die nachfolgend beschrieben werden. Wesentlicher Einfluss geht zudem von den Bestrebungen zur Privatisierung und Liberalisierung der jeweiligen Systeme aus, die jedoch zahlreiche Gemeinsamkeiten aufweisen.

1.3.1 Funktionen der Ver- und Entsorgungssysteme

Mit den Verkehrssystemen bilden die Ver- und Entsorgungssysteme die technische Infrastruktur. Für sie sind Größe, Lage und Einzugsgebiete von Standorten sowie Verlauf und Breite von Trassen sowohl auf lokaler als auch auf regionaler und (inter)nationaler Ebene zu bestimmen. Dabei sind die jeweiligen Anforderungen an die Umwelt-, Gesundheits- und Sozialverträglichkeit, die Versorgungssicherheit und die Wirtschaftlichkeit zu berücksichtigen.

Anlagenstandorte sind bei der Planung einerseits im Hinblick auf die räumlichen Anforderungen des Bedarfs bzw. des Anfalls zu optimieren, andererseits sind Nutzungskonflikte am Standort selbst sowie Schutzabstände zu Nachbarschaften mit unverträglichen Nutzungen zu berücksichtigen. Trassen zum großräumigen Transport in Leitungen sind einerseits zur Reduzierung der Eingriffe und der Kosten möglichst mit direkter Linienführung zu planen und gegebenenfalls mit anderen Trassen zu bündeln, soweit hierdurch keine Überlast im Raum auftritt. Zusätzlich sind die Zerschneidungs- und Barrierewirkungen der Trassen zu berücksichtigen. Oberirdische Leitungsführungen sind auf solche Fälle zu beschränken, wo eine unterirdische Leitungsführung technisch nicht durchführbar oder wirtschaftlich nicht vertretbar ist. Innerhalb der Siedlungsflächen verlaufen die Ver- und Entsorgungsleitungen in der Regel unterirdisch im Straßenraum, so dass diese mit ihren Trassierungsparametern neben den verkehrstechnischen Parametern die Erschließung von neuen Siedlungen mitbestimmen. Gleichzeitig stellen diese eine bleibende Randbedingung für die Erneuerung im Bestand dar.

Wasserversorgung, Energieversorgung, Nachrichtenversorgung, Abwasserentsorgung und Abfallentsorgung werden als Teilsysteme der Ver- und Entsorgung betrachtet. Diese können sich überlagern, ergänzen oder teilweise auch stören. Eine Koordinierung findet regelmäßig meist nur dann statt, wenn die Teilsysteme durch die gleichen öffentlichen (Querverbund- oder Spartenunternehmen) oder privaten Unternehmen (Versorgungs- oder Entsorgungswirtschaft) geplant, gebaut oder betrieben werden. Siehe hierzu Kapitel 8.

a) Energieversorgung (Strom und Wärme)

Die Energieversorgung beruht in Deutschland vorwiegend auf den Primärenergieträgern Kohle, Öl und Kernenergie, zunehmend aber auch auf Gas und den regenerativen Energieträgern Wasserkraft, Windkraft, Solarenergie, Biomasse, Erd- und Umgebungswärme. Zur Versorgung von Haushalten und Industrie mit Energie wird insbesondere der Sekundärenergieträger Strom eingesetzt, da er die größte Flexibilität und Nutzungsvielfalt aufweist. Über ihn können Licht und Kraft, zudem auch Wärme – und in zunehmendem Maß auch Kälte – bereitgestellt werden.

Die leitungsgebundene Wärmeversorgung erfolgt entweder direkt durch den Primärenergieträger Gas oder indirekt durch den Sekundärenergieträger Fernwärme. Anlagen der Energieversorgung sind Kraftwerke, Umspannanlagen, Gasspeicher, Gasstationen zur Druckerhöhung und -reduzierung sowie die Leitungstrassen zum Energietransport (Hochspannungsfreileitungen und -kabel, Gashochdruckleitungen), zum Wärmetransport (Fernwärmeleitungen), sowie Netze zur Strom-, Gas- und Wärmeverteilung.

b) Nachrichtenversorgung (Telekommunikation)

Bei der „Versorgung“ mit Nachrichten, der Telekommunikation, handelt es sich genau genommen um einen Nachrichtenaustausch. In diesem Teilsystem hat in den vergangenen Jahren ein starker technologischer Wandel stattgefunden, der durch eine Vielzahl von Standorten für Mobilfunkmasten und Richtfunkanlagen sowie durch ein engmaschiges bundesweites Glasfaserkabelnetz einen hohen Raumbezug aufweist. Trotz der gegenüber der Stromversorgung deutlich kostengünstigeren Systemelemente, ihre dadurch bessere Anpassungsfähigkeit an die Siedlungsstruktur und den relativ geringen Standort- und Flächenbedarf für die Anlagen (Sender/Empfänger) und Leitungsnetze ist die Notwendigkeit zur Berücksichtigung des Systems Telekommunikation in der Raum- und Umweltplanung dennoch von großer Bedeutung.

c) Wasserversorgung

Die Versorgung mit Wasser wird unterschieden nach der Versorgung der privaten Haushalte mit der elementaren Lebensressource Trinkwasser und dem bislang hauptsächlich von Industriebetrieben, aber auch von Kraftwerken zu Kühlzwecken nachgefragten Brauchwasser. Anlagen der Wasserversorgung sind Quell- und Grundwasserfassungen mit den dazugehörigen Schutzgebieten, Trinkwassertalsperren, sowie die Anlagen zur Wasseraufbereitung (Wasserwerke) und -speicherung (Hochbehälter, Talsperren). Bei der Planung sind insbesondere hygienische Belange zu berücksichtigen. Dort wo es möglich ist, sollten künftig Brauchwassersysteme die Trinkwassernutzung reduzieren.

d) Abwasserentsorgung

Die Abwasserentsorgung von Haushalten, Industrie und Kraftwerken dient in erster Linie zur Gewährleistung der Umwelthygiene und zum Erhalt und zur Verbesserung der Gewässergüte. Die Teilsysteme werden unterschieden nach Schmutzwasser und nach Regenwasser. Bei der Schmutzwasserentsorgung steht zum einen die Erhöhung des Anschlussgrades durch die Ausweitung des Einzugsgebiets bestehender Kläranlagen im Vordergrund, zum anderen die Ergänzung der bestehenden Systeme durch kleinere, dezentrale Anlagen zur Erhöhung der Leistungsfähigkeit, sowie die Ergänzung durch weitergehende (z.B. chemische) Stufen und der Ausbau und die Organisation der Klärschlammentsorgung. Eine wesentliche Herausforderung der nächsten Jahre wird die Anpassung der bestehenden Systeme in Qualität und Quantität an die sich verändernden demographischen Bedingungen in den Entsorgungsgebieten darstellen.

e) Abfallentsorgung

Die Entsorgung von Abfall wird unterschieden nach der Behandlung und Ablagerung von Hausmüll bzw. von industriellen Sonderabfällen sowie nach der Behandlung und Ablagerung von Klärschlämmen und Reststoffen aus der Energieerzeugung (Asche und Schlacke). Anlagen sind Deponien für Siedlungsabfälle und für Sonderabfälle, mechanische, mechanisch-biologische und thermische Anlagen zur Abfallbehandlung, Sortier- und Aufbereitungsanlagen für Recyclingprodukte und Umschlagstationen für Abfälle und Wertstoffe. Das Transportsystem für die Abfälle zur Behandlung und Ablagerung von Abfällen ist in der Regel nicht leitungsgebunden, zählt jedoch auch zur materiellen Infrastruktur und wird daher hier bei den Ver- und Entsorgungssystemen mitbehandelt.

1.3.2 Merkmale der Ver- und Entsorgungssysteme

Ein wesentliches allgemeines Merkmal der Ver- und Entsorgungssysteme ist deren *Standortgebundenheit*: Infrastruktureinrichtungen sind in der Regel fest an den Standort gebunden (Wasserbehälter, Kläranlage, Kraftwerk, Funkmast), sowie deren weitgehende *Leitungsgebundenheit* (Rohrnetz, Freileitung, Kabel) ihrer Transporteinrichtungen. Die Ver- und Entsorgung der Nutzer im Raum findet in der Regel in Netzen statt. Diese „Netzinfrastruktur" (diesen Begriff verwendet auch der Bundesraumordnungsbericht 2000) wird meist im Rahmen der Erschließung der Siedlungsgebiete geplant und bezieht sich dann auf die Grundstücke. Die Netze verlaufen ober- und unterirdisch. Sie wachsen über Jahre hinweg und passen sich dabei den Anforderungen der Siedlungsentwicklung an.

Die Einrichtung der Systeme zur Ver- und Entsorgung ist in der Regel durch hohe Investitionen sowie lange Bauzeiten und Planungszeiträume gekennzeichnet. Die Systeme gehören zum Teil zur öffentlichen Daseinsvorsorge, zum Teil aber auch zu anderen Branchen (z.B. zur Lebensmittelversorgung beim Trinkwasser). Der Anspruch auf Bereitstellung der Ver- oder Entsorgungsdienstleistung besteht unabhängig davon, ob diese durch öffentliche oder private Träger betrieben werden.

Daneben ist die Ver- und Entsorgungsinfrastruktur im technischen Sinne *unteilbar*: Fernwärme- oder Abwassersysteme zum Beispiel müssen ganze Einheiten bilden. Ein weiteres Merkmal ist deren Langlebigkeit: Wasserrohre haben eine Lebensdauer von bis zu 100 Jahren, die Systeme selbst bestehen in ihrer Anlage zum Teil noch aus der Römerzeit.

Änderungen im Hinblick auf Niveau und Struktur der Infrastrukturdienstleistungsnachfrage sind vor dem Hintergrund der Technologieentwicklung in diesen Bereichen zu sehen. So ermöglicht bspw. erst der Einsatz moderner Informations- und Kommunikationstechniken die Bereitstellung auf spezielle Kundenbedürfnisse zugeschnittener Dienstleistungen. Spezielle Tarifmodelle, die eine kontinuierliche Verbrauchsmessung voraussetzen, sind ebenso Beispiele dafür wie etwa die Fernüberwachung und Steuerung dezentraler Produktionseinheiten. In diesen Bereichen ergeben sich zudem noch unausgeschöpfte Kostensenkungspotentiale. So kann durch genauere Kenntnis der Verbrauchsgewohnheiten der Konsumenten die Spitzenlastvorhaltung etwa in der Energie- und Wasserversorgung minimiert werden.

Der technische Fortschritt fällt in den Teilsystemen jedoch sehr unterschiedlich aus: Während in der Telekommunikation die Entwicklung weitgehend durch den technologischen Fortschritt angetrieben wird und sich nicht nur in neuen Übertragungstechnologien mit höherer Leistungsdichte, sondern insbesondere in neuen Produkten und Dienstleistungen äußert, beschränkt sich der technische Fortschritt in den anderen Sektoren weitestgehend auf den Bereich Transport und Übertragung sowie auf die unmittelbare Produktion (Wasseraufbereitung, Elektrizitätserzeugung z.B. durch regenerative Energien). Aber auch diese Entwicklungen können sich längerfristig auf die Marktstrukturen auswirken, da sie zumindest theoretisch Dezentralisierungspotenziale eröffnen und Kostenstrukturen aufgrund neuer *economies of scale* („Größenvorteile") überdacht werden müssen.

Ein wesentliches wirtschaftliches Merkmal der Ver- und Entsorgungssysteme ist deren hohe Kapitalintensität: Infrastruktureinrichtungen haben Investitionscharakter und fordern in der

Regel einen sehr hohen Kapitalbedarf. Hier stehen die Kraftwerke und die technisch hochwertigen Abfallbehandlungsanlagen im Vordergrund. Andererseits weisen die Systeme eine niedrige Kapitalproduktivität auf: Die Ergiebigkeit der Investitionen und die Gewinnmöglichkeiten sind eher gering, teilweise kaum vorhanden. Mehr noch als die Kapitalintensität ist dies auch eine wirtschaftliche Schwäche der Ver- und Entsorgungssysteme. Ein besonderes Merkmal ist auch deren Kostendegression: bedingt durch hohe Fixkostenanteile ist eine hohe Kapazitätsauslastung erforderlich, wobei sich die ökonomischen Größenvorteile besonders stark auswirken, beispielsweise bei der Auslastung eines Kraftwerkes oder einer Deponie. Ver- und Entsorgungssysteme sind teilweise auch durch eine geringe Wirtschaftlichkeit gekennzeichnet, die sich durch eingeschränkte Marktbedingungen ergibt, z.B. beim nicht vorhandenen Wettbewerb bei staatlichen Einrichtungen und Gütern (Kläranlage). Wegen der zusätzlich vorhandenen geringen Importierbarkeit der Einrichtungen und häufig defizitärem Betrieb der Anlagen wird auch von „Marktversagen“ bei Infrastruktureinrichtungen gesprochen.

Ein Verfügungsmerkmal der Ver- und Entsorgungssysteme stellt deren allgemeine Benutzbarkeit dar: die Nutzung durch eine Person schließt die Nutzung durch andere Personen nicht aus, in der Regel sind Infrastruktureinrichtungen der Allgemeinheit insgesamt jederzeit „zugänglich“, zum Beispiel die Stromversorgung oder das Abwassersystem. Häufig erfolgen die Investitionen mit öffentlichen Mitteln, zumindest beteiligt sich die öffentliche Hand an der Investition.

Eigentum und Zuständigkeit der Öffentlichkeit bestehen in den Landkreisen z.B. noch bei den Abfalldeponien und in den Gemeinden bei den Versorgungs- und Entsorgungsnetzen, gerade bei den Anlagen zur Stromversorgung und bei den Telekommunikationsanlagen ist die Privatisierung inzwischen weit fortgeschritten. Versorgungspflicht und Anschluss- und Benutzungszwang sind aber weitgehend durch vertragliche Regelungen an die privaten Betreiber übertragen worden.

Aktuelle Situation der Ver- und Entsorgungsinfrastruktur

Ein fortschreitender baulicher Verfall kommunaler Infrastruktur, ein deutlicher Rückgang öffentlicher Infrastrukturinvestitionen, die Privatisierung öffentlicher Unternehmen sowie die Einführung von Wettbewerb auf Infrastrukturmärkten kennzeichnen die aktuelle Situation der Ver- und Entsorgungsinfrastruktur in der Öffentlichkeit. Die schwierige Finanzlage der deutschen Kommunen überlagert die Probleme und bildet den Hintergrund für aktuelle Veränderungen: die Privatisierung verhilft den kommunalen Akteuren zu dringend notwendigen Einnahmen ihrer (öffentlichen) Unternehmen, wodurch diese sich finanzieller Belastungen entledigen können.

In den Industrienationen hat sich während der letzten Jahre das traditionelle Modell der Infrastrukturbereitstellung stark verändert [1.5]. Es müssen daher auch in Deutschland neue Regulationsmodelle geschaffen und im Rahmen einer zukunftsgerichteten, nachhaltigen Infrastrukturentwicklung auf kommunaler, regionaler und nationaler Ebene implementiert werden. Hintergründe und Umsetzung der notwendigen Reformen unterscheiden sich aufgrund politisch-institutioneller oder kultureller Eigenarten, bei sektoraler Betrachtung auf europäischer Ebene lassen sich jedoch jeweils einige bestimmende Triebkräfte identifizieren (Tabelle 1-1).

Die Finanzlage der Kommunen hat sich in den letzten Jahren deutlich verschärft, selbst gut wirtschaftende Kommunen in prosperierenden Regionen sehen erheblichen Finanzproblemen entgegen. Eine für die kommunale Entwicklung langfristig bedeutsame Folge der Finanzkrise ist ein sich beschleunigender Rückgang kommunaler Investitionen. Dem steht allerdings ein wachsender Investitionsbedarf gegenüber. Für den Zeitraum 2000-2009 ermittelt das Difu einen Investitionsbedarf von rd. 686 Mrd. €, wobei fast zwei Drittel dieser Summe auf den Ersatz und die Modernisierung der Infrastruktur fällt. Zum Vergleich: im Jahre 2002 beliefen sich die Sachinvestitionen der Kommunen auf rd. 22,5 Mrd. € [1.6].

Tabelle 1-1 Triebkräfte der Liberalisierung in Netzindustrien (nach [1.5])

	Technische Entwicklung	Defizite öff. Unternehmen	Potentielle Wettbewerber	EU Binnenmarktregel
Elektrizität		X	X	X
Gas			X	X
Telekom	X		X	X
Wasser		X	X	

Die demographische Entwicklung wird bereits mittelfristig auch Auswirkungen auf die Infrastrukturauslastung haben, und dies wird nicht nur wie bisher auf ostdeutsche Regionen beschränkt bleiben [1.7], [1.8]. Die Rückgänge auf der Nachfrageseite werden aufgrund des hohen Festkostenanteils dazu führen, dass die Gebührenbelastung für die verbleibenden Kunden zunimmt und sich damit auch eventuell bestehende soziale Probleme verstärken. Schrumpfungsprozesse können innerhalb der Versorgungsgebiete auch räumlich konzentriert auftreten, was wiederum Auswirkungen auf die Stabilität und Funktionsweise des gesamten Netzes haben kann [1.9]. Überlagert werden diese Probleme vielerorts noch durch zeitlich parallel ablaufende räumlich differenzierte Entwicklungsprozesse, d.h. einerseits die Entleerung von Kernstädten und andererseits ein oft ungebremster Suburbanisierungsprozess mit der Herausbildung neuer Verbrauchsschwerpunkte an den Rändern der Agglomerationen.

1.3.3 Privatisierung und Liberalisierung der Netzindustrien

Mit dem Begriff Liberalisierung wird der Prozess einer Öffnung bisher gesetzlich geschützter Monopolbereiche bis hin zur Beseitigung von Marktzutrittsbarrieren und zur Einführung von Wettbewerb bezeichnet. Liberalisierung setzt nicht zwangsläufig auch eine Privatisierung voraus. Eine Privatisierung kann auch innerhalb bestehender Monopolstrukturen erfolgen.

Wettbewerb in Sektoren, die nach wie vor Elemente von natürlichen Monopolen aufweisen, kann sehr unterschiedliche Formen annehmen, wobei aufgrund der spezifischen Bedingungen bestimmte Wettbewerbsoptionen in einzelnen Sektoren schwieriger umzusetzen sind als in anderen. Die Privatisierung öffentlicher Unternehmen ist ein weltweit zu beobachtender Prozess im Infrastrukturbereich.

Die Privatisierungsmotive sind jeweils sehr unterschiedlich: Effizienzsteigerung, finanzwirtschaftliche Motive, Know-how-Transfer bis hin zu allgemeinen ordnungspolitischen Erwägungen spielen jeweils eine Rolle [1.10]. Der Privatisierungsbegriff ist dabei sehr weit gefasst und deckt in der Praxis sehr unterschiedliche Formen des privaten Engagements im Bereich der Infrastruktur ab. Dies zeigt sich deutlich auch in den hier betroffenen Sektoren

Wasser- und Energiewirtschaft sowie der Telekommunikation. Grundsätzlich ist in allen Teilsystemen eine Umwandlung öffentlich-rechtlicher Unternehmen in Unternehmen mit privater Rechtsform im Gang (Organisationsprivatisierung). Öffentliche Unternehmen gewinnen damit an Entscheidungsfreiheit und sind nicht mehr unmittelbar den engen Restriktionen des kameralistischen Rechnungswesens und des öffentlichen Dienstrechts unterworfen. In vielen Fällen ist die Umwandlung eines Unternehmens in eine privatrechtliche Organisationsform der erste Schritt zu einer Vermögensprivatisierung, bei der auch die Eigentumsanteile ganz oder teilweise auf private Dritte übergehen. Insbesondere auf der kommunalen Ebene sind in der Zwischenzeit zahlreiche Zwischenformen entwickelt worden, mit jeweils unterschiedlicher Verteilung von Zuständigkeiten, Verantwortlichkeiten und Eigentumsrechten zwischen privaten und öffentlich-rechtlichen Akteuren (Bsp. Betriebs- und Betreibermodelle, Konzessionsmodelle). Im Telekommunikationssektor sind vorwiegend private Unternehmen tätig, der Staat als Anteilseigner verliert zunehmend an Bedeutung.

In der Energiewirtschaft gab es bereits traditionell einen Mix aus öffentlichen und privaten Unternehmen, auch hier ist eine Zunahme privater Organisationsformen festzustellen, allerdings mit sehr unterschiedlichen Ausprägungen in den Bereichen Erzeugung, Transport und Verteilung. In der Wasserwirtschaft herrschen allerdings immer noch kommunale öffentlich-rechtliche Unternehmen vor, hier spielen private Anbieter bislang eine nachrangige Rolle.

Der Wegfall von Marktzutrittsschranken führt zwangsläufig dazu, dass neue Anbieter auch mit teilweise neuen Angeboten auf den Markt treten können. Hohe Anfangsinvestitionen, unzureichende Marktkenntnisse, Probleme beim Zugang zu vorhandenen Ressourcen und zur bestehenden Infrastruktur aber auch ein hohes Beharrungsvermögen der Konsumenten sind Gründe, warum sich neue Marktteilnehmer in allen liberalisierten Sektoren schwer tun, sich gegen die marktmächtigen *incumbents* (Amtsinhaber) durchzusetzen und nennenswerte Marktanteile zu gewinnen.

Die Möglichkeit der Ausnutzung von *economies of scale* (Größenvorteilen) begünstigt in den Infrastruktursektoren mit ihren hohen Investitionskosten Konzentrationsprozesse. Dies bedeutet, dass sich die kleinen kommunalen Unternehmen von ihrer traditionellen lokalen Bindung lösen, um konkurrenzfähig zu bleiben. Dadurch gewinnt auch für diese die regionale Ebene als Handlungsraum an Bedeutung. Andererseits bilden sich neben diesen horizontalen Konzentrationsprozessen auch so genannte *multi utilities* (Mehrfachversorger) heraus, da die organisatorische Zusammenfassung verschiedener Infrastrukturdienstleistungen erlaubt, Verbundvorteile zu realisieren. Andererseits ist dies aber auch eine Reaktion auf veränderte Kundenbedürfnisse (Leistungen aus einer Hand) und der Versuch von Unternehmen, über das Engagement in anderen bisher nicht bedienten Sektoren Zugang zu neuen Kundengruppen zu bekommen.

Bei den klassischen deutschen Stadtwerken hat die Zusammenfassung von Infrastrukturdiensten eine große Tradition. Dort wurden die Kunden mit allen Leistungen (Energie, Wasser, Telekommunikation, Abfall, aber auch Nahverkehr) versorgt, um lokale Synergieeffekte auszuschöpfen [1.11]. Das Gemeindewirtschaftsrecht und das Örtlichkeitsprinzip haben die kommunalen Unternehmen bislang daran weitgehend gehindert, großräumiger tätig zu werden, während die europäischen Großkonzerne weltweit agieren und dabei selten an einem Standort mehrere Leistungen zusammen anbieten.

Neben der Tendenz zur Zusammenfassung verschiedener Dienste sind auch in allen Infrastruktursektoren Entkopplungsprozesse festzustellen, verbunden mit der Auflösung der traditionell vertikal integrierten Struktur der Ver- und Entsorgungsunternehmen. Zur Steigerung der Effizienz und der Erhöhung der Flexibilität werden Wertschöpfungsketten aufgebrochen und teilweise über regionale und sektorale Grenzen hinweg neu zusammengestellt. Dabei kommt das klassische betriebswirtschaftliche Instrument des Outsourcing zur Anwendung. Kennzeichen ist die Ausgliederung vor allem technisch und wirtschaftlich unterstützender Unternehmensfunktionen bei gleichzeitiger Konzentration auf die Kernkompetenzen.

Von größerer Bedeutung ist in diesem Zusammenhang jedoch die Trennung von Netz und Betrieb, die aufgrund wettbewerbsrechtlicher Vorgaben auf nationaler und europäischer Ebene von den Ver- und Entsorgungsunternehmen umzusetzen ist. Ein solches zumindest kostenrechnerisches oder organisationsrechtliches „Unbundling“ soll den Wettbewerb in diesen Sektoren stärken und neuen Anbietern einen fairen und diskriminierungsfreien Zugang zur vorhandenen Netzstruktur ermöglichen. Diese in der Telekommunikation und in der Energiewirtschaft gesetzlich vorgegebene Variante der „vertical separation“ findet man zwischenzeitlich auch in Ansätzen in der Wasserversorgung (Auslagerung der Wassergewinnungsaktivitäten in eigene Unternehmen) sowie im Bereich des Öffentlichen Personennahverkehrs mit der organisatorischen Trennung von Netz und Fahrbetrieb [1.12].

Die Konsumenten gewinnen durch die Liberalisierung an Wahlmöglichkeiten, sowohl zwischen Anbietern als auch zwischen Produkten und Dienstleistungen. Der erwartete Rückgang der Preise für die Endverbraucher war zunächst beträchtlich, nach einer Phase der Marktkonsolidierung erfolgte dann wieder ein erneuter Preisanstieg. Negative Auswirkungen auf die Umweltqualität haben sich bislang nicht eingestellt, da private Unternehmen den gleichen Umweltauflagen unterliegen wie öffentlich-rechtliche.

Ausblick

Vor allem bei der Netzinfrastruktur zeichnet sich zunehmend ab, dass der Staat die Haupt-Verantwortung für den Netzausbau übernimmt. Der Betrieb kann dagegen eher privaten Unternehmungen und dem Wettbewerb überlassen werden. Sache des Staates oder besonderer Kommissionen ist es, den zu liberalisierenden Netzzugang („free access, open access“) unter fairen Bedingungen zu regeln [1.4]. Liberalisierung, Privatisierung und Deregulierung haben zur Folge, dass die Infrastruktur nicht mehr wie früher in den Dienst der Raumordnungspolitik gestellt werden kann. Will der Staat mit diesem Instrument weiterhin strukturgestaltend agieren, so muss er mit den privaten Infrastrukturgesellschaften partnerschaftliche Leistungsvereinbarungen abschließen und die Zusatzkosten aus Steuermitteln abgelten [1.4].

Infrastrukturtheorie und -politik gehören in den Wirtschaftswissenschaften zu den etablierten Subdisziplinen. Größere Durchbrüche sind in den letzten Jahrzehnten nicht zu verzeichnen gewesen. Eine Ausnahme stellen die Privatisierung und Deregulierung dar. Vieles spricht dafür, dass die Suche nach dem optimalen Verhältnis zwischen der Staats- und privatwirtschaftlichen Steuerung und Finanzierung der Infrastruktur noch nicht abgeschlossen ist. Die unterschiedlichen technischen Bedingungen und die unterschiedlichen gesellschaftlichen, politischen und wirtschaftlichen Anforderungen dürften in den verschiedenen Bereichen der Infrastruktur mit der Zeit zu spezifischen Lösungen führen [1.4].

1.4 Systemelement „natürliche Ressource"

Im hier verwendeten Gesamtsystem Ver- und Entsorgung (siehe Bild 1-1) wird der Begriff ‚natürliche Ressource' als Quelle der Stoffströme verstanden, mit denen die Versorgungssysteme die Siedlungen versorgen (Brennstoffe, Wasser) bzw. die Senke, zu der hin die Entsorgungssysteme die Siedlungen entsorgen (Abwasser, Abfall). Da Nachrichten lediglich ausgetauscht werden, benötigen diese im Sinne der hier verwendeten Definition keine natürlichen Ressourcen. Im Gegensatz zum Systemelement Siedlung sind die Ressourcen hier definitionsgemäß in den Freiräumen (in der „Landschaft") konzentriert und beinhalten somit die Natur mit ihren Schutzzielen.

1.4.1 Definitionen zu den natürlichen Ressourcen

Ressourcen (natürliche)

Das in seiner französischen Schreibweise ins Deutsche übernommene Wort „Ressource" (engl. resource) leitet sich von *source* = Quelle ab. Die Vorsilbe „re(s)" bedeutet so viel wie Wiederholung und damit Dauer; es bezeichnet daher eine ständig fließende, sich immer wieder erneuernde Quelle von Stoffen, die von der Natur bereitgestellt und für menschliche Zwecke nutzbar gemacht werden können. Man unterscheidet erneuerbare und nichterneuerbare Ressourcen. Zur Abgrenzung von den Produktionsfaktoren Arbeit, Kapital und Boden, die teilweise auch als Ressourcen bezeichnet werden, wird auch der Begriff der natürlichen Ressourcen verwendet. Erneuerbare Ressourcen wachsen innerhalb eines überschaubaren Zeitraums nach (z.B. landwirtschaftliche Güter wie Getreide, Raps oder Zuckerrüben). Nichterneuerbare Ressourcen werden durch Produktions- oder Umwandlungsprozesse aufgezehrt und wachsen nicht nach (z.B. fossile Energieträger wie Kohle und Mineralöl).

Gegenstand der Ressourcenökonomik sind Regeln und Strategien für deren Nutzung. Für erneuerbare Ressourcen gilt eine Nutzung als günstig, wenn sie unterhalb der Regenerationsrate liegt. Aus der Forstwirtschaft ist dies als „nachhaltige Nutzung" bekannt. Für nichterneuerbare Ressourcen gilt die Nutzungsregel einer funktionalen Substitutionsfähigkeit, nach der die geschaffenen Werte den Wertverlust der Ressourcen selbst kompensieren sollen.

Ressourcenknappheit wurde insbesondere im Jahr 1972 vom Club of Rome mit seinem Bericht Limits to Growths (Grenzen des Wachstums) thematisiert [1.13]. Aus ökonomischer Sicht hängt die tatsächliche Erschöpfung wesentlich von der Preisentwicklung ab. Ressourcenknappheit bedingt steigende Preise, steigende Preise stimulieren den technischen Fortschritt und führen zur sparsameren Nutzung bzw. zur Entdeckung geeigneter Ersatzstoffe. Prognosen über Ressourcenknappheit waren in der Vergangenheit häufig zu pessimistisch. Oft liegen die Knappheiten weniger beim Ressourcenangebot, sondern in der begrenzten Aufnahmefähigkeit der Ökosysteme für Schadstoffe, die aus der Ressourcennutzung entstehen.

Unter Ressourcenproduktivität versteht man das Verhältnis von erbrachter wirtschaftlicher Leistung zum Verbrauch an Ressourcen. Dabei wird der Ressourcenverbrauch über die gesamte Wertschöpfungskette ermittelt. Nach Forschungsarbeiten am Wuppertal Institut werden die verwendeten Ressourcen als „Materialintensität pro Serviceeinheit (MIPS)" aufaddiert

[1.14]. Nicht verwertete Stoffmengen beim Ressourcenabbau wie z. B. Bodenaushub werden als „Ökologische Rucksäcke“ mitgerechnet. Das Statistische Bundesamt ermittelt den Rohstoffverbrauch jährlich in seinen umweltökonomischen Gesamtrechnungen (UGR).

Ein Anstieg der Ressourcenproduktivität führt zu einer Entkoppelung der erwirtschafteten Leistungen von der Menge der eingesetzten Ressourcen; der Leistungsschwerpunkt verschiebt sich dabei von der kurzfristigen Fertigungs- zur langfristigen Nutzenoptimierung. Entsprechende Strategien umfassen Vorsorgeaspekte, Produktverantwortung, technische Innovation und Unternehmenskommunikation. Es wird erwartet, dass diese Dynamik eine Halbierung des Naturverbrauchs bei Verdoppelung der Wohlstandsleistungen („Faktor 4“) bewirken [1.15].

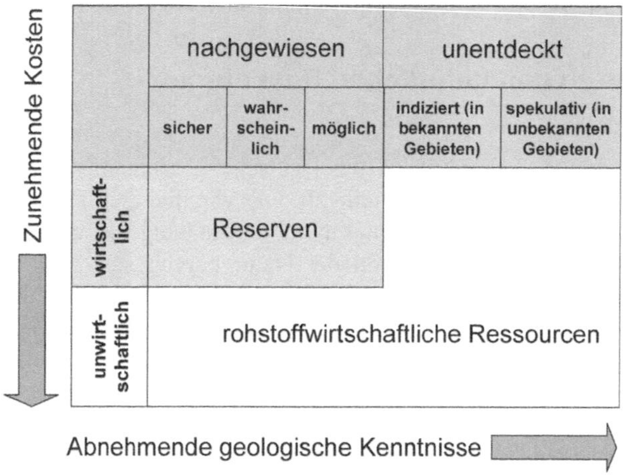

Bild 1-6 Definition von Reserven und Ressourcen bei den Energierohstoffen [1.16]

Reserven

Reserven sind eindeutig identifizierbare Vorräte, die sich unter heutigen oder in naher Zukunft zu erwartenden Bedingungen technisch und wirtschaftlich abbauen lassen. Es handelt sich demnach um geologische Vorräte, die sicher nachgewiesen sind (siehe Bild 1-6).

Demnach werden im Bereich der Rohstoffwirtschaft als Ressourcen solche Vorräte bezeichnet, die über die Reserven hinaus reichen. Sie sind nachgewiesen bzw. wahrscheinlich, aber technisch und/oder wirtschaftlich zurzeit nicht gewinnbar. Zu den Ressourcen gehören ferner noch nicht nachgewiesene, geologisch aber mögliche Lagerstätten [1.17].

Die Begriffe ‚natürlich', ‚naturnah' und ‚Empfindlichkeit'

Mit den Begriffen ‚natürlich' und ‚naturnah' wird der Zustand eines Geoökosystems (eines Naturraumes, einer Landschaft oder einer Ressource im ökologisch-naturwissenschaftlichen Sinn) bezeichnet, der sich aufgrund des menschlichen Einflusses ergeben hat. Als ‚Hemerobie' wird die anthropogene Abweichung eines Objektes von einem durch Selbstregulation gekennzeichneten Zustand bezeichnet. Dabei wird unter anderem zwischen den Hemerobiestufen ‚natürlich', (ahemerob) und ‚naturnah' unterschieden [1.18].

Naturnähe ist definiert als die Übereinstimmung eines Untersuchungsobjektes mit einem historischen Zustand. Im Bezug auf die natürlichen Ressourcen spricht man von Empfindlichkeit, wenn das Risiko für Beeinträchtigungen hoch ist. Mit zunehmender Wirkungsintensität auf eine Ressource wächst das Beeinträchtigungsrisiko. Störungen können jedoch schon bei geringen Wirkungen auftreten, wenn die Empfindlichkeit hoch ist.

1.4.2 Funktion und räumliche Strukturen der Ressourcen

Die Ressourcen stellen entweder eine Quelle für die Versorgungssysteme dar oder dienen als Senke für die Entsorgungssysteme. Ihre Inanspruchnahme verpflichtet zu nachhaltigem Wirtschaften und zum Schutz der Umwelt. Ressourcen werden von den Ver- und Entsorgungssystemen zum einen *beansprucht,* in dem sie umgewandelt werden. Man spricht dabei auch von „Einkommensressourcen“, wenn man sozusagen nur die Zinsen des Ressourcenkapitals entnimmt und von „Vermögensressourcen“, wenn diese das unwiederbringliche Naturkapital darstellen [1.19].

Andererseits werden die Ressourcen *belastet*, indem sie entweder direkt die verbrauchten und dabei teilweise kontaminierten natürlichen Ressourcen oder indirekt die Immissionen aus den Umwandlungs- und Transportprozessen aufnehmen müssen.

Ressourcenschutz ist damit ein wesentlicher Bestandteil des Umweltschutzes. Er bezieht sich in dem umfangreichen ordnungsrechtlichen System in Deutschland meist direkt auf eines der Schutzgüter Boden, Wasser, Luft/Klima oder Natur, welche auch gleichzeitig die natürlichen Lebensgrundlagen für den Menschen darstellen. Ressourcen werden in Anspruch genommen und dabei „verbraucht“, das heißt sie werden so umgewandelt, dass sie ihren natürlichen Zweck nicht mehr oder nur noch eingeschränkt erfüllen können.

Das heißt zum einen, dass die in den Ressourcen (Rohstoffen) enthaltene Energie umgewandelt wird und damit mit dem ursprünglichen Stoff (Brennstoff) nicht mehr zur Verfügung steht oder zum anderen, dass die Ressource nicht mehr in dem „reinen“ Ausgangszustand vorliegt (Trinkwasser) und damit nicht mehr ihrer eigentlichen Aufgabe im Naturhaushalt dienen kann. Insbesondere der Naturschutz befasst sich ganzheitlich mit dem Schutz der natürlichen Lebensgrundlagen und damit mit allen Ressourcen Boden, Wasser, Luft/Klima, Pflanzen- und Tierwelt und deren Wechselwirkungen untereinander.

Für eine ressourcenschonende Planung von Ver- und Entsorgungssystemen erfolgt eine nähere Betrachtung der jeweils betroffenen Ressourcen in den jeweils zugehörigen Kapiteln. Nachfolgend werden daher nur kurz die wesentlichsten hierbei betroffenen Ressourcen allgemein betrachtet.

a) Brennstoffe

Als Ressourcen für die Strom und Wärmeversorgung dienen in Deutschland zum einen die fossilen Energien (Brennstoffe) wie Kohle, Öl oder Gas, zum anderen die regenerative Energieträger wie Wasser, Wind, Sonne und Biomasse. Die räumliche Verfügbarkeit der fossilen Energien in Deutschland ist nicht nur durch die eigenen nationalen Rohstofflagerstätten (Kohle und in geringem Umfang Gas), sondern insbesondere durch die großräumigen nationalen Transportsysteme mit ihren Zwischenlagerplätzen oder Speichern bestimmt (siehe Kapitel 2 und 3).

Die regenerativen Energien sind zwar „ubiquitär“ (= überall verbreitet) verfügbar, in ihrer Intensität jedoch nur räumlich sehr differenziert nutzbar. Die Vorkommen regenerativer Energieträger werden bei den Teilsystemen Stromversorgung und Wärmeversorgung dargestellt.

b) Boden

Die Ressource Boden dient im Bereich der Ver- und Entsorgungssysteme als Fläche für Standorte für Anlagen zur Strom- und Wärmeerzeugung, zum Senden und Empfangen von Nachrichten, zur Wasseraufbereitung, zur Abwasserbehandlung und zur Abfallbehandlung und Ablagerung sowie Flächen für Trassen zum Strom und Wärmetransport sowie für Wasser- und Abwasserleitungen. Der Bodenverbrauch für Verkehr und Siedlung in Deutschland nimmt täglich um 105 Hektar zu. Zwar ist die Flächeninanspruchnahme aufgrund der schwachen Baukonjunktur im zweiten Jahr in Folge weniger stark gestiegen, das Ziel der nationalen Nachhaltigkeitsstrategie, im Jahr 2020 nur noch täglich 30 Hektar zusätzliche Flächen für Siedlung und Verkehr zu verwenden ist jedoch nur zu erreichen, wenn neben den Schwerpunkten ‚Aufwertung des Wohnungsbestandes' und ‚Attraktivere Gestaltung des Wohnumfeldes in bestehenden Siedlungsgebieten', wenn brachgefallene, ehemals gewerblich oder industriell genutzte, und damit bereits erschlossene Flächen verwendet werden. So können öffentliche Fehlinvestitionen bei der Erschließung von Baugebieten vermieden werden. Zusätzlich sind hier jedoch ökonomische Anreize (z.B. Befreiung von Grundsteuer und Grunderwerbsteuer beim Kauf von Wohnungen im Bestand, Abschaffung der Wohnbauförderung). Wissenschaftliche Untersuchungen haben ergeben, dass sich die Flächeninanspruchnahme allein hierdurch um rund 15 Prozent verringern würde.

Das ‚Gesetz zum Schutz vor schädlichen Bodenveränderungen und zur Sanierung von Altlasten' (BBodSchG) vom März 1998, kurz Bundes-Bodenschutzgesetz genannt, regelt zum Schutz der Ressource Boden entsprechend seinem § 1 folgendes:

> *Zweck dieses Gesetzes ist es, nachhaltig die Funktion des Bodens zu sichern oder wiederherzustellen. Hierzu sind schädliche Bodenveränderungen abzuwehren, der Boden und Altlasten sowie hierdurch verursachte Gewässerverunreinigungen zu sanieren und Vorsorge gegen nachteilige Einwirkungen auf den Boden zu treffen. Bei Einwirkungen auf den Boden sollen Beeinträchtigungen seiner natürlichen Funktionen sowie seiner Funktion als Archiv der Natur- und Kulturgeschichte so weit wie möglich vermieden werden.*

Die Empfindlichkeit des Bodens ist wie bei jeder anderen Flächeninanspruchnahme auch bei den Ver- und Entsorgungssystemen jeweils mit in die Bewertung einzubeziehen. Dies kann zum Beispiel aufgrund der Bodengüte oder der Bodenwerte erfolgen.

c) Wasser

Die Ressource Wasser dient im Bereich der Ver- und Entsorgung als Trinkwasser für die Bevölkerung und die Lebensmittelproduktion, als Brauchwasser für Industrie und Landwirtschaft sowie als Kühlwasser in der Industrie und für die Energieversorgung. Daneben wird die Ressource Wasser für den Transport von Fäkalien und Abfallstoffen benötigt. Das Wasserdargebot in Deutschland wird mit 188 Mrd. m^3 pro Jahr angegeben, wovon derzeit (Stand 2001) nur etwa 20 % (38 Mrd. m^3) genutzt werden [1.20]. Hauptverbraucher der genutzten Wasserressourcen sind die Wärmekraftwerke für die öffentliche Versorgung mit einem Anteil von 65 %, gefolgt von Bergbau und verarbeitendem Gewerbe mit rund 20 %. Auf die Landwirtschaft entfällt weniger als ein halbes Prozent. Die öffentliche Wasserversorgung liegt mit ihrem jährlichen Wasserverbrauch von 5,4 Mrd. m^3 bei rund 15 % des genutzten Wasserdargebotes. Trotz eines insgesamt ausreichenden Wasserdargebots gibt es auch in Deutschland Wassermangelgebiete mit nur geringen nutzbaren Grundwasservorkommen. Vor allem in Ballungsgebieten übersteigt der Wasserbedarf das Dargebot. Mit Fernversorgungsleitungen wird für den Ausgleich zwischen Wassermangelgebieten und Wasserüberschussgebieten gesorgt. Fernwasserleitungen gibt es vor allem in Bayern, Baden-Württemberg, Niedersachsen, Sachsen, Sachsen-Anhalt, Thüringen, im Ruhrgebiet und im Raum Frankfurt/Main.

Für die Wasserbilanz eines Gebietes muss der gesamte Wasserhaushalt betrachtet werden, der im Wesentlichen durch die Größen Niederschlagshöhe, Abflussmenge und Verdunstung repräsentiert wird.

Wasser wird in Deutschland (1998) vorwiegend aus Grund- und Quellwasser (74 %) sowie Oberflächenwasser (21%) oder als Uferfiltrat (5%) den natürlichen Ressourcen entnommen. Das ‚Gesetz zur Ordnung des Wasserhaushalts (WHG) vom 19. August 2002, kurz Wasserhaushaltsgesetz genannt, legt in seinem § 1a zum Ressourcenschutz folgendes fest:

> *Die Gewässer sind als Bestandteil des Naturhaushaltes und als Lebensraum für Tiere und Pflanzen zu sichern. Sie sind so zu bewirtschaften, dass sie dem Wohl der Allgemeinheit und im Einklang mit ihm auch dem Nutzen einzelner dienen und vermeidbare Beeinträchtigungen ihrer ökologischen Funktion unterbleiben. ...*

Die meisten Fließgewässer unterliegen einer mehr oder weniger intensiven menschlichen Nutzung, wobei eine der Hauptnutzungsformen die Abführung von Abwasser ist. Durch den Abbau kommt es zum Verbrauch von Sauerstoff sowie zur Eutrophierung (Anregung des Pflanzenwachstums durch Nährstoffe – der Abbau der Pflanzen führt wiederum zur Sauerstoffzehrung = Sekundärbelastung). Verschiedene Zeigerorganismen reagieren unterschiedlich auf den Mangel an Sauerstoff. Zur Bestimmung der Gewässergüte werden daher die Kleintiere des Gewässerbodens (Makrozoobenthon) erfasst. Aus der Artenzusammensetzung kann dann der Saprobien-Index errechnet werden. Die Bestimmung der Gewässergüte erfolgt in Deutschland nach dem Saprobien-System [1.21]. Ziel aller wasserwirtschaftlichen Maßnahmen ist es schließlich, die Gewässergüte (von Oberflächengewässer oder Grundwasser) zu erhalten oder zu verbessern.

d) Luft

Die Ressource Luft dient im Rahmen der Ver- und Entsorgungssysteme zum einen in ihrer Form als Wind (= bewegte Luft in der Atmosphäre) als regenerativer Energieträger. Zum anderen werden in die Luft Schadstoffe übertragen, die direkt negativ auf den Menschen wirken können. Auch werden durch die Luft stoffliche, thermische und akustische Belastungen auf das Wasser, den Boden sowie die Pflanzen und Tierwelt und damit auch indirekt auf den Menschen übertragen. Um in dieser systemorientierten Betrachtung auch den Klimaschutz angemessen berücksichtigen zu können, ist es erforderlich, auch das Klima (= mittlerer Zustand der Atmosphäre, z.B. 30-40 Jahre, im Unterschied zu dem Begriff Wetter = momentaner Zustand der Atmosphäre; 1 Stunde, 1 Tag) in Verbindung mit der Ressource Luft zu betrachten.

Die Luft und das Klima sind im Prinzip ubiquitär vorhanden, deren Belastungen treten jedoch lokal und regional in ihrem Umfang sehr unterschiedlich auf. Daher sind diese auch je nach Empfindlichkeit des Natur- und Siedlungsraumes unterschiedlich zu bewerten. Ressourcenschutz muss daher auch bei den Ver- und Entsorgungssystemen im Hinblick auf die globalen Klimaschutzziele grundsätzlich und umfassend berücksichtigt werden. Dies ist insbesondere dann schwierig, wenn lokale Interessen und kurzfristige Vorteile für andere Ressourcen entgegenstehen.

Das ‚Gesetz zum Schutz vor schädlichen Umwelteinwirkungen durch Luftverunreinigungen, Geräusche, Erschütterungen und ähnliche Vorgänge' (BImSchG) vom 26. September 2002, kurz Bundes-Immissionsschutzgesetz genannt, legt in seinem § 1 folgendes zum Ressourcenschutz fest:

Zweck dieses Gesetzes ist es, Menschen, Tiere und Pflanzen, den Boden, das Wasser, die Atmosphäre sowie Kultur- und sonstige Sachgüter vor schädlichen Umweltwirkungen zu schützen und dem Entstehen von schädlichen Umwelteinwirkungen vorzubeugen.

Soweit es sich um genehmigungsbedürftige Anlagen handelt dient dieses Gesetz auch

- *der integrierten Vermeidung und Verminderung schädlicher Umwelteinwirkungen durch Emissionen in Luft, Wasser und Boden unter Einbeziehung der Abfallwirtschaft, um ein hohes Schutzniveau für die Umwelt insgesamt zu erreichen, sowie*
- *dem Schutz und der Vorsorge gegen Gefahren, erhebliche Nachteile und erhebliche Belästigungen, die auf andere Weise herbeigeführt werden.*

Teilweise werden für besonders belastete Gebiete Luftqualitätspläne aufgestellt und zu diesem Zweck Luftgüte- oder Luftqualitätskarten erstellt. Im Rahmen der Luftqualitätspläne erfolgte eine Abschätzung der Luftqualität durch die kombinierte Anwendung von Monitoring-Methoden und Modellen auf verschiedenen räumlichen Ebenen (von Hotspots über Straßenschluchten bis hin zu einem kontinentalen Level). Dabei werden unterschiedliche Verursacher auf lokaler, regionaler, nationaler und europäischer Ebene sowie verschiedene Schadstoffe betrachtet. Die Erstellung von Luftqualitätskarten erfolgt in Deutschland und in Europa auf den verfügbaren Datensätzen mittels ausgewählter Methoden zur Abschätzung der Luftqualität. Dabei werden Karten auf Europaebene bereitgestellt, welche die räumliche Verteilung der Immissionsbelastungen für die Stoffe PM10 und PM2.5 (Feinstaub „**P**articulate **M**atter" < 10 bzw. 2,5 µm) NO_2, O_3, CO, SO_2 und Benzol abbilden.

1.4.3 Empfindlichkeiten der Ressourcen

Die Ver- und Entsorgungssysteme entfalten bei ihrem Bau, bei ihrem bestimmungsgemäßen und ihrem nicht-bestimmungsgemäßen Betrieb (also bei einem Störfall) sowie bei ihrem Rückbau spezielle, das heißt systemspezifische Wirkungen auf die Umwelt. Diese werden für die Teilsysteme Stromversorgung, Wärmeversorgung, Nachrichtenversorgung, Wasserversorgung, Abwasserentsorgung und Abfallentsorgung jeweils in den Kapiteln zu den Anlagen zur Umwandlung, zum Transport sowie zu den Netzen für die Verteilung oder Sammlung behandelt. Nachfolgend werden die allgemeinen Wirkungen von solchen Eingriffen auf die Umwelt, das heißt in diesem Fall auf die Ressourcen Wasser, Boden und Luft, betrachtet (Tabelle 1-2).

Umweltschutz ist immer auch Menschenschutz. Der effiziente Gesundheitsschutz steht in enger Verbindung mit Vorsorgemaßnahmen und bedarf einer stetig verbesserten Abschätzung der Folgewirkungen von Umweltbelastungen auf den Menschen. Diese können direkt und indirekt über Systemveränderungen einwirken. Direkte Belastungen sind z. B. Luftschadstoffe wie Feinstaub bzw. Ozon, Nitrat im Trinkwasser (Hausbrunnen), Schadstoffe in der Nahrung sowie Lärmbelastungen. Indirekte Belastungen reichen z. B. von einer ökologischen

Verarmung der Umwelt und der damit verbundenen Abwertung als Lebens- und Erholungsraum bis hin zum möglichen Auftreten neuer Krankheiten als Folge der Klimaveränderung.

Tabelle 1-2 Inanspruchnahme der Ressourcen nach Schutzgut [1.22]

Schutzgut	Schutzziel	Nutzung der Ressource
Boden	- Bodenschutz - Ressourcenschutz	- Flächenbedarf der Anlage - Rückführung Abwasser - Rückführung Kompost - Rückführung Klärschlamm - Eintrag Luftschadstoffe
Wasser	- Gewässerschutz - Grundwasserschutz - Quellschutz - Klimaschutz - Gesundheitsschutz (Hygiene)	- Flächenbedarf Wasserversorgungsanlage - Nutzung für Kühlung - Nutzung für Transport - Rückführung Abwasser - Eintrag Bodenschadstoffe - Eintrag Luftschadstoffe - Eintrag Wärme
Luft / Klima	- Immissionsschutz - Klimaschutz - Lärmschutz - Gesundheitsschutz (Hygiene)	- Flächenbedarf Anlagen für Verbrennung - Rückführung Abluft - Eintrag Luftschadstoffe - Eintrag Geruch, Lärm - Eintrag Wärme
Pflanzen	- Pflanzenschutz - Biotopschutz - Naturschutz - Artenschutz	- Nutzung für Brennstoff - Rückführung Abwasser - Rückführung Kompost - Rückführung Klärschlamm - Eintrag Luftschadstoffe
Tiere	- Tierschutz - Artenschutz	- Aufnahme Schadstoffe (Nahrungsmittel) - Aufnahme von Wasserschadstoffen - Aufnahme von Luftschadstoffen
Landschaft	- Landschaftsschutz - Naturschutz - Denkmalschutz	- Nutzung für Flächen - Rückführung Abwasser - Rückführung Kompost - Rückführung Klärschlamm - Eintrag Luftschadstoffe

a) Ressource Boden

Boden wird von den Ver- und Entsorgungssystemen im Raum beeinflusst oder genutzt für die Anlagenstandorte und Trassen, zur Verrieselung von Abwasser, zur Ablagerung von Klärschlamm, zum Anpflanzen von Bioenergiepflanzen und zum Schutz der Grundwasservorkommen (Filterfunktion). Als Gefahrenpotentiale sind insbesondere zu nennen:

- Stoffliche Einträge aus Umwandlungsprozessen (Kraftwerke usw.), die direkte schädigende Wirkungen haben,
- Veränderung der biologischen Bodeneigenschaften durch Störung des Nährstoff- und Wasserhaushalts (indirekte Wirkungen) und

- Veränderung der mechanischen Bodeneigenschaften durch Verdichtung, Versiegelung, Rohstoffgewinnung oder Bebauung.

b) Ressource Wasser

Wasser wird von den Ver- und Entsorgungssystemen im Raum beeinflusst oder genutzt durch die Wasserentnahme und damit durch die Lage von Quellen bzw. der Grundwasservorkommen, durch die Entnahme und die Einleitung in Oberflächengewässer, durch die Entnahme und Wiedereinleitung von Kühlwasser, durch die Ablagerung von Klärschlamm und durch den Eintrag oder die Verrieselung von Regenwasser. Ver- und Entsorgungssysteme können damit eventuell folgende erheblichen Eingriffe auf das Schutzgut Wasser bewirken:

- Eintrag schwer oder nicht abbaubarer, wassergefährdender Luftschadstoffe auf dem Luftpfad in Oberflächengewässer oder über den Boden in das Grundwasser
- Thermale Belastung von Oberflächengewässern durch Kühlwasser
- Übermäßige Entnahme von Oberflächen- oder Grundwasser zur Kühlung bzw. von Wasser zur Trink- oder Brauchwasserversorgung
- Eintrag von Nährstoffen wie Phosphor- oder Stickstoffverbindungen aus Kläranlagen mit unzureichender Reinigungsleistung bzw. aus dem Überlauf von Abwassersammelsystemen, bzw. von bakteriellen Verunreinigungen durch undichte oder beschädigte Rohrleitungen im Boden oder von Sickerwasser

c) Ressource Luft bzw. Klima

Die Luft bzw. das Klima werden von den Ver- und Entsorgungssystemen im Raum beeinflusst oder genutzt durch die Emissionen, die von Anlagen zur Umwandlung von Energie, zur Aufbereitung von Wasser, zur Behandlung von Abfällen und Abwässern sowie durch Strahlungen, die von Energieversorgungsleitungen oder Telekommunikationsanlagen ausgehen. Ver- und Entsorgungssysteme können damit eventuell folgende erhebliche Wirkungen auf das Schutzgut Luft bzw. auf das Klima bewirken:

- Emissionen von Stäuben durch Kraftwerke und Abfallbehandlungsanlagen, bzw. von Schwefeldioxiden und Stickoxiden durch Kraftwerke
- Schwermetallemissionen durch Kraftwerke und Abfallbehandlungsanlagen
- Lärmemissionen von Kraftwerken, Abfallbehandlungsanlagen und Umspannwerken
- Geruchsemissionen von Kläranlagen, Deponien oder Kompostierungsanlagen
- Thermale Belastungen durch Kühltürme und Wärmetauscher von Kraftwerken

d) Ressourcen Pflanzen und Tierwelt sowie Landschaft

Die Betrachtung der Empfindlichkeit der Ressourcen ‚Pflanzen und Tierwelt' sowie der ‚Landschaft' erfolgt in der Regel über eine Strategische Umweltprüfung (SUP) oder eine Umweltverträglichkeitsprüfung (UVP). Dort werden die Pflanzen und Tierwelt, die Landschaft sowie die Kultur und Sachgüter als Schutzgüter betrachtet und in die Prüfung auf die Wirkungen einer Planung (SUP) oder einer Maßnahme (UVP) hin einbezogen [1.23].

e) „Ressourcen" Kultur- und Sachgüter

Nicht alle Schutzgüter können hier in dieser systemischen Betrachtung auch gleichermaßen als Ressourcen für den „Stoffwechsel" in Siedlungsgebieten verstanden werden. Dies trifft insbesondere für die Kultur- und Sachgüter zu, die hier jedoch der Vollständigkeit wegen aufgeführt sind.

1.5 Systemelement „Siedlung“

In dem hier verwendeten Gesamtsystem Ver- und Entsorgung (siehe Bild 1-1) stellen die Siedlungen zum einen diejenigen Senken dar, in denen ein Strom-, Wärme- oder Wasserbedarf zu decken ist, zum anderen die Quellen des Abwasser- oder Abfallaufkommens, die zu entsorgen sind. Nachrichten werden zwischen den Siedlungen „ausgetauscht“. In den Siedlungen konzentrieren sich somit (im Gegensatz zur „Landschaft“ d.h. den Freiräumen, in denen die natürlichen Ressourcen konzentriert sind) definitionsgemäß die Nutzungen und damit die Nutzer mit ihren gesellschaftlichen Bedürfnissen.

1.5.1 Definitionen zu den Siedlungen

Mit dem Begriff Siedlung werden hier zusammenfassend sowohl die gebauten Anlagen und Einrichtungen für das Wohnen, das Arbeiten, die Ausbildung, das Einkaufen, die Freizeit und die Erholung bezeichnet (physische Strukturelemente) als auch die darin lebenden Nutzer, die einerseits Nachfrager nach Strom, Wärme, Nachrichten und Wasser sind, andererseits Produzenten von Nachrichten, Abwasser und Abfällen (gesellschaftliche Strukturelemente).

Bedürfnisse, Bedarf und Nachfrage

Die Nutzer der Ver- und Entsorgungssysteme in den Siedlungsräumen, also die Menschen, haben Bedürfnisse. Diese sind grundsätzlich unbegrenzt, unterschiedlich, wandelbar, von verschiedenen Bedingungen abhängig und im Einzelnen mehr oder minder dringlich. Die Systeme haben daher die Aufgabe, zum Beispiel einen Bedarf nach Wärme (z.B. Raumwärme), nach Licht (Strom), nach Wasser (Trinkwasser) oder nach Nachrichten zu befriedigen. Bedarf im wirtschaftlichen Sinne ist nur der Teil der Bedürfnisse, den der Mensch mit den ihm zur Verfügung stehenden Mitteln befriedigen will und kann. In diesem Sinne ist von den Ver- und Entsorgungssystemen nur der Raumwärmebedarf, der Strombedarf, der Wasserbedarf etc. zu decken. Nachfrage ist also das, was auch bezahlt werden kann.

Aufkommen und Entsorgung

Der Begriff ‚Aufkommen’ bezeichnet allgemein das Erscheinen, das Auftreten, zum Beispiel von Wind bzw. die in einem Zeitabschnitt vereinnahmten Steuern. Bei den Entsorgungssystemen versteht man unter dem Aufkommen diejenigen Mengen und Qualitäten an Abwasser oder an Abfällen, die in Bezug auf eine Person oder einen Siedlungsraum entstehen und die anschließend entsorgt werden müssen. Unter Entsorgung wird dabei nicht nur die schadlose (endgültige) Ablagerung (bei Abfall) oder Einleitung (bei Abwasser) verstanden, sondern auch alle Vorstufen, die dazu dienen die Abfälle oder das Abwasser zumindest teilweise zu vermeiden, zu vermindern oder zu verwerten. Aufkommen ist also das, was nicht vermieden werden kann.

1.5.2 Funktionen und räumliche Strukturen der Siedlungen

Die Ver- bzw. Entsorgungsdienstleistung bezieht sich nicht nur auf den Menschen als Nachfrager, Nutzer oder Produzent, sondern räumlich auch ganz konkret auf Grundstücke und auf Gebäude mit unterschiedlichen Funktionen. Die durch den Grundstückszuschnitt oder die

Gebäude gebildeten Siedlungsstrukturen bilden so auch die Strukturen für die Ver- und Entsorgung. Maßgebend für die Planung sind hierbei lediglich die Orte von Bedarf und Aufkommen mit ihrer „Dichte“ (Bedarf oder Aufkommen bezogen auf die jeweilige Fläche) und ihrer „Körnung“, das heißt mit der Größe der einzelnen zu ver- bzw. entsorgenden Elemente.

Bereits mit der Planung der Siedlungsstruktur können daher auch schon Planungsziele für eine raum- und umweltverträgliche Ver- und Entsorgung umgesetzt werden. Fläche sparen, Versiegelung vermeiden, einerseits Nutzungsmischung herstellen, andererseits Nutzungstrennung vornehmen, Zersiedelung und Zerschneidungen vermeiden sowie ein energiesparendes Planen und Bauen [1.24] sind in den meisten Fälle Ziele, die sowohl mit der Siedlungsplanung als auch mit der Planung von Ver- und Entsorgungssystemen in Einklang stehen.

Hierzu stehen in der Siedlungsplanung zahlreiche Instrumente zur Verfügung in deren Rahmen zum Teil auch die Planung der Ver- und Entsorgung stattfindet oder zumindest Rahmenbedingungen für diese festgelegt werden: Landesentwicklungsplan, Regionalplan, Fachlicher Entwicklungsplan, Flächennutzungsplan, Bebauungsplan, Gebäudeplanung.

a) Die kompakte Stadt

Das zurzeit dominante stadtstrukturelle Leitbild nachhaltiger Stadtentwicklung ist das der kompakten Stadt. Die kompakte europäische Stadt wird im Gegensatz zum „urban sprawl“ nordamerikanischer Städte gesehen [1.25]. Die Siedlungsstruktur der kompakten Stadt weist neben allgemeinen ökologischen Vorteilen (geringe Flächeninanspruchnahme, kurze Entfernungen zwischen den Funktionen, Einsatz linien- und spurgebundener öffentlicher Verkehrsmittel) eine Reihe von Vorteilen auf, die auch effektive Ver- und Entsorgungssysteme ermöglicht:

- Es können effektiv und damit umweltschonend und kostengünstig bandartige und damit flächensparende Kommunikationssysteme unter den Städten eingerichtet werden und
- der Einsatz leitungsgebundener Versorgungssysteme, Nah- und Fernwärmenutzung, Kraft-Wärme-Kopplung ist wirtschaftlich tragfähig und der Einsatz auf Wiederverwendung ausgelegter Entsorgungstechnik sowie moderner Abwasserklärtechniken wird erleichtert [1.26].

b) Dezentrale Konzentration

Ein siedlungsstrukturelles Leitbild, welches an dem der kompakten Stadt ansetzt, ist das der dezentralen Konzentration [1.27]. Dieses Leitbild kann sowohl auf Regionen als auch auf einzelne Städte angewandt werden. Es bedeutet, dass Nutzungen an bestimmten Orten im Raum (Städte oder Stadtteile) konzentriert werden, um städtebauliche Dichte, Nutzungsmischung und Knotenpunkte für leistungsfähige Verkehrsträger zu erhalten.

In ökologisch begründeten Darstellungen wird in der Konzentration von Belastungen auf einzelne Standorte und in der klaren Abgrenzung dieser zum ländlichen Umland [1.28], welches die Zwischenräume ausfüllt, ein besserer Schutz der naturräumlichen Funktionen und Kulturlandschaftsfunktionen gesehen als bei einer relativ großflächigen, aufgelockerten Bebauung, die das Land fast vollständig überzieht. Ein funktional optimierter Wechsel zwischen Belastungs- und Ausgleichsräumen [1.29], bei dem sowohl quantitativ als auch qualitativ die umgebenden Ausgleichsräume den Belastungsüberschuss der Städte puffern, wäre somit eine Perspektive, um überörtliche (Emissions-) Belastungen zu reduzieren.

c) Zwischenstadt

Das Konzept der Zwischenstadt nimmt eine Sichtweise ein, bei der die beiden oben genannten Siedlungsmodelle in Frage gestellt werden [1.31]. Urban Sprawl wird zum einen als eine zu akzeptierende Entwicklung, der sich nicht entgegengestellt werden kann, und zum anderen als eine neue, positive gegenseitige Durchdringung von Freiraum und Siedlung angesehen.

Die Stadt in Verdichtungsräumen wie dem Ruhrgebiet oder dem Raum Rhein-Main wird zur Stadtregion oder Regionalstadt, und die Landschaft wird zu einer Stadtkulturlandschaft, bei der ökologische Funktionen, Entsorgungsfunktionen, Freizeitfunktionen usw. diese Landschaft „gleichwertig" ausfüllen. Ökologische Funktionen werden von durchgrünten Stadtgebieten genauso oder nach der Meinung der Vertreter dieses Konzeptes zum Teil sogar besser wahrgenommen, als von der agrarindustriell geprägten Landschaft [1.32]. Es wird davon ausgegangen, dass hierbei ein Natur-Technik-Verbund entsteht, bei dem die ökologische Stabilisierung auch durch die Siedlungsstrukturen hergestellt wird [1.33].

d) Netzstadt

Unter Netzstadt wird die flächenextensive Stadtlandschaft von verstädterten urbanen Kulturlandschaften verstanden, die dem obigen Zwischenstadt-Konzept entspricht, aber von einigen Autoren einer höheren Maßstabsebene zugeordnet wird [1.34]. Baccini und Oswald [1.35] haben der Netzstadt eine Methode hinzugefügt, um regionale Strukturen einer verstädterten Landschaft erkennen zu können.

Die urbane Kulturlandschaft wird danach als ein Netzwerk und offenes System angesehen. Dieses Netzwerk besteht aus Knoten (verdichtete Stadträume) und Verbindungen (linearen Strukturen wie Verkehrs- und Kommunikationssysteme). Damit ist diese Landschaft überführbar in andere systemtheoretische Modelle, bei der Systemeigenschaften, Interaktionen usw. erfasst und wissenschaftlich bearbeitet werden können, und zwar inter- und transdisziplinär. Die Darstellung in idealisierten Raumbeziehungen von Netzen mit Linien und Knoten wird auch von Verkehrswissenschaftlern herangezogen, um Distanz optimierte Verkehrsbeziehungen zu demonstrieren.

e) „Null-Emissions-Stadt"

Die „Null-Emissions-Stadt" soll den Stoffaustausch zwischen Mensch (hier der Siedlung) und Umwelt (hier den natürlichen Ressourcen) so gestalten, dass die durch die Aktivitäten der Stadtbewohner hervorgerufenen Emissionen sowohl quantitativ als auch qualitativ für die Umwelt unschädlich bleiben.

Die Vorteile der kompakten Stadt sind nur zum geringen Teil empirisch begründet (z. B. Flächenverbrauch oder Primärenergiebedarf für Raumwärme). Die genannten Vorteile können allerdings auch mit Nachteilen einhergehen. Beispielsweise sind Verlagerungen von Belastungen ins Umland (z. B. ist eine Grundwasseranreicherung in hoch versiegelten Gebieten nur beschränkt möglich und muss daher regional durch Grundwasseranreicherungen im Umland ausgeglichen werden), Nutzbarkeit und Einschränkung technischer Alternativen (z. B. Einsetzbarkeit von Pflanzenkläranlagen) und Verlagerungen im sozialen Kontext (z. B. erhöhter Wochenendverkehr als Kompensation für beengte Wohnverhältnisse) mit in Rechnung zu stellen.

Die Vision einer „Null-Emissions-Stadt" wird durch folgende Rahmenbedingungen geleitet:

- Das Ziel Nullemissionen ist erreicht, wenn die Emissionen, die eine Stadt an ihre Umgebung abgibt, die Aufnahmekapazität der Umwelt nicht überschreitet.
- Die Siedlungsform Stadt wird nicht in Frage gestellt.
- Kreislaufwirtschaft muss zur bestimmenden Wirtschaftsform werden.
- Der Energieverbrauch ist soweit zu senken und anzupassen, dass die Bedarfsdeckung über regenerative (solare) Energiequellen ermöglicht wird.
- Der Zielwert Nullemissionen ist nicht innerhalb der stadträumlichen Grenzen, sondern innerhalb stadtregionaler Grenzen zu erreichen.
- Keine Verlagerung von Emissionen in Vorketten, in andere Handlungsfelder oder in andere regionale und überregionale Räume, die nur eine Umverteilung zur Folge haben.
- Emissionen sind das Ergebnis von Aktivitäten und Bedürfnisbefriedigungen, die Verursacher und Auslöser der Emissionen sind. Null-Emissions-Strategien setzen daran an und nicht erst am „Endprodukt", den Emissionen.

Allerdings ist die Region kein geographisch festgeschriebener Raum, sondern unterliegt je nach Zugang einem unterschiedlichen Raumzuschnitt (Wirtschaftsregion, Identitätsregion usw.). Bei der Fragestellung Null-Emissionen stehen Beeinträchtigungen der Umwelt und somit ökologisch funktionale Prozesse im Mittelpunkt, für die dann geeignete landschaftsökologische Raumeinheiten als Bezugsräume zu wählen sind. Bei dem Bereich Wasser wären als Bilanzräume die Wassereinzugsgebiete zu wählen. Aber auch hier muss unter Umständen mit mehrschichtigen Raummodellen gearbeitet werden. Geogene Empfindlichkeiten für Einträge von Säurebildnern lassen sich nicht mit Wassereinzugsgebieten in Deckung bringen. Haughton [1.36] bietet drei interessante Modelle an, die demonstrieren sollen, dass nachhaltige Stadtentwicklung theoretisch über unterschiedliche Strategien erreichbar ist. Diese Strategien lassen sich unmittelbar auf das Thema Nullemissionen übertragen.

Für die Modelle 1 und 2 ist der Bilanzraum, auf den sich der Zielwert Nullemissionen beziehen müsste, der globale Raum. Die beiden Modelle unterscheiden sich dadurch, dass in dem ersten Modell lineare Durchflussprozesse überwiegen, die im globalen Maßstab auszugleichen und zu kompensieren sind, wogegen in dem zweiten Modell stadtnahe Kreislaufprozesse diese linearen Prozesse ergänzen. Nach Brunner [1.38] sind ca. 90 % der Stoffflüsse der Stadt Wien linear ausgerichtet. Das dritte Modell greift die Strategie auf, dass Stadt und Region einen ausgeglichenen Bilanzraum darstellen. Das zweite und dritte Modell mit ihren stark intern organisierten Kreislaufprozessen weisen auf einen weiteren grundsätzlichen Aspekt hin. Nämlich, dass Nullemissionsstrategien und -prozesse auf untere Maßstabsebenen übertragen werden können. Denn wenn Nullemissionen bei Gebäuden oder Haushalten erreicht werden würden, dann würde sich bei einer Aggregation auf die Stadtebene ebenfalls eine Nullbilanz ergeben. Ein Ergebnis der Berliner stadtökologischen Forschung in den 70er und 80er Jahren ist, dass Stadtstrukturtypen geeignete ökologische Raumeinheiten sind, um eine Stadt ökologisch zu strukturieren [1.39].

Die Stadtstrukturtypen zeigen sowohl charakteristische Umweltbelastungen als auch ökologische Leistungspotenziale (services) zur „Vermeidung" und Kompensation von Emissionen [1.40]. Da sie auch häufig mit städtebaulich und sozial abgrenzbaren Räumen übereinstimmen, bieten sie sich als Ansatzorte für Nachhaltigkeitsstrategien [1.41] und Nullemissionstrategien [1.24] an.

1.5.3 Bedarf, Aufkommen und Kosten der privaten Haushalte

Siedlungen haben einen Bedarf nach Strom, Wärme und Trinkwasser, der durch die natürlichen Ressourcen gedeckt, sowie ein Aufkommen an Abwasser und Abfall, das entsorgt werden muss. Darüber hinaus besteht der Bedarf, Nachrichten innerhalb und zwischen den einzelnen Siedlungen auszutauschen. Art und Maß der Ver- bzw. Entsorgungsleistungen, die hierfür bereitzustellen sind, hängen von der Anzahl der Personen und Einrichtungen sowie deren Verteilung im Raum (Dichte, Körnung, Struktur) ab (siehe ,Definitionen').

Bedarf und Aufkommen fallen entsprechend der Siedlungsstruktur räumlich differenziert an, sowohl innerhalb der Siedlungsgebiete selbst (Dichte) als auch in Bezug auf die Raumstruktur, die sich durch die Anordnung der Siedlungsflächen und ihrer unterschiedlichen Nutzungsstrukturen (Nutzungstrennung oder Nutzungsmischung) im Gesamtraum ergibt. Nachfrageschwankungen machen eine Regelung im System erforderlich. Je größer das System, umso einfacher ist die Regelung. Je kleiner das System ist, desto schwieriger wird die Anpassung an dessen eventuell vorhandene Besonderheiten.

Darüber hinaus besteht der Bedarf bzw. das Aufkommen nicht zeitlich kontinuierlich, sondern diese unterliegen Schwankungen, die saisonal, jahreszeitlich, wöchentlich, täglich, stündlich und zum Teil mit noch kürzeren Perioden schwanken. Auf diese Situation müssen sich die Ver- und Entsorgungssysteme in Verbindung mit dem ebenfalls zeitlich schwankenden Angebot an Ressourcen jeweils einstellen. In kleinen Ver- bzw. Entsorgungsgebieten mit vorwiegend privaten Haushalten treten die verhaltensbedingten Besonderheiten in der Bedarfsnachfrage oder im Dargebot der Nutzer besonders deutlich hervor. In größeren Einzugsgebieten mit einer gemischten Nutzerstruktur aus privaten Haushalten, gewerblichen sowie industriellen Nutzern gleichen sich diese Besonderheiten in der Regel aus, so dass eine gleichmäßigere Nachfrage oder ein gleichmäßigeres Angebot entsteht. In Bild 1-7 ist beispielhaft die Nachfrage nach Wasser in ihrem täglichen Verlauf für ein kleines Dorf und den Durchschnitt der Städte anhand einer Tagesganglinie dargestellt.

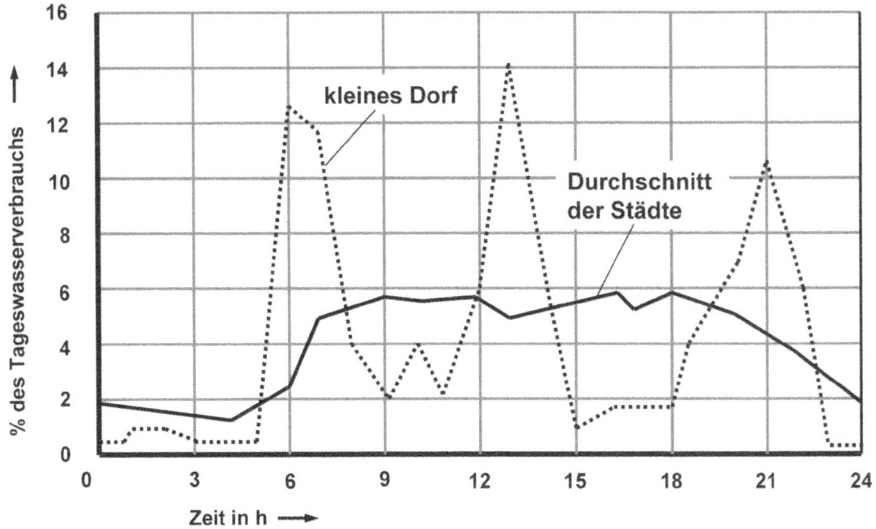

Bild 1-7 Tagesganglinie Wasserbedarf (nach [1.42])

Entsprechend der Definition, dass Bedarf das ist, was der Konsument nachfragt und sich auch finanziell leisten kann, geht ein großer Einfluss durch die Kosten auf die Nachfrage aus. Um auch die Bedeutung der Ver- und Entsorgungssysteme für die privaten Haushalte aufzuzeigen, werden nachfolgend für die einzelnen Teilsysteme neben dem Bedarf auch die Kosten für einen durchschnittlichen Haushalt aufgezeigt und später in Tabelle 1-3 zusammengefasst.

a) Strom

Alle privaten Haushalte in Deutschland haben zusammen einen Endenergiebedarf in Form von Strom von jährlich etwa 2000 PJ (= Petajoule; 1 Terawattstunde = 3,6 Petajoule). Das sind lediglich etwa 4 Prozent am gesamten Nutzenergiebedarf der Haushalte (80 % Raumwärme, 16 % Prozesswärme). Ein Haushalt in Deutschland benötigt im Durchschnitt ca. 3000 kWh (Kilowattstunden) pro Jahr an Strom, ein 4-Personen-Haushalt ca. 4000 kWh/a. Dafür bezahlt dieser derzeit (2005) ca. 17 Cent/kWh, das ergibt 680 Euro pro Jahr. Meist setzt sich dieser Preis aus einem Leistungspreis (z.B. 120 Euro pro Jahr entsprechend der installierten Leistung) und einem Arbeitspreis (z.B. 14 Cent pro verbrauchter kWh) zusammen.

Durch die Veränderung der Haushaltsstruktur in den nächsten Jahren und durch eine neue Generation von elektrisch betriebenen Konsumgütern (mit geringerem Energiebedarf einerseits und neuen Bedürfnissen für einen Energieverbrauch andererseits) wird erwartet, dass die Einsparerfolge mehr als wieder aufgezehrt werden und der Stromverbrauch der privaten Haushalte weiter steigen wird.

Kleinverbraucher (Handel, Gewerbe, Landwirtschaft) benötigen gegenüber den Haushalten etwa das 3-fache an Strom, die Industrie etwa das 6-fache.

Sämtliche Stromlieferverträge können zwischen dem Energieversorgungsunternehmen (EVU) und dem Kunden inzwischen frei ausgehandelt werden: Sondertarife, wie diese früher nach der Bundestarifordnung Elektrizität mit einem Pflichttarif und einem Schwachlasttarif üblich waren, gehören der Vergangenheit an. Die Strompreise liegen für Kleinverbraucher derzeit bei ca. 14 Cent/kWh zu den Hauptabnahmezeiten und bei ca. 10 Cent/kWh in den Nacht- oder Schwachlaststunden. Industrielle Großabnehmer können Sonderkonditionen aushandeln, die derzeit im Bereich bis 5 Cent/kWh liegen können.

b) Wärme

Für Raumwärme werden in Deutschland etwa 45 % der Nutzenergie benötigt und für Prozesswärme etwa 30 %, der Rest entfällt auf mechanische Energie und Beleuchtung, die meist durch Strom gedeckt werden. Durch den zu erwartenden Bevölkerungsrückgang in Deutschland in den nächsten Jahrzehnten sowie weitere Fortschritte bei der Wärmedämmung von Gebäuden (neue Wärmeschutzverordnung) wird der Wärmebedarf zwar insgesamt geringfügig zurückgehen, jedoch durch einen höheren Komfortgrad (z.B. mehr Wohnfläche pro Einwohner) einwohnerspezifisch weiter steigen .

Ein privater Haushalt benötigt in Deutschland ca. 2500 m³ Gas oder 2500 Liter Heizöl (jeweils ca. 25.000 kWh) für die Wärmeversorgung. Bei einem Brennstoffpreis von ca. 4 Cent pro kWh (Arbeitspreis incl. Grundpreis) ergibt dies jährliche Ausgaben von ca. 1.000 Euro pro Jahr.

c) Wasser

Der Trinkwasserbedarf lässt sich durch die bei allen Verbrauchern installierten Wasserzähler verlässlich bestimmen. Der Brauchwasserbedarf der Haushalte ist dagegen sehr unterschiedlich. Bei einem angenommenen durchschnittlichen Trinkwasserbedarf von 125 Litern pro Person und Tag und einem zugrunde gelegten durchschnittlichen Wasserpreis von etwa 2,00 Euro pro m^3 wird ein 4-Personen-Haushalt im Durchschnitt in Deutschland mit täglich einem Euro oder 365 Euro pro Jahr belastet.

d) Nachrichten

Der Bedarf nach Dienstleistungen im Nachrichtenbereich steigt durch ein vielfältiges und innovatives Angebot laufend weiter. Die Ausgaben der privaten Haushalte für die Nachrichtenübermittlung betrugen im Jahr 2001 durchschnittlich 51,00 Euro pro Monat oder 612,-- Euro pro Jahr. Trotz zurückgehender Gebühren dürften diese Ausgaben künftig eher noch weiter ansteigen.

e) Abwasser

Der Abwasseranfall pro Haushalt und Jahr liegt entsprechend dem Trinkwasserbedarf bei etwa 183 m^3. Bei angenommenen Abwassergebühren von durchschnittlich 3,00 Euro pro Kubikmeter ergeben sich pro Haushalt und Jahr ca. 550,00 Euro.

f) Abfall

Die Abfallentsorgung wird in Deutschland von den Landkreisen und den kreisfreien Städten mit sehr unterschiedlichen Systemen und sehr unterschiedlichen Gebühren durchgeführt. Ein durchschnittlicher Haushalt bezahlt zwischen 60,00 und 400,00 Euro pro Jahr für die Abfallentsorgung (keine Biotonne, 1 x Sperrmüllabfuhr pro Jahr, mindestens 14-tägige Leerung). Der Durchschnitt liegt bei etwa 200,00 Euro pro Haushalt und Jahr. Tabelle 1-3 zeigt zusammenfassend die Ausgaben der privaten Haushalte für die Ver- und Entsorgung insgesamt am Netto-Haushaltseinkommen. Bei einem durchschnittlichen Jahreseinkommen von ca. 33.000 Euro pro Haushalt in Deutschland [1.32] (Stand 2001; bei 2,2 Personen pro Haushalt) machen die Ausgaben für die Ver- und Entsorgung im Bundesdurchschnitt etwas mehr als 10 Prozent des Nettohaushaltseinkommens aus. Der Anteil der Miete lag 2001 bei den deutschen Haushalten im Durchschnitt bei knapp 25 Prozent.

Tabelle 1-3 Ausgaben zur Ver- und Entsorgung für einen Haushalt in Deutschland

Durchschnittlicher Haushalt in Deutschland	Bedarf / Aufkommen pro Jahr	Ausgaben 2002 in Euro pro Jahr	Anteil am Jahreseinkommen
- Strom	4.000 kWh	680,--	2,0 %
- Wärme	25.000 kWh	1000,--	3,0 %
- Nachrichten	-	612,--	1,9 %
- Wasser	183 m^3	365,--	1,1 %
- Abwasser	183 m^3	550,--	1,7 %
- Abfall	592 kg/a	200,--	0,6 %
Gesamtausgaben		**3407,--**	**10,3 %**

1.6 System „Ver- und Entsorgung“

Die einzelnen Systemelemente des Systems Ver- und Entsorgung werden für die jeweiligen Teilsysteme Strom, Wärme, Nachrichten, Wasser, Abwasser und Abfall in den Kapiteln 2 bis 7 abgehandelt. Nachfolgend werden zunächst die systemspezifischen Gemeinsamkeiten des Systems Ver- und Entsorgung und seiner Systemkomponenten betrachtet.

Die Ver- und Entsorgungssysteme lassen sich in drei Systemelemente einteilen, die jeweils unterschiedlichen Infrastrukturtypen zugehören:

- Umwandlung (Punktinfrastruktur)
- Transport (Linieninfrastruktur)
- Verteilung/Sammlung (Netzinfrastruktur)

Deren Zuordnung zu unterschiedlichen Raumkategorien wird in Kapitel 8 behandelt.

1.6.1 Teilelement Umwandlung

Die Umwandlung von Energie, Wasser, Abfallstoffen oder Nachrichten stellt ein Teilelement des Systems Ver- und Entsorgung dar (siehe Bild 1-1). Umgewandelt werden natürliche Ressourcen, also Brennstoffe in Nutzenergie (Strom oder Wärme) oder Wasser in Trinkwasser – man spricht dann nicht ganz präzise von „Erzeugung“ Abfall oder Abwasser werden umgewandelt, um die enthaltenen Ressourcen wieder dem Naturraum zuführen zu können. Bei den Nachrichten besteht diese Umwandlung auch in einer Umleitung in ein anderes technisches Systeme oder eine andere Richtung.

Funktion und räumliche Strukturen der Umwandlung

Die Umwandlungsanlagen dienen dazu, aus den zugeführten Ressourcen (Brennstoffen, Primärenergieträgern, Wasser), dem „input“, ein vermarktbares Produkt als „output“ herzustellen. Dieses Produkt ist durch eine definierte, gleichbleibende Qualität gekennzeichnet, die in gesetzlichen Vorschriften oder Normen festgelegt sind. So müssen die Energieerzeugungsanlagen (siehe auch Bild 1-8) z.B. einen Strom mit einer bestimmten Frequenz (50 Hz bzw. 16 2/3 Hz bei Bahnstrom) und einer bestimmten Spannung (je nach Spannungsebene 380 kV, 110 kW, 20 kV oder 380 V) erzeugen, das Wasserwerk muss ein Rohwasser in ein Trinkwasser umwandeln, das den Werten der Trinkwasserverordnung entspricht und das einen ausreichenden Druck aufweist, um möglichst ohne zusätzliche Pumpen in die Haushalte zu gelangen.

Im Entsorgungsbereich (Bild 1-9) hat z.B. die Kläranlage die Aufgabe, das eingesammelte Abwasser in solche Produkte umzuwandeln, die den gesetzlichen Einleitbedingungen in Gewässer oder den Ablagerungsbedingungen in der Landwirtschaft (Klärschlamm) genügen. Die Kompostierungsanlage oder die Müllverbrennungsanlage haben die Aufgabe, die Abfälle so umzuwandeln, dass die Umwandlungsprodukte als Kompost, als Sickerwasser oder als Deponiegas die vorgeschriebenen Umweltstandards einhalten.

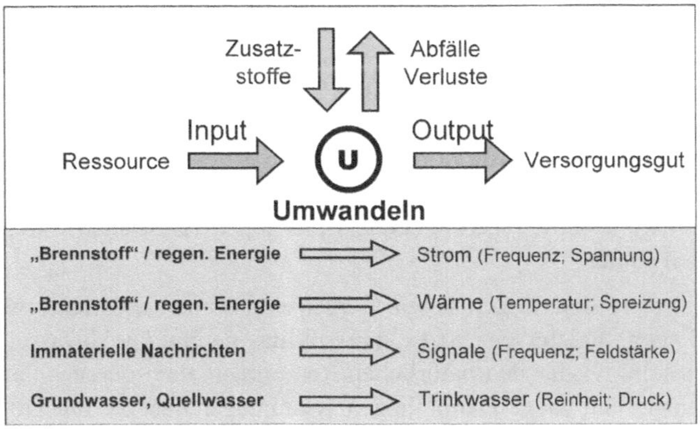

Bild 1-8 Arten der Umwandlung im Versorgungsbereich

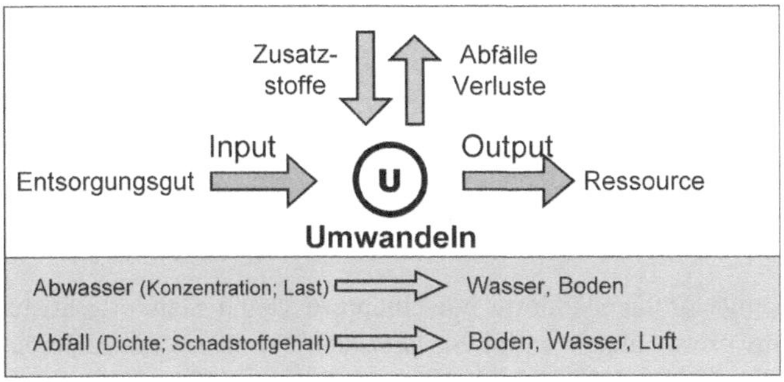

Bild 1-9 Arten der Umwandlung im Entsorgungsbereich

Kennzeichen der Umwandlung

- Standortanforderungen

Umwandlungsanlagen benötigen einen Standort, der einen bestimmten Flächenbedarf beansprucht und dem zusätzlich ein darüber hinausgehender Einwirkungsbereich zugeordnet werden kann. Damit kann ein Flächenbedarf pro umgewandelte Einheit ermittelt werden (z.B. m^2 pro kW für Kraftwerke oder m^2 pro EGW für Kläranlagen). Standorte gehören zur Punktinfrastruktur. Je nach den Wirkungen, die von einer (Umwandlungs-)Anlage ausgehen ergeben sich Standortanforderungen, die mit der Raumstruktur abzustimmen sind

- Lage

Die zentrale Frage der Standortermittlung ist es, ob dieser eher dem Ort der natürlichen Ressource zuzuordnen ist oder eher der Siedlung, also dem Ort des Bedarfes oder des Aufkommens. Dies hängt einerseits von den Wirkungen ab, die von den jeweiligen Umwandlungsstandorten ausgehen, andererseits von dem Gewichtsverlust bzw. der Volumenreduktion bei der Umwandlung und von den Transportverlusten in Abhängigkeit der Menge und der Transportstrecke.

So sollen Kraftwerksstandorte möglichst nahe bei den Verbrauchern liegen, um den Transportaufwand und die Transportverluste beim Strom zu verringern und um die Abwärme möglichst effizient für die Wärmeversorgung in den Siedlungen zu nutzen. Bei geringer Energiedichte des Brennstoffes (z.B. bei Braunkohle) ist es allerdings aufwändiger, den Strom zu transportieren, so dass solche Standorte möglichst bei den Ressourcen liegen sollten. Für Standorte im Außenbereich spricht auch der Abstand zu den Siedlungsgebieten, der wegen den mit dem Kraftwerksbetrieb verbundenen Emissionen (Luftschadstoffe, Lärm, Geruch) eingehalten werden sollte.

Kläranlagenstandorte sollten wegen deren Geruchsemissionen möglichst weit entfernt von den Siedlungen liegen, andererseits ist es sinnvoll, das gereinigte Abwasser möglichst nahe bei der Entnahmestelle wieder den natürlichen Ressourcen zuzuführen – und dies möglichst ohne großen Transportaufwand. Damit liegen Kläranlagen fast zwangsläufig in den siedlungsnahen Flusstälern, unterhalb der Städte im Außenbereich, und sind dort baurechtlich „privilegiert“.

In vielen Fällen ist es sinnvoll, die Ver- und Entsorgungsstandorte zu „bündeln“, das heißt verschiedene Anlagen auf einem Standort zu konzentrieren.

- Größe der Anlagen

Technisch und wirtschaftlich bedingt gibt es Mindestgrößen und Maximalgrößen für die Umwandlungsanlagen. Meist lassen sich in größeren Anlagen geringere Stückkosten erreichen (economies of scale), andererseits sind größere Mengen an Ver- oder Entsorgungs“gütern“ auf einen größeren Raum zu verteilen, was zu spezifisch höheren Transportkosten führt.

Die Frage, ob wenige große Standorte oder mehrere kleine Standorte kostengünstiger sind und geringere Umweltwirkungen entfalten, lässt sich somit nur unter Berücksichtigung der Siedlungsstruktur beantworten (Bild 1-10, siehe auch Kapitel 8).

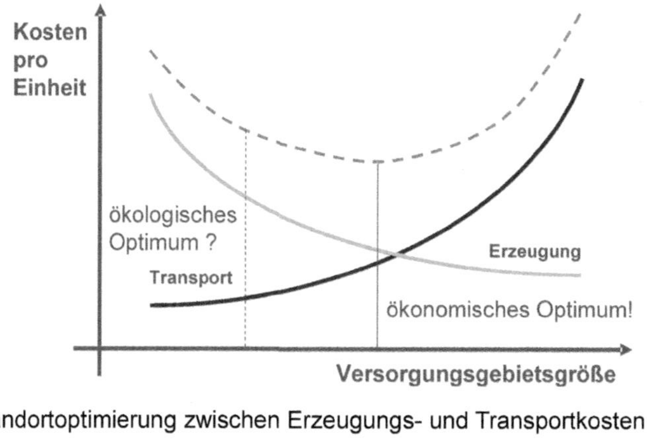

Bild 1-10 Standortoptimierung zwischen Erzeugungs- und Transportkosten

- Einzugsbereich

Der Einzugsbereich einer Umwandlungsanlage (also das Gebiet, aus dem an einem Standort gesammelt oder von diesem aus verteilt wird) ergibt sich aus der Anlagengröße und der Struktur des Versorgungsgebietes. Große Anlagen in einer wenig dichten Siedlungsstruktur haben die größten Einzugsgebiete. Kleine Anlagen können gezielt dichten Gebieten hohen Potenzialen zugeordnet werden und erreichen dort auch bei geringeren Stückkosten eventuell eine hohe Wirtschaftlichkeit. Die Abstimmung zwischen den Systemen mit der Siedlungsstruktur ist die Aufgabe von Standortuntersuchungen, die im Rahmen der Erstellung von Ver- oder Entsorgungskonzepten erfolgt (siehe Kapitel 8).

Bewertung der Umwandlung

- Wirkungsgrad (efficiency)

Jede Umwandlung ist mit energetischem Aufwand verbunden, der für eine Wirtschaftlichkeitsbetrachtung mit seinem energetischen Nutzen ins Verhältnis gesetzt werden muss. Diese dimensionslose Relation wird als Wirkungsgrad η (griechischer Buchstabe Eta) bezeichnet.

$$\text{Wirkungsgrad} = \frac{\textit{energetischerNutzen}}{\textit{energetischerAufwand}}$$

Der Wirkungsgrad einer technischen Anlage (z.B. Kläranlage, Kraftwerk) ist ein Maß für das Verhältnis des erreichten Nutzens gegenüber dem eingesetzten Aufwand oder auch das Verhältnis (der Quotient) aus nutzbarer Energie (bei gleichzeitiger Abgabe von Wärme) zu eingesetzter Energie. Der Wirkungsgrad ist dabei vor allem ein Kriterium für die Güte eines Prozesses: je höher er liegt, desto umweltschonender arbeitet eine Anlage. Bei einer Abwasserreinigungsanlage beschreibt der Wirkungsgrad das Verhältnis der Abnahme der z.B. organischen Verschmutzung zur zugeführten organischen Verschmutzung.

- Energie (Arbeit) (work)

Energie ist die Fähigkeit oder Möglichkeit eines Systems, Arbeit zu verrichten. Man kann Energie nicht herstellen oder vernichten, sondern nur von einer Form in eine andere umwandeln. Bei der Stromgewinnung aus Biomasse zum Beispiel wird zuerst chemisch gebundene Sonnenenergie in Wärmeenergie, dann in mechanische Bewegungsenergie und schließlich in elektrische Energie umgewandelt. Die Einheiten der Energie sind nach dem internationalen Einheitensystem ‚Joule' oder ‚Wattsekunde'

- Leistung (power)

Nach dem Internationalen Einheitensystem ist ‚Watt' (W) die Einheit für Leistung (Arbeit pro Zeit), Energiestrom und Wärmestrom.

Der Jahresgang stellt allgemein den Verlauf eines Parameters im Laufe eines Jahres dar. Bei den Parametern kann es sich z.B. um den Verlauf von Temperaturen oder Niederschlägen handeln. Aber auch für Photovoltaik-Anlagen findet dieser Begriff Anwendung: Er beschreibt in diesem Fall den Verlauf der Stromproduktion. Die Energieversorgungsunternehmen ermitteln einen Jahresgang für bestimmte Kundengruppen, um so die Energieproduktion danach ausrichten zu können.

Bei Trinkwasserförder- oder -aufbereitungsanlagen und bei Kläranlagen wird zwischen der hydraulischen und der mechanischen, biologischen und/oder chemischen Reinigungsleistung unterschieden. Die hydraulische Leistung wird in der geförderten oder bearbeiteten Wassermenge gemessen, in der Regel in Kubikmetern pro Stunde (m^3/h), teilweise auch in Liter pro Sekunde (L/s). Das heißt, 1 m^3/h sind 0,2777 L/s (oder 3,6 m^3/h sind 1 m^3/h). Die biologische Reinigungsleistung wird häufig in Form der BSB_5-Abnahme in Prozent angegeben. Siehe hierzu Kapitel 5.

1.6.2 Teilelement Transport

Der Transport von Energie, Nachrichten, Wasser und Abfällen stellt ein Teilelement des Systems Ver- und Entsorgung dar (siehe Bild 1-1). Transportiert werden entweder natürliche Ressourcen direkt oder die Umwandlungsprodukte, mit denen eine Siedlung versorgt werden soll (Strom, Wärme, Nachrichten, Wasser), bzw. das Abwasser oder die Abfallstoffe, von denen eine Siedlung entsorgt werden soll. Der Transport erfolgt nur zum Zwecke der Raumüberwindung zwischen der Umwandlung und der Verteilung/Sammlung. Er unterscheidet sich dadurch von der Transportfunktion innerhalb der Teilkomponente Verteilung/Sammlung.

Kennzeichen des Transportes

Die Systemkomponente ‚Transport' stellt bei den meisten Ver- und Entsorgungssystemen im logistischen Sinne kein Verteil- oder Sammeltransport dar, sondern den Transport veredelter Produkte als Verbindung zwischen zentralen Umschlagspunkten im Raum, in der Regel zwischen dem Ort der Umwandlung und dem Siedlungsbereich, in dem verteilt oder gesammelt wird (Bild 1-11). Ein Transport zwischen den Bedarfs- oder Aufkommenspunkten entfällt in der Regel. Dadurch reduziert sich die Zahl der möglichen Verkehrsverbindungen, und Größendegressionseffekte können genutzt werden. Von den Verteilungs- bzw. Sammelpunkten aus (Hub) schließen sich die Verteilungs- bzw. Sammelsysteme (Spoke) an, die im nächsten Abschnitt behandelt werden. Hinzu kommen die Transporte der Brennstoffe oder Zuschlagstoffe zu den Umwandlungsanlagen sowie der Abtransport von Abfällen und Reststoffen. Auch der Transport von Abgasen (CO_2) über Rohrleitungen zu Großraumspeichern befindet sich inzwischen in der Realisierungsphase.

Der Transport stellt somit ein Teilglied der logistischen Ver- oder Entsorgungskette dar, deren Aufgabe es ist, die Planung, Ausführung und Kontrolle von Material-, Informations-, Werte-, Personen- und Energieflüssen im Gesamtsystem zu übernehmen (= Definition der Logistik). Dabei ist zu beachten, dass diese Aufgabe nicht aus einer Aneinanderreihung von Maßnahmen und Instrumenten besteht, sondern dass für die einzelnen Systeme ein logistisches Gesamtkonzept zu entwickeln ist, in dem der Transport eine eigene betriebliche Funktion neben wichtigen anderen darstellt.

In der Logistik [1.46] werden sechs Aufgaben unterschieden (die sechs „r"), die auch bei den Ver- und Entsorgungssystemen zu beachten sind: die richtige Menge der richtigen Objekte (Güter, Personen, Energie, Informationen) am richtigen Ort (Quelle oder Senke) im System zum richtigen Zeitpunkt in der richtigen Qualität zu den richtigen Kosten ist bereitzustellen und in einer Gesamtfunktion zu vereinigen.

Trassen gehören zur Linieninfrastruktur. Eine Ausnahme bildet hier nur die Abfallentsorgung, die nur selten (pneumatische Entsorgungssysteme, Klärschlammpipelines) leitungsgebunden durchgeführt wird. Der Abfalltransport erfolgt in der Regel durch Straßen- oder Schienenfahrzeuge, teilweise auch durch Schiffe. Je nach den Wirkungen, die von einer Transportleitung ausgehen, ergeben sich Trassenanforderungen, die mit der Raumstruktur abzustimmen sind. Hier nehmen die Hochspannungsfreileitungen eine Sonderstellung ein, da diese nicht wie die Stromkabel, die Gasleitungen oder die Wasser- und Abwassertransportleitungen unterirdisch verlaufen. Fernwärmeleitungen werden zwar heute in der Regel unterirdisch verlegt, können jedoch aus Kostengründen teilweise auch oberirdisch verlaufen. Der großräumige Nachrichtentransport verläuft entweder oberirdisch im Luftraum über Richtfunkstrecken oder unterirdisch, heute meist über Glasfaserkabel.

- Verlauf

Die zentrale Frage der Trassenermittlung ist es, ob diese außerhalb der Siedlungen oder innerhalb dieser verlaufen müssen. Dies hängt einerseits von den Wirkungen ab, die von den jeweiligen Systemen ausgehen, andererseits von den auf der Trasse zu überwindenden Barrieren (bauliche Anlagen sowie Flüsse, Kanäle, Straßen, Bahnlinien usw. aber auch wertvolle Naturräume, Schutzgebiete oder unwegsames Gelände). Wegen der Verluste, die beim Transport entstehen, werden jeweils die kürzesten Strecken („Luftlinie") angestrebten Gewichtsverlust bzw. der Volumenreduktion bei der Umwandlung und von den Transportverlusten in Abhängigkeit der Menge und der Transportstrecke.

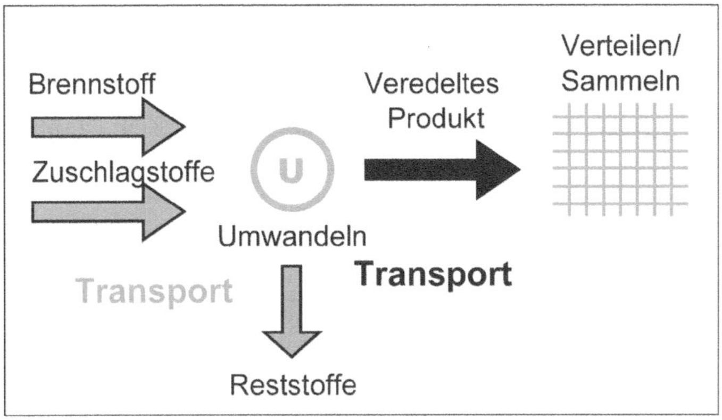

Bild 1-11 Transportbeziehungen im System Ver- und Entsorgung

Je nach der Anzahl und Größe der zugehörigen Umwandlungsanlagen wird es erforderlich, kleinere oder größere Mengen zu den Orten der Verteilung oder Sammlung zu transportieren, so dass auch eine Optimierung der Transportvorgänge im Zusammenhang mit der Anzahl und Lage der Umwandlungsstandorte erfolgen sollte (siehe Bild 1-11). Zur Reduzierung der Auswirkungen auf die natürlichen Ressourcen (Freiräume, Natur und Landschaft) sowie auf die Siedlungen sollten die Möglichkeiten zur Bündelung von Leitungstrassen genutzt werden.

- Größe der Leitungen

Technisch und wirtschaftlich bedingt gibt es auch für die Transportanlagen Mindestgrößen und Maximalgrößen. Meist lassen sich in größeren Systemen (größeren Leitungsdurchmessern oder Kabelquerschnitten) geringere Stückkosten erreichen (economies of scale), teilweise nehmen die Transportverluste mit zunehmender Transportmenge zu, teilweise nehmen diese ab, wenn man entsprechende technische Vorkehrungen trifft (Erhöhung der Übertragungsspannung, oder des Druckes) sind größere Mengen auf einen größeren Raum zu verteilen, was zu spezifisch höheren Transportkosten führt.

Funktion und räumliche Strukturen des Transportes bei Ver- und Entsorgungssystemen

Bei den Ver- und Entsorgungssystemen findet der Transport von Strom, Fernwärme, Gas, Nachrichten, Wasser, Abwasser in leitungsgebundenen Systemen (Leitungen) kontinuierlich statt. Abfall wird dagegen meist diskontinuierlich transportiert, da hier pneumatische Abfallsauganlagen in Rohrleitungen lediglich die Ausnahme in einigen hoch verdichteten Siedlungen darstellen.

Bei geringer Auslastung der Systeme und bei Störungen erfolgt auch der Transport von Flüssiggas, von Wasser in Flaschen oder Behältern, von Fäkalien aus Sammelgruben diskontinuierlich. Zu unterscheiden ist auch zwischen „offenen“ (z.B. drucklosen oder in der Kapazität im Prinzip nicht nach oben eingeschränkten) Systemen wie die Freileitung, das Gerinne, die Freispiegelleitung und die Abfallmulde, die eine „Überlauffunktion“ aufweisen (Überhitzung bei der Freileitung, Auslaufen bei dem Wassergerinne usw.) und „geschlossenen“ Systemen, die in ihrer Kapazität technisch begrenzt sind, wie das Stromkabel, oder die Wasserleitung, die Gasleitung und die Fernwärmeleitung, die „unter Druck“ stehen.

Offene Systeme sind leichter zugänglich weil diese bis auf die Abwasserleitungen meist oberirdisch verlegt sind. Geschlossene Systeme sind dagegen schwerer zugänglich (meist unterirdisch) und müssen gegen Überlast technisch gesichert werden. Ziel: Es soll so viel wie möglich bei gleich bleibender Qualität „ankommen“.

Tabelle 1-4 Transportverluste verschiedener Energieträger [1.47]

Energieträger	Anwendung	Transportentfernung [km]	Energieverluste beim Transport [%]	Materielle Verluste [%]	Bemerkung
Erdgas	GuD-Kraftwerk	5.000	10 - 15	< 1,8	Russisches Erdgas
Steinkohle	Kraftwerk	20.000	7 *)	Gering	Importkohle
Braunkohle	Kraftwerk	10	3	1	Heim. Kohle
Rohöl	Raffinerie	20.000	4 – 5	7 **)	
Uran	Kraftwerk	20.000	~ 0	~ 0	

*) inkl. Leerfahrt **) Raffinerieeigenbedarf

Jeglicher Transport ist mit Energieaufwand und damit mit Leistungsverlusten im Gesamtsystem verbunden (vergl. Tabelle 1-4). Da mit zunehmender Transportstrecke auch die Transportkosten zunehmen, hat die Standortwahl einen erheblichen Einfluss auf die Wirtschaftlichkeit des Gesamtsystems. Darüber hinaus sind die Verluste neben der Transportstrecke von der transportierten Menge und damit bei den leitungsgebundenen Systemen von deren Querschnitt abhängig. Auch hier gibt es Stückkostenvorteile der Größe (economies of scale): Je größer die transportierten Mengen, desto geringer werden die spezifischen Transportkosten pro Einheit.

Viele der Systeme benötigen auch eine gewisse Mindestmenge, damit sich der leitungsgebundene Transport gegenüber den diskontinuierlichen Systemen lohnt. Damit ergibt sich in jedem System eine feste Beziehung zwischen Standortlage, Standortgröße, Transportstrecke und Einzugsgebiet.

1.6.3 Teilelement Verteilung und Sammlung

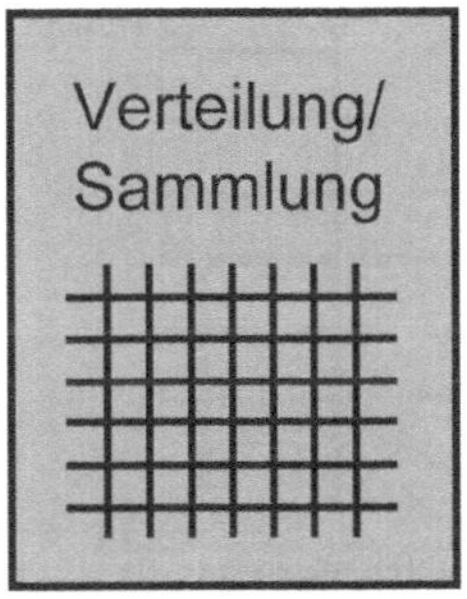

Die Verteilung/Sammlung von Energie, Nachrichten, Wasser und Abfällen stellt ein Teilelement des Systems Ver- und Entsorgung dar (siehe Bild 1-1). Verteilt werden die natürlichen Ressourcen entsprechend deren Bedarf innerhalb der Siedlungen, nachdem diese zuvor meist umgewandelt und dorthin transportiert wurden. Gesammelt wird das Aufkommen an Abwasser und Abfällen, das in den Siedlungen entsteht, um anschließend transportiert, umgewandelt und dann wieder den natürlichen Ressourcen zugeführt zu werden. Verteilung und Sammlung bilden zusammen mit dem Transport die Logistik.

Kennzeichen der Verteilung und der Sammlung

Die Verteilung oder Sammlung findet in den Ver- und Entsorgungssystemen innerhalb der Siedlungsflächen statt, dort wo die Nachfrager nach Strom, Wärme, Nachrichten oder Wasser und die Produzenten von Abwasser oder Abfällen verortet sind. Die Verteilung erfolgt somit nach den Regeln der Distributionslogistik, die sich mit der ‚Planung und Durchführung von Maßnahmen zur optimalen Gestaltung des Leistungsprozesses, der Übernahme der Produkte aus der Produktion und deren Weiterleitung und Übergabe an die Käufer befasst' [1.48]. Die Sammlung von Abwasser und Abfällen ist dagegen der Entsorgungslogistik zuzuordnen, die als ‚Planung und Durchführung von Maßnahmen zur kostengünstigen und umweltschonenden Entsorgung nicht mehr benötigter Stoffe und Substanzen' definiert ist.

Die Ressource wird an einem Umschlagpunkt (dem Ort der Umwandlung) abgeholt. Auf einer Verteil- und Sammelfahrt werden diese zu den Empfangsstellen gebracht, und auf derselben Rundfahrt werden Waren von Lieferstellen abgeholt, um diese zum Ausgangsort zu transportieren.

- Netzanforderungen

Die Verteilung oder Sammlung findet in Netzen statt, man bezeichnet daher die Ver- und Entsorgungssysteme als ‚Netzinfrastruktur' (vgl. Bundesraumordnungsprogramm 2002). Diese verlaufen in der Regel unterirdisch innerhalb der Siedlungsgebiete und bewirken keinen unmittelbaren Flächenbedarf. Andererseits stehen diese in enger Wechselbeziehung mit der Siedlungsstruktur und dem jeweiligen Erschließungssystem. Je nach Ver- oder Entsorgungsaufgabe gibt es daher unterschiedliche Netzarten, die sich mehr oder weniger gut an die Orte des Bedarfes oder des Aufkommens anpassen lassen. Man spricht auch von der Körnung und Maschenweite, die das Erschließungssystem bestimmen.

- Arten

Das *Strahlennetz,* auch als *Verästelungsnetz* bezeichnet (Bild 1-12) stellt die einfachste Form für die Ver- bzw. Entsorgung dar. Mit ihm lassen sich die Bedarfspunkte (Hausübergabestationen mit Zähler bei Strom, Wärme und Wasser, Empfänger bei den Telekommunikationssystemen) und die Aufkommenspunkte (Hausanschluss, Stellplatz der Abfallbehälter) auf kürzestem Weg erreichen. Ein Anschluss kann hier jeweils nur ‚von einer Seite' erfolgen, also ohne eine ‚Redundanz' (= Überfluss). Als redundant wird ein System bezeichnet, wenn es zur Erhöhung der Ver- bzw. Entsorgungssicherheit zusätzliche Einheiten enthält, die an sich überflüssig sind, jedoch bei Ausfall des Hauptsystems (oder z.B. bei dessen Wartung) genutzt werden können.

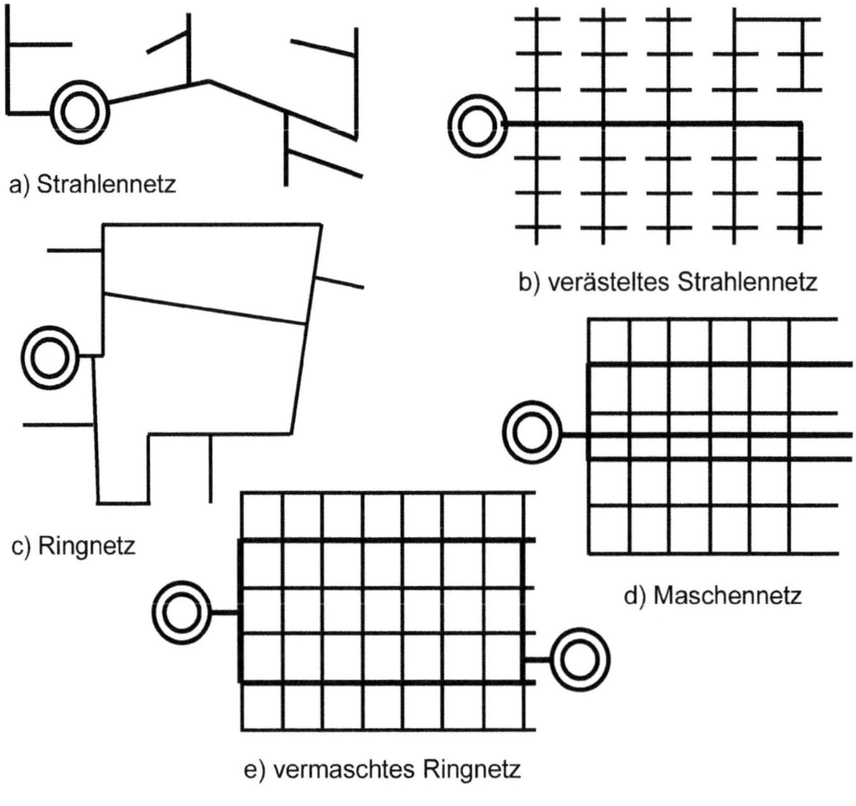

Bild 1-12 Netztypen und ihre Kombinationen [1.42]

Ringnetze sind in sich geschlossen, Sie weisen eine Redundanz dadurch auf, dass durch sie jeder Anschlusspunkt in einem gewissen Bereich von zwei Seiten aus angesteuert werden kann.

Maschennetze, auch *Umlaufnetze* genannt, kombinieren die Eigenschaften von Verästelungsnetzen und Ringnetzen. Beim Umlaufnetz ist die Grundstruktur des Leitungssystems ähnlich dem Strahlennetz. Der wesentliche Unterschied besteht darin, dass beim Umlaufnetz die Endstränge der Nebenleitungen miteinander verbunden sind, wodurch die Versorgung in jedem Punkt des Versorgungsgebietes von zwei Seiten aus erfolgen kann. Die Druckverteilung wird gleichmäßiger als beim Verästelungsnetz, im Falle eines Rohrbruches muss nur eine kurze Teilstrecke zwischen zwei Absperrschiebern abgeschaltet werden.

Das *vermaschte Ringnetz* kombiniert sämtliche Vorteile der einzelnen Netzformen im Hinblick auf die Versorgungssicherheit. Es weist jedoch den größten Aufwand zu seiner Herstellung auf.

Funktion und räumliche Strukturen Verteilung / Sammlung

Die Funktionen Verteilung und Sammlung finden in der *Fläche* statt. Über sie werden die jeweiligen Güter, Stoffe usw. gebündelt und dem Transportsystem (Linie) zugeführt oder direkt dem Standort (Punkt) der Umwandlungsanlage zugeführt.

- Stromversorgung

Die Verteilung stellt im Bereich der Stromversorgung neben der Erzeugung und der Übertragung eine etwa gleich bedeutende Komponete dar. Sie erfolgt in so genannten Verteilungsnetzen (meist in vermaschten Netzen) „flächendeckend" in der Siedlungsentwicklung. Die mittlere Leitungslänge pro Kunde liegt in Großstädten bei 5 bis 10 m, in ländlichen Räumen ca. zehnfach höher.

- Wärmeversorgung

Die Verteilung stellt im System der Wärmeversorgung die Hauptkomponente dar, da diese wegen der erforderlichen Wärmedämmung teilweise recht aufwändig ist. Sie erfolgt in Verästelungsnetzen, wobei meist nur die lohnenden Potentiale versorgt werden. Sie ist somit nicht flächendeckend. Teilweise folgt die Siedlungsentwicklung den Potentialen des Wärmesystems.

- Nachrichtenversorgung

Die Verteilung und Sammlung der Nachrichten erfolgt beim Telefon in Kabelnetzen, beim Mobilfunk auf der „letzten Meile" drahtlos. Die übrigen Systeme (Rundfunk, Fernsehen) verteilen die Nachrichten ebenfalls über ein Netz drahtloser Sendeanlagen.

- Wasserversorgung

Die Verteilung von Trink- und Brauchwasser erfolgt in den Siedlungsgebieten flächendeckend in stark vermaschten Netzen. Diese sind Hauptbestandteil des Systems, da diese auch Transportaufgaben übernehmen und die Fassung und Aufbereitung nur einen vergleichsweise geringen Aufwand erfordern.

- Abwasserentsorgung

Die Sammlung der Abwässer (in Verästelungsnetzen) erfolgt in Deutschland in den Siedlungen zu fast 95 Prozent. Die Sammlung stellt neben der Abwasserreinigung eines der beiden Hauptbestandteil des Systems dar, da die Netze auch Transportfunktionen übernehmen und der großräumige Abwassertransport eher die Ausnahme darstellt.

- Abfallentsorgung

Die Sammlung der Abfälle erfolgt für unterschiedliche Abfallfraktionen (Restmüll, Wertstoffe) diskontinuierlich nach bestimmten Abfuhrrhythmen (wöchentlich; 14-tägig; auf Anforderung) über das Straßennetz. Hier kommt der Routenplanung aus Kostengründen eine große Bedeutung zu.

1.7 Literatur zu Ver- und Entsorgung als System

1.1 Rosnay, Joel de (1979): Das Makroskop. Systemdenken als Werkzeug der Ökogesellschaft. Rowohlt, Reinbek bei Hamburg

1.2 Schramm, Engelbert (2004): Naturale Aspekte sozial-ökologischer Regulation. Zwischenbericht aus dem Analysemodul „Ressourcenregulation“ im Verbundvorhaben „net-WORKS“ zur Präsentation auf dem Meilenstein-Workshop vom 30.-31. März 2004 in Hannover. ISOE: Frankfurt am Main

1.3 Baccini, Peter; Bader, Hans-Peter (1996): Regionaler Stoffhaushalt. Erfassung, Bewertung und Steuerung. Spektrum, Heidelberg et al.

1.4 Frey, René L. (2005): Infrastruktur. In Handwörterbuch der Raumordnung. Akademie für Raumforschung und Landesplanung -ARL, Hannover

1.5 Kluge, Thomas; Scheele, Ulrich (2003): Transformationsprozesse in netzgebundenen Infrastruktursektoren. netWorks-Papers Heft 1. Difu, Berlin

1.6 Reidenbach, Michael (2002): Der kommunale Investitionsbedarf in Deutschland. Eine Schätzung für die Jahre 2000-2009. Difu-Beiträge zur Stadtforschung, Berlin

1.7 Bullinger, Dieter (2002): Schrumpfende Städte und leere Wohnungen. Ein neues Phänomen und der Trend der Zukunft nicht nur in Ostdeutschland. In: Raumforschung und Raumordnung, 60 Jg., Heft 3-4, S. 264-271.

1.8 Klatt, Sandra; Meyer, Bernd (2002): Herausforderung Schrumpfende Stadt – Forschungsverbund Stadt 2030. In: PLANERIN, Heft 3, S. 42-43.

1.9 Moss, Timothy (2003): Utilities, land-use change, and urban development: brownfield sites as „cold spots” of infrastructure networks in Berlin. In: Environment and Planning A, Vol. 35, S. 511-529.

1.10 Megginson, William L.; Netter, Jeffry M. (2001): From State to Market: A Survey of Empirical Studies on Privatization. In: Journal of Economic Literature, Vol39, No. 2, S. 321-389, zitiert in [1.5]

1.11 Rothenberger, Dieter (2002): Integrating Energy and Water Supply on Company Level: Municipal Multi Utilities. 12th Stockholm Water Symposium, Workshop 7. Stockholm, zitiert in [1.5]

1.12 Fischer, Martin; Zwetkow, Karin (2003): Systematisierung der derzeitigen Privatisierungsmöglichkeiten auf dem deutschen Wassermarkt. Trennung von Netz und Betrieb als zusätzliche Option? In: Neue Zeitschrift für Verwaltungsrecht, Heft 3, S. 281-292.

1.13 Meadows, Dennis; Meadows, Danella / Zahn, Erich / Milling, Peter (1972): Die Grenzen des Wachstums. Bericht des Club of Rome zur Lage der Menschheit. Deutsche Verlagsanstalt, Stuttgart

1.14 Schmidt-Bleek, Friedrich (1998): Das MIPS-Konzept. Weniger Naturverbrauch – mehr Lebensqualität durch Faktor 10. Droemer Knaur, München

1.15 Bleischwitz, Raimund (2003): Ressourcen. In: Simonis, Udo E. (Hrsg.): Öko-Lexikon. Beck, München

1.16 Bundesanstalt für Geowissenschaften und Rohstoffe (1998): Reserven, Ressourcen und Verfügbarkeit von Energierohstoffen 1998, Hannover/Berlin

1.17 Bundesministerium für Wirtschaft (2000): Energiedaten, Bonn

1.18 Blume, Hans-Peter; Sukopp, Herbert (1976): Ökologische Bedeutung anthropogener Bodenveränderungen. Schriftenreihe Vegetationskunde 10: 74-89. Bornkamm, R. 1980.

1.19 Dittmann, Achim; Zschernig, Joachim (1998): Energiewirtschaft, Teubner, Stuttgart

1.20 Bundesministerium für Umwelt; Umweltbundesamt (2001): Wasserwirtschaft in Deutschland, Teil 1: Grundlagen, UBA-Texte 14/99, Bonn

1.21 Kolkwitz, Richard; Marsson, Maximilian (1909): Ökologie der tierischen Saprobien. Beiträge zur Lehre von der biologischen Gewässerbeurteilung. In: Internationale Revue der gesamten Hydrobiologie und Hydrographie, Band 2, S.126-152.

1.22 Görner, Klaus; Hübner, Kurt (1999): Umweltschutztechnik, Springer, Berlin et al.

1.23 Jessel, Beate; Tobias, Kai (2002): Ökologisch orientierte Planung. Ulmer, Stuttgart

1.24 IWU; ZIV (2002): Null-Emmissions-Stadt, Institut Wohnen und Umwelt GmbH, Darmstadt in Zusammenarbeit mit dem Zentrum für integrierte Verkehrssysteme, Darmstadt, im Auftrag des Bundesministeriums für Bildung und Forschung

1.25 Rietdorf, Werner (Hrsg.) (2001): Auslaufmodell europäische Stadt. IRS, Berlin, 2001

1.26 Deutscher Städtetag u. Deutsches Institut für Urbanistik (1988): Zum Begriff „Stadtökologie". Der Städtetag 9, 1988, S. 600 - 601

1.27 Bundesforschungsanstalt für Landeskunde und Raumordnung (Hrsg.) (1996): Nachhaltige Stadtentwicklung. Herausforderungen an einen ressourcenschonenden und umweltverträglichen Städtebau. Bonn

1.28 BUND; Misereor (Hrsg.) (1996): Zukunftsfähiges Deutschland. Birkhäuser, Basel et al. 1996

1.29 Ahuis et al. (1993): Ökologisch nachhaltige Entwicklung von Verdichtungsräumen. ILS-Schriften 76, 1993, 66 S

1.30 Apel, Dieter; Böhme, Christa; Meyer, Ulrike; Preisler-Holl, Luise (2000): Szenarien und Potenziale einer nachhaltig flächensparenden und landschaftsschonenden Siedlungsentwicklung. Umweltbundesamt (Hrsg.) Berichte 1/00, Berlin

1.31 Sieverts, Thomas (1997): Zwischenstadt. Zwischen Ort und Welt, Raum und Zeit, Stadt und Land. Bauwelt Fundamente 118, Braunschweig, Wiesbaden 1997

1.32 Chmella-Emrich, Elke et al. (1999): Beitrag der Wohnungspolitik für eine nachhaltige Entwicklung. Tagungs- und Materialband zum Expertengespräch des Bundesministeriums für Verkehr, Bau- und Wohnungswesen und des Bundesamtes für Bauwesen und Raumordnung, Institut Wohnen und Umwelt, Darmstadt

1.33 Sieverts, Thomas (1998): Die Stadt in der zweiten Moderne, eine europäische Perspektive. Informationen zur Raumentwicklung, Heft 7/8, s. 455 - 473

1.34 Kühn, Manfred (2001): Regionalisierung der Städte. Raumforschung und Raumordnung 5 - 6, S. 402 – 411

1.35 Baccini, Peter; Oswald, Franz (1998): Netzstadt. Transdisziplinäre Methoden zum Umbau urbaner Systeme. Vdf Hochschulverlag, Zürich

1.36 Haughton, Graham (1997): Developing Sustainable Urban Development Models. Cities 14 (4), p. 189 – 195

1.37 Guy, Simon; Marvin, Simon (2000): Models and Pathways: The Diversity of Sustainable Futures. In: Williams et al. Achieving Sustainable Urban Form. Spon, London New York, 2000, p. 9 – 18

1.38 Brunner, Paul H. (1999): Zur Bedeutung des Hinterlandes für den Stoffwechsel von Wien. Internationales Forum für Gestaltung, Strategischer Raum - Urbanität im 21. Jahrhundert. anabas, Frankfurt/M., 2000, S. 96 – 103

1.39 Sukopp, Herbert; Wittig, Rüdiger (1998): Stadtökologie. 2. Aufl. Stuttgart

1.40 Pauleit, Stephan; Duhme, Friedrich (1999): Stadtstrukturtypen. Bestimmung der Umweltleistungen von Stadtstrukturtypen für die Stadtplanung. RaumPlanung 84, S. 33-44

1.41 Brandt, Dierk; Heller, Gabriele (1997): Die integrierte Stadtstrukturtypenanalyse - ein Instrument zur Analyse und Bewertung von Flächennutzungs- und Standortmustern am Beispiel München; Entwicklungsachse Hauptbahnhof-Laim. In: Deutsches Institut für Urbanistik, Flächensteuerung in Großstadtregionen -Ansätze für eine nachhaltige Siedlungsentwicklung, Forum Stadtökologie 3, S. 35 - 70, 1997)

1.42 Müller, Wolfgang; Korda, Martin (1999): Städtebau. Teubner, Stuttgart

1.43 HEA / VDEW (ohne Erscheinungsjahr): Lexikon Energiewelten, Online-Lexikon, Informationssoftware, Frankfurt / Berlin

1.44 Bund der Energieverbraucher (2005): Wieviel Energie (ver)braucht der Mensch? Brennstoffkosten auf www.energieverbraucher.de (zugegriffen am 11.6.2005)

1.45 Statistisches Bundesamt (2002): Durchschnittseinkommen Haushalte. Datenreport 2002, Wiesbaden

1.46 Jünemann, Reinhardt (2000): Materialfluss und Logistik. Systematische Grundlagen mit Praxisbeispielen. Springer, Berlin et al.

1.47 Rebhan, Eckhard (2002): 2002 Energie-Handbuch. Springer, Berlin et al.

1.48 Heisrich, Otto-Ernst (2002): Logistik, eine praxisorientierte Einführung (3. Auflage). Gabler, Wiesbaden

Standardwerke:

Akademie für Raumforschung und Landesplanung – ARL (2005): Handwörterbuch der Raumordnung, ARL, Hannover

Baccini, Peter; Bader, Hans-Peter (1996): Regionaler Stoffhaushalt. Spektrum, Heidelberg

Verbände o.ä.:

Akademie für Raumforschung und Landesplanung, Hannover: www.arl-net.de

UVP-Gesellschaft e.V. – Gesellschaft für die Prüfung der Umweltverträglichkeit: über www.laum.uni-hannover.de/uvp/

2 Stromversorgung

Mit dem Begriff Strom wird im allgemeinen Sprachgebrauch der fachtechnische Begriff Elektrizität bezeichnet. Dies gilt auch für den Begriff Stromversorgung in Bezug auf die Elektrizitätsversorgung. Das System Stromversorgung ist hier definiert als die Gesamtheit aller Vorkehrungen und Einrichtungen, einschließlich ihres Ressourcenverbrauches, zur Versorgung eines Gebietes, eines Landes, einer Region mit der Endenergie Strom. Das System Wärmeversorgung, das zusammen mit der Stromversorgung die Energieversorgung bildet, wird wegen der besseren Übersichtlichkeit anschließend zusammen mit der Gasversorgung in einem gesonderten Kapitel behandelt.

2.1 Stromversorgung als System

2.1.1 Systemeigenschaften der Stromversorgung

Das System der Stromversorgung dient dazu, den Strombedarf der Haushalte, der gewerblichen und industriellen Nachfrager sowie der öffentlichen Einrichtungen zu decken (Bild 2-1).

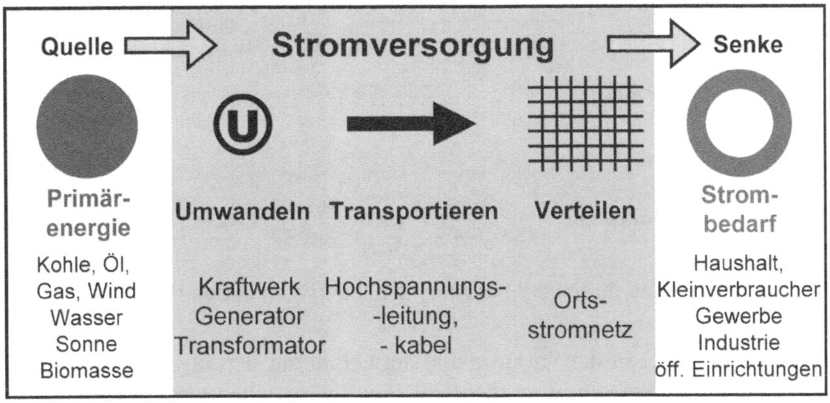

Bild 2-1 Systemkomponenten des Systems Stromversorgung

Dazu sind Ressourcen erforderlich, die in Form von Primärenergie, teilweise auch als Sekundärenergie (siehe hierzu später Bild 2-3) bereitgestellt werden. Da diese Ressourcen in der Regel nicht flächendeckend an den Orten des Bedarfes und meist auch nicht ohne vorherige Umwandlung in eine *Endenergie* (hier Strom) verwendet werden können, ist ein umfangreiches System erforderlich, das aus Anlagen zur Umwandlung, zum Transport sowie zur Verteilung des Stromes besteht. Neben dem technischen System kommt auch der wirtschaftlich-rechtlichen Organisationsform (Netz- und Kraftwerksbetreiber, Stromhändler, Kunden, Hersteller, Politik, Staat, Kommunen, Verbände, Gesetze, Normen, Verträge etc.) der Stromversorgung eine immer größere Bedeutung zu.

Die Stromversorgung ist netzgebunden, d.h. zwischen der Umwandlung der Primärenergie (z.B. in einem Kraftwerk) und den Orten des Strombedarfes (bei den Verbrauchern) befindet sich ein mehrstufiges System (Stromnetz), das aus dem Stromtransport über Hochspannungsleitungen oder Hochspannungskabeln besteht, sowie einem Verteilungsnetz, das der Siedlungsstruktur angepasst ist (siehe Bild 2-2). Die Netze zum Transport und zur Verteilung von Strom werden insgesamt Übertragungsnetz bezeichnet und man spricht von einer Netzinfrastruktur.

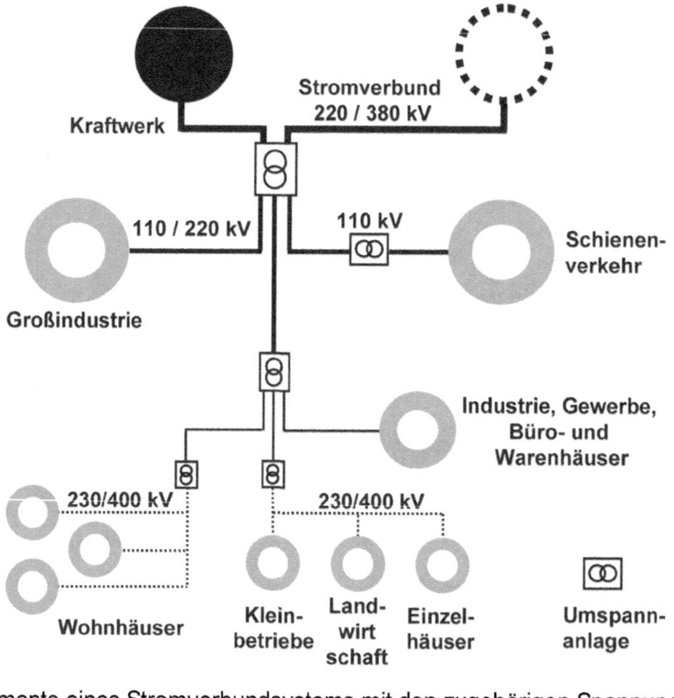

Bild 2-2 Elemente eines Stromverbundsystems mit den zugehörigen Spannungsebenen

Ein weiteres Kennzeichen der Stromversorgung beruht auf der Tatsache, dass Strom bislang nicht in größerem Umfang auf wirtschaftliche Weise gespeichert werden kann. Dies bedeutet, dass Strom jeweils im Moment der Nachfrage produziert werden muss. Folglich sind die Erzeugungs- und Übertragungseinheiten auf eine *Jahreshöchstlast* (plus Reserven) auszulegen und, sie müssen in der Lage sein, im System selbst Nachfrageschwankungen auszugleichen.

Dies können große Systeme besser als kleine, weil dort die Möglichkeit häufiger ist, dass sich sowohl Bedarfsspitzen als auch Bedarfssenken im Netz selbst durch zeitliche Überlagerung ausgleichen bzw. dass Erzeugungsausfälle ausgeglichen werden können. Schließlich gehen Bau und Unterhaltung von Netz- und Erzeugungsanlagen mit einer hohen Kapitalintensität und langen Investitionszeiten einher. Beide Bereiche müssen im Hinblick auf eine hohe Versorgungssicherheit auf maximale Verbrauchsanforderungen ausgerichtet sein, was zu einer kostspieligen Kapazitätsvorhaltung und langfristigen Planungs- und Abschreibungszeiträumen führt.

Die Stromerzeugung in Deutschland besteht insgesamt aus sehr unterschiedlichen Umwandlungsanlagen. Man spricht von einem *Kraftwerkspark*, der einen bestimmten *Anlagenmix* aufweist. In diesem spiegeln sich die verschiedenen Standortanforderungen der einzelnen Anlagen und deren Techniken (Brennstoffbedarf, Kühlwasserbedarf, Einbindung in das Stromnetz, Lage zu den Verbrauchern) wieder, aber auch die regional unterschiedlichen Standortgegebenheiten in Deutschland.

Die Wasserkraftpotentiale befinden sich eher in Süddeutschland, die Windkraftpotentiale eher in Norddeutschland, dazwischen liegen die heimischen Braunkohlevorräte. Die thermischen Großkraftwerke liegen dagegen wegen ihrem Kühlwasserbedarf an der Küste oder den größeren Fließgewässern bzw. unmittelbar bei den Braunkohlevorkommen.

Die Stromübertragungsnetze der Höchstspannungsebene (380 kV) verlaufen zwischen den großen Einspeisepunkten und den Verbrauchsschwerpunkten. Darüber hinaus ist das deutsche Stromnetz in das europäische Netz integriert, so dass an den Grenzen „Interkonnektoren" zu den Nachbarländern bestehen. Mit den Stromnetzen wird einerseits die Funktion des großräumigen Stromtransportes wahrgenommen, andererseits erfolgt mit diesen auch die Stromverteilung in den Siedlungen und zwischen diesen.

Die Stromversorgung stellt auch eine Energiedienstleistung dar, bei der unter Einsatz von Nutzenergie und anderen Produktionsfaktoren Bedürfnisse befriedigt bzw. Güter erzeugt werden. Solche Energiedienstleistungen sind z.B. die Beleuchtung mit einem ausreichenden Niveau, warme Räume, angemessen gekühlte Lebensmittel oder die Herstellung von Produkten.

2.1.2 Regelungsmöglichkeiten im System Stromversorgung

Das System Stromversorgung dient dazu, dass elektrischer Strom (eigentlich Ladung!) „fließt", mit einer definierten Frequenz und auf unterschiedlichen Spannungsebenen, zu jeder Zeit und an jedem Ort in Deutschland verfügbar – in dem Umfang wie es die Nutzer nachfragen. Alle Siedlungsgebiete sicher und umweltfreundlich mit Strom zu versorgen, ist ein allgemein anerkanntes gesellschaftliches Ziel. Dort wo dies gegebenenfalls nicht der Fall sein könnte, wäre das sozial unverträglich. Schon kurze Ausfallzeiten stellen einen hohen wirtschaftlichen Schaden dar.

Das Stromversorgungssystem stellt eine sehr enge Verzahnung zwischen sozialen und ökologischen Systemen dar. Einerseits regelt die Stromwirtschaft einen beträchtlichen Teil des industriellen Stoffumsatzes. Sie wandelt natürliche Ressourcen und Energieflüsse in einen ökonomischen Produktivitätsfaktor um und schafft die Grundlage für sozialen Wohlstand. Andererseits bewirken Energieversorgungssysteme tiefe Eingriffe in natürliche Systeme, welche deren ökologische Produktivität und Regenerationsfähigkeit materiell beeinträchtigen. So entnehmen die modernen Energieversorgungssysteme der Natur wachsende Mengen an Rohstoffen und wandeln diese in elektrische Energie und Wärme um. Dies führt zu einer Verknappung der verfügbaren Rohstoffe. Das Hauptproblem besteht jedoch darin, dass sie wachsende Mengen an Abfällen und Emissionen produzieren, die sie den natürlichen Systemen wieder zuführen. Neben diesem direkten Stoffwechsel zwischen Energieversorgungssystemen mit natürlichen Systemen hat die Energieversorgung zahlreiche indirekte Effekte auf den „industriellen Metabolismus“. Aufgrund ihrer infrastrukturellen Schlüsselstellung beeinflusst die Energieversorgung die Konsum- und Produktionsmuster in allen Gesellschaftsbereichen maßgeblich und damit den gesamten Stoffwechselprozess zwischen Gesellschaft und natürlicher Umwelt [2.1].

Die Stromversorgung selbst ist, wie noch gezeigt wird, in Deutschland sehr vielfältig strukturiert und wird inzwischen in einem liberalisierten Strommarkt von sehr unterschiedlichen Akteuren beeinflusst. Eine Gesamtplanung des Systems, so wie diese in der Vergangenheit durch ein Zusammenspiel der Energiepolitik und den zum großen Teil öffentlich-rechtlichen Stromversorgungsunternehmen erfolgte, ist somit nur noch beschränkt möglich. Ziel ist es nun stattdessen, das bestehende, gewachsene Stromversorgungssystem mit Marktmechanismen und in einem ordnungsrechtlichen Rahmen so weiterzuentwickeln, dass es seinen erforderlichen Beitrag zur Leistungsfähigkeit des europäischen Binnenmarktes (und natürlich auch zum Erfolg des Wirtschaftsstandortes Deutschland) beiträgt. Dabei sind sowohl sozialverträgliche Kosten für die Verbraucher als auch möglichst geringe Umweltwirkungen zu erreichen. Dies kann zum Beispiel durch eine hohe Effizienz der Anlagen als auch durch eine möglichst weitgehende Vermeidung von unverträglichen Energieträgern bewirkt werden. Dazu sind Erzeugung, Transport und Verteilung von Strom an die Siedlungsstruktur anzupassen, ein möglichst hoher Anteil an regenerativen Energieträgern zu verwenden und fossile Energien mit einem hohen Wirkungsgrad einzusetzen, damit möglichst wenig klimaschädliche Emissionen entstehen. [2.1].

Die Option der Kernenergie hat derzeit an Bedeutung verloren. Noch vor wenigen Jahren waren mit dieser Technologie Hoffnungen auf eine CO_2-freie Energieversorgung verbunden, die zugleich die Abhängigkeit von Energie exportierenden Ländern signifikant verringern sollte. Bis heute ist kein eindeutiger politischer Trend zur Zukunft der Kernenergie erkennbar. Akzeptanzprobleme, offene Fragen der Wirtschaftlichkeit, die noch nicht abschließend gelöste Entsorgungsfrage und die Risiken des Missbrauchs der nuklearen Technologie für kriegerische und terroristische Zwecke führen jedoch dazu, dass Kernenergie in Deutschland derzeit nicht als wünschenswerte oder realistische Option für eine zukünftige Stromversorgung angesehen wird. Auch aufgrund der für dieses System sehr speziellen planerischen Randbedingungen wird daher im Nachfolgenden nicht speziell auf die Stromversorgung mit Hilfe der Kernenergie eingegangen [2.1].

Steuerung des Ressourcenverbrauchs

Auf der Angebotsseite besteht die Regelungsmöglichkeit im System der Stromversorgung (Bild 2-1) darin, die erforderlichen Ressourcen (Brennstoffe bzw. regenerative Energieträger wie Sonne, Wind, Wasser oder Erdwärme) in geeigneter Form und an geeignetem Ort verfügbar zu machen (Exploration, Erschließung, Förderung, Transport zu den Umwandlungsanlagen), andererseits die Verwendung dieser Energieträger entsprechend energiepolitischer, umweltpolitischer, sozialpolitischer oder raumordnerischer Ziele räumlich konkret zu unterstützen oder aber vor einer Inanspruchnahme zu schützen.

Auf der Nachfrageseite lässt sich der Strombedarf in seinem Umfang nur bedingt zeitlich bzw. örtlich regeln, denn der planerische Einfluss auf die Bedarfsdichte, die sich aus der Bevölkerungs- und Siedlungsstruktur ergibt, ist nur sehr langfristig möglich. Hier kommen eher Maßnahmen in Betracht, die das Verbraucherverhalten z.B. über das Umweltbewusstsein oder über den Preis beeinflussen. Die Regelung im Stromversorgungssystem selbst erfolgt weitgehend indirekt durch die Politik, und dort in unterschiedlichen Ressorts (Energiepolitik, Umweltpolitik, Wirtschaftspolitik). Eine direkte und mit anderen Fachplanungen koordinierte und übergeordnete Planung besteht daher für die Stromversorgung im deutschen Planungssystem nicht. Dies bleibt den Trägern der Energieversorgung und den Marktmechanismen überlassen. Der ordnungsrechtliche Zugriff erfolgt durch die Genehmigung von Einzelmaßnahmen, daher fehlt die Gesamtkoordination, die eine Fachplanung liefern kann. Ziele und Leitbilder sind nur sektoral vorhanden und schon gar nicht mehr räumlich differenziert. Rechtlich können die Ressourcen bewirtschaftet und der Bedarf durch Anreize und Verbote gesteuert werden. Technisch gibt es Grenzen, die einen wirtschaftlichen Betrieb von bestimmten Anlagen oder Strukturen unmöglich machen [2.1].

Lufthygiene und Klimaschutz

Der Anstieg der Schadstoffemissionen als Folge fossiler Energieträgernutzung führte bereits frühzeitig zu ersten Initiativen staatlichen Handelns. Allerdings waren diese Vorläufer moderner Umweltpolitik von einer systematischen Ressourcenregulierung weit entfernt. Stattdessen etablierten sich zunächst „Lufthygienepolitiken", die den Großemittenten Kaminerhöhungen verordneten und Industrien mit Hilfe „raumplanerischer Entflechtungspolitiken" aus dem städtischen Gebiet auslagerten. Das Ziel bestand in erster Linie in der Entlastung der Nachbarschaft von Rauchbelastungen. Anfang der 70er-Jahre verabschiedete die Bundesregierung die ersten Programme zur Luftreinhaltung und das Bundes-Immissionsschutzgesetz, das infolge des Waldsterbens in den 80er-Jahren deutlich verschärft wurde. Die Milliardeninvestitionen der Stromwirtschaft in nachgeschaltete Filtersysteme konnten allerdings nicht dazu beitragen, eine ressourcensteuernde Umweltpolitik zu etablieren. Auf die eigentlichen Ursachen der Umweltprobleme, nämlich auf den hohen Verbrauch fossiler Energieträger in der Versorgungswirtschaft und in allen Nachfragesektoren, wurde seitens der Luftreinhaltepolitik keinerlei Einfluss genommen. Von ihr gingen keinerlei ressourcensteuernde Anreize für den Übergang zu effizienteren Energietechnologien, zur Nutzung erneuerbarer Energieträger oder zu sparsameren Verbrauchsstrukturen aus [2.1].

Erst mit der Institutionalisierung des Klimaschutzes ab Mitte der 80er-Jahre wurde der Notwendigkeit einer ressourcensteuernden Umweltpolitik Nachdruck verliehen. Anders als bei herkömmlichen Luftschadstoffen existieren für das Treibhausgas CO_2 keine additiven Rückhaltetechniken und Entsorgungsstätten, zumindest keine, die auf absehbare Zeit wirtschaftlich betrieben werden können. Gegenüber dem konventionellen Handlungsrepertoire der Luftreinhaltepolitik können die energiebedingten Treibhausgase nur reduziert werden, wenn die Verwendung fossiler Energieträger reduziert wird, indem Prozesse der Energieumwandlung und -anwendung effizienter gestaltet, fossile Energieträger durch erneuerbare substituiert werden oder wenn auf bestimmte Energieanwendungen verzichtet wird [2.1].

Auch im Bereich der Klimapolitik wurden wesentliche Schritte eingeleitet. Neben der Einführung einer ökologischen Steuerreform und einer international einmaligen Förderung regenerativer Energieträger wurden die Marktbedingungen der KWK verbessert, die Energieeffizienzstandards im Gebäudebereich angehoben, die Selbstverpflichtungen der deutschen Wirtschaft weiterentwickelt und ein ambitioniertes nationales Klimaschutzprogramm verabschiedet. In diesem werden erstmals konkrete technologie- und energieträgerbezogene Ziele festgeschrieben [2.1].

2.2 Grundlagen zum System Stromversorgung

2.2.1 Physikalische Maßeinheiten und technische Erläuterungen

Zum Verständnis des Stromversorgungssystems mit seinen technischen Anlagen und der nachfolgenden Ausführungen zu den einzelnen Systemkomponenten ist es zunächst erforderlich, die wichtigsten physikalischen Einheiten aus diesem Bereich und einige wesentliche technisch Systemeigenschaften zu erläutern.

Bei den physikalischen Maßeinheiten sind dies vor allem die Einheiten *Arbeit* und *Leistung*, hier auch als ‚Stromarbeit' und ‚elektrische Leistung' bezeichnet. Daneben sind auch Grundkenntnisse über die *Spannung*, die *Stromstärke* und die *Frequenz* für den planerischen Umgang mit dem Stromversorgungssystem von Bedeutung.

Arbeit (Energie) [Joule]

Verwendet wird meist das Formelzeichen W (wie engl. *work* oder E wie *energy*), definiert als die in einem physikalischen System gespeicherte Arbeit bzw. die Fähigkeit, Arbeit zu verrichten. Die Arbeit wird oft auch als „Energie" bezeichnet. Die Änderung der Arbeit eines Systems bei einem Vorgang ist gleich der von außen verrichteten oder nach außen abgegebenen Arbeit. In einem abgeschlossenen System bleibt die Gesamtarbeit konstant (Erhaltungssätze, „Energie"satz). Arbeit (bzw. Energie!) hat sehr unterschiedliche Erscheinungsformen, z.B. mechanisch, elektrisch, magnetisch, thermisch, chemisch und nuklear (Kern*energie*). Alle Energieformen sind ineinander umwandelbar, die Umsetzung thermischer Energie in technisch verwertbare Arbeit ist physikalisch eingeschränkt, was durch den *Zweiten Hauptsatz der Thermodynamik* ausgesagt wird.

Die physikalische Einheit für Arbeit (Energie) ist Joule [J]. Für die elektrische Arbeit wird jedoch häufiger die physikalische Einheit Wattsekunde [Ws] verwendet, die sich aus der entsprechenden Einheit für die Leistung ergibt (siehe unten). Für die meist großen Mengen elektrischer Arbeit wird dann die physikalische Einheit Wattstunde [Wh] oder [kWh] bzw. [MWh] (Kilo- bzw. Megawattstunde) verwendet. Entsprechend der Umrechnung von Sekunde auf Stunde und von Watt auf Megawatt (= 10^6 Watt) ergeben sich dann: 1 Joule zu 3,6 x 10^6 Megawattstunden.

Die Maßeinheit elektrische Arbeit wird häufig für die Jahresarbeit verwendet, die eine Stromversorgungsanlage umwandelt, ein Leitungsnetz transportiert oder verteilt. Andererseits gibt diese auch den Bedarf oder den Verbrauch einer Siedlung oder eines Industriebetriebs über einen bestimmten Zeitraum (z.B. für einen Tag, eine Woche, ein Jahr) an.

Leistung [Watt]

Verwendet wird meistens das Formelzeichen P (wie engl. *power*), definiert als die von einer Kraft je Zeiteinheit geleistete Arbeit bzw. aufgenommene oder abgegebene Energie (P = W/t). Ist die während gleicher Zeitintervalle geleistete Arbeit nicht konstant, so wird die Leistung zu jedem Zeitpunkt durch die zeitliche Ableitung der Arbeit angegeben:

$$P = \frac{dW}{dt} \text{ [J/s]}$$

Die physikalische Einheit für Leistung ist Joule pro Sekunde [J/s]. Parallel zu dieser wurde die Einheit Watt [W] eingeführt, die für die elektrische Leistung auch hauptsächlich verwendet wird. Dagegen wird die gleichwertige physikalische Einheit [J/s], [kJ/s] oder [MJ/s] (kilo = 10^3; Mega = 10^6) häufig für die Wärmeleistung verwendet (um z.B. bei der Kraft-Wärme-Kopplung den Unterschied zwischen elektrischer und thermischer Leistung deutlich zu machen). Nicht mehr gebräuchlich ist die Einheit [kcal/s].

Die physikalische Einheit *Leistung* ist ein Momentanwert und gibt die Fähigkeit an, eine Arbeit in einem bestimmten Zeitraum zu leisten. Dies kann über einen kurzen Zeitraum die *maximale Leistung* einer Anlage oder der maximale Bedarf eines Verbrauches bzw. über eine mittlere Zeitspanne (Messzeiten z. B. ¼ bzw. 1 h) eine *mittlere Leistung* oder über einen längeren Zeitraum die *durchschnittliche Leistung* sein.

Spannung [Volt]

Verwendet wird meistens das Formelzeichen U (trotz engl. *tension*). Spannung bezeichnet in der Physik allgemein die Arbeit W, die nötig ist, bzw. frei wird, wenn ein Objekt mit einer bestimmten Ladung Q entlang eines elektrischen Feldes bewegt wird ($U = W / Q$).

Die physikalische Einheit für Spannung ist Volt [V]. Die elektrische Spannung stellt eine Eigenschaft des Stromes dar, der erzeugt bzw. geliefert wird. Für den Produzenten stellt sich das Problem, dass die Spannung absinkt, wenn viel Stromarbeit von seinem System abgefordert wird. Der Verbraucher erwartet dagegen eine immer gleiche Spannung im Netz, egal ob er viel oder wenig (oder keine!) Stromarbeit abfordert.

Stromstärke [Ampere]

Verwendet wird meist das Formelzeichen I (engl. *intensity* oder *International Ampere*). Die Stromstärke gibt an, wie viel elektrische Ladung (Elektronen) in einer bestimmten Zeit transportiert wird. Die physikalische Einheit für Stromstärke (oft auch einfach „Strom" genannt; nicht zu verwechseln mit der „elektrischen Arbeit", die im allgemeinen Sprachgebrauch ebenfalls oft als *Strom* bezeichnet wird) ist Ampere [A].

Gleichstrom (z.B. eine Batterie) als elektrische Spannungsquelle liefert einen Strom, der ständig gleich bleibt, solange der angeschlossene Stromkreis nicht verändert wird und solange die Stromquelle nicht erschöpft ist. Ebenso verhält sich der Spannungswert der Batterie. Der Wechselstrom der Versorgungsnetze besteht aus Impulsen mit wechselnder Polarität, deren Größe während ihres Ablaufs von Null bis zu einem Maximalwert steigt und dann wieder auf Null zurückgeht. Der Ablauf folgt periodisch den Sinuswerten der Winkel von 0 bis 360 Grad und hat daher die Bezeichnung „Sinusform".

Frequenz [Hertz]

Verwendet wird meist das Formelzeichen f (lat. Frequentia, engl. frequency). Die physikalische Einheit für die Frequenz ist Hertz [Hz]. Die Frequenz des Wechselstroms im europäischen Stromnetz ist genau 50 Hz (etwa der Ton G). Das Bahnstromnetz wird dagegen mit 16 2/3 Hz betrieben.

Scheinleistung [Voltampere]

Verwendet wird meistens das Formelzeichen S. Die physikalische Einheit für die Scheinleistung im Wechselstromkreis ist Voltampere [Va]. Zur Unterscheidung von der Wirkleistung P, welche wie für Leistungen üblich in Watt [W] angegeben wird, verwendet man für die

Scheinleistung z.B. bei der Leistungsbezeichnung von Transformatoren das Produkt aus Spannung [Volt] und Stromstärke [Ampere]. Die Scheinleistung berechnet sich aus der Wirkleistung P und der Blindleistung Q (zur Blindleistung siehe später unter Blindstrom).

Technische Erläuterungen Stromversorgung

Um die nachfolgenden fachtechnischen Ausführungen auch als Nicht-Ingenieur zu verstehen, ist die Erläuterung einiger in der Stromversorgungswirtschaft verwendeten technischen Parameter erforderlich. Diese beziehen sich zum einen auf die Stromerzeugung (Brennwert/Heizwert; Wirkungsgradmethode; Erntefaktor; Volllastbenutzungsstunden; Belastungskurve; Regelenergie), zum anderen auf das Stromnetz und dessen Betrieb (Blindstromkompensation, Spannungshaltung; Frequenzhaltung).

- Energieumwandlung und Wirkungsgrad

Unter *Primärenergieträgern* werden Stoffe und unter der Primärenergie der Energieinhalt der Primärenergieträger sowie der Energieströme verstanden, die noch keiner technischen Umwandlung unterworfen wurden und aus denen direkt oder durch eine oder mehrere Umwandlungen Sekundärenergie oder -träger gewonnen werden können wie z.B. Steinkohle, Braunkohle, Erdöl, Biomasse, Windkraft, Solarstrahlung oder Erdwärme.

Als *Endenergie* wird dann die dem Verbraucher nach Umwandlung und Transport zur Verfügung stehende Energie bezeichnet. Nutzenergie ist die Energie, die nach der letzen Umwandlung in den Geräten des Verbrauchers zur Verfügung steht, wie die Raumwärme, die Vorwärtsbewegung des Autos oder die Arbeit eines Staubsaugers (siehe Bild 2-3). Aufgrund der Umwandlungs- und Verteilungsverluste kann nur ein Teil der Primärenergie als Endenergie genutzt werden, durchschnittlich nur rund ein Drittel der eingesetzten Energie wird tatsächlich genutzt.

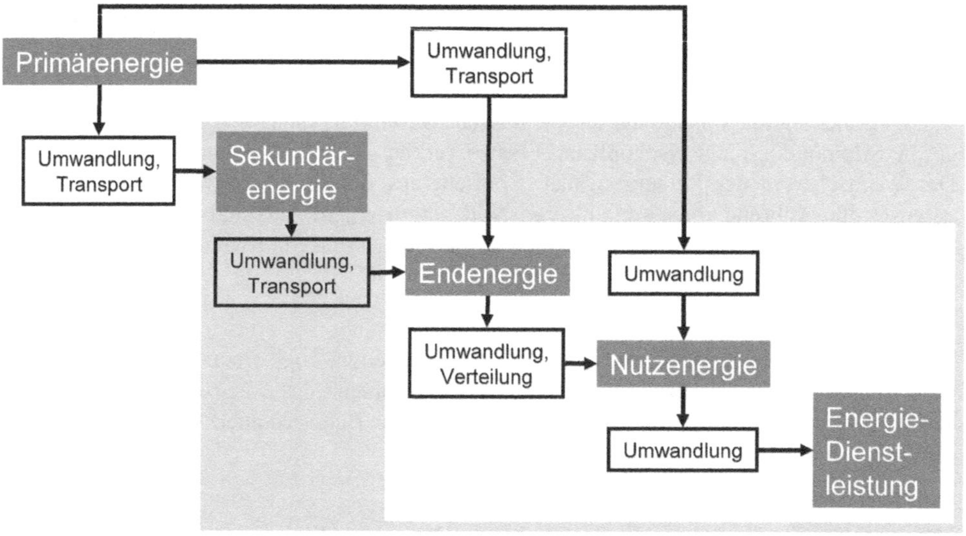

Bild 2-3 Energieumwandlungskette von der Primärenergie zur Energiedienstleistung

- Brennwert und Heizwert

Der *Heizwert* ist die Energie, die bei einer vollständigen Verbrennung abgegeben wird, wenn Rauch- oder Abgas bei konstantem Druck bis auf die Bezugstemperatur zurückgekühlt werden. Der aus der Verbrennung entstandene Wasserdampf bleibt dabei gasförmig. Früher wurde dieser Wert als „unterer Heizwert H_u“ bezeichnet. Der Heizwert eines Brennstoffes war in früheren Zeiten deshalb wichtig, da es zwingend notwendig war, den Wasserdampf im Abgas durch hohe Abgastemperaturen gasförmig zu belassen, um eine mögliche Korrosion des Heizkessels oder ein Versotten des Schornsteines zu verhindern.

Der *Brennwert* ist die Energie, die bei einer vollständigen Verbrennung abgegeben wird, wenn das Abgas bei konstantem Druck bis auf die Bezugstemperatur zurückgekühlt wird. Der Brennwert beinhaltet also zusätzlich die durch Kondensation des entstandenen Wasserdampfes freiwerdende Energie, die Kondensationswärme. Früher wurde dieser Wert als „oberer Heizwert H_o“ bezeichnet. Einfacher zu verstehen ist dieser Effekt, wenn man den umgekehrten Vorgang betrachtet: wenn ein mit Wasser gefüllter Kessel auf dem Herd erwärmt und so lange Energie zugeführt wird, bis das Wasser eine Temperatur von 100°C erreicht, ist dies zunächst eine reine Temperaturerhöhung. Führt man dem Wasser anschließend weiterhin Energie zu, so bleibt die Temperatur konstant bei 100°C und das Wasser beginnt zu sieden und verdampft. Die weiter zugeführte Energie wird dann in Wasserdampf umgesetzt. Wenn dieser Wasserdampf wieder kondensiert, gibt er die zuvor zugeführte Energie bzw. Wärme wieder ab. Dies ist der oben beschriebene „Brennwerteffekt“.

- Wirkungsgrad, Energiebilanz und Wirkungsgradmethode

Der *Wirkungsgrad* eines Prozesses (hier der Stromerzeugung) ist das Verhältnis von Nutzenergie zu der eingesetzten Primärenergie.

In einer *Energiebilanz* wird der für einen Prozess rechnerisch erforderliche Aufwand an Primärenergie in das Verhältnis zur benötigten Nutzenergie gesetzt. Diese kann somit Grundlage für einen sparsamen Umgang mit Energie bilden und erlaubt es, Energieverluste aufzuspüren, zu quantifizieren und zu vermeiden. Dabei werden unterschiedliche Energieträger zunächst in ihren spezifischen Einheiten ausgewiesen und vertikal in Zwischen- und Endzeilen addiert. Die dabei verwendeten Maßeinheiten sind Tonnen (t), Kubikmeter (m^3), Kilowattstunden (kWh) und Joule (J). Um die in unterschiedlichen Einheiten ausgewiesenen Energieträger vergleichbar und additionsfähig zu machen, müssen sie auf einen einheitlichen Nenner gebracht werden. Dies geschieht mit Hilfe von Umrechnungsfaktoren. Seit 1977 werden die in spezifischen Einheiten erfassten Mengen in „Joule“ umgerechnet. Die Umrechnung der einzelnen Energieträger von spezifischen Mengeneinheiten in Joule erfolgt auf der Grundlage ihrer unteren Heizwerte (Hu), die in Kilojoule (kJ = 10^3 J) ausgedrückt werden. In den Energiebilanzen werden für die großen Mengen als Einheit meist Terajoule (TJ = 10^{12} J), in den Auswertungstabellen sogar Petajoule (PJ = 10^{15} J) verwendet.

Für die Bewertung des Außenhandels mit Strom sowie für die Bewertung von Wasser- und Windkraft, Photovoltaik sowie der Kernenergie, die zur Stromerzeugung eingesetzt werden, gibt es keinen einheitlichen Umrechnungsmaßstab wie den Heizwert. In diesen Fällen wird entsprechend dem Vorgehen der internationalen Organisationen (IEA, EUROSTAT, ECE) auch in den Energiebilanzen für Deutschland seit etwa 1995 die *Wirkungsgradmethode* angewendet. Hierbei wird der Bewertung der Kernenergie ein als repräsentativ erachteter Wirkungsgrad bei der Energieumwandlung von 33 % zugrunde gelegt (entsprechend 10.909 kJ/kWh).

Bei der Stromerzeugung aus Wasserkraft und anderen erneuerbaren Energieträgern, denen kein Heizwert beigemessen werden kann (Wind, Photovoltaik), wird der jeweilige Energieeinsatz dem Heizwert der erzeugten elektrischen Energie gleichgesetzt. Der Stromaußenhandel wird ebenfalls auf der Basis des Heizwertes des Stroms, also mit 3 600 kJ/kWh, bewertet. Das impliziert jeweils einen „Wirkungsgrad" von 100 %. Bei der Stromerzeugung aus Müll, Klärschlamm und anderen erneuerbaren Brennstoffen wird der – teilweise geschätzte – Heizwert dieser Einsatzstoffe angesetzt. Für solarthermische Anlagen sowie für Wärmepumpen wird die jeweils erzeugte Wärmemenge angesetzt, wobei bei den Wärmepumpen ausschließlich die der Umwelt entzogene Wärme zugrunde gelegt wird.

- Erntefaktor

Der *Erntefaktor* eines Kraftwerks ist das Verhältnis zwischen der über die gesamte Lebensdauer gewonnenen Nutzenergie und der eingesetzten Energie. Er ist definiert als der Quotient der während der Betriebsdauer erzeugten Energie und der im Anlagenlebenszyklus aufzuwendenden Energie. Werte über eins bedeuten eine positive Gesamtenergiebilanz. Der Erntefaktor wird von verschiedenen Interessensgruppen verschieden berechnet. Im Allgemeinen wird für konventionelle (fossile) Kraftwerke auch der eingesetzte Brennstoff mit in die Rechnung einbezogen, da dieser zur Stromerzeugung unwiderruflich verbrannt wird. Dadurch weisen fossile Kraftwerke immer einen Faktor kleiner eins auf, während erneuerbare Energien höhere Werte haben können, da deren „Brennstoffe" (Wind, Wasser, Sonne) im Prinzip unbegrenzt verfügbar sind und sich bei deren Nutzung nicht „verbrauchen". Betreiber konventioneller Kraftwerke rechnen dagegen den Brennstoff meist aus der Berechnung aus und vergleichen nur die zum Bau und zur Wartung benötigte Energie mit der produzierten Energie. So kann auch hier für Wärmekraftwerke einen Erntefaktor von größer eins auftreten.

Eine andere Form der Angabe des Erntefaktors ist die so genannte Energierücklaufzeit sowie der Begriff der energetischen Amortisationszeit. Sie gibt die Zeit an, die ein Kraftwerk benötigt, bis es die Energie, die zu seiner Errichtung notwendig war, selbst erzeugt hat. Fossil angetriebene Kraftwerke können diesen Punkt nie erreichen, da während ihres Betriebes eine endliche Primärenergie „verbraucht" wird, die in die Rechnung mit eingeht. Daher ist ihr Erntefaktor auch kleiner eins.

- Volllastbenutzungsstunden

Die Jahresbenutzungsstunden einer Stromerzeugungsanlage sind rechnerisch der Quotient aus der „Jahresarbeit" der Anlage (in Wattstunden) und deren „installierter Leistung" (in Watt). Die Jahresbenutzungsstunden werden also nicht gemessen sondern stellen einen Rechenwert dar. Für diesen Quotienten wird auch der Begriff *Volllaststunden* verwendet, weil er die theoretische Stundenzahl in einem Jahr angibt, mit der die Anlage laufen würde, wenn sie fortwährend mit Volllast läuft.

Ein Beispiel soll diesen Begriff verdeutlichen: Ein Kraftwerk mit einer installierten elektrischen Leistung von 100 MW, welches das gesamte Jahr über (= 8.760 Stunden) mit voller Leistung in Betrieb wäre, könnte somit theoretisch eine Jahresarbeit von 876.000 MWh erbringen. Für ein Kohlekraftwerk, das im Grundlastbetrieb eingesetzt ist, wird man jedoch in der Praxis eher eine Jahresarbeit von 600.000 MWh messen (entspricht 600 GWh), weil das Kraftwerk nicht das gesamte Jahr hindurch (Wartung) und auch nicht immer mit der vollen installierten Leistung (Anpassung an den Bedarf) in Betrieb sein wird. Für ein solches Kraftwerk errechnen sich dann als Quotient aus der Jahresarbeit und der installierten Leistung 6.000 Jahresbenutzungsstunden. Diese so genannten Volllaststunden sind dann eine Maßzahl für die Arbeitsfähigkeit des Kraftwerkes. So haben Grundlastkraftwerke eine hohe Jahresbenutzungsstundenzahl (bis zu 8.000 h) und Spitzenlastkraftwerke eher eine niedrige (z.B. nur 2.000 h). Windkraftwerke auf dem Festland (on shore) kommen zum Beispiel oft nur auf 1.500 h, auf dem Meer (off shore) dagegen auf bis zu 4.000 Volllastbenutzungsstunden.

- Regelenergie

Die *Regelenergie* gewährleistet die Versorgung der Verbraucher mit genügend Energie in ausreichender Qualität bei unvorhergesehenen Ereignissen im Stromnetz. Dazu stehen dem Netzbetreiber Energiereserven zur Verfügung, die sich unterschiedlich schnell aktivieren lassen. Die Bundesrepublik Deutschland ist in vier Regelzonen aufgeteilt, in denen jeweils ein Netzbetreiber (= Übertragungsnetzbetreiber, siehe auch Kapitel 2.6.1) die Verantwortung für das Stromnetz hat. In Deutschland werden insgesamt 7000 Megawatt positiver Regelenergie und 5500 Megawatt negativer Regelenergie vorgehalten. Die Kosten dafür betragen etwa 40 % des gesamten Übertragungsnetzentgeltes.

Wenn der erwartete Leistungsbedarf nicht dem erwarteten Leistungsangebot entspricht, muss die Abweichung kompensiert werden. Dies kann sowohl von der Seite der Leistungserbringer verursacht sein (z.B. Kraftwerksausfall, Flaute bei Windenergieanlagen) und auch bei den Leistungsnehmern (z.B. großer Verbraucher schaltet ab). Die Abweichungen können also zu einer positiven und auch zu einer negativen Leistungsreserve führen. Eine so genannte Primärregelenergie stabilisiert bei Bedarf automatisch die jeweilige Regelzone. Innerhalb von Sekunden können „angedrosselte" Gasturbinen die Leistungsabgabe erhöhen und diese bis zu einigen Minuten halten. Wird Regelenergie in einer Regelzone für bis zu 15 Minuten benötigt, spricht man von der Sekundärregelung. Die Minutenreserve wird aus den Kraftwerken, die unter Sekundärregelung laufen, entnommen. Das können Pumpspeicherkraftwerke oder Gasturbinen sein. Es ist auch möglich, Energieabnehmer vom Netz zu nehmen, wenn dies vorher vereinbart worden ist.

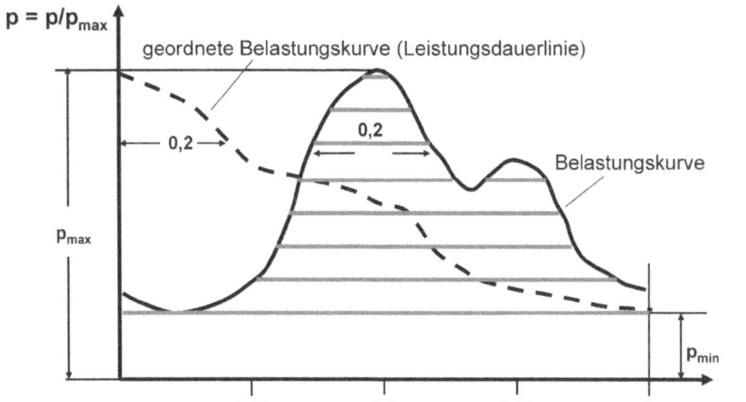

Bild 2-4 Belastungskurve und geordnete Belastungskurve (Leistungsdauerlinie)

- Belastungskurve

Innerhalb eines Diagramms (Bild 2-4), welches die *Belastungskurve* für die normierte Leistung p bzw. einen normierten Zeitabschnitt aufzeigt, stellt die Jahresarbeit die Fläche unter der Kurve dar. Ordnet man die einzelnen Leistungen nach ihrer Höhe, so entsteht die geordnete Belastungskurve (Leistungsdauerlinie). Aus ihr lässt sich der Anteil an Lastspitzen oder an Niedriglast ablesen und die Energieerzeugung entsprechend anpassen. Die Volllastbenutzungsstunden stellen im Prinzip die auf die Maximalleistung „zusammengeschobene" Jahresarbeit dar.

- Blindstrom und Blindstromkompensation [2.2]

Blindstrom ist der Strom, der bei induktiven Verbrauchern (z.B. Elektromotoren, Transformatoren, Vorschaltgeräten), also Spulen jeder Ausführung zur Erzeugung eines Magnetfeldes benötigt wird. In Wechsel- oder Drehstromnetzen wird dieses Magnetfeld mit der Netzfrequenz auf- und abgebaut. Dieser Energieanteil wird nicht in Wirkleistung umgesetzt, sondern „pendelt" als Blindleistung zwischen Verbraucher und Erzeuger. Blindstrom*kompensation* ist also notwendig, um die Blindstromkosten einzusparen, die von den meisten Energieversorgungsunternehmen (EVU) berechnet werden (Bild 2-5).

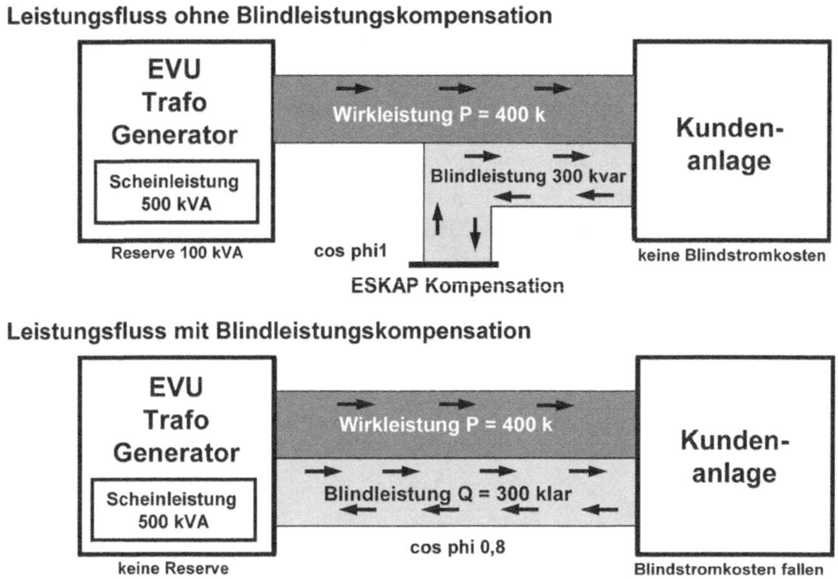

Bild 2-5 Leistungsfluss ohne und mit Blindleistungskompensation [2.2]

Damit ergeben sich geringere Investitions- und Wartungskosten für das Versorgungsnetz durch geringere Verluste und geringeren Spannungsabfall. Wenn die induktive Blindleistung z.B. durch einen Kondensator vor Ort kompensiert wird, entfällt der Bezug von Blindleistung vom Energieversorgungsunternehmen für den Verbraucher ganz oder teilweise. Am wirksamsten ist die Blindleistungskompensation, wenn sie verbrauchernah und zeitnah eingesetzt wird.

- Spannungshaltung [2.3]

Die *Spannungshaltung* dient der Aufrechterhaltung eines akzeptablen Spannungsprofils im gesamten Stromnetz. Dies wird durch eine ausgeglichene Blindleistungsbilanz in Abhängigkeit vom jeweiligen Blindleistungsbedarf des Netzes und der Kunden erreicht. Dabei sind folgende Fälle zu unterscheiden:

Spannungsabweichungen von längerer Dauer: Die von den Energieversorgungsunternehmen gelieferte Wechselspannung (Sinuskurve) kommt beim Verbraucher teilweise „deformiert" an, das heißt Spannungen höherer Frequenz (Oberschwingungen) werden der idealen Kurve überlagert, die nicht jedes Gerät ohne Probleme verkraftet. Oft kommt eine Beeinträchtigung der Netzspannung (Netzrückwirkung) durch das Einschalten leistungsstarker Geräte zustande. Der vermehrte Strombedarf bewirkt dann einen Spannungsabfall im Netz, bei dem die Netzspannung unter Umständen unter den kleinsten zulässigen Wert sinkt.

Dieser Spannungseinbruch kann je nach Art des Gerätes vorübergehend oder von Dauer sein. Dies ist der Grund, weshalb es in ungünstigen Fällen durch das Einschalten von Heizgeräten, großen Beleuchtungsanlagen oder starken Motoren zu Spannungseinbrüchen mit einer Dauer von einigen Sekunden bis mehr als einer Minute kommen kann.

Bei extrem kurzen Überspannungen, die nur eine tausendstel oder millionstel Sekunde dauern, aber den zulässigen Spannungswert deutlich überschreiten, kann die Sinuskurve „nadelförmig" verunstaltet werden (auch als "Spikes" bezeichnet). Die Ursache ist entweder ein Blitzschlag ins Netz oder – weitaus häufiger – das Ein- und Ausschalten bestimmter Geräte. Solche Überspannungen können vor allem den Bauteilen von Computern und anderen elektronischen Geräten gefährlich werden. *Schnelle Spannungsschwankungen* werden z.B. durch elektrische Schweißgeräte verursacht. Die Spannung schwankt hier wesentlich geringer, aber sehr rasch, was sich bei Glühlampen durch Flackern bemerkbar machen kann.

- Frequenzhaltung [2.3]

Die *Frequenzhaltung* bezeichnet die Ausregelung von Frequenzabweichungen infolge von Ungleichgewichten zwischen Einspeisung und Entnahme (Wirkleistungsregelung) und erfolgt durch die Primär- und Sekundärregelung sowie unter Nutzung von Minutenreserve in den Kraftwerken.

Die Generatoren, die in den Kraftwerken Strom erzeugen, müssen mit genau 50 Umdrehungen pro Sekunde rotieren. Nur dann durchläuft der erzeugte Wechselstrom genau 50-mal je Sekunde eine volle Phase. Wenn diese vorgegebene Frequenz nicht stimmt, wird die Funktion zahlreicher elektrischer Geräte beeinträchtigt, zum Beispiel von Motoren, elektrischen Uhren oder Computern. Falls die Frequenz unter 47,5 Hertz sinkt, können an den Generatoren mechanische Resonanzschwingungen auftreten, die zu ihrer Zerstörung führen. Die Kraftwerke gehen deshalb bei Erreichung dieser Grenze automatisch vom Netz.

Im Verbundnetz der westeuropäischen Länder darf die Netzfrequenz nur um etwa 0,05 Hertz von der 50-Hertz-Norm abweichen. Zusammensetzung und Leistungsfähigkeit des westeuropäischen Kraftwerkparks und Verbundnetzes sind so ausgelegt, dass möglichst auch unter extremen Bedingungen wie zum Beispiel beim Ausfall einzelner Kraftwerke, zu Zeiten extrem hoher Netzbelastung oder nach der Unterbrechung von Versorgungsleitungen die tatsächliche Frequenz nie um mehr als 0,2 Hertz von der Netzfrequenz (50 Hertz) abweicht, das heißt, das Stromangebot ist nie geringer als die Stromnachfrage.

2.2.2 Rechtliche Grundlagen

Die Entwicklung der Stromversorgung in Deutschland hat sich in den vergangenen Jahrzehnten weniger durch eine nationale Fachplanung als durch die Vorgabe zahlreicher gesetzlicher Regelungen entwickelt und wird auch über diese künftig gesteuert und weiterentwickelt. Die wichtigsten Gesetze und Verordnungen aus dem Bereich der Stromversorgung sind daher nachfolgend mit ihrem jeweiligen Regelungsziel zusammengestellt.

Die energierechtliche Situation ist insbesondere gekennzeichnet durch

- das *Energiewirtschaftsgesetz (EnWiG)*, das 1935 eingeführt wurde, hat seither eine möglichst sichere, preisgünstige und umweltverträgliche leitungsgebundene Versorgung mit Elektrizität und Gas im Interesse der Allgemeinheit zum Ziel. Es wurde im Rahmen der Novellierung vom April 1998 grundlegend geändert und seither mehrfach novelliert,
- das „Gesetz zur geordneten Beendigung der Kernenergienutzung zur gewerblichen Erzeugung von Elektrizität vom April 2002, welches das *Atomgesetz (AtG)* aus dem Jahr 1959 grundlegend ändert mit dem Ziel, den Betrieb der Kernkraftwerke bis zum Jahr 2030 zu beenden,
- das Gesetz zur Neuregelung des Rechts der Erneuerbaren Energien im Strombereich vom 21. Juli 2004 welches das *Erneuerbare-Energien-Gesetz (EEG)* vom 01.04.2000 nochmals weiter fortschreibt,
- das „Gesetz für die Erhaltung, die Modernisierung und den Ausbau der Kraft-Wärme-Kopplung“ *(KWK-Gesetz)* vom 25. Januar 2002 zum *befristeten* Schutz und zur Modernisierung von Kraft-Wärme-Kopplungsanlagen sowie zum Ausbau der Stromerzeugung in kleinen KWK-Anlagen, das eine gewisse vorübergehende Benachteiligung dieser hocheffizienten Form der Energieerzeugung im liberalisierten Markt „abfedern“ soll,
- das „Gesetz über den Handel mit Berechtigungen zur Emission von Treibhausgasen“ (*Treibhausgas-Emissionshandelsgesetz - TEHG*) vom 8. Juli 2004 zur Einführung des Emissionshandels, welches die globale Umweltkomponente der Energieerzeugung auf eine völlig neue Basis stellt sowie indirekt in vielfältiger Weise durch
- das „Gesetz zur Fortentwicklung der Ökosteuer“ vom 14. November 2002, welches das „Gesetz zum Einstieg in die ökologische Steuerreform“ vom 24. März 1999 weiterentwickelt hat.

Hierdurch haben sich bereits weitgehende Veränderungen in der Unternehmensstruktur der Energiewirtschaft ergeben, die sich jetzt in Energieerzeuger, Energietransporteure und Energieverteiler aufteilen. Darüber hinaus setzen die fortschreitende Liberalisierung des Marktes und Privatisierung der Unternehmen weitere veränderte Rahmenbedingungen.

Energiewirtschaftsgesetz (EnWG)

Am 29. April 1998 trat ein neues Energiewirtschaftsgesetz in Kraft und löste das seit dem 13.12.1935 bestehende, zuvor letztmals am 19.12.1977 novellierte Gesetz ab. Es trifft Festlegungen zum Berechnungs- und Genehmigungsverfahren für die Netznutzungsentgelte, zur Informationspflicht im Internet (Entgelte) und zum Reporting an die Regulierungsbehörde. Im Wesentlichen sind hierin neben der Einführung der Zielsetzung nach Umweltverträglichkeit folgende Regelungen zur Einführung von Wettbewerb vorgesehen:

- Aufhebung der Gebietsmonopole für die wettbewerbsfähigen Bereiche
- Wegfall der Investitionsaufsicht
- Entflechtung der unternehmerischen Funktionsbereiche

- Verhandelter Netzzugang
- Erleichterung des parallelen Leitungsbaus als zusätzliches Wettbewerbselement
- Fortbestehende und modifizierte öffentliche Bindungen.

Mit der zweiten Novelle des Energiewirtschaftsgesetzes vom 13. Juli 2005 setzt die Bundesregierung das EU-Gemeinschaftsrecht für die leitungsgebundene Energieversorgung in nationales Recht um. Ziele des EnWG sind die verbraucherfreundliche und umweltverträgliche Versorgung mit Elektrizität und Gas sowie die Sicherung des wirksamen Wettbewerbs und eines langfristigen, leistungsfähigen und zuverlässigen Betriebs von Energieversorgungsnetzen.

Ermächtigt durch die entsprechenden Gesetze gibt es zahlreiche Verordnungen, welche die Stromversorgung regeln. Hierzu gehören insbesondere zahlreiche Verordnungen, die auf dem Bundesimmissionsschutzgesetz beruhen (siehe Tabelle 2-1).

Tabelle 2-1 Verordnungen zum BImSchG mit Bezug zur Stromversorgung

I. Verfahrensbezogene Verordnungen	
4. BImSchV	Bestimmung genehmigungsbedürftiger Anlagen
5. BImSchV	Immissionsschutz und Störfallbeauftragte
9. BImSchV	Durchführung des Genehmigungsverfahrens
11. BImSchV	Emissionserklärung
12. BImSchV	Störfallverordnung
II. Auf bestimmte Anlagen oder Anlagenarten bezogene Verordnungen	
- Bereich Luft (Emissionsbegrenzung)	
7. BImSchV	Auswurfbegrenzung von Holzstaub
13. BImSchV	Großfeuerungsanlagen
17. BImSchV	Verbrennung und Mitverbrennung von Abfällen
- Thema Luft (immissionsorientiert)	
22. BImSchV	Immissionswerte von SO_2, Schwebstaub, Blei und NO_2
33. BImSchV	Verordnung zur Verminderung von Sommersmog, Versauerung und Nährstoffeinträgen
34. BImSchV	Verordnung zum Treibhausemissionshandelsgesetz

Die Novelle bringt folgende Änderungen:

- der Informationsaustausch wird einheitlich geregelt.
- das Unbundling wird gesetzlich geregelt
- Regelungen für Übertragungsnetzbetreiber werden konkretisiert
- Befugnisse und Aufgaben der Bundesnetzagentur werden festgelegt
- Grund- und Notversorgungsverpflichtungen werden dem liberalisierten Energiemarkt angepasst
- eine Kennzeichnungspflicht für Stromrechnungen wird eingeführt

Auf das Kraft-Wärme-Kopplungsgesetz (KWKG) wird in Kapitel 3 in Verbindung mit dem System Wärmeversorgung eingegangen.

Erneuerbare-Energien-Gesetz (EEG)

Das *Gesetz für den Vorrang Erneuerbarer Energien*, meist kurz Erneuerbare-Energien-Gesetz (EEG) genannt, dient dazu, den Ausbau von Energieversorgungsanlagen vorantreiben, die aus sich erneuernden (regenerativen) Quellen gespeist werden, also insbesondere aus Wind- und Sonnenenergie, die bei der Erzeugung keine Treibhausgase ausstoßen.

Das EEG dient vorrangig dem Klimaschutz und gehört zu einer ganzen Reihe gesetzlicher Maßnahmen, mit denen die Abhängigkeit von fossilen Energieträgern wie beispielsweise Erdöl, Erdgas oder Kohle und auch von Energieimporten aus dem Raum außerhalb der EU verringert werden soll. Grundgedanke ist, dass den Betreibern der zu fördernden Anlagen über einen bestimmten Zeitraum ein fester Vergütungssatz für den erzeugten Strom gewährt wird, der sich an den Erzeugungskosten der jeweiligen Erzeugungsart orientiert, um so einen wirtschaftlichen Betrieb der Anlagen zu ermöglichen.

Der für neu installierte Anlagen festgelegte Satz sinkt jährlich um einen bestimmten Prozentsatz (Degression), um einen Anreiz für Kostensenkungen zu schaffen. Der zuständige Netzbetreiber ist zum Anschluss der Anlage und zur Zahlung der festgelegten Vergütung verpflichtet. Die entstandenen Mehrkosten, d. h. die Differenz zwischen Vergütungssatz und Marktpreis des Stroms, werden unter den Energieversorgungsunternehmen (EVU) gleichmäßig aufgeteilt (Bundesweite Ausgleichsregelung) und auf den Energiepreis aufgeschlagen, also von allen Stromabnehmern getragen.

Großfeuerungsanlagen-Verordnung (13. BImSchV)

Am 23.07.2004 wurde die neue „Verordnung über Großfeuerungs- und Gasturbinenanlagen" (13. BImSchV, bislang auch GFAVA abgekürzt) veröffentlicht. Sie ist am 24.07.2004 in Kraft getreten. Die neue 13. BImSchV setzt die Europäische Großfeuerungsanlagen-Richtlinie aus dem Jahr 2001 um und löst die aus dem Jahr 1983 stammende Verordnung über Großfeuerungsanlagen ab.

Ziel der Verordnung ist es, vor allem den Ausstoß von Staub und Stickstoffoxiden aus großen Feuerungsanlagen (wie z.B. Kraftwerke) zu senken. Während in der Vergangenheit die Emissionen von Schwefeldioxid erfolgreich abgesenkt werden konnten, gibt es bei der Verminderung von Stickstoffoxiden und vor allem beim Staub noch Defizite. Die neue Verordnung definiert strengere Anforderungen als bisher und trägt dazu bei, dass sowohl die nationalen Emissionshöchstmengen als auch die von der EU festgesetzten Grenzwerte für Staub in der Atemluft eingehalten werden können. Zusammen mit der Technischen Anleitung zur Reinhaltung der Luft (TA Luft) und der Verordnung über die Verbrennung von Abfällen (17. BImSchV) schreibt sie den gegenwärtigen Stand der Technik von Feuerungsanlagen fest.

Die Verordnung folgt dem bewährten Grundsatz, dass die Anforderungen für Neuanlagen nach einer Übergangsfrist grundsätzlich auch für Altanlagen gelten. Abweichungen von dieser Regel sind unter Berücksichtigung des Grundsatzes der Verhältnismäßigkeit als spezielle Altanlagenregelungen in den §§ 3 bis 6 niedergelegt. Auch in den übrigen Bereichen folgt die Neufassung der Verordnung dem Konzept der 13. BImSchV aus dem Jahr 1983. Es werden Grenzwerte für die Emissionen und Abscheidegrade z.B. für Schwefel festgelegt, die für Neuanlagen sofort nach Inkrafttreten gelten und für Altanlagen grundsätzlich ab dem 01.11.2007.

Die neue 13. BImSchV erfasst alle Verbrennungsanlagen (Feuerungsanlagen und erstmalig auch Gasturbinenanlagen) mit einer Feuerungswärmeleistung von 50 MW oder mehr, es sei denn Anlagen sind ausdrücklich ausgenommen worden. Dementsprechend gilt sie insbesondere nicht für Anlagen, in denen ausschließlich Abfälle oder Abfälle neben Regelbrennstoffen (Mitverbrennungsanlagen) eingesetzt werden. Für derartige Anlagen gelten die materiellen Anforderungen der 17. BImSchV mit Ausnahme der Anlagen für den Einsatz von Biobrennstoffen. Bei Mitverbrennungsanlagen gilt die 17. BImSchV auch in den Betriebszeiten, in denen ausschließlich Regelbrennstoffe eingesetzt werden. Eine Ausnahme hiervon ist nur möglich, wenn die Mitverbrennung für einen längeren Zeitraum unterbrochen werden soll.

Der Begriff „Biobrennstoffe“ unterscheidet sich vom Begriff „Biomasse“ in der Biomasse-Verordnung. Danach dürfen z.B. als Biobrennstoffe nur bestimmte Holzabfälle eingesetzt werden. Ausgenommen sind Holzabfälle, die infolge einer Behandlung mit Holzschutzmitteln oder einer Beschichtung halogenorganischer Verbindungen oder Schwermetalle enthalten können; hierzu gehören insbesondere Holzabfälle aus Bau- und Abbruchabfällen.

Technische Anleitung zur Reinhaltung der Luft (TA Luft)

Die Technische Anleitung zur Reinhaltung der Luft – TA Luft stammt aus dem Jahr 1974 und wurde zunächst 1986 novelliert. Die neue TA Luft ist als Erste Allgemeine Verwaltungsvorschrift zum Bundes-Immissionsschutzgesetz zum 1. Oktober 2002 in Kraft getreten. Mit der TA Luft 2002 ist den Behörden ein modernes Instrument zur Luftreinhaltung an die Hand gegeben worden, welches zugleich zu mehr Rechtssicherheit und damit Planungssicherheit bei der Genehmigung von Anlagen führen soll. Sie konkretisiert die Anforderungen, die bei der Genehmigung von industriellen und gewerblichen Anlagen von den zuständigen Vollzugsbehörden zu beachten sind. Dies hilft den Behörden und der Wirtschaft und dient dem Umweltschutz. Wie die alte TA Luft von 1986 hat die TA Luft 2002 einen Immissions- und einen Emissionsteil.

Der Immissionsteil enthält Vorschriften zum Schutz der Nachbarn vor unvertretbar hohen Schadstoffbelastungen, z. B. aus Industrieanlagen. Dabei wird die Anlagenzulassung an europäisches Recht angepasst. So werden im EU-Recht höchstzulässige Konzentrationen für einige besonders bedeutsame Schadstoffe, z. B. Staub und Benzol, in der Atemluft festgelegt, die auch für die Genehmigung von Anlagen beachtlich sind. In der neuen TA Luft wird die Art und Weise der Berücksichtigung dieser Emissionswerte bestimmt

Der Emissionsteil enthält Grenzwerte zur Vorsorge gegen schädliche Umwelteinwirkungen und legt entsprechende Emissionswerte für alle relevanten Luftschadstoffe fest. Dabei werden nicht nur neue Industrieanlagen erfasst, sondern auch Anforderungen an Altanlagen formuliert. Sie müssen nach angemessenen Übergangsfristen grundsätzlich an den Stand der Technik und damit an das Emissionsniveau von Neuanlagen herangeführt werden. Die Umweltanforderungen der EU für genehmigungsbedürftige Anlagen sind medienübergreifend (Luft, Wasser, Boden) unter gleichzeitiger Berücksichtigung der Anlagensicherheit, der Energieeffizienz und anderer betroffener Bereiche. Bei der Umsetzung hat die Bundesregierung bewusst davon abgesehen, eine entsprechend umfassende Vorschrift zu erlassen, weil dies unübersichtlich und unpraktikabel wäre. Die TA Luft ist weiterhin eine reine Vorschrift zur Luftreinhaltung. Allerdings wurde bei der Festlegung der Anforderungen zur Luftreinhaltung ein besonderes Augenmerk auf die Zusammenhänge mit den anderen Bereichen gelegt.

2.3 Stromversorgung in Deutschland

2.3.1 Geschichte der Stromversorgung

Als Beginn der Geschichte der Stromversorgung in Deutschland kann die Inbetriebnahme der ersten elektrischen Straßenlampen in Berlin am Potsdamer Platz, in der Leipziger Straße und in der Kochstraße im Jahr 1882 bezeichnen, zwei Jahre später wurden dort die AG Städtische Elektrizitätswerke (später BEWAG) gegründet.

Das erste Stromversorgungssystem entstand 1891, als in Lauffen am Neckar (südlich von Heilbronn) das erste größere Drehstromkraftwerk auf Wasserkraftbasis eingeweiht und über eine 175 km lange Freileitung mit Frankfurt zur dort stattfindenden Elektrotechnischen Ausstellung verbunden wurde. In den darauf folgenden Jahren sind zahlreiche städtische und regionale Elektrizitätsversorgungsunternehmen gegründet worden (die HEW 1894 und die RWE 1898). 1911 wurde dann die erste deutsche 110 kV-Leitung von Lauchhammer nach Riesa gebaut (50 km), 1922 die erste 220 kV-Leitung von Lethmathe nach Ronsdorf (33 km). 1935 wird die deutsche Elektrizitätsversorgung schließlich durch das Energiewirtschaftsgesetz der Reichsaufsicht unterstellt, 1938 folgt der Erlass einer Tarifordnung für elektrische Energie, der die allgemeine Einführung des Grundpreistarifs mit sich bringt.

1954 wird das Netz der DDR und der BRD getrennt. Im Westen entsteht 1966 in Gundremmingen das erste deutsche Kernkraftwerk für die öffentliche Elektrizitätsversorgung (237 MW), 1974 folgt der Block A des Kernkraftwerkes Biblis mit 1200 MW Leistung, und 1977 wird die erste großtechnische Rauchgasentschwefelungsanlage im Steinkohlekraftwerk Wilhelmshaven in Betrieb genommen [2.4].

Die Verordnung über ‚Allgemeine Bedingungen für die Elektrizitätsversorgung von Tarifkunden' löst 1980 die bis dahin geltenden Bestimmungen von 1942 ab, 1983 legt die Bundesregierung mit der Großfeuerungsanlagenverordnung strenge Grenzwerte für Emissionen aus fossil gefeuerten Kraftwerken fest, wodurch bis Ende 1991 fast alle westdeutschen Kraftwerke mit Anlagen zur Entstickung der Rauchgase versehen werden.

1987 beginnt die Umstellung der 220/380 Volt auf die international vereinbarte neue Nennspannung der Stromnetze von 230/400 Volt. 1998 tritt schließlich das geänderte Energiewirtschaftsgesetz in Kraft, das eine Öffnung des Strommarktes bewirken soll (siehe Kapitel 2.2.1).

In den engen Straßen der Städte wurden von Anfang an unterirdische Leitungen bevorzugt. In Berlin und Königsberg waren in den 80er Jahren des 19. Jahrhunderts die blanken Leitungen auf Porzellanisolatoren in Betonkästen (Monierkanäle, mit Stahl bewehrter Beton) untergebracht. Die Monierkanäle waren in Berlin als Zweileitersysteme und in Königsberg als Fünfleitersysteme ausgeführt. Die letzten Monierkanäle konnten bis 1927 betriebsfähig gehalten werden. Die BEW AG legte bereits im Jahre 1885 das erste Starkstromkabelnetz als Einleiter-Gleichstromkabel, das aufgrund der geringen Spannung von 0,1 kV mit Leiterquerschnitten von 800 und 1000 mm^2 Querschnitt ausgeführt war, um den Spannungsabfall klein zu halten. Durch seine ausgereifte Konstruktion und Herstellung, das Kabel war bereits mit einem Bleimantel und einer Bandeisenbewehrung versehen, war es bis zur generellen Umstellung auf Drehstrom (aus wirtschaftliche Gründe) fast 80 Jahre lang in Betrieb [2.5].

2.3.2 Aktuelle Situation der Stromversorgung

Die aktuelle Situation der Stromversorgung in Deutschland ist geprägt durch den Rückzug der Bundesländer aus den großen Energieversorgungsunternehmen und damit des Staates aus dem Wirtschaftsprozess der Stromversorgung (Liberalisierung). Gleichzeitig findet durch die Übertragung von staatlichen Aufgaben eine Umwandlung öffentlicher Einrichtungen in privatrechtliche Unternehmen (Privatisierung) statt. Damit treten neue Marktteilnehmer in Aktion, und den Großkunden und privaten Haushalten kommt eine neue Rolle zu.

Ursachen für Liberalisierung und Privatisierung

Die leitungsgebundene Stromversorgung war in den vergangenen Jahrzehnten neben Rundfunk und Fernsehen sowie anderen Infrastruktursystemen traditionell als marktfern bzw. staatsnah einzustufen. In gesicherten Strukturen wurde ein flächendeckendes, überall verfügbares und stets versorgungssicheres Netz aufgebaut, das wichtige Voraussetzung für den Industriestandort Deutschlands wurde. Liberalisierung und Privatisierung haben in den letzten Jahren die Situation des Stromversorgungssystems insbesondere durch die Auftrennung in Gesellschaften für die Stromerzeugung, den Stromtransport und die Stromverteilung stark verändert.

Seit den 1980er-Jahren ziehen sich staatliche und kommunale Akteure weltweit aus dem Betrieb der Stromversorgungssysteme zurück. In über 100 Ländern wurden innerhalb der letzten 15 Jahre Reformen mit dem Ziel eingeleitet, Wettbewerb in der Stromversorgung einzuführen. Diese Liberalisierung der Strommärkte fällt zusammen mit einem europaweiten Trend zur Privatisierung bislang öffentlicher Unternehmen der Energieversorgung, d.h. mit der Überführung ehemals staatlichen oder kommunalen Eigentums auf privatwirtschaftliche Akteure. Sowohl die Liberalisierung, als auch die Privatisierung der Energieversorgung führen zu einem institutionellen Wandel [2.6].

Aufgrund seiner technisch-ökonomischen Besonderheiten wurde der Strommarkt als „natürliches Monopol“ eingestuft, und es wurde ihm Marktversagen unterstellt. Unter der Annahme von Größen- und Verbundvorteilen sowie einem hohen Anteil irreversibler Kosten wurde in den Versorgungsgebieten die Monopolstellung eines Energieversorgungsunternehmens begründet. Es bestand die verbreitete Auffassung, „die Qualität und allokative Effizienz der Infrastrukturleistungen seien im Wettbewerb der Energieversorgungsunternehmen nicht aufrechtzuerhalten“. Ein ausschließlich kostenorientierter Wettbewerb gefährde die sichere und preisgünstige Versorgung und begünstige soziale und regionale Ungerechtigkeiten [2.7].

Das hohe Maß an staatlicher Verantwortung für die Energieversorgung, das über Jahre hinweg entstanden war, wurde mit der großen Bedeutung dieser Infrastruktur für die strukturpolitische Steuerung gerechtfertigt. Das öffentliche Engagement war geprägt durch das Konzept der öffentlichen Daseinsvorsorge, wonach die öffentliche Hand für die preisgünstige und sichere Bereitstellung der infrastrukturellen Grundbedürfnisse sorgt. Im Wesentlichen bestand das öffentliche Interesse in folgenden Punkten [2.1]:

- *Versorgungssicherheit:* Strom (und eingeschränkt auch Gas) sollte jedem Kunden zu jeder Zeit, in gewünschter Menge und an jedem Ort geliefert werden können,
- *Preisgünstigkeit:* niedrige Energiepreise sollten als Instrument der Sozial- und Industriepolitik gesichert werden,

- *Einheitlichkeit der Preise und der Tarifräume:* ein möglichst einheitliches und von räumlichen Gegebenheiten teilweise unabhängiges Preisniveau sollte gewährleistet werden,
- *Förderung technischer Innovationen:* bestimmte Technologien der Stromerzeugung sollten in Erwartung ihres wirtschaftlichen Nutzens gefördert werden,
- *strukturpolitische Ziele:* bestimmte Energieträger sollten aus beschäftigungspolitischen Gründen und zur Sicherung nationaler „Energieautarkie" gefördert werden.

Unter diesen Randbedingungen hatte sich die Stromwirtschaft mit zahlreichen Institutionen der energiewirtschaftlichen Selbstorganisation in Deutschland etabliert, Institutionen der Monopolregulierung geschaffen und mit weit reichender öffentlicher Wirtschaftstätigkeit dazu beitragen, die technische Leistungsfähigkeit der Energieversorgungssysteme wesentlich zu steigern. Die räumliche Ausdehnung und technische Zuverlässigkeit der Versorgung nahmen immer weiter zu, und die Sicherheit der Infrastrukturversorgung in Form einer flächendeckenden Versorgung mit Energie zu jeder Zeit und in gewünschter Menge konnte auf hohem Niveau gewährleistet werden. Schließlich wurde ab den 1970er-/80er-Jahren dann der Umweltschutz als öffentliche Aufgabe der Energieversorgung vermehrt in das Konzept der Daseinsvorsorge integriert.

Das auf technische Zuverlässigkeit, Perfektionierung und Versorgungssicherheit ausgerichtete System hatte jedoch Kehrseiten: Dies betraf zum einen die geringe ökonomische Effizienz der Energieversorgung, die durch die im internationalen Vergleich hohen Energiepreise, hohe Unternehmensgewinne und deutliche Überkapazitäten der Stromwirtschaft zum Ausdruck kamen. Ein Reformbedarf ergab sich zum anderen auch aus der vergleichsweise geringen Ressourceneffizienz und Umweltverträglichkeit der Energieversorgung, die durch einen hohen Verbrauch endlicher fossiler Rohstoffe, sowie lokaler Luft-, Wasser- und Bodenbelastungen, einem angenommenen Beitrag zum globalen Klimawandel und den empfundenen nuklearen Risiken zum Ausdruck kamen [2.1].

Hierbei lassen sich nach Monstadt [2.1] vier elementare Problembereiche identifizieren, die bislang ein problemadäquates Handeln gehemmt hatten:

1. Probleme mit der organisatorischen Effizienz und Kompetenzausstattung der Energieaufsichtsverfahren, die eine effektive Regulierung der Versorgungsunternehmen erschwerten. Die Verpflichtungen der Energieversorgungsunternehmen durch ihre Konzessionsverträge mit den Gemeinden waren zumeist darauf begrenzt, möglichst hohe Konzessionsabgaben an die Gemeinden zu zahlen und die Versorgung durchzuführen.

2. Probleme aufgrund der engen Beziehung zwischen Regulierungsbehörden und den regulierten Unternehmen. Mit steigender Technisierung und Komplexität der Energieversorgung waren die Landesbehörden zur Durchführung der Regulierung zunehmend auf Informationen der Versorgungsunternehmen angewiesen. Aufgrund der Informations- und Ressourcenasymmetrien zwischen Regulierungsbehörden und Energieversorgungsunternehmen konnte eine unabhängige Kontrollfunktion der Aufsichtsbehörden kaum wahrgenommen werden.

3. Probleme bei der Durchsetzung öffentlicher Interessen der Energieversorgung durch die öffentlichen Unternehmen selbst. An den größeren Verbund- oder Regionalunternehmen waren zumeist mehrere öffentliche Träger beteiligt, welche teilweise heterogene oder divergierende Interessen verfolgt. Zudem hatte die Renditeerwartung der Länder und Kommunen

die staatliche Interessenlage verändert, so dass eine unabhängige Wahrnehmung hoheitlicher Steuerungsaufgaben gefährdet war.

4. Probleme bei energiepolitisch gewünschten Entscheidungen über Modernisierungsinvestitionen. An Entscheidungsprozessen über die Grundsätze und Ausrichtung der ökonomischen Regulierung der Energieversorgung waren weder die hiervon betroffenen Verbrauchergruppen und ihre Verbände, noch die Akteure aus Umweltadministration, -verbänden und -forschung beteiligt.

Bild 2-6 zeigt, wie bislang in einem traditionellen Markt die Energieversorger zusammengewirkt haben und wie dies nun in einem liberalisierten Strommarkt erfolgt.

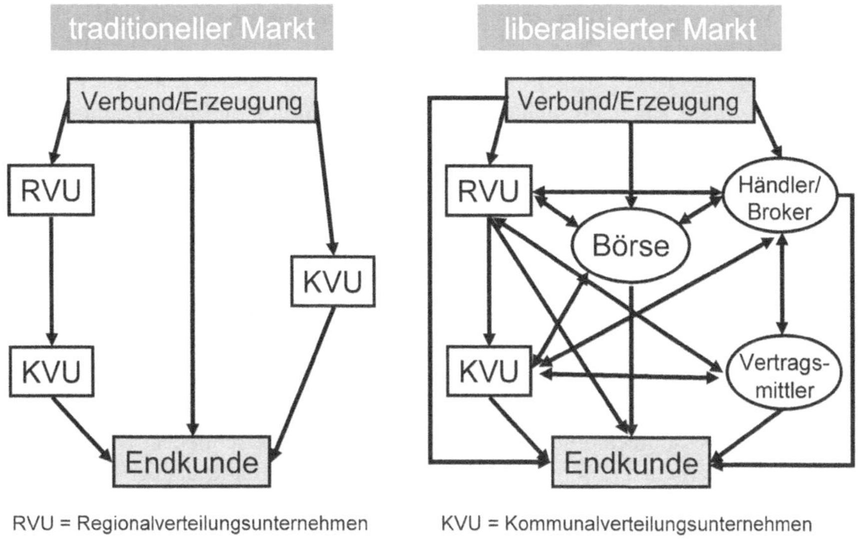

Bild 2-6 Stellung der Versorgungsunternehmen im traditionellen und im liberalisierten Strommarkt [2.8]

Aufgrund der neuen Strukturen treten künftig folgende Marktteilnehmer im deutschen Stromversorgungssystem in Aktion [2.9]:

a) Energiehandel und -vertrieb: Der Großhandel, den es auch in der Vergangenheit bereits zwischen den Betreibern der Verbundnetze gegeben hat, wird auf liberalisierten Energiemärkten mehr Marktteilnehmern zugänglich. Neben den großen Verbundunternehmen haben inzwischen auch die kleineren regionalen und kommunalen Versorger Energiehandelsabteilungen eingerichtet. Allerdings sind sie bei der Ausübung ihrer Geschäftstätigkeit auf die Nutzung der Netze Dritter angewiesen, außerdem verfügen sie in der Regel nicht über eigene Stromerzeugungskapazitäten, sondern kaufen Strom im Großhandel ein. Unabhängig von dem auf niedrige Preise gerichteten Energiehandel bieten zunehmend spezialisierte Ökostromhändler Strom aus erneuerbaren Energien und aus Kraft-Wärme-Kopplung (KWK) zumeist gegen einen Aufpreis an.

b) Strombörse: Im Jahr 2000 nahmen in Deutschland zwei Strombörsen in Leipzig und in Frankfurt (Main) ihre Arbeit auf. Die Strombörse macht Strom zu einem ähnlichen Gut wie Aktien oder Rohstoffe. Über die Strombörse kann zu einem festgelegten Zeitpunkt eine bestimmte Menge Strom ge- und verkauft werden und den Marktteilnehmern die Chance gegeben werden, sich gegen Strompreisschwankungen abzusichern (Terminhandel). Die Strombörsen tragen zur Optimierung des Kraftwerkseinsatzes für die Stromerzeuger und der Strombeschaffung für die Händler (z.T. auch für Großverbraucher) bei. Ferner besteht eine wesentliche Funktion darin, Preis- und Markttransparenz zu schaffen und damit den Wettbewerb zu fördern.

c) Verbrauchserfassung und Bilanzierung: Im liberalisierten Markt ist davon auszugehen, dass Verbrauchsdaten einer Vielzahl von Marktteilnehmern in verhältnismäßig kurzen Intervallen zur Verfügung gestellt werden müssen. Für die Betreiber von Zählern bedeutet dies eine deutliche Erweiterung ihrer Aufgaben. Möglicherweise führt dies mittelfristig zur Ausdifferenzierung eigenständiger Unternehmen, die sich auf Betrieb und Ablesung der Zähler spezialisieren, und solchen, die sich um Datenkommunikation im Markt kümmern [2.10].

d) Netzbetreiber: Durch die Marktöffnung wird die traditionell dominierende vertikale Integration entlang der gesamten Wertschöpfungskette aufgebrochen, indem die natürlichen Monopole der überregionalen und regionalen Netzaktivitäten von den Erzeugungsaktivitäten buchhalterisch und künftig auch organisatorisch getrennt werden. Zahlreiche Unternehmen haben eigenständige Netzgesellschaften gegründet. Diese stellen auf der Übertragungs- und/oder auf der Verteilungsebene die Netzinfrastruktur zur Verfügung und sorgen für eine bedarfsgerechte Instandhaltung der Netze und deren angemessene Dimensionierung [2.10].

e) Energiedienstleistungsunternehmen: Die etablierten EVU konkurrieren im Dienstleistungssektor mit zahlreichen unabhängigen Dienstleistungsunternehmen, deren Ziel es ist, nachfrageseitige Energieressourcen durch Effizienzsteigerungen zu erschließen. Das Spektrum reicht von den halb-staatlichen Energieagenturen nahezu aller Bundesländer über unabhängige Consulting-Unternehmen, spezialisierten Ingenieurbüros sowie Unternehmen im Bereich Anlagen- und Einspar-Contracting. Das Tätigkeitsspektrum dieser Energiedienstleistungsbranche umfasst die Fern- und Nahwärmeversorgung, das Leasing von Blockheizkraftwerken, den Betrieb von unternehmenseigenen Erzeugungsanlagen, die Installation von Regelungstechnik und effizienten Geräten, die Einwirkung auf Energienutzungsverhalten etc. [2.11].

f) Unabhängige Stromerzeuger: Unabhängige Stromproduzenten (Independent Power Producer oder IPP's genannt) sind Energieunternehmen, die über kein eigenes Netz zur Stromverteilung und zum Stromtransport verfügen und die daher auf den diskriminierungsfreien Zugang zu Fremdnetzen angewiesen sind. Hierbei wurden die Genehmigungserfordernisse zur Aufnahme der Energieversorgung im Zuge der deutschen Energierechtsreform eingeschränkt, insbesondere was die Netzeinspeisung aus Stromerzeugungsanlagen auf Basis erneuerbarer Energien, KWK oder industrieller Eigenerzeugung betrifft. In der Praxis haben sich besonders im Bereich der erneuerbaren Energien zahlreiche unabhängige Stromproduzenten etabliert.

g) Einkaufsgemeinschaften und Energiebroker: Im Wettbewerb versuchen Stadtwerke und regionale Versorgungsunternehmen Größenvorteile durch Kooperation untereinander auszuschöpfen. Dies geschieht durch das Zusammenlegen von Kraftwerkskapazitäten und die Zusammenarbeit beim Vertrieb und Marketing. Darüber hinaus gründen die regionalen und kommunalen Unternehmen regionale Einkaufsgemeinschaften, um den Stromeinkauf zu professionalisieren und die Strombezugskonditionen durch Mengendegression zu verbessern. Durch die größeren Nachfragemengen können die beteiligten Stadtwerke einen niedrigeren Stromeinkaufspreis erzielen als dies Stadtwerken alleine möglich ist. Daneben etablieren sich zunehmend auch auf den Energiehandel spezialisierte Energiebroker, welche ihre Dienstleistungen insbesondere im Bereich kleiner und mittlerer Unternehmen oder in der Wohnungswirtschaft anbieten.

h) Private Eigenversorger und Kleinsteinspeiser: Neue technische Entwicklungen und die Förderung der Stromeinspeisung aus regenerativen Energien und KWK schaffen die Voraussetzung dafür, dass Verbraucher ihre Strom- und Wärmeversorgung teilweise selbst übernehmen können bzw. den erzeugten Strom zu nahezu kostendeckenden Preisen in das öffentliche Netz einspeisen. Die Nutzung von thermischen Solaranlagen, Blockheizkraftwerken, Fotovoltaikanlagen usw. führt zu neuen Konstellationen und verwischt die klare Trennung zwischen Energieverbrauchern und -anbietern [2.12], [2.13].

2.3.3 Pflichten und Aufgaben von Netzbetreibern

Nach dem Energiewirtschaftsgesetz (EnWG) sind Elektrizitätsversorgungsunternehmen zu einem Betrieb ihres Versorgungsnetzes verpflichtet, der eine möglichst sichere, preisgünstige und umweltverträgliche Versorgung mit Elektrizität im Interesse der Allgemeinheit sicherstellt. Sie haben jedermann an ihr Netz anzuschließen, außer der Anschluss wäre ihnen aus wirtschaftlichen oder technischen Gründen nicht zumutbar (Verpflichtung zum Netzanschluss). Darüber hinaus müssen die Übertragungsnetzbetreiber (ÜNB) Dritten ihre Netze zur Nutzung zur Verfügung stellen, außer dies wäre aus betriebsbedingten oder sonstigen Gründen nachweislich nicht möglich oder nicht zumutbar (Verpflichtung zum Netzzugang).

Netzzugang ist die Grundlage für Kraftwerksbetreiber, Kunden und Netzbetreiber (NB), um miteinander Lieferverträge schließen zu können, indem er ihnen erlaubt, für ihre Lieferungen und Bezüge das Netz eines betroffenen Netzbetreibers zu nutzen. Als Übertragungsnetzbetreiber werden solche Betreiber von Netzen bezeichnet, die überregional Netze auf der Höchstspannungsebene betreiben. Die besonderen Aufgaben der Übertragungsnetzbetreiber als Verantwortliche für deren Systemdienstleistungen und das so genannte Bilanzkreismanagement unterscheidet diese von den Verteilungsnetzbetreibern (VNB).

Die VNB übernehmen die elektrische Energie an den Kuppelstellen der Verteilungsnetze zu den Übertragungsnetzen und verteilen diese über Hoch-, Mittel- und Niederspannungsnetze an die Endkunden/Verbraucher. Die wesentlichen Pflichten und Aufgaben des ÜNB sowie verbindliche Kooperationsregeln sind im so genannten „Transmission Code“ bzw. „Grid Code“ zusammengefasst (siehe Tabelle 2-2).

Der Herausgeber VDN (Verband der Netzbetreiber e.V. beim VDEW) beschreibt darin die Netz- und Systemregeln der deutschen Übertragungsnetzbetreiber. Die Netzbetreiber sind durch die Liberalisierung verpflichtet, ihre Netze diskriminierungsfrei allen Netznutzern zum Transport von elektrischer Energie zur Verfügung zu stellen. Dazu müssen die Netzbetreiber den Netzkunden den Netzanschluss selbst und eine anschließende Netznutzung ermöglichen. Für eine reibungslose Netznutzung zum Zwecke der Belieferung von Kunden mit elektrischer Energie erbringen die NB eine Reihe von Dienstleistungen. Die Netz- und Systemregeln deutscher Netzbetreiber sind im ‚Transmission Code‘ für die Übertragungsnetze und im

‚Distribution Code' für die Verteilnetze hinsichtlich ihrer Anforderungen und Merkmale definiert.

Tabelle 2-2 Inhalte des Transmission Code und des Distribution Code [2.14]

Transmission Code	Distribution Code
Anschlussbedingungen	Netzanschlussbedingungen
- für Erzeugungseinheiten	- für Erzeugungseinheiten
- für unterlagerte Netze	- für Kundenanlagen
Netznutzung	- Netzrückwirkungen
- Bilanzkreise	Zugang zum Verteilungsnetz
- Engpässe	- NAV / NNV
Systemdienstleistungen	- Bilanzkreise
- Sicherstellung/Inanspruch-nahme	- Lastprofile
	- Engpässe
Netzausbau	Systemdienstleistungen
- (n-1) – Kriterium	Netzplanung...
- Stabilität	- Grundsatz- u. -ausbauplanung und Netzbetrieb
Betriebsplanung und -führung	
- Betriebsplanung	
- Betriebsführung	- Betriebsführung

In den Netzanschlussbedingungen des Transmission Codes ist im Wesentlichen der Anschluss von Erzeugungseinheiten und unterlagerten Netzen an das Übertragungsnetz geregelt. Dabei liegt der Schwerpunkt auf den Erzeugungsanlagen mit den Themenfelder Synchronisation, Schutz, Netzleittechnik, Frequenzhaltung, Blindleistung, Netztrennung, Störungsverhalten und Versorgungswiederaufbau. Durch die Liberalisierung der Strommärkte sind die geschlossenen Versorgungsgebiete mit regional festgelegten Versorgern aufgehoben.

Die Anzahl der Netznutzer von Übertragungsnetzen ist seit Beginn der Liberalisierung stark angestiegen. Die von diesen Netznutzern belieferten Kunden befinden sich nicht in abgeschlossenen Versorgungsgebieten, sondern sind vielmehr auf unterschiedliche Netzbetreiber verteilt. Alle Netznutzer sind innerhalb einer so genannten „Regelzone", die in der Regel identisch ist mit dem Netzgebiet der ÜNB, verpflichtet, für eine ausgeglichene Leistungsbilanz zwischen den von ihnen belieferten Kunden und der von ihnen eingespeisten Energie zu sorgen. Die gesamte Koordination aller Verbraucher und Erzeuger in einer Regelzone übernimmt der ÜNB.

Ein wichtiges Instrument zur Koordination der unterschiedlichen Netznutzer in einer Regelzone ist die Einführung so genannter Bilanzkreise. Bilanzkreise sind virtuelle Gebilde innerhalb einer Regelzone, für die eine ausgeglichene Leistungsbilanz zwischen Entnahme und Einspeisung unterstellt wird. Netznutzer sind verpflichtet, sich entweder einem bestehenden Bilanzkreis anzugliedern oder einen eigenen Bilanzkreis zu führen. Als Systemdienstleistungen werden diejenigen für die Funktionstüchtigkeit des Systems erforderlichen Dienstleistungen bezeichnet, die Netzbetreiber zusätzlich zur Übertragung und Verteilung elektrischer Energie erbringen und damit die Qualität der Stromversorgung bestimmen. Dies sind die Frequenzhaltung, die Spannungshaltung, der Versorgungswiederaufbau und die Betriebsführung. Systemdienstleistungen werden im Wesentlichen von den Übertragungsnetzbetreibern erbracht und sind deshalb nur im Transmission Code ausführlich beschrieben.

Regelzone ist das Gebiet, für dessen Primärregelung, Sekundärregelung und Minutenreserve ein ÜNB im Rahmen der UCTE verantwortlich ist. Jede Regelzone wird physikalisch durch die Orte der Verbundübergabemessungen des Sekundärreglers festgelegt.

Primärregelung ist die im Sekundenbereich automatisch wirkende stabilisierende Wirkleistungsregelung des gesamten zusammen geschalteten, synchron betriebenen Drehstrom-Verbundnetzes. Sie entsteht aus dem Aktivbeitrag der Kraftwerke bei Änderung der Netzfrequenz und wird unterstützt durch den Passivbeitrag der von der Netzfrequenz abhängigen Lasten (Selbstregeleffekt)

Sekundärregelung ist eine gebietsbezogene Beeinflussung von zu einem Versorgungssystem gehörigen Erzeugungseinheiten zur Einhaltung des gewollten Energieaustausches des Gebietes (Regelzone) mit dem übrigen Verbund bei gleichzeitiger, integraler Stützung der Frequenz. In der UCTE wird die Sekundärregelung durch eine Leistungs-Frequenz-Regelung durchgeführt.

Leistungs-Frequenz-Regelung bezeichnet ein Regelverfahren, womit ÜNB die zwischen ihnen vereinbarten elektrischen Größen an den Grenzen ihrer Regelzonen im Normalbetrieb und insbesondere im Störungsfall einhalten. Hierbei strebt jeder ÜBN an, durch einen entsprechenden Eigenbetrag seiner Regelzone sowohl die Austauschleistung gegenüber den übrigen Regelzonen im vereinbarten Rahmen als auch die Netzfrequenz in der Nähe des Sollwertes zu halten.

Minutenregelung soll nach Eintritt eines Leistungsausfalls ohne Verzögerung eingesetzt werden können und muss nach der derzeit gültigen Empfehlung der UCTE spätestens nach 15 Minuten die Sekundenreserve abgelöst haben. Die Minutenreserve wird vor allen aus dem unter Sekundärregelung laufenden thermischen Kraftwerken, ferner durch den Einsatz von Speicher- und Pumpspeicher-Kraftwerken sowie Gasturbinen bereitgestellt. Je nach Größe des Kraftwerksparks kann zusätzlich schnellstartende Reserve nötig sein; die gesamte unter Sekundärregelung und manuell verfügbare Minutenreserve muss mindestens so groß sein wie die größte Kraftwerksblockleistung, um die Frequenzabweichungen durch Ausfälle schnell genug ausregeln zu können.

Versorgungszuverlässigkeit ist die Fähigkeit eines Elektrizitätsversorgungssystems, seine Versorgungsaufgabe unter vorgegebenen Randbedingungen während einer bestimmten Zeitspanne zu erfüllen, d.h. der Netzanschluss soll mit einer bestimmten Verfügbarkeit bereitgestellt werden. Die Versorgungszuverlässigkeit wird beschrieben durch die Erwartungswerte der Häufigkeit und der Dauer von Versorgungsunterbrechungen sowie durch den Erwartungswert der nicht zeitgerecht gelieferten Energie. Erwartungswerte sind dabei aus Statistiken abgeleitete Eintrittswahrscheinlichkeiten für bestimmte Ereignisse.

2.4 Verfügbare Ressourcen und Strombedarf

Die Stromwirtschaft regelt einen beträchtlichen Teil des Stoffumsatzes zwischen den natürlichen Ressourcen und den Siedlungen, indem sie im Grundsatz die Energieflüsse in einen ökonomischen Produktivitätsfaktor umwandelt, der dann dazu in der Lage ist, sozialen Wohlstand hervorzurufen. Dabei bewirken Energieversorgungssysteme erhebliche Eingriffe in natürliche Systeme, welche deren ökologische Produktivität und Regenerationsfähigkeit beeinträchtigen. Auch heutige, technisch hochwertige Energieversorgungssysteme in Deutschland entnehmen der Natur wachsende Mengen an Rohstoffen und wandeln diese in elektrische Energie und Wärme um. Dies führt nicht nur zu einer Verknappung der verfügbaren Rohstoffe, bei diesem Prozess werden auch Abfälle und Emissionen produziert, die den natürlichen Ressourcen wieder zugeführt werden.

2.4.1 Fossile Energieträger

Fossile Energieträger sind als Ressourcen (vergleiche auch Tabelle 1-2) immer noch in großem Umfang im eigenen Land verfügbar (Tabelle 2-3), sie brauchen nur gefördert und aufbereitet werden. Anschließend kann entschieden werden, wann diese zur Produktion von Strom und zur Einspeisung in das Netz eingesetzt werden. Die fossilen Stromversorgungsanlagen können also den Strom in Anhängigkeit des Bedarfs produzieren. Zur Anpassung an die im Tages-, Wochen- und Jahresverlauf schwankende Nachfrage kommen unterschiedliche Typen von Erzeugungsanlagen zur Abdeckung der Grund-, Mittel- und Spitzenlast zum Einsatz.

Tabelle 2-3 Reserven, Ressourcen und Reichweite der deutschen Braunkohle [2.15]

Revier	Geologische Vorräte	Wirtschaftlich gewinnbare Vorräte	Erschlossene u. konkret geplante Tagebaue	Förderung 2000	Statische Reichweite
		[Mrd. Mg]		[Mio. Mg]	[a]
Rheinland	55,0	35,0	4,3	91,9	381
Lausitz	12,6	5,6	2,3	55,0	102
Mitteldeutschland	10,0	2,2	0,7	16,4	134
Summe	**77,6**	**42,8**	**7,3**	**163,3**	**262**

Wie aus Tabelle 2-4 ersichtlich ist, weisen die heimischen fossilen Brennstoffe, aber auch die importierten Brennstoffe, einen sehr unterschiedlichen Brenn- bzw. Heizwert auf (zum Unterschied siehe Kapitel 2.1.2). Dies bedeutet einerseits, dass die Kraftwerke (als Umwandlungsanlagen im System Stromversorgung) diesen unterschiedlichen Voraussetzungen technisch angepasst werden müssen, andererseits bedeutet ein niedriger gewichtsspezifischer Heiz- bzw. Brennwert auch einen spezifisch hohen Transportaufwand, so dass dies bei der Standortwahl der Kraftwerke zu berücksichtigen ist. Es gilt der Grundsatz: je niedriger der Heizwert, desto näher sollte das Kraftwerk an den Brennstoffen liegen, um möglichst geringe Auswirkungen auf die Umwelt, den Raum und die Kosten zu verursachen.

Tabelle 2-4 Brennwerte und Heizwerte von Brennstoffen [2.15]

Brennstoff	Brennwert in MJ/kg	Heizwert in MJ/kg
Kohle		
- Anthrazit	34,0	33,3
- Standard-Steinkohle	30,6	29,3
- rheinische Braunkohle	21,4	19,9
- mitteldeutsche Braunkohle	10,5	8,4
- Holz		15,0
- Torf		13,0
Erdöl verarbeitet zu		
- Heizöl, schwer	42,7	40,2
- Heizöl, leicht	44,8	42,0
Erdgas aus	**in MJ/m³ (Normzustand)**	**in MJ/m³ (Normzustand)**
- USA	43,9	39,0
- Deutschland, Weser-Ems	36,1	32,6
- Russland, Orenburg	42,0	38,0
- Norwegen, Ekofisk	44,5	40,2
- Niederlande, Groningen	35,4	31,7
- Großbritannien	41,0	37,0

2.4.2 Regenerative Energieträger

Für die Abschätzung der zukünftigen Nutzbarkeit von erneuerbaren Energiequellen werden häufig drei Potenzialkategorien unterschieden:

Das *theoretische Potenzial* stellt das physikalische Angebot der regenerativen Energiequelle dar. Für die solare Strahlung z.B. ergibt sich dieses aus der auf die Fläche der Bundesrepublik einfallenden solaren Einstrahlung.

Das *technische Potenzial* ergibt sich aus dem theoretischen Potenzial unter Berücksichtigung der *Wirkungsgrade* der jeweiligen Systeme und aus dem technischen Fortschritt im Anlagenbau. Es können jedoch auch solche Standorteigenschaften mit einbezogen werden, die sich auf die anlagentechnischen Qualitäten für deren Nutzung beziehen, wie z.B. die Verfügbarkeit geeigneter Dachflächen für Solarkollektoren oder von Standorten für Windenergieanlagen mit ausreichenden Abständen zur Wohnbebauung und anderen empfindlichen Nutzungen.

Das *wirtschaftliche Potenzial* errechnet sich aus dem Kostenvergleich zu konkurrierenden Systemen (das *Erwartungspotenzial* umfasst dazu noch die Ausschöpfung des wirtschaftlichen Potenzials, z.B. Markteinführungsgeschwindigkeiten).

Das *theoretische Potenzial* zur Nutzung erneuerbarer Energiequellen liegt weltweit um ein Vielfaches über dem derzeitigen Primärenergieverbrauch. Der Grund für die geringe Nutzung ist nicht nur in historischen Gegebenheiten zu suchen, sondern basiert auf prinzipiellen physikalischen Nachteilen: Regenerative Energiequellen sind dadurch gekennzeichnet, dass ihre Energiedichte sehr gering ist (Ausnahmen sind Wasserkraft und Tiefengeothermie) und ihr Angebot starken zeitlichen Schwankungen unterliegt. Die geringe Leistungs- bzw. Energiedichte der regenerativen Energieformen Wind, Umweltwärme und Bioenergien erfordert einen hohen Materialeinsatz, der mit hohen Kosten verbunden ist und teilweise nicht vernachlässigbare Umweltbeeinflussungen nach sich zieht. Auf der anderen Seite stehen die Vorteile einer unbegrenzten Mengenverfügbarkeit, der Nutzung durch eine Vielzahl dezentraler Technologien und insbesondere keine Freisetzung von *Kohlendioxid* bei der Nutzung der vorhandenen Anlagen.

Technische Potenziale in Deutschland

- Sonnenenergie

Neben dem Spitzenwert der Strahlungsleistung und der Verteilung der Strahlungsleistung über die Zeit ist für die Sonnenenergienutzung noch die Jahressumme der Strahlungsenergie maßgebend, die sich aus diesen beiden Werten ergibt. Auf eine horizontale Fläche bezogen, liegt die Jahressumme der Globalstrahlung meist zwischen 800 und 2.200 kWh/m²a. Durch eine entsprechende Neigung der Fläche gegen Süden kann die Energieausbeute um ca. 10 % erhöht werden, um bis zu ca. 20 % durch eine ein- oder zweiachsige Nachführung zum Sonnenstand (aus bautechnischen oder finanziellen Gründen wird darauf meistens verzichtet). Mit einem Wirkungsgrad von 50% bei solarthermischen und 10% bei photovoltaischen Anlagen können in Deutschland somit von einem starren Solarabsorber pro Jahr ca. 500 kWh/m² an Nutzwärme oder ca. 100 kWh/m² an Elektroenergie gewonnen werden.

Für die Nutzung der Strahlungsenergie der Sonne ist neben dem unterschiedlichen Energieangebot über den Tag auch die Intensitätsverteilung über die Jahreszeiten zu beachten. So werden etwa 75 % des Jahresenergieaufkommens im Sommerhalbjahr (April bis September) angeboten, und das mittlere Monatsangebot ist im Sommer doppelt so groß wie in der Übergangszeit (März und Oktober) und vier mal so groß wie im Winter (November bis Februar) [2.16].

Das technische Stromerzeugungspotenzial ergibt sich aus den für eine Installation von Solarmodulen theoretisch verfügbaren *Flächen,* im Wesentlichen die Dachflächen und ein Teil der landwirtschaftlich genutzten Flächen. Das Endenergiepotenzial liegt zwischen 19 und 410 TWh/a. Bis zum Jahr 2050 wird für Deutschland ein photovoltaisches Endenergiepotenzial von 175 TWh/a erwartet [2.17] Dieses Potential stellt einen Anteil von ca. 5 % des Endenergiepotentials in Deutschland dar.

- Windenergie

Die auftretenden Windgeschwindigkeiten sind zeitlich und räumlich sehr unterschiedlich. Hohe Windgeschwindigkeiten mit Jahresmittelwerten von 5 bis 8 m/s in 10 m Höhe treten an Meeresküsten auf. Bis ins Innere großer Kontinente fallen sie auf unter 3,6 m/s ab. In Küstennähe und im Gebirge können mittlere Windgeschwindigkeiten um 5 m/s auftreten. Die

Absolutwerte der Windgeschwindigkeit liegen auf dem Festland zwischen 0 und 40 m/s und auf dem Meer zwischen 0 und 60 m/s.

Für die Energieausbeute einer Windenergieanlage (WEA) ist die Häufigkeit des Auftretens der verschiedenen Windgeschwindigkeiten von Bedeutung, da die Anlage erst bei einer bestimmten Geschwindigkeit (z.B. 3 m/s) anläuft, bis zur Auslegungsgeschwindigkeit (z.B. 12 m/s) den Wind maximal nutzt (Anstieg der Leistung mit der 3. Potenz der Windgeschwindigkeit) und darüber hinaus die Leistung fast konstant hält bis zur Abschaltgeschwindigkeit (z.B. 24 m/s). Die mittlere Windgeschwindigkeit in München liegt bei 3,3 m/s, in Berlin bei 4,1 m/s und auf Helgoland bei 7,2 m/s. Mindestens 5,4 m/s in 30 m Höhe (bei 2000 Volllastbenutzungsstunden) sind für die Rentabilität einer Windenergieanlage erforderlich. Auf der Nordsee beträgt die mittlere Windgeschwindigkeit ca. 9 m/s und auf der Ostsee geringfügig darunter.

Das gesamte Potential der Windenergie beträgt ein Vielfaches des gegenwärtigen Primärenergieverbrauchs, nutzbar davon ist jedoch nur ein geringer Anteil. Standorte für Windkraftanlagen müssen auf dem Festland oder in Küstennähe im flachen Wasser liegen (Offshore-Aufstellung). Technische, ökonomische und Akzeptanzprobleme führen zu weiteren Einschränkungen. Mit dem Ausbau der Windenergienutzung werden die Probleme des zeitlich ungeregelten Anfalls des Stromes immer bedeutsamer. Solange man auf die sehr teure Speicherung von Elektroenergie in großem Maße verzichten kann, das wird voraussichtlich in den nächsten 40 Jahren der Fall sein, werden Leistungsanteile von 10 bis 15 % Einspeisung von Windkraftanlagen in konventionelle Elektroenergiesysteme als beherrschbar und in den nächsten 20 Jahren erreichbar eingeschätzt [2.18].

Das technische Stromerzeugungspotenzial resultiert aus dem regional sehr unterschiedlichen Windenergieangebot in den bodennahen Atmosphärenschichten. Mit Windgeschwindigkeiten zwischen 4 und 5 m/s ergibt sich eine Gebietsfläche von rund 4,75 Mio. ha, mit 5 bis 6 m/s eine Fläche von etwa 0,72 Mio. ha und etwa 0,09 Mio. ha mit mehr als 6 m/s. Unter Berücksichtigung netzseitiger Restriktionen liegen die entsprechenden Endenergiepotenziale einer Windstromerzeugung zwischen 14 und 83 TWh/a; das entspräche einem Anteil von 2,5 % bis 15 % der Stromerzeugung im Jahr 1999.

- Wasserkraft

Bei der Wasserkraft ist der Energieertrag eines Standortes vom zugehörigen Flusseinzugsgebiet und von den Standorteigenschaften abhängig. Hierbei spielt insbesondere die Niederschlags- und Schmelzwassermenge und der vorhandene Höhenunterschied eine wesentliche Rolle. Diese *potentielle* oder *kinetische* Energie ist in ihrer „Wertigkeit“ zur Erzeugung von mechanischer oder elektrischer Energie wesentlich größer als die von Primärenergieformen, welche über thermodynamische Prozesse mit entsprechenden Verlusten in mechanische Energie umgewandelt werden müssen (etwa doppelt so hoch!). Aufgrund der geographischen Situation in Deutschland ist das Energieangebot der Wasserkraft in Deutschland im Vergleich zu vielen anderen Ländern verhältnismäßig gering. In Norwegen wird nahezu eine vollständige Deckung des Strombedarfs durch die Wasserkraft erreicht, während in Deutschland der Anteil der Wasserkraft derzeit nur etwa 4 % beträgt.

An der Stromerzeugung in der Welt hat die Wasserkraft einen Anteil von ca. 20 %, bei einer installierten Nettoleistung von ca. 700 GW (23 % an der gesamten Kraftwerksleistung). Aufgrund der in Deutschland vorhandenen Durchmischung von Speicherwasserkraftwerken (mit einer Volllaststundenzahl von 2.640 h/a) und Laufwasserkraftwerken (5.080 h/a) ergibt sich im Durchschnitt eine Volllaststundenzahl von etwa 3500 h/a. Diese relativ geringe Auslastung der Wasserkraftanlagen ist auf das über das Jahr schwankende Wasserangebot zurückzuführen, das von Niederschlägen und Umgebungstemperaturen abhängig ist. Ein Vorteil der Wasserkraftnutzung ist die bei den meisten Anlagen nutzbare Speicherbarkeit von Energie.

Mit Ausnahme von reinen Laufwasserkraftwerken kann durch Ausnutzung eines Stauraumes eine Verschiebung von Wasserangebot und Nutzung in vom Stauraum abhängigen Grenzen erreicht werden. Es wurden auch Wasserkraftanlagen errichtet, die bei Bedarf als Pumpspeicherwerk arbeiten können.

Das technische Stromerzeugungspotenzial ergibt einschließlich der Netzverluste ein Endenergiepotenzial aus Wasserkraft von ca. 25,2 TWh/a, das ohne größere technische Probleme in die gegenwärtige Stromerzeugungsstruktur integriert werden kann. Der Anteil der Wasserkraft würde von 3,2 % auf etwa 4,5 % gesteigert.

- Biomasse

Biomasse wird durch Photosynthese von Pflanzen erzeugt. Die Ausnutzung der Strahlungsenergie der Sonne ist dabei sehr niedrig. Als Jahresnutzungsgrad wird für das auf die Fläche bezogene Verhältnis von jährlich produziertem Heizwert der Biomasse bezogen auf die jährliche Globalstrahlung nur ein Wert von 0,001 bis 0,01 erreicht. In Form von Holz war Biomasse Jahrtausende der vorherrschende Brennstoff und ist es in vielen Entwicklungsländern auch heute noch. In der Primärenergiebilanz der entwickelten Länder hat es gegenwärtig nur noch eine untergeordnete Bedeutung. Die notwendige Hinwendung zu regenerativen Energiequellen wird die Bedeutung von Biomasse als Brennstoff wieder erhöhen. Zumindest dann, wenn die billig erschließbaren Vermögensenergien knapp werden und die Energiepreise steigen. Zu unterscheiden ist die Nutzung von nur für energetische Zwecke angebauten Stoffen und die Nutzung von biologischen Abfällen, die bei der Nutzholz- und Lebensmittelproduktion anfallen. Der spezielle Anbau von Pflanzen zur Energiegewinnung dient der Erzeugung von Holz, Öl, Zucker oder Stärke. Neben der Verwendung von Holz als Brennstoff ist die Gewinnung von Kraftstoffen (Biodiesel, Biogas und Alkohol) von Bedeutung. Die Verfahren sind derzeit meist nicht wirtschaftlich, da der Anbau, die Ernte und die Verarbeitung finanziell und energetisch sehr aufwendig sind. Für Deutschland kann von einem zukünftig erschließbaren Potential in der Größe von bis zu 2 % des gegenwärtigen Primärenergieverbrauchs ausgegangen werden.

- Geothermische Energie

Im Inneren der Erde herrscht eine Temperatur von ca. 5000 °C. Insgesamt wird ein mittlerer Erdwärmestrom von 62,5 mW/m^2 gemessen. Die Wärmeleitung liefert nur einen minimalen Energiestrom. Deshalb ist für die Nutzung der geothermischen Energie die gespeicherte innere Energie der Erdkruste entscheidend und nicht der gleichzeitig mit der Entnahme aus dem Erdinneren nachgelieferte Energiestrom. Als Speichergesteine kommen kristalline Gesteine und Sedimentgesteine in Betracht. Sedimentgesteine zeichnen sich häufig durch Poren aus. Sind die Poren mit Wasser gefüllt, spricht man von Aquiferen. Aus wasserdurchlässigen Gesteinsschichten ist Wärme günstiger abzuleiten, wenn ein Wasserstrom durch das Gestein gedrückt werden kann. In diesem Fall sind die Kontaktflächen genügend groß, und die Verweilzeiten können ausreichend gewählt werden. An einigen Stellen der Erde tritt heißes Wasser oder Wasserdampf an der Oberfläche aus. Überwiegend müssen geothermale Quellen jedoch durch Bohrungen erschlossen werden. Verbreitet existieren auch unter Druck stehende Reservoire mit heißem Wasser. Sie ermöglichen hohe Förderraten pro Bohrung ohne zusätzlichen Energieaufwand zur Förderung [2.25].

Das gesamte thermische Energiepotential in der durch Bohrungen erreichbaren Tiefe bis zu 10 km ist ca. 30mal so groß wie die jährliche Sonnenenergieeinstrahlung auf die Erde. Die Nutzung wird aber hauptsächlich auf Anomalien beschränkt bleiben [2.26], da tiefe Bohrungen sehr aufwendig sind und andere regenerative Energien ökonomischer gewonnen werden können. Trotzdem kann eingeschätzt werden, dass durch weitere Erkundungen noch geeignete geothermale Energiequellen gefunden werden, die eine wesentliche Erweiterung der jetzigen Nutzung zulassen.

Die Anteile, die eine Erdwärmenutzung zum gegenwärtigen Endenergieverbrauch in der Bundesrepublik Deutschland beitragen könnte, liegen geringfügig über denjenigen einer ausschließlich solarthermischen Warmwasser- und Prozesswärmebereitstellung. Verglichen mit dem gesamten Endenergieverbrauch in der Bundesrepublik Deutschland im Jahr 1999 liegen die möglichen Beiträge bei rund 4 % und bezogen auf den Wärmeendenergieverbrauch bei knapp 7 %.

Anlagenmix regenerativer Kraftwerke

Die verschiedenen regenerativen Energieträger weisen eine unterschiedliche Verfügbarkeit im Tagesverlauf und eine unterschiedliche Speicherfähigkeit auf. Je größer das Versorgungssystem gefasst wird, um so mehr lassen sich die Unterschiede in der Tagesarbeit dieser Kraftwerke im Gesamtsystem ausgleichen; je kleiner die Systeme sind, um so stärker treten die Anfassungsprobleme zwischen Aufkommen und Bedarf in Erscheinung.

Die relativ gleichmäßig anfallende Wasserkraft (z.B. aus Laufwasserkraftwerken in den Flüssen) in der Grundlast als Basis, überlagert von der Biomasse, ergänzt durch die Photovoltaik, die insbesondere in den Sommermonaten die Biomasse ersetzt. Darüber aufgetragen ist die Windkraft, deren leistbare Tagesarbeit von den täglich sehr unterschiedlichen Windverhältnissen abhängig ist und daher nicht gezielt eingesetzt werden kann. Sie ist weder gleichmäßig vorhanden noch ihre Verfügbarkeit mittel- oder gar langfristig voraussehbar. Dies ist allenfalls kurzfristig möglich.

Fällt die Windenergie als natürliche Ressource zeitweise aus, muss sie durch andere Energieträger ersetzt werden. Dazu sind Energieträger erforderlich, die möglichst kurzfristig bereitzustellen sind und die in ihrem Umfang möglichst gut dem Bedarf nachgeführt werden können. Unter den regenerativen Energien ist dies nur die Biomasse, der daher hier eine besondere Aufgabe zukommt.

2.4.3 Strombedarf der Siedlungen

Dem ungleichmäßigen Angebot an Brennstoffen und damit an Strom steht eine ebenfalls ungleichmäßige Nachfrage nach Strom gegenüber, die aus dem Nachfrageverhalten der Nutzer herrührt und die nur beschränkt gesteuert werden kann (z.B. durch verbilligten Nachtstrom).

Die Prognose des Bedarfs von Strom ist eine wesentliche Komponente bei der Planung des Energieeinsatzes. Anhand des ermittelten Verbrauchs ist ein effizienter Einsatz der zur Verfügung stehenden Energieressourcen möglich. Dies trifft vor allem auf Versorgungsunternehmen zu, die Anlagen mit Kraft-Wärme-Kopplung betreiben. Im operativen Betrieb ist die Kenntnis der Bedarfsentwicklung im Bereich von 15 Minuten bis zu 24 Stunden zur Gewährleistung der Versorgungssicherheit von großer Bedeutung.

Tabelle 2-5 Stromverbrauch in kWh pro Haushalt nach Personen 1992 [2.19]

Anzahl Personen im Haushalt	**1**	**2**	**3**	**4**
Beleuchtung	230	340	405	470
Elektroherd	220	415	475	600
Kühlschrank	305	350	375	410
Gefriergerät	320	380	440	440
Waschmaschine	90	170	250	320
Wäschetrockner	145	245	350	470
Spülmaschine	150	220	320	390
Fernsehapparat	120	155	190	200
Hilfsenergie Heizung	250	290	330	370
Kleingeräte / Sonstiges	260	450	630	690
Gesamtverbrauch Haushalt	2090	3015	3765	4360
Personenspezifischer Verbrauch	2090	1508	1255	1090

Für Vorhersagegebiete mit wechselndem nichtstationären Verbraucherverhalten und Strukturänderungen ist eine hohe Prognosegüte sowie die sofortige Berücksichtigung von Änderungen im Verbraucherverhalten im Rahmen der Prognose erforderlich, so dass neue computergestützte Formen der Bedarfsprognose erforderlich geworden sind. Dabei kommen meist Algorithmen mit neuronalen und klassischen statistischen Komponenten zum Einsatz. Die Temperatur wird als wesentliche äußere Einflussgröße in solche Prognosen einbezogen. Zusätzlich fließen bei Bedarf weitere Einflussfaktoren wie Helligkeit, Wind, etc. ein.

Der Stromverbrauch in den Haushalten ist abhängig von der Haushaltsgröße. Mit steigender Haushaltsgröße nimmt der personenspezifische Stromverbrauch (zur Verrichtung von Strom*arbeit*) deutlich ab (Tabelle 2-5). Das heißt, dass die in den letzten Jahren laufend abnehmende Haushaltgröße in Deutschland einen wesentlichen Einfluss auf den Stromverbrauch in Deutschland insgesamt gehabt hat. Dieser Trend wird sich weiter fortsetzen, so dass der durch den Bevölkerungsrückgang der nächsten Jahre erwartete Rückgang des Stromverbrauchs stark gedämpft werden wird. Bei den Kleinverbrauchern, der Industrie und im Verkehr wird dagegen weiterhin mit einer Zunahme des Stromverbrauches gerechnet (Tabelle 2-6).

In Abhängigkeit der eingesetzten Elektrogeräte (so hat ein Elektroherd z.B. bei Wechselstrom einen Anschlusswert von 5 kW, ein Warmwasserbereiter von 2 kW und ein Kühlschrank von 0,2 kW) ergibt sich für eine Wohnung ein Gesamtleistungsbedarf. Das ist die Summe aller

Anschlusswerte für die in ihr vorzusehenden elektrischen Geräte und Beleuchtungsanlagen, also maximale Leistung für welche die Elektroinstallation der Wohnung ausgelegt ist.

Da nie alle Verbraucher gleichzeitig eingeschaltet sind, wird bei der Ermittlung des Gesamtleistungsbedarfes für das Gebäude ein Gleichzeitigkeitsfaktor berücksichtigt. Das heißt, dass ein Haushalt in einem Einfamilienhaus bei einem jährlichen durchschnittlichen Stromverbrauch von 3500 kWh und einer Anschlussleistung von 35 kW rechnerisch 100 Jahresvolllastbenutzungsstunden aufweist, sich für einen Haushalt in einem Mehrfamilienhaus mit 12 Wohnungen (7 MW Leistungsbedarfsanteil) dagegen 500 Volllaststunden ergeben.

Tabelle 2-6 Entwicklung des Stromverbrauchs in Deutschland nach Sektoren [2.20]

Angaben in TWh	1992	2000	2005	2010	2015	2020
Haushalte	122,8	130,3	128,9	127,1	126,1	125,0
Kleinverbrauch	103,3	117,4	125,6	134,9	140,8	146,9
Industrie	189,3	203,3	218,1	232,8	244,3	256,2
Verkehr	14,9	17,9	20,1	22,5	25,3	27,4
Endenergieverbrauch	430,3	468,9	492,8	517,4	536,5	555,4
statistische Differenz	14,7	14,7	14,7	14,7	14,7	14,7
Umwandlungsbereich	60,8	58,0	57,2	56,4	56,2	56,6
Pumpstrom	5,1	5,9	6,1	6,2	6,4	6,5
Leitungsverluste	20,8	19,2	19,0	19,7	20,3	21,0
Bruttoverbrauch	531,8	566,7	589,8	614,4	634,2	654,3

2.4.4 Die Ressourcennutzung der Stromwirtschaft

Bei der Stromerzeugung in Deutschland stellt die Atomenergie nach wie vor den dominierenden Energieträger dar, gefolgt von Braunkohle, Steinkohle, Erdgas, Wasser, Wind und Heizöl (siehe Bild 2-7).

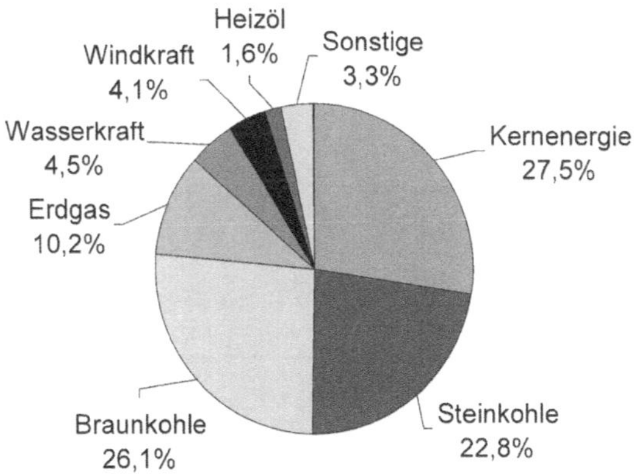

Bild 2-7 Struktur der Bruttostromerzeugung in Deutschland im Jahr 2004 nach [2.21]

Die erneuerbaren Energien Wasser- und Windkraft konnten im Jahr 2002 ca. 7,6 Prozent des Stromverbrauchs in der Bundesrepublik decken. Besonders stark war dabei das Wachstum der Windenergie. Die Anzahl der Windenergieanlagen stieg von 3.579 im Jahr 1995 auf 13.759 im Jahr 2002, wobei sich die installierte Gesamtleistung im gleichen Zeitraum von 1,13 GW auf 12 GW um mehr als den Faktor 10 anstieg. Im Jahr 2002 wurden in Deutschland 45 Mrd. kWh Strom aus regenerativen Energien erzeugt, das waren 18 Prozent mehr als im Vorjahr [2.22]. Die derzeitige Nutzung der regenerativen Energien insgesamt und das langfristige Nutzungspotential sind in Tabelle 2-7 dargestellt.

Die industrielle Erzeugung von Strom führt seit jeher zu erheblichen Eingriffen in die natürliche Umwelt. Am deutlichsten sichtbar sind zunächst die direkten Eingriffe in Natur und Landschaft durch den Abbau und Transport der Energierohstoffe und den Bau von Energieanlagen. Darüber hinaus ist die Verbrennung fossiler Energieträger mit Schadstoffemissionen verbunden. Diese führten – zunächst lokal bzw. regional auf das räumliche Umfeld der Kraftwerksstandorte begrenzt – zu Luft-, Boden- und Gewässerbelastungen, welche Gesundheitsbelastungen der örtlichen Bevölkerung und irreversible Beeinträchtigung von Natur und Landschaft zur Folge hatten. Mit der Ausweitung industrieller Stromerzeugung expandierte auch die Wirkungstiefe sowie die zeitliche und räumliche Reichweite der Belastungen für Mensch und Umwelt: Grenzüberschreitende Luftverschmutzungen, raumübergreifende nukleare Havarierrisiken, hohe nukleare Schadenspotenziale radioaktiver Abfälle für einen Zeitraum von mehreren zehntausend Jahren bis hin zu globalen Klimaveränderungen, die als zeitlich stark verzögerte und raumübergreifende Folge des Verbrauchs fossiler Energieträger auftreten, zeigen sich als aktuelle Probleme heutiger Stromerzeugung.

Tabelle 2-7 Derzeitige Nutzung und langfristiges Nutzungspotential erneuerbarer Energien in Deutschland 2005

	Strom-bereitstellung		Wärme-bereitstellung		Kraftstoff-bereitstellung	
	Nutzung 2005	Poten-tiale, Ertrag	Nutzung 2005	Poten-tiale, Ertrag	Nutzung 2005	Poten-tiale, Ertrag
	TWh	TWh/a	TWh	TWh/a	TWh	TWh/a
Wasserkraft	21,5	24	-	-	-	-
Windenergie	26,5	165	-	-	-	-
Biomasse	13,1	60	76,5	200	20,7	60
Photovoltaik	1	105	-	-	-	-
Geothermie	0,0002	200	1,6	330	-	-
Solarthermie	-	-	3,0	290	-	-
Erneuerbare Energien Gesamt	62,1	554	81,1	820	20,7	60
Gesamt-verbrauch 2005	611		1499		610	

2.5 Stromerzeugung

Stromerzeugung ist Energieumwandlung. Hierbei entsteht neben Strom, der für die Aufgaben ‚Licht' und ‚Kraft' benötigt wird, bei thermischen Kraftwerken immer auch ‚Wärme', die zur Wärmenutzung eingesetzt werden kann (siehe Kapitel 3).

Bild 2-8 zeigt die derzeitigen Kraftwerkskapazitäten nach ihren Energieträgern und die Entwicklung der allgemeinen Versorgung, wie sich diese durch den Kernkraftausstieg und altersbedingte Stilllegungen voraussichtlich ergeben werden [2.30]. Der größte Teil der durch Stein- und Braunkohle gedeckten Kraftwerkskapazitäten wurde Ende der 60er Jahre bis Mitte der 70er Jahre des 20. Jahrhunderts aufgebaut. Eine zweite Ausbauwelle ist dann Mitte der 80er Jahre festzustellen mit einigen Großkraftwerksblöcken. Mitte der 1990er Jahre sind nur noch wenige Kraftwerke zugebaut oder nachgerüstet worden (Staudinger, Skopau, Rostock und Lippendorf). Dabei wird deutlich, dass einerseits ein erheblicher Investitionsbedarf in neue Erzeugungskapazitäten besteht. Andererseits ergibt sich hierdurch auch die Chance zur Einführung neuer Technologien.

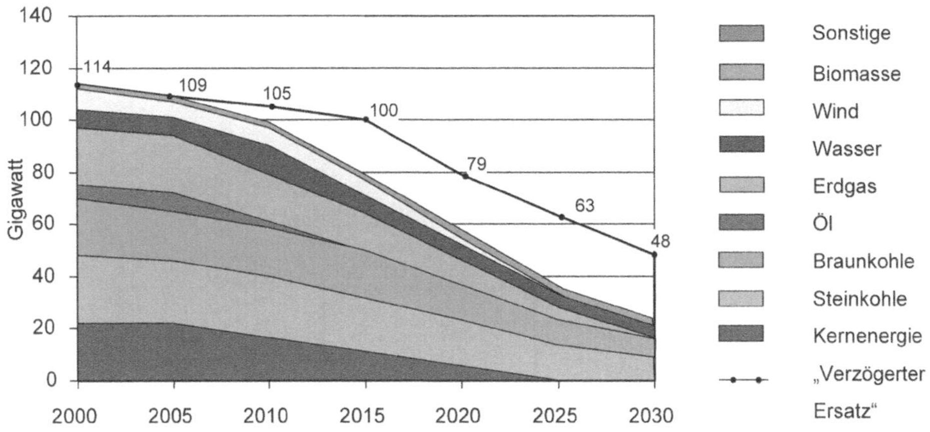

Bild 2-8 So genannte „Sterbelinie des Kraftwerkparks in Deutschland [2.23]

Auch Tabelle 2-8 zeigt, dass in Deutschland ca. 120.000 MW Kraftwerksleistung für die allgemeine Versorgung (ohne Industrie und Bahnstrom) installiert sind dass über 50 Prozent des mit dieser installierten Leistung produzierten Stromes aus Stein- und Braunkohle entsteht, etwa ein Drittel aus Kernbrennstoffen, etwa ein Zehntel aus Gas und etwa 5 Prozent aus Wasserkraft.

Kraftwerke im Grundlastbereich produzieren dabei das ganze Jahr über Strom, möglichst mit niedrigen Brennstoffkosten (Wasserkraft, Kernkraft und Braunkohle). Dafür sind eher hohe spezifische Investitionen in das Kraftwerk in Kauf zu nehmen. Spitzenkraftwerke werden nur wenige Stunden im Jahr eingesetzt, daher sollten die spezifischen Investitionen gering sein, wofür dann ein höherer Brennstoffpreis in Kauf genommen werden kann (Gas). Dazwischen liegen die Mittellastkraftwerke, meist Steinkohle und Gaskraftwerke.

Tabelle 2-8 Kraftwerkskapazitäten, Stromerzeugung und Volllaststunden nach Energieträgern in Deutschland 2000 [2.24]

		Wasser-kraft	Braun kohle	Stein-kohle/ Misch-feue-rung	Heiz-öl	Kern-ener-gie	Erd-gas	Sons-tige	Ge-samt
Brutto-Engpass-leistung	MW	9.021	21.826	32.279	7.471	22.261	22.332	4.232	119.421
	%	8	18	27	6	19	19	4	100
Brutto-strom-erzeugung	GWh	25.962	148.332	143.164	3.613	169.606	49.144	12.367	552.188
	%	5	27	26	1	31	9	2	100
Volllast-stunden	h/a	2.878	6.796	4.435	484	7.619	2.201	2.922	4.624

Bild 2-9 zeigt, in welchem Lastbereich die einzelnen Kraftwerksarten üblicherweise eingesetzt werden.

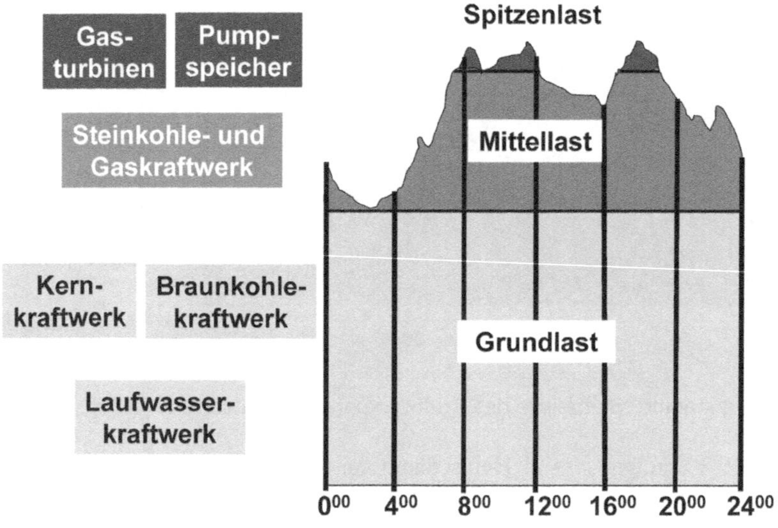

Bild 2-9 Lastbereiche und Kraftwerkseinsatz (nach [2.3])

Zur Anpassung an den Strombedarf werden unterschiedliche Erzeugungsanlagen eingesetzt die eine unterschiedliche Leistungscharakteristik in den einzelnen Lastbereichen aufweisen. Bild 2-10 zeigt im Gegensatz zu den Bildern 2-8 und 2-9 eine geordnete Dauerlinie (siehe auch die Erläuterungen zu Bild 2-4).

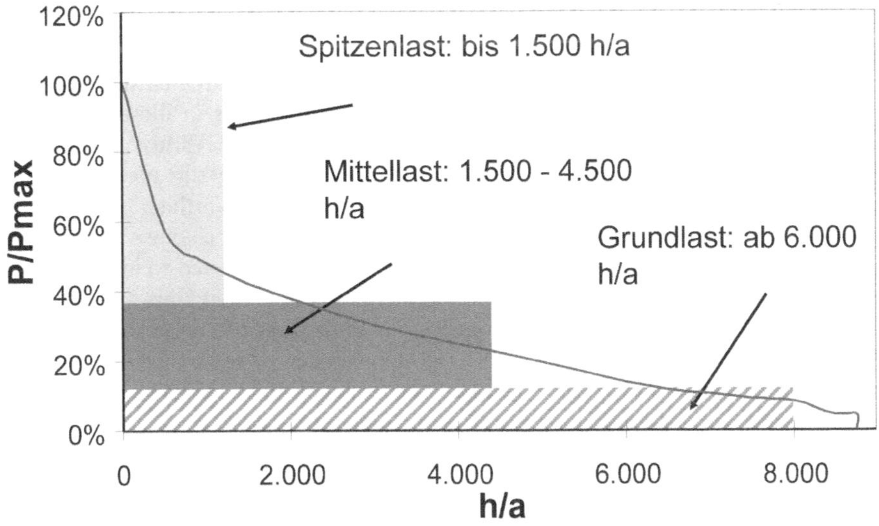

Bild 2-10 Anpassung an den Strombedarf durch unterschiedliche Anlagen in den Lastbereichen Grundlast, Mittellast und Spitzenlast

2.5.1 Komponenten der Stromerzeugung und deren Funktion

Die Umwandlung der in den fossilen Brennstoffen Kohle, Öl und Gas enthaltenen Energie in elektrische Energie stellt die traditionelle Form der Stromerzeugung dar. Die Technologie der thermischen Kraftwerke hat sich über viele Jahrzehnte hinweg weiterentwickelt und im deutschen Stromversorgungssystem durchgesetzt, weil sie eine ganze Reihe von Vorteilen gegenüber anderen, alternativen Möglichkeiten zur Stromerzeugung aufweist. Kohle-Dampfkraftwerke und kombinierte Gas- und Dampfkraftwerke werden daher auch in Zukunft zum festen Bestandteil der deutschen Anlagen zur Stromerzeugung gehören.

Große Hoffnungen werden auf neue Technologien zur Kohleumwandlung gesetzt. Hierzu gehört die Kohlevergasung. Hierunter versteht man eine Reihe von Verfahren zur Kohleumwandlung, bei denen gemahlene Kohle mit Wasserdampf und Sauerstoff bei Temperaturen von 650-2.000 °C und Drücken bis 100 bar zur Reaktion gebracht wird.

1989 wurde in Hürth-Berrenrath eine Pilotanlage zur HTW-Vergasung unter höherem Druck (25 bar) eröffnet, die später in sog. Kombikraftwerken Verwendung finden soll. Der im Brennstoff enthaltene Schwefel liegt nach der Kohlevergasung als Schwefelwasserstoff vor, kann leicht abgeschieden und zu elementarem Schwefel umgesetzt werden.

Funktionsprinzip des thermischen Kraftwerks

Bei dem am weitesten verbreiteten thermischen Kraftwerk, dem konventionellen Kohle-Dampfkraftwerk wird die Kohle (heimische Braun- oder Steinkohle oder auch Importkohle) zunächst in Mühlen zu Staub zermahlen und anschließend mit vorgewärmter Luft in die Brennkammern eines Kessels geblasen. Dort wird der Kohlestaub verbrannt und erhitzt in einem Rohrsystem Wasser zu Hochdruckdampf sehr hoher Temperatur. Wie in allen Wärmekraftwerken treibt dieser Dampf eine Turbine mit einem gekoppelten Generator zur Stromerzeugung an, nachdem er in einem Kondensator „entspannt“ wurde.

Wärmeabführung

Für den Kondensationsprozess ist Kühlwasser erforderlich, das einem Vorfluter oder sonstigen Quellen entnommen, mechanisch gereinigt und nach Durchströmen des Kondensators und der damit verbundenen Aufnahme der Wärmeenergie wieder in diesen zurückgeleitet wird (Durchlaufkühlung mit Frischwasser, Bild 2-11). Dort wo die Abflussverhältnisse eines Flusses dies nicht zulassen, wird das Kühlwasser im Kreislauf geführt und dort über einen Kühlturm gekühlt (Kreislaufkühlung). In diesem Fall sind dem Vorfluter nur die Verdunstungsverluste und die Abschlämmmengen zu entnehmen. Da nur noch diese Abschlämmmenge einzuleiten ist, geht die Wärmebelastung des Vorfluters auf 5 % und weniger im Vergleich zum Frischwasserbetrieb zurück. Der Bedarf an Frischwasser beträgt 2 bis 5 % des Kühlwasserstroms für den Hauptkühlkreis. Meist werden die Kraftwerke mit einer kombinierten Kühlung aus beiden Prinzipien errichtet (Bild 2-11), um sich den jahreszeitlich unterschiedlichen Abflussverhältnissen der Flüsse, an denen diese liegen, anpassen zu können.

Bei einem thermischen Großkraftwerk mit einem Wirkungsgrad von 40 % fallen im Prinzip fast die gesamten restlichen 60 % als Abwärme an, die an die Umwelt abgeführt werden muss, wenn nicht die Möglichkeit zur Kraft-Wärme-Kopplung besteht. Um den Wirkungsgrad der thermischen Kraftwerke zu erhöhen, muss der Kühlprozess möglichst schnell und unter geringem Energieeinsatz erfolgen. Hierzu stehen zum einen die direkte Kühlung oder Durchlaufkühlung oder die Verdunstungskühlung zur Verfügung.

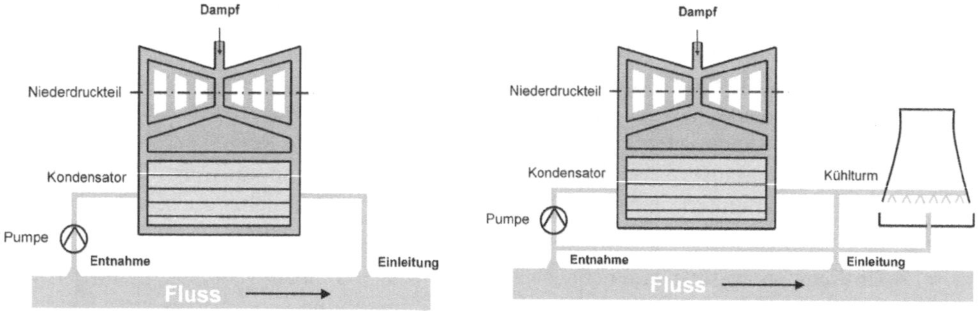

Bild 2-11 Funktionsprinzip der Durchlaufkühlung (links) und der kombinierten Kühlung [2.25]

- Prinzip der Durchlaufkühlung

Bei der Durchlaufkühlung (Bild 2-11) werden große Mengen Flusswasser dazu verwendet, die Abwärme aus dem Kondensator des Kraftwerkes über Wärmetauscher aufzunehmen. Nach der Wiedereinleitung in den Fluss durchmischt sich das aufgewärmte Kühlwasser mit dem Flusswasser und gibt dort die Wärme wieder ab. Die maximal erlaubte Temperaturdifferenz in den Flüssen ist behördlich begrenzt. Die Entnahme von Kühlwasser ist genehmigungspflichtig und in zahlreichen Bundesländern auch gebührenpflichtig (Wasserentnahmegesetze der Länder).

- Verdunstungskühlung

Zur Verdunstungskühlung wird ein Kühlturm eingesetzt, Dies ist im Prinzip ein hoher Kamin mit großem Durchmesser zur Kühlung des Wassers aus dem Turbinenkreislauf des thermischen Kraftwerkes, unabhängig davon, ob die Wärme durch Verbrennung fossiler Brennstoffe, durch einen Kernreaktor oder durch die Sonne erzeugt wird. Bei Kühlung über einen Kühlturm wird das Kühlwasser im Kreislauf geführt, so dass insgesamt sehr viel weniger Wasser für Kühlzwecke benötigt wird. An jahreszeitlich stark thermisch belasteten kleineren Flüssen wird häufig ein kombiniertes Kühlungssystem aus Durchflusskühlung und Kühlturm verwendet (Bild 2-12).

Dies ermöglicht eine flexible Anpassung an die Abflussverhältnisse in dem Fluss, in den eingeleitet wird. Der Bau eines Kühlturmes bedeutet jedoch zusätzliche Kosten, einen höheren Flächenbedarf für das Kraftwerk und einen meist wenig akzeptierten Eingriff in das Landschaftsbild. Die heute gebräuchlichste Kühlturmform ist der so genannte Naturzug-Nasskühlturm. Er besteht aus einer Betonschale, die sich in der Mitte verjüngt und oftmals eine Höhe von mehr als 150 m erreicht. Die Betonschale ruht auf einer gitterähnlichen Tragekonstruktion, sodass von allen Seiten Luft hineinströmen kann. Infolge des durch die Wärmezufuhr bedingten Auftriebs sowie durch Form und Höhe des Kühlturms bildet sich ein natürlicher Luftzug, der von unten nach oben geht.

Das erwärmte Kühlwasser, das vom Kondensator kommt, wird in etwa 12 m Höhe über Verteilerrohre in den Kühlturm geführt und durch ein Plattensystem (Rieseleinbauten) nach unten gegen den aufsteigenden Luftstrom verrieselt. Dabei kühlt das Wasser ab und sammelt sich im Kühlturmbecken (Kühlturmtasse). Von dort kann man es entweder in das Entnahmegewässer zurückleiten (Ablaufbetrieb) oder von neuem in den Kondensatorkreislauf einspeisen (Rückkühlbetrieb). Da der Luftstrom einen Teil des Kühlwassers in feinen Tröpfchen mit sich reißt, sind über den Verrieselungsplatten Tropfenabscheider angebracht. Dadurch wird verhindert, dass die nach oben steigende Kühlturmfahne noch Wasser in Tropfenform enthält; sie besteht lediglich aus einem Gemisch von Luft und Wasserdampf.

Nasskühltürme haben den größten Wirkungsgrad, beeinflussen aber das Kleinklima durch ihre Schwadenbildung negativ. Auch gelangen bei der Einleitung im Kühlwasser enthaltene Desinfektionsmittel und Salze in den Fluss. Je nach Leistungsfähigkeit des Flusses und nach Jahreszeit kann dies Auswirkungen auf Pflanzen- und Tierarten mit geringer Temperaturtoleranz oder andere Nutzer des Flusswassers bewirken.

Solche negativen Wirkungen werden bei Trockenkühltürmen vermieden. Dort wird der geschlossene Kühlwasserkreislauf durch die durchströmende Luft gekühlt und somit eine Belastung von Flüssen weitgehend vermieden. Trockenkühltürme können durch zusätzliche Ventilatoren Lärmbelastungen verursachen und haben besonders bei hohen Außentemperaturen einen schlechteren Wirkungsgrad. Sie beeinflussen dafür aber, außer durch ihre großen baulichen Ausmaße das Standortumfeld, den Wasserhaushalt nur wenig. Trockenkühltürme sind nur bis zu einer Kraftwerksleistung von 300 MW_{el} einsetzbar. Bei großen Kraftwerken fallen Trockenkühltürme wesentlich größer aus und sind teurer in der Anschaffung als Nasskühltürme. Sie kommen daher dort nur als Kombination aus Trocken- und Nasskühlturm, so genannte Hybridkühltürme, zur Anwendung.

Nasskühltürme werden in manchen Kohlekraftwerken auch als Schornstein für Rauchgase mitgenutzt. Die Wasserdampfschwaden tragen dort die Rauchgase in große Höhen.

Schornsteinhöhe

Der Schornstein dient bei der Stromerzeugung im thermischen Kraftwerk zur Ableitung von Abluft oder von Abgasen (auch Rauchgase genannt) aus dem Feuerungsraum in die Atmosphäre, um so bodennahe Immissionen und deren nachteiligen Wirkungen auf den Menschen und seine Umwelt zu vermeiden. Je größer die emittierte Schadstoffmenge bzw. ihre schädlichen Umweltwirkungen sind, umso höher muss der Schornstein gemäß der Technischen Anleitung zur Reinhaltung der Luft (TA Luft 2002) gebaut werden, um eine großräumige Verteilung bei größtmöglicher „Verdünnung" der Schadstoffe zu erreichen.

Die Höhe richtet sich nach der Abgasmenge [m^3/h], dem Volumenstrom des Abgases in [m^3/h] (im Normzustand nach Abzug des Feuchtegehalts an Wasserdampf), der Temperatur an der Mündung [°C], dem Mündungsdurchmesser [m], der Höhe des Bewuchses und der Bebauungshöhe [m]. Hierbei ist die mittlere Höhe der geschlossenen vorhandenen bzw. die nach einem Bebauungsplan zulässige Bebauung oder des geschlossenen Bewuchses über Flur in Metern einzusetzen, wenn mehr als 5 % des Beurteilungsgebietes davon betroffen sind. Die erlaubten Emissionsmengen sind jedoch ebenfalls nach der TA Luft bzw. der jeweils maßgeblichen Bundesimmissionsschutzverordnung weitgehend begrenzt, so dass dieser Funktion der Schornsteine inzwischen eine weit geringere Bedeutung zukommt als noch vor einigen Jahrzehnten. Daher sind alte Industrieschornsteine noch bis zu 300 m hoch. Der Bau hoher Schornsteine war in den 50er und 60er Jahren für die emittierenden Betriebe billiger als zum Beispiel die Installation von Rauchgasentschwefelungsanlagen bei Kohlekraftwerken, wie diese heute vorgeschrieben sind. Die erlaubten Zusatzimmissionen durch ein neues Kraftwerk lassen sich durch eine Ausbreitungsrechnung mit Hilfe eines Ausbreitungsmodells berechnen (siehe Kapitel 2.5.2). Bild 2-12 zeigt die Komponenten eines modernen Kohlekraftwerks.

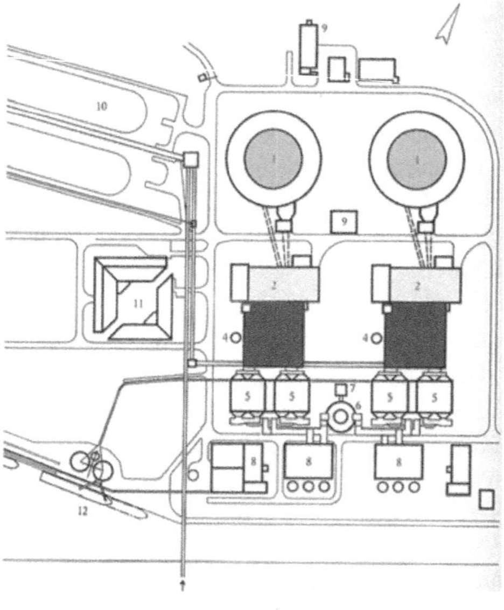

1 Kühlturm
2 Maschinen- und Schalthaus
3 Dampferzeuger
4 Kaltspeicher
5 Elektrofilter
6 Schornstein
7 Anfahrkessel
8 Rauchgasentschwefelungsanlage
9 Wasseraufbereitungsanlage
10 Kohlenlagerplatz
11 Verwaltungsgebäude
12 Hafen

Bild 2-12 Lageplan des Kohlekraftwerkes Bergkamen der STEAG (einschließlich einer möglichen Erweiterung um einen Block B) [2.26]

Funktionsprinzip Gas- und Dampfturbinenkraftwerk

Mit Hilfe von *Gasturbinen* wird es möglich, Wärme auf sehr hohem Temperaturniveau zur Erzeugung von elektrischer Energie zu nutzen. In einem *Kombiprozess* erfolgt die Wärmezufuhr im Gasturbinenprozess, während die Wärmeabfuhr im Wesentlichen am kalten Ende eines nachgeschalteten Dampfturbinenprozesses geschieht. Die *Abgaswärme* des Gasturbinenprozesses wird zur Beheizung des Dampferzeugers im Dampfturbinenprozess eingesetzt. Bei den so genannten aufgeladenen Dampferzeugern erfolgt die Verbrennung in der *Brennkammer* des Gasturbinenprozesses unter Druck; gleichzeitig wird in dieser Brennkammer Dampf erzeugt, wobei die Wärmeübertragungsverhältnisse gegenüber einem Dampferzeuger unter Normaldruck wesentlich verbessert werden.

Insgesamt ermöglichen die GuD-Prozesse (Gas und Dampfturbinen-Prozesse) eine erheblich bessere Energienutzung. Bei Einsatz von *Erdgas* können diese Prozesse bis zu Nettowirkungsgraden von über 50 % vorstoßen, wenn die Gasturbineneintrittstemperatur auf etwa 1200°C angehoben wird.

Blockheizkraftwerk

Ein Blockheizkraftwerk (BHKW) ist eine Anlage zur lokalen Erzeugung von Strom und Wärme, wobei die Anlage nach dem Prinzip der Kraft-Wärme-Kopplung (KWK) arbeitet. Ein stationärer Verbrennungsmotor wird entweder mit fossilen Treibstoffen (Diesel, Erdgas) oder mit erneuerbaren Treibstoffen (Biogas, Biodiesel) angetrieben und produziert so Strom. Bei diesem Prozess entsteht Abwärme, die über einen Wärmetauscher für Warmwasserbereitung und Heizzwecke nutzbar gemacht wird. Durch diese doppelte Nutzung (Strom und Wärme) liegt der Gesamtwirkungsgrad eines BHKW im Durchschnitt bei 85 %. Ein zusätzlicher Vorteil besteht darin, dass BHKWs dezentral eingesetzt und so Leitungsverluste für Strom und Wärme sehr gering gehalten werden können.

Brennstoffzelle

Brennstoffzellen sind elektrochemische Energiewandler, die Strom und Wärme durch die Vereinigung von wasserstoffhaltigem Gas und Sauerstoff erzeugen. Die Umwandlung erfolgt durch die direkte Reaktion von Wasserstoff mit Sauerstoff. Bei diesem Prozess entstehen so gut wie keine Schadstoffe. Neben der Schadstofffreiheit zeichnen sich Brennstoffzellen auch durch einen hohen Wirkungsgrad (ca. 70%) aus. Noch lassen die hohen Kosten keinen massenhaften Einsatz der Brennstoffzelle zu, denn die Erzeugung und Bereitstellung von Wasserstoff ist sehr kostspielig. Wasserstoff kann, solange es noch keine ausreichende solare Wasserstoffwirtschaft gibt, auch aus fossilen Energieträgern (z.B. Erdgas) gewonnen werden. Die Brennstoffzelle für Pkw und Busse befindet sich in der Entwicklung, und auch Brennstoffzellen für den stationären Einsatz (z.B. zur Stromerzeugung) befinden sich in der Entwicklung bzw. sind zum Teil bereits als Serienmodelle marktverfügbar.

Mit der Brennstoffzelle kann mit hohem Wirkungsgrad und somit geringem CO_2-Ausstoß aus chemischer Energie (in Form von Wasserstoff, Erdgas, Methanol oder Benzin) Strom und Wärme erzeugt werden. Es wird erwartet, dass diese in Zukunft die Energieversorgung nachhaltig verändern werden, wenn diese in einigen Jahren nach und nach den konventionellen Heizkessel ersetzen. Aber auch Prozesswärme für industrielle Zwecke lässt sich in Brennstoffzellen gleichzeitig mit Strom erzeugen. Die Brennstoffzelle führt in der Tendenz zu einer Dezentralisierung der Stromerzeugung. Brennstoffzellen können vernetzt und durch intelligente Technik so gesteuert werden, dass sie zusammen die Wirkung eines Kraftwerks erzielen. So wie in der Informationstechnologie von Großrechnern über mittlere Datentechnik vernetzte PCs und mobile Anwendungen entstanden sind, könnte ein Internet dezentraler Energieproduzenten, ein „virtuelles Kraftwerk" geschaffen werden [2.27].

Wasserkraftanlagen

Die Umwandlung der kinetischen oder der potentiellen Energie in Strom verläuft wegen der unvermeidlichen Reibungskräfte des Wassers in den Zuführungsrohren sowie wegen Turbinenverlusten und Eigenverbrauch in Wasserkraftanlagen nicht verlustfrei, erreicht aber unter den in größerem Umfang eingesetzten Umwandlungsanlagen den bei weitem höchsten elektrischen Wirkungsgrad η von etwa 0,75 bis 0,90. Dabei sind die Verluste proportional zur Rohrlänge, zum Quadrat der Fallgeschwindigkeit und zum Quadrat des reziproken Rohrquerschnitts. Wasserkraftanlagen sind schnell zuschaltbar und eignen sich daher gut zum Abdecken von Spitzenlasten: Wenn das Wasser zuvor mit überschüssigem Strom in ein Speicherbecken in eine höhere Lage gepumpt wurde, bezeichnet man diese als Pumpspeicherwerke. Man unterscheidet auch Laufwasserkraftwerke, bei denen das Wasser permanent zugeführt wird ,und Speicher-Wasserkraftwerke, bei denen das Wasser (mehr oder weniger lange) zwischengespeichert wird.

An der Turbine wird das Wasser teilweise durch Leitschaufeln vorgeleitet, um dann an den Laufschaufeln seine Energie abzugeben. Turbinen, bei denen die Wasserzuführung axial erfolgt (wie bei einer Schiffsschraube), bezeichnet man als Kaplanturbine. Bei einer radialen Zuführung (wie bei einem Mühlrad) spricht man von Francisturbine und Turbinen mit tangentialer Wasserzuführung (ähnlich dem Schöpfrad) werden Peltonturbine genannt.

Windkraftanlagen

Bei allen Wasser- und Wärmekraftwerken einschl. Kohle-, Kern-, Biomasse-, Solarthermie- und Geothermiekraftwerken kann die Energiezufuhr reguliert und den Verbraucherverhältnissen angeglichen werden. Das Wandlersystem einer Windenergieanlage ist dagegen äußeren Einwirkungen unterworfen. Diese können bei der Energiezufuhr durch Windgeschwindigkeitsänderungen oder infolge anlagenbedingter Gegebenheiten wie z.B. Strömungsstörungen im Turmbereich bzw. bei schwachen Netzen durch Lastvariationen auf der Verbraucherseite hervorgerufen werden. Hauptkomponenten einer Windkraftanlage moderner Bauform sind der Turm, der Rotor und das Maschinenhaus mit den mechanischen Übertragungselementen und dem Generator sowie bei Horizontalachsenanlagen einem Windrichtungsnachführsystem. Schalt- und Schutzeinrichtungen sowie Leitungen, möglicherweise auch Transformatoren und Netze, sind zur Versorgung von Verbrauchern oder Speichern erforderlich. Eine Einheit zur Regelung und Betriebsführung hat den Energiefluss im System entsprechend den auftretenden Einwirkungen an die Erfordernisse anzupassen.

- System zur Windenergiewandlung

Eine Windkraftanlage kann durch ihre Rotorblätter der bewegten Luft einen Teil der Strömungsenergie entziehen, in Rotationsenergie umwandeln, über den mechanischen Triebstrang (Wellen, Kupplungen und Getriebe) direkt dem Läufer des Generators zuführen und durch mechanisch-elektrische Konversion auf den Stator übertragen. Die dem Generator entnommene elektrische Energie lässt sich über Schalt- und Schutzeinrichtungen sowie über Leitungen und eventuell erforderliche Transformatoren dem Netz bzw. den Verbrauchern oder einem Speicher zuführen.

- Elektrische Energieübergabe an Versorgungsnetze

Im Hinblick auf die Energieübergabe an elektrische Versorgungsnetze sind Unterschiede zu beachten zwischen Systemen mit begrenzten Einspeisemöglichkeiten, die im Inselbetrieb und bei Einspeisung in schwache Netze gegeben sind, bzw. im unbegrenzt aufnahmefähigen Verbund mit dem starren Netz.

Das so genannte starre Verbundnetz kann aufgrund seines sehr hohen Leistungsvermögens (gegenüber den Nennwerten angeschlossener Verbraucher) als ergiebige Wirk- und Blindstromquelle und für kleine Einspeisesysteme, die Windkraftanlagen im Verhältnis zu Großkraftwerken im allgemeinen darstellen, als sehr aufnahmefähige Senke mit konstanter Spannung und Frequenz betrachtet werden. Die jetzt on-shore sowie off-shore geplanten großen Windenergiekapazitäten erfordern allerdings auch für das bestehenden deutsche Stromübertragungsnetz eine erhebliche Anpassung und teilweise auch eine Ergänzung.

Im Gegensatz zu thermischen Kraftwerken werden Windturbinen meist an entlegenen Stellen mit begrenzten Einspeisemöglichkeiten errichtet. Dadurch ist vielfach eine schwache Netzanbindung über z. T. lange Stichleitungen anzutreffen. Bei großen Windkraftanlagen und Windparks kann somit die Einspeiseleistung durchaus in die Größenordnung oder gar in die Nähe der Netzübertragungsleistung gelangen, so dass gegenseitige Einflüsse Berücksichtigung finden müssen.

- Windverhältnisse und Energieerträge

Je nach Rauhigkeit der Umgebung (Wasser-, Acker- oder Grasflächen bzw. Büsche, Bäume, Gebäude) nimmt die Windgeschwindigkeit mit der Höhe über dem Grund unterschiedlich stark zu. Der wirtschaftliche Betrieb von Windenergieanlagen ist ganz entscheidend von den örtlichen Windverhältnissen abhängig. Diese können z. T. erheblich von angegebenen Werten in Windkarten abweichen. Für die Energieertragserwartung sind hauptsächlich statistisch zu ermittelnde Windgeschwindigkeitswerte und deren Häufigkeitsverteilung maßgebend. Diese geben an, wie viel Prozent bzw. Stunden im Jahr jede interessierende Windgeschwindigkeit vorkommt. Darüber hinaus müssen der tages- und jahreszeitliche Verlauf sowie die Höhenabhängigkeit der Windgeschwindigkeiten, die Geländeform, deren Rauhigkeit und die Einflüsse von Hindernissen berücksichtigt werden. Die Böigkeit am Ort, die Turbulenzintensität und maximal auftretende Windgeschwindigkeiten stellen Anforderungen an die Festigkeit der Konstruktion und an die Regelung der Anlagen. Insbesondere große Anlagen im Binnenland unterliegen oft nicht zu unterschätzenden dynamischen Belastungen.

2.5.2 Raum- und Umweltwirkungen der Stromerzeugung

Bereits im Energiewirtschaftsgesetz (EnWG) sind Umweltschutzbestimmungen aufgenommen, die insbesondere bei der Planung und beim Betrieb von Stromerzeugungsanlagen zu berücksichtigen sind. Hierzu zählen die schonende und dauerhafte Nutzung von Ressourcen, möglichst geringe Umweltbelastungen und die besondere Bedeutung der Kraft-Wärme-Kopplung und der regenerativen Energien für den Umweltschutz.

Deutlich sichtbar werden die direkten Eingriffe in Natur und Landschaft durch den Abbau und Transport der Energierohstoffe und den Bau von Energieanlagen. Darüber hinaus ist die Verbrennung fossiler Energieträger mit Schadstoffemissionen verbunden. In der Vergangenheit haben diese zunächst lokal und dann regional im räumlichen Umfeld der Kraftwerksstandorte Luft-, Boden- und Gewässerbelastungen bewirkt, die teilweise Gesundheitsbelastungen der örtlichen Bevölkerung und Beeinträchtigung von Natur und Landschaft zur Folge hatten. Mit dem Ausbau der Stromerzeugung vergrößerten sich auch die Wirkungen, sowohl zeitlich wie auch räumlich. Inzwischen werden auch globale Klimaveränderungen nicht mehr ausgeschlossen, und Waldschäden werden auch weit entfernt von den Kraftwerksstandorten mit deren Schadstoffemissionen in Verbindung gebracht. Die Belastung der Waldböden übersteigt inzwischen aufgrund der kumulativen Säure- und Stickstoffeinträge über viele Jahrzehnte die Belastbarkeitsgrenzen, und der aktuelle Waldzustandsbericht weist eine kontinuierliche Verschlechterung des Bodenzustands aus. Angesichts der Erfolge der Luftreinhaltepolitik haben mittlerweile andere Emittentengruppen (insbesondere Verkehr und Landwirtschaft) den Rang der Energiewirtschaft als Hauptverursacher von Waldschäden eingenommen.

Nach Monstadt [2.3] sehen alle Konzepte einer nachhaltigen Stromversorgung in der technologischen Weiterentwicklung Möglichkeiten zur Reduzierung des Strombedarfes bzw. zu einem effizienteren Umgang mit Ressourcen. Er sieht grundsätzlich vier Wege, um die Umsetzung einer klimaverträglichen Stromversorgung zu erreichen:

1. Technologien zur Nutzung kohlenstoffarmer bzw. -neutraler Energieträger.
2. Effiziente Kraftwerkstechnologien
   a) Brennstoffzelle
   b) Kraft-Wärme-Kopplung
   c) GuD-Kraftwerke
   d) Neue Energiespeicher und Materialien.
3. Techniken zur nachfrageseitigen Effizienzsteigerung.
4. Nicht-technische Maßnahmen.

Die Technischen Anleitungen „Luft“ bzw. „Lärm“ enthalten Vorschriften, die von den Behörden in den Genehmigungsverfahren zu beachten sind. Die VDI-Richtlinien haben keinen „Rechtsnormcharakter“, geben jedoch Hinweise auf den Stand von Wissenschaft und Technik. Die neue Technische Anleitung zur Reinhaltung der Luft, die am 01.10.2002 die alte TA Luft von 1986 ablöste, orientiert sich wie ihre Vorgängerin an der Wirkung von schädlichen Stoffen. Immissionswerte für Stoffe zum Schutz der menschlichen Gesundheit sind in Tabelle 2-9 aufgeführt; hierzu gibt es noch Jahreswerte für Benzol (5 $\mu g/m^3$), Blei und seine anorganischen Verbindungen als Bestandteile des Schwebstaubes (0,5 $\mu g/m^3$ als Pb) und Tetrachlorethen (10 $\mu g/m^3$).

Die Kriterien für die Einhaltung der Jahres-, Tages- und Stunden-Immissionswerte werden in TA Luft Nr. 4.7 beschrieben; sie basieren auf Kenngrößen für die Vor- und Zusatzbelastungen, die mit Ausbreitungsmodellen (siehe Kapitel 2.5.5) für ein bestimmtes Beurteilungsgebiet ermittelt werden (TA Luft Nr. 4.6). Weiter sind in Tabelle 2-9 Werte zur Charakterisierung von Luftschadstoffen enthalten. Als „maximale Immissionskonzentration“ *(MIK-Werte)* wurden Schadstoffkonzentrationen in der freien Luft festgelegt, die nach den derzeitigen Erfahrungen im allgemeinen für Mensch, Tier und Pflanze als unbedenklich gelten; hier steht also allein die physiologische Wirksamkeit der Substanzen im Vordergrund, ohne Rücksicht auf die technische Realisierbarkeit. Eine Richtlinie, die speziell für den Menschen am Arbeitsplatz zugeschnitten ist, enthält die *MAK-Werte* (= maximale Arbeitsplatzkonzentrationen); diese Grenzwerte einer Kommission der DFG sind so festgelegt, dass auch bei einer langfristigen Exposition am Arbeitsplatz die Gesundheit von Menschen keinen Schaden nehmen sollte.

Tabelle 2-9 Immissionswerte in mg/m³ [2.27]

Schadstoff-komponente	TA-Luft (2002)			MIK-Werte			MAK-Werte
	1 h	24 h	1 a	1/2 h	24 h	1 a	5,0
SO_2	0,35	0,125	0,05	1,00	0,30	-	9,0
NO_2	0,20	-	0,04	0,20	0,10	-	
NO	-	-	-	1,00	0,50	-	-
O_3	-	-	-	0,15	0,05	0,05	0,2
Staub	-	0,05	0,04	0,45	0,30	0,15	-

Die neue TA Luft setzt die Luftqualitätsrahmenrichtlinie 96/62/EG und deren Tochterrichtlinien um, die eine stärker integrative, insbesondere medienübergreifende Betrachtung bei der Festlegung von Anforderungen in Genehmigungsentscheidungen für Industrieanlagen besitzen. Altanlagen müssen nach angemessenen Übergangsfristen grundsätzlich an den Stand der Technik und damit an das Emissionsniveau von Neuanlagen herangeführt werden.

Ausbreitungsmodelle [2.28]

Aus der Kenntnis der Emissionsverhältnisse kann mit Hilfe von mathematisch-physikalischen und meteorologischen Modellen über die Transmission, d.h. die Ausbreitung, die Immission abgeschätzt werden. In Vereinfachung werden die Schadstoffe nach Austritt aus ihrer Quelle mit der herrschenden Luftströmung forttransportiert und auf ihrem Weg zum Immissionsort verdünnt, ausgewaschen oder durch chemische Reaktionen verändert. In der Praxis ergeben sich bei der Immissionsberechnung Unsicherheiten dadurch, dass in die Rechnung eine große Zahl von Parametern eingehen, die teilweise nicht mit der erforderlichen Genauigkeit bekannt sind und außerdem zeitlich oder örtlich stark schwanken.

Tabelle 2-10 Einteilung der Anwendungsbereiche für Ausbreitungsmodelle [2.28]

Anwendungsbereich	Raum-Maßstab	Zeit-Maßstab
Regional bis überregional	50 km bis 200 km	1/2 Tag bis 1 Woche
Städtisch bis regional	1 km bis 100 km	1 Std. bis 1 Tag
Punktquelle (Kraftwerk)	500 m bis einige km	1/2 Std. bis einige Stunden
Linienquellen (Kfz-Verkehr - anbaufreie Schnellstraße)	100 m bis einige km	1/2 Std. bis einige Stunden
Straßenschlucht (Kfz-Verkehr - innerstädtisch)	einige Meter (1 m bis 100 m)	einige Min. bis 1 Std.

Der Anwendungsbereich von Ausbreitungsmodellen und Simulationsrechnungen erstrecken sich von der Betrachtung einzelner Emittenten über stadtklimatologische Fragen bis hin zur Untersuchung von ganzen Ballungsräumen und überregionalen Gebieten (Tabelle 2-10).

Eine viel praktizierte Anwendung findet die Ausbreitungsrechnung in der *Kaminhöhenberechnung* im Umkehrschluss gemäß der Technischen Anleitung zur Reinhaltung der Luft: Dort wird mit Hilfe eines Nomogramms aus einer am Einwirkungsort vorgegebenen zulässigen Immissionsgröße und der emissionsseitig benötigten Werte wie Schadstoffmenge, Rauchgasmenge usw. die ausreichende Kaminhöhe berechnet. Die „effektive Schornsteinhöhe" setzt sich aus baulicher Schornsteinhöhe und Schornsteinüberhöhung zusammen. Unter der Schornsteinüberhöhung ist der Abstand zwischen Schornsteinkopf und der mittleren Höhe, in der sich die Staub- bzw. Abgasfahne horizontal unter Windeinfluss bewegt, zu verstehen. Die Schornsteinüberhöhung hängt von der Strömungsgeschwindigkeit und der Temperatur der Abgase sowie von der Windgeschwindigkeit ab. Daraus lässt sich der Ort der maximalen Schadstoffkonzentration in Lee ermitteln. Die gängigen Modelle, mit denen man die zeitlich gemittelten Konzentrationen der Schadstoffe auf der windabgewandten Seite einer punktförmigen Schadstoffquelle beschreibt, legen eine Normalverteilung (Gaußsche Verteilungskurve) der Schadstoffe zugrunde.

Technische Maßnahmen zur Luftreinhaltung

Bereits in der vorindustriellen Zeit wurden verschiedene Maßnahmen ergriffen, um die Beeinträchtigung durch Luftverschmutzung zu mindern. Im Zusammenhang mit der gewerblichen Tätigkeit waren es Standortverlagerungen der Produktionsstätten unter Beachtung der Hauptwindrichtung, vereinzelt auch technische Vorrichtungen. Mit der Industrialisierung kam es zu Auseinandersetzungen um die anthropogenen Luftverschmutzungen. In Frankreich führten sie 1810 zum ersten nationalen Umweltschutzgesetz in Europa. Ab sofort musste eine behördliche Genehmigung zur Errichtung eines Betriebs eingeholt werden, wenn von ihm unangenehme oder ungesunde Dünste ausgingen.

Emissionen bedeutsamer Luftschadstoffe aus technischen Anlagen bedürfen ebenso wie die Immissionssituation einer ständigen Überwachung. Nur so kann gewährleistet werden, dass auf Störfälle oder besondere Schadstoffkonzentrationen rechtzeitig reagiert, zumindest aber die Bevölkerung gewarnt werden kann. Die Immissionsüberwachung konzentriert sich dabei auf anlagenbezogene Messungen, auf die Kontrolle in Belastungsgebieten sowie auf die überregionale Erfassung beispielsweise des grenzüberschreitenden Transports von Luftschadstoffen. In Belastungsgebieten wird die Luft sowohl durch Untersuchung einzelner Stichproben als auch kontinuierlich mit Messstationen überwacht. Diese Messstationen bilden zusammen ein Immissionsmessnetz. Die räumliche Verteilung der Immission für ein bestimmtes Gebiet wird in einem Immissionskataster grafisch dargestellt. Analog verzeichnet das Emissionskataster die wichtigsten Quellen, aus denen Luftschadstoffe in die Atmosphäre austreten.

Technische Maßnahmen zur Emissionsminderung

Zur Entfernungen von Stäuben und gasförmigen Schadstoffen (Rauchgase, flüchtige Kohlenwasserstoffe) aus Verbrennungs- und anderen Prozessabgasen werden spezielle Verfahren zur Abgasreinigung benutzt. Zur Abscheidung von Stäuben werden meist Elektrofilter, aber auch Gewebefilter, Nassabscheider oder Zyklonabscheider eingesetzt. Für gasförmige Schadstoffe stehen je nach ihren physikalischen und chemischen Eigenschaften eine Vielzahl von Verfahren zur Verfügung. Kohlenwasserstoffe können z.B. durch katalytische oder thermische Nachverbrennung, Kondensation, Aktivkohle, biologische Abgasreinigungsverfahren oder Membranverfahren entfernt werden. Wasserlösliche Schadstoffe (z.B. Schwefeloxide) werden durch Abgaswäscher entfernt. Häufig schließt sich im Waschwasser eine (bio-)chemische Behandlung der Schadstoffe, insbesondere des Schwefels an (Entschwefelungsanlage). Katalytische oder thermische Reduktionsverfahren werden zur Entfernung von Stickoxiden benutzt (Entstickungsanlage). Bei Verwendung eines Drei-Wege-Katalysators wird diese Reduktion mit der Oxidation von Kohlenmonoxid und Kohlenwasserstoffen gekoppelt. Bei vielen Abgasreinigungsverfahren findet eine teilweise Verlagerung der Luftschadstoffe aus der Luft in feste bzw. flüssige Stoffe statt, die wegen ihres Schadstoffgehalts dann deponiert werden müssen. Bei der Auswahl eines geeigneten Verfahrens zur Abgasreinigung sollte daher neben ökonomischen Gesichtspunkten auch die Minimierung von Abwasser, sekundären Luftschadstoffen und festen Abfällen berücksichtigt werden.

- Verfahren zur Rauchgasentschwefelung

Rauchgasentschwefelungsanlagen (REA) sind Anlagen, bei denen Schwefeloxide (Schwefeldioxid SO_2 und Schwefeltrioxid SO_3) aus Rauchgasen abgeschieden werden. Es wird zwischen trockenen, nassen und trocken-regenerativen Verfahren unterschieden. Bei den trockenen Verfahren wird meist gemahlener Kalk in die Feuerung eingeblasen, wo er sich mit dem SO_2 zu Sulfit verbindet und dadurch der natürliche Einbindungsgrad von SO_2 in der Asche erhöht wird (Trocken-Additiv-Verfahren).

Bei den nassen Verfahren werden die SO_2-haltigen Rauchgase in einer speziellen Anlage mit feinen Kalkschlammtröpfchen besprüht, wobei sich SO_2 und Kalk zu Gips verbinden (REA-Gips). Anstelle von Kalkschlamm können auch Ammoniaklösungen (Walther-Verfahren) oder Natriumsulfit (Wellmann-Lord-Verfahren) verwendet werden. Der Abscheidegrad für Schwefeloxide liegt bei trockenen Verfahren bei nur 50 %, bei nassen bei über 95 %. Aufgrund der Bundesimmissionsschutzverordnung (Großfeuerungsanlagenverordnung) müssen alle deutschen Kraftwerke mit einer Wärmeleistung von mehr als 300 MW mit einer nassen REA ausgerüstet werden.

Nach der aktuellen TA Luft müssen auch Kohlekraftwerke mit einer Wärmeleistung von weniger als 50 MW mindestens mit einem trockenen Verfahren entschwefelt werden. Durch den Einsatz der REA fielen 1989 in westdeutschen Steinkohlekraftwerken rd. 1,8 Mio. t Gips an, in Braunkohlekraftwerken rd. 1,2 Mio. t. Der Gips aus Steinkohlekraftwerken wird zu 100% verwertet, vorwiegend in der Bauindustrie (REA-Gips). Der in Braunkohlekraftwerken anfallende Gips kann derzeit verfahrensbedingt aufgrund seiner Sulfit- und Sulfidbelastung nicht in der Bauindustrie eingesetzt werden, sondern wird in den Tagebaugruben (Braunkohle) deponiert.

Bild 2-13 zeigt schematisch die Reinigungsleistungen in einem modernen Kohlekraftwerk (700 MW_{el}). Nach Verlassen des Dampferzeugers gelangen die Rauchgase zuerst in den SCR-Katalysator. Danach findet im Luftvorwärmer eine Abkühlung statt, bevor die Entstaubung im Elektrofilter erfolgt. Zur nassen Rauchgasentschwefelung ist eine weitere Abkühlung der Rauchgase erforderlich. Mit der frei werdenden Wärme werden die gereinigten Rauchgase wieder aufgeheizt, bevor sie dem Kamin zugeleitet werden. Die nasse Rauchgasentschwefelung wirkt als zusätzlicher Entstauber, so dass nur sehr niedrige Staubgehalte in den Rauchgasen auftreten. In dem beispielhaft dargestellten Kraftwerk werden stündlich 240 t Kohle verbrannt. Die Behandlung der daraus entstehenden 2,3 Mill. m^3 Rauchgas erfordert 0,5 t Ammoniak für den Betrieb der DENOX-Anlage und 9 t Kalkstein (in 105 m^3

Wasser) für die Rauchgasentschwefelung. Neben den dort stündlich entstehenden 12 t Gips sind als weitere feste Produkte etwa 4 t Feuerasche und 15 t Flugstaub (aus den Elektrofiltern) zu verwerten. Für alle Aschearten bestehen vielfältige *Einsatzmöglichkeiten im Baubereich.* Während bei Steinkohlenflugasche und Grobasche die Verwertung in diesem Sektor schon seit Jahren Stand der Technik ist, sind bei anderen Aschen – z.B. Wirbelschicht- und Trocken-Additiv-Aschen – weitere Aktivitäten notwendig, um die Verwertungsquoten zu erhöhen [2.29].

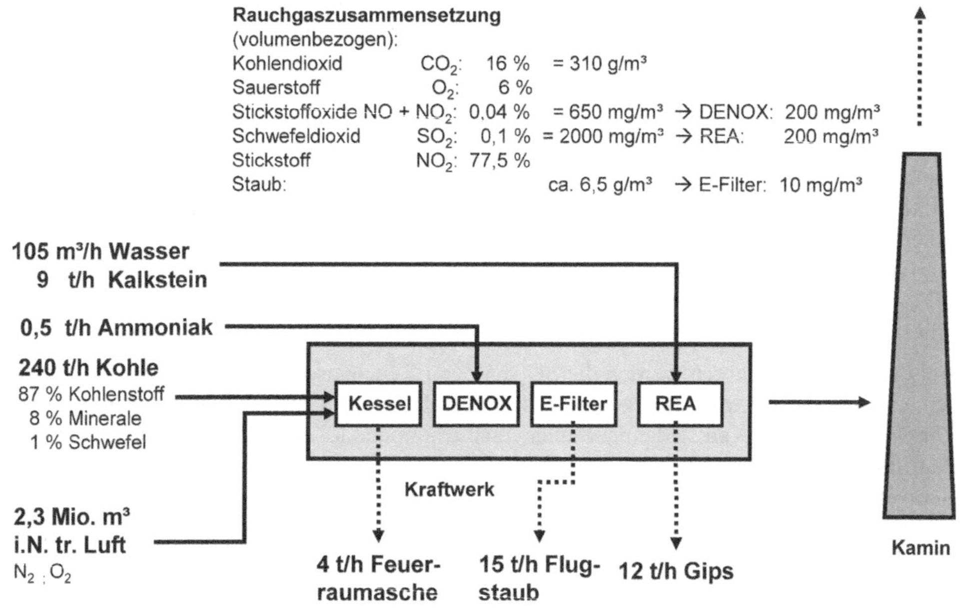

Bild 2-13 Mengenströme und Rauchgaszusammensetzung eines 700 MW-Kohle-Kraftwerkblocks (nach [2.29])

Umweltwirkungen Regenerativer Energien

Regenerative Energien besitzen zwar insgesamt eine relativ hohe *Akzeptanz,* doch treten auch bei der Nutzung dieser Strom- und Wärmequellen eine Reihe von zu berücksichtigenden Umweltbeeinträchtigungen auf. Insbesondere die großtechnische Nutzung im Gigawatt-Maßstab bringt Umweltprobleme mit sich, die über die sonst üblichen lokalen Effekte hinausgehen (Tabelle 2-11). Besondere Beachtung erfordern große Wasserkraftwerke, bei denen durch große Staudämme sowohl beim Bau (Umsiedlung der Bevölkerung, Überflutungen) als auch im Betrieb (Veränderung des Wasserhaushaltes) erhebliche Umweltwirkungen entstehen können.

Der Ausbau der Wasserkraftnutzung und der Betrieb solcher Anlagen sind mit erheblichen Wirkungen verbunden. Für den Bau von Flusskraftwerken werden die vorhandenen Ökosysteme vollständig verändert und völlig neue geschaffen. Die zugehörigen Stauseen bedecken teilweise ein Gebiet von mehreren tausend Quadratkilometern. Diese wurden zuvor meist landwirtschaftlich genutzt oder waren bewaldet. Oberhalb (Aufstaubereich) und unterhalb (Abflussverstetigung) von Flusskraftwerken gibt es wesentliche Auswirkungen auf die Ökosysteme. Durch die Möglichkeit der Abflussregulierung können diese wegen der möglichen Reduzierung des Hochwasserrisikos teilweise auch positiv bewertet werden.

Insbesondere aufgrund des Rückgangs der Braunkohleverstromung, der Erhöhung der Energieproduktivität und der Stilllegung von Industrieanlagen in Ostdeutschland gingen die CO_2-Emissionen in den 90er-Jahren deutlich zurück. Sie lagen im Jahr 2002 um 15,7 Prozent niedriger als 1990. Emissionssteigernde Effekte wie ein gestiegenes Bruttoinlandsprodukt je Einwohner und eine gewachsene Bevölkerungszahl konnten durch die emissionsreduzierenden Wirkungen der gesunkenen Energieintensität und des geringeren CO_2-Gehaltes des gesamten Primärenergieverbrauchs überkompensiert werden [2.29].

Tabelle 2-11 Umweltbeeinträchtigungen bei Nutzung erneuerbarer Energien [2.30]

Energiequellen	Umweltaspekte
Sonne	
- dezentrale thermische Nutzung	optische Veränderung
- dezentrale photoelektrische Nutzung	optische Veränderung Cadmiumsulfid- und Galliumarsenidzellen brennbar mit toxischer Gasemission
- zentrale photoelektrische Nutzung (km²-Größe)	Flächenbedarf, Albedo-Veränderung, Kleinklimaveränderung
***Wind* (Windparks)**	
	optische Veränderung, Beeinflussung elektromagnetischer Felder („Geisterbilder"), Geräuschentwicklung, Landbedarf für Zufahrtswege
Biomasse, Müll	
- Verbrennung von Holz, Stroh	Emissionen von Kohlenmonoxid, Stickoxiden, Stäuben, Kohlenwasserstoffen, Schwefeldioxid
- Müllverbrennung	zusätzlich noch Dioxine, Furane
- Energiepflanzen-Plantagen	hoher Dünger- und Schädlingsmittelbedarf bei Monokulturen
Wasser	
- Kleinstwasserkraftwerke (etwa 1 MW)	kaum negative Auswirkungen: Flora/Fauna geringfügig beeinträchtigt
- Nutzung regulierter Flüsse (MW-Bereich)	Verbesserung der ökologischen Funktionen durch Sedimentation infolge kleinere Fließgeschwindigkeit, stetigere Bewässerung
- Großkraftwerke (GW-Bereich)	Risiko des Staudammbruchs, hoher Landbedarf, Umsiedlung, Abfangen von Schlamm für die Landwirtschaft, Entzug von Nährstoffen (Fischerei), Gefahr der Bodenversalzung

2.6 Stromtransport

Der Transport von Strom (bzw. von Elektroenergie) erfolgt in Deutschland mit dreiphasigem Wechselstrom bzw. Drehstrom unterschiedlicher Spannung, die aus technischen und wirtschaftlichen Gründen in ihrer Höhe der jeweiligen Aufgabe angepasst ist. Dem Systemelement Stromtransport werden hier die Transport- und Übertragungsnetze der Höchstspannung mit 380 kV (teilweise noch mit 220 kV) und die Transportleitungen auf der regionalen Ebene der Hochspannung mit 110 kV zum Anschluss der großen Industriekunden zugerechnet. Die Länge der Höchstspannungsleitungen in Deutschland beträgt ca. 40.000 km bei einem Kabelanteil von nur etwa 4 Prozent, die der Hochspannungsleitungen (inkl. der Leitungen bis herunter zu 35 kV) beträgt ca. 75.000 km, ebenfalls mit einem Kabelanteil von 4 Prozent [2.14].

Das Energiewirtschaftsgesetz (EnWG) vom 25.April 1998 hat zu weitgehend neuen Strukturen der Stromversorgung in Deutschland geführt. Insbesondere war seither eine organisatorische Trennung zwischen den Systemelementen Transport und Verteilung zu vollziehen, bzw. zwischen den Übertragungs- und den Verteilungsnetzbetreibern, wie diese entsprechend den gesetzlichen Regelungen nun heißen. Für die Koordination der nationalen Stromversorgungsnetze ist die bereits 1951 gegründete und in Brüssel ansässige *Union for the co-ordination of transmission of electricity* (UCTE) zuständig. Ihr Ziel ist es, die elektrischen Systeme ihrer Mitglieder, insbesondere unter dem Aspekt der Zuverlässigkeit des Verbundbetriebes, zu koordinieren. Sie schafft die erforderlichen technischen und organisatorischen Voraussetzungen zur Erleichterung des Energieaustausches innerhalb des Systems, sie fördert den Erfahrungsaustausch zwischen ihren Mitgliedern und koordiniert die Beziehungen zu anderen benachbarten großen elektrischen Systemen.

Die Mitglieder der UCTE sind die Unternehmen, deren Netze im Verbundbetrieb zusammengeschaltet sind, bzw. nationale Vereinigungen von Verbundunternehmen. Die deutschen Mitglieder sind E.ON Netz, EnBW Transportgesellschaft, RWE Transportnetz Strom und Vattenfall Europe Transmission.

2.6.1 Komponenten des Stromtransports und deren Funktion

Zur Übertragung großer Energiemengen über weite Strecken verwendet man hohe Spannungen. Nach $P = U * I$ fließt bei gleicher Übertragungsleistung (P) bei höherer Spannung (U) ein geringerer Strom (I). Damit können Leiter eingespart und die Zahl der parallelen Systeme sowie die Trassenbreite reduziert werden. Außerdem ist bei einer geringeren Stromstärke die Verlustleistung (P_v) nicht so hoch. Diese berechnet sich aus $P_v = R * I^2$. Eine Verdoppelung der Stromstärke hat demnach eine Vervierfachung der Verlustleistung zur Folge. Dementsprechend führt eine Absenkung der Stromstärke zu einer deutlichen Reduzierung der Verlustleistung.

Spannungsebenen

Die Spannungsebenen 10 und 20 kV dienen der örtlichen Versorgung kleinerer Gemeinden, einzelner Industriebetriebe und größerer Abnehmer, wobei die elektrische Leistung überwiegend kleiner als 10 MVA je Stromkreis bleibt.

Die Spannungsebene 110 kV besorgt heute überwiegend die *regionale Verteilung* der elektrischen Energie. Sie speist in die Mittelspannungsebene (überwiegend 20-kV-Netze) ein und dient dort vielfach der *Spannungsstützung.* Des Weiteren werden 110-kV-Leitungen für Ableitungen aus Kraftwerken mittlerer Leistung, z. B. aus Flusskraftwerken, größeren Windenergieparks und für die Versorgung großer Endverbraucher, wie großer Industriebetriebe und Hüttenwerke eingesetzt. Die 110-kV-Ebene stellt die Verbindung zwischen dem *Verbundnetz* und dem *örtlichen Verteilungsnetz* her.

Die 220-kV-Ebene diente vor dem Aufbau des 380-kV-Netzes dem *Verbundbetrieb* und dem überregionalen Energietransport, z.B. von den Wasserkraftwerken in den Alpen zu den Verbrauchern. Ältere Anlagen haben ihre *Lebensdauergrenze* erreicht und werden auch aus wirtschaftlichen Gründen durch die 380-kV-Ebene mit *Direkteinspeisungen* 380/110 kV ersetzt. Oft werden diese vorhandenen 220-kV-Trassen für Neubauten der 380- oder 380/110-kV-Ebene weiter genutzt Die wenigen Neuanlagen dienen der Versorgung größerer Städte und sehr großer Verbraucher, wie Aluminiumhütten, sowie der überregionalen Stützung der 110-kV-Ebene. Die elektrische Leistung kann 400 MVA je Stromkreis erreichen.

Die *380-kV-Ebene* stellt derzeit die höchste in Mitteleuropa verwendete Übertragungsspannung bei Freileitungen dar. Sie dient dem Verbundbetrieb und dem Energietransport über große Entfernungen. 380-kV-Leitungen stellen die Verbindungen zu den Hochspannungsnetzen der Nachbarländer her und ermöglichen einen Verbundbetrieb über weite Teile des europäischen Festlandes. Aus den großen Kraftwerken wird die Energie über 380-kV-Leitungen abtransportiert.

Freileitungen

Nach der Spannungsebene sind Leiteraufbau und -querschnitt die wichtigsten Bestimmungsgrößen für eine Freileitung. Die *Leiter* stellen die wichtigsten Bauelemente dar, da sie eine wirtschaftliche und betriebssichere Übertragung gewährleisten müssen und einen erheblichen Anteil der *Baukosten* ausmachen, nämlich 25 bis 50 Prozent. Zu Beginn der elektrischen Energieübertragung wurde hauptsächlich Kupfer als Leitmaterial verwendet. Mit dem weiteren Ausbau der elektrischen Netze hat sich jedoch *Aluminium* als fast ausschließlicher Leitwerkstoff für Hochspannungsfreileitungen durchgesetzt, da dieser Werkstoff kostengünstiger ist, einen günstigeren Preis und ein geringeres Gewicht aufweist und auch die elektrotechnischen Bedingungen für einen bestimmten *Mindestquerschnitt* erfüllt [2.31].

Nach der elektrischen Spannung, der Zahl der Stromkreise und der gewählten Beseilung bestimmt die Anordnung der Stromkreise wesentlich das Bild und die Ausführung einer Freileitung. Der Schutz der Außenleiter vor direkten Blitzeinschlägen durch Erdseile ist ein weiterer leitungstechnischer Gesichtspunkt. Das Erdseil ist ein geerdetes elektrisch leitfähiges Seil auf der Spitze der Hochspannungsmasten. Es soll die darunter befindlichen Leiterseile der Leitung vor Blitzeinschlag schützen. Im Regelfall werden Hochspannungsleitungen mit Betriebsspannungen unter 50 kV nicht, solche mit Betriebsspannungen über 50 kV fast immer mit einem Erdseil ausgestattet. Wenn erhöhte Anforderungen an den Blitzschutz gestellt werden, werden auf den Mastspitzen zwei Erdseile an den Außenseiten der Masten verwendet. Hierfür werden Masten mit einer zur Aufnahme der Erdseile bestimmten zusätzlichen Traverse oberhalb der Leiterseile, mit zwei v-förmigen Erdseilspitzen oder einer besonders geformten obersten Traverse ausgerüstet, welche die Aufnahme der beiden Erdseile an ihren Außenseiten gestattet [2.31].

Hinzu kommen Fragen der Ästhetik, der Anpassung an das Gelände sowie der Minimierung zu entschädigender Überspannungsflächen. Weiter spielt bei Höchstspannungsleitungen der Einfluss der Leiteranordnung auf die elektrischen Kenngrößen und damit auf das erzeugte elektrische und magnetische Feld und die Übertragungsfähigkeit eine Rolle. Auch das Arbeiten unter Spannung kann Einfluss auf Abstände haben, soweit diese Technologie verwendet wird. Im Mittelspannungsbereich muss auch der Schutz der Großvögel vor Lichtbögen bei der Überbrückung der Spannung zwischen Leitern und geerdeten Bauteilen beachtet werden. Bei Hoch- und Höchstspannungsleitungen spielt dieser Gesichtspunkt wegen der großen Länge der Isolatorketten zwar keine Rolle, dagegen ist in ornithologisch empfindlichen Landschaftsbereichen dem Gesichtspunkt möglichen Drahtanfluges besondere Aufmerksamkeit zu widmen. Daraus ergeben sich oft gegensätzliche Forderungen, wie die nach möglichst geringer Masthöhe, gegebenenfalls Einebenenanordnung, bei gleichzeitigem Zwang zu geringer Trassenbreite, was durch Kompromisse nur teilweise zu erfüllen ist [2.31].

Die Mindestabstände der Leiter gegeneinander sind durch die elektrische Spannung und die Leiterdurchhänge bestimmt, die in DIN-Normen festgelegt sind (z.B. EN 50341-1 und EN 50341-3-4). Bei Eisansatz können an den Leitern Schwingungen mit großen Amplituden auftreten, eine Erscheinung, die „Seiltanzen" genannt wird. Vorsorge gegen schädliche Auswirkungen kann die Wahl der Abstände und das Mastbild beeinflussen. In Gebieten, in denen mit größeren Eislasten gerechnet werden muss, sollten Leiter nicht vertikal untereinander angeordnet werden, um bei unterschiedlichen Eisansätzen oder beim Hochschnellen von Leitern nach Eisabfall Überschläge oder Berührungen zu vermeiden [2.31].

- Mastarten

Bei den Mastarten unterscheidet man den Tragmast und den Abspannmast. Ein Tragmast (Bild 2-14a) ist ein Freileitungsmast, der nur zur Aufhängung der Leiterseile des Stromnetzes dient. Tragmaste erkennt man daran, dass an den Traversen der Maste hängende oder stehende Isolatoren (für Spannungen bis etwa 30 kV) angebracht sind. Ein Isolator ist eine Substanz, die bei einem spezifischen Widerstand von mehr als 10^{10} Ω keinen elektrischen Strom leitet und daher als Isolierung wirkt.

An einem Abspannmast (Bild 2-14b) sind die Leiterseile einer Freileitung des Stromnetzes abgespannt. Aus fertigungstechnischen Gründen können Leiterseile für Freileitungen nicht mehr als etwa 5 Kilometer betragen. Man muss daher an geeigneten Masten, den Abspannmasten, einen Übergang von einer Leitungssektion in eine andere schaffen. Man erkennt Abspannmasten daran, dass bei diesen die Isolatoren durch die Zugspannung der Leitung fast parallel zur Erdoberfläche ausgerichtet sind. Da die Leitung an einem Abspannmast fortgeführt werden soll, ist die Leitung in die andere Richtung ebenfalls an Isolatoren, die parallel zur Erdoberfläche liegen, abgespannt.

Zwischen den beiden Leitungssektionen wird die elektrische Verbindung über ein zwischen beiden Leitungsenden gespanntes kurzes Leiterseil, die Stromschlaufe, hergestellt. Abspannmaste werden möglichst dort eingesetzt, wo die Freileitungstrasse Richtungsänderungen vornimmt. Sie übernehmen dort die Funktion eines Eckmastes. Auch der letzte Mast vor der Einführung einer Freileitung in eine Schaltanlage oder beim Übergang in ein Erdkabel ist fast immer ein Abspannmast und auch Abzweigmaste sind ebenfalls meist Abspannmaste. Da Abspannmaste die Zugkräfte in den Leiterseilen aufnehmen müssen, sind diese in der Regel stabiler gebaut als ein Tragmast. Abspannmaste findet man daher auch an der Querung einer Eisenbahnlinie, eines Flusses oder eines Tales.

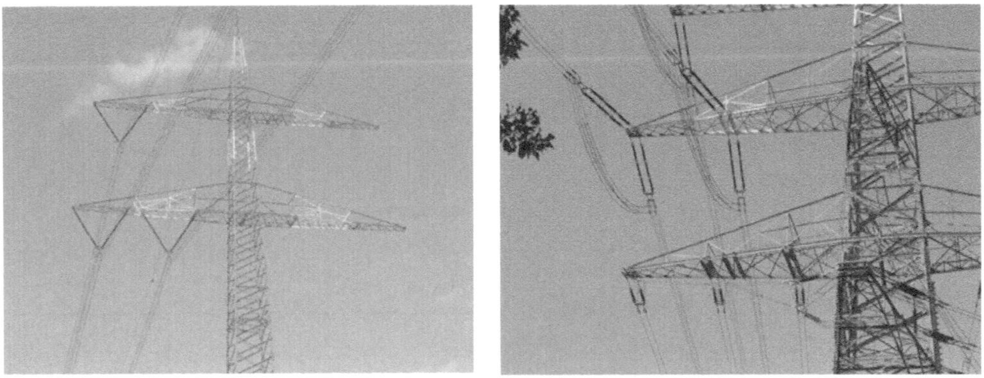

Bild 2-14 Isolatoren beim a) Tragmast (links) und beim b) Abspannmast (rechts)

Eine Sonderform des Abspannmastes ist der Endmast. Dort endet eine Freileitung im Stromnetz und es findet ein Übergang von einer Freileitung in ein Erdkabel statt. Teilweise wird dort auch ein Masttransformator zur Versorgung anderer Netzebenen gespeist.

Ein Masttransformator ist ein auf einem Hochspannungsmast montierter Transformator. Wegen des hohen Gewichts von Transformatoren werden Masttransformatoren nur für Spannungen bis etwa 30 kV gebaut. Sie werden häufig zur Versorgung abseits gelegener Verbraucher, wie Bauernhöfen oder Pumpstationen, aus dem Mittelspannungsnetz verwendet. Eine andere Anwendung ist die Speisung von Weichenheizungen aus der Oberleitung wechselstrombetriebener Bahnen. In diesen Fall werden einphasige Masttransformatoren verwendet.

- Mastbild

Die Art und Weise, wie die Leiterseile auf einem Freileitungsmast angeordnet sind nennt man das Mastbild. Für einen Drehstromkreis wird meist die Einebenenanordnung verwendet, das heißt, alle drei Leiterseile hängen an den Masten jeweils an einer Traverse auf einer Ebene. Diese Anordnung führt zu einer niedrigen Bauhöhe der Maste, verbunden mit einer großen Trassenbreite. Sie wird fast immer für Freileitungen der Hochspannungsgleichstrom-Übertragung und Bahnstromleitungen sowie für Drehstromleitungen verwendet, wenn die Maste nicht zu hoch sein dürfen. Teilweise werden auch Mastbilder mit drei versetzten Traversen für jedes Leiterseil verwendet.

Für Hochspannungsleitungen mit zwei Stromkreisen sind die Einebenenanordnung, der Tonnenmast, der Tannenbaummast und insbesondere der Donaumast das übliche Mastbild. Bild 2-15 zeigt beispielhaft die wesentlichen Maße für ein Donaumastbild. Solche Donaumasten sind in Deutschland die häufigste Bauart für zwei Stromkreise. Sie stellen einen Kompromiss im Hinblick auf Trassenbreite, Masthöhe und Baukosten dar, wobei ausreichender Blitzschutz mit nur einem Erdseil erreicht werden kann.

In den neuen Bundesländern ist die Einebenenanordnung der Leiterseile am meisten verbreitet. Der Donaumast ist ein Mast für zwei Drehstromkreise. Bei ihm befinden sich auf der untersten Traverse vier und auf der obersten Traverse zwei Leiterseile (wenn beide Drehstromkreise installiert sind).

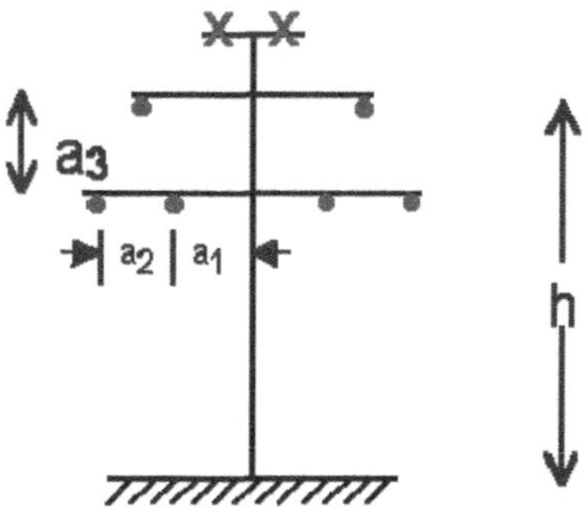

U_N	110 kV	380 kV
h	24 m	41 m
a_1	3,5 m	8,0 m
a_2	3,5 m	7,0 m
a_3	4,0 m	10,5 m
Isolatorkette	1,8 m	5,1 m
Tragmast	3,8 Mg	15 Mg
Abspannmast	6,1Mg	26 Mg

Bild 2-15 Maße und Gewichte für 110 kV- und 380 kV-Leitungen mit Donau-Mastbild [2.32]

Bei Bahnstromleitungen werden diese im Fall von zwei Stromkreisen in einer und im Fall von vier Stromkreisen in zwei und für die Versorgung der Neubaustrecken in drei Ebenen auf den Masten verlegt. Für Bahnstromleitungen mit 6 Stromkreisen werden diese in 3 Ebenen auf den Masten verlegt, so dass der Mast auf jeder seiner drei Traversen vier Leiterseile trägt. Hybridmaste für die Unterbringung von Bahnstrom- und Drehstromkreisen besitzen im Regelfall drei Traversen, wobei auf der untersten Traverse die beiden Bahnstromkreise untergebracht sind, während auf den beiden obersten Traversen zwei Drehstromkreise wie bei einem Donaumast angeordnet sind.

Vier Drehstromkreise mit verschiedener Spannung werden standardmäßig so auf den Masten untergebracht, dass auf der untersten Traverse zwei Stromkreise für die niedere Spannung und auf den beiden obersten – wie bei einem Donaumast – die Stromkreise für die höhere Spannung hängen.

Bild 2-16 zeigt die Mastbilder für verschiedene Masttypen und die hierbei verwendeten Übertragungsspannungen 20 kV, 110 kV und 220/380 kV. Tabelle 2-11 gibt einen Überblick über die wichtigsten elektrischen Kennwerte von Drehstromleitungen dieser Übertragungsspannungen. Die Freileitungsmasten sind mit Leiterseilen belegt. Diese bestehen meist aus Aluminiumleitern, wobei es eine Vielzahl von Bauarten gibt. Um die mechanische Festigkeit zu erhöhen, werden Drähte aus Aluminium-Magnesium-Silizium-Legierungen verwendet (in Deutschland Aldrey genannt), deren Festigkeiten fast doppelt so groß sind wie die von Reinaluminium. Einmetallseile sind relativ empfindlich gegen winderregte Schwingungen. Um diesen Nachteil zu vermeiden, werden Verbundseile mit einem Kern aus Stahldrähten benützt. Das Querschnittsverhältnis liegt bei Leiterseilen heute meist zwischen 6:1 und 11:1. In der weit überwiegenden Mehrzahl der Fälle dienen Aluminium-Stahlseile als Leiter, während Aldrey-Stahlseile bei außergewöhnlichen Ansprüchen an die Festigkeit, z. B. bei extremen Spannweiten, Anwendung finden.

Maßgeblich für die mechanische Seilbeanspruchung und den Durchhang ist die Richtlinie VDE 0210. Der Durchhang der Leiterseile ist mindestens so zu bemessen, dass weder bei -5 °C und Zusatzlast (nach VDE), noch bei -20°C ohne Zusatzlast die zulässige Zugbelastbarkeit der Seile (Stahlquerschnitt) überschritten wird. Der größte Durchhang tritt auf bei hohen Außentemperaturen und hoher Belastung (Leitertemperatur 40°C oder 60°C). Für den größten Durchhang muss die Einhaltung des kleinsten, zulässigen Bodenabstands überprüft werden.

Alle Leiter sind der *Korrosion* ausgesetzt. Aluminium ist an sich ein unedles Metall, das leicht korrodiert. Dabei bildet sich eine sehr dichte Oxidschicht, die den weiteren Korrosionsangriff verhindert. Aluminiumseile sind daher auch für erhöhten Korrosionsangriff, z. B. in Meeresnähe, gut geeignet. Die Stahlseele muss dagegen zusätzlich geschützt werden. Dies geschieht durch *Verzinken* der Stahldrähte und *Fetten* der Stahlseele insgesamt. Die Erfahrung hat gezeigt, dass solche Verbundseile mit zwei oder mehreren Aluminiumlagen lange Lebensdauern aufweisen. Seit mehreren Jahren werden auch *aluminiumummantelte Stahldrähte* im Kern eingesetzt.

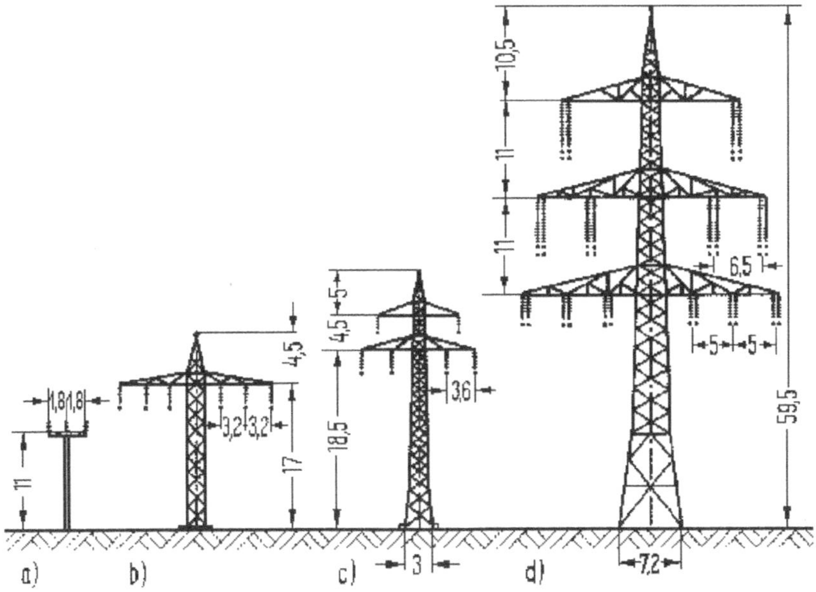

a) 20-kV-Tragmast mit Stützisolatoren,

b) 110-kV-Einebenen-Tragmast,

c) 110-kV-Tragmast (Typ Donaumast),

d) Tragmast mit 2x220-kV-Zweierbündelleitung und 2x380-kV-Viererbündelleitung

Bild 2-16 Mastbilder für verschiedene Mastformen

Die *Auswahl der Leiter* muss nach elektrischen, thermischen, mechanischen und wirtschaftlichen Gesichtspunkten erfolgen. Da die Leiter der Fortleitung elektrischen Stromes dienen, ist der *elektrische Widerstand* als Funktion von Leitmaterial und Querschnitt der wichtigste Parameter. Er beeinflusst den Spannungs- und Energieverlust längs der Leitung und damit auch die *Übertragungskosten.* Der *Leiterquerschnitt* muss so gewählt werden, dass die zulässigen *Temperaturen* sowohl im Betrieb als auch im Kurzschlussfall nicht überschritten werden (Tabelle 2-12).

Tabelle 2-12 Elektrische Kennwerte von Drehstromfreileitungen (Aluminium-/Stahlseile, Werte für einen Stromkreis einer Doppelleitung) [2.33]

Spannungsebene (Nennspannung in kV)	**20**	**110**	**380**
Zul. Betriebsspannung (kV)	24	123	420
Nennquerschnitt (Al) in mm²	50	230	Bündel 4x240
Leiterdurchmesser (mm)	9,6	21	4x21,9
Dauerstrom (bei 80°C Leitertemperatur) (A)	210	630	2.580
thermische Grenzleistung (MVA)	7	120	1.700

Mit zunehmendem Leiterquerschnitt nehmen die *Baukosten* zu, die *Leitungsverluste* und damit die *Verlustkosten* ab. Je nach *Übertragungsleistung* und -aufgabe gibt es rechnerisch einen Leiterquerschnitt, der zu den geringsten *Übertragungskosten* führt. Diesen Leiterquerschnitt gilt es möglichst anzustreben. Hierbei sollte die in der Zukunft noch zu erwartende *Lastentwicklung* abgeschätzt und mit berücksichtigt werden.

Die Anordnung der Leiter am Gestänge, die Betriebsspannung und die Leiter-Bodenabstände beeinflussen auch die Größe des erzeugten *elektrischen Feldes* am Boden, das die festgelegten Werte unter den jeweiligen Randbedingungen nicht überschreiten darf. Die vorgeschriebenen *Vorsorgewerte für das magnetische Feld* stellen bei Hochspannungsfreileitungen in aller Regel kein Problem dar. Die Leiter werden zwischen den Stützpunkten über große Entfernungen mit ungefähr 20 % ihrer Bruchfestigkeit bei Alltagsbedingungen gespannt. Niedrige Temperaturen, Eisansatz und Wind erhöhen die *Zugkräfte* beträchtlich. Außerdem erfahren die Leiter durch aerodynamische Schwingungen *Wechselbiegebeanspruchungen.* Die Auswahl der Leiter muss die mechanische Tragfähigkeit und die *Betriebssicherheit* gewährleisten und daher auch auf diese Parameter abgestimmt sein.

- Hochspannungsgleichstromübertragung (HGÜ)

Hierbei wird die erzeugte Wechselspannung mit Hilfe eines Gleichrichters in eine Gleichspannung umgewandelt, über eine größere Entfernung übertragen und dann in Verbrauchernähe wieder in Wechselspannung umgewandelt. Im Vergleich zu Wechselstromsystemen gibt es bei der HGÜ einen Spannungsabfall, der nur durch die ohmschen Widerstände bestimmt wird (also über die Länge und das Material des Leiters). Die für die Wechselstromübertragung typischen Auswirkungen wie Wirbelstrom- und Blindleistungsverluste) auf das System gibt es somit nicht. Von großer Bedeutung sind die HGÜ-Verbindungen vor allem deshalb, weil durch diese Wechselstromnetze unterschiedlicher Frequenz ohne größere Probleme miteinander gekoppelt werden können. Die HGÜ werden auch beim Energietransport durch die See angewendet, wobei hier teilweise sogar nur der Hinleiter als Kabel verlegt wird, als Rückleiter mit Nullpotential wird das Meerwasser verwendet (so wie beim Fahrrad der Rahmen als Rückleiter verwendet wird!). Dies geschieht zum Beispiel zur Energieübertragung zwischen Deutschland und Schweden durch die Ostsee. Gerade für die Anbindung der Offshore-Windkraftanlagen sind daher auch HGÜ-Systeme interessant.

In Europa gibt es derzeit Untersuchungen für eine internationale Hochleistungs-Gleichstrom-Übertragungsleitung mit Einspeisungs- und Abnahmepunkten in 380-kV-Knotenpunkten mehrerer Länder. Vorgesehen ist hierfür eine bipolare 600-kV-Gleichstromfreileitung mit einem Mastbild, das die Abmessungen einer konventionellen 380-kV-Drehstromleitung nicht wesentlich überschreitet.

- Einphasige Wechselstromsysteme (Bahnstrom)

Neben dem Drehstromnetz der öffentlichen Stromversorgung betreibt die Deutsche Bahn AG ein 110-kV-, 16 2/3 *Hz-Einphasenwechselstromnetz* mit rund 12 500 km Stromkreislänge, das mit den entsprechenden Netzen in Österreich (galvanisch) und in der Schweiz (über Transformatoren) verbunden ist. Für die Planung und die Auslegung in mechanischer Hinsicht sowie die Ausführung gelten die gleichen Grundsätze wie für Drehstromleitungen.

Kabel [2.33]

Bei Metallmantel- bzw. Massekabeln bis zu einer Übertragungsleistung von ca. 30 kV bilden Papierlagen die Leiterisolierung, die mit Isolieröl oder Öl-Kunstharzgemischen getränkt sind. Die äußere Umhüllung folgt mit einem Blei- oder Aluminiummantel, darüber angeordneter Stahlband- oder Stahldrahtbewehrung und asphaltierter Jute bzw. Kunststoff als Korrosionsschutz. In Ölkabeln erfüllt dünnflüssiges, nicht-leitendes und thermisch relativ stabiles Öl die Funktion der Isolation und erlaubt aufgrund seiner höheren Durchschlagfestigkeit gegenüber den Massekabeln geringere Isolierdicken bzw. höhere Betriebsspannungen. Das Öl füllt alle Hohlräume aus und steht unter einem Druck von 2 bis 6 bar, bei Öldruckkabeln bis zu 16 bar. Wegen der thermisch bedingten Volumenänderung des Öls sind in Abständen von 1 000 bis 4 000 m Ausgleichsgefäße erforderlich. Dreileiterkabel werden bis zu einer Spannung von 132 kV und Einleiterkabel bis zu 765 kV eingesetzt.

Entwicklung und Betriebseinsatz kunststoffisolierter Hochspannungskabel haben in den vergangenen drei Jahrzehnten dazu geführt, dass heute VPE-Kabel (VPE= vernetztes Poly-Ethylen) mit Betriebsspannungen bis zu 550 kV zur Verfügung stehen, die sich durch hohe Zuverlässigkeit auszeichnen.

Bild 2-17 zeigt eine Ader eines 220 kV-Kabelsystems, in der das elektrische Feld innerhalb der Wanddicke der elektrischen Isolierung von 22 mm (bei 110 kV: 15 bis 18 mm; bei 380 kV: 25 bis 28 mm) beherrscht wird. Der Kupferleiter wird zur Unterdrückung der Stromverdrängung ab einem Querschnitt von etwa 800 mm² als Segmentleiter ausgeführt. Eine längsverschweißte Aluminiumfolie unterhalb des PE-Außenmantels (Schichtenmantel) verhindert das Eindringen von Wasser oder Wasserdampf in die elektrische Isolierung.

Solche Kabel können heute als Einleiterkabel mit Leiterquerschnitten (Kupfer oder Aluminium) bis zu 2500 mm² bei Lieferlängen zwischen etwa 500 m (380 kV) bis zu mehr als 1000 m (110 kV, 220 kV) geliefert werden. Die Verbindung der Einzellängen mit Verbindungsmuffen, die mit Hilfe von Feldsteuerelementen die elektrische Feldstärke in den Übergangsbereichen begrenzen, erfolgt heute mit vorgefertigten Silikon-Bauteilen, die in einer Aufschiebetechnik weitaus schneller und sicherer als mit den vorherigen Techniken montiert werden können.

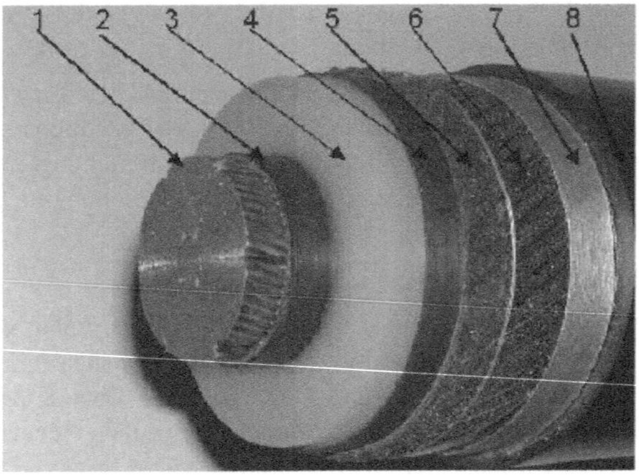

1 Cu-Segmentleiter
2 innere Leitschicht
3 Vernetzte PE-Iolierung
4 el. Isolierung
5 Polsterung (leitf.)
6 Cu-Drahtschirm
7 Al-Schichtenmantel
8 PE-Außenmantel

Bild 2-17 Vernetztes Polyethylen-Kabel (VPE) für 220 kV [2.33]

Kabelisolierungen und Garnituren werden so ausgelegt, dass sie denselben Spannungspegeln (stationär sowie bei Blitzstoß und Schaltstoß) standhalten wie die entsprechende Freileitung. Der Leiterquerschnitt der Kabel ist je nach zu übertragender Höchstlast, ihrem Lastgang sowie der Legeanordnung und den thermischen Bodeneigenschaften auszuwählen.

Gas-Innendruckkabel sind ähnlich wie Ölkabel aufgebaut. Als Isolator wirkt Stickstoff unter einem Überdruck von ca. 15 bar. Das Gas hat bei diesem Druck eine ähnlich hohe Durchschlagfestigkeit wie das Öl. Der Einsatzbereich erstreckt sich bis zu einer Spannung von 110 kV. Demgegenüber werden Gasaußendruckkabel bis zu 220 kV eingesetzt, wobei hier das Gas nicht der Isolation zwischen den einzelnen Leitern, sondern der mechanischen Abstützung zwischen den Leitern und dem Mantel dient.

Bei den beschriebenen Kabeln erfolgt die Ableitung der Verlustwärme durch die einzelnen Kabelschichten und den Erdboden, so dass die übertragbare Leistung insbesondere bei der Häufung mehrerer Kabel durch eine maximal zulässige Temperatur von 70 bis 90 °C begrenzt wird. Die Verlustwärme von Hochleistungskabeln wird demgegenüber durch separate Kühlwasserkreisläufe abgeführt, wobei die Übertragungsleistung bis auf das Dreifache gesteigert werden kann.

Der physikalische Effekt der Supraleitung bei einer Temperatur des flüssigen Heliums von ca. 4 K ermöglicht mit einem Leiterquerschnitt von 4 mm² eine fast verlustfreie Übertragung eines Stromes von 10 kA. Damit wäre ein weltweites Verbundnetz realisierbar: Solarstrom würde in den sonnenreichen Gegenden der Erde erzeugt, genutzt werden kann der Strom dann auch in den sonnenärmeren Gebieten. Supraleitende Fernleitungen scheitern bislang jedoch an der Notwendigkeit einer Kühlung der Leitung auf das Temperaturniveau flüssigen Heliums bei der Verwendung konventioneller Supraleiter. Weicht man auf Hochtemperatursupraleiter aus, müsste man nur noch mit flüssigem Stickstoff kühlen, also mit wesentlich geringerem Energieaufwand. Diese aus keramischen Materialien hergestellten Supraleiter sind jedoch kaum als leicht zu verlegendes Kabel zu fertigen, was ihre Verwendbarkeit für diese Anwendungen sehr einschränkt.

Transformatoren und Schaltanlagen

Im Verlauf der Energieübertragung vom Kraftwerk zum Verbraucher übernehmen Transformatoren die Aufgabe, die für den jeweiligen Verwendungszweck technisch und wirtschaftlich optimale Spannung bereitzustellen und damit Netzteile mit verschiedenen Betriebsspannungen miteinander zu verbinden. Transformatoren nutzen das Prinzip der elektromagnetischen Induktion und wandeln eine (Primär-)Wechselspannung in eine (Sekundär-)Wechselspannung gleicher Frequenz um. Dies erfolgt in Umspannanlagen, die beträchtliche Flächen in Anspruch nehmen können (Bild 2-18).

Die Übertragung der elektrischen Energie erfolgt über ein mit Hilfe des Eisenkerns konzentriertes magnetisches Wechselfeld. Die Generatorspannung von 6 bis 30 kV wird im Allgemeinen mit so genannten Maschinen- oder Blocktransformatoren auf die für den Ferntransport gebräuchliche Hoch- oder Höchstspannung 110, 220 oder 380 kV transformiert. Stationstransformatoren der Umspannanlagen in Verbrauchernähe stellen die Verbindung zu den Verteilungsnetzen Mittelspannungsebene, z.B. 20 kV, und Verteilungs- oder Ortsnetztransformatoren den 400 Volt-Niederspannungsnetzen her.

Die dem Transformator auf der Primärseite zugeführte Leistung kann auf der Sekundärseite abzüglich der Verluste wieder entnommen werden. Verluste werden durch Erwärmung der Drahtwicklungen, Magnetisierungsverluste im Eisenkern bzw. durch Bildung so genannter Wirbelströme hervorgerufen. Daher müssen Transformatoren gekühlt werden, was in vielen Fällen durch zirkulierendes Öl im Inneren des Transformators erfolgt. Die Magnetisierungsverluste können durch geeignet gewählte Bleche reduziert werden, und zur Vermeidung von Wirbelströmen werden die Eisenkerne der Transformatoren aus vielen etwa 1/4 mm dünnen Eisenblechen zusammengestellt, die gegenseitig isoliert sind. Transformatoren arbeiten mit sehr hohen Wirkungsgraden von mehr als 99 %.

Schaltanlagen enthalten neben Leistungs- und Trennschaltern auch Sicherungen, Messgeräte, Überspannungsableiter, Schutzrelais, Sammelschienen u. a. und werden Umspannanlagen genannt, wenn Transformatoren und demzufolge unterschiedliche Spannungsebenen vorhanden sind. Für Spannungen ab 60 kV sind Freiluftschaltanlagen wirtschaftlich und üblich. Innenraumanlagen werden vorzugsweise im Bereich der Nieder- und Mittelspannung vorgesehen, da für Hochspannungen mit konventionellen Methoden wegen der hohen Isolationsabstände zu großer Aufwand an umbautem Raum erforderlich wäre.

Mit Verwendung gekapselter Schaltgeräte sind jedoch auch Innenraumanlagen für Spannungen bis zu 250 kV wirtschaftlich. Die Kühlung, Entionisierung und Löschung des Lichtbogens erfolgt bei Hochspannungsleistungsschaltern unter dem Einfluss von Vakuum, Öl, Stickstoff bzw. Druckluft oder Schwefelhexafluorid SF6, wobei dieses Gas gegenüber Luft bei gleichem Druck eine 2,5- bis 3fach höhere Durchschlagsfestigkeit aufweist. Die nach einem Baukastenprinzip gestalteten SF6-Schaltanlagen ermöglichen für die Nennspannung von 110 kV eine Raumersparnis bis zu 85% gegenüber konventioneller Freiluftbauweise.

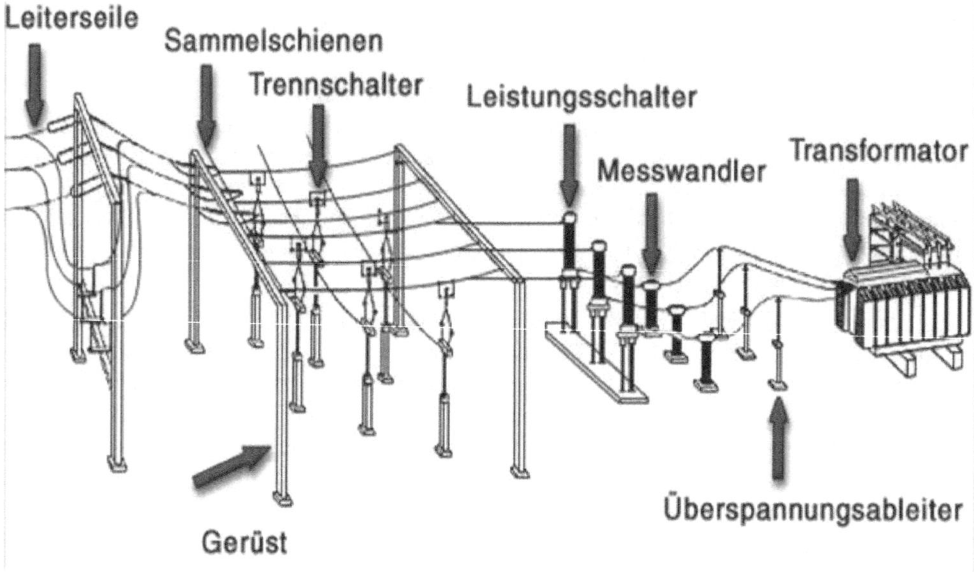

Bild 2-18 Anlagenteile eines Umspannwerkes [2.42]

Freileitung versus Kabel im Hochspannungsbereich [2.33]

Freileitungen sind im Hochspannungsbereich im Normalfall kostengünstiger als Kabel. Sie haben sich in deutschen Stromübertragungsnetzen seit vielen Jahren bewährt. Kabel kommen daher nur dort zum Einsatz, wo sie im Einzelfall unter technischen, genehmigungsrechtlichen und/oder wirtschaftlichen Aspekten die bessere Lösung bieten können. Dies ist bei den städtischen Mittelspannungs- und auch 110 kV-Verbindungen häufig der Fall.

Das Hoch- und Höchstspannungsnetz besteht dagegen außerhalb der Großstädte bis auf wenige Ausnahmen aus Freileitungen. Vorteile bei der Trassenherstellung, ihre leichte Zugänglichkeit und Reparaturfähigkeit sowie ihre hohe Stromübertragungsfähigkeit sind die Gründe hierfür. Insbesondere bei den Höchstspannungen 220 kV und 380 kV sind Freileitungen im Vergleich mit Kabelsystemen mit ähnlichem Übertragungsvermögen und ähnlicher Verfügbarkeit wesentlich kostengünstiger. In Deutschland werden für diese Spannungsebenen Kostenfaktoren zwischen 10 und 25 genannt.

Im Mittelspannungsnetz besteht dagegen der Trend zur Verkabelung. Vor allem der Vorteil des erdverlegten Kabels, dass dieses seine Umgebung nicht optisch beeinträchtigt, und die Tatsache, dass es aufgrund seiner spürbar geringeren Stromwärmeverluste in vielen Fällen auch wirtschaftlicher ist als die Freileitung, tragen hierzu bei. Da dieser Effekt auch bei den höheren Spannungsebenen zunehmende Beachtung findet, verstärkt sich der Trend zum Kabel auch in der 110 kV-Ebene. Insbesondere weil die Technik der VPE-Kabel-Herstellung in den letzten Jahren wesentliche Fortschritte gemacht hat, konnten bei hoher Zuverlässigkeit hier die Kosten reduziert und die Montage vereinfacht werden. In den Großstädten ist die Verlegung von 110 kV-Kabeln üblich und Stand der Technik.

Trotz großer Bemühungen der Netzbetreiber um landschaftsgerechte Trassierungen ist die öffentliche Akzeptanz im Rahmen der Genehmigungsverfahren für Freileitungstrassen häufig gering. Widerstände in der Bevölkerung, besonders der betroffenen Grundeigentümer, können im Rahmen des erforderlichen Raumordnungsverfahrens zu jahrelangen Verzögerungen und gegebenenfalls auch zur Ablehnung von Freileitungstrassen führen, so dass aus diesen Gründen teilweise auch dann Kabeltrassen vorgesehen werden, wenn diese einen erheblichen finanziellen Mehraufwand bedeuten.

2.6.2 Raum- und Umweltwirkungen des Stromtransports

Leitungstrassen beeinflussen ihre Umgebung durch optische Veränderungen, durch Beeinträchtigungen während der Errichtung, durch Nutzungseinschränkungen der Trasse, durch Geräusche, Hochfrequenzstörungen sowie durch physikalisch/biologische und ökologische Effekte.

Stromleitungen und Magnetfelder

Magnetfelder sind in erster Linie eine Folge des so genannten Summenstroms: In einem Dreiphasensystem mit Nullleiter sollte die Summe aller Ströme theoretisch zu jedem Zeitpunkt exakt null betragen. Weil der Nullleiter an mehreren Punkten geerdet sein kann, besteht allerdings die Möglichkeit, dass der Strom teilweise durch die Erde zum Transformator zurückfließt. Damit resultiert auf dem Vierleitersystem ein von null verschiedener Summenstrom, welcher ein Magnetfeld erzeugt, das mit zunehmendem Abstand vergleichsweise langsam abnimmt.

Bei erdverlegten Kabelleitungen wird das elektrische Feld durch die auf Erdpotential liegenden Kabelabschirmungen und das Erdreich vollständig abgeschirmt. In der Umgebung einer Freileitung ist das elektrische Feld umso stärker, je höher die Spannung der Leitung und je kleiner der Abstand zum Boden ist. Da die Spannung einer Leitung nur minimal schwankt, ist der Effektivwert der elektrischen Feldstärke an einem bestimmten Ort zeitlich praktisch konstant. Die räumliche Ausdehnung des Magnetfeldes einer Hochspannungsleitung ist umso größer, je weiter die stromführenden Leiter auseinander liegen und je mehr Strom (gemessen als Stromstärke in Ampere) fließt (Bild 2-19).

Da die Stromstärke entsprechend dem momentanen Verbrauch an elektrischer Energie schwankt, ist das Magnetfeld zeitlich variabel. Bei mehrsträngigen Leitungen können sich die Magnetfelder der einzelnen Stränge gegenseitig verstärken oder abschwächen. Eine gegenseitige möglichst gute Abschwächung ist das Ziel bei der Optimierung der so genannten Phasenbelegung, womit die räumliche Ausdehnung der Magnetfelder reduziert wird.

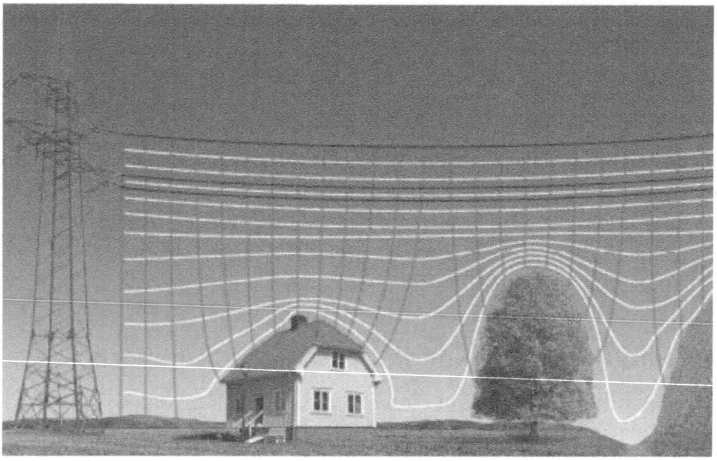

Bild 2-19 Feldlinien und elektrische Niveaulinien einer Hochspannungsfreileitung [2.35]

Elektromagnetische Verträglichkeit von Stromleitungen

Nach vorliegenden Studien sind bei elektrischen Feldstärken unterhalb von 10 kV/m keine schädlichen Auswirkungen auf den menschlichen Organismus zu erwarten. Der gesetzliche Grenzwert für die elektrische Feldstärke liegt in Deutschland als Vorsorgewert bei 5 kV/m.

Gemessene elektrische Feldstärken direkt unterhalb von 380 kV-Freileitungen liegen unterhalb von 6 kV/m, bei 220 kV unterhalb von 4 kV/m und bei 110 kV unterhalb von 2 kV/m [2.59]. Gebäudemauern und andere Hindernisse schirmen dieses Feld um Größenordnungen ab, so dass für die Dauerexposition von Menschen keine Gefährdung durch das elektrische Feld von Freileitungen zu erwarten ist. Bei Hochspannungskabeln ist das elektrische Feld auf den Bereich der elektrischen Isolierung beschränkt und damit außerhalb der Kabeladern Null. Komplizierter sind die Verhältnisse bei den magnetischen Feldern. Sie lassen sich bei Freileitungen praktisch nicht und bei Kabeln nur mit erheblichem Aufwand abschirmen. Ihre Auswirkungen sind umstritten. Der gesetzliche Grenzwert für Dauerexposition des Menschen liegt in Deutschland (Bundes-Immissionsschutzgesetz), den IRPA- und WHO-Vorsorgewerten folgend, bei 100 μT. Elektronische Geräte werden schon bei weit geringeren Werten gestört, Monitore beispielsweise schon ab etwa 1 μT. Störungen von Herzschrittmachern kommen erst bei magnetischen Induktionen ab etwa 20 bis 60 μT.

Alle Verteilungen (Kabel wie Freileitungen) liegen weit unterhalb des gesetzlichen Grenzwertes für Dauerexposition (100 μT) und bleiben auch unter dem Grenzwert für Herzschrittmacher. Die magnetischen Induktionen nehmen mit seitlichem Abstand zu den stromführenden Systemen rasch (etwa quadratisch) ab. Das Magnetfeld eines gebündelt verlegten Kabels ist in 30 m Abstand von der Trasse praktisch nicht mehr wahrnehmbar.

Die Magnetfelder der Freileitungen (magnetische Flussdichte) reichen bei hoch belasteten Leitungen zu Zeiten der Höchstlast bis zu etwa 30 μT [2.47] direkt unter der Leitung, bleiben damit aber immer noch weit unterhalb des gesetzlichen Grenzwertes (Bild 2-20). Ähnliche magnetische Induktionen können allerdings auch direkt oberhalb hochbelasteter Kabel auftreten, wenn bei diesen der Vorteil der Bündelung nicht genutzt werden kann, sondern die Kabel mit Abstand in einer Ebene verlegt sind.

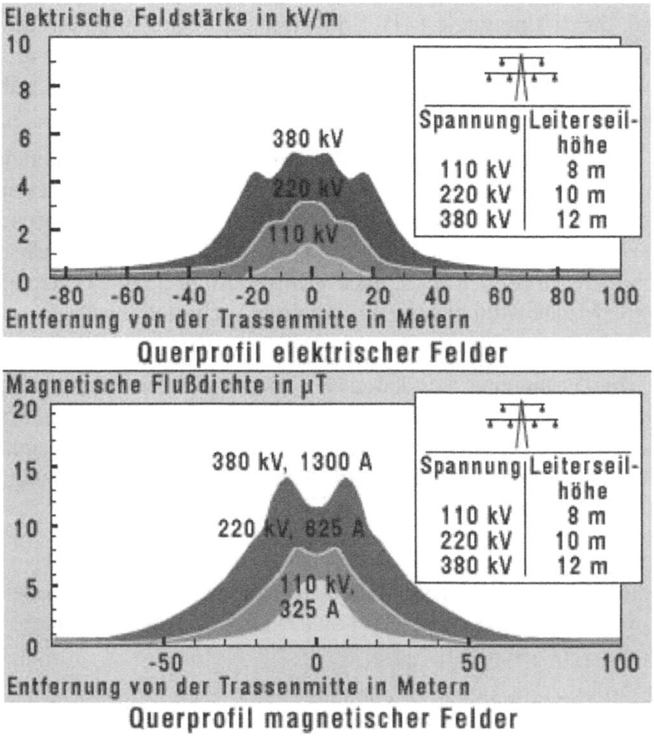

Bild 2-20 Magnetische Flussdichte (Feldstärke) [2.35]

Elektromagnetische Beeinflussungen durch ohmsche, kapazitive und induktive Einkopplung in parallel verlaufende Leitungen, Energiekabel oder Metallrohre sind sowohl bei Freileitungen wie auch bei Kabeln zu beachten. Folgen sind Gefährdung von Lebewesen und Materialien, z.B. durch Korrosion aufgrund von Streuströmen oder auch Signalstörungen. Entsprechende Grenzwerte sind in den einschlägigen VDE/DIN/EN-Richtlinien niedergelegt. Gegenmaßnahmen wie Kompensationsleiter, Überspannungsableiter u.ä. sind Stand der Technik.

Hochfrequente Störungen entstehen an Freileitungen, systembedingt und witterungsabhängig, durch Koronaentladungen (spürbar nur innerhalb des Schutzstreifens) sowie, sporadisch und kurzzeitig, durch Funkenentladungen. Während erstere sich nur im amplitudenmodulierten Hörfunkbereich bemerkbar machen, stören letztere breitbandig bis in den GHz-Bereich.

Geräusche

Akustische Störungen durch Geräusche bei Korona-Entladung (= elektrische Entladung, die durch Ionisation eines Fluides entsteht, die einen elektrischen Leiter umgibt) wirken erst bei Nennspannungen ab 380 kV in unmittelbarer Nähe von Freileitungen beeinträchtigend. Bei 110 kV-Freileitungen reichen sie am Rand des Schutzstreifens bis zu 30 dB(A) und treten damit gegenüber den Hintergrundgeräuschen der Umwelt zurück [2.36].

Sicherheit

Die auf Hochspannungspotential liegenden, allein durch die Luft isolierten Freileitungsseile stellen trotz ihrer schwierigen Zugänglichkeit eine gewisse Gefährdung für Lebewesen dar. Sowohl der Zugang durch Unbefugte (z.B. Erklettern der Maste durch Kinder) als auch das Arbeiten in der Nähe der Freileitung (Sturzgefahr, ungewollte Kontaktierung durch Arbeitsgeräte u.ä.) führt von Zeit zu Zeit zu schwerwiegenden Unfällen [2.37]. Bei Kabeln kann eine solche Gefährdung nur im Zusammenhang mit Erdarbeiten gegeben sein.

Eine Gefährdung von Vögeln ist einerseits durch den Seilanflug gegeben (meist nachts oder in der Dämmerung; sog. „Drahtflugopfer"). Die großen Vogelarten sind aber auch durch den Aufenthalt im Bereich der Masttraversen gefährdet. In mehreren umfangreichen Untersuchungen an 110 kV- bis 380 kV-Freileitungen in verschiedenen mitteleuropäischen Gebieten (allerdings mit hoher Bestandsdichte) kommen mehrere Autoren zu Schätzungen der Drahtflugopferanzahl, die zwischen 400 bis zu 700 Vögeln pro Jahr und km liegen (siehe [2.38]).

Mögliche Schutzmaßnahmen gegen den Drahtanflug wie die Anordnung der Leiterseile in einer Ebene zur Verhinderung einer vertikalen Dimension oder die Erhöhung der Sichtbarkeit der Leiterseile stehen anderen Forderungen wie die Minimierung des elektromagnetischen Feldes oder die Unauffälligkeit der Freileitung im Landschaftsbild entgegen und müssen daher im Einzelfall vom Antragsteller frühzeitig entschieden, spätestens jedoch im Rahmen des Genehmigungsverfahrens gegeneinander abgewogen werden.

Optische Beeinflussungen

Als schwer zu objektivierende, da nicht numerisch zu quantifizierende Beeinflussung der Umwelt wird die optische Beeinflussung des Landschafts- oder des Stadtbildes durch Freileitungstrassen oft kontrovers diskutiert.

Insbesondere die 220 kV- und 380 kV-Freileitungen mit ihren großen Masthöhen und Trassenbreiten stoßen unter dem Aspekt des Landschaftsschutzes oft auf Probleme im Rahmen der Genehmigungsverfahren.

Da hier eine Verkabelung bisher als technisch problematisch und/oder als zu teuer gilt, ist zur Schonung landschaftlich besonders wertvoller Bereiche (z.B. Naturparke, Schutzgebiete) oder von Siedlungsgebieten oft nur die großräumige Umgehung sowie die Bündelung in ohnehin schon stark beanspruchten Trassen oder in sog. naturfernen Landschaften (z.B. neben Autobahn- oder Bahntrassen) möglich. Hieraus resultierende Umwegfaktoren verteuern die Trasse entsprechend.

Versucht man, die Leitungen durch geringere Masthöhen unauffälliger zu gestalten, so führt dieses Prinzip zu einer Verkürzung der Spannweiten und damit zu einer größeren Anzahl von Masten, bezogen auf die Übertragungslänge. Extrem gehandhabt, führt dies optisch zu einer „Vergitterung der Landschaft" [2.38]. Im 110 kV-Bereich hält man heute Spannweiten von 280 m bis 300 m für eine wirtschaftlich und auch optisch optimale Lösung.

Ganz wesentlich beeinflussen die topographischen und morphologischen Eigenarten einer Landschaft die optischen Einflussbereiche einer Freileitungstrasse. Die Netzbetreiber als Planungsträger legen im Genehmigungsverfahren schon Trassenpläne vor, mit denen – unter Berücksichtigung von Alternativen – eine Abstimmung zwischen technisch/ökonomischen und landschaftsbezogenen Kriterien angestrebt wird.

Weitere Möglichkeiten zur unauffälligen Gestaltung der Freileitungstrassen sind in Form besonderer Oberflächen der Seile und Maste gegeben, die besonders wenig vor dem landschaftlichen Hintergrund auffallen. Solche Maßnahmen wirken sich allerdings nachteilig hinsichtlich der Drahtflugopfer bei den Vögeln aus (s. oben).

Begründet durch die zunehmende Beeinträchtigung der Umwelt werden zunehmend die sozialen Kosten eines Eingriffs angesprochen, die bei einer gesamtwirtschaftlichen Betrachtung berücksichtigt werden sollten. So werden teilweise soziale Kosten quantifiziert, die die Wertminderung des betroffenen Raumes berücksichtigen sollen, wobei der beeinträchtigende Wirkungsbereich der Freileitungen weit über den eigentlichen Schutzstreifen hinausgeht und abhängig vom Landschaftstyp gewichtet wird. Allerdings ist dieser Ansatz umstritten und nach wie vor nicht Gegenstand öffentlicher Bewertungsverfahren.

Thermische Beeinträchtigungen

Während Freileitungen ihre Verlustwärme direkt an die umgebende Luft und damit in die Atmosphäre abgeben, geschieht dies bei den Kabeln zunächst über das umgebende Erdreich. Dies hat zur Folge, dass der ein Kabel umgebende Boden aufgewärmt wird und, in unmittelbarer Umgebung des Kabels bis zu einem Abstand von etwa 30 bis 50 cm, auch austrocknen kann. Allerdings nimmt dieses Temperaturfeld sehr rasch mit zunehmendem Abstand vom Kabel ab und ist außerhalb eines Schutzstreifens von + 3 m nicht mehr wahrnehmbar. Schädigungen z.B. von Pflanzen außerhalb dieses Abstandes sind bislang nicht bekannt.

Beeinträchtigungen während der Errichtung

Bei der Errichtung einer Freileitungstrasse sind wesentliche Erdarbeiten allein im Bereich der Mastgründungen vorzunehmen. Allein die Maststandorte müssen daher, auch für spätere Reparaturarbeiten, von LKW angefahren werden können (in Ausnahmefällen: Hubschrauberanflug). Kreuzungen von Straßen, Bahngleisen und Gewässern stellen für Freileitungen kein großes Hindernis dar; es sind lediglich die erforderlichen Sicherheitsabstände einzuhalten.

Weit aufwendiger, mit weit umfangreicheren Erdbewegungen, sind die Tiefbauarbeiten bei der Realisierung der Kabeltrasse. Sie stellen daher auch einen ganz wesentlichen Anteil bei den Errichtungskosten dar. Der tatsächliche Aufwand hängt allerdings entscheidend vom Trassenverlauf und von den Bodenverhältnissen ab. Während der im Stadtgebiet längere Zeit offen zu haltende Kabelgraben aufwendig zu erstellen und für die täglichen Abläufe des Stadtlebens störend ist, bietet sich bei einer rein ländlichen Trasse und günstigen Bodenverhältnissen zumindest für die 110 kV-Kabel eine rasche und wenig aufwendige Pflugverkabelung an, bei der während der Kabellegung der Graben vor dem Pflug geöffnet und unmittelbar hinter dem Pflug wieder geschlossen wird.

Um spätere Reparaturen ausführen zu können, muss die gesamte Kabeltrasse für Schwertransporter zugänglich sein. Aus diesem Grunde werden Kabeltrassen oft entlang öffentlicher Straßen und Wege geführt, was allerdings zu kostenwirksamen Umwegfaktoren führen kann.

Eigenschaften von Mehrleitersystemen

Wegen akuten Trassenmangels sehen sich EVU in vielen Ländern immer häufiger gezwungen, innerhalb bereits bestehender Leitungskorridore wesentlich höhere Übertragungsleistungen zu bewältigen, ohne die Trassen verändern zu dürfen. Das führte zu Überlegungen, Übertragungssysteme mit mehr als drei Außenleitern zu errichten. Im Vergleich zu konventionellen Drehstromleitungen zeichnen sich Stromkreise mit sechs und mehr Außenleitern aus durch

- niedrigere Nennspannungen für die gleiche Übertragungsleistung, woraus sich geringere Abstände zwischen den Außenleitern und zwischen Außenleitern und Erde ergeben. Daraus folgen kleinere Trassenbreiten;
- kleinere Abstände zwischen den Außenleitern; sie erfordern in vielen Fällen Phasenabstandhalter, um diese auch bei größeren Feldlängen ausnutzen zu können;
- geringere Randfeldstärken, die kleinere Leiterabmessungen zulassen; dies ist allerdings mit höheren elektrischen Feldern am Boden verbunden. die Schutzkoordination in Verbindung mit konventionellen Drehstromleitungen ist schwierig, so dass Mehrleitersysteme vorwiegend als Stichleitungen in Frage kommen;
- da mit zunehmender Außenleiteranzahl die Überschläge zwischen den Außenleitern wahrscheinlicher werden, muss auf die Isolation zwischen den Außenleitern mehr Wert gelegt werden als auf die Isolation zur Erde.
- Übertragungen mit mehr als drei Außenleitern erfordern entsprechende Transformatoren und sechspolige Schaltanlagen mit sechspoligen Sammelschienen die aufwendig sind. Diese Tatsache ist als Haupthindernis für die Umsetzung von Experimentalanlagen in die Praxis anzusehen.

Nutzungseinschränkungen

Die Seile der Freileitungen schwingen bei starkem Wind aus und überstreifen hierbei eine Fläche, die über die seitliche Begrenzung der Maste hinausgeht. Die senkrechte Projektion des äußeren ausgeschwungenen Seiles zuzüglich des Mindest-Sicherheitsabstandes zu beiden Seiten der Trassenmitte wird als Schutzstreifen bezeichnet (Tabelle 2-13). In diesem Schutzstreifen sind Nutzungsbeschränkungen wie z.B. Höhenbeschränkungen gegeben, so dass der Bewuchs hier regelmäßig überprüft und flach gehalten werden muss (forstwirtschaftliche Beschränkung). Die landwirtschaftliche Nutzung ist in erster Linie im unmittelbaren Mastbereich eingeschränkt

Tabelle 2-13 Trassenabmessungen (nach [2.38])

Leitungstyp	Masthöhe m	Mastbreite m	Breite Schutzstreifen m
110 kV Doppelleitung (Einebenenmast)	26	21,0	51
110 kV Doppelleitung (Donaumast)	33	14,8	44
380 kV Doppelleitung (Einebenenmast)	37	41,8	70 bis 85
380 kV Doppelleitung (Donaumast)	50	32,0	60 bis 75

Diese Flächen werden daher gegenüber den Eigentümern dinglich gesichert. Wertminderungen, die sich durch die Nutzungseinschränkungen im Schutzstreifen wie auch in den Mastbereichen ergeben, werden durch einmalige Entschädigungen an die Eigentümer abgeglichen. Die Entschädigungshöhe ergibt sich aus den Verhandlungsergebnissen der Interessenverbände sowie der geltenden Rechtsprechung.

Die Höhe der Entschädigungen kann etwa zu 1 bis 3 T€ pro Mast und bei den überspannten Flächen, je nach Verkehrwert, mit 1 bis 2 €/m² angenommen werden. Die Breite des Kabelgrabens (etwa 1,0 bis 2,0 m) zuzüglich eines Schutzstreifens von etwa 3 m zu beiden Seiten wird, wie bei den Freileitungen, über Dienstbarkeiten, d.h. durch Entschädigung der Eigentümer gesichert. Nutzungsbeschränkungen bestehen z.B. bei der landwirtschaftlichen Nutzung in einer eingeschränkten Grabetiefe (< 0,5 m) sowie im Freihalten der Trasse von tiefer wurzelnden Gehölzen. Eine Bebauung der Trasse wird in der Regel von den Leitungsbetreibern nicht zugelassen.

Trassensicherung und Genehmigung

Die Planung von Hochspannungsfreileitungen kann sich nicht mehr allein auf die rein technischen Möglichkeiten des Leitungsbaus beschränken. Die Berücksichtigung der rechtlichen Seite mit einer Vielzahl für die Errichtung maßgeblicher gesetzlicher Vorgaben und Genehmigungen und die rechtzeitige und lückenlose Einholung der Zustimmungen durch die Eigentümer werden zunehmend wichtiger. Die damit verbundenen juristischen Fragen sowie eine wachsende Anzahl maßgeblicher Entscheidungen durch die oberen Instanzen engen technische Spielräume und damit auch den Einsatz kostenoptimaler Konstruktionen zusätzlich ein.

Nachdem 1998 das *Energiewirtschaftsgesetz* durch die *Energierechtsnovelle* abgelöst wurde, ist die früher notwendige Prüfung jedes Bauvorhabens nach §4 EnWG auf seine energiewirtschaftliche Notwendigkeit entfallen. Die Energierechtsnovelle schreibt entgegen ursprünglicher Absicht des Gesetzgebers für Freileitungen 110 kV kein Planfeststellungsverfahren vor, das eine Zusammenfassung aller öffentlich-rechtlichen Genehmigungen und damit eine in sich geschlossene und zeitlich begrenzte Projektplanung und -abwicklung ermöglicht hätte. Somit bleibt es in Deutschland bei einer Zersplitterung in Einzelverfahren und Einzelverfahrensschritte.

Für diese sind in einer Reihe von Bundesgesetzen Rahmenanforderungen vorgegeben, die von den Bundesländern in eigenen Landesgesetzen ausgeformt und detailliert wurden. Hier einige der für die Leitungsplanung wesentlichen Landesgesetze:

- *Landesplanungsgesetze;*
- (Landes-) *Naturschutzgesetze* ;
- *Forstgesetze;*
- *Bauordnungen;*
- *Wassergesetze;*
- *Straßen- und Wegegesetze.*

Der genehmigungsrechtliche Rahmen für Freileitungen 110 kV umfasst zwei unterschiedliche Verfahren. Weil dem wachsenden Flächenbedarf unserer Industriegesellschaft Forderungen nach dem *Schutz der Landschaft* und des Naturhaushaltes gegenüberstehen, bedürfen diese einer Koordination. Im *Raumordnungsverfahren* wird daher der Versuch unternommen, unterschiedliche Ansprüche der Gesellschaft an die Nutzungen des Raumes abzustimmen und in Einklang zu bringen. Freileitungen 110 kV sind als raumbedeutsame Vorhaben eingestuft, für die ein Verfahren nach § 6a *Raumordnungsgesetz* durchzuführen ist; die Umsetzung erfolgt in den einzelnen Bundesländern unterschiedlich. Verfahrensbeteiligte sind die zuständige Landesbehörde, betroffene Gemeinden und Kommunen (über die eine *Bürgerbeteiligung* zustande kommt), *Träger öffentlicher Belange* sowie *Verbände* nach § 29 Naturschutzgesetz.

Nach Einreichung aller Antragsunterlagen leitet die zuständige Behörde das *Verfahren* ein, legt die Unterlagen innerhalb bestimmter Fristen öffentlich aus und nimmt eine Auswertung der eingehenden Stellungnahmen vor. Falls erforderlich, wird ein *Erörterungstermin* einberufen, in dem auch mögliche Alternativen diskutiert werden können. Oft wird von der Behörde als Antragsunterlage auch eine *Umweltverträglichkeitsprüfung* (UVP) vom Antragsteller gefordert. Diese ist zwar im Bundesraumordnungsgesetz grundsätzlich vorgesehen, im einschlägigen *Gesetz zur Umweltverträglichkeitsprüfung* werden aber gerade Freileitungen und Kabel als zu prüfende Vorhaben ausgeschlossen. Eine Studie (UVS) oder Untersuchung (UVU) der Umweltverträglichkeit insbesondere größerer Projekte kann jedoch auch beim später anschließenden *naturschutzrechtlichen Verfahren* hilfreich sein.

Das Raumordnungsverfahren wird abgeschlossen durch eine *Feststellung, Empfehlung* oder auch eine *Genehmigung*. Der Abschluss ersetzt keine sonstigen behördlichen Entscheidungen oder Genehmigungen, die nach Fachgesetzen erforderlich sind. Er vermittelt keinen Drittschutz und hat gegenüber Einzelnen und dem Vorhabensträger selbst keine unmittelbare Rechtswirkung, entfaltet aber eine Bindungswirkung für nachfolgende Verfahren. Unter Beachtung der im Raumordnungsverfahren gegebenen Auflagen und Hinweise wird das planende Unternehmen anschließend die *Feintrassierung* der Freileitung vornehmen, einzelne Maststandorte mit Anliegern abstimmen, Genehmigungen und Erlaubnisse einholen, Verträge abschließen und erforderliche Leitungsrechte erwerben. Dabei werden sowohl für die Maststandorte selbst als auch für die überspannten Flächen beschränkte persönliche *Dienstbarkeiten* in das Grundbuch eingetragen, die gegen ein einmaliges Entgelt Errichtung, Betrieb und Unterhaltung der Leitung während ihrer gesamten Lebensdauer zuverlässig und lückenlos absichern.

Bei Forsten sind stattdessen vertragliche Regelungen üblich. Ein Aufkauf von Flächen für diese Zwecke wird von den Energieversorgungsunternehmen aus grundsätzlichen Erwägungen strikt abgelehnt. Meist schon zeitlich parallel zu den zuletzt genannten Arbeiten beginnt das *naturschutzrechtliche Genehmigungsverfahren,* das sich stark nach landesgesetzlichen Vorgaben ausrichtet. Es dient dazu, die für das Vorhaben erforderlichen Eingriffe in den *Naturhaushalt* auf Zulässigkeit zu prüfen, ihre Notwendigkeit abzuwägen und eventuelle Auswirkungen zu minimieren. Weil nach dem Wegfallen des Energiewirtschaftsgesetzes diese Prüfung zur einzigen tatsächlichen „Genehmigung“ führt, dürfte hier jetzt auch die energiewirtschaftliche Notwendigkeit des Projektes im Abwägungsprozess eingehender als bisher betrachtet werden.

Als Verfahrensunterlagen dienen meist neben der oben erwähnten UVS/UVU vom Projektträger zu erstellende *Eingriffs-* und *Ausgleichspläne* sowie ein *landespflegerischer Begleitplan* (LPB). Als Ausgleich der Eingriffsfolgen wird die Behörde zweckdienliche Maßnahmen, z. B. Renaturierungen in Leitungsnähe festlegen oder – wenn das nicht vor Ort möglich erscheint – *Ausgleichsabgaben* erheben. Die Umsetzung angeordneter *Ersatz-* oder *Ausgleichsmaßnahmen* kann zeitgleich mit dem Bau der Freileitung beginnen, der nach Erhalt der Genehmigung möglich wird. Das setzt aber voraus, dass keine *Enteignungsverfahren* eingeleitet werden müssen, deren gesetzliche Grundlagen und Abläufe in den einzelnen Bundesländern allerdings unterschiedlich sind und die deswegen hier nicht behandelt werden können.

2.7 Stromverteilung

Als Stromverteilung wird in Abgrenzung zum Stromtransport hier ganz allgemein die Beförderung von Strom zu den Verbrauchern in kleinen Mengen bei geringen Leistungen, über kurze Entfernungen und an viele Abnehmer definiert.

Die Stromverteilung erfolgt zur Speisung von Stationen und Kundenanlagen über Netze innerhalb einer begrenzten Region. In Verteilungsnetzen ist der Leistungsfluss im Wesentlichen durch die Kundenbelastung bestimmt. In Deutschland werden hauptsächlich Nieder-, Mittel- und Hochspannungsnetze ($\leq$ 110 kV) als Verteilungsnetze genutzt. Übertragungsnetze sind dem entsprechend Netze, die der Übertragung elektrischer Energie zur nachgeordneten Verteilung dienen.

Im Allgemeinen beschränken sich dagegen Übertragungsnetze auf die Spannungsebenen 220 und 380 kV; in besonderen Fällen kann auch ein 110-kV-Netz seiner Aufgabe nach ein Übertragungsnetz sein. Übertragungsnetze sind daher im vorhergehenden Kapitel unter der Funktion *Stromtransport* abgehandelt worden. In besonderen Fällen kann aber auch ein 380- und 220-kV-Netzteil als Verteilungsnetz betrachtet werden (vgl. dazu auch Artikel 2 Nummer 6 der Richtlinie 96/92/EG vom 19.12.1996 betreffend gemeinsame Vorschriften für den Elektrizitätsbinnenmarkt).

Als Stromverteilung wird im Sinne der hier verwendeten Definitionen in erster Linie die Erschließung der Siedlungsgebiete mit Strom durch die Stromversorgungsgesellschaften verstanden.

Die enge Verzahnung zwischen den Gemeinden, die im Rahmen der Stadtplanung mit den Mitteln der Bauleitplanung Siedlungsgebiete erschließen und diese mit Ver- und Entsorgungssystemen ausstatten müssen und der Stromversorgungswirtschaft zeigt sich in der Tatsache, dass die Kommunen für die Überlassung dieser Aufgabe Konzessionsabgaben (Tabelle 2-14) von den Stromversorgern verlangen können. Dies ist in der Verordnung über Konzessionsabgaben für Strom und Gas KAV - Konzessionsabgabenverordnung vom 9. Januar 1992 auf der Grundlage des § 7 Abs. 1 und des § 12 des Energiewirtschaftsgesetzes.

Tabelle 2-14 Höhe der Konzessionsabgaben in Deutschland nach der KAV von 1992

Konzessionsabgabe in Gemeinden	Strom, der nicht als Schwachlaststrom geliefert wird	bei sonstigen Tariflieferungen in Gemeinden
= bis 25 000 Einwohner	1,32 Cent,	0,22 Cent,
= bis 100 000 Einwohner	1,59 Cent,	0,27 Cent,
= bis 500 000 Einwohner	1,99 Cent,	0,33 Cent,
= über 500 000 Einwohner	2,39 Cent,	0,40 Cent.

Maßgeblich ist die jeweils vom statistischen Landesamt amtlich fortgeschriebene Einwohnerzahl.

Konzessionsabgaben sind in Deutschland seit Beginn der Elektrifizierung üblich. Sie wurden von den Gemeinden als Gegenleistung verlangt, wenn sie einem nicht in kommunaler Regie tätigen Unternehmen die Stromversorgung bzw. die Nutzung öffentlicher Wege zur Verlegung von Leitungen überließen. In der Regel bekam der Stromversorger dafür das exklusive Recht zur Verlegung von Leitungen und ein faktisches Versorgungsmonopol.

Die Energierechtsreform von 1998 beseitigte die Vergabe exklusiver Wegerechte durch die Gemeinden, beließ ihnen aber die Möglichkeit, die Konzessionsabgaben weiterhin für die Einräumung des einfachen Wegerechts zu erheben. Allerdings erlangten nun Haushaltskunden, die von ihrem traditionellen Anbieter zu einem neuen Lieferanten wechselten, formal den günstigeren Status von Sondervertragskunden. Es bedurfte einer Änderung der Konzessionsabgabenverordnung, um sie weiterhin mit den höheren Sätzen belasten zu können. Zugleich wurde in der Ersten Verordnung zur Änderung der Konzessionsabgabenverordnung vom 22. Juli 1999 klargestellt, dass der Grenzpreisvergleich unter Einschluss der Netznutzungsentgelte zu erfolgen hat.

Die Konzessionsabgabe wird in ähnlicher Form auch für Gaslieferungen erhoben, wobei die Sätze pro Kilowattstunde jedoch wesentlich niedriger sind. Im Jahr 1999 belief sich das Gesamtaufkommen an Konzessionsabgaben in allen Bundesländern (außer Stadtstaaten) auf 6,35 Milliarden Mark

Netznutzung und Bilanzkreismanagement

Durch die Liberalisierung der Strommärkte sind die geschlossenen Versorgungsgebiete mit regional festgelegten Versorgern aufgehoben. Die Anzahl der Netznutzer von Übertragungsnetzen ist seit Beginn der Liberalisierung stark angestiegen. Die von diesen Netznutzern belieferten Kunden befinden sich in der Regel nicht in abgeschlossenen Versorgungsgebieten, sondern sind vielmehr auf unterschiedliche Netzbetreiber verteilt.

Alle Netznutzer sind innerhalb einer so genannten „Regelzone“, die in der Regel identisch ist mit dem Netzgebiet der Übertragungsnetzbetreiber, verpflichtet, für eine ausgeglichene Leistungsbilanz zwischen den von ihnen belieferten Kunden und der von ihnen eingespeisten Energie zu sorgen. Die gesamte Koordination aller Verbraucher und Erzeuger in einer Regelzone übernimmt der Übertragungsnetzbetreiber.

Als Systemdienstleistungen werden diejenigen für die Funktionstüchtigkeit des Systems erforderlichen Dienstleistungen bezeichnet, die Netzbetreiber zusätzlich zur Übertragung und Verteilung elektrischer Energie erbringen und damit die Qualität der Stromversorgung bestimmen. Hierzu gehört insbesondere die Frequenzhaltung oder Stabilität der Netzfrequenz als eine Anforderung an eine qualitativ hochwertige Versorgung mit elektrischer Energie. Zur Sicherstellung einer höchstmöglichen Stabilität der Netzfrequenz sind umfangreiche technische Maßnahmen zu ergreifen.

Die Funktionsweise einer Frequenzhaltung wird auch als Leistungs-Frequenz-Regelung bezeichnet, denn eine nicht ausgeglichene Leistungsbilanz verändert die Netzfrequenz. Die ständige Messung der Netzfrequenz ist folglich notwendig. Die gemessene Netzfrequenz und deren Abweichung von der Soll-Netzfrequenz 50 Hz ermöglicht einen Rückschluss auf die Leistungsbilanz im gesamten synchronen Übertragungsnetz. Regelleistung wird erforderlich durch Schwankungen im Erzeugungsverhalten (z.B. Wind, Störungen in Kraftwerken), durch Störungen im Netz und dadurch bedingte Ausfälle von Einspeisungen oder Kunden sowie durch Schwankungen im Lastverlauf.

2.7.1 Komponenten der Stromverteilung und deren Funktion

Als Stromverteilung werden hier die Anlagen verstanden, die zwischen den Anlagen zum Stromtransport und den als technische Geräteausstattung (TGA) der Gebäude bezeichneten Anlagen installiert sind. Die einzelnen Haushalte werden über *Niederspannungsleitungen* versorgt. Im Bereich der Stromverteilung werden hierbei die Spannungsebenen kleiner 1 kV verstanden. Hiervon gibt es in Deutschland knapp eine Million Kilometer Leitungen. Im städtischen Bereich werden hauptsächlich Erdkabel verwendet. Dort sind die elektrischen Leiter isoliert und durch einen Schutzmantel gegen mechanische Beschädigung geschützt. Im ländlichen Raum werden dagegen oft auch Freileitungen eingesetzt. Der Kabelanteil beträgt jedoch insgesamt ca. 80 Prozent.

Schaltanlagen für Nieder- und Mittelspannung werden stets in geschlossenen Gebäuden ausgeführt. Während Schaltanlagen für Niederspannung in normalen Räumen in geschlossenen Schränken untergebracht sind, befinden sich Schaltanlagen für Mittelspannung oft in kleinen Häuschen. Die Mittespannungsschaltanlagen unterteilt man in Anlagen für die Sekundärebene und die Primärebene der elektrischen Energieversorgung. Die modernen Mittelspannungsschaltanlagen werden heute in kompakter Bauweise mit SF_6-Isolierung und Vakuumschaltern gebaut.

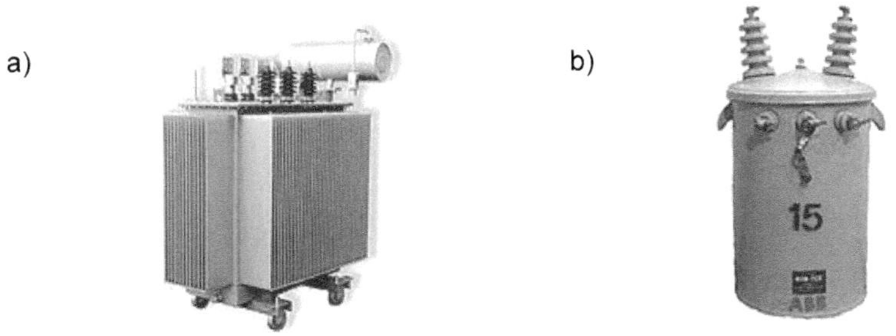

Bild 2-21 Verteiltransformatoren a) 0,36 bis 5 kVA b) mast-montiert 1 bis 5 kVA (1-phasig), (Quelle: ABB)

Verteiltransformatoren werden benutzt, um in den Verteilnetzen Hochspannung in Niederspannung umzuwandeln (Bild 2-21). Die Transformatoren in der Standardausführung sind 3-phasig und werden sowohl im Innenraum als auch außen installiert. Verteiltransformatoren werden als hermetische Transformatoren geliefert, wobei flexible Kesselwände ermöglichen, den Öldruck bei Temperaturänderungen auszugleichen. Ein Vorteil der hermetischen Transformatoren ist, dass das Isolieröl nicht mit der Außenluft in Kontakt kommen kann. Dadurch fallen keine Kosten für regelmäßige Ölanalysen an. Teilweise werden die Transformatoren auch direkt auf den Masten des abgebenden Systems montiert.

Die einfachste Form eines *Netzes* ist das Strahlennetz bzw. das verästelte Strahlennetz. Bereits eine Störung in der Nähe des Einspeisepunktes führt zum Totalausfall der Verbraucher, die hinter dem Strang liegen. Jeder Punkt im Netz ist nur auf einem Wege zu versorgen. Die für die Auslegung bestimmende höchste Leistung (P_{max}) des Netzes wird aus der Summe der Anschlusswerte der Einzelverbraucher unter Berücksichtigung der Gleichzeitigkeit ermittelt.

Diese ist von der jeweiligen Versorgungsvariante sowie der Größe und Anzahl der versorgten Wohnungen abhängig.

Die Unterbringung von Leitungen und Anlagen in öffentlichen Flächen regelt die DIN 1998, die für die Anordnung der einzelnen Leitungsarten in öffentlichen Flächen Zonen einräumt. In der Regel sollen Versorgungsleitungen außerhalb der Fahrbahn angeordnet werden. Reicht diese Fläche nicht aus, sind in der Fahrbahn in erster Linie Haupt- und Fernleitungen vorzusehen. Für die Elektrizitätsversorgung im öffentlichen Raum wird in der Regel eine so genannte E-Zone mit einer Regelbreite von 0,7 m, einer Überdeckung von 0,6 m und einer Tiefe bis zu 1,6 m vorgesehen. Innerhalb dieser Zone sollen die Kabel nach Verwendungszweck und Spannungsebenen geordnet werden. An Straßenkreuzungen sind die Kabel so auszuführen, dass ein Auswechseln ohne Aufbrechen der Fahrbahn möglich ist. Bei Übergängen und Unterquerungen ist für späteren Bedarf eine begrenzte Reserve vorzusehen.

Erdkabel besitzen gegenüber den Freileitungen den Vorteil, dass die induktive Leistung des Netzes durch das Kabel kompensiert werden kann. Die Betriebssicherheit und Nutzungsdauer der Kabel von mindestens 40 Jahren sind weitere Vorteile. Nachteilig sind die geringe Überlastbarkeit und die hohen Kosten, die um den Faktor 10 höher sind als gleichwertige Freileitungsnetze, wobei die Tiefbauarbeiten einen beträchtlichen Anteil an den Gesamtkosten ausmachen. Als Belastbarkeit eines Kabels gilt die Höhe des elektrischen Stromes, der maximal durch die leitenden Adern des Kabels fließen darf. Die zulässige Strombelastung ist in VDE-Vorschriften festgelegt und vom Kabeltyp, dem Leiterquerschnitt, der verwendeten Spannungsebene und den Verlegebedingungen abhängig.

Um die Netzverluste und den Spannungsabfall in den Niederspannungs-Maschennetzen (meist Drehstrom) gering zu halten, müssen die Leitungslängen und Leiterquerschnitte zwischen den Transformatorenstationen und den Verbrauchern nach wirtschaftlichen Kriterien optimiert werden. Abhängig von der Bebauungs- und Lastdichte sind Trafostationen sowie die Nennleistung der Transformatoren so zu planen, dass eine wirtschaftliche und qualitätsgerechte Versorgung der angeschlossenen Kunden gewährleistet ist. Die typische Größe der Einzugsgebiete von Trafostationen in Wohngebieten liegt bei einem Radius von 100 bis 200 m. Die Leistung der Transformatorenstationen im Stadtgebiet beträgt vorzugsweise 400 kVA bis 1000 kVA. Die Knotenpunkte der Netzkabel werden in Kabelverteilerschränken der Energieversorger meist oberirdisch untergebracht. Die Stränge sind einzeln abgesichert. Die Sicherungen befinden sich ebenfalls in den Kabelverteilerschränken. Richtwerte für den Gleichzeitigkeitsfaktor der Elektroenergieversorgung einiger Verbrauchergruppen für ausgewählte Anwendungen der Elektroenergie enthält die Tabelle 2-15.

Tabelle 2-15 Gleichzeitigkeitsfaktor ausgewählter Verbrauchergruppen [2.39]

Verbrauchergruppe	Bürogebäude	Krankenhaus	Kaufhaus
Beleuchtung	0,85 bis 0,95	0,7 bis 0,9	0,85 bis 0,95
Klimaanlage	1	0,9 bis 1	0,9 bis 1
Küchen	0,5 bis 0,85	0,6 bis 0, 8	0,6 bis 0,8
Aufzüge/Rolltreppen	0, 7 bis 1	0,5 bis 1	0, 7 bis 1
Steckdosen	0,1 bis 0,15	0,1 bis 0,2	0,2

2.7.2 Raum- und Umweltwirkungen der Stromverteilung

Raumwirkungen

Durch die Stromverteilung in den Siedlungsgebieten, also den Anschluss der einzelnen Gebäude und damit der Verbraucher entsteht dort eine positive Raumwirkung. Der Siedlungsbereich wird nutzbar und kann sich entwickeln. Diese positive Raumwirkung geht meistens zu Lasten derjenigen Räume, welche die Flächen für die Primärenergie, die Energieumwandlung (Kraftwerke) und/oder den Stromtransport aufnehmen müssen.

Bei der Nutzung der Solarenergie am Verbrauchsstandort selbst kann eine Stromverteilung entfallen, wenn der Bedarf vollständig durch das regenerative Versorgungssystem und eventuell einem damit verbundenen zusätzlichen Speichersystem erfolgen kann. Dies ist jedoch meist nicht möglich, da sich die Phasen der Stromproduktion (tagsüber, bei Sonnenschein) kleinräumig nicht vollständig mit den Phasen des Strombedarfs (ganztags, ganzjährig) zur Deckung bringen lassen und auch die erforderlichen Speichersysteme weder technisch ausgereift noch zu wirtschaftlich konkurrenzfähigen Konditionen zur Verfügung gestellt werden können.

Schon aufgrund des Erneuerbaren-Energie-Gesetzes (EEG) speisen die dezentralen Stromproduzenten (Haushalte) den temporär erzeugten Strom in das Verbundnetz ein und entnehmen sich bei Bedarf die benötigten Kapazitäten. Für den Ausgleich zwischen Angebot und Nachfrage sorgt der Verteilungsnetzbetreiber. Dieser hat zum einen die Möglichkeit, großräumige Schwankungen durch entsprechende Speicherkapazitäten in einem gewissen Umfang auszugleichen (z.B. durch Pumpspeicherwerke), diese Möglichkeiten sind jedoch beschränkt. Stattdessen wird dieser eher dafür sorgen, flexibel zu den entsprechenden Bedarfszeiten Strom aus einer Vielzahl von Quellen zu beziehen und diese möglichst kostenoptimiert einzusetzen.

Bei dem Konzept der „virtuellen Kraftwerke“ ist es vorgesehen, das Stromverteilungsnetz zu einem Stromsammelnetz umzuwandeln. Das heißt, eine Vielzahl kleiner dezentraler Stromproduzenten wird so im Netz zusammengeschaltet, dass diese insgesamt wie ein Kraftwerk wirken, das dann größere Mengen Strom (z.B. aus kleinen dezentralen Blockheizkraftwerken oder Brennstoffzellen) an andere Bedarfspunkte im Netz liefert.

Umweltwirkungen

Da die Stromverteilung in Deutschland in den Siedlungsbereichen in der Regel unterirdisch vorgenommen wird, entstehen lediglich in der Bauphase temporäre Umweltwirkungen durch den Eingriff in den Boden. Hierbei kann es zur Zerstörung oder Beeinträchtigung von Bodendenkmälern kommen oder es können Wirkungen durch Altlasten entstehen, die im Leitungsgraben vorgefunden werden. Außerdem ist eine gewisse Drainagewirkung durch die Leitungsgräben zu berücksichtigen.

Dadurch, dass die Leitungen zur Stromversorgung im Siedlungsbereich meist in Verbindung mit dem Bau der Erschließungsstraßen und in Verbindung mit den anderen leitungsgebundenen Ver- bzw. Entsorgungssystemen verlegt werden, entstehen durch die Stromverteilung meist keine zusätzlichen Umweltwirkungen. Zur Koordination mit den anderen Systemen siehe Kapitel 8.5.

2.8 Literatur zur Stromversorgung

2.1 Monstadt, Jochen (2003): Netzgebundene Infrastrukturen unter Veränderungsdruck – Sektoranalyse Stromversorgung. - unter Mitarbeit von Matthias Naumann: netWorks-Papers, Heft 5, Berlin

2.2 Heidrich, Carsten (2004): Inhaltlich Verantwortlicher gemäß § 6 MDStV für www.energiesystem.de

2.3 HEA; VDEW (ohne Erscheinungsjahr): Lexikon Energiewelten, Online-Lexikon, Informationssoftware, Frankfurt / Berlin

2.4 Fischer, Wolfram (1992): Die Geschichte der Stromversorgung, Verlags- und Wirtschaftsgesellschaft der Elektrizitätswerke, Frankfurt a.M. 1992.

2.5 Vattenfall Europa (2004): 120 Jahre Stromversorgung für Berlin und Hamburg. Terrawatt, die Mitarbeiterzeitung. Extraheft 12/2004, Berlin und Hamburg

2.6 Pfaffenberger, Wolfgang; Scheele Ulrich; Salge, Katrin (1999): Energieversorgung nach der Deregulierung. Entwicklungen, Positionen, Folgen, Berlin.

2.7 Kluge, Thomas; Scheele, Ulrich (2003): Transformationsprozesse in netzgebundenen Infrastruktursektoren. netWorks-Papers Heft 1. Difu, Berlin

2.8 Handschin, Edmund (2005): Vorlesungsskript Elektrische Energietechnik. Universität Dortmund

2.9 Monstadt, Jochen (1997): Energiepolitik im Wandel zur Nachhaltigkeit? Möglichkeiten und Grenzen einer Steuerung. Berliner Beiträge zu Umwelt und Entwicklung, Bd. 14, TU Berlin.

2.10 Schneider, Joachim; Kreusel, Jochen (2000): Wettbewerbliche Neupositionierung von EVU und Industrie. In: Energiewirtschaftliche Tagesfragen, Jg. 50, Heft 1/2, S. 14-20.

2.11 Voss, Jan-Peter; Barth, Regine; Ebinger, Frank (2001): Institutionelle Innovationen im Bereich Energie- und Stoffströme. Abschlussbericht zur Sondierungsstudie im BMBF-Förderschwerpunkt „Sozial-ökologische Forschung“, Freiburg/Darmstadt.

2.12 Moss, Timothy (1998): Neue Managementstrategien in der Ver- und Entsorgung europäischer Stadtregionen. Perspektiven für den Umweltschutz im Zuge der Kommerzialisierung und Neuregulierung, In: Kujath, H.J.; Moss, T.; Weith, T. (Hrsg.): Räumliche Umweltvorsorge, Wege zu einer Ökologisierung der Stadt- und Regionalentwicklung (Berlin) S.211-240

2.13 Prognos AG (Hrsg.) (1998): Nachhaltige Entwicklung im Energiesektor? Eine deutsche Branchenanalyse zum Leitbild von Rio, Heidelberg.

2.14 Maubach, Klaus-Dieter (2006): Vorlesung Energiewirtschaft Kapitel 5 Stromtransport und Stromverteilung. TU Clausthal

2.15 RWE Rheinbraun AG (2002): Braunkohle in Europa. Ausgabe 2001, Köln

2.16 Stoy, Bernd (1980): Wunschenergie Sonne, Energieverlag GmbH, Heidelberg

2.17 Quaschning, Volker (2000): Systemtechnik einer klimaverträglichen Elektrizitätsversorgung in Deutschland für das 21. Jahrhundert. VDI-Verlag, Düsseldorf

2.18 Hau, Erich (1996): Windkraftanlagen, Springer-Verlag, Berlin et al.

2.19 Meinhold, Rudolf. (1981): Energie aus der Tiefe der Erde. BSB B.G. Teubner Verlagsgesellschaft, Leipzig

2.20 Kleemann, Manfred; Meßlitz, Michael (1988): Regenerative Energiequellen. Springer-Verlag, Berlin et al.

2.21 VDEW 2002: VDEW-Jahresstatistik 1998, VDN 2002

2.22 Arbeitsgemeinschaft Energiebilanzen e.V. – AGEB (2006): Stromerzeugung nach Energieträgern 2005. Co. DIW Berlin 2005

2.23 Markewitz, Peter; Vögele Stefan (2002): Kraftwerküberkapazität in Deutschland. Energiewirtschaftliche Tagesfragen 52. JgHeft 1/2 , S. 36-39

2.24 Ziesing, Hans-Joachim (2000): CO2-Emissionen im Jahr 1999: Rückgang nicht überschätzen. In: Wochenbericht des Deutschen Instituts für Wirtschaftsforschung, Nr. 6 (www.diw-berlin.de/diwwbd/00-06-2.html vom 15.6.2000).

2.25 Adrian, Fritz; Quittek, Christian; Wittchow, Eberhard (1986): Fossil beheizte Dampfkraftwerke Dampfkraftwerk. Technischer Verl. Resch, Gräfelfing

2.26 STEAG Firmenprospekt Kraftwerk Bergkamen

2.27 Förstner, Ulrich (2004): Umweltschutztechnik. Springer-Verlag 2004

2.28 Landesumweltamt Nordrhein-Westfalen (2006): Ausbreitungsmodelle. http://www.lua.nrw.de/luft/ausbreitung/ausbreitung.htm

2.29 Baumbach, Günter (1994): Luftreinhaltung. Springer-Verlag

2.30 Häfele, Wolf (1990): Energiesysteme im Übergang - unter den Bedingungen der Zukunft. Landsberg-Lech.

2.31 Kießling, Friedrich; Nefzger, Peter; Kaintzyk, Ulf (2001): Freileitungen – Planung, Berechnung, Ausführung, Springer Verlag

2.32 Oswald, Bernd Rüdiger (2005): Vorlesung Elektrische Energieversorgung I. Universität Hannover, Institut für Energieversorgung und Hochspannungstechnik

2.33 Brakelmann, Heinrich (2004): Netzverstärkungs-Trassen zur Übertragung von Windenergie: Freileitung oder Kabel? Studie im Auftrag des Bundesverbandes Windenergie e.V. in http://www.wind-energie.de/informationen/downloads/brak-studie.pdf

2.34 VDEW (ohne Angabe): Wie der Strom in die Steckdose kommt. CD für den Unterricht

2.35 Bundesamt für Strahlenschutz – BfA (2004): Strahlung – Strahlenschutz. Eine Information des BfA. Braunschweig

2.36 Obermair, Gustav M. (1985): Hochspannungsleitungen. Springer, Berlin

2.37 Bernhardt, Jürgen Helmut (2002): Gesundheitliche Aspekte niederfrequenter Felder der Stromversorgung Deutsches Ärzteblatt 99, Ausgabe 27 vom 05.07.2002

2.38 Palic, Mea (12992): Kabel und Freileitungen in überregionalen Versorgungsnetzen expert-Verlag, Ehningen, 1992

2.39 Recknagel, Hermann; Sprenger, Eberhard; Schramek, Ernst-Rudolf (2005): Taschenbuch für Heizung und Klimatechnik. Oldenbourg Industrieverlag, München

Standardwerke:

Dittmann, Achim; Zschernig, Joachim (1998): Energiewirtschaft. Teubner, Stuttgart

Kießling, Friedrich; Nefzger, Peter; Kaintzyk, Ulf (2001): Freileitungen - Planung, Berechnung, Ausführung, Springer, Berlin

Verbände:

Verband der Elektrizitätswirtschaft e.V. – VDEW: www.vdew.de

VGB Power Tech e.V.: Der internationale Fachverband für die Strom- und Wärmeerzeugung, Essen: www.vgb.org

Verband der Netzbetreiber – VDN e.V. im VDEW www.vdn-berlin.de

Bundesverband der Energieabnehmer – VEA: www.vea.de

3 Wärmeversorgung

Mit dem Begriffe Wärmeversorgung wird hier die leitungsgebundene Versorgung mit Niedertemperatur als Raumwärme für Haushalte, deren Warmwasserversorgung sowie die Raum- und Prozesswärme für Gewerbe und Industrie verstanden. Ergänzend wird die Gasversorgung mitbetrachtet, soweit diese zur Versorgung der Haushalte und Kleinverbraucher mit Raumwärme dient. Der Beitrag der Gasversorgung zur Versorgung der Haushalte mit der Nutzenergie Gas zum Kochen (deren „Prozessenergie") wird hier vernachlässigt, da der verwendete Anteil am Gesamtverbrauch der deutschen Haushalte nur etwa 5 % beträgt. Zum Einsatz von Gas zur Stromerzeugung siehe Kapitel 1.

3.1 Wärmeversorgung als System

3.1.1 Systemeigenschaften der Wärmeversorgung

Da sich die nachfolgende Betrachtung (Bild 3-1) auf die leitungsgebundene Wärmeversorgung beschränkt, unterscheidet sich dieses Energieversorgungssystem in seinen Strukturmerkmalen nicht wesentlich von dem der Stromversorgung (Bild 2-1).

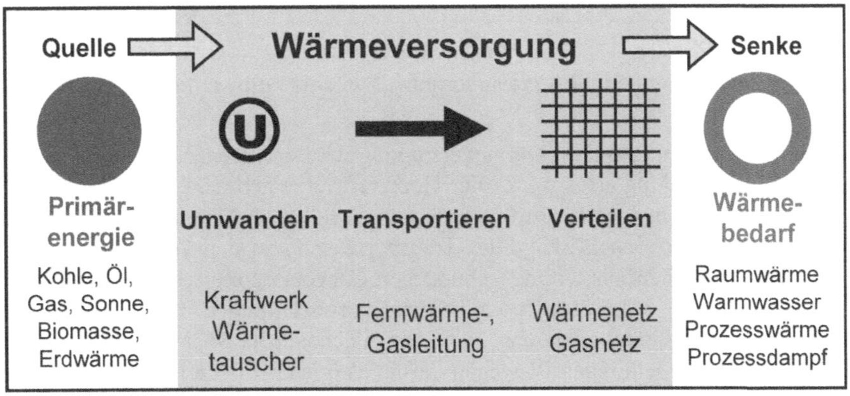

Bild 3-1 Systemkomponenten des Systems Wärmeversorgung

Allerdings kommen bei der leitungsgebundenen Wärmeversorgung andere Primärenergieträger zum Einsatz, da der höhere Transportaufwand eine größere Nähe der Umwandlungsstandorte zu den Verbrauchern erfordert.

Bei den leitungsgebundenen Systemen zur Wärmeversorgung von Siedlungsbereichen wird häufig Erdgas verwendet, das entweder direkt zu den Einzelfeuerungsanlagen in den zu beheizenden Gebäuden transportiert oder in Heizwerken zu Fern- bzw. Nahwärme umgewandelt wird. Diese Art der leitungsgebundenen Wärmeversorgung über das Transportmedium Wasser nutzt häufig die Abwärme aus der Stromerzeugung (Kraft-Wärme-Kopplung) oder erzeugt die Wärmeenergie in Heizwerken über den Primärenergieträger Kohle, zunehmend aber auch durch regenerative Energieträger (Holzpellets, Stroh usw.). Bei der Wärmeversorgung der Siedlungen konkurrieren die leitungsgebundenen Systeme mit den nicht-leitungsgebundenen Systemen unterschiedlichster Energieträger (Öl, Kohle, Biomasse), die das wirtschaftlich zu versorgende leitungsgebundene Potential auf dem Wärmemarkt stark einschränken.

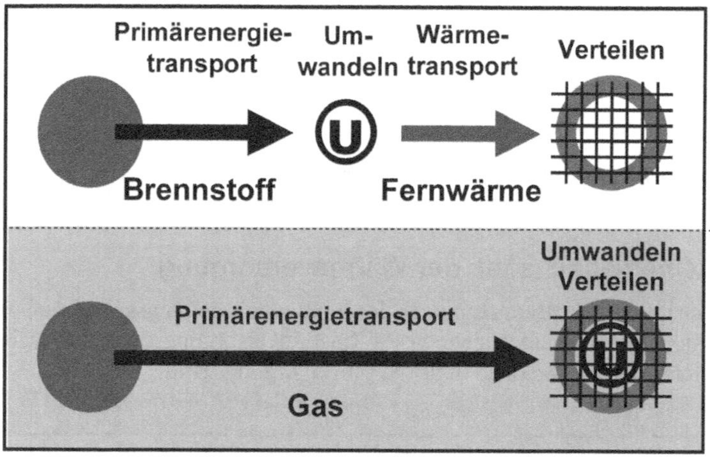

Bild 3-2 Leitungsgebundene Wärmeversorgung: Systeme Fernwärme und Gas

Bei der leitungsgebundenen Fernwärmeversorgung wird der Brennstoff zunächst zum zentralen Ort der Umwandlung (Heizwerk oder Heizkraftwerk) gebracht. Von dort aus wird dann die erzeugte Wärme (meist als Heißwasser, nur noch selten als Dampf) über Fernwärme- oder Nahwärmeleitungen (je nach Länge des Transportweges) zu den Verbrauchern transportiert (Bild 3-2). Bei der ebenfalls leitungsgebundenen Gasversorgung wird die Primärenergie zunächst über teilweise weite Strecken mit Gashochdruckleitungen in die Versorgungsgebiete transportiert. Die Wärmeversorgung über ein flächendeckendes Niederdruck-Gasversorgungssystem in den Siedlungen ist wegen der im Vergleich zur Fernwärme wesentlich günstigeren Leitungskosten (Einleitersystem, keine Isolierung) meist kostengünstiger zu erreichen.

Die Wettbewerbssituation im Wärmemarkt ist zurzeit geprägt durch die aneinander gekoppelten Brennstoffpreise für Öl und Erdgas sowie durch sinkende Wärmedichten. Diese werden hervorgerufen durch den geringeren Wärmebedarf für Neubauten insbesondere aufgrund der weitgehenden Bauvorschriften seit 1995 bzw. beim bestehenden Gebäudebestand durch Isolierung und Fenstertausch im Rahmen der laufenden Sanierungs- und Erneuerungsmaßnahmen. Die geringeren Wärmedichten führen gerade bei den leitungsgebundenen Wärmeversorgungssystemen zu höheren spezifischen Verteilungskosten. Diese müssen dann meist durch (Nach-)Verdichtung oder mögliche Erweiterungen an den Rändern des erschlossenen Versorgungsgebietes kompensiert werden.

Wärmeverteilungsnetze unterscheiden sich nach Lage, Art und Anzahl der Einspeisepunkte (Bild 3-3). Wird die Wärme aus einem stadtfernen Großkraftwerk genutzt, so fällt diese entsprechend der Stromproduktion meist ganzjährig an. Dies bedeutet, dass einerseits möglichst ein oder mehrere Wärmespeicher in das System integriert sind und dass andererseits ein (verbrauchernahes) Spitzenheizwerk zur Verfügung steht, welches die Leistungsspitzen abdeckt (siehe hierzu auch die Ausführungen zur Jahresdauerlinie). Solche Wärmeverteilungssysteme beinhalten meist sowohl Transportleitungen als auch Verteilungsleitungen mit einer Übergabestation zwischen diesen beiden Komponenten. Häufig besteht ein solches Netz aus mehreren Teilnetzen, die zum Teil einzeln aufgebaut (man spricht dann von Inselnetzen) und dann zu einem Gesamtnetz zusammengeführt wurden.

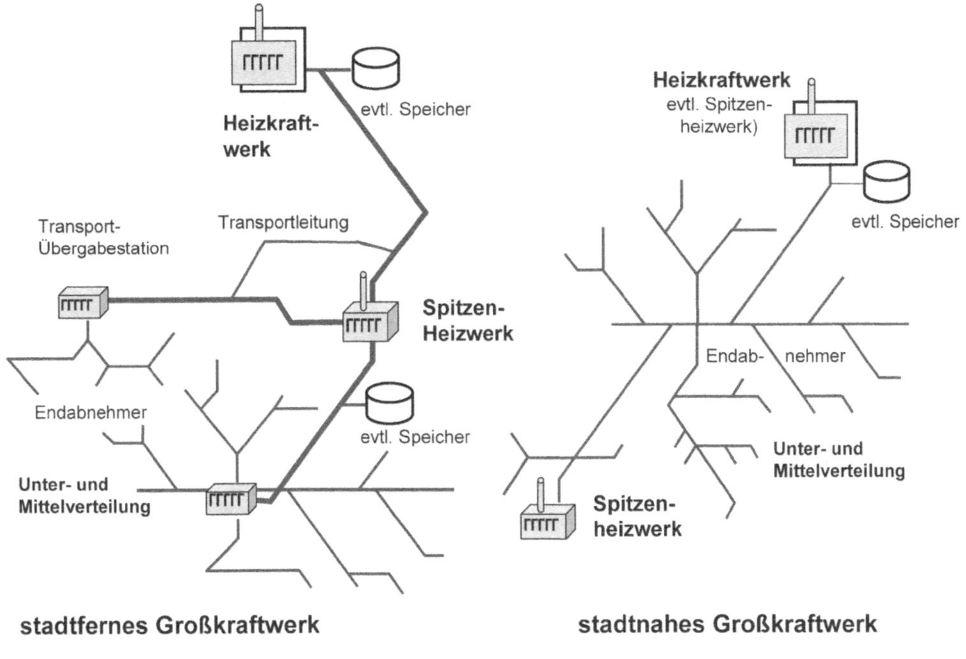

Bild 3-3 Elemente des Systems Wärmeversorgung

Kleinere Wärmeversorgungssysteme mit stadtnahen Heizkraftwerken können häufig stärker nach dem Wärmebedarf dimensioniert werden. Hier ist jedoch zur Anpassung an den jahreszeitlich bedingten Wärmebedarf ein Wärmespeicher sinnvoll. Die Abdeckung der Bedarfsspitzen erfolgt auch hier durch eine Heizwerk-Komponente oder durch einen modularen Aufbau der Wärmeversorgungseinheiten („Blöcke“). Die Systeme beinhalten dann meist keine Transport-, sondern nur Unterverteilungsleitungen. Teilweise wird eine Mittelverteilungsebene mit größeren Rohleitungsquerschnitten eingeführt.

Fernwärmeversorgungsnetze müssen nicht flächendeckend ein Siedlungsgebiet versorgen. Es ist möglich, dies auf diejenigen Verbraucher zu beschränken, die sich mit den geringsten Leitungskosten erschließen lassen.

3.1.2 Regelungsmöglichkeiten im System Wärmeversorgung

Für die Versorgung der Siedlungsgebiete mit Wärmeenergie besteht keine Verpflichtung der öffentlichen Versorgungsträger im Rahmen der allgemeinen Daseinsvorsorge, wie dies z.B. bei der Wasserversorgung der Fall ist. Auch eine flächendeckende Stromversorgung gehört zu den Grundanforderungen an ein erschlossenes Siedlungsgebiet. Die Systementscheidung in einem Versorgungsgebiet wird daher bei der leitungsgebundenen Wärmeversorgung in der Regel aufgrund von Wirtschaftlichkeitskriterien entschieden.

Maßgebend ist dabei die Dichte des Wärmebedarfs in den Versorgungsgebieten und die Verfügbarkeit der Energieressourcen, sei es als Primärenergie oder als Abwärme aus der Stromproduktion oder aus industriellen Prozessen. Durch eine leitungsgebundene Wärmeversorgung können unter bestimmten Voraussetzungen andere Versorgungssysteme ersetzt werden, die einen höheren Ausstoß an CO_2 oder an Luftschadstoffen aufweisen. Dann ist es sinnvoll, auch dann solche Systeme einzusetzen, wenn deren Wirtschaftlichkeit nicht oder nur sehr langfristig gegeben ist.

Systeme der leitungsgebundenen Wärmeversorgung müssen daher besonders intensiv mit den vorhandenen oder künftig vorgesehenen siedlungsstrukturellen Gegebenheiten nach wirtschaftlichen Aspekten und nach Umweltschutzzielen abgestimmt werden. Dies gilt insbesondre für die Verwendung von Biomasse als Energieträger für die Wärmeversorgung. Diese fällt einerseits häufig dezentral an, andererseits erfordert ihr Einsatz eine gewisse Anlagengröße, die einerseits die Anwendung für Einzelgebäude einschränkt, andererseits derzeit auch noch keinen großtechnischen Einsatz zulässt. Dies gilt ebenfalls für Systeme der Kraft-Wärme-Kopplung, aber auch solare Nahwärmesysteme können die Solarenergie oft kostengünstiger bereitstellen als dezentrale Solarwärmesysteme.

Bei dem System Wärmeversorgung (siehe auch Bild 3-1) spielt die Wahl des Standortes für die Umwandlung der Primärenergie (Braunkohle, Steinkohle, Mineralöl, Erdgas) in die Endenergie zur Niedertemperaturversorgung eine entscheidende Rolle. Um einen möglichst hohen Wirkungsgrad zu erhalten, ist es angebracht, die Wärmeproduktion mit der Produktion von Strom zu „koppeln", denn nach dem Prinzip der Kraft-Wärme-Kopplung (siehe Kapitel 3.2.1) lässt sich der Gesamtwirkungsgrad beider Teilsysteme (Stromerzeugung und Wärmeerzeugung) deutlich erhöhen.

Da der Transport von Brennstoff in der Regel kostengünstiger ist als der Transport von Strom oder Wärme und die Transportverluste beim Wärmetransport sowohl eine wirtschaftliche als auch eine technische Rolle spielen, sollte die Umwandlungsanlage (Kraftwerk) möglichst nahe am Ort des Verbrauchs liegen. Wegen der Umweltauswirkungen bei der Energieumwandlung ist es jedoch günstig, wenn diese außerhalb der geschlossenen Siedlungsflächen stattfindet. Dies bedeutet, dass die Verteilung der Wärme innerhalb der Siedlungsflächen durch ein Leitungsnetz erfolgen muss, wobei wegen der spezifisch hohen Leitungskosten (Wärmeisolierung, Hin- und Rückleitung) eine möglichst große Wärmedichte vorhanden sein sollte.

3.2 Grundlagen zum System Wärmeversorgung

Im dem per Definition leitungsgebunden System Wärmeversorgung „fließt“ entweder über das Medium Wasser Wärmeenergie vom Ort der Energieumwandlung zu den Verbrauchern (Fernwärme) oder die Primärenergie Erdgas von dem Ort der Aufbereitung zu den Verbrauchern, welche die Umwandlung zu Raumwärme selbst durchführen.

3.2.1 Physikalische Maßeinheiten und technische Erläuterungen

Leistung und *Arbeit* stellen bei der Wärmeversorgung wie bei der Stromversorgung die wichtigsten Maßeinheiten dar (siehe Kapitel 2). Allerdings wird hier zur Unterscheidung zwischen elektrischer und thermischer Energie statt der Einheit Watt [W] für die *Strom*leistung für die *Wärme*leistung häufig die per Definition identische (Joule = Ws) Einheit Joule pro Sekunde [J/s] verwendet. Entsprechend wird statt Wattsekunde [Ws] oder Wattstunde [Wh] für die *Wärme*arbeit die Einheit Joule [J] verwendet.

Nenndruckstufe [PN]

Die Nenndruckstufe bezeichnet für eine Rohrleitung den höchstzulässigen Druck, mit der ein Fluid (hier das Gas oder das Wasser in der Fernwärmeleitung) die Rohrleitung belasten darf. Die Angabe erfolgt nach DIN durch die Bezeichnung *PN* gefolgt von dem zulässigen Druck in bar ohne Angabe der Einheit. PN 10 zum Beispiel bezeichnet eine Rohrleitung mit dem höchstzulässigen Druck von 10 bar.

Nennweite [DN]

Nennweite ist eine Maßangabe (Kenngröße) für Rohre und Armaturen, die ungefähr dem Innendurchmesser entspricht. DN ist dabei die internationale Kurzbezeichnung (Diameter Nominal). Die physikalische Einheit wird meist in Millimeter [mm] oder in Zoll [.“] angegeben, wobei 1 Zoll = 25,4 mm oder 1000 mm = 39,3701 Zoll entsprechen. Eine Ferngasleitung DN 500 entspricht somit etwa 20 Zoll, bzw. eine 32 Zoll-Leitung hat einen Innendurchmesser von ca. 80 cm.

Technische Erläuterungen zur Wärmeversorgung

- Druckhaltung

Bei der Fernwärme wird zur Energieübertragung heißes Wasser verwendet, das einen bestimmten Druck aufweisen muss. Dieser ist wiederum von der Fließgeschwindigkeit und den Niveauunterschieden im Netz abhängig. Er verändert sich auf langen Transportstrecken aufgrund der Reibungsverluste in den Leitungen, jedoch nicht in Abhängigkeit des Verbrauchs, da der Verbraucher ja kein Wasser, sondern nur über Wärmetauscher dessen Wärmeenergie entnimmt. Darüber hinaus muss die Temperatur des Wassers entsprechend dem Bedarf geregelt werden, wobei dieser tageszeitlichen, wöchentlichen und jahreszeitlichen Schwankungen unterliegt. Je mehr Wärmeenergie vom Verbraucher entnommen wird, desto höher muss die Vorlauftemperatur sein und umso niedriger ist dann die Rücklauftemperatur im System. Die Fernwärmeleitungen werden je nach den topographischen Gegebenheiten des Netzes für eine bestimmte Druckstufe ausgelegt (z.B. PN 10, 16, 25), wobei die Temperatur zwischen 70 °C und 130 °C liegt. In den Heizungssystemen der Häuser liegt der Druck dann in Abhängigkeit der Höhe der Häuser z.B. bei 5 bar und die Temperaturen zwischen 40 °C und 70 °C.

Das Erdgas muss das ganze Jahr über mit einem bestimmten konstanten Druck geliefert werden. Dessen „Qualität" ist durch den immer gleich bleibend vorhandenen Energiegehalt (10,4 kWh/m³) und dessen Reinheit gegeben Im Vergleich hierzu hat Heizöl einen spezifischen Heizwert von 10,0 kWh/Liter und Holz als regenerativer Energieträger von 4,3 kWh/kg.

- Prinzip der Kraft-Wärme-Kopplung (KWK)

Bei der gleichzeitigen Produktion von Strom und Wärme lässt sich der Energieverlust (das heißt der Anteil von Energie, der ungenutzt in das Kühlmedium übergeht) je nach der eingesetzten Technik und den gegebenen Randbedingungen von über 50 % auf knapp über 10 % reduzieren. In Bild 3-4 ist dargestellt, dass bei einem Gesamt-Energiebedarf von 100 Einheiten Wärmeenergie, der in einem konstanten Verhältnis von Strom zu Wärme von 40 zu 60 anfällt, bei getrennter Erzeugung insgesamt 185 Energieeinheiten aufzuwenden sind (entspricht 54 % Wirkungsgrad). Bei einer Erzeugung in einem Kraft-Wärme-Kopplungsprozess sind jedoch nur 114 Energieeinheiten aufzubringen (entspricht 87 % Wirkungsgrad). Die beiden Energieformen Strom und Wärme sind allerdings nicht unmittelbar miteinander zu vergleichen, und die Nachfrage nach beiden Energieeinheiten ist meist auch über das Jahr gesehen nicht wie angenommen konstant (siehe auch [3.1]).

Das Verhältnis zwischen der abgegebenen elektrischen Leistung und der Wärmeleistung wird als *Stromkennzahl* bezeichnet. Diese ist bei KWK-Anlagen in der Regel fest, das heißt, die Dimensionierung der Anlage muss sich entweder am Strom- oder am Wärmebedarf orientieren. In manchen Anlagen ist die Stromkennzahl in gewissen Grenzen variabel. KWK-Anlagen erlauben gegebenenfalls neben der gekoppelten Produktion von Strom und Wärme auch eine alleinige Stromerzeugung (im sog. Kondensationsbetrieb).

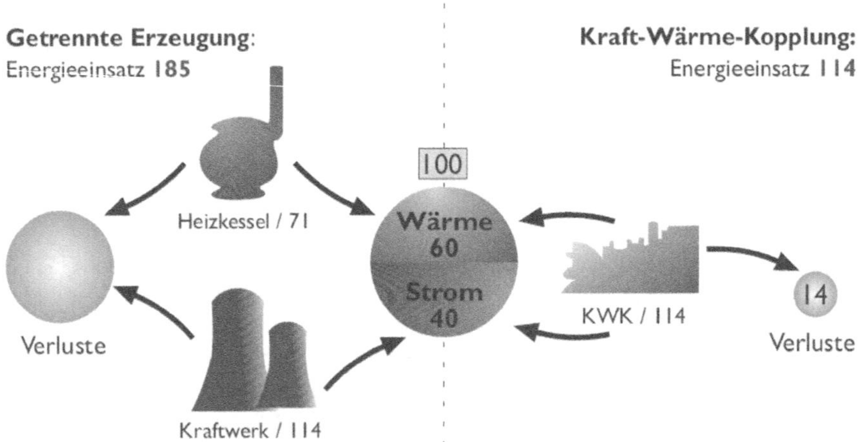

Bild 3-4 Das Prinzip der Kraft-Wärme-Kopplung [3.2]

- Temperaturspreizung in Wärmenetzen

Für die Auslegung von Wärmenetzen sind maßgebend: der Wärmedurchsatz, die Wärmehöchstlast, d. h. die unter Berücksichtigung des Gleichzeitigkeitsfaktors errechnete Summe der Wärmeanschlusswerte aller Abnehmer, die Umlaufgeschwindigkeit des Wärmeträgers und dessen Temperaturunterschied zwischen Vor- und Rücklauf, die so genannte *Temperaturspreizung*.

In Wärmenetzen sollte eine möglichst hohe Temperaturspreizung bei niedriger Rücklauftemperatur angestrebt werden, da diese einen wichtigen Einflussfaktor für den wirtschaftlichen Betrieb darstellt. Übertragungskapazität, Pumpaufwand, Wärmeverluste und der Wirkungsgrad bei Kraft-Wärme-Kopplungen hängen von diesem Parameter ab.

In Bezug auf den Gesamtnutzungsgrad (siehe auch Bild 2-3 in Kapitel 2.2.1) einer KWK-Anlage spielt die Temperaturspreizung (das ist der Temperaturunterschied zwischen der Vorlauf- und der Rücklauftemperatur im System) eine entscheidende Rolle:

Die *Rücklauftemperatur* sollte möglichst stark abgesenkt werden, denn ein hoher Rücklauf ist meist gleichbedeutend mit höheren Wärmeverlusten, kleinerer Temperaturspreizung, d. h. größerer Wasserumwälzmenge und somit größerem Pumpaufwand, eingeschränkter Übertragungskapazität des Netzes und niedrigerem Erzeugungswirkungsgrad bei Kraft-Wärme-Kopplungen.

Die *Vorlauftemperatur* des Fernwärmenetzes sollte so tief wie möglich gehalten werden, denn sie hat direkten Einfluss auf die Stromausbeute der Kraft-Wärme-Kopplung, die Wärmeverluste im Fernwärmenetz sowie auf die durch das Temperaturniveau resultierenden Sicherheitsanforderungen. Bei bestehenden Netzen kann eine niedrigere Vorlauftemperatur nur erreicht werden, wenn zuvor die Rücklauftemperatur abgesenkt wurde.

Eine Senkung der Rücklauftemperatur reduziert die Dampfentnahme bei hohen Temperaturen und ermöglicht dementsprechend eine höhere Stromausbeute in der Kraft-Wärme-Kopplungsanlage. Für eine zweistufige Wärmeauskopplung resultiert zum Beispiel bei 10 Grad Rücklauftemperaturabsenkung eine Erhöhung der Stromproduktion um 5 kWh_{el} / MWh_{th}.

Gerade im Zusammenhang mit einer Modernisierung bestehender KWK-Anlagen durch neue GuD-Kraftwerke ist es daher möglich, durch Optimierungsmaßnahmen auf der Abnehmerseite eine Erhöhung der Gesamtwirtschaftlichkeit durch Verbesserung der Stromkennzahl zu erreichen. Neben den bisher genannten „KWK-spezifischen" Effekten einer Netzoptimierung ergeben sich noch weitere Vorteile: Eine Senkung des Temperaturniveaus in der Rücklaufleitung des Wärmenetzes minimiert die Wärmeverluste, da die Differenz im Rücklauf zwischen Heizwasser und Umgebungstemperatur abnimmt.

Wird die Rücklauftemperatur gesenkt, erhöht sich die Temperaturspreizung im Netz, mit der Folge, dass sich der notwendige Volumenstrom verkleinert. Konsequenz: Verringerung der erforderlichen Pumpenleistung und damit eine Einsparung an aufzuwendenden Stromkosten. Eine Erhöhung der Temperaturspreizung um 10 Kelvin reduziert die Förderleistung in der Größenordnung von 40 %. Hierbei sind Vorteile von drehzahlgeregelten Pumpen eindeutig. Zur Verteilung der Wärme werden zwischen 4 und 10 kWh Strom pro MWh Wärme benötigt. Ohne drehzahlgeregelte Pumpen ist ein Strombedarf von mehr als 30 kWh pro MWh Wärme üblich.

- Jahresdauerlinie in der Wärmeversorgung

Das Umordnen der Belastungskurve für ein Wärmeversorgungssystem nach der Höhe der Leistung (Belastung) führt zur Jahres*dauerlinie,* die auch „geordnete Belastungskurve" genannt wird. Die Jahresdauerlinie ergibt die Anzahl der Zeiteinheiten (z.B. Stunden) innerhalb eines Betrachtungszeitraumes (meistens ein Jahr), bei der eine bestimmte Belastung erreicht bzw. überschritten wird. Dabei ist die Kurve nach fallender Belastung geordnet. Im Gegensatz zur Elektrizitätswirtschaft, in der das Jahr auf seine 8.760 Stunden aufgeteilt wird, wird in der Erdgaswirtschaft als Zeitachse meist das Jahr mit seinen 365 Tagen verwendet.

- Brennstoffzelle in der Wärmeversorgung

Die Brennstoffzellen-Technik lässt für die Zukunft einen hohen Wirkungsgrad und geringe Emissionen erwarten, auch beim Einsatz in der dezentralen Wärmeversorgung. Damit kann diese einerseits künftig Potentiale für die leitungsgebundene Fernwärmeversorgung verdrängen, andererseits besteht aber auch hier die Möglichkeit, Brennstoffzellen leitungsgebunden zunächst mit Erdgas, später mit Wasserstoff zu versorgen. Technisch kehrt die Brennstoffzelle den Prozess der Elektrolyse um. An der Anode wird das Wasserstoff-Elektron abgespalten, an der Kathode reagiert der Sauerstoff mit dem Wasserstoff-Ion (durch den Elektrolyten diffundiert) zu Wasser, wobei Elektronen aus der Kathode abgezogen werden. Zwischen Anode und Kathode fließt der Strom der für die Reaktion benötigten Elektronen, der z.B. Motoren antreiben kann. Die Einsatzmöglichkeiten der Brennstoffzelle liegen zunächst im stationären Bereich, in erster Linie in der dezentralen Stromversorgung, jedoch auch in der Raumwärme- und Warmwasserzubereitung. Zurzeit werden die meisten Brennstoffzellen mit Erdgas oder Methanol sowie – je nach Typ – mit einem vorgeschalteten Reformer zur Erzeugung des Wasserstoffs betrieben. Die Herstellung von Wasserstoff erfordert derzeit jedoch noch einen sehr hohen Energieaufwand, der meist mit der Produktion von Klimagasen verbunden ist. Daher ist es für die Zukunft erforderlich, Wasserstoff aus erneuerbaren Energiequellen zu erzeugen und im größeren Maßstab direkt in den Zellen einzusetzen. Ist dieses erreicht, könnte dies auch Auswirkungen auf die leitungsgebundene Wärmeversorgung haben: Wasserstoff statt Gas in den vorhandenen Leitungsnetzen?

3.2.2 Rechtliche Grundlagen

Zahlreiche der rechtlichen Grundlagen aus dem Kapitel 2 „Stromversorgung" gelten auch für die Wärmeversorgung und deren Auswirkungen auf den Raum und die Umwelt (siehe Kapitel 2.2.2).

Fernwärme

Rechtliche Grundlage für die Versorgung mit Fernwärme ist ein Wärmeliefervertrag. Grundlagen hierfür sind unter anderem das Bürgerliche Gesetzbuch (BGB) und die Verordnung über allgemeine Bedingungen für die Versorgung mit Fernwärme (AVBFernwärmeV), eine Verordnung des Bundesministers für Wirtschaft (vom 20. Juli 1980 – geändert durch die Verordnung zur Änderung der energiesparrechtlichen Vorschriften vom 19. Januar 1989).

Der Begriff Fernwärme ist nach einem Urteil des Bundesgerichtshofs aus dem Jahr 1989 so definiert worden, dass es auf die Nähe einer Anlage zu den zu versorgenden Gebäuden oder das Vorhandensein eines größeren Leitungsnetzes nicht ankommt: „Wird aus einer nicht im Eigentum des Gebäudeeigentümers stehenden Heizungsanlage von einem Dritten nach unternehmenswirtschaftlichen Gesichtspunkten eigenständig Wärme produziert und an andere geliefert, so handelt es sich um Fernwärme". Vertragspartner sind in der Regel die Fernwärmeerzeugungsgesellschaft und der Wohnungs- oder Gebäudeeigentümer, also derjenige, der die Verfügungsbefugnis über den Hausanschluss hat. Die Heizkosten werden dann im Rahmen der Betriebskosten entsprechend der beheizten Wohnfläche auf die Mieter umgelegt.

Gasversorgung

Das neue Energiewirtschaftsgesetz hat zur Umsetzung der europäischen Beschleunigungsrichtlinien für Gas (und Strom) ab 2006 auch die Aufsicht über die (Strom- und) Gasmärkte auf die bereits für den Bereich Telekommunikation und Post (früher RegTP) bestehende Bundesnetzagentur (BNetzA) übertragen. Ihre wesentliche Aufgabe ist dabei die Kontrolle und Genehmigung der Netznutzungsentgelte. Dazu existiert seit dem 1. Juli 2004 ein Aufbaustab Energieregulierung innerhalb der Behörde. Auf dem Gasmarkt teilt die Netzagentur sich dann die Aufgaben mit den Bundesländern. Unternehmen mit weniger als 100.000 Kunden und Versorgungsnetzen innerhalb der Landesgrenzen werden von den Landesbehörden reguliert, alle übrigen von der Bundesbehörde. Damit werden ca. 80 Prozent des Gasmarktes von ihr überwacht.

KWK-Gesetz

Um große KWK-Potenziale, insbesondere in der Industrie, aber auch im Gewerbe und im Wohnungssektor vor dem mit der Liberalisierung des Energiemarktes in Gang gesetzten Verdrängungswettbewerb zu schützen, wurde das *Gesetz für die Erhaltung, die Modernisierung und den Ausbau der Kraft-Wärme-Kopplung* (Kraft-Wärme-Kopplungsgesetz) trat im April 2002 in Kraft gesetzt und damit das bisherige „KWK-Vorschalt-Gesetz“ ersetzt. Die Betreiber von Kraft-Wärme-Kopplungsanlagen haben demnach einen Anspruch auf eine Vergütung für den in das Netz der allgemeinen Versorgung eingespeisten KWK-Strom, der sich aus dem vereinbarten Preis und Zuschlagszahlungen gemäß der Tabelle 3-1 zusammensetzt. Begünstigt werden nur bereits bestehende KWK-Anlagen sowie neue Klein-KWK-Anlagen bis 2 MW elektrischer Leistung. Die Bonuszahlungen werden über einen Belastungsausgleich auf alle Netzbetreiber und von diesen auf die Netzkosten umgelegt. Bei Letztverbrauchern darf sich das Netznutzungsentgelt für über 100.000 kWh hinausgehende Strombezüge aus dem Netz höchstens um 0,05 Cent je kWh erhöhen.

Tabelle 3-1 Zuschlag zur Einspeisevergütung in Euro-Cent pro kWh nach dem KWK-Gesetz

Zuschlag zur sonst „üblichen Einspeisevergütung“ in Ct/kWh									
Jahr	2002	2003	2004	2005	2006	2007	2008	2009	2010
neue Bestandsanlagen (zwischen dem 01. Januar 1990 und dem 01.04.02 in Betrieb genommen)	1,53	1,53	1,38	1,38	1,23	1,23	0,82	0,56	-
neue BHKW-Anlagen über 50 kW_{el}, Inbetriebnahme nach dem 01.04.02	2,56	2,56	2,40	2,40	2,25	2,25	2,10	2,10	1,94
neue BHKW-Anlagen bis 50 kW_{el}, Inbetriebnahme zwischen dem 01.04.02 und dem 31.12.05	5,11 Ct/kWh für einen Zeitraum von 10 Jahre ab Dauerbetriebsbeginn								

Im Rahmen des am 01. August 2004 in Kraft getretenen Artikelgesetzes zur Novellierung des Erneuerbare-Energien-Gesetzes wurde auch eine Veränderung des KWK-Gesetzes (KWKModG) beschlossen. Bei dieser Veränderung handelt es sich um eine Präzisierung des

„üblichen Preises“ für die KWK-Stromeinspeisung. Dieser wird somit als der an der Leipziger Strombörse EEX erzielte durchschnittliche Baseload-Preis des jeweils vorangegangenen Quartals festgelegt. Die letzten drei Quartale des Jahres 2004 wiesen als Durchschnittswerte für den Baseload bei der Leipziger Strombörse einen Durchschnittspreis von etwa 3 Ct/kWh auf. Der Begriff „Baseload“ (Grundlast) kennzeichnet den Lasttyp für Stromlieferung oder Strombezug von konstanter Leistung über 24 Stunden eines jeden Tages der Lieferperiode.

Das Energieeinspargesetz

Das Energieeinsparungsgesetz (EnEG) wurde 1976 zur Verbesserung der Handelsbilanz, das heißt zur Reduzierung der Abhängigkeit der Bundesrepublik Deutschland von importierten Energieträgern erlassen. Die Bundesregierung darf seither in Verordnungen auf der Grundlage des EnEG energetische Anforderungen an Gebäude und ihre Anlagentechnik stellen. So wurden die Heizungsbetriebsverordnung (außer Kraft seit 1981), die Wärmeschutzverordnung (außer Kraft seit 2002), die Heizungsanlagen-Verordnung (außer Kraft seit 2002), die Heizkostenverordnung und die Energieeinsparverordnung erlassen.

Zur Umsetzung der Europäischen Richtlinie über die Gesamtenergieeffizienz von Gebäuden wurde das Energieeinspargesetz in einigen Punkten angepasst. Die Änderungen betreffen im Wesentlichen die Ergänzung von Grundlagen für energetische Anforderungen an Beleuchtungsanlagen sowie für die Ausstellung von Energieausweisen. In der jetzt gültigen Fassung vom 1. September 2005 ermächtigt das EnEG die Bundesregierung im Einzelnen unter anderem Anforderungen an den Wärmeschutz, den Betrieb sowie die Verteilung von Betriebskosten bei zu errichtenden Gebäuden sowie an heizungs-, raumlufttechnische, Kühl-, Beleuchtungs- sowie an Warmwasserversorgungsanlagen und -einrichtungen zu stellen. Das Änderungsgesetz ist damit eine wesentliche Grundlage für die Umsetzung der europäischen Gesamtenergieeffizienzrichtlinie durch Novellierung der Energieeinsparverordnung 2006.

Die Energie-Einsparverordnung

Die Energie-Einsparverordnung (EnEV gültig seit dem 1.2.2002) ist als neue Wärmschutzverordnung in Kraft gesetzt und hat damit die dritte Wärmeschutzverordnung (WSVO) über den Mindestwärmeschutz aus dem Jahr 1995 abgelöst. Die neue Verordnung muss verbindlich (gesetzlich) eingehalten werden. Sie senkt wieder, wie die beiden Vorgängervorschriften, den Energiebedarf für die Hausheizung mit dem Ziel der noch höheren Energie-Einsparung und dadurch verbesserter Umweltschonung.

Das Neue an dieser dritten Wärmeschutzverordnung: Sie beschränkt den jährlich zulässigen Heizenergiebedarf eines Wohngebäudes. Mit der neuen EnEV wird der Niedrigenergiehaus-Standard bei Neubauten zur Regel, bei Altbauten sieht sie Modernisierungsverpflichtungen mit der Vorgabe erhöhter Standards vor. Die EnEV gilt für alle Gebäude, die zum Zwecke ihrer Nutzung beheizt werden müssen. Der Regelungsbereich der Verordnung umfasst im Prinzip alle neu zu bauenden und die zu verändernden beheizten Gebäude einschließlich ihrer Heizungs-, raumlufttechnischen und zur Warmwasserbereitung dienenden Anlagen.

3.3 Wärmeversorgung in Deutschland

3.3.1 Geschichte der Wärmeversorgung

Fernwärme

Bereits um das Jahr 60 n.Chr. beschreibt Lucius Aenaeus Seneca in seinen *Naturales Questiones* das Prinzip der Fernheizung, das zu dieser Zeit im Römischen Reich zur Beheizung der Bäder bereits weit verbreitet war. Erst 1825 hat Leon du Voir dieses System wieder aufgegriffen und ein Heizungssystem mit Temperaturen über 100 °C (offener Druckbehälter) für mehrere Räume aus einer zentralen Wärmeerzeugungsanlage entwickelt. Aus diesem System entstand dann die Fernheizung für zahlreiche, meist öffentliche Gebäude in Europa. 1896 wurde dann in Hamburg das Rathaus über eine 300 m lange Fernleitung (Hochdruckdampf) an das Kraftwerk Poststraße angeschlossen. Mit dem Ausbau der Stromversorgung nahm auch die Fernwärmeversorgung zur Nutzung der anfallenden Abwärme zu. 1921 wurde ebenfalls in Hamburg das erste Heizkraftwerk errichtet. Aus wirtschaftlichen Gründen setzten sich in den letzten Jahrzehnten die Heißwassersysteme durch und lösten die Dampfleitungen mit ihren größeren Durchmessern ab [3.3].

Die Geschichte der Kraft-Wärme-Kopplung begann bereits kurz vor der Jahrhundertwende mit der Auskopplung von Dampf aus dem Kraftwerksprozess. Stellt man diesen Dampf oder Heißwasser Wärmeverbrauchern außerhalb des Kraftwerksgeländes über längere Rohrleitungen zur Verfügung, spricht man von Fernwärme. Wird die Wärme innerhalb eines Wohngebietes zu dessen Versorgung zentral erzeugt, spricht man von Nahwärme.

Gasnetz zur Wärmeversorgung (nach [3.4])

Die Gasnetze als erste nennenswerte Form einer leitungsgebundenen Energieversorgung entwickelten sich seit Anfang des 19. Jahrhunderts für das so genannte Stadtgas und blieben zunächst auf die von den zentralen städtischen Gaswerken versorgten Gebiete beschränkt. Neben der ursprünglichen Verwendung für Beleuchtungszwecke weitete sich der Anwendungsbereich des Gases bald auf das Kochen und die Wärmeerzeugung aus. Überörtliche Netze entstanden in Deutschland seit ca. 1920, da Kokereigas als Nebenprodukt der Koksherstellung mit den ersten Ferngasleitungen in die Verbraucherschwerpunkte zu transportieren war. Für diese Aufgaben kamen seit ca. 1930 Leitungen DN 500 mit einem maximalen Druck von 20 bar zum Einsatz.

In der Mitte des 20. Jahrhunderts bestanden in Deutschland und in anderen Industriestaaten mehr oder weniger ausgebaute Ferngasnetze mit maximalen Nennweiten bis DN 900 und maximalen Druckstufen bis PN 66 sowie den dazugehörigen kommunalen Verteilungssystemen. Im Jahr 1966 begann mit der grenzüberschreitenden Lieferung von Erdgas aus dem niederländischen Groningen der Erdgasimport nach Deutschland. Leitungen DN 900 mit maximalem Betriebsdruck von 67,5 bar ermöglichten einen wirtschaftlichen Transport über Entfernungen von mehreren hundert Kilometern.

Seit Beginn der 1980er Jahre konnten mit Rohren DN 1400 und PN 80 die interkontinentalen Trassen errichtet und betrieben werden. Es wird erwartet, dass der Einsatzbereich in den nächsten Jahren auf DN 1600 und PN 120 ausgedehnt werden kann, da höhere Drücke und Durchmesser zu weiter verringertem spezifischen Transportaufwand führen.

3.3.2 Aktuelle Situation der Wärmeversorgung in Deutschland

Im Jahr 2004 wurden bereits 59 Prozent aller Wohnungen mit den leitungsgebundenen Systemen Fernwärme (12 %) und Gasversorgung (47 %) versorgt (Bild 3-5), wobei in dem letzteren Wert auch ein kleiner Anteil dezentraler Flüssiggasversorgung enthalten sein dürfte. Bezogen auf die Gesamt-Anzahl der beheizten Wohnungen hat sich der Anteil an Fernwärme an den Wärmeversorgungssystemen in Deutschland seit 1989 von einem Anteil von 6 % im Westen und 27 % im Osten Deutschlands bis zum Jahr 2004 12,0 Prozent erhöht [3.5]. Der seit einigen Jahren bereits anhaltende eindeutige Trend zur Gasversorgung bei den Neubauwohnungen (76 % im Jahr 2004) wird den Anteil der leitungsgebundenen Wärmeversorgung in Deutschland weiter erhöhen.

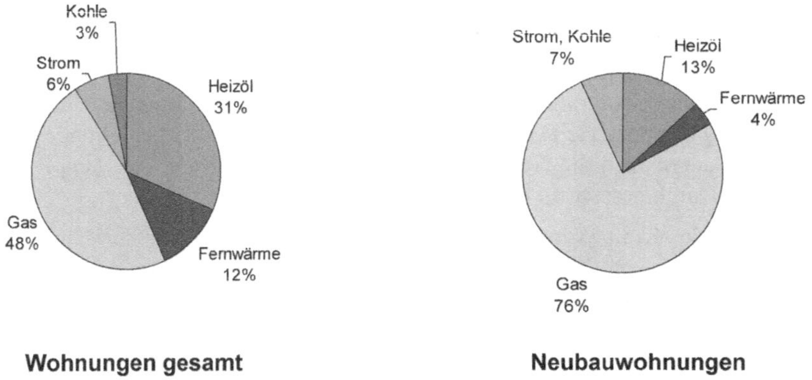

Bild 3-5 Beheizungsstruktur 2004 nach [3.5]

- Das künftige Wärmeversorgungssystem

Bis zum Jahr 2015 wird damit gerechnet, dass etwa die Hälfte aller Haushalte Gas zur Wärmeversorgung einsetzen werden (Tabelle 3-2) [3.6]. Dabei ist davon auszugehen, dass insbesondere die jetzt noch mit Einzelöfen ausgestatteten Wohnungen und die Kohle-Zentralheizungen auf Gas umgestellt werden. Das Heizöl wird bis zu diesem Zeitpunkt bei etwa 35 % liegen. Es wird angenommen, Die Fernwärme und die Stromheizung könnten sich in etwa auf dem jetzigen Stand stabilisieren.

Tabelle 3-2 Beheizungsstruktur nach Energieträgern, Anteile in Prozent (nach [3.6])

	2000	2005	2008	2010	2012	2015
Fernwärme	9,5	9,5	9,4	9,4	9,4	9,3
Öl	37,0	35,2	34,2	33,5	32,8	31,8
Gas	43,2	46,5	48,1	49,1	50,0	51,2
Kohle	3,0	1,8	1,4	1,1	1,0	0,7
Holz	1,3	1,2	1,1	1,1	1,0	1,0
Strom	6,0	5,8	5,7	5,7	5,8	5,9
Übrige	0,0	0,0	0,1	0,1	0,1	0,1

3.4 Verfügbare Ressourcen und Wärmebedarf

Die hier betrachteten leitungsgebundenen Wärmeversorgungssysteme verwenden als Ressource entweder die zu den fossilen Energieträgern gerechnete Primärenergie Erdgas (als Brennstoff für die dezentralen Gasthermen in den Haushalten oder zur Umwandlung in Heizwerken zu Fern- bzw. Nahwärme) oder aber fossile Energieträger wie Erdöl oder Kohle zur Umwandlung in Heißwasser, das dann leitungsgebunden den Haushalten zur Raumwärmeversorgung zugeführt wird.

Daneben kommen immer mehr regenerative Energieträger in der leitungsgebundenen Wärmeversorgung zum Einsatz: z.B. Holz, Stroh oder Rapsöl, Biomasse usw. Ein erheblicher Teil der Wärmeenergie entsteht als Abwärme bei der Stromerzeugung oder in gezielten Kraft-Wärme-Kopplungsprozessen, so dass hier die bei der Stromversorgung bereits erwähnten Ressourcen (siehe Kapitel 2) zum Einsatz kommen. Von der 2003 verfügbaren 323 000 TJ/a Wärmenetzeinspeisung kommen 82 Prozent aus KWK-Anlagen, 17 Prozent aus Heizwerken und nur 1 Prozent aus industrieller Abwärmenutzung [3.7].

3.4.1 Primärenergiefaktor

Mit der neuen Energieeinsparverordnung (EnEV) vom 1. Februar 2002 wird erstmals der maximal zulässige Jahres-Primärenergiebedarf in Bezug auf die Gebäude-Energiebilanz begrenzt. Bei dieser wird neben dem Heizwärmebedarf nun auch die Effizienz der Energieträger und der Anlagentechnik berücksichtigt. Für Neubauten oder bei wesentlichen Änderungen an Gebäuden muss die Einhaltung der Grenzwerte in Form eines Energie- oder Wärmebedarfsausweises nachgewiesen werden. Eine der Berechnungsgrundlagen ist der *Primärenergiefaktor* des jeweiligen Energieträgers. Durch ihn werden bei der Energiebilanz eines Gebäudes die Vorkette (bis zur Entnahme im Gebäude) sowie die unterschiedlich hohen CO_2-Emissionen des jeweils eingesetzten Energieträgers berücksichtigt. Dieser ganzheitliche Ansatz ermöglicht eine Gesamtbilanzierung der Gebäudehülle und Anlagentechnik. Ein weniger hoher Standard im baulichen Wärmeschutz kann künftig durch eine effizientere Gebäudetechnik ausgeglichen werden und umgekehrt.

Für die leitungsgebundene Wärmeversorgung ist dabei von besonderer Bedeutung, dass es dann, wenn mehr als 70 % der Wärme aus der Kraft-Wärme-Kopplung kommt oder mehr als 70 % aus erneuerbaren Energien, keine Begrenzung des maximal zulässigen Jahres-Primärenergiebedarfs durch die EnEV (§ 3) gibt. Wenn allerdings weniger als 70% der Wärme aus Kraft-Wärme-Kopplung kommt oder weniger als 70% Wärme aus erneuerbarer Energie stammen, dann wird im Einzelfall eine Prüfung erforderlich, mit welcher Primärenergie die Fernwärme erzeugt wird. Allgemeine branchenübliche Primärenergiefaktoren können der DIN V 4701-10, S. 124 entnommen werden (siehe Tabelle 3-3). Diese Angaben gelten nicht für Mischsysteme. Hier sind die spezifischen Primärenergiefaktoren von unabhängigen Sachverständigen nachzuweisen, bzw. ohne Nachweis ist der Wert f_P = 1,3 anzusetzen. Darüber hinaus besteht die Möglichkeit einer Prüfung, ob die eigenen Primärenergiefaktoren besser sind als die in der DIN V angegebenen Werte. Ist dies der Fall, dann besteht für den Betreiber eines Systems die Möglichkeit, einen niedrigeren unternehmens- oder netzspezifischen Primärenergiefaktor nachzuweisen und zu veröffentlichen. So hat sich zum Beispiel die Stadt München einen Primärenergiefaktor von 0,51 für ihr Fernwärmesystem zertifizieren lassen.

Tabelle 3-3 Primärenergiefaktoren im Vergleich, DIN V 4701-10, Tabelle V.4-1

Energieträger		Primärenergiefaktoren
Brennstoffe	Heizöl EL	1,1
	Erdgas H	1,1
	Flüssiggas	1,1
	Steinkohle	1,1
	Braunkohle	1,2
	Holz	0,2
Nah-/Fernwärme aus KWK	Fossiler Brennstoff	0,7
	Erneuerbarer Brennstoff	0,0
Nah-/Fernwärme aus Heizwerken	Fossiler Brennstoff	1,3
	Erneuerbarer Brennstoff	0,1
Strom	Strom-Mix	3,0

Für die Wärmeversorgung ist künftig ein Primärenergiefaktor $f_{PE,WV}$ von $\leq 0{,}6$ einzuhalten – unabhängig davon, ob die Wärme zentral oder dezentral auf der Parzelle erzeugt wird. Der Faktor ist anhand einer Berechnung nach DIN (hier der DIN 4701-10 Abs. 5.4.2) nachzuweisen. Die Planungswerte für die in die Berechnung einzusetzenden Größen sind anhand aussagekräftiger Unterlagen zu belegen, eventuell ist die Einhaltung des Grenzwertes im Betrieb aufgrund der tatsächlichen Kennwerte nachträglich zu bestätigen.

3.4.2 Regenerative Energieträger

Die Nutzung der Wärme unterhalb der Erdoberfläche (Erdwärme) für die Gewinnung von Strom oder Wärme wird als *Geothermie* bezeichnet. Oberflächennahe Geothermiepotenziale für die Niedertemperatur-Wärmenutzung sind in Deutschland im Prinzip überall verfügbar (vgl. [3.8]). Dabei wird die oberflächennahe Wärme aus Grundwasserströmen über Wärmepumpen für die Gewinnung von Raumwärme genutzt, z.B. im Bereich der Einfamilienhäuser. Für die Stromerzeugung eignen sich nur Temperaturen über 100 C°.

Als *Solarthermie* bezeichnet man die energetische Nutzung von Sonnenlicht in Form von Wärme. Grundsätzlich werden dabei zwei Bereiche unterschieden: Im Niedrigtemperaturbereich wird die Strahlung der Sonne direkt über einen Absorber für die Erwärmung von Wasser oder eines anderen Mediums verwendet. Im Hochtemperaturbereich werden strahlungskonzentrierende Systeme eingesetzt, um die Sonnenwärme in Dampf zur Stromerzeugung umzuwandeln. Die Potentiale sind in erster Linie durch die im Jahresverlauf zeitlich beschränkte Verfügbarkeit gekennzeichnet.

Unter *Biomasse* versteht man organische Substanzen biogenen Ursprungs, wie z.B. Brennholz, Holzabfälle oder Holzhackschnitzel, Stroh, Grünschnitt oder Gülle. Biomasse setzt bei der Verbrennung Kohlendioxid frei, das von den Pflanzen (bzw. bei der Gülle von Tieren über die Nahrungskette) zuvor aus der Atmosphäre entnommen wurde. Biomassenutzung ist damit neutral in Bezug auf Kohlendioxid. Aus Biomasse kann Brennstoff zur Strom- und Wärmeerzeugung in Blockheizkraftwerken oder auch dieselähnlicher Treibstoff hergestellt werden. Als Biomasse bezeichnet man auch organische Stoffe tierischen Ursprungs, aus denen sich Energie gewinnen lässt. Diese Stoffe lassen sich daher als Energieträger im Wärmemarkt generell in zwei Kategorien unterteilen: Zum einen die nachwachsenden Rohstoffe in Form von Energiepflanzen; dazu gehören z.B. schnell wachsende Bäume sowie auch zucker- und stärkehaltige Ackerfrüchte zur Gewinnung von Äthanol und Ölfrüchte für den Treibstoff, „Biodiesel". Diese können dann zum Teil über Kraft-Wärme-Kopplungsanlagen auch für die Wärmeversorgung eingesetzt werden. Zum anderen der organische Abfall; dazu gehören Stroh, Gras, Dung/Gülle, Klärschlamm (bis 10% Feststoffgehalt) und organische Hausmüllfraktionen wie Kompost z.B. zur Gewinnung von Biogas.

Als *rezente Biomasse* wird pflanzliche und tierische Biomasse bezeichnet, die nicht über geologische Prozesse verändert wurde (im Gegensatz zu fossiler Biomasse – Erdöl, Kohle, Erdgas).

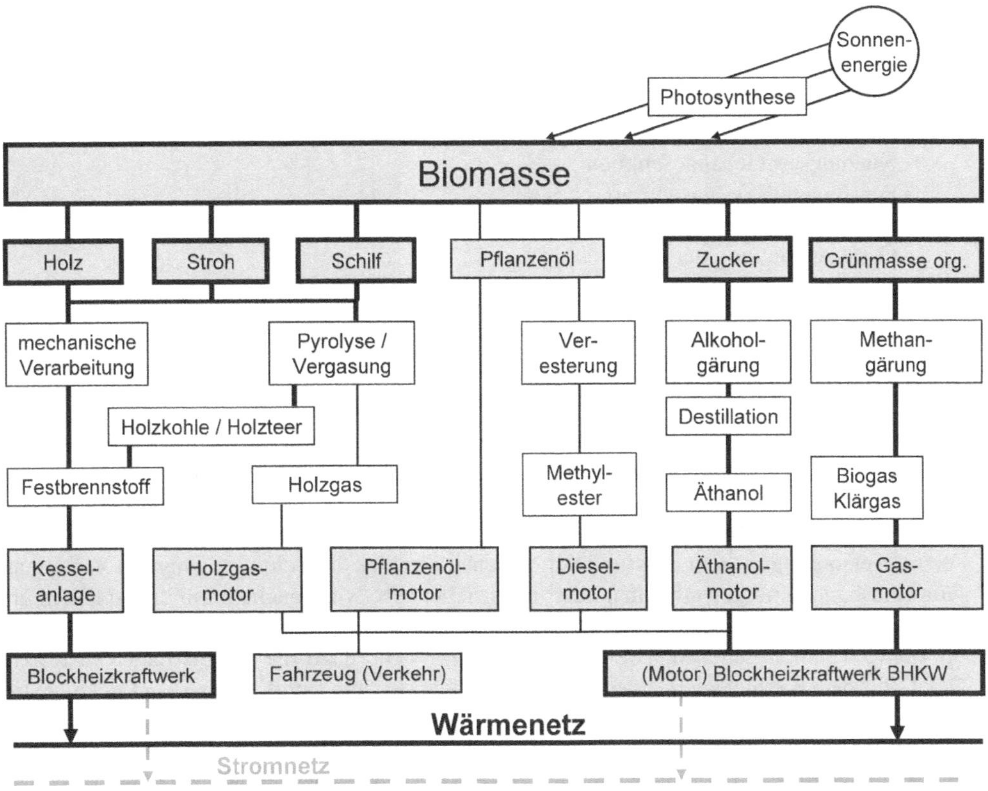

Bild 3-6 Möglichkeiten des Einsatzes von Biomasse für die Wärmeversorgung (nach [3.9])

Wie Bild 3-6 zeigt, sind für die jeweils zum Einsatz kommenden Arten von Biomasse unterschiedliche Verfahren mit unterschiedlichen Anlagentypen zur Energieumwandlung erforderlich, bevor diese in der leitungsgebundenen Wärmeversorgung zum Einsatz kommen können. Dort wo die Kraft-Wärme-Kopplung zum Einsatz kommt, kann dann auch aus Biomasse erzeugte elektrische Energie in das Stromnetz eingespeist werden.

3.4.3 Wärmebedarf

In Deutschland fallen 27,7 Prozent des gesamten Endenergiebedarfs im Haushalt an. Diese verteilen sich wie folgt [3.5]: Raumwärme 75 Prozent; Warmwasser 11 Prozent; mech. Energie 8 Prozent; sonstige Prozesswärme 4 Prozent und Beleuchtung 2 Prozent.

Bestimmungsgrößen für den Raumwärmebedarf

Die Nachfrage der Haushalte in Deutschland nach Raumwärme orientiert sich nach Bestimmungsgrößen, die sich einerseits auf die bauliche Struktur der Gebäude, andererseits auf die technische Gebäudeausrüstung beziehen. Darüber hinaus spielen für die Verbraucher die Kosten eine wesentliche Rolle, zum einen die Betriebskosten, weil diese zum sparsamen Verbrauch von Raumwärme erziehen, zum anderen die Investitionskosten, die meist entscheidend sind für einen Wechsel zwischen den einzelnen angebotenen Systemen. Dazu ist es jedoch erforderlich, dass ein entsprechendes Angebot vorhanden ist und die Handlungsfreiheit der Nutzer z.B. als Mieter oder Eigentümer einer Wohnung besteht. Damit ergeben sich folgende Bestimmungsgrößen für den Raumwärmeverbrauch:

- Nutzfläche
- Nutzungsart/Gebäudefunktion
- Fensteranteil/Verglasungsart
- Gebäudealter/Sanierungszyklus
- Geräteausstattung der Nutzer
- Nutzungskomfort/Nutzerverhalten
- Belegungsdichte
- Technische Gebäudeausrüstung Heizung/Klima
- Kosten des Wärmebezuges

Die Nachfrage nach Raumwärme über den Jahresverlauf unterliegt erheblichen Schwankungen. Von den 8760 Stunden pro Jahr insgesamt fragen die Haushalte in etwa 5000 bis 6000 Stunden nur 10 % der Spitzenleistung nach, und in nur etwa 2000 Stunden pro Jahr werden 50 % dieser Spitzenleistung nachgefragt. Die wünschenswerte Situation, dass sich für das Wärmeversorgungssystem aufgrund der örtlichen Struktur über eine gemeinsame Versorgung von Haushalten und gewerblichen oder industriellen Großverbrauchern mit einem hohen und gleichmäßigen Wärmebedarf über das Jahr eine höhere Leistungsanforderung ergibt, ist nur in wenigen Fällen gegeben. Die Jahresdauerlinie (siehe dazu die Erläuterungen in Kapitel 2.2.1) für den Wärmebedarf eines Siedlungsgebiets verläuft damit in der Regel noch „extremer“ als diejenige für den Strombedarf, das heißt die Spitzen sind noch ausgeprägter und die Zeiten fehlender Vollauslastung der Anlage sind noch häufiger. Die Leistung der Versorgungsanlage muss daher jeweils so angepasst werden, dass diese möglichst lange in Volllast und möglichst nur zeitweise in Teillast betrieben werden kann. Zur Abdeckung der kurzzeitigen Spitzenlast wird dann häufig eine Zusatzversorgung herangezogen. Bild 3-7 zeigt eine typische geordnete Jahresdauerlinie für den Wärmebedarf einer Wohnsiedlung mit 50 Wohneinheiten.

Für Kochen und Warmwasserbereitung sind für einen durchschnittlichen Haushalt zusätzlich zum Raumwärmebedarf ca. 20 Kilowattstunden pro Quadratmeter und Jahr [kWh/m^2a] anzusetzen, für die zentrale Warmwasserbereitung ca. 60 kWh/m^2a bei zentraler Bereitung und ca. 40 kWh/m^2a bei dezentraler Bereitung.

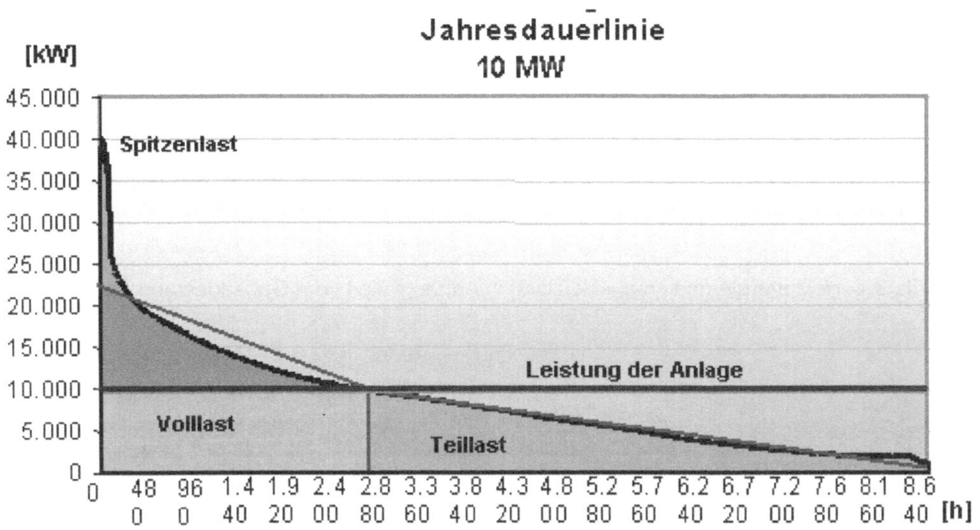

Bild 3-7 Beispielhafte Jahresdauerlinie für eine Wohnsiedlung mit 50 Wohneinheiten [3.10]

Entwicklung des Wärmebedarfs

Die Zahl der Personen pro Haushalt wird durch immer mehr allein stehende alte Menschen und immer mehr junge Single-Haushalte laufend weiter abnehmen. Damit nimmt die Wohnfläche pro Kopf stetig zu. Von derzeit knapp 40 m² pro Einwohner wird bis 2020 ein Anstieg auf über 41 m² und bis 2050 sogar auf über 52 m² prognostiziert [3.11]. Damit steigt die Wohnfläche in Deutschland, die im Jahr 2005 ca. 3,5 Milliarden Quadratmeter beträgt, in den nächsten Jahren trotz abnehmender Bevölkerung weiter auf fast 4 Milliarden Quadratmeter an [3.12]. Die Entwicklung des Wärmebedarfs wird stark von den gesetzlichen Vorgaben geprägt, die aus Umweltschutzzielen in den letzten Jahren erlassen wurden.

Mit den festgelegten Bestimmungen der Energieeinsparverordnung (EnEVO) nähert sich der vorgeschriebene Wärmeschutzstandard im Neubaubereich demjenigen von heute ausgeführten Niedrigenergie-Häusern (max. 70 kWh pro m² und a). Entsprechend erhöhte Anforderungen an die Dämmung sind auch bei der Sanierung von Altbauten zu erwarten.

Da das Energie-Einsparpotential im Neubaubereich mit der Reduzierung des zulässigen Heizwärmebedarfes noch nicht ausgeschöpft ist (siehe Tabelle 3-4) und sich außerdem durch die fortwährenden Sanierungsmassnahmen zudem ein gegenüber den Bestimmungen der WSVO 95 erhöhter Wärmeschutzstandard auch für den erheblich größeren Bereich der Altbauten durchsetzen wird, ist langfristig von einem deutlichen Anstieg des Wärmeschutzstandards im Gesamt-Gebäudebestand der Bundesrepublik auszugehen. Wie sich das Einsparpotential künftig ausschöpfen lässt, hängt ganz wesentlich von der wirtschaftlichen Entwicklung und den Fördermitteln ab, die künftig in die Umsetzung der Energiesparziele gesteckt werden. Je nach dem, welchem Szenario die tatsächliche Entwicklung folgen wird, wird der Endenergieverbrauch im Haushaltssektor von heute ca. 650 TWh/a auf einen Bereich zwischen 300 TWh/a und 600 TWh/a sinken. Geht man von dem eher konservativen Szenario aus, dass der Endenergiebedarf für Raumwärme gegenüber den Maßnahmen der Wärmeschutzverordnung von 1995 noch um weitere 25 Prozent sinken wird, so dürfte sich der Endenergieverbrauch im Haushaltssektor bis 2020 bei ca. 450 TWh/a einstellen [3.13]. Trotz der langfristig weiter ansteigenden Wohnflächen wird der Endenergiebedarf für Raumwärme also aufgrund der höheren Effizienz der Gebäude künftig stark zurückgehen: bis 2020 um ca. 25 Prozent. Danach wird sich der Rückgang verlangsamen und in den nachfolgenden 30 Jahren nochmals um knapp 10 Prozent gegenüber 2020 zurückgehen. Immer vorausgesetzt, dass sich die übrigen Randbedingungen so wie angenommen entwickeln werden.

Tabelle 3-4 Heizenergie (maximale Heizlast) in Abhängigkeit vom Gebäudestandard [3.14]

	Maximale Heizlast		Heizwärmebedarf	
	Minimum	Maximum	Minimum	Maximum
	W/m^2_{Nfl}	W/m^2_{Nfl}	$kWh/(m^2a)$	$kWh/(m^2a)$
Gebäude mit Baujahren vor 1977	130	200	180	240
Gebäude nach WSchV von 1995	40	60	60	130
Niedrig-Energie-Häuser	25	40	30	70
Passivhäuser	10	10	10	20

Siedlungsstrukturelle und demographische Faktoren

Der Raumwärmebedarf in Deutschland ist im Wesentlichen durch siedlungsstrukturelle und demographische Faktoren bestimmt. So wird einerseits die derzeitige Bevölkerungszahl von 82,0 Millionen (2005) bis 2020 kontinuierlich auf 80,7 Millionen absinken. Andererseits werden sich in einzelnen Versorgungsgebieten die Gebäudetypen und deren Wärmeschutz und damit auch der Raumwärmebedarf verändern. Tabelle 3-5 zeigt dies anhand des Gasbedarfs verschiedener Gebäudetypen bei unterschiedlichen Standards für den Wärmeschutz. Eine Berechnung bzw. eine Vorhersage der Entwicklung des Raumwärmebedarfs in Gewerbe und Industrie ist in der Regel nur durch eine detaillierte Einzelfallbetrachtung möglich, weil diese sehr stark von der jeweiligen Branchenstruktur abhängig ist. Mit Hilfe von Kennzahlen, die sich auf die Beschäftigtenzahlen beziehen (Tabelle 3-5), lässt sich allenfalls eine überschlägige Ermittlung des Energiebedarfs bzw. des Leistungsbedarfs einer Branche (hier für das Glas-, Papier- und Keramikgewerbe) vornehmen. Dieser Bedarf im Raumwärmebereich ist häufig auch deutlich höher als der Bedarf für Licht, Kraft und Kommunikation.

Tabelle 3-5 Energie- und Leistungskennzahlen Glas, Papier- und Keramikgewerbe [3.15]

Anwendungen	Energiekennzahl [kWh / Besch.*a]	Leistungskennzahl [kW / Besch.]
Raumwärme	5.401	4,50
Prozesswärme	27	0,03
Brauchwasser	396	0,33

3.5 Wärmeerzeugung

3.5.1 Komponenten der Wärmeerzeugung und deren Funktion

In Heizwerken erfolgt die Wärmeerzeugung für die Raumwärmeversorgung (und meist auch für die Warmwasserversorgung) direkt und ausschließlich für diesen Zweck. Diese Heizwerke liefern also keinen zusätzlichen Strom. Von einem Heizwerk wird die Wärme mit Hilfe des Übertragungsmediums Wasser (oder Dampf) über Fernwärme- oder Nahwärmenetze zu den Verbrauchern geführt. Das Aufheizen des Wassers (oder die Dampferzeugung) erfolgen in Kesselanlagen (Heizkessel, Dampfkessel) oder durch Wärmetauscher, in denen die Abwärme aus anderen Prozessen genutzt wird. Ein Heizwerk setzt sich aus folgenden Teilsystemen zusammen:

- der Brennstoffversorgung und -speicherung,
- der Wärmeerzeugung (Kesselanlage),
- der Wasseraufbereitung,
- der Druckhaltung (bei Heißwassersystemen),
- dem Wärmespeicher und
- den Netzpumpen (bei Heißwassersystemen).

Reine Heizwerke werden heute nur noch zur Reserve- und Spitzenlastabdeckung oder für kleine Versorgungsnetze gebaut. Nach Möglichkeit wird versucht, die Wärmeerzeugung mit der Stromerzeugung in *Heizkraftwerken* nach dem Prinzip der Kraft-Wärme-Kopplung (siehe Kapitel 3.1.2) zu verknüpfen. Hierbei unterscheidet man unterschiedliche Prinzipvarianten:

Beim *Gegendruck-Dampfkraftwerk* erfolgt die Expansion des gesamten Dampfmassenstroms in der Turbine nur bis zum „Gegendruck". Dieser liegt oberhalb des Druckniveaus von Kondensationsanlagen zur ausschließlichen Stromerzeugung. Der daher noch arbeitsfähige „ausgekoppelte" Dampf wird anschließend über einen Heizkondensator zur Bereitstellung von Prozessdampf oder von Fern- und Nahwärme benutzt. Im Vergleich zu einem Kondensationskraftwerk mit gleicher Dampfqualität ist für diese Wärmeleistung eine Minderung der elektrischen Leistung in Kauf zu nehmen.

Die Nutzung der Abwärme von Gasturbinen und Verbrennungsmotoren hat dagegen keine prozessbedingte Stromeinbuße zur Folge. Blockheizkraftwerke mit Verbrennungsmotoren nutzen zur Wärmeauskopplung die Abwärme des Kühlwassers, des Schmieröls und der Abgase. Diese Anlagenkonzepte weisen eine starre Kopplung zwischen Strom- und Wärmeerzeugung auf. *Entnahme-Kondensations-Dampfkraftwerke* erlauben es, die Heizleistung gezielt an den Bedarf anzupassen. Ein Teil des Dampfmassenstroms wird zwischen Dampfeintritt in die Turbine und Kondensator zur Heizwärmeerzeugung geregelt entnommen. Entsprechend der Menge des entnommenen Dampfes geht die elektrische Leistung zurück. Wird z.B. saisonbedingt keine Heizwärme benötigt, wird nur elektrische Energie erzeugt. Der Wirkungsgrad liegt hierbei bei Steinkohlekraftwerken im Bereich von 38 bis 44 %.

Die Kombination einer Gasturbine mit einer Dampfturbine führt zu einer *Gas- und Dampfturbinen-Anlage* (GuD-Anlage). Dabei werden die heißen Abgase der Gasturbine in einem Abhitzekessel (ohne oder mit Zusatzfeuerung) zur Erzeugung von Frischdampf für die

Dampfturbine verwendet. Aufgrund der Kopplung des Gas- und Dampfturbinenprozesses erreichen GuD-Anlagen hohe elektrische Wirkungsgrade und hohe Stromkennzahlen. Anlagen mit befeuertem Abhitzekessel haben den Vorteil, dass ihr Betrieb sich äußerst flexibel dem tatsächlich vorhandenen Strom- und Wärmebedarf anpassen lässt.

Die bisher beschriebenen KWK-Anlagenkonzepte sind weitgehend etablierte und ausgereifte Technologien, die nur noch ein begrenztes Verbesserungs- und Optimierungspotenzial aufweisen. Im Gegensatz dazu stehen *Brennstoffzellen-Heizkraftwerke* noch am Anfang ihrer Entwicklung. In Brennstoffzellen wird die im Brennstoff (Wasserstoff bzw. wasserstoffhaltige Energieträger) enthaltene chemische Bindungsenergie auf elektrochemischem Wege direkt in elektrische Energie umgewandelt. Die dabei anfallende Wärme lässt sich insbesondere bei den Mittel- und Hochtemperatur-Brennstoffzellen auch im Sinne einer Kraft-Wärme-Kopplung nutzen. Um jedoch zu einer wirtschaftlich wettbewerbsfähigen Form der etablierten KWK-Anlagen zu werden, muss die Brennstoffzellentechnologie noch stark weiter entwickelt werden.

Ein Vergleich von Systemen der gekoppelten und getrennten Erzeugung von Strom und Wärme muss anhand einer konkreten Versorgungsaufgabe erfolgen, die durch den Wärme- und Strombedarf charakterisiert ist sowie dem zeitlichen Verlauf der nachgefragten Wärme- und elektrischen Leistung. Zudem müssen alle Systemelemente in den Vergleich mit einbezogen werden, z.B. auch die Anlagen zur Spitzenlast-Abdeckung sowie zur Wärmeverteilung. Die Ergebnisse einer derartigen Gegenüberstellung hängen sowohl von dem betrachteten KWK-System ab, als auch von dem zum Vergleich herangezogenen Referenzsystem der getrennten Erzeugung und den genutzten Brennstoffen.

3.5.2 Raum- und Umweltwirkungen der Wärmeerzeugung

Raumwirkungen

Die Raumbedeutsamkeit der Wärmeerzeugung ergibt sich bei der großtechnischen Nutzung von Wärmepotentialen zum einen aus industriellen Prozessen oder aus der Stromproduktion. Hier wären möglichst geringe Abstände zwischen den zu versorgenden Siedlungsgebieten und den Orten herzustellen, an denen die Abwärme anfällt. Dies widerspricht jedoch in der Regel anderen Planungszielen wie dem Lärmschutz oder der Stadt- bzw. der Landschaftsgestaltung. Diese erfordern meist große Abstände zu den Umwandlungsanlagen (Kraftwerken) und empfindlichen Siedlungsgebieten oder die Unterbringung der Anlagen in solchen Gebieten mit ausgewiesenen Flächennutzungen, die mit den Umweltwirkungen der Umwandlungsanlagen verträglich sind. Solche Nutzungskonkurrenzen sind daher in der Raumplanung frühzeitig zu berücksichtigen und (in der Regel in der Bauleitplanung) untereinander und miteinander abzustimmen.

Umweltwirkungen

Die negative Emissionssituation in den Wohngebieten, hervorgerufen durch die Luftschadstoffe der kohle- bzw. holzbefeuerten Einzelofenheizungen war in vielen Städten der Ausgangspunkt für zentrale Versorgungssysteme und den damit verbundenen Ausbau der Fernwärmeleitungen. Bei den zentralen Systemen war es zunächst ökonomisch einfacher, wirksame Rauchgasreinigungsanlagen zu installieren und zuverlässig zu betreiben. Erst mit der Einführung von Gas und leichtem Heizöl und verbesserter Anlagentechnik konnten die Umwandlungsanlagen für den Raumwärmebedarf wieder dezentral innerhalb der Siedlungsflächen bei geringen lokalen Umweltwirkungen vorgesehen werden.

Mit zunehmenden Erkenntnissen über die globalen Wirkungen fossiler Energieträger geht es nun darum, diese auch im Raumwärmemarkt möglichst weit zurückzudrängen und regenerative Energieträger zum Einsatz zu bringen. Der Betrieb von Anlagen zur Wärmeversorgung mit Hilfe der Solarthermie und der Geothermie ist innerhalb der Siedlungsgebiete ohne wesentliche Umweltwirkungen möglich. Bei einer Gesamtbetrachtung aller Umweltwirkungen sind hier jedoch auch die teilweise aufwändigen Produktionsprozesse der Anlagen zu berücksichtigen. Bei der Verwendung von Biomasse zur Raumwärmeversorgung kann auf inzwischen ausgereifte Umwandlungstechniken und Abgasreinigungsverfahren zurückgegriffen werden.

In der Vereinbarung zur Minderung der CO_2-Emissionen und der Förderung der Kraft-Wärme-Kopplung (KWK) zwischen der Bundesregierung und der deutschen Wirtschaft aus dem Jahr 2001 wurden CO_2-Minderungsmaßnahmen aufgeführt, die durch Initiativen der Unterzeichner bis 2010 zu Reduktionen von 45 Mio. t CO_2/Jahr gegenüber 1998 führen sollen. Ziel ist es, die CO_2-Minderungen durch zwei Maßnahmenbündel zu erreichen. Zum einen sollen durch den Erhalt, die Modernisierung und den Zubau von KWK-Anlagen oder durch sonstige Maßnahmen Beiträge geleistet werden. Hierbei wird angestrebt mit oder von KWK, die CO_2-Emissionen um 10 Mio. t CO_2/Jahr bis 2005 und insgesamt bis 2010 möglichst um 23 Mio. t CO_2/Jahr, jedoch mindestens um 20 Mio. t CO_2/Jahr, zu senken.

Für die Ermittlung der CO_2-Einsparungen [3.16] wurden für die Strom- und Wärmeerzeugung Referenzsysteme definiert. Die spezifischen CO_2-Emissionen der ungekoppelten Erzeugung betragen bei der ungekoppelten Stromerzeugung 820 g CO_2/kWh_{el} und für die ungekoppelte Wärmeerzeugung der allgemeinen Versorgung 300 g CO_2/kWh, für die gekoppelten Prozesse betragen diese 205 g CO_2/kWh für den Energieträger Kohle und -154 g CO_2/kWh bei dem Energieträger Gas, bei der Verwendung von Biogas sogar -404 g CO_2/kWh [3.16].

Auf den ersten Blick überraschen dabei die negativen Emissionen der Wärmeerzeugung mit einem BHKW. Dies erklärt sich damit, dass durch die Verdrängung der Stromerzeugung in einem herkömmlichen Kraftwerk in diesem Vergleich Emissionen eingespart werden, die höher sind als diejenigen, die das BHKW vor Ort selbst erzeugt. Faktisch wirkt sich unter den Verhältnissen des aktuellen Kraftwerksmixes der Betrieb eines Erdgas-BHKW wie eine so genannte CO_2-Senke aus. Das heißt, ein Erdgas-BHKW spart im Vergleich zu einem modernen Gas-Brennwertkessel trotz 50 % Mehremissionen vor Ort insgesamt 160 % an Treibhausgasen ein.

Die Studie zeigt, dass unter den zugrunde gelegten Rahmenbedingungen für die Referenzsysteme und für die Bewertung des Erhalts, das in der Selbstverpflichtung vereinbarte Zwischenziel von 10 Mio. t CO_2/Jahr für 2005 gegenüber 1998 mit einer bilanzierten jährlichen Einsparung von 12,7 Mio. t CO_2/Jahr durch den Zubau, die Modernisierung und den Erhalt von KWK-Anlagen erreicht wird.

3.5.3 Kosten der Wärmeerzeugung und deren Trägerschaft

Die Kosten der Wärmeerzeugung, das heißt der Umwandlung von Primärenergie in die Nutzenergie Wärme, setzen sich aus den Brennstoffkosten, den Investitionen in die Umwandlungsanlagen und die Kosten für den Anlagenbetrieb zusammen. Zu diesen Erzeugungskosten kommen dann noch der Wärmetransport und die Wärmeverteilung hinzu, die in den nächsten Kapiteln behandelt werden, sowie häufig auch noch die Kosten für die Leistungsabrechnung. Die Erzeugungskosten für die Fernwärme sind dann, wenn diese in einem Kraft-Wärme-Kopplungsprozess erzeugt wurden, nur schwer von den Gesamtkosten für die Strom- und Wärmeproduktion abzutrennen. Häufig wird daher für die Fernwärme ein „anlegbarer“ Preis verlangt, das ist der Preis, den ein Abnehmer bei Eigenproduktion der Wärme mit einem anderen verfügbaren System (z.B. bis Erdgas oder Heizöl) bezahlen müsste. Bei den Kosten der Wärmeerzeugung mit Hilfe des leitungsgebundenen Systems Gasversorgung schlagen im Wesentlichen die Brennstoffkosten durch. Der Preis des Erdgases richtet sich jedoch bei den meisten Verträgen, welche die Verbraucher oder die regionalen oder lokalen Versorgungsunternehmen mit den Gaslieferanten langfristig abgeschlossen haben, nach dem Ölpreis.

Tabelle 3-6 Kostengruppen und Kostenarten für die Heizungssysteme Erdgaszentralheizung und Fernwärme nach [3.17]

		Heizungssystem	
Kostengruppe	**Kostenart**	**Erdgas (ZH)**	**Fernwärme**
Betriebskosten	Grundpreis	135	237
	Arbeitspreis	461	453
Nebenkosten	Kaminfeger	42	0
	Wartung / Instandsetzung	141	65
Kapitaldienst	Kamin	82	0
	Kessel, Regelung, Montage	386	0
	Fernwärme-Hausstation	0	301
	Hausanschluss und BKZ	157	222
Summe	Euro/Jahr	1404	1279

Die Fernwärmetarife bestehen aus einem Grund- und einem Arbeitspreis (Tabelle 3-6). Der Grundpreis steigt in der Regel mit dem Lohnkostenindex oder ähnlichen gesamtwirtschaftlichen Kenngrößen. Ein hoher Grundpreis verringert den Einfluss des Verbrauchs am Gesamtpreis, so dass der Anreiz für ein energiesparendes Verhalten sinkt. Der Versorger hat andererseits mit einem hohen Grundpreis eine von der Abnahmemenge unabhängige gesicherte Einnahme. Deshalb sind für die Kunden Tarife ohne Grundpreis oder mit einem möglichst geringen Grundpreis vorteilhaft. In der Regel beträgt der Grundpreis etwa 65% des Gesamtpreises.

Preisgleitklauseln passen die Arbeitspreise der Fernwärme an die Kosten der Einsatzenergien und die allgemeine Entwicklung von Energiepreisen und Lebenshaltungskosten an. Sinken z.B. die Ölpreise, dann sorgen die Preisgleitklauseln dafür, dass auch der Fernwärmepreis sinkt. In der Praxis hat sich eine Kopplung von 30 bis 50% eingestellt.

3.6 Wärmetransport

3.6.1 Komponenten des Wärmetransports

Entsprechend den bisherigen Definitionen ist für das Wärmeversorgungssystem in erster Linie der Wärmetransport vom Ort der Umwandlung (Kraftwerk) zum Verbraucher über das Medium Wasser von Bedeutung. Dieser erfolgt in großen Fernwärmeleitungen. Hierbei spricht man zum Teil auch von einer Fernwärme*schiene*. Zum anderen soll hier aber auch auf den großräumigen Transport von Erdgas kurz eingegangen werden, auch wenn es sich hierbei im Raumwärmebereich eigentlich um den Brennstofftransport zur dezentralen Umwandlungsanlage (hier der der Gebäudeheizung) handelt, da dieser aus planerischer Sicht eine große Bedeutung für die Systemauslegung insgesamt, aber auch für die Erschließung der Siedlungsgebiete aufweist.

Transport von Fernwärme

Die Auskopplung von Fernwärme aus Kraftwerken erfolgt in so genannten Primärnetzen bei einem Rohrdurchmesser von DN 600 bis DN 1000 über Entfernungen von 10 bis 20 km, bei der Fernwärmeschiene Niederrhein sogar über 40 km. Weitere Beispiele sind die Trassen Mannheim-Heidelberg, Jänschwalde-Cottbus, Wedel-Hamburg und Lippendorf-Leipzig.

In Netzen mit verschiedenen Erzeugungsanlagen kann deren Einsatz zur Minimierung der Brennstoffkosten optimiert werden. Weiterhin ist die Einkopplung anderer Abwärmequellen möglich, wobei jedoch zum Erreichen einer hohen Wirtschaftlichkeit des gesamten Systems eine computergestützte Leittechnik mit entsprechender Software erforderlich ist. Ein Beispiel bildet die Fernwärmeschiene Niederrhein, in der neben der Grundversorgung aus Heizkraftwerken in großem Umfang Abwärme aus einer Schwefelsäurefabrik und eines Hochofens eingekoppelt und somit ein Beitrag zur Einsparung von Primärenergie geleistet wird.

Kleinräumigere Systeme, meist als Sekundärnetze oder Nahwärmesysteme bezeichnet, weisen meist nur eine geringe Transportkomponente auf (Raumüberwindung ohne Wärmeabgabe). Hier dienen die Leitungen meist vollständig der Wärmeverteilung.

Der Energietransport mit Heißwasser ist gegenüber den Öl- und Gasleitungen durch einen geschlossenen Kreislauf (Vor- und Rücklaufleitungen beim Heißwassersystem, Dampf- und Kondensatleitung beim Dampfsystem) und eine zur Verminderung von Wärmeverlusten auf die Rohre aufgebrachte Dämmschicht gekennzeichnet.

Bild 3-8 zeigt beispielhaft den Druckverlauf in einer Fernwärmeleitung [3.4]. Hier ist zu erkennen, dass der Ausgangsdruck am BHKW in der Vorlaufleitung zunächst 1032 kPA beträgt (Variante 1). Nach 3000 m Trassenlänge beträgt dieser Druck beim Abnehmer 1 dann nur noch 854 kPA und nach 6000 m beim zweiten Abnehmer nur noch 666 kPA.

In der Rücklaufleitung geht der Druck dann nach dem Druckverlust beim Verbraucher (z.B. an einem Wärmetauscher) durch den Rücktransport nochmals von 566 kPA auf 200 kPA zurück, bis die Leitung wieder das BHKW erreicht.

Wird die Wärme am BHKW in der Leitung nur mit einem Druck von 656 kPA entnommen (Variante 2), dann ist der Druck beim ersten Abnehmer durch eine Pumpe von 478 kPA wieder auf 854 kPA zu erhöhen (Variante 2).

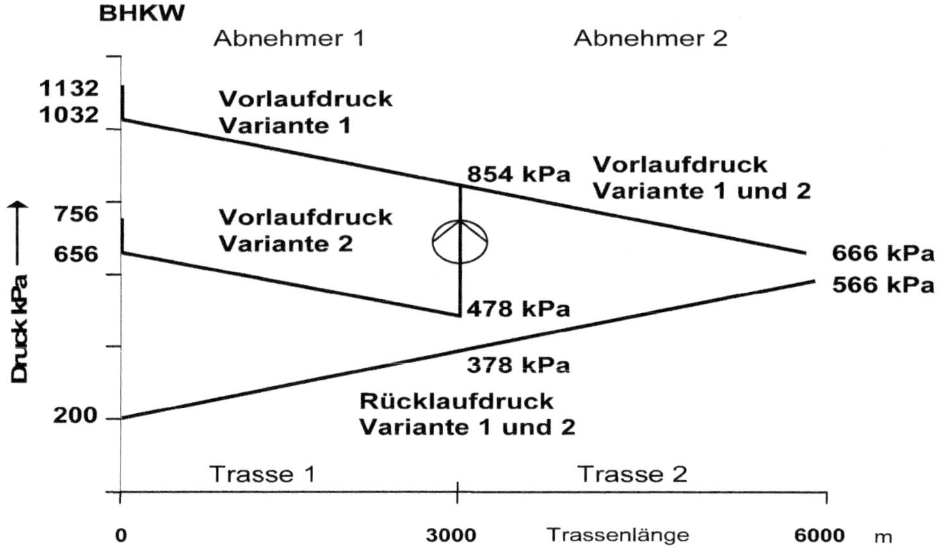

Bild 3-8 Druckverlauf über die Trassenlänge für den Wärmetransport eines BHKWs [3.4]

Transport von Erdgas für die Wärmeerzeugung

Die minimale Rohrwanddicke bzw. rechnerische Mindestwanddicke ist in Abhängigkeit vom maximalen Innendruck, dem äußeren Rohrdurchmesser, der maximal zulässigen Materialspannung und einem „Verschwächungsbeiwert“.

In der Anfangsphase der Gasversorgung wurden die korrosionsunempfindlichen, jedoch bruchgefährdeten Rohre aus Grauguss bis zu Nennweiten DN 500 und einem Druck von 10 bar eingesetzt. Seit den 1960er Jahren erfolgte deren Ablösung durch Rohre aus duktilem Guss mit höherer Festigkeit, Elastizität und Verformbarkeit und demzufolge erhöhten Einsatzbereichen bis zu DN 600 und PN 16. Der gegenüber dem Grauguss verringerten Korrosionsbeständigkeit wird durch Aufbringen von Schutzschichten begegnet. Die Verbindung der einzelnen „Rohrschüsse“ erfolgt mit Muffen, wobei die ursprünglich verwendeten Stemmmuffen mit Dichtstrick und Stemmstoff aus Blei durch Steck-, Schraub- und Stopfbuchsmuffen mit modernen Kunststoffdichtringen ersetzt werden konnten.

Bei den im Gasrohrleitungsbau eingesetzten Stahlrohren fand ebenfalls ein Wechsel von den unlegierten Stahlsorten St 37 und St 52 bis zu hochfesten legierten Materialien StE 480.7 mit einer Mindeststreckgrenze von K = 480 N/mm² statt, die insbesondere für Rohre mit größeren Durchmessern und Druckstufen der Ferntrassen erforderlich wurden.

Analog zur Rohrfertigung im Werk kommt den verschiedenen, in DVGW-Arbeitsblättern festgelegten Prüfverfahren zur Sicherung der Montagequalität auf der Baustelle eine hohe Bedeutung zu. Neben der Schweißnahtprüfung mittels Ultraschall oder Röntgenverfahren werden fertig gestellte Leitungsabschnitte einem Prüfdruck aussetzt. Beim „klassischen“ Sichtverfahren wird der zu prüfende Trassenabschnitt einem inneren Luftüberdruck ausgesetzt und die Schweißnähte mit einem schaumbildenden Mittel versehen (Abpinseln), so dass Undichtigkeiten durch Blasenbildung sichtbar werden.

Zur Vermeidung der Außenkorrosion werden die Rohre und Schweißnähte bei der Fertigung und nach der Verlegung auf der Baustelle mit entsprechenden Schutzschichten versehen. Neben den früher eingesetzten bituminösen Materialien mit Trägereinlagen aus Glasvlies o.a. mit Schichtdicken von 4 bis 6,5 mm werden zunehmend PE-Umhüllungen verwendet, die sich durch einen hohen elektrischen Isolationswiderstand und hohe Beständigkeit gegenüber aggressiven Medien auszeichnen. Die Einhaltung einer Gasmindesttemperatur vermeidet das Unterschreiten der Wasserdampf-Taupunkttemperatur und somit eine Innenkorrosion. In Ferntransportleitungen stellt darüber hinaus die Auskleidung mit Epoxydharz eine wirksame Korrosionsschutzmaßnahme dar.

- Verdichterstationen und Druckregelanlagen

Verdichterstationen sind zur Überwindung des Reibungsdruckverlusts beim Ferntransport (Transportverdichtung) oder zur Erzeugung des relativ hohen Drucks für unterirdische Gasspeicher (Speicherverdichtung) erforderlich. In Transportleitungen sind hohe Fördermengen mit einem relativ geringen Druckverhältnis zu verdichten, so dass Turboverdichter mit Industriegasturbinen als Antrieb verwendet werden. In großen Anlagen wird zur Verbesserung des Wirkungsgrades der Gasturbine ein Dampfturbinenprozess nachgeschaltet.

Demgegenüber sind bei Gasspeichern geringere Fördermengen mit einem relativ hohen Verdichtungsverhältnis einzuspeichern, wozu Kolbenverdichter mit Gasmotorantrieb, überwiegend nach dem Zweitakt-Otto-Verfahren arbeitend, einzusetzen sind. Aus nahe liegenden Gründen wird ein Teil des zu verdichtenden Gases als Antriebsenergie verwendet. Zur Gewährleistung ausreichender Zuverlässigkeit und Variabilität der Fördermenge und des Druckverhältnisses werden neben Drehzahlverstellung, Bypass- und Drosselregelung mehrere Verdichter in Parallel und/oder Reihenschaltung installiert. Eine zusätzliche Reserveeinheit mit der Leistung der größten installierten Betriebseinheit wird empfohlen. Sie sichert eine Mindestfördermenge für den Fall der planmäßigen oder außerplanmäßigen Außerbetriebsetzung eines Verdichters.

Zum sicheren und wirtschaftlichen Betrieb von Verdichterstationen sind neben einer Notstromversorgung z.B. noch Kühler zur Abführung der Motorverlustwärme und zur Einhaltung einer maximalen Gastemperatur von ca. 50 °C erforderlich sowie Anlagen zur Staubentfernung und zur Filterung. Daneben wird eine Brenngaszuführung für den Antriebsmotor mit Flüssigkeitsabscheider benötigt, sowie eine Druckregelung und Überdrucksicherung, die den Verdichter bei Erreichen eines Grenzwertes abschaltet. Zur Sicherheitstechnik gehören automatische Gaswarn- und Brandmeldeanlagen sowie Feuerlöscheinrichtungen.

Druckregelanlagen bzw. Übergabestationen stellen die Verbindung der Abnehmer oder Netze zu Versorgungssystemen höherer Druckstufe dar und haben die Aufgabe, den Ausgangsdruck bei schwankendem Eingangsdruck und wechselnder Belastung auf möglichst konstantem Niveau zu halten. Diese Einrichtungen können nach ihrem Verwendungszweck in Übernahmestationen, Bezirksstationen, Sonderabnehmerstationen bis zum Hausdruck-Regelgerät eingeteilt werden. Als weitere Sicherheitsmaßnahme in den Abnehmernetzen gilt der als Odorierung bezeichnete und in den Übergabestationen realisierte Zusatz von Geruchsstoffen, durch den bereits relativ geringe Leckmengen wahrnehmbar sind.

- Gasspeicherung

Kleinere Mengen werden in oberirdischen Behältern, Röhrenspeicher oder auch Flüssigerdgasanlagen gespeichert. Größere Erdgasmengen werden aus Umwelt- und Kostengründen in unterirdischen Porenspeichern oder Kavernen gelagert. Porenspeicher sind unterirdische Gesteinsformationen, die sich aufgrund ihrer Eigenschaften besonders zur Speicherung von Erdgas eignen. Kavernen sind Hohlräume, die in unterirdischen Salzformationen durch einen Solprozess entstehen.

Das in den Kavernen gespeicherte Erdgas wird über das Transportleitungsnetz zur Speicheranlage geleitet und dort mit Hilfe von Verdichtern bis zu einem maximalen Druck von 106 beziehungsweise 150 bar in die Kavernen gedrückt. Wenn der Druck in einer Kaverne niedriger ist als der Druck innerhalb der Transportleitung, wird das Erdgas mit einem Gasvorwärmer auf die entsprechende Temperatur gebracht. Die Erwärmung verhindert, dass sich bei der Druckänderung und der damit verbundenen Temperaturreduzierung unerwünscht Wasser und Eis bilden. Das eingespeicherte Erdgas kann jederzeit entnommen werden. Dabei ist eine Reduzierung des Kavernendrucks auf den Druck in der Transportleitung notwendig. Die dadurch auftretende Temperaturreduzierung muss wiederum durch eine Vorwärmung ausgeglichen werden. Zusätzlich wird das Erdgas getrocknet, um die Bildung von Wasser in den Leitungen zu vermeiden. Denn während der zum Teil monatelangen Lagerung nimmt das Erdgas durch den Kontakt mit der restlichen Sole am Kavernenboden Wasserdampf auf.

Tabelle 3-7 Erdgasuntertagespeicher in Deutschland 2001 (Stand 31.12.2002) [3-17]

	Poren-speicher	**Kavernen-speicher**	**Summe**
Arbeitsgasvolumen im Betrieb, Mrd. m^3	13	5,8	18,8
Maximale Entnahmerate pro Tag, Mio. m^3	204,6	240,2	444,8
Theoretische Verfügbarkeit des Arbeitsgases, Mrd. m^3	64	24	42
Anzahl der Speicher im Betrieb, in Planung oder Bau	23	20	43
Arbeitsgasvolumen (in Planung oder Bau), Mrd. m^3	0,1	3,8	3,9
Anzahl der Speicher in Planung oder Bau	2	12	14
Summe Arbeitsgas, Mrd. m^3	**13,1**	**9,6**	**22,7**

Bei einem jährlichen Gasverbrauch von ca. 992 Mrd. kWh in Deutschland (2003) und einem Umrechnungsfaktor von 10,4 kWh pro m^3 Erdgas ergibt sich ein Jahresverbrauch von 95 Mrd. m^3. Die Erdgasuntertagespeicher bevorraten somit 23 % des Jahresverbrauchs, bzw. den Durchschnittsverbrauch über 87 Tage (Tabelle 3-7).

3.6.2 Raum- und Umweltwirkungen des Wärmetransports

Raumwirkungen

Die Raumbedeutsamkeit des Wärme- oder Gastransportes besteht insbesondere in der Erschließungswirkung. Durch den Antransport von Nutzenergie, die außerhalb der Siedlungsgebiete erzeugt oder gefördert wurden, verbessert sich die Lagegunst der versorgten Wohn-, Gewerbe- oder Industriestandorte deutlich.

Durch die Bündelung von Leitungstrassen kann eine Barrierewirkung entstehen, insbesondere wenn die betroffenen Räume hierdurch überlastet werden.

Umweltwirkungen

Nachteilige Umweltwirkungen durch den Wärme- bzw. den Gastransport in leitungsgebundenen Versorgungssystemen ergeben sich im Wesentlichen nur beim Bau der Leitungen. Da diese meist unterirdisch verlegt sind, gehen von diesen während dem ordnungsgemäßen Betrieb keine wesentlichen Emissionen aus. Lediglich Pumpstationen, Übergabestationen oder Druckerhöhungsstationen verursachen in gewissem Umfang Lärmbelastung für die unmittelbare Umgebung. Nur dort, wo Fernwärmeleitungen oberirdisch geführt werden, sind auch Eingriffe in das Stadt- bzw. das Landschaftsbild zu berücksichtigen.

Bei der Linienführung der Transportleitungen ist es aus Kostengründen meist sinnvoll, die bebauten Ortslagen zu meiden. Dadurch können bei der Trassierung insbesondere Konflikte mit Nutzungen in den Freiflächen entstehen. Dies sind in erster Linie die Belange des Naturschutzes, des Landschaftsschutzes, der Forstwirtschaft oder der Landwirtschaft. Auch Bodendenkmale und archäologische Funde können betroffen sein.

3.6.3 Kosten des Wärmetransports und deren Trägerschaft

Die Kosten des *Wärmetransportes* mit Hilfe des Mediums Wasser sind meist höher als die der Erzeugeranlagen und Übergabeeinrichtungen [3.4]. Sie werden bestimmt durch die Investitionskosten für die Rohrleitungen und Pumpen, durch die Betriebs- bzw. variablen Kosten für die Pumpen sowie die Wärmeverlustkosten.

Erheblichen Einfluss auf die Jahreskosten haben kostensenkende Verlegetechnologien, der Einsatz drehzahlgeregelter Pumpen sowie die Preise für die Elektroenergie.

Eine erste überschlägige Bestimmung der Kosten für den Wärmetransport ist unter Vernachlässigung der Wärmeverlustkosten über den zuvor ermittelten Innendurchmesser der erforderlichen Rohrleitungen möglich (Bild 3-9). Die Gesamtkosten K_a ergeben sich hierbei aus den Festkosten K_f und den variablen Kosten K_v.

Der *Gastransport* in den umfangreichen bestehenden Transportsystemen der großen deutschen Gasversorger ist im liberalisierten Gasmarkt durch Netznutzungsentgelte für den Netzzugang gekennzeichnet. Das Gastransportunternehmen ist dabei an die durch die in der Verbändevereinbarung zum Netzzugang bei Erdgas (VV Erdgas II) vom 03. Mai 2002 beschriebenen Bedingungen gebunden und muss einen Zugang zu ihrem Erdgasverteilungsnetz ermöglichen. Zwischen dem Gasleitungsbetreiber und dem Transportkunden wird dabei über einen Netzzugangsvertrag eine maximal nutzbare Stundenleistung in kW sowie eine Transportmenge in kWh vereinbart. Zur Durchführung des Netzzuganges werden Systemdienstleistungen von dem Leitungsbetreiber erbracht. Dieser wird dann in der Regel eine vereinbarte Transportkapazität in Höhe dieser vereinbarten, maximal nutzbaren Stundenleistung in seinem Verteilungsnetz vorhalten, die der Transportkunde flexibel nutzen kann.

Dem Transportkunden wird zusätzlich im Rahmen vorhandener Netzkapazitäten eine Steuerungsdifferenz von zusätzlich 2 Prozent der vereinbarten maximal nutzbaren Stundenleistung zugestanden. Zu einer über die vereinbarte maximale Stundenleistung hinausgehenden Inanspruchnahme des Netzes ist der Transportkunde nicht berechtigt.

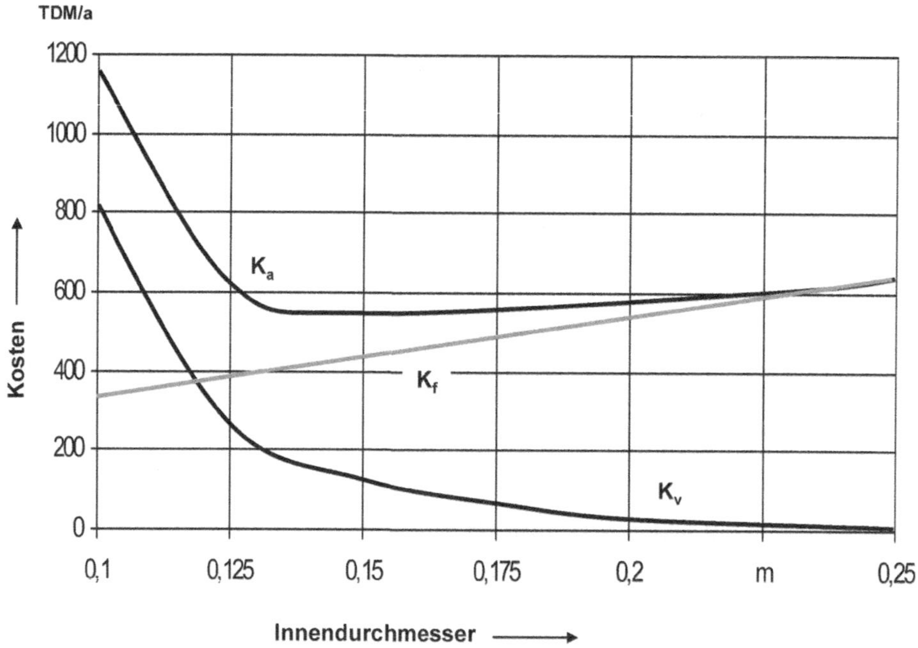

Bild 3-9 Gesamtkosten für den Wärmetransport in einer 3 km langen Fernwärmeleitung in Abhängigkeit vom Innendurchmesser nach [3.4], Stand der Kosten ca. 1997

Das Entgelt für den Netzzugang in der Endverteilung (Endverteilungsbriefmarke), bezieht sich grundsätzlich auf einen Zeitraum von einem Jahr und setzt sich wie folgt zusammen:

Arbeitsentgelt + Leistungsentgelt + Entgelt für die Systemdienstleistungen (+ ggf. Konzessionsabgabe) = Netzzugangsentgelt, netto + Umsatzsteuer = Netzzugangsentgelt, brutto.

3.7 Wärmeverteilung

3.7.1 Wärmeverteilung und deren Funktion

Wärmeverteilung

Die Planung der Fernwärme- und Nahwärmenetze umfasst die Bereiche: Transport- und Verteilleitungen, Druckerhöhungs- und Pumpstationen sowie Umformstationen für nachgeordnete Netze. Bei der Trassenplanung werden für die jeweils vorgesehenen Fernwärmeleitungen zunächst technisch und wirtschaftlich realisierbare Linienführungen vorgeschlagen und mit den Entscheidungsträgern abgestimmt. Anschließend wird der Vorentwurf unter Verwendung amtlicher Lagepläne planerisch so aufbereitet, dass er die Grundlage für die Zustimmung der genehmigenden Behörden bildet und die detaillierte Abstimmung mit den Trägern öffentlicher Belange ermöglicht. Danach kann mit der Ausführungsplanung und den folgenden Leistungsphasen begonnen werden: Erstellen von Entwurfszeichnungen und Vorstatik für Sonderbauwerke wie Rohrbrücken, Rohrstützen, Pressungen, Düker etc.

Die Wahl der Verlegemethode erfolgt jeweils projektbezogen in Abhängigkeit der Verhältnisse auf den verschiedenen Trassenabschnitten. Hier kommen häufig auch so genannte Fernheizkabel (siehe Bild 3-10) zur Anwendung. Diese bestehen aus einem wendelförmig gewellten Innen- und Außenrohr. Die optimierte Wellrohrgeometrie sorgt einerseits für einen minimalen Strömungswiderstand und eine gute Spülbarkeit bei hoher Flexibilität und großer Quersteifigkeit. Andererseits kompensieren Fernheizkabel auch die temperaturbedingten Längenveränderungen, so dass die sonst üblichen Vorkehrungen zur Dehnungsaufnahme entfallen können. Der außen bereits werksseitig aufgebrachte Polyurethan-Hartschaum isoliert die Leitungen und nimmt Temperaturbelastungen bis max. 150 °C auf [3.4].

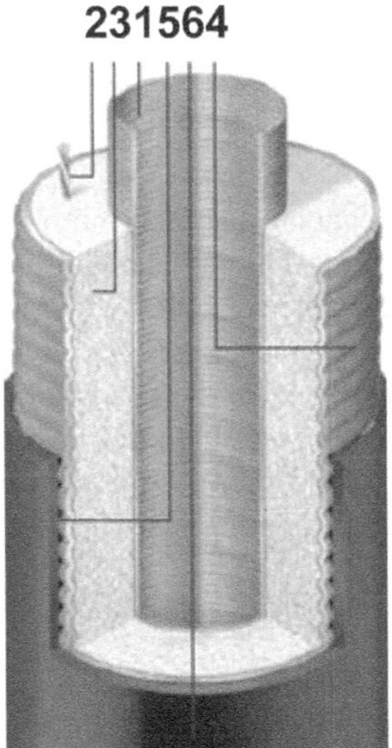

Aufbau

1 Innen-Wellrohr aus Edelstahl

2 Überwachungsadern

3 Flexibler Polyurethan-Hartschaum

4 Außen-Wellrohr aus Stahl

5 Polymentschicht

6 Polyäthylen-Schutzmantel

Bild 3-10 Aufbau eines „Fernheizkabels" (Beispiel Fa. FLEXWELL)

Fernheizkabel werden direkt von der Trommel (bis 800 m) in den vorbereiteten Rohrgraben verlegt, wobei nur geringe Grabenbreiten erforderlich sind. Da geringe Überdeckungshöhen durch die hohe statische Belastbarkeit ausreichend sind, lässt sich beim Erdaushub doppelt sparen. Auch die Wiederherstellung der Oberflächen verlangt deutlich weniger Aufwand. Hindernisse im Gelände lassen sich flexibel umgehen, unter- oder überqueren, da sich die „Kabel" an die örtlichen Gegebenheiten gut anpassen lassen. So können z.B. Bäume ohne Gefährdung des Wurzelwerkes weiträumig umgangen werden. Grundwasserabsenkungen sind nicht erforderlich. Auch grabenlose Verlegungen im Horizontalspülbohrverfahren sind mit den Fernheizkabeln möglich, wenn Wege oder Straßen nicht behindert werden sollen (Bild 3-11).

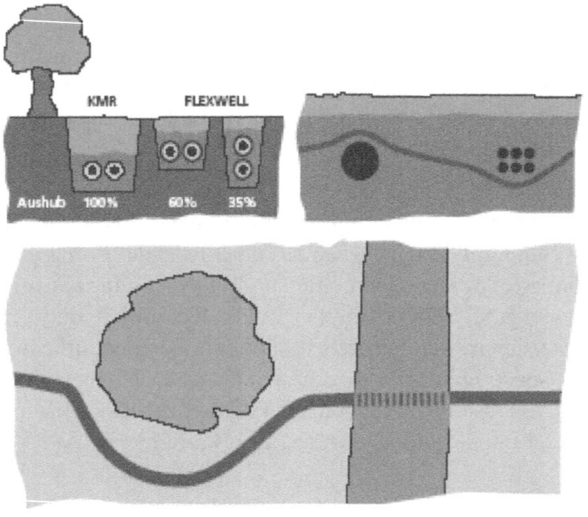

Vorteile der Wärmekabel

- weniger Erdaushub
- flexible Unterfahrung von Hindernissen im Untergrund
- flexible Umgehung von entgegenstehenden Flächennutzungen

Bild 3-11 Vorteile des Einsatzes von „Fernwärmekabeln" (Bsp. Fa FLEXWELL)

Bei der konventionellen Verlegemethode ist die Wärmedehnung der Stahlrohre zu berücksichtigen. Hier wird ein natürlicher Dehnungsausgleich durch U-, L- oder Z-Bögen in der Leitungsführung geschaffen. Dieser benötigt jedoch einen ausreichenden Verlegungsraum. Eine Platz sparende, jedoch teuere Alternative bieten Axialkompensatoren. Bei diesen erfolgt der Längenausgleich durch das ineinanderschieben der Rohre, wobei die Übergänge gasdichte Endverschlüsse aufweisen müssen, um die axiale Bewegung des Innenrohres zuzulassen. Axialkompensatorverschluss-Baueinheiten werden werkseitig vorgefertigt und in eine Baueinheit eingebaut. Die Lebensdauer eines Kompensators ist abhängig von Temperatur, Druck, Auslastung, Lastwechselzahl, Druckstößen und Korrosion.

Gasverteilung

Die Gasverteilung in den Ortsnetzen (Verbrauchsgebieten) erfolgt meist durch gelb eingefärbte Leitungen mit dem Werkstoff Polyäthylen (PE 80 oder PE 100) mit 1 bis 4 bar Druck, die von den Gas-Transportleitungen (16 bar und mehr) aus versorgt werden. Ihre Verlegung erfolgt in ca. 0,8 bis 1,0 m Tiefe in der Erde, außer bei Sonderbauwerken wie Dükern, Rohrbrücken, sowie bei Sumpfstrecken oder Flachverlegungen. In den Verbraucheranlagen der

Netzkunden wird der Gasdruck dann nochmals auf den notwendigen Betriebsdruck der Gasgeräte (0,02 bis 0,1 bar) reduziert. Dafür werden Hausdruckregler oder Zählerregler eingesetzt.

3.7.2 Raum- und Umweltwirkungen der Wärmeverteilung

Raumwirkungen

Die *Raumbedeutsamkeit* der Wärmeverteilung liegt in erster Linie in der Erschließungswirkung und in der Verdrängung von Einzelofenheizungen bzw. von anderen leitungsgebundenen Wärmeversorgungssystemen.

Umweltwirkungen

Die *Umweltwirkungen* der Wärmeverteilung sind nochmals geringer einzuschätzen als die des Wärmetransportes, da die Leitungen weitgehend in den Straßenräumen verlegt werden, so dass keine zusätzlichen Eingriffe in die Freiräume und keine zusätzlichen Bodenverdichtungen oder Versiegelungen auftreten. Zum Zweck des Immissionsschutzes sehen die Gemeindeordnungen auch den Anschluss- und Benutzungszwang für die Fernwärmeversorgung sowie die Gasversorgung vor. Die bundesrechtlichen Bestimmungen über die Benutzung von öffentlichen Einrichtungen (AVB Wasser VO; AVB Fernwärme VO) stehen der Einführung des Anschluss- und Benutzungszwangs grundsätzlich nicht entgegen. Die Gemeinde darf jedoch den Anschluss- und Benutzungszwang nicht vorschreiben, um ihre Finanzen aufzubessern.

3.8 Literatur zur Wärmeversorgung

3.1 Voß, Alfred (2001): Die Kraft-Wärme-Kopplung - Technik, Potenzial und Umweltwirkungen. In: Physikalische Blätter 57 (2001) Nr. 11

3.2 Bundesverband Kraft-Wärme-Koppung e.V. (B.KWK), Berlin: Website

3.3 Tietz, Hans-Peter (1983): Erschließungs- und Standortplanung für die Fernwärmeversorgung. Heft 15, Institut für Städtebau und Landesplanung der Universität Karlsruhe

3.4 Dittmann Achim, Zschernig Joachim (1998): Energiewirtschaft. Teubner, Stuttgart

3.5 BGW (2005): Pressegraphiken vom 12.4.2005, www.bgw.de

3.6 Nast, Michael (2004): Chancen und Perspektiven der Nahwärme im zukünftigen Energiemarkt, Vortrag bei Fachtagung Nahwärme 2004 am 15.9.04 in Osnabrück

3.7 AGFW (2003): Arbeitsgemeinschaft Fernwärme (AGFW), Hauptbericht 2003

3.8 Kaltschmitt, Martin; Huenges, Ernst; Wolff, Helmut (Hrsg.) (1999): Energie aus Erdwärme. Geologie, Technik und Energiewirtschaft. Deutscher Verlag für Grundstoffindustrie, Stuttgart

3.9 Lehmann, Harry; Reetz, Torsten (1995): Zukunftsenergien - Strategien einer neuen Energiepolitik. Birkhäuser, Basel

3.10 nach: http://www.tnt-ag.de/fernwaerme.html

3.11 Prognos (1996): Perspektiven des Energieverbrauchs der privaten Haushalte. Studie im Auftrag des Bundesministeriums für Wirtschaft, Bonn

3.12 Kleemann, Manfred; Heckler, Rainer; Kolb, Gerhard; Hille, Maren (2000): Die Entwicklung des Energiebedarfs zur Wärmebereitstellung in Gebäuden - Szenarioanalysen mit dem IKARUS-Raumwärmemodell – Ergebnisse. Bremer Energieinstitut

3.13 Luther, Joachim; Wittwer, Volker; Voss, Karsten (2001): Energie für Gebäude – solare Technologien und Konzepte, in: Physikalische Blätter 57 (2001) Nr. 11

3.14 Prohaska, Gerd; Neumann, Werner (2005): Website (Seite 1115) Bund der Energieverbraucher: www.energieverbraucher.de, zugegriffen 2.1.2006

3.15 Ziolek, Andreas et al. (1996): Spezifische Kennzahlen zur Abbildung der Energie- und Leistungsnachfrage typischer Energieanwender im Expertensystem „HERAKLES“. Bochum

3.16 Mauch, Wolfgang et.al. (2005): CO_2-Einsparung durch KWK in Deutschland. Forschungsstelle für Energiewirtschaft e.V.

3.17 Sedlacek, Robert (2003): Untertage-Erdgasspeicherung in Deutschland. In: Erdöl, Erdgas, Kohle 119. Jg. 2003, Heft 11, Urban-Verlag, Hamburg/Wien

Standardwerke:

Dittmann , Achim; Zschernig, Joachim (1998): Energiewirtschaft. Teubner, Stuttgart

Verbände:

Bundesverband Kraft-Wärme-Kopplung e.v. - B.KWK: www.bkwk.de
Arbeitsgemeinschaft Fernwärme – AGFW: www.agfw.de

4 Nachrichtenversorgung

Unter Nachrichtenversorgung werden hier die standort- oder leitungsgebundenen Einrichtungen und Anlagen zur Versorgung der Siedlungen mit Nachrichten verstanden. Hierzu gehören kabelgebundene Radio- und Fernsehsysteme, Telefonsysteme als Festnetz wie auch als Mobilfunk, sowie Richtfunk- und Datensysteme. Die Leistungen (Dienste) werden auch als Telekommunikation bezeichnet. Dort, wo eine Leitungsgebundenheit (z.B. wegen der kabellosen Übertragung über Funkwellen) nicht direkt gegeben ist, erfordern die erforderlichen Sendeanlagen und die Leitungstrassen jedoch auch eine Integration in und eine Abstimmung mit der Siedlungsstruktur.

4.1 Nachrichtenversorgung als System

4.1.1 Systemeigenschaften der Nachrichtenversorgung

Nachrichten werden durch eine oder mehrere Informationen gebildet. Sie können in Form von Sprache, Bildern, Texten oder bewegten Bildern auftreten, wobei ihr Austausch einen Vorbereitungsprozess erfordert. Daten hingegen sind zumeist das Ergebnis physikalischer Prozesse und durch den Menschen nicht direkt zu erkennen. Ihre Interpretation macht in der Regel einen Verarbeitungsprozess erforderlich. Nachrichten und Daten bilden zusammen die Informationen. *Kommunikation* bezeichnet die Prozesse der ein- oder wechselseitigen Abgabe, Übermittlung und Aufnahme von Informationen (Nachrichten, Daten) durch Menschen. Kommunikation kann in vielfältigen Formen erfolgen: in Form von Sprache, Text (verabredete Schriftzeichen), festen und bewegten Bildern sowie Daten. Bedient sich die Kommunikation technischer Hilfsmittel zur Übertragung der Nachrichten über große Entfernungen so spricht man von Telekommunikation oder Nachrichtenversorgung..

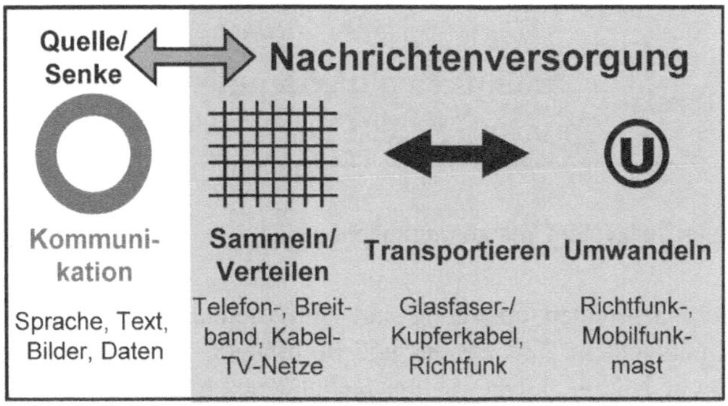

Bild 4-1 Systemkomponenten des Systems Nachrichtenversorgung

Das Telekommunikationsgesetz (TKG), siehe Kapitel 4.2.1, definiert für Deutschland:

„*Telekommunikation ist der technischen Vorgang des Aussendens, Übermittelns und Empfangens von Nachrichten jeglicher Art in der Form von Zeichen, Sprache, Bildern oder Tönen mittels Telekommunikationsanlagen.*“ (§3 Nr. 22)

Die gleichfalls im TKG definierten Telekommunikations*anlagen* sind nach §3, Nr. 23:

„ ... *technische Einrichtungen und Systeme, die als Nachrichten identifizierbare, elektromagnetische oder optische Signale senden, übertragen, vermitteln, empfangen, steuern oder kontrollieren können*“.

Das System Nachrichtenversorgung besteht wie die anderen betrachteten Systeme ebenfalls aus den Elementen Sammeln/Verteilen, Transportieren und Umwandeln (Bild 4-1). Hier werden diese jedoch in beiden Richtungen durchlaufen: Nach der Sammlung der Nachrichten (Informationen, Daten) in den Siedlungsgebieten werden diese transportiert und in dem Sinne „umgewandelt“, dass diese zum Beispiel verstärkt und in ihrer Richtung verändert, um dann wieder weitertransportiert und in einem (meist anderen) Siedlungsgebiet verteilt zu werden.

So wie im System der Abwasserentsorgung Wasser als Träger für die zu entsorgenden Fäkalien oder Abfallstoffe verwendet werden (siehe Kapitel 6), dienen elektromagnetische Wellen dazu, die Nachrichten zu transportieren. Dazu müssen die Nachrichten zunächst durch Dateneingabegeräte (Mikrofone, Kameras, Tastaturen usw.) entsprechend umgewandelt und dann aufbereitet werden. Auch bei der Stromversorgung wird die Energie aus den Rohstoffvorkommen (Brennstoffen) zunächst umgewandelt, ebenso wie bei der Abwasserentsorgung durch das Einbringen der Fäkalien und Abfallstoffe die Ressource Wasser in Abwasser verwandelt wird.

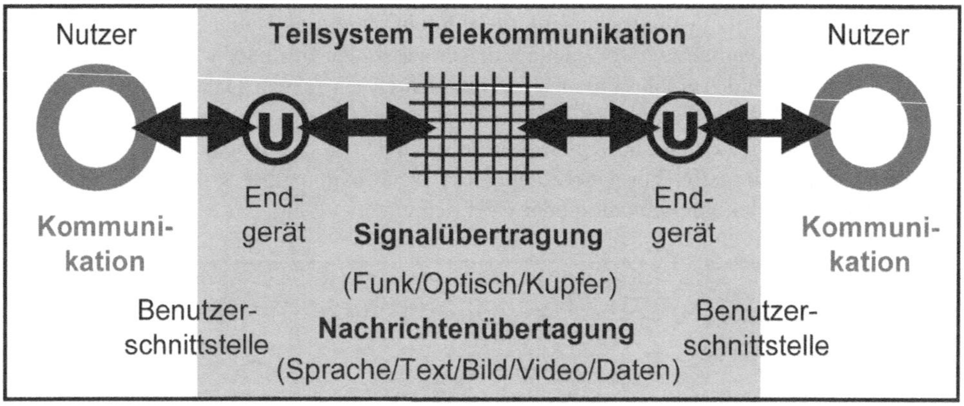

Bild 4-2 Elemente im Teilsystem Telekommunikation

Systemelemente der Nachrichtenversorgung sind somit diejenigen Anlagen, welche die Nachrichten in Signale umwandeln, also Sender und Empfänger, welche auch als Endgeräte bezeichnet werden (siehe Bild 4-2). Der „leitungsgebundene“ Nachrichten*transport* findet über Richtfunkstrecken oder Glasfaserkabel statt. Die Verteilung bzw. die Sammlung der Signale, welche die Nachrichten übertragen, findet in Telekommunikations*netzen* statt, die hierzu

Kanäle bereitstellen. Zu den technologischen Grundfunktionen gehören daher in den Systemen zur Nachrichtenversorgung die Prozesse Wandeln, Übertragen, Verbinden/Vermitteln und Speichern. Die Informationsspeicherung kann zwischen den Systemelementen z. B. aus betrieblichen (z.B. Fax on Demand) oder technischen Bedingungen (z. B. Geschwindigkeitsanpassungen) nötig sein. Typisch für alle Bereiche ist die Nutzung der *Medien,* als Mittel der Verbreitung und Verteilung von Informationen. *Multimedia* wird in diesem Zusammenhang als gleichzeitige, oft interaktive Nutzung mehrerer Informationsarten (Bilder, Sprache, Texte) auf einem Träger definiert.

Wie bei den anderen Ver- und Entsorgungssystemen werden auch bei der Nachrichtenversorgung natürliche Ressourcen beim Bau und während des Betriebes der Systeme in Anspruch genommen, wenn auch in geringerem Umfang als beispielsweise bei der Stromversorgung. Die Nachrichtenversorgung steht in enger Verbindung mit der Stromversorgung, da einerseits die für das elektronische Senden und Empfangen benötigen Geräte Strom benötigen, andererseits die Möglichkeit besteht, deren Anlagen und Einrichtungen auch für die Nachrichtenübermittlung zu nutzen (siehe *Powerline Communication*, Kapitel 4.3.2).

4.1.2 Regelungsmöglichkeiten im System Nachrichtenversorgung

Ressourcen werden vom System Nachrichtenversorgung im Prinzip nicht benötigt, sieht man von der für die Übertragung erforderlichen Energie ab, die es aus Gründen des Ressourcenschutzes ohnehin zu minimieren gilt. Durch die Nachrichtenübertragung wird die Umgebung teilweise durch elektromagnetische Felder belastet. Diese Belastung der „Ressource Luft" gilt es ebenfalls durch eine entsprechende Regelung des Systems zu minimieren. Dies kann zum Beispiel über die Anordnung der Sender-/Empfängerstandorte oder die Trassenführung erfolgen. Mit der Beseitigung der Post- und Telekommunikationsmonopole in Europa (zuletzt fiel im Januar 1998 das Sprachmonopol der Deutschen Telekom AG (DTAG) ist auch die Nachrichtenversorgung in Deutschland inzwischen vollständig liberalisiert, so dass die Regelung des Systemzuganges und des Systembetriebs einer Regulierungsbehörde überlassen wurde. Die planerische Regelung des Systems Nachrichtenversorgung insgesamt kann daher lediglich über die Genehmigung der Standorte für die Sender bzw. Empfänger der Nachrichten sowie die Leitungs- bzw. Richtfunktrassen erfolgen.

Die Regulierung wurde zunächst als *Regulierungsbehörde für Post und Telekommunikation (RegTP)* mit Sitz in Bonn zum 1. Januar 1988 als organisatorisch selbstständige und unabhängige Bundesoberbehörde eingerichtet. Die Behörde gehört zum Geschäftsbereich des Bundesministeriums für Wirtschaft und Arbeit. Ihre Aufgabe bestand zunächst darin, das seinerzeit marktbeherrschende Unternehmen zu regulieren und für die Durchsetzung von Wettbewerb zu sorgen. Man hatte sich bei dieser Lösung gegen die in anderen liberalisierten Branchen (Energie, Verkehr) gewählte Variante der Stärkung der allgemeinen Kartellbehörde entschieden. Inzwischen wurde die Aufgabe durch eine Novellierung des Energiewirtschaftsgesetzes auf die Bereiche der Strom- und Gasversorgung erweitert (siehe hierzu Kapitel 2).

Die Regulierungsbehörde hat laut Gesetz die Aufgaben, die marktbeherrschende Stellung des ehemaligen Monopolunternehmens Deutsche Telekom AG (und auch der Deutschen Post AG) zu kontrollieren, dafür zu sorgen, dass den neuen Wettbewerbern die notwendige Chancengleichheit in den Märkten Telekommunikation (und Post) verschafft wird und für die weitere Entwicklung auf dem Telekommunikationsmarkt (und dem Postmarkt) zu sorgen.

4.2 Grundlagen zum System Nachrichtenversorgung

4.2.1 Physikalische Maßeinheiten und technische Erläuterungen

Im Rahmen der Planung von raum- und umweltverträglichen Systemen zur Nachrichtenversorgung sind folgende Maßeinheiten von Bedeutung:

Elektrische Feldstärke [V/m]

Verwendet wird meist das Formelzeichen E (engl. electric field strength), definiert als die Kraft F, die auf ein elektrisch geladenes Teilchen (eine Ladung Q) im Einflussgebiet des Feldes wirkt. Elektrische Feldstärke ist also Kraft pro Ladung. Da die Einheit für die Kraft Newtonmeter [Nm] der Einheit Voltampère-Sekunde [VAs] entspricht und auch die Maßeinheit für die Ladung Coulomb [C] der Maßeinheit Ampère-Sekunde [As] entspricht, ergibt sich für die elektrische Feldstärke die Maßeinheit *Volt pro Meter* [V/m] oder Kilo-Volt pro Meter [kV/m].

Bei Schönwetter beträgt die natürliche elektrische Feldstärke nahe der Erdoberfläche etwa 60 bis 140 V/m, bei Gewitter wesentlich mehr. Die Intensität elektrischer Felder und elektromagnetischer Wellen spielt insbesondere bei der Mobilfunktechnik eine wesentliche Rolle. Die 26.Verordnung zum Bundes-Immissionsschutz-Gesetz legt als Grenzwerte für die Frequenzbereiche des D-Netzes (D1, D2-Vodafone) 42 V/m und für die des E-Netzes (Viag Interkom, E-Plus) 58 V/m als maximale elektrische Feldstärke fest.

Magnetische Feldstärke [T]

Verwendet wird meist das Formelzeichen H. Die Maßeinheit ist wie bei der elektrischen Feldstärke Ampere pro Meter [A/m]. Hier wird aber auch häufig die Maßeinheit Tesla [T] verwendet, benannt nach dem Kroaten Nikola Tesla (1856 bis 1943) der in den USA den Wechselstrommotor, die Teslaspule usw. erfunden hat.

Neben der magnetischen Feldstärke H wird auch häufig die magnetische Flussdichte B verwendet. Beide beschreiben die Stärke und die Richtung eines magnetischen Feldes. Das magnetische Feld bildet sich kreisförmig um einen Leiter, in welchem ein elektrischer Strom fließt. Die Maßeinheit für H ist Ampère pro Meter [A/m], für B wird zur Unterscheidung meist Tesla [T] verwendet. Für Magnetfelder in Luft und in biologischem Gewebe gilt zwischen B und H die Beziehung: B = 1.257 H.

Leistungsflussdichte [W/m²]

Die Leistungsflussdichte stellt ein Maß für die Intensität elektromagnetischer Wellen dar. Die Einheit ist Watt pro Quadratmeter [W/m²]. Die Leistungsflussdichte nimmt quadratisch mit der Entfernung von der Quelle ab. Die Leistungsflussdichte der Sonneneinstrahlung auf die Erde beträgt zum Beispiel bis zu 1.000 W/m².

Technische Erläuterungen zur Nachrichtenversorgung

- Magnetfelder

Als Feld wird in der Physik ein Raum verstanden, in dem besondere physikalische Eigenschaften oder Zustände herrschen, bzw. eine materialunabhängige Eigenschaft des Raumes. Felder, welche über der Zeit nicht ändern, nennt man Gleichfelder, Felder die über der Zeit variieren, nennt man Wechselfelder. Das Magnetfeld der Erde hat im Mittel 40 μT (40 Mikrotesla), das Magnetfeld unter einer Hochspannungsleitung liegt dazu im Vergleich bei 10 µT. Das Magnetfeld der Erde ist ein Gleichfeld, das Magnetfeld der Hochspannungsleitung ist dagegen ein Wechselfeld. Auf der Erde und im Weltall sind immer Felder unterschiedlicher Art präsent, dies erlaubt den elektromagnetischen Wellen sich fortzusetzen. (Schallwellen benötigen dagegen für ihre Fortpflanzung eine gasförmige Atmosphäre, die auf Druckwellen reagiert). Biologisch ist das (gleichmäßige) Magnetfeld der Erde ein „gutes" Feld. Das Wechselfeld unserer Stromversorgung ist jedoch ein biologisch „störendes" Feld. Der Teslameter misst nur das technische Wechselfeld – nicht das Erdmagnetfeld. Biologisch „gute Werte" für das Wechselfeld für die Schlafstelle liegen bei: 10 bis 50, maximal bei 100 nT (Nano-Tesla). Elektrobiologen dagegen sprechen von Nano-Tesla (µT), also einer um den Faktor 1.000 kleineren Größenordnung (1.000 nT = 1 µT oder 0,001 µ = 1 nT).

- Magnetische Feldverteilung

Die magnetische Feldverteilung ist vor allem bei niederfrequenten Magnetfeldern bekannt. Diese fallen sehr rasch zusammen. Man muss zwischen großräumigen Feldern von Hochspannungsleitungen sowie Eisenbahn einerseits und den relativ kleinräumigen Feldern der häuslichen Apparate unterscheiden. Bei den letzteren spricht man von inhomogenen Feldern. Bei kleinräumigen Magnetfeldern (Trafo eines Haushaltsgerätes) fällt das Magnetfeld innerhalb eines Meters extrem stark zusammen. Bei Hochspannungsleitungen wird dafür ein 100 Meter Abstand benötigt.

- Magnetisches Gleichfeld

Das größte magnetische Gleichfeld, das im Einflussbereich des Menschen liegt, ist das geomagnetische Gleichfeld der Erde. Um jeden Dauermagneten entsteht ein magnetisches Gleichfeld, sinngemäß um jeden vom Gleichstrom durchflossenen Leiter. Das magnetische Wechselfeld wird mit einer einfachen Mess-Spule (dem Teslameter) gemessen, welche aus einer Vielzahl Windungen von feinen Kupferdrähten besteht. In der Messspule wird in Abhängigkeit der örtlichen Feldstärke eine Spannung induziert. Diese kann durch ein Voltmeter angezeigt werden. Je nach Distanz zu der Magnetfeldquelle und der Feldstärke wird ein größerer oder kleinerer Wert angezeigt. Durch Energieverlust, also der Abgabe von Energie an die Umgebung, verringert sich die Schwingung eines Systems, wenn ihr keine neue Energie zugeführt wird. Man spricht hier von „Dämpfung".

- Glasfaserkabel

Ein Glasfaserkabel, auch „Lichtwellenleiter" genannt, ist eine sehr feine zylindrische Faser aus hochreinem Silikatglas. Der Lichtwellenleiter ist ein Träger für Informationen und erfordert grundsätzlich eine andere Technologie hinsichtlich der Sender-, und Empfängerkomponenten. Die Glasfasertechnologie ist noch sehr jung, aber befindet sich in einer schnellen Entwicklung und steht den bewährten elektrischen Kabeln gegenüber. Langfristig wird die Glasfasertechnologie die Kupferkabel ablösen, da die technischen Eigenschaften den elektrischen Kabeltypen überlegen sind. Folgende Vorteile haben Glasfaserkabel: Unempfindlich gegenüber elektrischen und magnetischen Einflüssen, keine Störstrahlungen (kein Nebensprechen), Vollständige galvanische Entkopplung von Sender und Empfänger, kein Blitzschutz notwendig, für den Einsatz in explosionsgefährdeten Umgebungen (bei Kabelbruch keine Gefahr der Funkenbildung) geeignet, hohe Abhörsicherheit, kleines Kabelgewicht, kleiner Kabelquerschnitt, hohe Übertragungsleistung und geringe Signaldämpfung. Der Einsatz von Glasfaserkabeln ist jedoch relativ teuer, und es ist eine aufwendige Anschlusstechnik notwendig. Eingesetzt wird diese Übertragungstechnologie besonders in der Telekommunikation, für den leistungsstarken LAN-Bereich und zur Realisierung kombinierter Starkstrom/Signalkabel wie sie bei der Verlegung von Unterwasserkabeln eingesetzt werden. Die DSL-Technologie kann auch mit Glasfaserkabeln zusammenarbeiten, allerdings bestehen derzeit technische Probleme bei der Realisierung.

- Mobilfunk

Mobilfunk bezeichnet die Kommunikation zwischen einer mobilen Endeinrichtung (Mobile Station) und einer ortsfesten oder mobilen Gegenstelle, wobei sich die mobile Endeinrichtung auch während der Kommunikation bewegen darf. Im Folgenden werden nur terrestrische Mobilkommunikationssysteme betrachtet, bei denen die Gegenstellen zur mobilen Endeinrichtung ortsfest sind und als Funkfeststationen (Base Station bzw. Base Transceiver Station) bezeichnet werden. In Sonderfällen kann die Kommunikation auch direkt zwischen mobilen Endeinrichtungen erfolgen.

In Mobilkommunikationssystemen können mehrere Formen der Mobilität realisiert sein:

Endeinrichtungsbezogene Mobilität: die Endeinrichtung kann ihren Anschlussort am Netz sowohl im Bereitzustand als auch während einer laufenden Kommunikationsverbindung dynamisch ändern. Dies ist möglich, da die mobile Endeinrichtung mit dem ortsfesten Teil des Mobilkommunikationsnetzes über Funk kommuniziert und bestehende Verbindungen zwischen benachbarten Funkfeststationen weitergereicht werden können. Das Netz stellt Kommunikationsdienste auf Grundlage der eindeutigen Kennung und einer temporären Netzadresse der mobilen Endeinrichtung bereit. *Personenbezogene Mobilität:* die Beziehung zwischen Benutzer und Endeinrichtung ist dynamisch gestaltet. Der Benutzer personifiziert eine Endeinrichtung mit seiner persönlichen Kennung, und das Netz ermöglicht ihm den Zugang zu Kommunikationsdiensten auf Grundlage der persönlichen Kennung und einer temporären Netzadresse.*Diskrete Mobilität*: in festen Kommunikationsnetzen ist ein dynamischer Wechsel zwischen verschiedenen Netzanschlusspunkten möglich. *Kontinuierliche Mobilität:* kennzeichnet die Mobilität der Endeinrichtung, und in bestimmten Fällen unterstützt sie auch die Mobilität der Person.

- Dienste und Netzbetreiber

So genannte *Dienste* (Services) werden aus der Anwendungen bzw. dem Bedarf abgeleitet und durch Diensteanbieter von Netzen automatisch oder manuell dem Nutzer angeboten. Die Merkmale der *Telekommunikationsdienste* werden nach Art international, national oder individuell vereinbart. Dienste sind durch ihre technischen, betrieblichen und benutzungsrechtlichen Merkmale bestimmt. Dienstmerkmale ergeben sich z. B. aus dem Kommunikationsformat (z. B. Text, Telegrafie, Sprache, Telefonie, Festbild, Fax, Daten, Telemetrie), aus der erforderlichen Übertragungsgeschwindigkeit (z. B. Schmalband-, Breitbanddienste), aus der Richtung des Verkehrsflusses (z. B. Dialog-, Informationssammel-, Informationsverteildienst, On-demand-Services), aus Sicht der Tarife (z. B. benutzungs-, tageszeit-, entfernungsabhängig, Pauschalierung, Rabattierung, Prioritäten), aus Aspekten der Betreiber (z. B. Rechnungs-, Außen-, Kundendienst, Instandhaltung) und aus gesetzlichen Verpflichtungen (z. B. Dienste der Grundversorgung, Basisdienste). Der Dienstbegriff unterliegt Wandlungen, bedingt durch den technischen Fortschritt und regulatorische Maßnahmen bzw. den Wettbewerb. Mehrere wissenschaftliche Disziplinen interpretieren ebenfalls den Dienstbegriff unterschiedlich. Dienste erbringen Carrier (network provider; Netzbetreiber), Service Provider (Diensteanbieter), Outsourcing-Diensteanbieter und Eigenbetriebe.

Carrier ist eine international übliche Bezeichnung für einen *Netzbetreiber* (auch network provider) und Diensteanbieter (servile provider). Carrier werden durch ihre Leistungen näher charakterisiert. Netzbetreiber ohne eigene Netzinfrastruktur kaufen i.d.R. in großen Mengen Netzkapazität mit großen Rabatten ein und bieten diese Ressourcen als Wiederverkäufer mit Gewinn Dritten an. Bei den *Carriern* differenziert man:

Teilnehmernetzbetreiber ist die Telefongesellschaft, die den Anschluss installiert und für den Betrieb (Instandhaltung) verantwortlich ist. Teilnehmernetzbetreiber sichern Ortsverbindungen, erstellen Rechnungen (und ermöglichen Fernverbindungen, falls der Kunde nichts anderes vereinbart hat). In der Mehrzahl der Fälle ist in Deutschland der Teilnehmernetzbetreiber die Deutsche Telekom.

Verbindungsnetzbetreiber ist die Telefongesellschaft, die für den Kunden nur Fernverbindungen vermittelt. Die Leistungen von Verbindungsnetzbetreibern können Dienstenutzer als Preselect-Kunde (Verbindungsnetzbetreiber ist voreingestellt) oder im Call-by-Call-Verfahren (für jede Verbindung wählt der Nutzer einen Verbindungsnetzbetreiber aus) nutzen. Verbindungsnetzbetreiber sind z. B. nationale oder regionale Carrier. Den Zugang zu Netzen alternativer Verbindungsnetzbetreiber erhält der Dienstenutzer bei Call by Call über Kennzahlen.

Sevice Provider (Diensteanbieter) nutzen die Infrastruktur von Netzbetreibern sowie deren eigene oder technische Möglichkeiten oder die Dritter für Dienste. Daraus resultieren Standarddienste (unveränderte Dienste) und spezielle Kundendienste (auf Kundenwünsche zugeschnitten).

Outsourcing-Diensteanbieter liefern komplette Telekommunikationsdienstleistungen oder bestimmte Teile davon. Der Outsourcingnehmer kann, auf seine Bedürfnisse ausgerichtet, optimierte Dienste nutzen. Deshalb sind Projekte individuell zu gestalten (Tabelle 4-1).

Tabelle 4-1 Outsourcing - Nutzer und Diensteanbieter

Outsourcingnehmer / Nutzer	**Outsourcing - Diensteanbieter**
benennt Kommunikations-forderungen	schafft technisches Lösungskonzept
erteilt Auftrag an Diensteanbieter	installiert und betreibt Kommunikationssystem
nutzt Dienste und meldet Änderungs-, ergänzende Wünsche	passt Leistungen und technische Einrichtungen an den Bedarf an
kontrolliert die Leistungen	berechnet Kosten

Typische Outsourcingangebote sind Bereitstellung und Betrieb kompletter Telekommunikationssysteme, der Betrieb von Kommunikationsinfrastrukturen einschl. Zusatzleistungen (Vermittlung, Telefonbuchpflege, Inkasso Privatverbindungen, Faxverteilung), Branchenlösungen (z. B. Bürocenter, Gewerbeparks, Krankenhäuser, Call Center) und die Übernahme der Wartung.

4.2.2 Rechtliche Grundlagen

Das Telekommunikationsgesetz (TKG)

Der Übergang von einem Monopol zu einer Wettbewerbslösung ist insbesondere dann, wenn der bisherige Marktinhaber nach wie vor eine starke Marktposition einnimmt, ein sehr langwieriger Prozess und muss durch eine Wettbewerbsregulierung begleitet werden. Diese Regulierung hat die Aufgabe, die Konsumenten vor der missbräuchlichen Ausnutzung von Marktmacht schützen und gleichzeitig die Bedingungen für die Umsetzung von Wettbewerb zu stützen. Diese Wettbewerbsregulierung kann dabei auf unterschiedliche Instrumente zurückgreifen, die sich in die beiden Kategorien Marktstruktur- und Marktverhaltensregulierung einordnen lassen:

Marktstrukturregulierung umfasst die Maßnahmen zur Beeinflussung und zur Gestaltung der Grobstruktur eines Marktes (Marktzugang, Bestimmung der Anbieterzahl, Festlegung der Grundanforderungen und Auflagen für das Verhalten der Anbieter).

Die *Marktverhaltenssteuerung* reguliert das Verhalten einzelner Unternehmen oder aller Unternehmen auf dem Markt (Preisregulierung, Regulierung der Angebotsqualität, Umfang der Leistungen etc.).

Mit dem Telekommunikationsgesetz von 2004 wurde in Deutschland eine vollständige Öffnung des Telekommunikationsmarktes umgesetzt und dabei sowohl auf Struktur- und Verhaltensregulierung zurückgegriffen. In § 1 TKG wird der Zweck des Gesetzes festgelegt: „durch Regulierung im Bereich der Telekommunikation den Wettbewerb zu fördern und flächendeckend angemessene und ausreichende Dienstleistungen zu gewährleisten sowie eine Frequenzordnung festzulegen." Im § 2 TKG werden die Funktionen der Regulierung näher beschrieben. Die Aufgabe, diese Regulierungsziele zu erreichen, wird einer eigenen Regulierungsbehörde für Post und Telekommunikation (RegTP) zugewiesen, ihre Aufgaben und Befugnisse werden in §§ 67 festgelegt. Das Telekommunikationsgesetz enthält bei einem Vorrang für die Marktverhaltensregulierung weit reichende Eingriffsmöglichkeiten.

Der Gesetzgeber hat in Teil 2 des TKG (§§ 9ff) den *Marktzugang* in der Weise geregelt, das die Unternehmen nur in bestimmten Marktsegmenten einer Lizenzierung unterworfen sind, während in anderen Bereichen lediglich eine Registrierung erforderlich ist. Lizenzpflichtig ist der Zugang im Bereich der Netzinfrastruktur und der Sprachtelefondienste, nicht jedoch bei Mehrwertdiensten oder dem Angebot an Endgeräten.

Der Marktzugang ist also relativ frei, die Regulierungsbehörde kann eine Lizenz nur untersagen, wenn der Antragsteller bestimmte Kriterien nicht erfüllt (Zuverlässigkeit, Sachkunde etc.) oder wenn eine Gefahr für die öffentliche Ordnung und Sicherheit besteht. Mit der Lizenzerteilung können bestimmte Bedingungen und Auflagen verbunden werden, so etwa die Sicherstellung einer ausreichenden Versorgung mit Telekommunikationsdienstleistungen und anderen Universaldienstverpflichtungen. Hierzu muss in der Zukunft der Begriff der „Universaldienste" noch genauer definiert werden Auch die Frage muss geklärt werden, ob unter wettbewerblichen Bedingungen die Sicherung dieser Leistungen gefährdet ist bzw. wie diese Leistungen gewährleistet und finanziert werden können.

Verordnungen über elektromagnetische Felder (26. BImSchV)

Die *Sechsundzwanzigste Verordnung zur Durchführung des Bundes-Immissionsschutzgesetzes* (Verordnung über elektromagnetische Felder - 26. BImSchV) vom 16. Dezember 1996 spielt bei der Planung, der Errichtung und beim Betrieb von Systemen der Nachrichtenversorgung eine wesentliche Rolle. Hier sind Anforderungen zum Schutz der Allgemeinheit vor schädlichen Umwelteinwirkungen und zur Vorsorge gegen schädliche Wirkungen durch elektromagnetische Felder bzw. zur Elektromagnetischen Umweltverträglichkeit (EMVU) verordnet.

Anwendungsbereiche sind die Errichtung und der Betrieb von Hochfrequenzanlagen und Niederfrequenzanlagen, die gewerblichen Zwecken dienen oder im Rahmen wirtschaftlicher Unternehmungen Verwendung finden und nicht einer Genehmigung nach § 4 des Bundes-Immissionsschutzgesetzes bedürfen. Sie enthält Anforderungen zum Schutz der Allgemeinheit und der Nachbarschaft vor schädlichen Umwelteinwirkungen und zur Vorsorge gegen schädliche Umwelteinwirkungen durch elektromagnetische Felder. Die Verordnung berücksichtigt nicht die Wirkungen elektromagnetischer Felder auf elektrisch oder elektronisch betriebene Implantate.

Genehmigung von Mobilfunkanlagen (Sendemasten)

Die 26. BImSchV (Verordnung über elektromagnetische Felder vom 16.12.1996) regelt die Erlaubnis zum Betreiben von Mobilfunkanlagen. Die Regulierungsbehörde für Telekommunikation und Post erstellt dazu eine so genannte Standortbescheinigung und kontrolliert später deren Einhaltung. Die seinerzeit sechs Mobilfunkbetreiber haben im Juli 2001 mit dem deutschen Städtetag und dem Deutschen Landkreistag eine „Vereinbarung über den Informationsaustausch und die Beteiligung der Kommunen beim Ausbau des Mobilfunknetzes“ abgeschlossen.

Weitere landesspezifische Besonderheiten sollen noch zwischen den jeweiligen kommunalen Spitzenverbänden auf Landesebene geregelt werden. Eine Stadt/Gemeinde hat nur dann die Möglichkeit, bauplanungsrechtliche Schritte für oder gegen die Ansiedlung einer Mobilfunkanlage an einem konkreten Standort zu unternehmen, wenn es sich um ein „Vorhaben“ i.S.d. §§ 29 ff. BBauGB handelt.

Um ein „Vorhaben“ handelt es sich nur, wenn die Mobilfunkanlage städtebauliche Relevanz hat (Orts- und Stadtbild), grundsätzlich besteht die Möglichkeit, im Flächennutzungsplan Vorrang- bzw. Konzentrationsflächen als auch Ausschlussflächen für Mobilfunkanlagen darzustellen. Mobilfunksendeanlagen weisen jedoch eine „Standortgebundenheit“ auf, so dass eine Steuerung der Standorte durch die Gemeinde nicht möglich wird. Die Errichtung im Außenbereich ist nach § 35 Abs. 1 BauGB privilegiert zulässig, wenn die Mobilfunkanlage einen spezifischen Standortbezug aufweist.

Der Hinweis auf ein im Aufstellungsverfahren befindlichen Flächennutzungsplan reicht nicht für eine Ablehnung einer Mobilfunkanlage aus; derzeit ist nach allen Landesbauordnungen die Errichtung von Sendeanlagen genehmigungsfrei, soweit sie eine Höhe von 10 m (Hessen 12 m) nicht überschreitet (ohne die Anlage selbst, auf der sie errichtet wird). Die Einhaltung von Abstandsflächen nach dem Bauordnungsrecht ist nur dann maßgebend, wenn von einer Mobilfunkanlage eine „gebäudegleiche Wirkung“ ausgeht.

Neben der Einvernehmenserklärung nach § 36 BauGB hat die Gemeinde bei der Ansiedlung von Mobilfunkanlagen im Innenbereich grundsätzlich die Möglichkeit, sich gewisse Gestaltungsmöglichkeiten durch Ortsgestaltungssatzungen nach der jeweiligen Landesbauordnung vorzubehalten, sie darf eine Mobilfunkantenne dabei nicht grundsätzlich ausschließen.

4.3 Nachrichtenversorgung in Deutschland

4.3.1 Geschichte der Nachrichtenversorgungssysteme

Die ersten Telefonzentralen, in denen verschiedene Teilnehmer durch manuelles Umstecken miteinander verbunden werden konnten, entstanden um 1881. Die ersten selbstständigen Vermittlungsstellen wurden 1908 in den Ortsnetzen und ab 1923 in den Fernvermittlungsstellen eingesetzt.

Die Versorgung ganzer Siedlungen (und nicht nur von einzelnen durch ihre Bildung privilegierten Personen) mit der Ressource „Nachrichten“ hatte die beschleunigte Vervielfältigung und Verbreitung in Raum und Zeit erfordert. Hierzu entwickelten sich parallel unterschiedliche Techniken: akustische, optische und inzwischen vorwiegend elektromagnetische Systeme zur Nachrichtenversorgung, die ab der zweiten Hälfte des 19. Jahrhunderts technischer Standard wurde.

Der Ausbau der Informationstechnik mit den Systemen Rundfunk, Fernsehen, Telefon und Telefax sowie Computer hat das 20. Jahrhundert geprägt. E-Mail und Mobiltelefone mit SMS sind heute alltägliche Selbstverständlichkeiten, nicht nur in den Industrieländern. Diese schnelle Entwicklung wird sich zu Beginn des 21. Jahrhunderts aufgrund der hohen Akzeptanz der technischen Systeme fortsetzen, das Informationsaufkommen nochmals vervielfachen [4.1].

Die Telekommunikationsbranche als Monopol zu organisieren, galt lange Zeit als eine Selbstverständlichkeit. Die Nachrichtenübermittlung wurde daher in den meisten Ländern von einem staatlichen Unternehmen durchgeführt, so dass es weder eine Konkurrenz auf der Ebene der Netze noch auf der von Telekommunikationsdienstleistungen gab. In Deutschland basierte die Monopolstellung der Deutschen Bundespost auf Art. 87 und Art. 143b des Grundgesetzes. Die gesetzliche Absicherung des Monopols geht aber bereits auf die Reichsverfassung von 1871 und das Reichsfernmeldegesetz von 1928 zurück [4.1].

Für die Organisation des Telekommunikationssektors als Monopol wurden im Wesentlichen zwei Begründungen angeführt [4.2]. Der Telekommunikationssektor stellt Dienstleistungen zur Verfügung, die für militärische und staatliche Zwecke von zentraler Bedeutung sind, so dass von Anfang an Interesse an einem unmittelbaren Einfluss der Politik bestand. Im Laufe der Zeit wurde diese politische Argumentation zusätzliche durch wirtschaftliche Motive gestützt. Mit dem Hinweis auf die Merkmale eines natürlichen Monopols, die innerhalb der netzgebundenen Infrastruktursektoren gelten, wurde ein Wettbewerb lange Zeit ausgeschlossen.

Technische Entwicklungen führen dazu, dass die Voraussetzungen für die Existenz eines natürlichen Monopols in weiten Bereichen nicht mehr erfüllt sind und sich allenfalls noch auf den Netzbereich beschränken, nicht aber auf die Telekommunikationsdienstleistungen.

Verglichen mit den weltweiten Veränderungsprozessen in der Telekommunikationsbranche kamen die Reformen nicht nur in Deutschland, sondern allgemein auf dem europäischen Kontinent relativ spät [4.3]: Die USA zerschlugen bereits im Jahre 1984 das bisherige Monopolunternehmen AT & T in eine überregional tätige Gesellschaft und in sieben regional operierende Unternehmen (sog. Baby Bells); in England wurde zum gleichen Zeitpunkt das Fernmeldemonopol aufgehoben und die British Telecom in eine börsennotierte Aktiengesellschaft umgewandelt, und auch Japan liberalisierte dann im Jahre 1985 seinen Telekommunikationsmarkt. Das Festnetz-Monopol fand in Deutschland dagegen erst 1998 sein endgültiges Ende.

Tabelle 4-2 Entwicklung der Telekommunikation in Deutschland (nach [4.1])

1881	Beginn des öffentlichen Telefonverkehrs; Errichtung einer ersten Vermittlungsstelle in Berlin durch Siemens; rd. 450 Telefonanschlüsse in Deutschland
1900	Die Zahl der Telefonanschlüsse in Deutschland ist auf 160 000 gestiegen.
1920	Die Grenze von 1 Millionen Telefonanschlüssen wird erreicht.
1928	Mit dem Fernmeldeanlagengesetz wird das Fernmeldemonopol der Reichspost festgeschrieben
1940	Es gibt rd. 2,5 Millionen Telefonanschlüsse in Deutschland.
1949	Die Deutsche Bundespost wird Rechtsnachfolgerin der Reichspost.
1960	3,3 Millionen Telefonanschlüsse in Deutschland.
1.7.1989	Postreform I: Mit dem „Gesetz zur Neustrukturierung des Post- und Fernmeldewesens und der Deutschen Bundespost“ (Poststrukturgesetz) kommt es zur Lockerung des Fernmeldemonopols; der rechtliche Rahmen für die Zulassung des Mobilfunks wird geschaffen.
1990	Wiedervereinigung der beiden deutschen Postunternehmen; Gründung der Deutschen Bundespost Telekom als eigenständiges Unternehmen.
1992	Start des Mobilfunknetzes D1 der Telekom.
1993	EU beschließt die Liberalisierung des Telekommunikationsmarktes.
1994	Postreform II: Umwandlung der Deutschen Telekom in eine AG.
1.7.1996	Postreform III: Das Telekommunikationsgesetz (TKG) regelt den Marktzugang für die Telekommunikation ab 1998; Ende des Netzmonopols der Deutschen Telekom
1.1.1998	Vollständige Liberalisierung des Telekommunikationsmarktes in Europa: Privatunternehmen können Netze für die Fernübertragung von Sprache und Daten verlegen und eigene Telefondienste anbieten.
3/2002	Verabschiedung des EU-Richtlinienpakets für den Telekommunikationssektors; Umsetzung in nationales Recht bis Mitte 2003.
10/2002	Erstes Gesetz zur Änderung des Telekommunikationsgesetzes (Kleine TKG-Novelle): Call by call im Ortsnetzbereich.
3/2003	Arbeitsentwurf des Bundesministeriums für Wirtschaft und Arbeit (BMWA) zum TKG.
5/2003	Referentenentwurf zum TKG.
25.6. 2004	Novellierung des TKG

Die 1989 umgesetzte Postreform I verfolgte das Ziel, die hoheitlichen Aufgaben der Deutschen Bundespost von ihren unternehmerischen Leistungen zu trennen. Diese Form des Unbundling, die zu einer Bildung von drei Teileinheiten führte, ist ein erster Schritt in Richtung auf eine wettbewerbliche Organisation des Sektors, der dann in der zweiten Postreform mit der Umwandlung der Unternehmenseinheiten in privatwirtschaftlich operierende Unternehmen weiter beschritten wurde. Das Telekommunikationsgesetz von 1996 mit dem dann zum 1.1.1998 vollständig beseitigten Monopol stellt dann den letzten Schritt innerhalb dieses Transformationsprozesses dar. Scheele/Kühl [4.1] fassen die Entwicklung wie in Tabelle 4-2 dargestellt chronologisch zusammen.

4.3.2 Aktuelle Situation der Nachrichtenversorgung

Seit Anfang 1998 hat der Verbraucher die Möglichkeit, seinen Dienstleister frei zu wählen. Seitdem hat sich innerhalb kurzer Zeit ein deutlicher Veränderungsprozess im Bereich der Telekommunikation ergeben.

Kabelnetzinfrastruktur

Die Kabelnetzinfrastruktur mit „Breitbandkabeln“ (oft kurz „BK“ bezeichnet) stellte eine Alternative zum schmalbandigen Telefonnetz dar: Bisher ist aber die dafür notwendige grundlegende Restrukturierung des vorhandenen Netzes aufgrund der vorhandenen Organisations- und Eigentumsstruktur noch nicht in dem erforderlichen Maß vorangekommen.

Auch die TV-Kabelinfrastruktur befand sich in Deutschland lange Zeit in der Hand der Deutschen Telekom bzw. ihrer Vorgängerin der Bundespost. Wettbewerb zwischen den Telefon- und Kabelnetzen gab es so gut wie nicht: das Kabelnetz diente nur der eindirektionalen Übertragung von Rundfunksignalen. Technisch gesehen ist das Kabelnetz auf die Massenkommunikation ausgelegt, alle Abnehmer sind nacheinander an ein Kabel angeschlossen und nutzen die Bandbreite gemeinsam (Shared Medium). Damit wird die Übertragungsgeschwindigkeit für Internetanwendungen begrenzt sein, die Rate wird jedoch immer noch um den Faktor 200 über der Kapazität einer analogen Telefonleitung liegen. Diese technischen Kapazitätsvorteile im Vergleich zu anderen Zugangstechnologien haben jedoch bislang nicht dazu geführt, dass sich das TV-Kabelnetz als ernsthafte Alternative auf dem Markt etablieren konnte.

Im Jahre 2003 nutzte nur jeder 500. Haushalt in Deutschland das TV-Kabel als Internet-Zugang. Die Bedingungen für eine größere Marktdurchdringung sind dabei durchaus günstig, auch im Vergleich etwa zu anderen europäischen Ländern. In Deutschland sind rd. 84% der Wohneinheiten anschließbar, bei rd. 56% ist dies bereits geschehen. Da die meisten Unternehmen über andere Zugangsmöglichkeiten verfügen, konzentriert sich das Interesse der Kabelnetzbetreiber in erster Linie auf private Haushaltskunden. Um diese Kunden jedoch auch an sich binden zu können, muss das überalterte Netz so modernisiert werden, dass auch moderne E-Business-Anwendungen möglich werden. Insbesondere bei interaktiven Multimedia-Anwendungen stößt das deutsche System an Grenzen, weil es an einem entsprechend leistungsfähigen Rückkanal fehlt.

In den 1990er-Jahren hatte das Bundeskartellamt darauf gedrängt, dass die DTAG ihre Kabelaktivitäten in die regionale Kabelgesellschaften ihrer Tochter Deutsche Telekom Kabel-Service auslagert; ein solcher Schritt sollte die angestrebte Privatisierung vorbereiten. Die DTAG zeigte zunächst jedoch kein besonderes Interesse an einer solchen Abtrennung, sondern plante über eine Kooperation mit den damals größten Medienunternehmen Bertelsmann und Kirch den Einstieg in das PayTV-Geschäft. Die DTAG wollte sich hier auf das reine Transportgeschäft beschränken und für die beiden Konsortialpartner die technischen Plattformen betreiben. Dieser Plan musste jedoch auf Druck der EU-Kommission fallen gelassen werden, die massive wettbewerbspolitische Bedenken vorgebracht hatte.

Die Telekom sah danach für sich keine wirtschaftlichen Perspektiven in diesem Markt mehr und entschied sich daher für den Verkauf ihrer Kabelnetzgesellschaften, nicht zuletzt auch, um über den Verkauf dieser Sparte ihre in der Zwischenzeit enormen Verbindlichkeiten abbauen zu können [4.4]. TV-Kabelnetze sind in ihrer Natur reine Verteilnetze. Unter der Verwaltung der Deutschen Telekom wurden sie in fünf Netzebenen (NE) eingeteilt (Bild 4-3). Im Umfeld der privaten Netzbetreiber wird diese Einteilung zwar nicht benutzt, sie ist aber zur Darstellung der Zusammenhänge recht hilfreich.

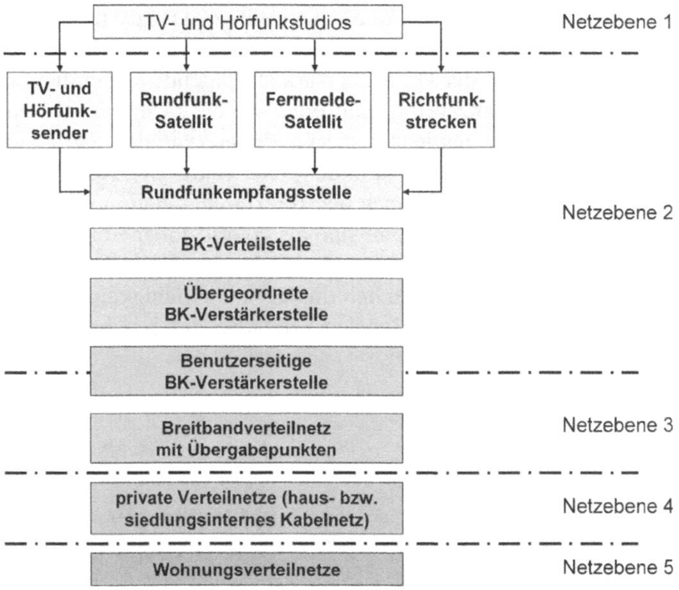

Bild 4-3 Die fünf Netzebenen der Nachrichtenversorgung

Von der *Netzebene 1*, den TV- und Hörfunkstudios, werden die Signale über die Senderinfrastruktur, Satelliten- oder Richtfunkstrecken zu den Rundfunkempfangsstellen weitergeleitet. Hier werden die Signalströme aufbereitet und an die BK-Verteilstellen weitergegeben. Diese wiederum speisen die übergeordneten BK-Verstärkerstellen. Nach der weiteren Verteilung der Signale wird in der benutzerseitigen Verstärkerstelle der Signalstrom ein letztes Mal aufbereitet und in das urbane Breitbandverteilnetz eingespeist.

Die Infrastruktur zwischen den produzierenden Studios und der benutzerseitigen BK-Verstärkerstelle wird als *Netzebene 2* bezeichnet. Die *Netzebene 3* erstreckt sich von der benutzerseitigen BK-Verstärkerstelle bis zu den Übergabepunkten (ÜP). Sie entspricht in der Regel einem Ortsnetz des Telefonnetzes. Die *Netzebene 4* beginnt nach dem Übergabepunkt.

Sie beschreibt haus- bzw. siedlungsinterne Kabelnetze. Als *Netzebene 5* werden gegebenenfalls vorhandene Wohnungsverteilnetze bezeichnet.

Die von der Deutschen Telekom verkauften Regionalgesellschaften besitzen vor allem die Infrastrukturen der Netzebenen 2 und 3, die vor der Liberalisierung zum Monopolbereich der Deutschen Post gehörten. Der Aufbau und Betrieb der Netzebene 4 war auch für private Unternehmen offen. Hier wurden neben der Telekom auch die Wohnungsbaugesellschaften und Unternehmen tätig, die vor der Verkabelung Gemeinschaftsantennenanlagen gebaut und betrieben haben. Insgesamt waren lediglich 5,5 Mio. der ca. 21,5 Mio. an das BK-Netz angeschlossenen Haushalte direkte Kabelkunden der Telekom.

Die von der Deutschen Telekom verkauften BK-Netze nutzen in der Regel Trägerfrequenzen zwischen 47 MHz und 446 MHz. Sie sind mit Radio- und Fernsehprogrammen vollständig belegt. Sollen über diese Netze zusätzliche Dienste angeboten werden, muss der Betreiber die Übertragungskapazität der Netzebenen 3 und 4 vergrößern. Dazu wird das Trägerfrequenzband erweitert. Heute wird normalerweise bis 862 MHz ausgebaut. Die hohen Frequenzen lassen sich aber aufgrund der mit der Frequenz stark ansteigenden Dämpfung der Koaxialkabel nicht über die gleichen Distanzen transportieren wie die niedrigen. Deshalb werden die Koaxialkabelstrukturen in Inseln gegliedert, die von einer zentralen Stelle aus über Glasfasern versorgt werden. Die zentrale Stelle ist in der Netzstruktur der Telekom die benutzerseitige BK-Verstärkerstelle. Im Sprachgebrauch der Telekommunikation wird dafür der Begriff Headend benutzt. Die so entstehenden Netze sind als Hybrid-Fiber-Coax-Netze (HFC-Netze) bekannt. Die Kapazitätserweiterung allein ist aber nicht ausreichend, um Telekommunikationsdienste abzuwickeln. Dafür wird zusätzlich die Rückkanalfähigkeit benötigt. Beim Kapazitätsausbau werden deshalb die unidirektionalen Verstärker durch bidirektionale ersetzt.

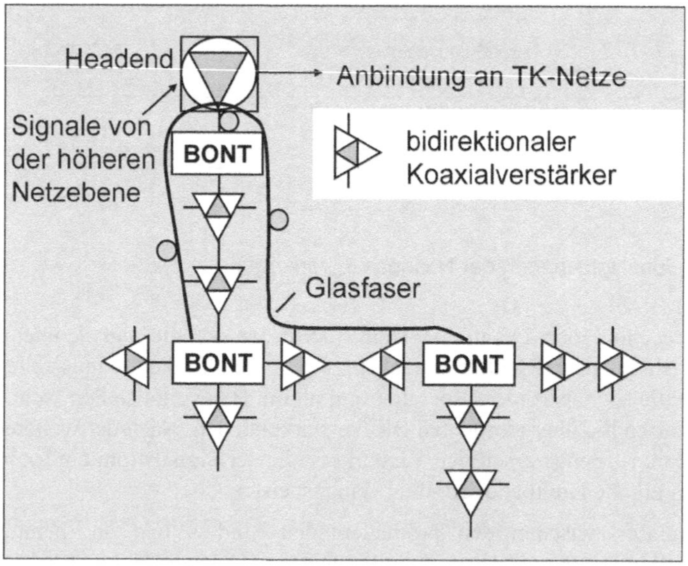

Bild 4-4 Das Hybrid-Fibre-Coax-Netz (nach [4.1])

In Bild 4-4 ist ein derartiges, rückkanalfähiges HFC-Netz dargestellt. Die über eine Glasfaser und eine Broadband Optical Network Termination (BONT) versorgte Koax-Insel wird so dimensioniert, dass an sie jeweils zwischen 300 und 500 Teilnehmer angeschlossen werden können.

Der Ausbau der Netzebene 3 zu einem rückkanalfähigen HFC-Netz ist nur eine der Voraussetzungen, um TK-Dienste über das BK-Netz erbringen zu können. Auch die Netzebene 4 muss technisch aufgerüstet werden. Im Rahmen dieser Aufrüstung werden im Regelfall auch die Anschlussdosen in den Wohnungen ausgetauscht. Rückkanalfähige Kabelanschlüsse haben drei Anschlussbuchsen – für TV, Radio und Kabelmodem.

Die Idee, Kabelnetze nicht nur für Verteilzwecke zu nutzen, kommt aus den USA. Ursprünglich sollten die Download-Zeiten von Internetinhalten verkürzt werden. Die anfänglich zum Einsatz gebrachten Systeme haben dementsprechend auch noch auf einen Rückkanal verzichtet. Der Upstream wurde über das Telefonnetz realisiert, der Downstream über das BK-Netz.

Mobilfunk

Das *Global System for Mobile Communications* (GSM) ist das heute typische Funknetzwerk, das für Mobiltelefone (Handys) verwendet wird. Es gibt eine Reihe anderer Standards, aber das Grundprinzip von GSM ist diesen meist recht ähnlich. Verwendet wird GSM in Deutschland für die so genannten D-Netze, während die E-Netze einen leicht weiterentwickelten Standard verwenden, der sich aber nicht wesentlich von GSM unterscheidet.

Die Grundidee von GSM ist, dass man nur dort Funkkommunikation einsetzt, wo dies unbedingt erforderlich ist. Dies ist auf den letzten Kilometern zum Kunden (die so genannte *Last-Mile*). Die übrige Übertragung läuft hingegen fast ausschließlich wie bei den Festnetzverbindungen. Telefoniert man z.B. am Ort A mit einem Teilnehmer in B, so wird jeweils nur lokal in A oder in B ein Funkkanal verwendet. Der Grossteil der Entfernung wird über Festnetzleitungen (Kupfer, Glasfaser) oder über Richtfunk übertragen, der so genannten *Hintergrund-infrastruktur*. Diese ist notwendig, da aufgrund der begrenzten Reichweite und einer häufig unstabilen Übertragungsqualität nicht beliebig viel Kommunikation über Funkkanäle abgewickelt werden kann. Die Aufteilung in Funkzellen von begrenzter Größe ermöglicht es, die verfügbaren Funkkanäle optimal zu nutzen, denn die Menge an verfügbaren Funkfrequenzen ist beim Mobilfunk durch die staatliche Lizenzvergabe stark begrenzt. In einem Mobilfunknetz werden daher dieselben Frequenzen in ausreichendem räumlichem Abstand wieder verwendet.

Um die Mobilfunktelefone auf den letzten Kilometern zu erreichen, benötigt man eine Reihe von lokalen und regionalen Sendeeinrichtungen, über welche die Mobiltelefone flächendeckend auf kurzem Wege zu erreichen sind. Es werden also flächendeckend Funkmasten, Sendestationen, usw. benötigt, denen jeweils ein Zuständigkeitsbereich zugeordnet ist, den so genannten *Zelle,n* in deren Zentrum jeweils eine stationäre *Basisstation* steht, einem Sender bzw. Empfänger, meist ausgebildet als *Mobilfunkmast*. Zu diesem zugehörig ist jeweils ein Verwaltungsrechner, der die Zelle und ihre Anbindung an das Festnetz der Hintergrundinfrastruktur organisiert. Zwar ist der Sendebereich größer, aber vorrangig zuständig ist immer nur die Basisstation der jeweiligen wabenförmigen Zelle. Der Überlappungsbereich dient lediglich als Reserve. Solche Zellen sind im Idealfall (vollkommen flaches Gebiet ohne jegliche Bebauung) kreisrund, denn die Signalstärke nimmt mit zunehmender Entfernung von der Sendestation ab, bis das Signal nicht mehr stark genug empfangen wird. Die Distanz zur

Basisstation begrenzt also deren Sendebereich. Um auch im Übergangsbereich einen guten Empfang zu haben, legt man die Mobilfunkzellen so, dass sich die Sendebereiche überlappen. Dadurch können die Mobiltelefone auch im Betrieb praktisch ohne Unterbrechung zu einer anderen Zelle „umschalten“ (dem so genannten *Handover*). Konzeptionell geht man bei Zellen von dicht aneinander gepackten sechseckigen Waben aus (Bild 4-5).

Die einzelnen Funkzellen sind in der Regel wabenförmig und erstrecken sich über das gesamte Bundesgebiet. Sie verfügen über unterschiedliche Größen. So reicht der Durchmesser der Zellen von unter 100 Metern in Innenstädten, wo sie unter Umständen nur wenige Häuser oder einen U-Bahnhof versorgen, bis zu mehreren Kilometern im ländlichen Raum. Aufgrund der unterschiedlichen Ausbreitungseigenschaften des Funksignals haben beispielsweise die D-Netze, die im Frequenzbereich von 900 MHz arbeiten, einen Zellenradius von bis zu 40 Kilometer, während die Funkzellen der E-Netze bei 1.800 MHz über einen Radius von bis zu 10 Kilometer verfügen.

Jede dieser Funkzellen wird von einer fest installierten Sende- und Empfangsanlage versorgt – der so genannten Mobilfunkbasisstation. Die Basisstationen bilden gewissermaßen die Knotenpunkte der Mobilfunknetze. Alle Netzbetreiber in Deutschland haben im Jahr 2004 rund 60.000 Basisstationen. Bis 2006 werden im Rahmen des Ausbaus der UMTS-Netze etwa 20.000 weitere Antennenstandorte hinzukommen.

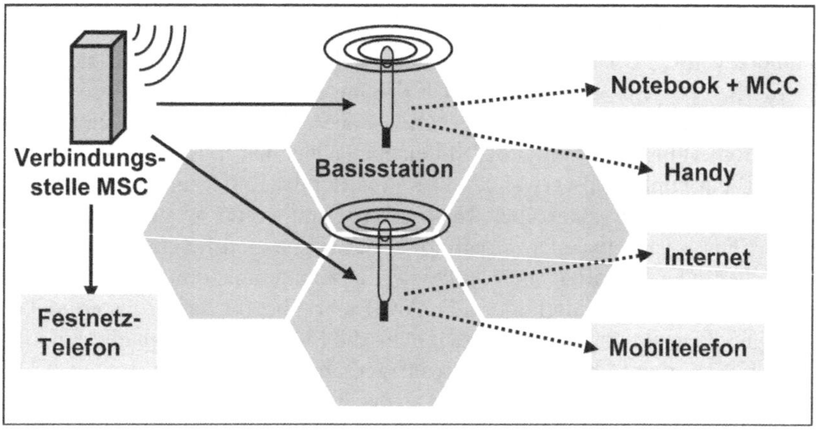

Bild 4-5 Zellularer Aufbau („Wabenstruktur") eines Mobilfunksystems (nach [4.5])

Anders als bei GSM haben die Funkzellen der UMTS-Netze (Universal Mobile Telecommunication System) keine feststehende räumliche Ausdehnung, vielmehr verändern sich die Zellgrößen in Abhängigkeit von der Zahl der Nutzer. Jede UMTS-Funkzelle hat eine mögliche maximale Sendeleistung. Je mehr Menschen in der Zelle mobil telefonieren, desto weniger Leistung kann auf den einzelnen entfallen. Dadurch verringert sich die Bandbreite beziehungsweise die mögliche Entfernung zur Sendestation, und die Zelle wird kleiner. Bei sehr hohem Sendeaufkommen kann es sein, dass weiter entfernte Teilnehmer von einer anderen, daneben liegenden Zelle versorgt werden müssen.

Auch der Übergang von einer Funkzelle zur nächsten – der so genannte Handover – erfolgt bei UMTS fließend. Das Netz bestimmt jeweils das stärkste Funksignal eines Handys, das sich in Bewegung befindet, und ordnet es einer Zelle zu. In dicht besiedelten Gebieten haben die Nutzer sogar überwiegend gleichzeitig Kontakt zu mehreren Basisstationen. Dies verringert die Gefahr von Abbrüchen des Funksignals. Zudem wird ein unbemerkter Übergang in die GSM-Netze möglich sein, wenn der Nutzer ein Gebiet mit UMTS-Versorgung verlässt.

Das Konzept der Wabenstruktur basiert auf einem Kreis als Sendebereich. Tatsächlich verändern die Topolgraphie der Landschaft und die Bebauung diesen Sendebereich sehr stark, so dass hinter einem großen Gebäude oder einem Berg so etwas wie ein „Funkschatten" entsteht, also Bereiche, die den Teilnehmer von der Basisstation abblocken.

Entlang von Straßenzügen reicht der Sendebereich oft sehr weit, durch Häuserblocks hindurch erfolgt eine starke Dämpfung. Entsprechend ist eine typische Wabenstruktur bei GSM in der Praxis kaum möglich. Es muss daher häufig eine Überlappung in Kauf genommen werden, und man benötigt sehr viel mehr Mobilfunkmasten als rechnerisch erforderlich. Es ist daher sinnvoller, eine größere Anzahl von Mobilfunkmasten gleichmäßig im Versorgungsgebiet zu verteilen und weniger stark senden zu lassen, also mit einem Mast und mit sehr hoher Sendeleistung ein größeres Gebiet zu erreichen, denn je mehr Zellen man verwendet, umso mehr Frequenzen werden auch frei. Je mehr kleine Zellen man aber auch verwendet, umso kleiner ist das Gebiet, in dem eine bestimmte Zahl an Frequenzen zur Verfügung steht, und umso kleiner ist die Zahl der Mobiltelefone, die sich ein bestimmtes Frequenzkontingent teilen müssen.

Wenn die Anzahl und die Auslastung der Mobiltelefone weiter steigt, dann werden immer mehr immer kleinere Zellen benötigt, wodurch entweder mehr Mobilfunkmasten aufgestellt werden müssen, oder es werden deutlich mehr Frequenzen benötigt. Trotz der höheren Kosten geht die Entwicklung jedoch zu einer Verkleinerung der Zellen, die künftig parallel durch die GSM- und die UMTS-Systeme genutzt werden. Schließlich müssen die einzelnen Zellen über ein Netzwerk (Festnetz) verbunden werden, sodass Gesprächs- und Verwaltungsdaten zwischen verschiedenen Zellen ausgetauscht werden können, und es muss eine Verwaltung für das Gesamtnetz eingerichtet werden. Dazu hat jeder angemeldete Benutzer einen Eintrag in einem *Home Location Register* (HLR). Dieses HLR liegt normalerweise bei der Zentrale des Providers, mit dem man einen Vertrag geschlossen hat. Darin wird gespeichert, in welcher Zelle man zuletzt registriert wurde. Bei einem Anruf wird aufgrund des HLR ermittelt, wo man sich befindet und es wird der Kontakt zu der betreffende Zelle hergestellt.

Der *Mobilfunkkanal* ist das physikalische Medium zwischen Sende- und Empfangsantenne einschließlich aller die Ausbreitung der elektromagnetischen Wellen beeinflussenden Hindernisse. Für die Funknetzplanung und den Entwurf des Funkübertragungssystems ist es erforderlich, das Ausbreitungsverhalten des Mobilfunkkanals durch einfache statistische Modelle zu beschreiben. Diese Beschreibungen berücksichtigen z. B. als Eingangsgrößen die *Übertragungsfrequenz,* die *Umgebungsbeschaffenheit* und die *Geschwindigkeit* der *Mobilfunkstationen.* Wichtig ist die Vorhersage des zu erwartenden mittleren Empfangspegels bei der Planung des Versorgungsbereiches einer Funkzelle. Der Funknetzplaner benutzt Vorhersagemodelle für die Ausbreitungsdämpfung und schätzt den Einfluss des *schnellen* und *langsamen Schwundes* durch geeignete Sicherheitsabstände ab.

Powerline Communication

Die Powerline Communication Technologie (PCT) hat seit einigen Jahren eine besondere Aufmerksamkeit erlangt, weil sie sowohl den Endnutzern neue Einsatzmöglichkeiten eröffnet, gleichzeitig aber auch neuen Anbietern die Chance bietet, auf dem Telekommunikationsmarkt erfolgreich gegenüber den bisherigen Marktinhabern konkurrieren zu können [4.6], [4.7]. Die Stromversorgungsunternehmen nutzten das Stromnetz bereits seit jeher zur Steuerung von Kraftwerkskapazitäten, die Übertragungsraten waren jedoch sehr gering, der Datentransfer war in der Regel nur in eine Richtung möglich und die Übertragungssicherheit nicht besonders hoch. Bei der PCT, wie sie dann in den 1990er Jahren entwickelt wurde, handelt es sich jedoch um eine Weiterentwicklung, bei der Daten über das Stromnetz an private Haushalte weitergegeben wird, innerhalb des Haushaltes kann dann der Zugang zum Internet per Modem über jede beliebige Steckdose erfolgen. Im Vergleich mit einer herkömmlichen Übertragungstechnologie sollen mit PCT rund 90 Prozent der Kosten gesenkt werden können [4.8].

Aufgrund der fast 100% Marktversorgung im Strombereich liegen die Vorteile von Powerline Communication vor allem für die Energieversorgungsunternehmen und ihre Telekommunikations-Tochtergesellschaften auf der Hand: die neue Technologie wertet ihre Niederspannungsstromnetze auf und eröffnet ihnen gleichzeitig neue Absatzmärkte nicht nur im Telekommunikationsmarkt, sondern auch im Bereich der energienahen Dienstleistungen. Momentan stehen dieser Vision jedoch noch eine Fülle vor allem technischer Probleme entgegen, da die Stromnetze nicht originär für einen hochfrequentiellen Datentransport ausgelegt sind, d.h. Signale werden mit Zunahme der Übertragungsweite schwächer, Funkdienste durch Powerline überlagert und auch die Qualität der Stromversorgung könnte im schlimmsten Fall beeinträchtigt werden [4.9]. Hinzu kommt, dass die Vorteile bei den Übertragungsraten im Vergleich zu den anderen Alternativen (Bsp. ADSL) nicht mehr so groß sind, dass Konsumenten nun einen besonderen Anreiz hätten, auf diese Technologie umzusteigen. Bei Powerline Communication handelt es sich ebenfalls um ein Shared Medium, d.h. die maximale erreichbare Übertragungskapazität wird unter die an einer Transformationsstelle angeschlossenen Nutzer verteilt, im Durchschnitt etwa unter 200 Nutzern [4.7].

Weitere Entwicklung der Mobilkommunikationssysteme

Mit stetig zunehmender Mobilität der Menschen im Privat- und Geschäftsleben hat sich eine Vielzahl spezifischer Mobilkommunikationssysteme herausgebildet, wie z. B.

- Funkrufsysteme *(Paging System)*
- schnurlose Telekommunikationssysteme *(Cordless System)*
- Bündelfunksysteme *(Mobile Trunked Radio System)*
- Funk-LANs *(Wireless Local Area Network)*
- landgestützte Zellularnetze *(Cellular Radio System)*
- Satellitensysteme.

Die Entwicklung dieser Systeme erfolgte in mehreren Systemgenerationen: Die *1. Systemgeneration* orientierte sich im Wesentlichen an den Vorstellungen herkömmlicher Fernsprechnetze *(analoge* Übertragungsverfahren, national standardisierte Netze) und wurde ab Ende der 1970er Jahre eingeführt. Die *2. Systemgeneration* arbeitet mit digitaler Funkübertragung und realisiert Konzepte der aus dem Schmalband-ISDN bekannten Diensteintegration. Inzwischen wurden z. B. Normen zur Unterstützung von Multimedia-Diensten auf Grundlage der Internet-Protokolle geschaffen.

Wesentliches Merkmal der zweiten Systemgeneration ist die Schaffung großer internationaler Versorgungsbereiche für freizügige internationale Mobilität. Sie wurde Anfang der 1990er Jahre eingeführt und kontinuierlich weiterentwickelt. Mit der Entscheidung für das Funkübertragungsverfahren begann Anfang 1998 die europäische Standardisierung der *3. Systemgeneration* UMTS (Universal Mobile Telecommunication System). Hauptziel der dritten Systemgeneration bleibt zunächst die Kapazitätserweiterung für Sprachdienste gegenüber Systemen der ersten und zweiten Generation. Weiter soll die dritte Systemgeneration durch höhere Bandbreiten (~ 2 Mbit/s) und paketorientierter Übermittlung das erwartete Angebot breitbandiger verteilter multimedialer Anwendungen unterstützen. Mobilkommunikationsnetze der dritten Systemgeneration stützen sich dabei auf neu entwickelte Funkschnittstellen und evolutionär weiterentwickelte Kernnetze der zweiten Systemgeneration.

Eine Satellitenkomponente für weltweite Mobilität ist vorgesehen. Ergänzend wird über eine Integration von Funk-LANs in die Infrastruktur öffentlicher Mobilkommunikationssysteme nachgedacht, um lokal an interessanten Punkten höhere Übertragungsbandbreiten bereitstellen zu können [4.1].

4.4 Verfügbare Systeme und Nachrichtenbedarf

4.4.1 Verfügbare Kommunikationssysteme

Die Kommunikationsinfrastruktur in Deutschland besteht in erster Linie aus dem traditionellen bundesweiten Telefonnetz (Kupferkabel), aus dem neuen Glasfasernetz, den verschiedenen lokalen Breitbandnetzen für die Rundfunk- und Fernsehversorgung (über das inzwischen auch DSL-Signale übertragen werden) und dem drahtlosen Richtfunknetz.

Das Telefonnetz selbst besteht aus einzelnen Leitungen, die analoge Tonsignale auf den auf 300 bis 3400 Hertz begrenzten Frequenzbereich übertragen können. Außer den Sprachsignalen können Rufsignale, Hörtöne und Tarifeinheiten zum Teilnehmerapparat übertragen werden. Die zahlreichen lokalen Ortsvermittlungsstellen „speisen" die angeschlossenen Geräte mit einer Gleichspannung von etwa 60 Volt, allerdings nur, wenn der Hörer abgenommen ist. Ab etwa 1980 wurde das analoge Fernsprechnetz (AFeN) für analoge Fernsprechanschlüsse zu einem „digitalen diensteintegrierenden Universalnetz" (Integrated Services Digital Network – ISDN) ausgebaut, über das nach internationalem Standard nicht nur der Telefondienst abgewickelt wird, sondern eine Vielzahl weiterer digitaler Dienste (Telex, Teletex usw.).

Über ein Modem kann ein gegenüber dem klassischen Telefonnetz doppelt so schneller Internetzugang hergestellt werden. Netztechnisch wurden alle Vermittlungsstellen in Deutschland auf ISDN umgestellt, wobei aber die Teilnehmeranschlüsse nicht digitalisiert werden mussten. Die Kanäle von analog angeschalteten Teilnehmern werden von den Vermittlungsstellen in ein digitales Signal gewandelt und weiter vermittelt. Mit dem neuen System ADSL (Asymetric Digital Subscriber Line) als Anschlusstechnik für digitale Breitbandanschlüsse ins Internet lassen sich inzwischen durch die Verwendung bisher nicht genutzter Frequenzbereiche bereits weitaus größere Übertragungsgeschwindigkeiten für die Teilnehmer über das ISDN-Netz erreichen. *Asymmetric* bedeutet dabei, dass die Datenübertragungsraten in Sende- und Empfangsrichtung unterschiedlich sind, und zwar vom Teilnehmer aus gesehen in Empfangsrichtung (downlink) erheblich größer als in Senderichtung (uplink).

Der Ausbau des Glasfasernetzes in Deutschland schreitet weiter voran. Nach der Aufrüstung der Kabelverzweiger durch T-Com sollen bis Ende 2007 sollen ca. 50 Städte an die als VDSL (Very High Speed Digital Subscriber Line) bezeichnete Technik angeschlossen sein. Diese Zugänge sind mit 50 MBit/s schnell genug, um mehrere TV-Kanäle in HDTV-Qualität parallel zu „streamen" (Übertragen von Datenströmen). Damit wird der Weg zu Video-on-Demand-Angeboten mit hoher Bildqualität geebnet und durch die Glasfaserleitungen die bestehenden Kupferadern weiter verdrängt.

Im zweiten Schritt will T-Com VDSL in 40 weiteren Städten anbieten. Diese Investitionen macht das Unternehmen aber von der Akzeptanz der Nutzer und den regulatorischen Rahmenbedingungen abhängig. Daher will man erreichen, dass die Bundesnetzagentur das neue Netz nicht reguliert und somit keine Konditionen für den Zugang von Wettbewerbern diktiert. Nur dann könne man die hohen Investitionen wieder einspielen. Andere Wettbewerber stehen ebenfalls bereit, in das neue Netzt zu investieren. Die kostenintensiven Tiefbauarbeiten lassen es jedoch aus ökonomischen Gründen nicht zu, parallele Leitungsgräben zu verlegen. Voraussetzung hierfür wäre es, dass auch Konkurrenzunternehmen und andere Sparten berreits vorab die erforderlichen Leerrohre verlegen.

4.4.2 Kommunikations- und Nachrichtenbedarf

Informationen charakterisieren die Ungewissheit des Auftretens eines Ereignisses im Sinne der Wahrscheinlichkeit, und Informationen sind beseitigte Ungewissheit, und sie verkörpern wünschenswertes Wissen. Entscheidend ist nicht die Bedeutung, sondern der Neuheitsgrad der Information. Der Informationsgehalt ist umso höher, je weniger wahrscheinlich das betreffende Ereignis ist, über das informiert wird.

Die Informationen werden im Kommunikationsprozess als Synonym für jede Art von Mitteilungen verstanden und treten z. B. in Form von Sprache, Tönen, Schriften, Bildern, Daten, Zahlen, Zeichen oder verschiedenen, wahrnehmbaren Reizen auf. Die *Informationen* sind zum neuen Produktionsfaktor geworden und zeichnen sich dadurch aus, dass sie

- einen Wert besitzen, der z. B. durch Hinzufügen, Selektieren, Konkretisieren oder Weglassen verändert werden kann,
- kein knappes Gut sind und Kosten verursachen,
- Input und Output sein können,
- sich als nicht gegenständliches Gut auch bei Mehrfachnutzung nicht verbrauchen,
- auch als Ware in Erscheinung treten und gegen finanzielle oder andere Belohnung gehandelt oder getauscht werden,
- sich mit Lichtgeschwindigkeit zu festen oder mobilen Empfängern transportieren lassen,
- andere wirtschaftliche Ressourcen, z. B. Vertriebswege oder Handelsstrukturen, ersetzen können,
- sich während der Nutzung erweitern (z. B. in Forschungs- und Entwicklungsprozessen),
- zur Diffusion neigen und als aggressive Ressource versuchen, Geheimhaltungsgrenzen zu durchdringen (Vertraulichkeit, persönliche Intimsphäre, intellektuelle Eigentumsrechte),
- Beziehungen zwischen Individuen, Institutionen, Organisationen, Nationen anbahnen und durch veränderte Informationsflüsse die Beziehungs- und Machtstrukturen zwischen den Elementen eines Systems verändern können,
- der Planung, Organisation und Kontrolle bedürfen.

Die Bewertung der Information setzt ihre Analyse voraus und bietet damit die Möglichkeit der Aneignung. Information lässt sich verdichten. Das Zusammenfassen komplexer Informationen zu einem Theorem oder in einer Formel sind Beispiele dafür. Bei der Verdichtung können Informationsverluste auftreten. Der ökonomische Wert einer Information hängt z. B. ab von dem Grad der Vollkommenheit, der Sicherheit und der Dispersion (Verteilung an andere Interessenten) sowie von der Zeitkomponente (Aktualität, Präsentation, Übermittlung).

Das Informationsmanagement hat durch die notwendigen Mittel und Aktivitäten die Informationen zum richtigen Zeitpunkt, in der gewünschten Form und am richtigen Arbeitsplatz zur Verfügung zu stellen. Für dieses Ziel muss der zur optimalen Erfüllung notwendige Informationsbedarf bekannt sein.

4.5 Senden und Empfangen von Nachrichten

4.5.1 Anlagen zur „Umwandlung“

Unter „Umwandlung“ sind in dem Teilsystem Nachrichtenversorgung sehr unterschiedliche Vorgänge zu verstehen:

- die Verarbeitung eines analogen Signals (Sprache, geschriebener Text, Bild), das gerade empfangen wurde, in ein digitales Signal, um dieses anschließend zu senden,
- die Verstärkung eines Signals für den „Transport“ über weite Strecken,
- die unveränderte Weiterleitung des Signals in eine andere Richtung.

Die wesentlichen raumbedeutsamen Anlagen im System der Nachrichtenversorgung stellen somit die Sendeanlagen dar, die immer auch irgendwo her ein Signal empfangen müssen. Für das drahtlose „verteilen“ oder „sammeln“ von Signalen werden Mobilfunksendemasten benötigt, die in ihrer Größe, Höhe, Abstrahlleistung, Bauart (Beton, Stahlgittermast) usw. sehr unterschiedliche Formen annehmen können. Häufig werden auch bestehende Gebäude genutzt, um die Antennen in den Siedlungsgebieten unterzubringen, ohne dass hierfür eigene Masten benötigt werden. Bild 4-6 zeigt ein solches Beispiel.

Bild 4-6 Beispiel für einen Mobilfunk-Antennenmast (Nutzung eines bestehenden Schornsteins), Quelle: IZMF Bildarchiv

Für das Senden der Radio und Fernsehprogramme werden Sender benötigt, die sich gegenüber den Mobilfunksendemasten durch eine wesentlich größere Abstrahlleistung und damit eine größere Reichweite auszeichnen. Um die Abstrahlung hindernisfrei zu gewährleisten, sind diese meist auf hohen Masten angeordnet, die aus Beton oder Stahlfachwerken errichtet werden. Teilweise werden diese auch in Sendetürmen zusammengefasst (Bild 4-7).

Bild 4-7 Beispiele für einen mit mehreren Sende- und Empfangsanlagen ausgestatteten Sendemast, Quelle: IZMF Bildarchiv

4.5.2 Raum- und Umweltwirkungen von Sendeanlagen

Raumwirkungen

Die Raumbedeutsamkeit der Nachrichtenumwandlung ergibt sich durch die Notwendigkeit, Anlagenstandorte für die Mobilfunkantennen, Sendeanlagen für Rundfunk und Fernsehen sowie für die übergeordneten Fernmeldeeinrichtungen zur Verfügung zu stellen.

Der große Bedarf für neue Mobilfunkantennen in den nächsten Jahren rückt die Standortauswahl für diese Anlagen derzeit in den Vordergrund, denn jede geplante Mobilfunkantenne trägt zur Verbesserung der Netz-Infrastruktur bei.

Bei der Planung wird von dem Mobilfunkbetreiber zunächst im Rahmen seines Gesamtnetzkonzepts eine optimale Position für eine neue Basisstation zur Abdeckung der Nachfrage nach solchen Telekommunikationsdienstleistungen berechnet und anschließend auf seine funktechnische Eignung hin überprüft. Dies betrifft die jeweilige Standorthöhe, die Verträglichkeit mit bereits installierten Funksystemen und die Anbindung an benachbarte Netzzellen. Darüber hinaus müssen auch die langfristige Verfügbarkeit des Standorts, die wirtschaftliche Vertretbarkeit der Errichtung und die bautechnische Eignung berücksichtigt werden. Die Abstimmung zwischen den Mobilfunkbetreibern und der zuständigen Kommune über den Standort der Antenne ist ebenfalls ein wichtiges Kriterium.

Entsprechend der von den Mobilfunkbetreibern und den kommunalen Spitzenverbänden getroffenen Vereinbarung wird den kommunalen Behörden diese Planung mitgeteilt. Sollte es unterschiedliche Vorstellungen zwischen den Netzbetreibern und den Kommunen zum ausgewählten Standort geben, wird einvernehmlich nach einem geeigneten Standort gesucht.

Standortvorschläge der Kommune werden geprüft und bei Eignung bevorzugt realisiert. Ist ein geeigneter Standort gefunden, schließt der Mobilfunkbetreiber einen Mietvertrag mit dem Eigentümer und beginnt mit den Planungen für den Aufbau der Basisstation. Gegebenenfalls ist eine Baugenehmigung oder das Einverständnis von der Denkmalschutz-, Naturschutz- oder Luftfahrtbehörde erforderlich. In Tabelle 4-3 ist die Zulässigkeit von Mobilfunksendemasten als Haupt- oder Nebenanlage für die unterschiedlichen Nutzungsarten der Baunutzungsverordnung (BauNVO) aus der Sicht eines zuständigen Landesministeriums und für den Stand 2001zusammengestellt. Im Einzelfall ist jeweils die aktuelle Rechtslage bzw. die Genehmigungspraxis der zuständigen Behörden zu berücksichtigen.

Tabelle 4-3 Zulässigkeit von Mobilfunksendemasten

Art des Gebietes	Zulässigkeit als Hauptanlage	Zulässigkeit als Nebenanlage	Gemeindliches Einvernehmen nach § 36 BauGB
Reines Wohngebiet (WR)	nur aufgrund Befreiung, § 31, Abs. 2 BauGB	nur als Ausnahme, §§ 31 Abs. 1, 14 Abs. 2 S. 2 BauNVO (1990)	erforderlich
Allgemeines Wohngebiet (WA)	nur als Ausnahme, §§ 31 Abs. 1 BauGB, 4 Abs. 2 Nr. 3 BauNVO	nur als Ausnahme, §§ 31 Abs. 1, 14 Abs. 2 S. 2 BauNVO (1990)	erforderlich
Besonderes Wohngebiet (WB)	Ja, § 4a Abs. 2 Nr.3 Bau NVO	da als Hauptanlage zulässig, gilt dies auch für Nebenanlagen	nicht erforderlich
Dorfgebiet (MD)	Ja, § 5 Abs. 2 Nr.6 Bau NVO	s.o.	nicht erforderlich
Mischgebiet (MI)	Ja, § 6 Abs. 2 Nr.4 Bau NVO	s.o.	nicht erforderlich
Kerngebiet (MK)	Ja, § 7 Abs. 2 Nr.3 Bau NVO	s.o.	nicht erforderlich
Gewerbegebiet (GE)	Ja, § 8 Abs. 2 Nr.1 Bau NVO	s.o.	nicht erforderlich
Industriegebiet (GI)	Ja, § 9 Abs. 2 Nr.1 Bau NVO	s.o.	nicht erforderlich

Vor Inbetriebnahme muss die Regulierungsbehörde für Telekommunikation und Post (RegTP) mit der Standortbescheinigung die Einhaltung der gesetzlich festgelegten Grenzwerte an den frei zugänglichen Orten bestätigen. Die Mobilfunkbetreiber müssen jede neue Sendeanlage zwei Wochen vor Inbetriebnahme bei der örtlich zuständigen Verwaltungsbehörde für Immissionsschutz und bei der Kommune anmelden.

Umweltwirkungen

Bei den Sendern handelt es sich um Hochfrequenzanlagen mit einer bestimmten Feldstärke, die von der jeweiligen Frequenz abhängig ist. Für die elektrische und die magnetische Feldstärke gelten die Grenzwerte der 26. Bundesimmissionsschutzverordnung (Tabelle 4-4).

Tabelle 4-4 Zulässige Werte für die Feldstärke von Hochfrequenzanlagen nach der 26. BImschV (Anhang 1 zu § 2)

Hochfrequenzanlagen		
Frequenz (f) in Megahertz (MHz)	Effektivwert der Feldstärke, quadratisch gemittelt über 6-Minuten-Intervalle	
	elektrische Feldstärke in Volt pro Meter [V/m]	magnetische Feldstärke in Ampere pro Meter [A/m]
10 – 400	27,5	0,073
400 - 2 000	1,375 *√ f	0,0037 * √ f
2 000 - 300 000	61	0,16

Diese Grenzwerte schützen die Gesundheit. Sie basieren auf dem aktuellen, international anerkannten wissenschaftlichen Kenntnisstand, den Empfehlungen der Weltgesundheitsorganisation (WHO) und der Internationalen Strahlenschutzkommission (ICNIRP) sowie der nationalen Fachgremien Strahlenschutzkommission (SSK) und dem Bundesamt für Strahlenschutz (BfS).

Dabei geht die WHO davon aus, dass „... keine der jüngst durchgeführten Überprüfungen des wissenschaftlichen Erkenntnisstandes ergab, dass Hochfrequenzexpositionen durch Mobiltelefone oder ihre Basisstationen zu schädlichen Auswirkungen auf die Gesundheit geführt haben.“ [4.10]. Die deutsche Strahlenschutzkommission SSK kommt zu dem Schluss, dass „... auch nach Bewertung der neueren wissenschaftlichen Literatur keine neuen wissenschaftlichen Erkenntnisse im Hinblick auf nachgewiesene Gesundheitsbeeinträchtigungen vorliegen, die Zweifel an der wissenschaftlichen Bewertung aufkommen lassen, die den Schutzkonzepten der ICNIRP bzw. der EU-Ratsempfehlung zugrunde liegt“ [4.11].

Diese Einschätzungen werden seither, gerade im Hinblick auf die stark zunehmenden Anlagen für den Mobilfunk, von vielen internationalen und nationalen Forschergruppen bestätigt – aber auch von zahlreichen Fachleuten und insbesondere von betroffenen Bürgern und den Bürgerinitiativen, welche diese Bürger vertreten, in Zweifel gezogen (siehe Informationszentrum gegen Mobilfunk [4.12]).

Es kann jedoch allgemein festgestellt werden, dass biologische Wirkungen hochfrequenter elektromagnetischer Felder erst ab einem bestimmten Schwellenwert auftreten. Diese Schwellen sind seit langem bekannt und werden laufend weiter auf ihre möglichen Wirkungen auf den Menschen hin untersucht.

4.6 Nachrichtenübertragung

Unter Übertragung versteht man in der Nachrichtentechnik den gebündelten Transport von großen Datenmengen in Kabeln oder über Richtfunkstrecken.

4.6.1 Übertragungsverfahren

Übertragungsverfahren beschreiben Signalverarbeitungsmöglichkeiten, die zur Signalübertragung und optimalen Ausnutzung der Übertragungswege dienen. Tabelle 4-5 zeigt verschiedene Übertragungsverfahren mit ihrer Art der Ausnutzung der Übertragungswege, der Art des angewendeten technischen Prinzips und er Art des übertragenen Signals.

Tabelle 4-5 Übertragungsverfahren im Bereich der Telekommunikation

Art der Ausnutzung der Übertragungswege	Art des angewendeten technischen Prinzips	Art des übertragenen Signals
raumgeteilt	Basisbandübertragung	analog, digital
frequenzgeteilt	Frequenzmultiplexverfahren	analog
zeitgeteilt	Zeitmultiplexverfahren	digital
codegeteilt	Codemultiplexverfahren	digital

Die Wahl des Übertragungsverfahrens hängt primär von den Eigenschaften des Übertragungsweges ab. Ziel ist dabei, die optimale Ausnutzung des Übertragungsweges, die störungsfreie Signalübertragung und minimale Kosten pro Kanal zu erreichen.

Raumgeteilte Systeme benutzen je zu übertragendem Signal einen Übertragungsweg. Die Signale werden vorzugsweise unmoduliert im originalen Frequenzbereich – Basisfrequenzbereich – übertragen. Durch geeignete Verknüpfungen mehrerer gleichartig geführter Übertragungswege untereinander lässt sich ein Ausnutzungsgrad der Übertragungswege erreichen, der größer ist, als die Zahl der Übertragungswege selbst. Diese Verknüpfungen werden als Schaltungsmultiplex, Kunst- oder Phantomschaltungen bezeichnet.

Das *Übertragungsmedium* entspricht dem Mittel bzw. dem Stoff zur Informationsübertragung. Übertragungsmedien können klassifiziert werden in:

- metallische Übertragungswege (z. B. symmetrische Kupferkabel, Koaxialkabel, Hohlleiter)
- optische Übertragungswege (z. B. Multimode-Lichtwellenleiter, Monomode-Lichtwellenleiter)
- Funkübertragungswege (z. B. Rundfunk-, Richtfunk-, Mobilfunk- und Satellitenfunkstrecken).

Lichtwellenleiter (LWL) sind Bestandteil von optischen Übertragungssystemen und dienen der Führung von Lichtwellen (so genannter *Moden*) vom Sender (Luminizenzdioden; Laserdioden) zum Empfänger (Fotodioden). Lichtwellenleiter besitzen einen Kern und einen Mantel. Das Basismaterial für LWL ist Siliciumdioxid, das in der Natur in Form hochreiner Sande oder als Bergkristall vorkommt. Durch eine geeignete „Dotierung“ mit Fremdatomen erreicht man, dass die Brechzahl des Kerns größer als die des Mantels ist. Durch eine Kunststoffbeschichtung (cladding) wird diese Glasfaser geschützt. Mehrere derart geschützte Fasern werden dann in einem Glasfaserkabel zusammengefasst. Für die Nachrichtenübertragung werden Wellenlängenbereiche mit einem optischen Fenster von 850 nm, 1 300 nm und 1 550 nm genutzt.

Richtfunk im Nachrichtentransport

Der *Richtfunk* dient der gerichteten und leitungslosen Informationsübertragung. Als Informationsträger können elektromagnetische Wellen im Rundfunk- und optischen Bereich benutzt werden. Die Richtfunkverbindung ist ein gleichwertiges Übertragungsmedium neben der Kupferkabel- und Lichtwellenleiterverbindung. Sie sind in der Regel Punkt-zu-Punkt-Verbindungen, bei denen nur zwei bestimmte Richtfunksysteme eine Verkehrsbeziehung besitzen. Sie können aber auch als Punkt-zu-Mehrpunkt-Verbindungen arbeiten. Bei dieser Betriebsart können Verbindungen von einer Richtfunkstation zu mehreren Richtfunkstationen aus dem bestimmten Versorgungssektor aufgebaut werden.

Für die Ausstrahlung und den Empfang der elektromagnetischen Wellen ist eine starke Richtwirkung erforderlich, die durch bündelnde Antennen erreicht wird. Der Radiofrequenzbereich liegt bei terrestrischen Richtfunkverbindungen über 1 GHz und kann bis 50 GHz betragen. In diesem Frequenzbereich erfolgt die Ausbreitung der elektromagnetischen Wellen zunehmend nach optischen Gesetzen, d.h., zwischen Sender und Empfänger muss *quasi-optische Sicht* vorhanden sein. Die Wellenausbreitung im Richtfunkfeld ist dadurch gekennzeichnet, dass die elektromagnetischen Wellen sich im homogenen Medium geradlinig ausbreiten. Hindernisse im Ausbreitungsweg sind somit die Ursache für Funkschatten, weil Wellen an scharfkantigen Hindernissen gebeugt werden. Auf Grenzschichten zweier Medien auftreffende Wellen werden gedämpft und reflektiert. An rauen Grenzschichten entsteht Streuung.

Koaxialkabel im Nachrichtentransport

Der Netzzugang über die Kabelverteilnetze ist durch die Bereitstellung eines so genannten Rückkanals möglich geworden. Neben den Kabelverteilnetzen gibt es international zunehmend Einsätze von nicht terrestrischen Rundfunkverteildiensten, bei deren gerätetechnischer Ausführung der Rückkanal auf verschiedene Art und Weise gewährleistet wird. Die in Kabelverteildiensten vorhandenen breitbandigen Kanäle von einer zentralen Basis zum Teilnehmer sind für die Gewährleistung einer stabilen telekommunikativen Versorgung sehr gut geeignet. Durch die Integration von Rückkanälen und der gerätetechnischen Nachrüstung vorhandener Kabelverteilsysteme innerhalb der Teilnehmeranschlüsse mit Möglichkeiten für diese Rückkanäle sind die wesentlichen Vorraussetzungen für eine breite Nutzung gegeben. Eine Modifikation derartiger Systeme ist durch Breitband-Übertragungssystems in HFC-Struktur (Hybrid Fibre Coax) im Einsatz.. Dabei werden kleinere Netzeinheiten (Cluster). die in den meisten Fällen durch Koaxialkabel oder Glasfasern vernetzt sind, genutzt.

Stromversorgungsleitungen (Powerline) im Nachrichtentransport

Der Teilnehmeranschluss unter Nutzung des Niederspannungsnetzes, international als Powerline-Kommunikation (PLC) bezeichnet, hat seit etwa 1998 an Bedeutung gewonnen. Nach ersten erfolgreichen Versuchen, vorrangig in Großbritannien, gab es sowohl Normungsbemühungen als auch die Entwicklung von entsprechender Gerätetechnik.

Die PLC- Technik ermöglicht einen Teilnehmeranschluss für das Internet und die Telekommunikationsdienste

- Gebäudeautomatisierung,
- Inhouse-Kommunikation und
- Energieinformationsdienste.

Vorteilhaft bei PLC ist das vorhandene flächendeckende System der Energieleitungen. Als problematisch hat sich bei der Nutzung dieses Netzes für den Internet- und Telekommunikationszugang herausgestellt, dass die Energieverteilnetze im Niederspannungsbereich bezüglich der Netzstruktur und der verwendeten Kabeltypen sehr unterschiedlich sind. Damit ergeben sich große Probleme für die einzusetzenden Übertragungsverfahren. Die im Allgemeinen fehlende Schirmung der Energieleitungen führt zu Einstrahlungen bzw. Abstrahlungen elektromagnetischer Wellen. Besonders betroffen ist von den Abstrahlungen der Kurzwellenbereich für die Weitstreckenverkehrstechnik und für Navigationsdienste. Die Möglichkeit der Einkopplung in diese Kabelsysteme ist eng verbunden mit dem Absinken der Übertragungsqualität. Aus diesem Grund können nur für Fremdstörer robuste Übertragungsverfahren eingesetzt werden. Die durch RegTP zunächst vorgenommene Regulierung beschränkt die Einsatzmöglichkeiten der PLC wesentlich. Bemühungen, die festgelegten Parameter weiter zu verändern, dürften aufgrund der dann teilweise starken Störungen anderer Funkdienste sehr problematisch sein.

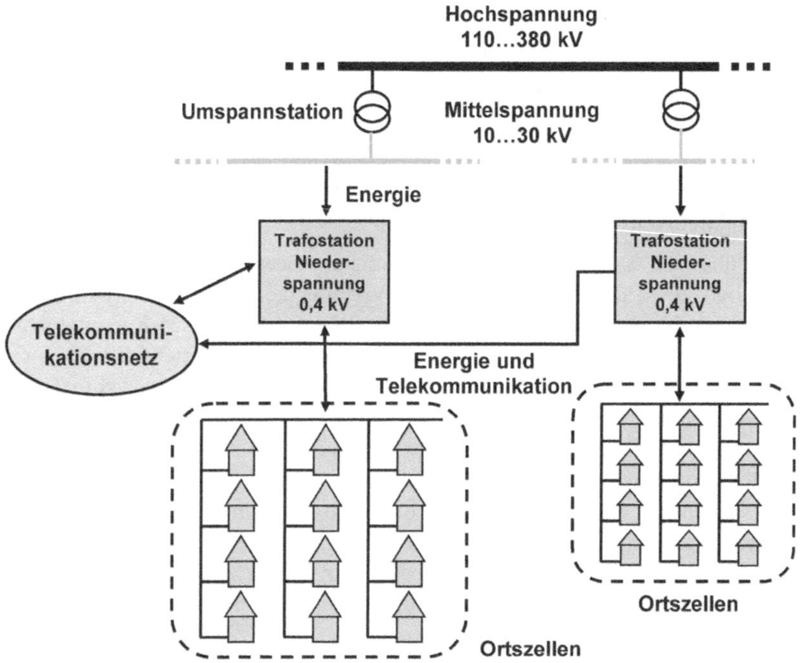

Bild 4-8 Das Prinzip der Powerline Kommunication (PLC) - Systeme

Das Grundprinzip der PLC- Technik funktioniert wie folgt (Bild 4-8): In der Trafostation des

Niederspannungstransformators ist eine Vermittlungs- bzw. Einkopplungseinheit für die Telekommunikationsdienste integriert, über welche die an der jeweiligen Trafostation angeschlossenen Teilnehmer versorgt werden können. Dabei ist eine gefahrlose Trennung zwischen Niederspannungszuleitung und Telekommunikationsdienst erforderlich. Weit höhere Anforderungen sind für die Hausstation zu gewährleisten. In der Nähe der Stromeinspeisung ist eine Trennung zwischen Telekommunikationsdienst und Elektroversorgungsdienst vorzunehmen.

Aus gegenwärtiger Sicht ist festzustellen, dass die hohen Erwartungen in die PLC- Technologie als großräumiges und vielfältiges Telekommunikationssystem derzeit nicht erfüllt werden können. Auf der Ebene des Teilnehmeranschlusses ergeben sich aufgrund technischer bzw. technologischer und regulatorischer Schwierigkeiten noch erhebliche Einschränkungen. Der Einsatz von PLC- Technologien im Inhouse-Bereich könnte sich dagegen in den kommenden Jahren zunehmend verstärken.

Glasfasern

Netzzugänge mittels Glasfasern (Lichtwellenleitern) werden *optische Netzzugänge* genannt. Bei den als Übertragungsmedium im Teilnehmerzugangsnetz eingesetzten Glasfasern (FITL – *Fiber in the Loop*) unterscheidet man Glasfasern

- bis in die Wohnung (FTTH – *Fibre To The Horne*)
- bis ins Gebäude (FTTB – Fibre To The Basement/Building),
- bis zum Straßenrand/Übergabepunkt (FTTC – *Fibre To The Curb*),
- bis zum Kabelverzweiger (FTTN/FTTCab – *Fibre To The Node/Cabinet*).

Im *Optical Distibution Network* kann die optische Übertragungsstrecke (Optical Line Distributor) in passiv (Passive Optical Network – PON) oder aktiv (Active Optical Network – AON) aufgesplittet werden.

Die Glasfaser eines PON kann durch optische Verzweiger (Splitter) an jeder beliebigen Stelle verzweigt werden. Im Unterschied zu den passiven Systemen, bei denen die geringen Dämpfungsbudgets der optischen Verzweiger der Netzgestaltung verhältnismäßig starre Randbedingungen auferlegen, lassen sich aktive Systeme flexibler realisieren. Bei den OPAL-Projekten (Optisches Anschlussnetz) der Deutschen Telekom AG, in deren Rahmen Mitte der 90er Jahre insgesamt 1,2 Mio. optische Teilnehmerzugänge errichtet wurden, waren 1994 erstmals auch AONs einbezogen worden, z. B. das Hybrid Telecommunication Access System (HYTAS).

Fernsehverteilnetze waren anfänglich komplett auf Basis von Koaxialkabeln konzipiert. Mit dem Fortschritt bei der Glasfaserübertragung sind auch Lösungen entwickelt worden, die auf der Kombination von Glasfasern und Koaxialkabeln für TV-Verteilnetze Anwendung fanden, so genannte HFC-Netze. Vorteile gegenüber reinen Koaxialkabelnetzen sind höhere Bandbreite und größere Reichweiten ohne Verstärker.

4.6.2 Raum- und Umweltwirkungen der Nachrichtenübertragung

Raumwirkungen

Angesichts der steigenden räumlichen Arbeitsteilung in allen Wirtschaftssektoren und den damit verbundenen höheren Wegstrecken muss die „Verfügungsgeschwindigkeit" der Informationen steigen, um Engpässe der Produktion zu vermeiden. Umfang und Selbstverständlichkeit immaterieller Raumüberwindung geben eine Vorstellung davon, wie viel mehr physischer Verkehr ohne bequeme und leistungsfähige Telekommunikation entstehen würde. Die elementare Wirkung der Telekommunikation wurde vom „Death of distance", von der Entwertung geographischer Restriktionen erwartet. Verschwindet der Entfernungswiderstand, werden die anderen Eigenschaften einer Region und ihrer möglichen Konkurrenten umso wichtiger. So wird moderne Telekommunikation zwar die Differenzierung ländlicher Räume begleiten, mildern und dezentrale Konzentration begünstigen. Als entscheidend aber dürften sich laufende Siedlungstrends der Städte (wie Sub-, Des- und Reurbanisierung; auch: Suburbanisierung) und demographische Trends (wie Entleerung und Entsiedlung; auch: Schrumpfung) erweisen.

Die Diskussion der Auswirkungen von Telekommunikation auf räumliche Entwicklungsprozesse war lange durch gegensätzliche Positionen geprägt. Die zahlreichen Argumente zur Raumwirksamkeit der Telekommunikation lassen sich durch vier Grundpositionen (Nivellierung, Polarisierung, gedämpfte Wirkungen, Überlagerungen) beschreiben [4.14]:

a) Die *Nivellierungsthese* betont die dynamisierende Kraft entwerteter Entfernungen und Orte sowie relativierter traditioneller Zentralitäten. Angesichts des gigantischen Dezentralisierungs- und Homogenisierungspotentials von Telekommunikation, Telematik, Computernetzwerken und Globalisierung wird ein erhebliches Substitutionspotential vermutet. Entscheidende räumliche Veränderungen werden vor allem von der Reintegration von Arbeitsplatz und Wohnstandort durch Telearbeit, der Einebnung harter Standortvorteile, dem Bedeutungsverlust stationärer Infrastruktur, der Aufhebung der Marktferne ländlicher Räume und dem Abbau vertikaler Hierarchien erwartet. Wenn alles auf jeder Waldlichtung erreichbar wird, stellt sich die Frage, inwieweit Städte als Wirtschaftsstandorte überholt sind.

b) Die *Polarisierungsthese* betont die Bedeutung der Macht und Trägheit bebauter Umwelt, von räumlich konzentrierten Inputfaktoren und vorhandener Infrastruktur aller Art. Neue Technologien werden zuerst in Bedarfsschwerpunkten nachgefragt und eingeführt. Deshalb wird die Verstärkung von Entwicklungspotentialen und Entwicklungstrends erwartet. Das Dezentralisationspotential des digitalisierten schmalbandigen – überall verfügbaren – Telefonnetzes wird durch die Wirtschaftskraft der Verdichtungsgebiete (Wählerstimmen, Arbeitsplätze, Einkommen, Expertenwissen, Ideenpotential und Anregungen, kulturelles Umfeld, übernationale Identität, Produktionsstandort strategischer Wirtschaftsgüter) überkompensiert. Die kurz- und mittelfristige Akzeptanz des digitalisierten schmalbandigen Netzes prägt die breitbandige Verkabelung vor.

c) Die These *gedämpfter Wirkungen* betont vor allem die Schlüsselrolle menschlicher Verhaltensstabilitäten für die Akzeptanz von Innovationen und bezweifelt schnelle drastische Änderungen. Als soziales Wesen ist der Mensch stammesgeschichtlich als Sammler und Jäger geprägt. Zu seinen Verhaltensdispoitionen (als „anthropologische" Konstanten) gehören beispielsweise „Face-to-face"-Kontake, Nebennutzen persönlicher Anwesenheit, die telefonisch oder schriftlich nur schwer zu erlangen sind, und Ventil- und Erlebnisfunktionen von „Tapetenwechsel". Deshalb braucht der Mensch Bewegung, persönlichen Kontakt, Beratung und Kauferlebnis. Große Veränderungen werden erst durch Systemmodifikation als Ergebnis eines sehr langfristigen Rückkopplungsprozesses erwartet.

d) Die *Überlagerungsthese* sieht Entwicklung als spannungsgeladene Koevolution benachbarter Systeme unterschiedlicher Geschwindigkeiten. So ist jeder Teilraum durch dominierende Branchen gekennzeichnet, die zu charakteristischen Phasen sozioökonomischer Entwicklung gehören. Indem sich Produktlebenszyklen von Wirtschaftszweigen, Raumüberwindungstechnologien und Wertsystemen zeitlich überlagern, entstehen Verzögerungen und Vorsprünge, Eigendynamik, Rückkopplungen und Brüche. Solche komplexen Prozesse sind nur begrenzt steuerbar und von unerwarteten Rückschlägen bedroht. Sie erschweren Wirkungsvermutungen zur räumlichen Gestaltungskraft der Telekommunikation und fördern lineare Vereinfachungen, wie z. B. Substitutionshoffnungen.

Inzwischen ist eine allgemeine Annäherung der verschiedenen Standpunkte insofern festzustellen, als sich die Kernargumente aller vier Positionen als tragfähig erweisen. Die höherstufige Synthese bildet die Einsicht, dass die Telekommunikation bisher vor allem als Trendverstärker wirkte. Ihre massenhafte Umsetzung erweist sich deshalb zunehmend als abhängig von den Sogeffekten anderer Megatrends: Zentralitäten verstärken sich, Stadt-Umland-Beziehungen weiten sich aus, menschliches Grundverhalten erweist sich als dominant, und sich räumlich überlagernde Entwicklungsphasen von Branchen und Gesellschaften schaffen erhebliche Spannungen. Insofern gehören Konzentration und Dezentralisierung zusammen, aber wirken phasenabhängig. Zentralität ist relativ und nur Ausdruck von Erreichbarkeit durch dominierende Raumüberwindungsformen. Damit schafft Telekommunikation neue Zentralität auch innerhalb eines Dezentralisierungstrends [4.14].

Das Dezentralisationspotential der Telekommunikation erlaubt es dem räumlich erheblich konzentrierten, aber mobilen Vermögen, Einkommen und Macht, sich räumlich auszubreiten und erfordert damit erneut die Konzentration von Kontrolle, Eigentum und Gewinnen auf einem neuen Niveau. Deshalb gehören „Global cities“, globales Outsourcing und nationale Politik mit Gegenbewegungen (wie „Neue Nähe“) zusammen. Städte sind traditionell die Produktionsstandorte von Innovationen, Flexibilität und Mobilität, Professionalität, Internationalität und Risikobereitschaft. Übernationale Städtenetze werden gestärkt zu Lasten der Beziehungen dieser Schaltstellen mit ihrem nationalen Umfeld. Diese Polarisierung erfüllt den Tatbestand räumlichen Dualismus', der bisher vor allem für Entwicklungsländer galt [4.14].

Die allgemeinen Wirkungen der Telekommunikation gründen sich – noch stärker als bei physischen Verkehrsmitteln – auf den Tatbestand, dass die Industriegesellschaft mit ihrer Produktion für anonyme Märkte schon immer eine Informationsgesellschaft war, die sich vor allem aus drei Informationssystemen zusammensetzt [4.14]:

(1) Das technisch-wissenschaftliche System erzeugt, verteilt und erhält Grundlagenwissen und setzt es in anwendungsfähiges Know-how um.

(2) Das wirtschaftliche System sorgt in der Marktwirtschaft über die Interdependenz von Märkten und Preisen für die Koordination eines komplexen dynamischen Systems.

(3) Das politisch-gesellschaftliche System koordiniert die Interessen in einer werte- und interessendifferenzierten Gesellschaft, strebt den sozialen Konsens an und fördert Diffusionsprozesse technisch-wissenschaftlicher wie ökonomischer Änderungen, um durchsetzbare „expansive Kompromisse“ zu ermöglichen.

Als entscheidende Konsequenz der Telekommunikation wird die Erweiterung des organisatorischen Gestaltungsspielraums durch Kombination von räumlicher Dezentralisierung, zeitlicher Flexibilisierung und unternehmerischer Diversifikation mit räumlicher und betrieblicher Konzentration der Entscheidungs- und Finanzverantwortung erwartet. Gerade im gegenwärtigen Strukturwandel ist damit zu rechnen, dass Telekommunikation verstärkt zur Rationalisierung und Flexibilisierung, zur Anpassung an Markttrends und Erleichterung von Kooperation sowie zum weltweiten Zugang zu Absatz-, Beschaffungs- und Finanzmärkten eingesetzt wird.

Dies wiederum kann mit einer Umorganisation unserer noch immer zentrenorientierten Großballungen zu Stadt-Land-Verbünden mit selbstständigeren kleineren Subzentren („Binnenverkehrsvierteln“, „Stadtdörfern“) verbunden sein, die – mit der Telekommunikation als Erwerbs- und Fernverkehrsbasis – intern kurze Wege und damit unmotorisierten Verkehr begünstigen. Für ländliche Räume wäre sowohl eine Differenzierung der ehemals intensiv landwirtschaftlich genutzten Flächen zu parkähnlicheren „südenglischen“ Verhältnissen als auch das Entstehen weitgehend menschenleerer naturnaher Rückzugsräume zu erwarten. Auf der Grundlage von Des- und Reurbanisation dürften die noch überwiegend radialstrahligen Verkehre durch zunehmend tangentiale Verkehre, Quer- und Ringverkehre ersetzt werden.

An den ökologischen Grenzen unseres Wirtschaftssystems des mechanischen Verkehrs und der Lebensqualität von Ballungskernen angekommen, sind nunmehr qualitativ höherwertige strukturverändernde Auswege eines dynamischen Systems zu erwarten. Megatrends zahlreicher Subsysteme deuten in diese Richtung: in der Siedlungsstruktur zu verstärkter lokaler Identität, Individualität und Zeitflexibilität und in der Wirtschaftsstruktur zu flacheren Hierarchien und individueller Arbeitsgestaltung, zu sinkenden Fertigungstiefen und zu stärkerer Verlagerung der Zulieferungs- und Serviceleistungen von Großunternehmen auf Subunternehmen. Der scheinbare Widerspruch zwischen der Forderung nach Verkehrsvermeidung durch möglichst regionale Wirtschaftskreisläufe und der Tendenz zur globalen Arbeitsteilung und Spezialisierung dürfte sich durch die Kombination von vernetzter informatorischer Einbindung und optimierten Korridor- und Kombiverkehren für physische Transporte wiederum mithilfe der Telekommunikation lösen oder doch zumindest entschärfen lassen.

Umweltwirkungen

Die wesentlichsten Umweltwirkungen bei der Nachrichtenübertragung gehen aufgrund deren elektromagnetischer Felder und Wellen von den drahtlosen Übertragungsverfahren aus. Diese werden hier jedoch nicht der Übertragung, sondern den Anlagen zur Umwandlung der Signale, von denen diese ausgehen, zugeordnet. Siehe dazu Kapitel 4.5.2. Die Übertragung in erdverlegten Kabelleitungen ist im Betrieb mit keinen wesentlichen Umweltwirkungen verbunden. Vom Bau der Leitungen können allerdings lokale Umweltwirkungen ausgehen, wenn diese Leitungen nicht mit anderen Infrastrukturtrassen gebündelt werden können oder wenn diese empfindliche Freiräume (Flora und Fauna, Boden Grundwasser) durchqueren. Die hierfür erforderlichen Arbeiten sollten daher möglichst in vegetationsarmen Zeiten durchgeführt werden. Wertvoller Oberboden sollte getrennt gelagert und wieder sachgerecht eingebaut werden, und bei den Grabungsarbeiten sollte darauf geachtet werden, dass das Grundwasserregime nicht beeinträchtigt wird.

4.7 Nachrichtennetze

Die Nachrichtenverteilung in Nachrichtennetzen ist im Prinzip eine Nachrichtensammlung und -verteilung. Sie erfolgt über die Telefonnetze (Festnetz) und die Fernsehkabelnetze sowie in immer stärkerem Umfang durch die Mobilfunknetze. Inzwischen wird auch der Transport über die Stromnetze möglich.

4.7.1 Telekommunikationsnetze

Telekommunikationsnetze sind die für die Gesamtheit der Übermittlung von definierten Nachrichtenformen notwendigen technischen Einrichtungen. Sie bestehen aus Netzknoten mit Vermittlungsfunktion und aus den Übertragungswegen als „Netzkanten", die hier bereits in dem Kapitel Nachrichtentransport abgehandelt wurden.

Tabelle 4-6 Klassifizierungsbeispiele für Telekommunikationsnetze

Klassifizierungsaspekte der Netze	**Beispiele**
Rechtliche Aspekte	nichtöffentliche Netze öffentliche Netze
Dienste des Netzes	Fernsprechnetz Datex-P-Netz Rundfunk- und Fernsehnetz
Art der Nachrichtensignale	analoges Netz digitales Netz Breitbandnetz
Informationsfluss	Informationsverteilnetze Informationssammelnetz Dialognetze
Übertragungsmedium	Richtfunknetz Lichtwellenleiternetz Koaxialkabelnetz
Netzformen	Maschennetz Liniennetz
Mobilität	Festnetz Mobilfunknetz
Aufgaben und Regionalaspekte	Zugangsnetz Fernnetz Regionalnetz Terrestrische Netze/kosmische Netze

Hauptaufgabe der Netze ist das Herstellen von Verbindungen für die Dauer des Nachrichtenaustausches zwischen den Beteiligten (Tabelle 4-6). Die durch Signalisierungsinformation adressierten Ziele können einmal die an die Netzzugangspunkte angeschlossenen Endeinrichtungen, aber auch Dienstzugänge sein. Die Vielschichtigkeit der Aufgaben, die Komplexität und die Vielzahl technischer Lösungen führen zu einer Vielfalt von Klassifizierungsmöglichkeiten. Während öffentliche Netze und nichtöffentliche Netze z. B. nach rechtlichen Aspekten unterschieden werden, kann aus der Sicht der Datentechnik das Fernsprechnetz/ISDN, Datex-L- und Datex-P-Netz sowie WAN, Breitband/ISDN usw. zusammengefasst werden, weil die zu übertragenen Signale Datenstruktur besitzen.

Netze können aber auch nach ihrer inneren und äußeren Struktur, nach ihren Übertragungs- und Netzparametern oder entsprechend den mit ihnen zu erbringenden Telekommunikationsdiensten oder weiteren möglichen Kriterien eingeteilt werden. Das ist jeweils abhängig von der einer Betrachtung zugrunde liegenden Zielgröße bzw. von dem Betrachtungsaspekt.

Die Standorte der Netzknoten (z. B. Vermittlungsstellen, Router, Multiplexer) werden nach ökonomischen und funktionellen Parametern optimiert. Die Struktur des sie verbindenden Übertragungsnetzes ist abhängig vom Kostenaufwand, von den Anforderungen an die Zuverlässigkeit sowie von der Anzahl der notwendigen Verbindungen. Die Gestaltung (Trassierung und/oder Beschaltung) der Verbindungswege führt zum

- Ringnetz
- Sternnetz
- Liniennetz und Busstruktur
- Maschennetz/Kreuzplannetz
- Baumnetz.

Die Netze bestehen zur besseren funktionellen und wirtschaftlichen Erfüllung der Aufgaben aus Kombinationen der Strukturen.

Vermittlungsstellen

Den Kern des Telefonfestnetzes stellen Vermittlungsanlagen dar. Je nach Aufgabe gibt es unterschiedliche Typen von Vermittlungsanlagen: Die *Ortsvermittlungsstelle* (OVST, VE:O) verwaltet die Teilnehmeranschlussleitungen und vermittelt die abgehenden und ankommenden Gespräche zu den Teilnehmern. Hier sind auch die Daten eines Teilnehmers abgelegt, wie zum Beispiel Art des Anschlusses (analog, ISDN, DSL) und vom Kunden gebuchte Services. Ebenso werden hier Gesprächsdaten zur Gebührenabrechnung gesammelt. Befindet sich der Gesprächspartner nicht im Einflussbereich der Ortsvermittlungsstelle, so wird das Gespräch weitervermittelt über eine Fernvermittlungsstelle. Ortsvermittlungsstellen sind oft sternförmig an Fernvermittlungsstellen angeschlossen.

Die *Fernvermittlungsstelle (FVST, VE:F)* sucht einen freien Sprachkanal vom anrufenden Teilnehmer zum angerufenen Teilnehmer und wieder zurück. Haupt-Hilfsmittel sind Routingtabellen, die beinhalten, über welche Wege eine gewünschte Rufnummer erreicht werden kann. Fernvermittlungsstellen sind in einem Netz oft stark vermascht miteinander verbunden.

Die *Vermittlungsstelle mit Netzübergangsfunktion (VE:N)* leitet das Gespräch über eine Vermittlungsstelle mit Netzübergangsfunktion weiter, wenn sich der angerufene Teilnehmer nicht im Telefonnetz der eigenen Gesellschaft befindet. Deren Aufgabe ist es, die Gesprächsinformationen so zu normieren, dass sie vom anderen Netz verstanden wird. Weiterhin sammelt diese Vermittlungsstelle Gesprächsdaten zur Abrechnung zwischen den Netzbetreibern. Netzübergänge sind oft Bestandteil von Fernvermittlungsstellen.

Die *Auslandsvermittlungsstelle (VE:A)* setzt die Gesprächsinformationen auf die jeweilige Norm des Ziellandes um, da in unterschiedlichen Ländern unterschiedliche Normen für das

Telefonnetz gelten. Ebenso müssen die Gespräche an eine Vielzahl von Übertragungsmedien angepasst werden können (Glasfaser-Verbindungen, Breitband-Kupferkabel, Satellit usw.). Da nicht alle Telefongesellschaften Direktverbindungen zum Rest der Welt aufbauen können, haben Auslandsvermittlungsstellen oft auch „Relay-Funktion" Das heißt, sie vermitteln nicht nur Gespräche des eigenen Telefonnetzes, sondern werden auch von anderen Telefongesellschaften genutzt. Telefongesellschaften, die anderen ihr Auslandsnetz zur Verfügung stellen, nennt man auch „Auslands-Carrier".

4.7.2 Mobilfunk- und Richtfunknetze

Mobilfunknetze

Im Bereich des Mobilfunks wird im Prinzip das gesamte System als Netz bezeichnet. Es ist daher im Kapitel 4.3 ausführlich beschrieben.

Das Systemelement Sammeln/Verteilen erfolgt gerade beim Mobilfunk drahtlos, so dass hierdurch auch nur geringe Wechselwirkungen mit der baulichen Struktur der Siedlungen bestehen, zumal der intensive Netzausbau längst dazu geführt hat, dass die Kommunikation mit Mobiltelefonen nicht nur außerhalb der Gebäude und innerhalb der geschlossenen Siedlungsgebiete möglich ist..

Richtfunknetze

Von echten Netzwerken kann man zwar auch beim Richtfunk sprechen, der von den Telkommunikationsgesellschaften aufgebaut wurde, dieses Netzwerk dient im Sinne der hier durchgeführten systemischen Betrachtung jedoch eher zum weiträumigen Transport der Nachrichten und nicht zum sammeln und verteilen der Signale.

Die Richtfunknetze bestehen aus ortsfesten Stationen (Funkmasten oder auch Fernsehtürmen), welche über Antennen verfügen, die auf jeweils benachbarte Stationen ausgerichtet sind. Entsprechend der Topographie des Geländes oder nach dem Bedarf an den Zugriffspunkten können diese weniger als 20 km bis zu einigen 100 km entfernt sein.

Die Stationen können einfache Relais-Stationen sein oder als Übergabepunkt des Richtfunknetzes in andere Netze des Betreibers dienen, wie z.B. Telefonnetzen. Denn Richtfunknetze wurden hauptsächlich als kostengünstigere Alternative zu teuren Überlandleitungen aufgebaut. Da die Struktur hauptsächlich statisch ist und die relative gering Anzahl von Stationen allesamt unter der Hoheit des Netzbetreibers stehen, können feste Funkfrequenzen (je eine Frequenz zum Senden und Empfangen) für die Verbindungen zwischen den einzelnen Stationen gewählt werden. Eine Zugriffskontrolle auf das Medium braucht auch nicht zu erfolgen, tatsächlich sind die Funkverbindungen zwischen den Stationen permanent, ähnlich wie Kabel zwischen Telefonverteilern.

Durch die verwendeten hohen Frequenzen ist bei den üblichen Verfahren eine quasioptische Sicht zwischen der Sender- und Empfangsstation Voraussetzung. Zusätzlich zur Sichtverbindung zwischen den beiden Stationen muss noch die so genannte erste Fresnelzone frei von Hindernissen sein, damit annähernd Freiraumausbreitung der Funkwellen vorherrscht. Hindernisse im Sichtfeld können nur in Ausnahmefällen hingenommen werden, wobei Zusatzdämpfungen entstehen. Die Erdkrümmung, die Geländeform und die Flächennutzung wie Industrie und Wälder sind wichtige Aspekte bei der Planung von Richtfunkstrecken.

4.7.3 Raum- und Umweltwirkungen der Nachrichtenverteilung

Die möglichen *Umweltwirkungen* beim Bau der Ortsverteilungsnetze sind sehr gering, da diese in der Regel im Straßenraum zusammen mit anderen Ver- und Entsorgungsleitungen untergebracht werden. Die möglichen Umweltwirkungen im Betrieb des Systems gehen insbesondere dann von der „letzten Meile“ aus, wenn diese dort, wie beim Mobilfunk, drahtlos übertragen werden. Diese Wirkungen wurden hier der Nachrichtenumwandlung, also den Sendemasten zugeordnet und sind daher auch dort entsprechend behandelt.

Die allgemeinen Wirkungen der Telekommunikation gründen sich – noch stärker als bei physischen Verkehrsmitteln – auf den Tatbestand, dass die Industriegesellschaft mit ihrer Produktion für anonyme Märkte schon immer eine Informationsgesellschaft war, die sich vor allem aus drei Informationssystemen zusammensetzt: (1) Das technisch-wissenschaftliche System erzeugt, verteilt und erhält Grundlagenwissen und setzt es in anwendungsfähiges Know-how um. (2) Das wirtschaftliche System sorgt in der Marktwirtschaft über die Interdependenz von Märkten und Preisen für die Koordination eines komplexen dynamischen Systems. (3) Das politisch-gesellschaftliche System koordiniert die Interessen in einer werte- und interessendifferenzierten Gesellschaft, strebt den sozialen Konsens an und fördert Diffusionsprozesse technisch-wissenschaftlicher wie ökonomischer Änderungen, um durchsetzbare „expansive Kompromisse“ zu ermöglichen. [4.15].

Als entscheidende Konsequenz der Telekommunikation wird die Erweiterung des organisatorischen Gestaltungsspielraums durch Kombination von räumlicher Dezentralisierung, zeitlicher Flexibilisierung und unternehmerischer Diversifikation mit räumlicher und betrieblicher Konzentration der Entscheidungs- und Finanzverantwortung erwartet. Gerade im gegenwärtigen Strukturwandel ist damit zu rechnen, dass Telekommunikation verstärkt zur Rationalisierung und Flexibilisierung, zur Anpassung an Markttrends und Erleichterung von Kooperation sowie zum weltweiten Zugang zu Absatz-, Beschaffungs- und Finanzmärkten eingesetzt wird.

Dies wiederum kann mit einer Umorganisation unserer noch immer zentrenorientierten Großballungen zu Stadt-Land-Verbünden mit selbstständigeren kleineren Subzentren („Binnenverkehrsvierteln“, „Stadtdörfern“) verbunden sein, die - mit der Telekommunikation als Erwerbs- und Fernverkehrsbasis – intern kurze Wege und damit unmotorisierten Verkehr begünstigen. Für *ländliche Räume* wäre sowohl eine Differenzierung der ehemals intensiv landwirtschaftlich genutzten Flächen zu parkähnlicheren „südenglischen“ Verhältnissen als auch das Entstehen weitgehend menschenleerer naturnaher Rückzugsräume zu erwarten.

4.8 Literatur zur Nachrichtenversorgung

4.1 Scheele, Ulrich; Kühl, Timo (2003): Netzgebundene Infrastrukturen unter Veränderungsdruck – Sektoranalyse Telekommunikation, netWorks-Papers Heft 4. Herausgeber Forschungsverbund netWORKS Verlag und Vertrieb Deutsches Institut für Urbanistik, Berlin, Oktober 2003

4.2 Hungenberg, Harald; Hutzschenreuter, Thomas (1998): Postreform. Umgestaltung des Post- und Telekommunikationssektors in Deutschland. In: DBW Die Betriebswirtschaft, 01, S. 3-21.

4.3 Welfens, Paul J. J. ; Graack, Cornelius (1996): Telekommunikationswirtschaft. Deregulierung, Privatisierung und Internationalisierung. Berlin.

4.4 Neumann, Karl-Heinz (2001): Wie geht es weiter mit den Kabelnetzen? In: WIK Newsletter, Nr. 45, S. 1-2.

4.5 Vodafone, Firmenangaben

4.6 Schilling, Hartmut (1997): Powerline Communication. In: Energiewirtschaftliche Tagesfragen, 47, H. 11, S. 696-700.

4.7 Vanberg, Margit A. (2002): Competition in the German Broadband Access Market. Mannheim, Centre for European Economic Research (ZEW), Mannheim.

4.8 Bergmann, Fridhelm; Gerhardt, Hans-Joachim; Frohberg, Wolfgang (2003): Taschenbuch der Telekommunikation, Fachbuchverlag Leipzig

4.9 Büllingen, Franz; Stamm, Peter (2001): Entwicklungstrends im Telekommunikationssektor bis 2010. Bad Honnef, Wissenschaftliches Institut für Kommunikationsdienste.

4.10 WHO (2005): Fact Sheet 193, bestätigt Juli 2005; vgl. unter www.who.int/ peh-emf/meetings/ ottawa_june05/en/index4.html

4.11 Strahlenschutzkommission - SSK (2001): Grenzwerte und Vorsorgemaßnahmen zum Schutz der Bevölkerung vor elektromagnetischen Feldern, September 2001, vgl. www.ssk.de

4.12 Informationszentrum gegen Mobilfunk- IZGMF (2005):, www.ifzgm.de

4.13 Oberste Baubehörde im Bayrischen Ministerium des Inneren (2001): Schreiben an die Regierungen und unteren Bauaufsichtsbehörden vom 16.7.2001, unter http://www.stmi.bayern.de/imperia/md/content/stmi/bauen/rechtundtechnikundbauplanung/rundschreiben/mobilfunkanlagen.pdf

4.14 Heinze, G. Wolfgang; Kill, Heinrich H. (1987): Chancen und Grenzen der neuen Informations- und Kommunikationstechniken. Zur Übertragung verkehrsevolutorischer Erfahrungen auf die Telekommunikation. In: Akademie für Raumforschung und Landesplanung (1987). Räumliche Wirkungen der Telematik. Forschungs- und Sitzungsberichte, Bd. 169, Hannover, 5.21-72.

4.15 Akademie für Raumforschung und Landesplanung - ARL (Hrsg.) (1987): Räumliche Wirkungen der Telematik. Forschungs- und Sitzungsberichte, Bd. 169, Hannover.

Standardwerke:

Bergmann, Fridhelm; Gerhardt, Hans-Joachim; Frohberg, Wolfgang (2003): Taschenbuch der Telekommunikation, Fachbuchverlag Leipzig

Verbände:

Deutscher Verband für Post und Telekommunikation e.V.: www.dvpt.de

5 Wasserversorgung

Es wird die *öffentliche* Wasserversorgung betrachtet, die dann vorliegt, wenn andere nicht nur vorübergehend und in einem nicht nur untergeordneten Umfang mit Trink- oder Brauchwasser versorgt werden. Die Rechtsform des Versorgungsträgers kann dabei ein öffentlicher Träger, z.B. eine Gemeinde, eine Stadt, ein Landkreis, ein Zweckverband, ein Wasser- und Bodenverband sein. Unerheblich ist es dabei, ob die Belieferung mit Wasser aufgrund öffentlichen oder privaten Rechts erfolgt, wenn andere Personen in einer dauerhaft gesicherten und zuverlässigen Weise mit Trink- oder Brauchwasser beliefert werden.

5.1 Wasserversorgung als System

5.1.1 Systemeigenschaften der Wasserversorgung

Das System der Wasserversorgung dient dazu, den Bedarf der Haushalte sowie der gewerblichen und industriellen Nachfrager nach Trink- und Brauchwasser zu decken (siehe Bild 5-1). Dazu wird als *Quelle* im System die natürliche Ressource Wasser verwendet, die zunächst in Form von Rohwasser aus dem natürlichen Wasserkreislauf entnommen und anschließend, je nach Erfordernis, durch Behandlung zu Trink- oder Brauchwasser im Sinne der Systembetrachtung „umgewandelt" wird. Der Bedarf stellt die *Senke* im System Wasserversorgung dar. Die Siedlungen, in denen der Wasserbedarf gedeckt wird, stellen anschließend wiederum die Quelle für das System Abwasserentsorgung dar, denn „verbraucht" (getrunken, verdunstet) wird im System nur ein sehr geringer Anteil des Wassers.

Bild 5-1 Systemkomponenten des Systems Wasserversorgung

Da diese Ressourcen in der Regel nicht flächendeckend an den Orten des Bedarfes auftreten und auch meist nicht mit den entsprechenden physikalischen Eigenschaften (Druck) vorliegen, ist für deren Nutzung ein umfangreiches System erforderlich, das aus Anlagen zur Umwandlung, zum Transport sowie zur Verteilung des Wassers besteht. Neben dem technischen Versorgungssystem kommt bei der Planung neuer und bei der Weiterentwicklung bestehender Systeme der Wasserversorgung auch der wirtschaftlich-rechtlichen Organisationsform (Netz- und Anlagenbetreiber, Kunden, Politik, Staat, Kommunen, Verbände, Gesetze, Normen, Verträge etc.) eine immer größere Bedeutung zu.

Unter der Wasserversorgung werden hier alle Einrichtungen und Anlagen zur leitungsgebundenen Versorgung der Siedlungen mit der natürlichen Ressource Wasser als Trink- und Nutzwasser verstanden. Nicht hinzugerechnet werden hier die Systeme zur Wasserversorgung der Landwirtschaft, also zur Bewässerung der Freiräume – obwohl hier fast 60 % der Wasserressourcen eingesetzt werden [5.1]. Die in diesem Bereich zum Einsatz kommenden Systeme gehören in der Regel auch nicht zur öffentlichen Wasserversorgung, sondern werden von den landwirtschaftlichen Betrieben selbst betrieben

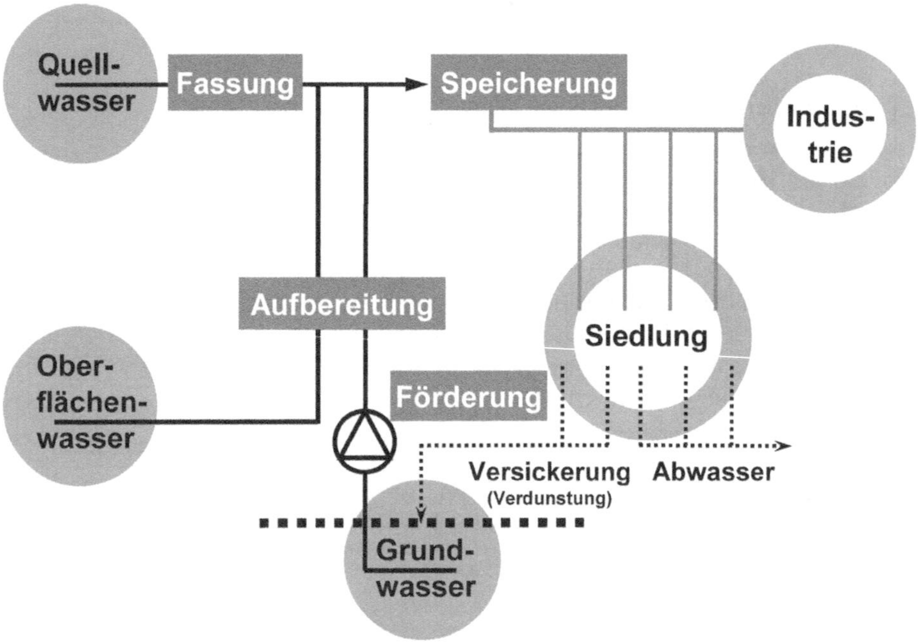

Bild 5-2 Elemente des Systems Wasserversorgung

In diesem System Wasserversorgung fließt Wasser aus unterschiedlichen Quellen mit einer bestimmten Qualität (in Deutschland in der Trinkwasserverordnung definiert) und einer bestimmten Quantität (m^3/h oder L/s) zu den Verbrauchern. Dazu muss das Quellwasser gefasst und das Oberflächen- oder das Grundwasser gegebenenfalls aufbereitet werden. Um die Distanz zwischen dem Aufkommen und dem Bedarf zu überwinden, wird das Wasser im System gefördert, im Sinne der hier vorgenommenen Systematik transportiert, auf einen bestimmten

Druck gebracht und zwischengespeichert, um schließlich unabhängig vom Dargebot jederzeit bei den Verbrauchern verfügbar zu sein. Genutztes Wasser wird anschließend zu Abwasser oder es versickert oder verdunstet vor Ort (Bild 5-2).

Unter *Trinkwasser* versteht man Süßwasser mit einem hohen Maß an Reinheit, das für den menschlichen Gebrauch geeignet ist. Zudem müssen technische Anforderungen (Aggressivität gegen Rohrleitungen, Vermeidung von Ablagerungen) gewährleistet sein. Die Grenzwerte, die es erlauben, ein Wasser als Trinkwasser freizugeben, sind gesetzlich vorgegeben und am Gedanken der Gesundheitsvorsorge orientiert. In Deutschland wird die Beschaffenheit des Trinkwassers durch die Trinkwasserverordnung (TrinkwV 2001) [5.2] geregelt: Im Trinkwasser dürfen keine krankmachenden (pathogenen) Keime enthalten sein, das Wasser muss geruch- und farblos sowie appetitlich sein und von seiner Natur her zum Genuss anregen. Ebenso sollte ein Mindestmaß an Mineralien vorhanden sein. Die häufigsten Mineralien, die von Wasser aufgelöst werden, sind Calcium- und Magnesiumcarbonate sowie die Sulfate dieser Metalle. Deren Konzentrationen werden als *Härte* (deutsche Härte) des Wassers angegeben.

Nutzwasser (oft auch als *Brauchwasser* bezeichnet) ist Wasser, das für technische, gewerbliche oder landwirtschaftliche Anwendungen dient. Nutzwasser ist nicht wie Trinkwasser für den menschlichen Genuss vorgesehen, sollte jedoch einer gewissen Mindesthygiene entsprechen. In jedem Fall muss es den technologischen Anforderungen des jeweiligen Prozesses genügen. Getrennte Nutz- und Trinkwasserversorgungen sind insbesondere in der Industrie üblich. Im kommunalen Bereich ist die vom Trinkwasser getrennte Nutzwasserversorgung noch selten.

Eine besondere Stellung nehmen *Mineralwasser* und *Heilwasser* ein. Natürliches Mineralwasser hat seinen Ursprung in unterirdischen, vor Verunreinigungen geschützten Wasservorkommen und muss direkt am Quellort abgefüllt werden. Die Mineralien und Spurenelemente, die Mineralwasser beim Durchfließen des Gesteins aufnimmt, machen es physiologisch wirksam mit einem positiven Einfluss auf den Organismus.

In der Mineral- und Tafelwasserverordnung (MTVO) [5.3] ist festgelegt, unter welchen Bedingungen sich ein Mineralwasser so nennen darf, was auf dem Etikett zu stehen hat, wie es verpackt sein muss. Natürliche Heilwässer sind das klassische Naturheilmittel und unterliegen der amtlichen Zulassung. Sie werden aus einer oder mehreren Entnahmestellen (Heilquellen), die natürlich zutage treten oder künstlich erschlossen sind, gewonnen. Ihre Ortsbindung erfüllen natürliche Heilwässer durch ihre unmittelbare Gewinnung und Anwendung am Quellort. Ein Transport des Heilwassers zu kurortmedizinischer Nutzung z.B. in Tankwagen ist unzulässig.

Eine wichtige Funktion kommt dem *Löschwasser* zu, das ebenfalls von der Wasserversorgung bereitgestellt wird. Hierzu wird auch in Gebieten mit geringem Wasserbedarf und einem geringen Wasserdruck eine Mindestwassermenge bzw. ein Mindestdruck im Leitungssystem bereitgehalten. Darüber hinaus dienen in den Siedlungsflächen öffentlich zugängliche Hydranten zur Versorgung mit Löschwasser.

Die Gemeinden stellen im Rahmen ihrer Trink- und Brauchwasserversorgung in dichten Abständen Wasserentnahmestellen in Form von Hydranten zur Verfügung. Um im Brandfall eine ausreichende Wasserreserve zu erhalten werden die Zisternen mit speziellen Kammern ausgerüstet, die nur im Brandfall als Notfallreserve geöffnet werden. Die Abstände zwischen den Hydranten richten sich nach der Art der Bebauung.

Ungefähre Richtwerte sind:

- Geschäftsstraßen und Industriegebiete: 100 m
- Geschlossene Wohngebiete: 120 m
- Offene Wohngebiete: 140 m.

Bei größeren Industriebetrieben sind Hydranten auch auf dem Werksgelände, in entsprechenden Abständen vorzusehen. Die von der Feuerwehr zu erwartende Wassermenge, die ein Hydrant liefern kann, hängt vom Durchmesser und dem Wasserdruck der Wasserleitung, sowie von der Verlegung der Wasserleitungen (Ringleitung oder Verästelungsleitung) ab.

5.1.2 Regelungsmöglichkeiten im System Wasserversorgung

Das System Wasserversorgung dient zum einen dazu, Distanzen zu überwinden und Siedlungen und Einzelverbraucher in Wassermangelgebieten mit Wasser aus Überschussgebieten zu versorgen. Zum anderen kann innerhalb der Systeme Wasser gespeichert werden, so dass auch zeitliche Schwankungen im Dargebot oder in der Nachfrage ausgeglichen werden können. Damit sind auch die Regelungsmöglichkeiten in den Versorgungssystemen gekennzeichnet.

In dem System fließt im eigentlichen Wortsinn Wasser, das nicht nur eine definierte Qualität aufweisen muss, sondern das auch zum richtigen Zeitpunkt am richtigen Ort verfügbar sein muss.

Große komplexe Systeme der Wasserversorgung weisen eine bessere Regelungsmöglichkeit auf als kleine einfache Systeme. Deshalb sind die Bestrebungen zur Dezentralisierung und zum Rückbau von gewachsenen Strukturen im Bereich der Wasserversorgung so gut wie nicht zu beobachten. Im Gegenteil, die bestehenden Systeme wachsen weiter und bieten somit eine hohe Versorgungssicherheit und eine gute Anpassungsmöglichkeit an Veränderungen sowohl im Bereich des Dargebots (Wasserressourcen) als auch im Bereich des Wasserbedarfs der Siedlungen.

Die Regelungsmöglichkeit beginnt daher bereits beim Ausbau des Systems und beschränkt sich nicht nur auf den Betrieb der Netze. Damit sollte verhindert werden, dass gesamte Regionen die Versorgungsfunktion einzelner Verdichtungsräume übernehmen und dabei ihre Leistungsfähigkeit überschreiten. Grundwassermodelle können dabei helfen, z.B. Gebäudeschäden, Waldsterben oder die Zerstörung von Feuchtbiotopen in den Wasserentnahmegebieten zu vermeiden. Auch der Wasserbedarf lässt sich in gewissem Umfang durch sparen „regeln".

5.2 Grundlagen zum System Wasserversorgung

5.2.1 Physikalische Maßeinheiten und technische Erläuterungen

Physikalische Maßeinheiten

Das Liter (nach DIN 1301 wurde der sächliche Artikel festgelegt!) ist die physikalische Maßeinheit für das *Volumen* (Formelzeichen V). Es wird durch das Einheitenzeichen „l" symbolisiert. Wegen der häufigen Verwechslung mit der Zahl „1" ist seit 1979 von der Generalkonferenz für Maß und Gewicht auch der in England oder Frankreich verwendete Großbuchstabe „L" zugelassen. Die SI-Einheit für das Volumen ist der Kubikmeter (m^3). Ein Liter entspricht einem Kubikdezimeter (dm^3) bzw. einem Tausendstel Kubikmeter (1 L = 0,001 m^3).

Die SI-Einheit des *Druckes* ist das Pascal mit dem Einheitenzeichen „Pa". Ein Pascal entspricht einem Druck von einem Newton pro Quadratmeter:

$$1 \text{ Pascal (Pa)} = 1 \text{ N} / \text{m}^2 = 1 \text{ kg} / \text{m s}^2$$

Andere teilweise noch im Bereich der Wasserversorgung zu findende, aber nicht mehr zulässige Druckeinheiten sind:

$$1 \text{ Meter Wassersäule (mWS)} = 0{,}1 \text{ at} = 9{,}807 \text{ kPa}$$

$$1 \text{ Technische Atmosphäre (at)} = 1 \text{ kp/cm}^2 = \text{ca. } 98069 \text{ Pa}$$

$$1 \text{ Bar (bar)} = 10^5 \text{ N/m}^2 = 10^5 \text{ Pa},$$

Bereits 1980 wurde das Bar zusammen mit der Maßeinheit *physikalische Atmosphäre* (kurz atm) in ganz Deutschland als Maßeinheit für den Druck durch das Pascal abgelöst. Gemäß der EG-Richtlinie 80/181/EWG darf die Einheit Bar jedoch weiterhin verwendet werden. Gerade im Bereich der Wasserversorgung ist dies noch üblich.

In den technischen Regeln (W 403) wurde festgelegt, dass der Wasserversorger (bei Neubaugebieten) einen bestimmten Wasserdruck zu liefern hat. Dieser Mindestwasserdruck beträgt 2 bar für Gebäude mit Erdgeschoss. Pro Etage werden 0,50 bar hinzugerechnet. Bei historisch gewachsenen Gebieten beträgt der Mindestwasserdruck ebenfalls 2 bar für Gebäude mit Erdgeschoss. Pro Etage werden 0,35 bar hinzugerechnet. Oberhalb von Hochbehältern und unmittelbar unterhalb von Hochbehältern kann dieser Druck nicht eingehalten werden. Der Verbraucher (Kunde) hat sich dann eine Druckerhöhungsanlage einzubauen. Zu *Nennweiten* und *Druckstufen* von Rohrleitungen siehe auch Kapitel 3.1.2.

Technische Erläuterungen

Bei der Planung von Wasserversorgungssystemen ist es erforderlich, neben dem Entwurf des Versorgungssystems für dieses die erforderlichen Leitungsquerschnitte zu bestimmen, um das Versorgungsgebiet mit einer ausreichenden Wassermenge zu versorgen. Der Durchfluss im System ist neben dem Leitungsquerschnitt auch von dem Wasserdruck abhängig, der sich aus der geodätischen Höhe der Leitung und aus der im System eventuell installierten Pumpleistung ergibt. Die nachfolgenden technischen Erläuterungen geben einen Überblick über die wichtigsten hierbei verwendeten Begriffe, über die Vorgehensweise und die Berechnungsmöglichkeiten, die sich in diesem Arbeitsfeld für den Fachingenieur ergeben.

- Pumpenkennlinie

Die Kennlinie einer Pumpe (in der Wasserversorgung werden meist Kreiselpumpen verwendet) stellt den funktionalen Zusammenhang zwischen dem Wasser-Förderstrom (Q) und der Förderhöhe (H) dar (siehe Bild 5-3). Herstellerkataloge mit unterschiedlichen Pumpen und Drehzahlen geben diesen Zusammenhang als „QH-Kurve“ an (z.B. in [5.4].

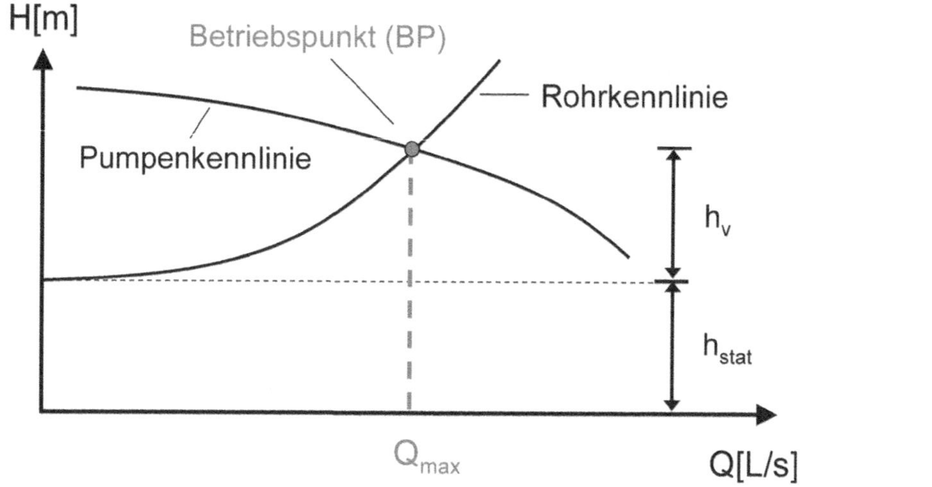

Bild 5-3 Ermittlung des Förderstroms im Betriebspunkt eines Wasserversorgungssystems

- Rohrkennlinie

Die Rohrkennlinie stellt die Rohrreibungsverluste (H_v) in Abhängigkeit von der Fördermenge (Q) dar. Die Ermittlung und Konstruktion einer Rohrkennlinie kann für eine Rohrleitung mit definiertem Durchmesser (D) und definierter Länge (L) z.B. mit Hilfe des Widerstandsgesetzes nach Darcy erfolgen.

- Kontinuitätsgesetz (Gesetz von der Erhaltung der Masse)

Es dient zur Ermittlung der Nennweiten der Rohre. Das Produkt aus Querschnitt (A) und Fließgeschwindigkeit (v) bleibt gleich, das heißt, dass sich z.B. bei verengendem Querschnitt einer Wasserleitung (inkompressible Flüssigkeit) die Strömungsgeschwindigkeit entsprechend erhöht („Venturi-Effekt“).

- Bernoulli-Gleichung

Mit ihr lässt sich die Energiehöhe für eine stationäre Strömung berechnen. Stationäre Verhältnisse liegen vor, wenn Volumenstrom und Fließgeschwindigkeit keinerlei zeitlicher Veränderung unterliegen. Daniel Bernoulli entdeckte die Beziehung zwischen der Fließgeschwindigkeit einer Flüssigkeit und deren Druck. Er fand heraus, dass in einem strömenden Fluid, z.B. Wasser, ein Geschwindigkeitsanstieg von einem Druckabfall begleitet ist. In einem durchströmten Rohr setzt sich die in einem Flüssigkeitsteilchen enthaltene Energie aus drei Bestandteilen zusammen: der geodätischen Höhe (z), der Druckhöhe (p/γ) und der Geschwindigkeitshöhe ($v^2/2g$). Die Summe nennt man die Energiehöhe (H).

- Energielinie

Tatsächlich gibt es keine verlustfreie Strömung und somit auch keine konstante Energiehöhe entlang eines Fließvorganges. Die Energiehöhe lässt sich in Form der Energielinie darstellen, deren Neigung von den Fließverlusten (Energieverbrauch während des Fließvorganges) abhängig ist.

- Darcy-Weisbach-Beziehung

Diese dient in der Rohrhydraulik zur Ermittlung des Reibungsverlustes, der sich z.B. in einer durchströmten Wasserleitung ergibt. Mit ihr können mit Hilfe eines Widerstandsbeiwertes (λ) die Verluste durch Rohrreibung (welche einen Druck- und Energieverlust bedeuten) auf der gegebenen Länge eines Rohres berechnet werden. Dieser Widerstandsbeiwert kann z.B. (für einen bestimmten Fließzustand) über die Colebrook-White-Beziehung in Abhängigkeit von der Rauheit des Rohres und dem Rohrdurchmesser berechnet werden. Entscheidend ist hierbei die Festlegung der Rauhigkeitsbeiwerte k, die bei Haupt- und Zubringerleitungen bei $k = 0,1$ mm und bei Versorgungsleitungen bei $k = 0,4$ mm liegen.

5.2.2 Rechtliche Grundlagen

In Deutschland ist die Gesetzgebungskompetenz für das Wasserrecht zwischen Bund und Ländern aufgeteilt. Der Bund besitzt lediglich die Kompetenz für die Rahmengesetzgebung, im Übrigen ist das Wasserrecht Ländersache. Deswegen gibt es kein „*Bundeswassergesetz*", sondern das Wasserhaushaltsgesetz als Rahmengesetz des Bundes und Wassergesetze der Länder, die alle den Vorgaben der europäischen *Wasserrahmenrichtlinie* entsprechen müssen. Die Länder koordinieren ihre Wasserpolitik im Rahmen der Länderarbeitsgemeinschaft Wasser (LAWA). Neben dem Wasserhaushaltsrecht gibt es noch das Wasserwegerecht. Im Jahre 1953 wurde das Wasserhaushaltsgesetz (WHG) [5.5] als Rahmengesetz des Bundes für das Gebiet der damaligen Bundesrepublik in Kraft gesetzt. In der ehemaligen DDR wurde erst 1963 ein eigenes Wassergesetz verabschiedet, bis dahin galt die Gesetzgebung von 1913. Die am 1. Januar 2003 in Kraft getretene novellierte Fassung des Wasserhaushaltsgesetzes stellt die Umsetzung der EG-Richtlinie *Über die Qualität von Wasser für den menschlichen Gebrauch* (98/83/EG) in nationales Recht dar [5.6].

Wasserhaushaltsgesetz (WHG)

Das *Gesetz zur Ordnung des Wasserhaushalts* (Wasserhaushaltsgesetz – WHG) [5.5] trifft als Rahmengesetz des Bundes grundlegende Bestimmungen über die Gewässerbewirtschaftung (Wassermengen- und Wassergütewirtschaft). Es schreibt vor, die Gewässer als Bestandteil des Naturhaushaltes und als Lebensraum für Tiere und Pflanzen zu sichern und so zu bewirtschaften, dass sie dem Wohl der Allgemeinheit und im Einklang mit ihm auch dem Nutzen Einzelner dienen und dass vermeidbare Beeinträchtigungen ihrer ökologischen Funktionen unterbleiben (Vorsorgeprinzip). Dabei ist ein hohes Schutzniveau für die Umwelt insgesamt zu gewährleisten (integrierter Umweltschutz).

Die Gewässer (oberirdische Binnengewässer, Küstengewässer und das Grundwasser) werden grundsätzlich vom Staat bewirtschaftet. Gewässerbenutzungen (z.B. das Einleiten von Stoffen oder die Entnahme von Wasser) bedürfen, von weniger bedeutenden Ausnahmefällen abgesehen, einer behördlichen Zulassung. Damit sollen Beeinträchtigungen des Wasserhaushalts verhindert und ein vorsorgender Gewässerschutz durchgesetzt werden.

Infektionsschutzgesetz (IfSG)

Durch das Infektionsschutzgesetz (IfSG) [5.7.] wurde 2001 das bis dahin geltende Bundesseuchengesetz abgelöst. Es enthält in den §§ 37 bis 41 Vorschriften über die Beschaffenheit von Wasser für den menschlichen Gebrauch, Schwimm- und Badebeckenwasser sowie Abwasser.

Die maßgeblichen Anforderungen an die Güte des Trinkwassers finden sich in § 37 Abs. 1 IfSG. Danach muss Wasser für den menschlichen Gebrauch so beschaffen sein, dass durch seinen Genuss oder Gebrauch eine Schädigung der menschlichen Gesundheit, insbesondere durch Krankheitserreger, nicht zu befürchten ist. § 41 IfSG enthält Hygieneanforderungen an die Beseitigung kommunalen Abwassers. Danach haben die Abwasserbeseitigungspflichtigen, also in der Regel Gemeinden oder Gemeindeverbände, darauf hinzuwirken, dass Abwasser so beseitigt wird, dass keine Gefahren für die menschliche Gesundheit durch Krankheitserreger entstehen [5.7].

Trinkwasserverordnung (TrinkwV)

Auf der Grundlage des Infektionsschutzgesetzes sowie des Lebensmittel- und Bedarfsgegenständegesetzes (LMBG) wurde die Trinkwasserverordnung (TrinkwV) [5.2] erlassen, die zugleich der Umsetzung der EG-Trinkwasserrichtlinie dient. In ihr sind spezielle Anforderungen an die Beschaffenheit des Trinkwassers und die des Wassers für Lebensmittelbetriebe sowie an die Trinkwasseraufbereitung festgeschrieben. Die Trinkwasserverordnung enthält Bestimmungen über die Beschaffenheit des Trinkwassers, die Pflichten des Betreibers einer Wasserversorgungsanlage und die Überwachung des Betreibers durch Gesundheitsämter in hygienischer Hinsicht. Außerdem sind in der Verordnung Grenzwerte für gesundheitsschädliche Stoffe (z.B. für Schwermetalle, Nitrat, organische Verbindungen) und Krankheitserreger sowie der Umfang und die Häufigkeit der Untersuchungen festgeschrieben. Die Grenzwerte für diese Stoffe entsprechen der EG-Trinkwasserrichtlinie und sind so festgelegt, dass bei lebenslanger Aufnahme keine schädlichen Folgen zu erwarten sind. Die Trinkwasserverordnung regelt die Qualität von Wasser für den menschlichen Gebrauch. Sie gilt nicht für natürliches Mineralwasser im Sinne des § 2 der Mineral- und Tafelwasserverordnung (zuletzt geändert 2001) und nicht für Heilwasser im Sinne des § 2 Abs. 1 des Arzneimittelgesetzes.

Die maßgebliche EG-Trinkwasserrichtlinie vom 3. November 1998 wird durch eine novellierte Trinkwasserverordnung umgesetzt, deren Zweck es ist, „die menschliche Gesundheit vor den nachteiligen Einflüssen, die sich aus der Verunreinigung von Wasser ergeben, das für den menschlichen Gebrauch bestimmt ist, durch Gewährleistung seiner Genusstauglichkeit und Reinheit ... zu schützen“ (§ 1 TrinkwV).

Die allgemeinen Anforderungen der Trinkwasserverordnung (§ 4 TrinkwV) sind die Freiheit von Krankheitserregern, Genusstauglichkeit und Reinheit. Sie gelten als erfüllt, wenn die allgemein anerkannten Regeln der Technik und die Anforderungen der §§ 5 *bis* 7 eingehalten werden:

Hinsichtlich der mikrobiologischen Anforderungen (§ 5) gilt als Grundanforderung, dass keine Krankheitserreger in solchen Konzentrationen im Wasser enthalten sind, die eine Gesundheitsschädigung erwarten lassen. Grenzwerte für Wasser für den menschlichen Gebrauch sind in Anlage 1 Teil I der Verordnung aufgeführt. Es gilt ein *Aufbereitungsgebot.* Dies bedeutet eine Verpflichtung zur Aufbereitung, ggf. unter Einschluss einer Desinfektion, wenn hinsichtlich mikrobieller Rohwasserbelastungen Tatsachen festgestellt werden, die zum Auftreten einer übertragbaren Krankheit führen können. Das *Desinfektionsgebot* ist die Verpflichtung zum Vorhalten einer Desinfektionskapazität im Netz, wenn die mikrobiologischen Anforderungen anders nicht eingehalten werden können.

Hinsichtlich chemischer Anforderungen (§ 6) gilt als Grundforderung, dass keine chemischen Stoffe in Konzentrationen im Wasser enthalten sind, die eine Gesundheitsschädigung befürchten lassen. Grenzwerte für bestimmte Parameter sind in Anlage 2 enthalten. Auch hier gilt das *Minimierungsgebot* mit Bezug auf die allgemein anerkannten Regeln der Technik für Stoffe, die das Wasser verunreinigen oder nachteilig beeinflussen.

Rohrfernleitungsverordnung (RohrFLtgV)

Die *Verordnung über Rohrfernleitungsanlagen* von.2002, zuletzt geändert 2006, legt für Rohrfernleitungsanlagen, die nach § 20 Abs. 1 oder 2 des Gesetzes über die Umweltverträglichkeitsprüfung einer Planfeststellung oder Plangenehmigung bedürfen, Anforderungen fest, die dazu dienen, den Menschen und die Umwelt, insbesondere auch Gewässer vor schädlichen Einwirkungen zu schützen.

Das Wasserrecht der Bundesländer

Die wasserrechtlichen Regelungen der Länder (Landeswassergesetze und verschiedene Rechtsverordnungen) enthalten bedeutsame Vorschriften, die das Bundesrecht ausführen oder ergänzen. Schließlich können auch die Kommunen im Rahmen ihrer Satzungshoheit verbindliche Vorschriften erlassen, insbesondere den Anschluss an kommunale Wasserversorgungsanlagen und die Erhebung kostendeckender Abgaben regeln.

Nach dem Landesrecht der meisten Bundesländer wird für die Wasserentnahme ein Entgelt erhoben. Zahlungspflichtig ist derjenige, der das Wasser (Grundwasser, teilweise auch Oberflächenwasser) entnimmt, im Falle der öffentlichen Wasserversorgung also das Versorgungsunternehmen, das die Kosten an die Verbraucher weitergibt. Zweck des Wasserentnahmeentgelts ist es, Wasserentnahmen zu verringern und so die zur Entnahme genutzten Wasserkörper zu schonen.

Das Aufkommen der Wasserentnahmeentgelte wird häufig für Maßnahmen des Gewässerschutzes verwendet. Teilweise ist die Zweckbindung des Wasserentnahmeentgelts landesrechtlich ausdrücklich vorgeschrieben. Unter dem Begriff Integration wird die Aufnahme oder Einfügung in ein übergeordnetes Ganzes verstanden. Nach jahrzehntelangen, zum Teil durchaus erfolgreichen punktuellen Ansätzen, die Gewässerbelastungen zu reduzieren, liegen nunmehr genügend Kenntnisse und Instrumente vor, die Gewässer integriert, d. h. umfassend zu beplanen und zu bewirtschaften [5.8].

5.3 Wasserversorgung in Deutschland

5.3.1 Geschichte der Wasserversorgungssysteme

Das ausreichende Vorkommen von Süßwasser spielte bei der Wahl des Ansiedlungsortes schon immer eine wesentliche Rolle. Pflanzenanbau konnte zunächst nur dort betrieben werden, wo ausreichend Regen für das Pflanzenwachstum fiel oder aus anderen Gründen eine hohe natürliche Bodenfeuchtigkeit vorlag. Andere Süßwasserressourcen mussten also nur für die Trinkwasserversorgung von Menschen und Haustieren in ausreichender Menge verfügbar sein. Genutzt wurden anfänglich Quellen und Oberflächengewässer, aber auch Grundwasser, das durch Brunnen erschlossen wurde. In Wassermangelgebieten entstanden früh Speicheranlagen, die eine Wasserversorgung in trockenen Jahreszeiten sicherstellen sollten. Mit steigender Bevölkerungszahl, fortschreitender Industrialisierung und sich verändernden technischen Möglichkeiten vollzogen sich über die letzten Jahrhunderte umfangreiche Wandlungen in der Trinkwasserversorgung. Insbesondere in den verdichteten Siedlungsbereichen entstanden komplexe Wasserversorgungssysteme als wesentlicher Bestandteil der stadttechnischen Infrastruktur.

Die Beispiele der Städte Hamburg und Frankfurt zeigen exemplarisch die Entwicklung auf, die sich ab Mitte des 19. Jahrhunderts zunächst in den deutschen Großstädten und dann anschließend in den Mittel- und Kleinstädten sowie in den ländlichen Regionen vollzogen haben:

In *Hamburg* [5.9] führte der große Brand im Jahre 1842 bereits sehr früh zu Verbesserungen in der Wasserversorgung. Maßgeblichen Anteil hatte daran der Engländer William Lindley (1808-1900), dessen Pläne zur Errichtung eines neuen Leitungsnetzes sowie eines Sielsystems zur Schwemmkanalisation realisiert wurden. Das Trinkwasser für das Leitungsnetz wurde seinerzeit durch große Ablagerungsbecken nur unzureichend geklärt. Eine von Lindley für notwendig befundene Sandfiltrationsanlage wurde zunächst aber von den zuständigen Behörden nur eine geringe Priorität eingeräumt. Man diskutierte zunächst die Möglichkeit der Sicherstellung der Hamburger Wasserversorgung durch Quellwasser aus dem Harz sowie die Probleme einer Trennung von Trink- und Verbrauchswasser und auch die Notwendigkeit einer Sandfiltration des Elbwassers.

Die Hamburger Cholera-Epidemie im Jahre 1892 forderte über 8500 Tote, denn mit dem Bau der geplanten Filtrationsanlage wurde erst 1891 begonnen. Das benachbarte Altona, das bereits eine Sandfiltrationsanlage in Betrieb hatte, blieb weitgehend von der Epidemie verschont.

In *Frankfurt* [5.10] wurde angesichts der geringen Leistung der öffentlichen Brunnen und der unhygienischen Hausbrunnen zwischen 1828 und 1834 eine zentrale Wasserversorgung geschaffen. Von Feldern am Stadtrand führten zwei Leitungen aus dem Umland in die Stadt, ein Rohrnetz versorgte die Haushaltungen in den Siedlungsgebieten. Das System reichte allerdings schon bald nicht mehr aus, so dass 1856 weitere Quellen erschlossen, ein Mainwasserpumpwerk errichtet und 1865 ein zusätzlicher Schachtbrunnen angelegt wurden. Den zunehmend steigenden Wasserbedarf konnte aber erst die 66 km lange Quellwasserleitung vom Riedbachtal im Vogelsberg lösen, die 1873 eingeweiht und schon 1876 um eine weitere Leitung aus dem Spessart ergänzt wurde. Schließlich wurde auch das Grundwasser im Stadtwald erschlossen. Zwischen 1885 und 1912 entstanden mehrere weitere Pumpwerke. In den 20er und 30er Jahren des 20. Jahrhunderts beschäftigten sich dann die städtischen Gremien mit dem Ausbau des Pumpwerks Hattersheim am Main, am südwestlichen Stadtrand, das schließlich zur leistungsstärksten Gewinnungsanlage Frankfurts ausgebaut wurde. Im Rahmen des Wiederaufbaus und der Neubauprojekte wurde 1947 bis 49 am höchsten Punkt der Stadt ein neuer Hochbehälter errichtet und 1947 mit Vorarbeiten für zehn neue Brunnen (Schwanheimer Wald) begonnen, die bis 1957 ausgeführt wurden. Es schloss sich 1948 bis 1950 ein Brunnenneubau (im Gebiet des Hofguts Mönchhof) an.

In der 50er Jahren erfolgten zahlreiche Erweiterungen der auf städtischem Gelände liegenden Pumpwerke sowie der Ausbau weiterer Quellen im entfernten Kinzigtal. Die Grundwasservorkommen in der näheren Umgebung Frankfurts waren schließlich erschöpft, so dass ab 1955 zunächst die künstliche Grundwasseranreicherung mit aufbereitetem Flusswasser vorangetrieben wurde. Zusätzlich wurden intensive Verbindungen zu auswärtigen Wasserverbänden aufgenommen, vor allem im hessischen Ried, von wo Frankfurt seit 1965 und 1968 Wasser bezog. Außerdem gründete die Stadt Frankfurt 1963 mit mehreren benachbarten Kreisen einen Wasserverband (Kinzig).

5.3.2 Aktuelle Situation der Wasserversorgung

Anschlussgrad und Wasserabgabe

Der Anschlussgrad der Bevölkerung an die öffentliche Wasserversorgung betrug im Jahr 2001 in Deutschland 99 Prozent. Diese Quote erlaubt eine Ermittlung des Pro-Kopf-Verbrauchs an Trinkwasser pro Einwohner und Tag. Gegenüber einem gemittelten Wasserverbrauch von 147 Liter pro Einwohner und Tag im Jahr 1990 sank diese Kennziffer auf 127 Liter im Jahr 2001. Dabei gibt es erhebliche regionale Unterschiede: der Maximalwert liegt bei 152 L/(E*d) in Schleswig-Holstein und der Minimalwert beträgt 87 L/(E*d) in Thüringen [5.11].

Die Wasserabgabe an Letztverbraucher ging zwischen 1990 und 2001 um rd. 15 Prozent zurück. Im gleichen Zeitraum gelang es den Wasserversorgungsunternehmen, die z.B. durch Rohrbrüche und Undichtigkeiten hervorgerufenen Wasserverluste spürbar zu reduzieren. Im Jahr 1998 betrugen die Wasserverluste noch 600 Mio. m^3, bis 2001 gingen diese Verluste bis auf ca. 530 Mio. m^3 zurück. Von der öffentlichen Wasserversorgung werden jährlich ca. 1 Mrd. m^3 Wasser an die Industrie und gewerbliche Unternehmen abgegeben, dies entspricht ca. 20 Prozent der gesamten Wasserabgabe. Mit 80 Prozent ist der Bereich Haushalte und Kleingewerbe der größte Wasserverbraucher, wobei die Differenzierung beider Bereiche aus messtechnischen Gründen vielfach nicht möglich ist. Nach [5.11] liegt der Verbrauch im Kleingewerbe bei durchschnittlich 9 Prozent der abgegebenen Menge. Diese entsprechen einer Wassermenge von 11 L/(E*d). Private Haushalte verbrauchen demnach im Bundesdurchschnitt ca. 116 L/(E*d).

Die Wasserversorgungswirtschaft [5.12]

Die öffentliche Wasserversorgung wurde 2001 in Deutschland von insgesamt 6 560 Unternehmen (darunter 5 260 Unternehmen mit Eigengewinnung) getragen, die zur Gewinnung von Trinkwasser überwiegend Grund- und Quellwasser nutzen (74 %). Der Rest des Wasserbedarfs wird aus Oberflächenwasser und Uferfiltrat gedeckt. Es können im Wesentlichen vier Betriebsformen unterschieden werden:

- Regiebetrieb: Betrieb durch Gemeinde im Rahmen der allgemeinen Gemeindeverwaltung.
- Eigenbetrieb: Betrieb durch Gemeinde als Sondervermögen mit eigenständiger Buchführung.
- Eigengesellschaft: Unternehmen in privater Rechtsform in der Hand der Gemeinde.
- Betreibermodell: Übertragung des Anlagenbetriebes auf einen privaten Unternehmer, wobei die Verantwortung für die Aufgabenerfüllung bei der Gemeinde verbleibt.

In der Wasserversorgung existieren öffentlich-rechtliche und privatrechtliche Organisationsformen seit Jahrzehnten nebeneinander. Es gibt eine Tendenz hin zu privatrechtlichen Formen. So ist der Anteil der Eigenbetriebe deutlich gesunken (von 63 % 1986 auf 15 % 2003), während der Anteil der Zweckverbände gestiegen ist (von 10 % 1986 auf 16 % 2003). Eine signifikante Zunahme haben die privatrechtlichen Gesellschaften in Form von AGs und GmbHs in diesem Zeitraum erfahren. Ihr Anteil ist von 13 Prozent 1986 auf 30 Prozent 2003 gestiegen.

Auffallend ist weiterhin der Anstieg von öffentlich-privaten Beteiligungsgesellschaften. Ihr Anteil ist von 3,3 Prozent (1986) auf fast 29 Prozent (2003) gewachsen. Der Prozentsatz rein privater Wasserversorgungsunternehmen ist zwar in diesem Zeitraum leicht gestiegen, ist jedoch nach wie vor gering (von 1 % 1986 auf 3,5 % 2003). Zu beobachten ist auch eine Zunahme öffentlich-privater Partnerschaften. Private Unternehmen übernehmen Beteiligungen an Unternehmen, deren Anteile zuvor ausschließlich durch öffentlich-rechtliche Körperschaften gehalten wurden. Die vorstehenden Aussagen beziehen sich auf die 1 266 Unternehmen in der BGW-Wasserstatistik. Insgesamt bestehen in Deutschland ca. 6 000 Betriebe der Wasserversorgung. Bei den mehr als 4 000 in der Statistik nicht erfassten Betrieben handelt es sich ganz überwiegend um Regie- und Eigenbetriebe der Kommunen.

Der zukünftige Ordnungsrahmen [5.13]

Mit zeitlicher Verzögerung haben die Privatisierungs- und Liberalisierungsbestrebungen inzwischen auch den Sektor Wasserwirtschaft erreicht. Viele der bereits im Zuge der Liberalisierung der Telekommunikations- und Energiebranche aufgeworfenen Fragen sind auch hier Gegenstand kontroverser Diskussionen. Die verbreitete Skepsis gründet sich auf unterschiedliche Faktoren:

1. Die technischen und ökonomischen Bedingungen für eine Marktöffnung sind in der Wasserwirtschaft ungünstig.
2. Mit der Wasserwirtschaft sind besondere öffentliche Interessen verknüpft.
3. Innerhalb der Wasserwirtschaft existiert eine besondere und komplexe Problemkonstellation.

Vergleicht man die Wasserversorgung mit den anderen Infrastruktursektoren, so gibt es zwar aufgrund des Netzcharakters einige Gemeinsamkeiten, dennoch sind erhebliche Unterschiede offenkundig: Die Wasserversorgung ist nach wie vor weitgehend als natürliches Monopol mit Betriebsgrößenvorteilen, Netz- und Dichteffekten und hohen „sunk costs" einzustufen. Der Teil der Wertschöpfungskette, der als regulierungsbedürftiger monopolistischer „Bottleneck" gilt, ist sehr ausgeprägt. Die Möglichkeiten der Einführung von Wettbewerb über den Aufbau neuer Infrastruktur sind daher ökonomisch begrenzt. Abgesehen von der Tatsache, dass es in der Wasserwirtschaft bislang kein bundesweit zusammenhängendes Wasserversorgungsnetz gibt, stoßen Durchleitungsmodelle hier im Vergleich zur Energiewirtschaft auch aus ökonomischen Gründen auf Grenzen: Die hohen Fixkosten in den Netzen und geringe variable Kosten machen Durchleitungen, die im Bereich Energie und Telekommunikation eine entscheidende Rolle bei der Durchsetzung von Wettbewerb spielen, zu einer nur in wenigen Ausnahmefällen wirtschaftlich tragfähigen Lösung. Zusätzlich spielt das transportierte Gut hier eine zentrale Rolle: das Produkt kann während des Transportvorgangs seine Qualität verändern; qualitative Verschlechterungen haben unmittelbar gesundheitliche Konsequenzen für den Konsumenten. Die bisherigen Erfahrungen mit „common carriage“-Modellen in der privatisierten englischen Wasserwirtschaft sind nicht sehr viel versprechend; vor allem angesichts der Komplexität der Regelungsmaterie hat es bisher kaum Durchleitungen unter Wettbewerbsbedingungen gegeben.

Die in der Wasserwirtschaft weltweit dominierenden Wettbewerbsmodelle sind Konzessionsmodelle im weitesten Sinne. An die Stelle von Wettbewerb auf dem Markt tritt hier der Wettbewerb um den Markt: In einem wettbewerblichen Ausschreibungsverfahren wird das Recht ein bestimmtes Gebiet für einen bestimmten Zeitraum versorgen zu dürfen, unter konkurrierenden Unternehmen ausgeschrieben. Den Zuschlag erhält das Unternehmen, das über diese Laufzeit den für die Verbraucher günstigsten Tarif sichern kann. Nach Ablauf der Konzession erfolgt eine neue Ausschreibungsrunde. Solche Konzessionsmodelle können und scheinen eine relativ einfache Wettbewerbsoption in den Fällen darzustellen, in denen andere Wettbewerbslösungen nur schwer zu realisieren sind.

In der Praxis gestalten sich solche Konzessionsmodelle jedoch keineswegs unproblematisch, die Probleme sind dabei vielfältig:

- Der Wettbewerb ist eingeschränkt, da sich nur wenige Unternehmen an Ausschreibungen beteiligen.
- Es besteht die Gefahr von Absprachen zwischen den Unternehmen.
- Die teilweise sehr langen Laufzeiten der Verträge reduzieren den Wettbewerbsdruck, kurze Laufzeiten andererseits behindern die Amortisation des investierten Kapitals.
- Es besteht die Gefahr opportunistischen Verhaltens: vertragliche Vereinbarungen werden nicht eingehalten, in der Hoffnung auf Nachverhandlungsmöglichkeiten.
- Es fehlen Anreize zur Einhaltung der Auflagen zum Ende der Konzession, wenn Unternehmen wenige Chancen für eine Vertragsverlängerung sehen.

- Wasserversorgung und öffentliche Interessen

Marktversagen liefert nach vorherrschender ökonomischer Theorie die Legitimation für staatliches Handeln; die Existenz externer Effekte bei der Produktion eines Gutes kann staatliche Interventionen rechtfertigen, wenn die Marktteilnehmer diese Externalitäten nicht in ihr Entscheidungskalkül einbeziehen. Negative ökologische Folgen von Wasserentnahmen, die Einleitung von belasteten Abwässern sind ebenso Beispiele für externe Effekte wie etwa die positiven Effekte einer qualitativ hochwertigen Wasserversorgung für die Volksgesundheit oder ein verbesserter Naturschutz als Nebenprodukt des Grundwasserschutzes.

Bisher waren dies wesentliche Begründungen für eine öffentliche Wasserwirtschaft. Einer besonderen Regulierung unterliegt in allen Staaten der Zugang zur Wasserressource selbst. Nach deutscher Rechtspraxis gilt Wasser als öffentliches Gut, das einer staatlichen Benutzungsordnung unterworfen wird. Bei der Zuteilung von Nutzungsrechten hat die öffentliche

Trinkwasserversorgung den Vorrang, die Entscheidung über konkurrierende Nutzungsansprüche erfolgt nach dem Prinzip des „first come, first served“. Bisher spielen ökonomische Gesichtspunkte keine Rolle.

Tabelle 5-1 Regulierungsbedarf in der Wasserwirtschaft [5.12]

Funktionsbereich	**Regulierungsbedarf**	
Wasserressourcen	• Umsetzung Wasserrahmenrichtlinie, • Durchsetzung ökologisch angepasster Flächenbewirtschaftung	
Wassergewinnung	• Regulierung Wasserentnahmerechte • Ausweisung und Sicherung von Wasserschutzgebieten • Sicherung von Trinkwasserqualitätsstandards	• Ausschreibung von Gebietskonzessionen
Wassertransport	• Aufbau und Erhalt von Versorgungsnetzen • Zusammenschaltung von Netzen • Wettbewerbsrechtliche Regelungen: Zugang zu Netzen	• Preisaufsicht
Wasserverteilung	• Sicherung von Qualitätsstandards • Sicherung der Erhaltungsinvestitionen	
Vertrieb	• Regelung des Zugangs zu Wasser • Preispolitik: Tarifstruktur • Versorgungsbedingungen • Informationsverpflichtungen	• Wettbewerbsrecht
Wassernutzung	• Qualitäts- und Versorgungsstandards • Regulierung von Eigenversorgung	• Öffentlichkeitsbeteiligung
Abwasserreinigung	• Umsetzung der Wasserrahmenrichtlinie • Abwasserabgabengesetz	
Abwassereinleitung	• Überwachung von Schadstoffeinleitungen	

Privatisierung der Wasserwirtschaft bedeutet nicht wie oft befürchtet die Übergabe der Kontrolle über die Wasserressourcen an private Unternehmen. Die Ressourcen werden also weiterhin einer staatlichen Benutzungsordnung unterworfen sein, wobei jedoch flexiblere Managementmethoden sinnvoll sein werden. Dennoch ergeben sich im Vergleich zu anderen Netzbereichen hier deutlich höhere Regulierungsanforderungen, um die vielfältigen ökonomischen, ökologischen und sozialen Aspekte, die mit der Ressourcennutzung verknüpft sind, entsprechend berücksichtigen zu können [5.13].

5.4 Verfügbare Ressourcen und Wasserbedarf

5.4.1 Verfügbare Ressourcen

Wasserdargebot in Deutschland

Deutschland liegt in einer gemäßigten humiden Klimazone, für die häufige Wetterwechsel und Niederschläge zu allen Jahreszeiten charakteristisch sind. Die mittlere jährliche Niederschlagshöhe liegt bei 789 mm, wobei die Niederschlagsmengen regional stark schwanken. Der niederschlagsreichste Ort (Balderschwang im Allgäu) erreicht ein durchschnittliches Jahresmittel von etwa 2450 mm, der trockenste Ort (Artern in Sachsen-Anhalt) dagegen nur 417 mm. Dies entspricht der generellen Tendenz der Niederschläge, die von West nach Ost abnehmen. Die Sommerhalbjahre sind mit einer durchschnittlichen Niederschlagshöhe von 430 mm feuchter als die Winterhalbjahre mit 359 mm [5.8].

Mit einem verfügbaren Wasserdargebot von 188 Mrd. m^3 ist Deutschland ein wasserreiches Land. Das potentielle Wasserdargebot gibt an, welche Mengen an Grund- und Oberflächenwasser genutzt werden können. Es ist eine bilanzierte Größe, die sich aus Niederschlags- und Verdunstungsmenge sowie der Zu- und Abflussbilanz von und zu den Nachbarstaaten ergibt. In Deutschland nutzen Wirtschaft und private Haushalte, die an die öffentliche Wasserversorgung angeschlossen sind, nur rund 20 % der zur Verfügung stehenden Wasserressourcen. In den letzten 15 Jahren ging die entnommene Wassermenge in allen Bereichen spürbar zurück.

Im Jahr 2001 betrug die gesamte entnommene Wassermenge 38,14 Mrd. m^3. Der größte Teil entfiel auf die Wärmekraftwerke, die zu Kühlzwecken 24,8 Mrd. m^3 – das entspricht 13,2 Prozent des gesamten Wasserdargebots – für die öffentliche Energieversorgung entnahmen. Die öffentliche Wasserversorgung, die Haushalte und Kleingewerbe mit Trinkwasser versorgt, nutzt mit rund 5,4 Mrd. m^3 nur etwa 3 Prozent des vorhandenen Wasserdargebots [5.8].

Neben verschiedenen klimatischen Bedingungen und geologischen Besonderheiten innerhalb Deutschlands ist eine Zunahme von Nutzungskonflikten an Gewässern in einigen Regionen entsprechend der Besiedelungsdichte, der Industrialisierung der Region und der jahreszeitlichen Schwankungen von Wasserdargebot und Wassernutzung zu erwarten.

Die Trinkwasserversorgung wird bereits heute in einigen Regionen aufgrund von Qualitätsproblemen nicht ausschließlich ortsnah aus eigenen Ressourcen gedeckt. Ergänzend erfolgt die Versorgung aus Talsperren und durch Fernwasserversorgung. Aufgrund der Tatsache, dass die Grundwasserneubildungsrate die Entnahmemenge bisher in der Regel übersteigt, wird es für Deutschland voraussichtlich auch unter geänderten Klimabedingungen keine grundsätzlichen Probleme mit der Trinkwasserversorgung geben. Regionale Engpässe, insbesondere bei länger anhaltenden Trockenperioden, sind jedoch nicht auszuschließen. In Gebieten mit gut durchlässigen Böden wird die Grundwasserneubildung aufgrund höherer Winterniederschläge zunehmen, was trotz geringerer Niederschläge im Sommer und einer erhöhten potentiellen Verdunstung zu einem höheren Grundwasserdargebot führen könnte. Dagegen wird das Grundwasserdargebot in Regionen mit schlecht durchlässigen Böden und Böden mit geringer Wasserspeicherkapazität zurückgehen. Eine Abnahme der Grundwasservorräte wird vor allem in Nord- und Westdeutschland sowie in Teilen Ostdeutschlands erwartet.

Als Folge des abnehmenden Schneespeichers können die Niedrigwasserabflüsse im Sommer weniger ausgeglichen werden. Die zunehmende Erwärmung der unteren Luftschichten führt zu einer Erhöhung der Wasser- und Bodentemperaturen. Dies führt vor allem bei Niedrigwasserabflüssen zur Änderung des chemischen und biologischen Zustandes von Gewässern, mit entsprechenden Auswirkungen auf die darin lebende Flora und Fauna. Durch Temperaturerhöhung steigt auch die Verdunstung. Aus der Zunahme der potentiellen Verdunstungsrate und der Abnahme der Niederschläge in den Sommermonaten resultieren u.a. in Regionen mit ausgedehnten Feuchtgebieten, wie z.B. dem Land Brandenburg, negative Auswirkungen auf die Wasserstände in den Flüssen, was eine Schädigung der Feuchtbiotope und der aquatischen Ökosysteme zur Folge haben kann.

Bild 5-4 zeigt, dass im Zeitraum 1990 bis 2004 ist die jährliche Wasserförderung um fast 20 Prozent zurückgegangen. In absoluten Werten ausgedrückt bedeutet dies eine Reduzierung der Wasserförderung um rd. 1,3 Milliarden Kubikmeter.

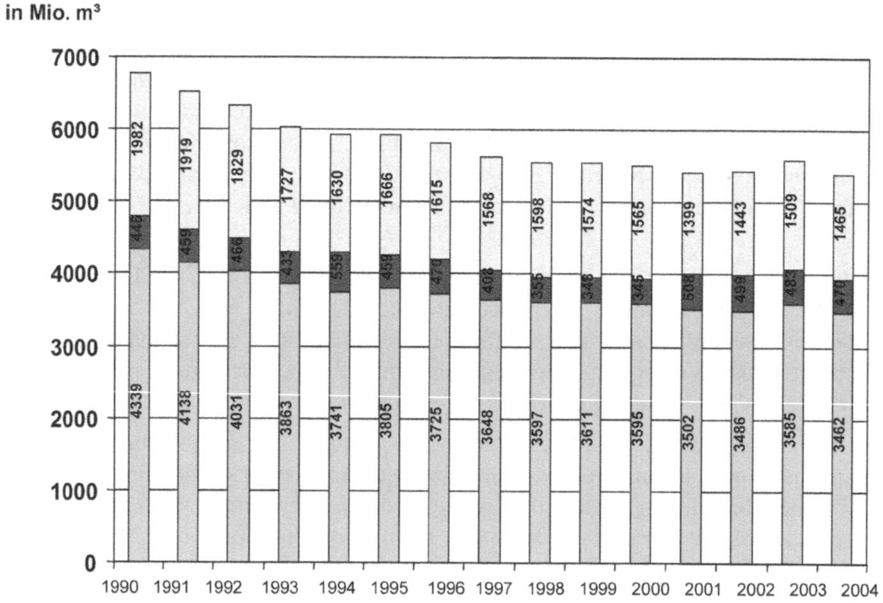

Bild 5-4 Entwicklung der Wasserförderung von 1990 bis 2002 nach BGW Wasserstatistik 2004 [5.1]

Grundwasser ist mit einem Anteil von 64,2 Prozent die überwiegend genutzte Ressource für die Wassergewinnung der öffentlichen Wasserversorgung in Deutschland. Die natürliche Grundwassererneuerung setzt dabei den Rahmen für die Wasserentnahme der Wasserversorgungsunternehmen. Zweite wichtige Ressource für die Trinkwassernutzung ist mit einem Anteil von 26,6 Prozent Oberflächenwasser, einschließlich angereichertes und uferfiltriertes Grundwasser. Quellwasser ist frei zutage tretendes Grundwasser und trägt mit 9,2 Prozent zur Bedarfsdeckung bei. Je nach Verfügbarkeit geeigneter Wasservorkommen werden für die öffentliche Wasserversorgung daher in unterschiedlichem Maße Grund-, Quell- oder Oberflächenwasser zur Bedarfsdeckung genutzt [5.1].

5.4.2 Wasserbedarf der Siedlungen

Der künftige Wasserbedarf in Deutschland ergibt sich aus dem derzeitigen Verbrauch, das heißt aus der Wasserabgabe an Letztverbraucher wie in Tabelle 5-2 dargestellt. Grundsätzlich muss ein Versorgungssystem zwar nicht jeden Bedarf decken, hier handelt es sich jedoch um einen Grundbedarf, der auch langfristig mit den bei der Bevölkerung *vorhandenen* Geldmitteln wird befriedigt werden können. Wie die Gegenüberstellung der Werte für die Jahre 1991 und 2001, zeigt hat sich in diesen 10 Jahren für alle Bereiche ein deutlicher Rückgang der Werte (absolut und spezifisch) ergeben. Dieser Trend wird bei zurückgehender Gesamtbevölkerung anhalten, wenn auch in etwas abgeschwächter Form, weil die mit relativ geringen finanziellen Mitteln erreichbaren Einsparpotentiale inzwischen weitgehend ausgeschöpft sind.

Tabelle 5-2 Wasserabgabe an Letztverbraucher [5.1]

		1991	2001
Wasserabgabe an Letztverbraucher	Mio. m^3	5 747,9	4 773,9
	*l/(E*d)*	*200*	*160*
davon			
- Haushalte und Kleingewerbe	Mio. m^3	4 127,8	3 779,1
	*l/(E*d)*	*144*	*127*
- Sonstige[1)]	Mio. m^3	1 620,2	994,8
Eigenverbrauch der Wasserwerke	Mio. m^3	142,7	133,5
Wasserverluste	Mio. m^3	758,0	529,7

1) Gewerbliche Unternehmen und sonstige Abnehmer (z.B. Krankenhäuser, Schulen, Behörden und kommunale Einrichtungen, Bundeswehr, landwirtschaftliche Betriebe).

Bei der Ermittlung des Wasserbedarfs der Siedlungsbereiche ist auch zu berücksichtigen, dass für die einzelnen Nutzungen unterschiedliche Qualitätsanforderungen an das Wasser zu stellen sind. Die größten Einsparpotenziale der Zukunft liegen daher in einer Wasserversorgung, die sich hieran orientiert. Tabelle 5-3 zeigt den Wasserverbrauch im Haushaltsbereich und gibt die jeweiligen Qualitätsansprüche an. Der künftige Bedarf wird auf der privaten Seite weitgehend von den Lebensgewohnheiten im häuslichen Bereich bestimmt. Sie hängen eng mit der sanitären Ausstattung der Wohnungen und Häuser, der Zahl und Art wasserverbrauchender Geräte und den Ansprüchen an die Körperpflege zusammen. Auch künftig wird der Wasserverbrauch von den Bequemlichkeiten und Vorteilen bestimmt werden, welche die einzelnen Nutzungsmöglichkeiten bieten. Dabei spielt weiterhin auch der immer noch verhältnismäßig niedrige Wasserpreis eine Rolle.

Tabelle 5-3 Einwohnerbezogener Wasserbedarf in Wohngebäuden unterschiedlicher Bauart, Lage und Ausstattung [5.15]

Siedlungstyp	L/Tag
Alte Ein- und Zweifamilienhäuser einfachster Bauart	65
Einfache Mehrfamilien-Wohngebäude, errichtet vor 1940	90
Mehrgeschossige Wohngebäude mit Sozialwohnungen, errichtet vor 1960	120
Neuere Einfamilien-Reihenhäuser, mehrgeschossige Wohngebäude	150
Appartementhäuser und Wohnhäuser mit Komfortwohnungen	180
Freistehende Ein- und Zweifamilienhäuser in guter Wohnlage	130
Ein- und Zweifamilienhäuser in guter Wohnlage	200
Moderne Villen in bester Wohnlage mit Komfortausstattung	275

Die Notwendigkeit zu Einsparungen ergibt sich in Deutschland daher eher über die beschränkt verfügbaren Wasserressourcen mit einer hohen Qualität im Bereich der Verdichtungsräume. Die Möglichkeiten zur Einsparung von Trinkwasser in den Haushalten sind in den Verwendungsbereichen (Tabelle 5-4) unterschiedlich gegeben. Aus hygienischen Gründen konzentrieren sich diese weitgehend auf das Toilettenspülwasser von derzeit maximal 50 Liter pro Einwohner und Tag, das durch Brauchwasser ersetzt werden könnte. Aber auch dieses Wasser müsste folgende Qualitätsanforderungen erfüllen:

- keine Inhaltsstoffe, die zu Ablagerungen im Rohrnetz und an Sanitäreinrichtungen führen; keine aggressiven Eigenschaften gegenüber Rohrmaterialien;
- ausreichende Haltbarkeit des Wassers auch bei längeren Aufenthaltszeiten zur Vermeidung von Geruchsbelästigungen;
- hygienische Unbedenklichkeit zur Vermeidung von gesundheitlichen Schäden bei Fehlanschlüssen und durch Sprühinfektion.

Tabelle 5-4 Wasserverbrauch im Haushaltsbereich [5.16]

Verwendung	Menge (l/Tag)	erforderliche Qualität
Trinken und Kochen	2 ... 5	höchste
Körperpflege	5 ... 20	
Baden und Duschen	20 ... 60	hohe
Geschirrspülen	5 ... 10	
Wäschewaschen	10 ... 30	mittlere
Raumreinigung, Autowaschen etc.	3 ... 5	geringe bis mittlere
Toilettenspülen	20 ... 50	geringste

In den anderen Verbrauchssektoren gibt es ebenfalls Möglichkeiten zur Einsparung von Wasser, das über das öffentliche Versorgungssystem geliefert wird. Insbesondere bei der Verwendung als Kühl- oder Reinigungswasser lässt sich der Verbrauch reduzieren, wenn auf eine Kreislaufnutzung umgestellt wird. Hier wird deshalb häufig Trinkwasser der Vorzug vor Brauchwasser gegeben, weil dies vorab zum Schutz der Anlagen nicht noch zusätzlich aufbereitet werden muss.

Die Verminderung des in Produktionsprozessen eingesetzten Trinkwassers zielt im Wesentlichen auf eine Senkung des spezifischen Wasserverbrauchs bei der jeweiligen Verwendungsart und auf eine Substitution durch Betriebswasser: Hinderungsgründe für ein doppeltes Leitungsnetz im industriellen Bereich sind ganz allgemein [5.16]:

- unterschiedliche Qualitätsansprüche der Abnehmer;
- mögliche Änderungen der Ansprüche bei Umstellung auf neue Produkte oder Herstellungsverfahren ;
- Ungewissheit über die Entwicklung der Abnahmemengen;
- ganz unterschiedlicher Wasserbedarf der Betriebe.

Diese Probleme zeigen sich, wenn vorhandene Industriebezirke versorgt werden sollen, aber auch dann, wenn für Industrieansiedlungsgebiete vorsorglich ein Betriebswassernetz erwogen werden sollte. Günstige Voraussetzungen für die Realisierbarkeit einer zentralen Betriebswasserversorgung liegen vor, wenn das Rohwasser preiswert aufbereitet werden kann, wenn die Abnehmer nahe an der Gewinnungsstelle liegen und wenn für die angebotene Qualität ein großer Bedarf bei möglichst zahlreichen Abnehmern besteht.

Vom Standpunkt einer sparsamen Bewirtschaftung der Trinkwasservorräte ist es i.A. unerheblich, ob das Betriebswasser an Ort und Stelle aus für die Trinkwasserverwendung ungeeigneten Vorkommen (z.B. einem stärker belasteten Oberflächengewässer oder geringwertigen oberflächennahen Grundwasservorkommen) entnommen oder über eine besondere Leitung über das Wasserwerk an die Betriebe herangeführt wird. Soweit eine solche dezentrale Versorgung mit Wasser durchgeführt werden kann, ist sie einer zentralen Versorgung vorzuziehen, da sie zu Einsparungen an Investitions- und Betriebskosten sowie von Energie für den Transport des Wassers führt [5.16].

Ein weiteres wesentliches Kennzeichen des Wasserbedarfs von Siedlungen ist die Tatsache, dass dieser sowohl im Tagesverlauf als auch im Wochenverlauf sowie entsprechend den Jahreszeiten über das Jahr sehr stark schwanken kann. Dabei gilt die Regel: Je größer das Versorgungsgebiet, desto eher gleichen sich die jeweiligen Spitzen aus. Der Ausgleich solcher Bedarfsschwankungen im Netz (auch ohne Ausgleichsbehälter) war schon immer ein wesentlicher Grund für den Ausbau von Wasserversorgungsnetzen und für den schrittweisen Zusammenschluss von Teilnetzen. Diese Tatsache spricht auch dafür, gerade im Bereich der Trinkwasserversorgung, wo stark vermaschte Netze auch eine höhere Versorgungssicherheit bedeuten, von einer Dezentralisierung der Versorgungssysteme abzusehen – auch bei immer geringer werdendem Wasserbedarf in einzelnen Siedlungsbereichen.

Eine weitere wesentliche Anforderung an die Wasserversorgung ergibt sich durch den Löschwasserbedarf, der sich an der baulichen Nutzung entsprechend den Festlegungen in der Bauleitplanung orientiert. Der Deutsche Verein des Gas- und Wasserfaches e.V. DVGW hat dazu mit seinem Arbeitsblatt W 405 (07/1978) „Bereitstellung von Löschwasser durch die öffentliche Trinkwasserversorgung“ eine Richtlinie geschaffen, wonach sich der Löschwasserbedarf für Gebäude unter Berücksichtigung der baulichen Nutzung und der Gefahr der Brandausbreitung allgemein ermitteln lässt. Besondere Brandrisiken, die durch bestimmte gewerbliche und industrielle Anlagen entstehen können, bleiben hierbei allerdings zunächst unberücksichtigt, sodass die in dem Arbeitsblatt genannten Richtwerte in erster Linie nur für die Löschwasser-Grundversorgung angewendet werden können.

Das DVGW-Arbeitsblatt W 405 und die DIN 18 230, Teil 1 beantworten die Frage, welche Löschwassermengen in den verschiedenen Baugebieten der Städte und Gemeinden (Wohngebiete, Mischgebiete, Gewerbegebiete, Sondergebiete) bereitgehalten werden müssen. Das Arbeitsblatt unterscheidet dabei eindeutig zwischen Grundschutz und Objektschutz. Grundschutz ist gleich Brandschutz in Wohn-/Gewerbe-/Misch- und Industriegebieten ohne erhöhtes Sach- und Personenrisiko.

Tabelle 5-5 Richtwerte für den Löschwasserbedarf nach [5.17]

Bauliche Nutzung nach § 17 der Baunutzungsverordnung (BauNVO)	Kleinsiedlungsgebiete (WS) Wochenendhausgebiete (SW)	reine Wohngebiete (WR) allgem. Wohngebiete (WA) besondere Wohngebiete (WB) Mischgebiete (MI) Dorfgebiete(MD) Gewebegebiete (GE)		Kerngebiete (MK) Gewerbegebiete (GE)		Industriegebiete (GI)
Zahl der Vollgeschosse	<= 2	<= 3	> 3	1	> 1	-
Geschoßflächenzahl (GFZ)	<= 0,4	<= 0,3 – 0,6	0,7 – 1,2	0,7 - 1	1,0 – 2,4	-
Baumassenzahl (BMZ)	-	-	-	-	-	<= 9
Löschwasserbedarf bei unterschiedlicher Gefahr der Brandausbreitung	m^3/h	m^3/h		m^3/h		m^3/h
- klein [1]	24	48		96		96
- mittel [2]	48	96		96		192
- groß [3]	96	96		192		192

Überwiegende Bauart:

[1] feuerbeständige oder feuerhemmende Umfassung, harte Bedachung

[2] Umfassung nicht feuerbeständig oder nicht feuerhemmend, harte Umfassung oder Umfassung feuerbeständig oder feuerhemmend, weiche Bedachung

[3] Umfassung nicht feuerbeständig oder nicht feuerhemmend, weiche Bedachung, Umfassung aus Holzfachwerk (ausgemauert) stark behinderte Zugänglichkeit, Häufung von Feuerbrücken

Der Grundschutz ist von der Gemeinde zu gewährleisten. Sind die für den Grundschutz in W 405 vorgeschriebenen Löschwassermengen nicht aus anderen Quellen, wie offenen Gewässern, Löschwasserteichen, Löschwasserbehältern oder Brunnen bereitzustellen, nehmen die Gemeinden für die Vorhaltung des Löschwassers die Wasserversorgungsunternehmen (WVU) in die Pflicht. Das WVU ist dann angehalten, die Grundschutzmengen über sein Rohrnetz zu gewährleisten.

Als Objektschutz bezeichnet man hierbei den über den Grundschutz hinausgehenden, objektbezogenen Brandschutz bei erhöhtem Brand- und Personenrisiko.

In Abhängigkeit von der baulichen Nutzung und der Größe der Gefahrenausbreitung (Tabelle 5-5) beträgt die Löschwassermenge in der Regel 96 m^3/h, in Ausnahmefällen 192 m^3/h. Es besteht für das WVU keine Verpflichtung, auch das Wasser für den so genannten Objektschutz vorzuhalten. Der vom WVU nicht gedeckte Löschwasserbedarf ist durch objektbezogene bauliche Maßnahmen wie Löschwasserbehälter oder -teiche sicherzustellen.

Raumansprüche der Wasserwirtschaft [5.18]

Als raumwirksame Fachplanung, die Infrastrukturleistungen als Voraussetzung für andere Raumnutzungen bereitstellt, stellt die Wasserwirtschaft konkrete eigene Raumansprüche. Anlagen der Siedlungsentwässerung und Abwasserreinigung verlangen Standorte mit bestimmten Anforderungen an die räumliche Lage; der Hochwasserschutz erfordert zum einen Flächen für die technischen Anlagen (Deiche, Rückhaltebecken), zum ändern schränkt er bestimmte Raumnutzungen ein; die Trinkwasserversorgung beansprucht sehr umfangreiche Flächen zum Schutz ihres Rohstoffs. Insoweit ist wasserwirtschaftliches Planen und Handeln nicht nur ausgeprägt raumbezogen, sondern besitzt außerdem oft eine Vorrangstellung gegenüber anderen Belangen.

Darüber hinaus hat die räumlich ungleich verteilte Ressource Wasser bereits in manchen Fällen zu raumordnerisch ungewollter interregionaler Aufgabenteilung geführt, indem die Fachplanung durch technische Entscheidungen, beispielsweise für die Einrichtung großräumiger Fernwasserversorgungssysteme, raumordnende Eingriffe vorwegnahm.

Im Extremfall führten in den Gewinnungsgebieten drastische Nutzungsrestriktionen zu Entwicklungsnachteilen, in den Verbrauchsgebieten kam es zur Aufgabe siedlungsnaher Freiflächen, die nicht mehr von der Wasserwirtschaft benötigt wurden. Umgekehrt können wasserwirtschaftliche Flächenansprüche aus raumordnerischer Sicht eine wertvolle Stütze für die Freiraumpolitik sein.

Als wasserrechtliche Flächensicherungsmittel stehen der Fachplanung die Ausweisung von Trinkwasserschutzgebieten und von Überschwemmungsgebieten per Rechtsverordnung zur Verfügung. In den verschiedenen Raumordnungsplänen, insbesondere in den Regionalplänen können Schutz-, Schon- und Vorrangbereiche ausgewiesen, überörtlich bedeutsame Standorte und Trassen für die Wasserwirtschaft dargestellt oder generelle wasserwirtschaftliche Zielsetzungen aufgenommen werden.

5.5 Wasseraufbereitung

Die Systemkomponente „Umwandlung“ im System der Wasserversorgung wird allgemein als Wasseraufbereitung bezeichnet. Hierbei wird die natürliche Ressource Wasser zu dem Lebensmittel Trinkwasser oder zu Brauchwasser umgewandelt. Meist erfolgt dies durch eine technische Aufbereitung, bei entsprechender Qualität der Ressource manchmal jedoch auch nur „per Definition“. Für die Unterscheidung in Trinkwasser bzw. Brauchwasser ist einerseits der Verwendungszweck, andererseits die Erfüllung gewisser Qualitätsanforderungen maßgebend.

5.5.1 Komponenten der Wasseraufbereitung und deren Funktion

Trinkwasseraufbereitungsanlagen dienen dazu, aus Rohwasser Trinkwasser zu gewinnen. Im Wasserwerk wird das Wasser einer Reinigungsanlage mit Grob- und Feinfilter zugeführt. Der mechanische Reinigungsprozess der Filter wird zumeist ergänzt durch Entkeimung, häufig durch Chlorung. Andere Entkeimungsverfahren arbeiten mit ultravioletter Bestrahlung oder Ozonbeigabe (Ozonierung). Aus Brack- und Meerwasser lässt sich mit Entsalzungsanlagen (Meerwasserentsalzung) Trinkwasser gewinnen.

Methoden der Trinkwasseraufbereitung

Eine Aufbereitung des Grund- und Oberflächenwassers ist erforderlich, wenn es Stoffe enthält, die gesundheitsschädigend oder wegen ihres Geruchs- oder Geschmacks unerwünscht sind bzw. die zu technischen Störungen führen können.

Zur Aufbereitung von Grundwasser kommen folgende Verfahren schrittweise nacheinander zur Anwendung [5.19]:

- Entfernung von Schweb- und Trübstoffen zur Verringerung der Einträge von partikelgebundenen Schad- und Belastungsstoffen sowie zur Steigerung der Durchsatzleistungen in den nachfolgenden Aufbereitungsstufen; dies erfolgt in Versickerungsanlagen wie Sandfilter bzw. künstliche Grundwasseranreicherung durch Infiltration, mittels Flockung und Filtration
- Belüftung zum Sauerstoffeintrag und zur Entfernung von Kohlendioxid (Kohlensäure), Schwefelwasserstoff, selten Methan und Geruchsstoffen;
- Enteisenung und Entmanganung zur Verhinderung von Ablagerungen in Rohrleitungen sowie eines tintenartigen strengen Geschmacks des Wassers und brauner Flecke auf Haushaltsgegenständen und Wäsche;
- Hebung des pH-Wertes durch Gasaustausch oder Zugabe von Calciumhydroxid, Natriumhydroxid sowie Filtration über basische Filtermaterialien zur Verhütung einer nachträglichen Verunreinigung des aufbereiteten Trinkwassers durch Korrosionsprodukte zementhaltiger und metallischer Werkstoffe;
- Entzug von Calciumionen (Enthärtung) durch Fällung von Calciumcarbonat oder Ionenaustausch zur Verhinderung der Bildung von Kesselstein in Rohrleitungen, besonders in Warmwasseranlagen und Haushaltsgeräten, und zur Minderung des Wasch- und Reinigungsmittelbedarfes;
- Entfernung gelöster organischer Stoffe durch Adsorption an Aktivkohle und durch die

Verfahrenskombination Ozonung und Adsorption an Aktivkohle. Bei der Aufbereitung von Grundwasser sind diese Verfahren nur dann nötig, wenn es z.B. durch Organohalogene oder Mineralölprodukte verunreinigt ist. Natürlich vorhandene Huminstoffe werden dabei ebenfalls zum Teil entfernt;

- Desinfektion durch Zugabe von Ozon, Chlor, Chlordioxid, Natriumhypochlorit o.ä. Mitunter können Oxidationsmittel kombiniert oder es kann das Oxidationsmittel durch UV-Bestrahlung aktiviert werden.

Künstliche Grundwasseranreicherung und Uferfiltration

Eine Möglichkeit der natürlichen Aufbereitung von Oberflächenwasser zu Trinkwasser bieten die Uferfiltration und die künstliche Grundwasseranreicherung. Auf dem Weg durch sandige bzw. kiesige Bodenschichten werden durch Umsetzung mit Sauerstoff bzw. durch mikrobielle Vorgänge unerwünschte organische Substanzen abgebaut; Schwebepartikel ausgesiebt und anorganische Schadstoffe, vor allem die Schwermetalle, an Mineraloberflächen sorbiert oder bei Fällungsprozessen eliminiert.

Die Rückhaltemechanismen gegenüber anorganischen und organischen Schadstoffen bei der künstlichen Grundwasseranreicherung sind im Prinzip dieselben wie bei der Uferfiltration. Quantitative Unterschiede ergeben sich dadurch, dass in der biologisch besonders aktiven Oberflächenschicht sehr rasche Umsetzungen von Substanzen stattfinden, die teilweise zu einer stärkeren Bindung, teilweise aber auch zu einer höheren Mobilität von schädlichen Stoffen führen. Bei der Förderung von Uferfiltrat können je nach Abstand der Filtratsfassungen (Vertikalbrunnenreihen oder Horizontalfilterbrunnen) erhebliche Güteprobleme auftreten. Obwohl in der Uferpassage, die weniger als fünfzig bis zu mehreren hundert Metern messen kann, meist sehr gute Reinigungsleistungen erzielt werden, reicht ihre Wirksamkeit bei schwer abbaubaren Substanzen nicht aus. Auch können in der Uferpassage (anders als bei der künstlichen Infiltration) anaerobe Verhältnisse auftreten, unter denen festgelegte Schwermetalle wie insbesondere Eisen und Mangan mobilisiert werden. Es zeigt sich, dass sowohl kritische Parameter wie Koloniezahl von Bakterien als auch die Gehalte an gelösten organischen Substanzen, Ammonium, Eisen und Mangan eine deutliche Reduktion während der Bodenpassage erfahren.

Physikalisch-Chemische Behandlungsverfahren

Für die Aufbereitung von Rohwässern werden verschiedene physikalisch-chemische Behandlungsverfahren einzeln oder in Kombination eingesetzt. Wichtige Beispiele sind [5.19]:

- Langsamsandfiltration

Die Langsamsandfiltration ist ein umfassendes Reinigungsverfahren, das sowohl partikuläre Stoffe und mikrobielle Keime als auch biologisch abbaubare Stoffe zurückhält. Diese Filter werden mit Quarzsand mit einer Körnung im Bereich von 0,2 - 2 mm und einer Schichtstärke von 0,7- 1.2 m aufgebaut. Von besonderer Bedeutung ist die sog. Schmutzdecke, eine wenige Zentimeter dicke Schicht, die biologisch aktiv ist und in der sowohl Ammonium zu Nitrat oxidiert wird (Nitrifikation), als auch organische Stoffe mineralisiert werden.

- Schnellfiltration

Der große Flächenbedarf der Langsamsandfilter hat dazu geführt, dass die Filter mit immer höheren hydraulischen Belastungen betrieben wurden und dabei nach immer kürzeren Laufzeiten verstopften. Dem kann man mit sog. Raumfiltern entgegentreten, deren Filterbetten mit von oben nach unten abnehmenden Korngrößen gebaut werden, so dass die Filterwirkung besser über die Tiefe des Filterbetts verteilt werden kann. Moderne Schnellfilter werden mit Filtergeschwindigkeiten im Bereich von 6- 15 m/h betrieben.

- Aktivkohleadsorption

Mit Hilfe von Aktivkohle werden gelöste organische Verbindungen aus dem Wasser abgetrennt, indem diese an der Oberfläche der Kohle adsorbiert werden. Diese Adsorptionsmittel werden hergestellt, indem z.B. Anthrazit oder Holzkohle bei hoher Temperatur (> 650 °C) in Gegenwart von Wasserdampf aktiviert wird, d.h. dass in den graphitischen Strukturen der Kohle mikroskopische Poren entstehen, weil ein großer Teil der Kohle oxidiert und als CO_2 verflüchtigt wird. Die Konzentration von organischen Verbindungen auf der Aktivkohle kann dazu führen, dass sich Mikroorganismen auf den Kohlekörnern ansiedeln und diese Stoffe z. T. abbauen. Das Adsorptionsverfahren wird dadurch zum biologischen Reinigungsverfahren, das unter Umständen größere Mengen von organischen Verbindungen zurückhalten kann.

- Membranverfahren

Für die Wasseraufbereitung kommen zunehmend Membran-Trennverfahren zur Anwendung, bei denen entweder eine Druckdifferenz oder ein elektrisches Feld als treibende Kräfte für den Fluss des Lösungsmittels durch eine Membran benutzt werden. Man unterscheidet: (1) Mikrofiltration (2) Ultrafiltration (3) Umkehrosmose und (4) Elektrodialyse (elektrisches Feld). Die Vorteile dieser Verfahren liegen insbesondere in einem kontinuierlichen Durchsatz, dem relativ geringen Energieaufwand, dem Betrieb unter Normaltemperatur, der einfachen Wartung und in ihrem flexiblen Modularaufbau. Die Membranen unterscheiden sich hinsichtlich ihrer Werkstoffe (Glasfilter, Polycarbonat, Polyester, Celluloseacetat, Polyamid, Polytetrafluorethylen, Polysulfonate) und ihrer Form (spiralförmig gewickelte Membranen, Hohlfasermembranen, Schlauchmodule, Plattenmodule u.a.). Die Einsatzbereiche der einzelnen Membranverfahren beziehen sich vor allem auf die Größe der Moleküle bzw. Mikropartikel:

- Die *Mikrofiltration* (0,5 - 3 bar Überdruck), hält abfiltrierbare Stoffe, Großmoleküle und Biomassen zurück. Wichtig ist sie als Vorstufe zur Hyperfiltration, um blockierende Großmoleküle oder Flocken weitestgehend abzutrennen. Eine periodische Rückspülung mit Wasser erhöht die Standzeit.
- Die *Ultrafiltration* (1 bis 10 bar), soll partikuläre Stoffe, Kolloide oder Mikroorganismen zurückhalten. Die Ausbeute liegt bei 90- 95 %. Bei der *Nanofiltration* werden mehrwertige Ionen, Härtebildner und organische Stoffe zurückgehalten. Der Abscheidegrad liegt bei mehrwertigen Anionen um 90- 99 %, bei einwertigen Ionen bei 30- 40 %, bei gelösten organischen Stoffen um 90%. Nanofiltration ist als Vorstufe der Hyperfiltration sehr wirksam.
- Die *Hyperfiltration* (20 bis 100 bar Überdruck), früher mit Umkehrosmose bezeichnet, lässt aufgrund der „dicken" Membran nur die Wassermoleküle bevorzugt diffundieren. Es werden zunehmend die Kompositmembrane aufgrund des höheren Permeatfluxes der extrem dünnen Trennschicht eingesetzt.

- Entfernung von Eisen, Mangan und Säure

Die Entfernung von Eisen (Fe_{2+}) wird in der Trinkwasseraufbereitung aus als Enteisenung bezeichnet. Sie erfolgt durch oxidative Umwandlung (z.B. bei intensiver Belüftung) zu unlöslichem Fe_{3+}. Eisenionen sind in vielen Brunnenwassern in Konzentrationen enthalten, die den Geschmack des Wassers beeinträchtigen, störende Braunfärbung verursachen, zur Trübung beitragen und zur Verokerung von wasserführenden Systemen führen können. Die Entfernung des Eisens erfolgt mechanisch durch Flockung und Fällung. Als Entmanganung bezeichnet man entsprechend die Entfernung störender Manganionen aus dem Rohwasser. Eine Entsäuerung wird erforderlich, wenn im Rohwasser ein Überschuss an Kohlensäure vorliegt. Dann hat das Wasser die Tendenz, in Verteilleitungen aggressiv oder korrosiv zu sein. Besteht dagegen ein Säureüberschuss, so besteht die Tendenz, dass aus dem Wasser Kalk als weißer Niederschlag ausfällt und die Leitungen verkrustet. Ein Überschuss von Kohlensäure kann durch Belüftung oder Filterung vermindert werden. Die Entsäuerung erfolgt durch Zugabe von Hydroxiden sowie Soda.

- Enthärtung [5.16]

Um die härtebildenden Ionen (insbesondere Calcium und Magnesium) zu reduzieren können die Methoden „Fällung“ und „Ionenaustausch“ verwendet werden: Die Fällung von Calcium-Ionen kann erreicht werden, indem das Wasser durch Zugabe von Chemikalien in Bezug auf $CaCO_3$ übersättigt wird. Der ausgefällte Kalk kann durch Sedimentation und nachfolgende Filtration eliminiert werden. Beim Ionenaustausch werden z.B. Na^+-Ionen auf einem Austauscherharz gegen die Calcium-Ionen ausgetauscht. Bei der notwendigen Regeneration wird eine konzentrierte NaCl-Lösung über das Harz geleitet. Früher hatte die Enthärtung von Trinkwasser eine größere Bedeutung, weil keine Waschmittel zur Verfügung standen, die auf die natürliche Härte des Wassers eingestellt waren.

5.5.2 Raum- und Umweltwirkungen der Wasseraufbereitung

Raumwirkungen

Standorte für die Förderung und Aufbereitung von Wasser (Wasserwerke) liegen unmittelbar dort, wo sich die Ressource Wasser gut zugänglich befindet, also meist im Außenbereich. Da um die Entnahmestellen im Rahmen der Ausweisung von Wasserschutzgebieten Wasserschutzzonen mit Nutzungsbeschränkungen ausgewiesen werden müssen, stehen die Standorte für die Wasserentnahme- und Aufbereitung häufig in Nutzungskonkurrenz zu den dort üblichen Freiflächennutzungen (Natur, Landschaft, Freizeit, Erholung). Größeren Flächenbedarf weisen Anlagen zur Grundwasseranreicherung auf.

Dadurch, dass große Verdichtungsräume häufig zu geringe eigene unbelastete Wasservorkommen aufweisen, dehnen diese ihre Wasserversorgung auf benachbarte Gebiete aus, die dann einer Nutzungsbeschränkung unterliegen. Die Raumwirkungen reichen im Bereich der Wasserversorgung daher häufig weit über die Grenzen des Verdichtungsraumes hinaus.

Umweltwirkungen

Die Wasseraufbereitungsanlagen selbst bewirken an ihren Standorten meist nur geringe Umweltwirkungen. Teilweise sind diese unterirdisch. Durch die eingesetzten Pumpen entstehen im Außenbereich kaum nennenswerte Immissionsbelastungen. Oft sind diese auch „eingehaust“. Der Zulieferverkehr zu den Wasseraufbereitungsanlagen ist äußerst gering, so dass von diesen keine nennenswerten Emissionen von Luftschadstoffen oder Lärmbelastungen ausgehen.

Manche Reaktionsprodukte bei der Desinfektion sind toxikologisch bedenklich. So weiß man von Verbindungen wie Haloformen, Trihalogenessigsäuren oder halogenierten höhermolekularen Verbindungen, dass sie ein krebserregendes oder mutagenes Potential besitzen. Diese Erkenntnis war der Grund für die gesetzesmäßige Festlegung von Höchstkonzentrationen für einige dieser Stoffe sowie für die Suche nach weniger problematischen Desinfektionsverfahren. Beispiele sind der Ersatz von Chlor durch Chlordioxid oder die Einführung der UV - strahlung zur Desinfektion.

Kritisch ist allerdings die Entnahme von Wasser aus den vorhandenen Ressourcen dann zu sehen, wenn diese die natürliche Leistungsfähigkeit und Regenerationsfähigkeit überschreitet. Im Rahmen der Vergabe von Entnahmerechten (Wasserrecht) wird die Situation daher mit Grundwassermodellen berechnet.

Grundwassermodelle sind Werkzeuge zur Simulation von Strömung, Stoff- und Wärmetransport im Grundwasserbereich. Neben analytischen Lösungsansätzen, die meist von sehr einfachen (eindimensionalen oder zweidimensionalen) Modellvorstellungen mit einfachen geometrischen Randbedingungen und homogenen Verhältnissen im Modellgebiet ausgehen, existieren numerische Modelle. Numerische Modelle sind nur approximativ lösbar, ermöglichen aber die Simulation komplexer dreidimensionaler Systeme.

Ein Grundwassermodell berücksichtigt somit die geologischen und hydrogeologischen Kenntnisse über das Modellgebiet bzw. die Vorgaben eines Versuchsaufbaus. Grundsätzlicher Bestandteil einer numerischen Grundwassermodellierung ist daher die Kalibrierung (Eichung) des Modells und die Durchführung einer Sensitivitätsanalyse. Dabei werden die vom Modell berechneten Ergebnisse mit den vor Ort ermittelten Daten (im Feld gemessenen Grundwasserständen, Stoffkonzentrationen oder Temperaturen) abgeglichen und kontrolliert.

Die Differenz der gemessenen zu den berechneten Ergebnissen als auch die Grundwasserbilanz des Modells, die möglichst ausgeglichen sein soll, ist ein Maß für die Güte der Kalibrierung, die zeitunabhängig (stationär) oder zeitabhängig (instationär) erfolgen kann.

Da die dem Modell zugrundliegenden (hydro)geologischen Erkenntnisse (beispielsweise der hydraulische Durchlässigkeitsbeiwert) oft nicht eindeutig und vor allem nicht flächendeckend durch Feldversuche quantifiziert werden können, bietet es sich an, diese Parameter im Rahmen einer Sensitivitätsanalyse zu variieren und somit deren Einfluss auf das Modellergebnis abzuschätzen. Anhand des kalibrierten Grundwassermodells können gegebene Zustände und Modellvorstellungen überprüft oder durch die geeignete Anpassung der (zeitabhängigen) Randbedingungen zukünftige Entwicklungen sowie die Auswirkungen geplanter anthropogener Eingriffe simuliert werden

5.6 Wassertransport und Wasserspeicherung

5.6.1 Komponenten des Wassertransportes und deren Funktion

Der Wassertransport geschieht im Wasserversorgungssystem in Rohrleitungen zwischen dem Ort der Ressourcen und den Versorgungsnetzen, in denen das Wasser an die Verbraucher verteilt wird. Häufig werden die Versorgungsnetze ebenfalls für den Transport (oder die „Durchleitung") von Wasser verwendet.

Die DIN 4046 unterscheidet nach Zubringerleitungen, die den Transport zu den Versorgungsgebieten übernehmen, und Fernwasserleitungen mit einer Länge größer 25 km Länge und einem Durchmesser größer DN 500. Sie dienen der überregionalen Bedarfsdeckung und insbesondere dem großräumigen Ausgleich zwischen Wasserüberschuss- und -mangelgebieten, der Versorgung von Verbrauchsschwerpunkten und dem gegenseitigen Verbund.

Werkstoffe der Rohrleitungen

Förderanlagen, Transportleitungen, Behälter und Versorgungsnetz bilden ein betriebliches System, dessen Bestandteile in ihrer Leistungsfähigkeit aufeinander abgestimmt sein müssen. Die für die Wasserverteilung verwendeten Rohrwerkstoffe haben unterschiedliche Eigenschaften. Stahl zum Beispiel hat eine große Festigkeit, ist aber anfällig für Korrosion. Kunststoffe dagegen besitzen eine weitaus geringere Festigkeit, aber eine hohe Korrosionsbeständigkeit.

Die Entwicklung vom Grauguss zum duktilen Gusseisen im Laufe der 60er Jahre führte zu einem Rohr mit hoher Festigkeit und ausreichender Verformbarkeit; es erwies sich jedoch als weit korrosionsempfindlicher als ursprünglich angenommen wurde. Um die Innenseite metallischer Rohre gegen Korrosion zu schützen, wird heute ausschließlich Zementmörtel in die Rohre eingebracht. Bei kleinen Dimensionen werden auch verzinkte Stahlrohre verwendet. Soweit Beschichtungen oder Verkleidungen der Innenwände von Behältern vorgenommen werden, müssen diese weitgehend porenfrei aufgebracht werden. Korrosions-Probleme, die beim Zusammentreffen von Wässern verschiedener Herkunft und Zusammensetzung entstehen können, lassen sich beherrschen. Es bedarf dazu der Einhaltung fester Mischungsverhältnisse und ggf. Korrekturen des pH-Wertes.

Nach der Trinkwasserverordnung soll der pH-Wert des Wassers zwischen 6,5 und 9,5 liegen. Die berechnete Calcitlösekapazität am Ausgang des Wasserwerks darf 5 mg/l $CaCO_3$ nicht überschreiten; diese Forderung gilt als erfüllt, wenn der pH-Wert am Wasserwerksausgang $\geq 7{,}7$ ist. Bei der Mischung von Wasser aus zwei oder mehr Wasserwerken darf die Calcitlösekapazität im Verteilungsnetz den Wert von 10 mg/l nicht überschreiten. Insgesamt erfolgt nach der novellierten Trinkwasserverordnung – in der Umsetzung der EG-Trinkwasserrichtlinie die Auswahl geeigneter Materialien für das Trinkwasserleitungsnetz, und die Beurteilung von Korrosionseffekten erfolgt nach den allgemein anerkannten Regeln der Technik (§ 17 Abs. I TrinkwV).

Verunreinigungen des Wassers in der Hausinstallation können beispielsweise durch zu lange Verweilzeiten des Wassers in den Leitungen verursacht werden. Besondere Bedeutung hat deshalb die richtige Wahl des Rohrmaterials, das möglichst auf die jeweilige Wasserqualität abgestimmt sein soll. Überwiegend werden Rohre aus verzinktem Stahlrohr oder aus Kupfer benutzt. Bei verzinkten Stahlrohren sind in den letzten Jahren durch den Einbau mangelhaft gefertigter und schlecht verzinkter Importware vielfach Schwierigkeiten aufgetreten. Es wurden erhöhte Gehalte an Cadmium und Blei im Wasser sowie Neigung zu „Zinkgeriesel“ festgestellt. In der Installation in Altbauten des gehobenen Lebensstandards sind vielfach noch Bleirohre zu finden. Es muss befürchtet werden, dass hier die geltenden Grenzwerte für Blei im Trinkwasser überschritten werden. Durch „Ablaufenlassen“ des Wassers vor seiner Verwendung zum Trinken oder Kochen wird das Problem nur etwas gemindert.

5.6.2 Komponenten der Wasserspeicherung und deren Funktion

Hochbehälter

Bild 5-5 zeigt eine typische Situation eines Wasserversorgungssystems. Um das Versorgungsgebiet dauerhaft und unabhängig von dem permanenten Betrieb einer Wasserpumpe betreiben zu können, benutzt man einen oder mehrere Hochbehälter in dem System. Dessen Hauptaufgabe ist es, in dem Versorgungsgebiet einen ausreichenden Wasserdruck herzustellen. Zweite Hauptaufgabe ist es, in dem System Verbrauchsschwankungen auszugleichen und einen gleichmäßigen Betrieb zu gewährleisten. Daneben bildet das gespeicherte Wasser eine Reserve bei Betriebsstörungen und eine Löschwasserreserve. Dabei ist die Ausführung als Hochbehälter üblich. Das heißt, der Wasserspiegel liegt über dem Versorgungsgebiet.

Die Höhe des Behälters richtet sich nach den erforderlichen Drücken im Netz und nach den Druckverlusten, die in dem System z.B. durch die Rohrreibung und die Wasserentnahme entstehen. Für die Ermittlung des Behältervolumens ist der Zeitraum für den Mengenausgleich maßgebend. Sie erfolgt über die Differenz zwischen der so genannten Zulauf- und der Ablaufganglinie des Behälters. Der Tagesausgleich ergibt sich aus dem maximalen Tagesverbrauch und der erforderlichen Löschwasserreserve.

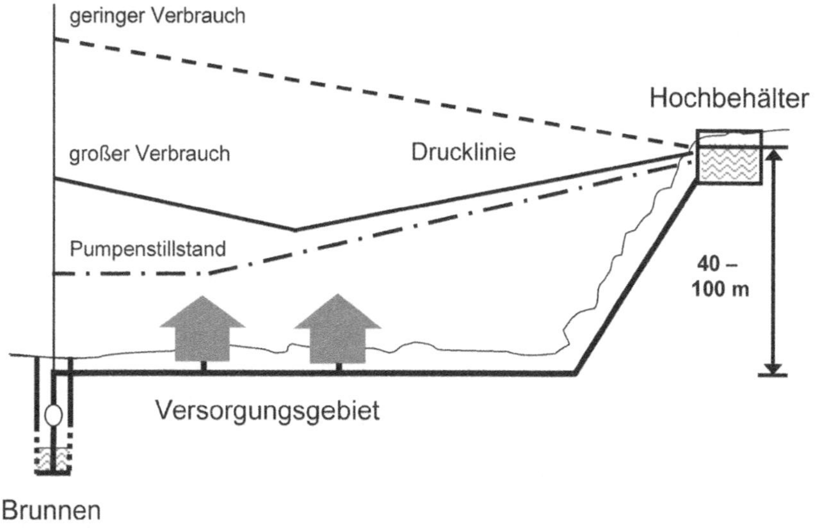

Bild 5-5 Drucklinien in einem System mit einem Hochbehälter als Gegenbehälter

Entsprechend den technischen Erläuterungen in Kapitel 5.2.1 kann eine Drucklinie für verschiedene Betriebszustände berechnet werden, die immer über dem erforderlichen Versorgungsdruck des Versorgungsgebietes liegen muss.

Wasserturm

Lassen die topographischen Verhältnisse keinen Hochbehälter zu, so besteht die Möglichkeit, die Funktionen des Hochbehälters durch einen Wasserturm zu ersetzen. Ein *Wasserturm* ist ein Gebäude, das zwei Zwecken dient. Wie beim Hochbehälter werden über ihn die Gebäude der Stadt alleine durch die Schwerkraft mit Wasser versorgt. Der Behälter hängt wie ein normaler Abnehmer am Netz. Bei geringem Trinkwasserverbrauch wird er aufgefüllt, bei Verbrauchsspitzen leert er sich. Auf diese Weise wird der Druck im Netz immer konstant gehalten. Es werden keine weiteren Pumpen benötigt als die, die den Turm befüllen. Damit das System funktioniert, darf kein Abnehmer höher als der oberste Einspeisungspunkt des Turmes liegen (Prinzip der kommunizierenden Röhren bzw. Hydrostatisches Paradoxon).

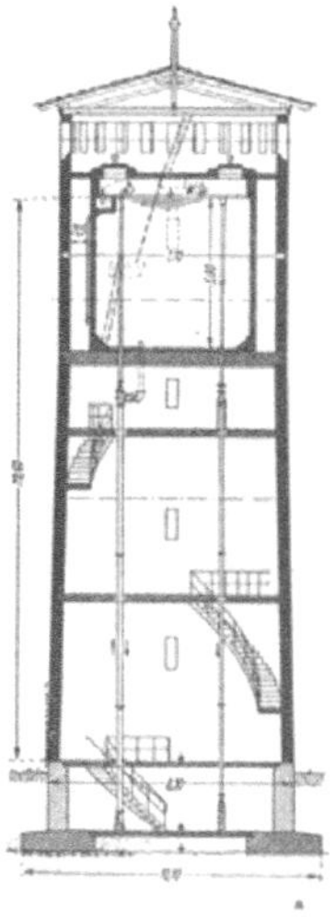

Bild 5-6 Alter Wasserturm [5.19]

Wassertürme (Bild 5-6) unterscheiden sich sowohl in Hinblick auf die Behälter (Intze-Behälter / Hängebodenbehälter / Kugelbehälter) als auch in der äußeren Erscheinung. Es gibt massive Türme (aus Backstein oder Beton); im industriellen Bereich kamen allerdings hauptsächlich Stahl-Skelett-Konstruktionen zum Einsatz.

Wassertürme entstanden in Deutschland in großer Zahl seit der zweiten Hälfte des 19. Jahrhunderts zunächst um den großen Wasserbedarf der ab 1840 aufkommenden Dampflokomotiven zu decken. Dies waren seinerzeit meist noch keine selbstständigen Turmbauten, sondern lediglich Vorratsgefäße, die in die Bahnhofsbauten integriert waren. Als Mitte des 19. Jahrhunderts die Wasserversorgung in den wachsenden Städten von Hausbrunnen auf Rohrnetze umgestellt wurden und Frischwasser in jede Wohnung in jeder Höhenlage geleitet werden sollte, entstand der Bedarf nach Hochbehältern, die damals noch mit dampfgetriebenen Pumpen arbeiteten, die sich vor allem nicht auf den schwankenden Bedarf einstellen konnten. So war eine kurzfristige Druckerhöhung durch Pumpen nicht möglich, die z.B. bei der Bekämpfung eines Brandes erforderlich ist.

Die Speicherung großer Mengen Wassers war wegen dessen hohem Gewicht eine ingenieurtechnische Herausforderung für die damalige Zeit, so dass spezielle Behälterformen entwickelt wurden, die zunächst aus Gusseisen und Stahl gebaut wurden, später auch aus Beton. Diese Behälter fassten zur Zeit ihrer Errichtung ein Viertel des Tagesbedarfs und konnten über Hydranten auch die Feuerwehr jederzeit mit großen Wassermengen versorgen.

Man gab sich vor allem bis zum Anfang des 20.Jahrhundert große Mühe mit der baulichen Gestaltung. Viele Türme standen mit ihren Verzierungen Kirch- und Schlosstürmen nicht nach und wurden oft eine Zierde des Stadtbildes. Einige Hochbehälter, vor allem die, die der

Eisenbahn zum schnellen Auffüllen der Wassertanks der Dampflokomotiven dienten, blieben unverkleidet.

Im Inneren sind Wassertürme meistens leer, es sei denn, man hat den unteren Teil des Turms für Wohnungen genutzt. Nur ganz oben, oberhalb der damals höchsten Wohnungen sitzt der oft gewaltige Behälter. Dicke Rohre führen zum Behälter, eines zum Auffüllen, das dickste ist mit dem Rohrnetz verbunden. Ein Überlaufrohr sorgt dafür, dass der Turm nicht überlaufen kann.

Heute haben die meisten Wassertürme ihre Funktion verloren. Elektronisch gesteuerte Kreiselpumpen sichern einen gleich bleibenden Druck im Wassernetz und können auch Bedarfsspitzen meistern. Andere Länder aber errichten auch heute noch mit Hilfe des Baumaterials Spannbeton Wassertürme mit gewaltigem Fassungsvermögen und in futuristisch anmutenden Formen.

Armaturen

Im weiteren Sinne bezeichnet man als *Armatur* alle Arten von Einbauten in Rohrleitungen wie zum Beispiel Kondensat-Ableiter, Schaugläser, Messblenden, Steckscheiben, Kompensatoren, Filter, Siebe und der gleichen mehr. Zu den Armaturen zählen somit auch alle Arten von Ventilen wie z.B. Sperrventile, Hähne, Schieber, Klappen, Entlüftungsventile, Entlüfter und Rückflussverhinderer.

Armaturen können von Hand wie beim Wasserhahn im eigenen Bad oder von Getriebemotoren betätigt werden. Bei Rückschlagarmaturen bewirkt der Fluidsstrom in der Rohrleitung ein selbstständiges Schließen des Ventils. Je nach Ventilbauart verschließen unterschiedliche *Schließelemente* die an die Armatur angeschlossene Rohrleitung. Beim *Wasserhahn* ist das der Ventilteller oder ein kugel- oder kegelförmiges Formstück. Bei *Klappen* ist dies die Ventilklappe, bei *Schiebern* der Ventilschieber (jeweils eine ebene, metallische Platte), die in die Rohrleitung geklappt bzw. eingeschoben wird.

Jede Armatur hat ihren Einsatzbereich nach in der Rohrleitung vorherrschendem Druck oder der Temperatur, nach der Größe der Rohrleitung, nach den Anforderungen der Dichtheit der Armatur, der Drosselung und der Richtung des Fluidstromes, sowie des Mediums selbst. In Haus-Gasleitungen werden speziell abgedichtete, dem Gasdruck angepasste Ventile, die so genannten Gashähne eingebaut; in Wasserleitungen entsprechende Absperr- oder Drosselventile, die umgangssprachlich „Wasserhähne" genannt werden.

Absperrschieber

Der Absperrschieber gehört zu den Armaturen und wird in Nennweiten von 50 mm bis zu mehreren Metern und mittleren Nenndruckstufen ausgeführt. Der Nenndruck (PN) liegt in der Regel bei 15 bar. Hergestellt werden Schieber in der Regel aus duktilem Gusseisen (GGG). Dieser Werkstoff bietet gegenüber dem früher verwendeten Grauguss den Vorteil, flexibler und bruchfester zu sein.

Die Innenwandung ist entweder mit Emaille beschichtet oder mit einem speziellen Zementmörtel ausgekleidet. Der Absperrkeil besteht aus einem Hartgummi. Die Schieberspindel, die den Keil nach unten oder oben drückt, wird aus Edelstahl gefertigt. Weitere Bestandteile sind O-Ringe zum Abdichten der Spindelführung und die Schiebernuss, die von außen auf die Spindel gesetzt wird und als Verbindungselement zwischen Schieber und Gestänge dient. In der Trinkwasserversorgung werden hauptsächlich weichdichtende Absperrschieber mit einem sog. Gummikeil verwendet. Damit in der Erde verlegte Absperrschieber betätigt werden können, wird der Vierkant der Gewindespindel mittels eines Gestänges bis kurz unterhalb der Straßendecke geführt und über eine Straßenkappe zugänglich gemacht. Mit einem Schieberschlüssel, einem Handrad oder einem Getriebemotor kann der Schieber geöffnet oder geschlossen werden.

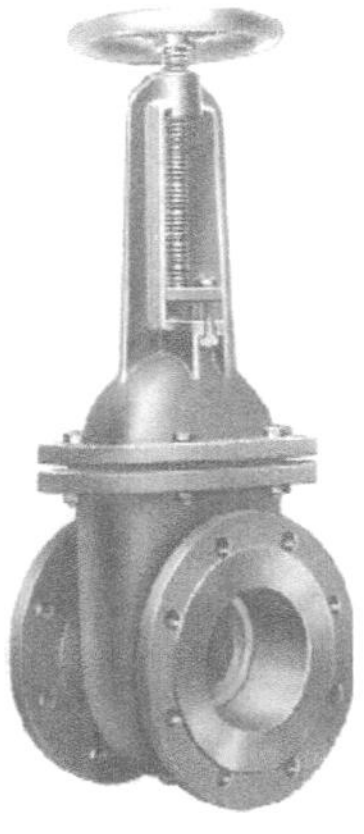

Bild 5-7 Absperrschieber [5.20]

Ein Absperrschieber (Bild 5-7) soll auch Wartungsarbeiten an nachfolgenden Armaturen ermöglichen: so wird zum Beispiel immer ein Absperrschieber zwischen der Wasserleitung und einem Unterflurhydranten eingebaut („Vorschieber"), was die Wartung oder ein späteres Versetzen des Hydranten zur anderen Straßenseite erleichtert

Zur besseren Wiederauffindbarkeit werden Absperrschieber von Wasser-, Fernwärme-, Abwasser- oder Erdgasleitungen mit Hinweisschildern markiert. Diese werden in unmittelbarer Nähe zur Armatur auf Ständersäulen, Zäunen oder an Bauwerken montiert. Schieber sind, unabhängig vom jeweiligen Versorgungsnetz mit einem „S" gekennzeichnet, Vor- oder Hydrantenschieber mit „VS" oder „HS". Anschlussschieber immer mit „AS". Hinter diesem Kürzel ist immer die jeweilige Nennweite (DN) angegeben, z. B. S100.

5.6.3 Raum- und Umweltwirkungen von Transport und Speicherung

Umweltwirkungen

Durch den Fernwassertransport dehnen sich die Verdichtungsfolgen großer städtischer Räume bis in teilweise völlig unbelastete Naturräume aus. Der Bau der Leitungen selbst bringt temporäre Umweltwirkungen mit sich, die bei der Trassenplanung (Raumordnungsverfahren, LBP, UVU, Planfeststellung) berücksichtigt werden müssen. Mit dem Bau und dem Betrieb unterirdischer Speicheranlagen sind kaum Umweltwirkungen verbunden. Große Trinkwasserspeicher in Form von Stauseen können erhebliche Umweltwirkungen durch den Verlust der bestehenden Flora und Fauna an den Standorten mit sich bringen.

Raumwirkungen

Abgesehen von den möglichen Umweltwirkungen ergibt sich durch den Fernwassertransport eine Chance für die Raumentwicklung großer Verdichtungsräume, die unter Wassermangel leiden. Hierdurch entsteht ein gewisser Ausgleich zwischen den Städten und ihrem Umland, bzw. den ihnen benachbarten wasserreichen Regionen.

Der Bau von Wassertürmen hat Auswirkungen auf das Landschaftsbild. Nicht immer wird die „städtebauliche Dominante" Wasserturm als Landschaftsbild prägend akzeptiert. Der Bau von großen Trinkwasserspeicherseen bietet dagegen die Möglichkeit, positive Raumwirkungen zu erzielen, wenn diese gleichzeitig dem Hochwasserschutz, der Energieerzeugung durch Wasserkraftnutzung, der Freizeitnutzung oder dem Naturschutz dienen.

5.7 Wasserverteilung

Das Wasserverteilungssystem

Als Wasserverteilungssystem wird die Gesamtheit der technischen Anlagen für den Transport des Trinkwassers vom Ausgang der Wasseraufbereitungsanlage (z.B. Wasserwerk) bis zum Wasserhahn des Verbrauchers bezeichnet. Das Trinkwasser kommt auf seinem Transportweg mit einer Vielzahl unterschiedlicher Werkstoffe und Bauteile in Kontakt. Die Intensität dieses Kontaktes hängt vor allem von dem Verhältnis der benetzten Oberfläche des Bauteiles zu dem eingeschlossenen Wasservolumen und von der Kontaktzeit des Trinkwassers mit der jeweiligen Materialoberfläche ab. Ob und wie stark die Wasserqualität im Verteilungssystem verändert wird, ist zusätzlich von der Wasserqualität selbst (z.B. Salz-, Sauerstoff- und Nährstoffgehalt), den jeweiligen Materialeigenschaften (z.B. Korrosionsverhalten) und einer Reihe weiterer Einflussgrößen wie z.B. der Temperatur abhängig.

Die Trinkwasserverordnung unterscheidet die großen zentralen Wasserversorgungsanlagen von Kleinanlagen und Hausinstallationen. Im § 17 Abs. 1 verlangt sie, dass bei der Neuerrichtung oder der Instandhaltung von Wasserversorgungsanlagen nur solche Werkstoffe und Materialien verwendet werden, die in Kontakt mit Wasser Stoffe nicht in Konzentrationen abgeben, die höher sind als nach den allgemein anerkannten Regeln der Technik unvermeidbar oder den nach dieser Verordnung vorgesehenen Schutz der menschlichen Gesundheit unmittelbar oder mittelbar mindern oder den Geruch oder den Geschmack des Wassers verändern.

Die Hausinstallation ist der hygienisch empfindlichste Teil des Wasserverteilungssystems. Das hohe Oberflächen/ Volumen-Verhältnis der gering dimensionierten Rohrleitungen, häufige und längere Stagnationszeiten des Trinkwassers in den Gebäuden und die höheren Umgebungstemperaturen unterstützen Korrosionsprozesse und mikrobielles Wachstum. Dadurch werden in Proben, die am Wasserhahn entnommen werden, häufiger Parameter der TrinkwV überschritten als in Proben aus dem Wasserwerk oder aus zentralen Wasserversorgungsanlagen. Das Wachstum von Legionellen in Hausinstallationen und erhöhte Bleikonzentrationen im Trinkwasser in alten Gebäuden sind die schwierigsten Probleme in der Wasserverteilung in Deutschland. Deswegen wird der Hausinstallation eine erhöhte Aufmerksamkeit gewidmet. In diesem Bereich des Wasserverteilungssystems ist es besonders wichtig, dass die Anforderungen des technischen Regelwerkes eingehalten werden.

Anschluss- und Benutzungszwang

Der in allen Gemeindeordnungen normierte Anschluss- und Benutzungszwang ermächtigt die Gemeinde, durch eine Satzung für die Grundstücke ihres Gebietes unter anderem den Anschluss an die Anlagen der Wasserversorgung sowie die Benutzung dieser Einrichtung vorzuschreiben. Hiernach kommen nur Einrichtungen in Betracht, die den Grundstücken dienen, die also grundstücksbezogen sind. Die Satzung über den Anschluss- und Benutzungszwang kann bestimmte Ausnahmen von dem Zwang zulassen.

§ 3 AVBWasserV schließt einen auf Landesrecht gestützten Zwang zur umfassenden Benutzung einer gemeindlichen Wasserversorgungsanlage nicht generell aus; er gestattet eine solche Anordnung jedoch nicht schon aus Gründen eines möglichst kostengünstigen Wasserbezugs, sondern nur dann, wenn ohne einen solchen Zwang untragbare Wasserpreise für den Verbraucher zu befürchten wären.

Der durch Ortssatzung begründete Zwang, Grundstücke an die öffentliche Wasserversorgung anzuschließen und diese zu benutzen, bedeutet auch für den Grundstückseigentümer, der seinen Wasserbedarf bisher aus einer eigenen, einwandfreies Wasser liefernden Anlage gedeckt hat, keine unzulässige Enteignung, sondern eine durch die Sozialbindung gerechtfertigte, zulässige Bestimmung von Inhalt und Schranken des Grundeigentums.

5.7.1 Komponenten der Wasserverteilung und deren Funktion

Das Teilsystem der Wasserverteilung besteht aus dem Wasserversorgungsnetz selbst, verschiedenen Armaturen und dem Hausanschluss, der die Verbindung zum Verbraucher herstellt.

Wasserversorgungsnetz

Bei den Wasserversorgungsnetzen unterscheidet man Verästelungsnetze, Ringnetze und Ringnetze mit Vermaschung (Bild 5-8).

Verästelungsnetze sind meistens entlang dem Straßenverlauf im Rahmen der Siedlungsentwicklung historisch gewachsen. Sie haben den Vorteil, dass das Wasser durch die Verzweigung der Leitungen aufgeteilt wird und sich dadurch eindeutig definierte Strömungsverhältnisse in den Leitungen ergeben. Diese Netzform ist kostengünstig, da die Nennweiten der Rohre mit abnehmendem Durchfluss verringert werden können. Nachteilig ist, dass bei einem Rohrbruch die nachfolgenden Netzteile ausfallen, da jeder Punkt im Netz nur aus einer Richtung belieferbar ist. An den Endabschnitten kann das Wasser stagnieren, so dass bei geringen Entnahmemengen oder hohen Stillstandszeiten die Wasserqualität in diesen Abschnitten sinkt.

Meist kommen daher *Ringnetze* zum Einsatz. Deren Vorteil ist eine hohe Betriebs- und Störsicherheit, da jeder Punkt von zwei Seiten versorgt wird. Hier stellen sich gleichmäßige Druckhöhen ein, und es ergibt sich ein guter Wasseraustausch. Nachteilig sind die deutlich höheren Kosten aufgrund der größeren Leitungslängen und Nennweiten der Rohre. Die Berechnung solcher Netze ist sehr aufwändig.

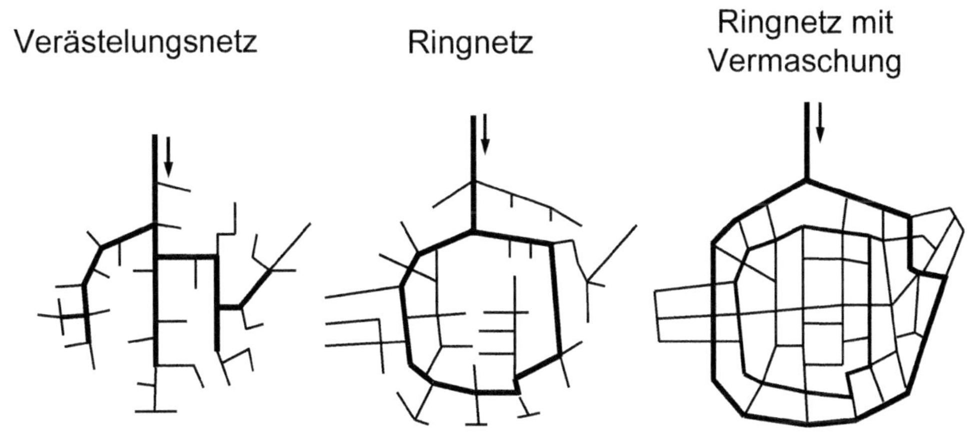

Bild 5-8 Netzformen für die Wasserverteilung [5.21]

Netzplanung [5.24]

Als technische Planungsleistung wird im Rahmen der Wasserversorgung neben der kompletten Neuplanung eines Netzes häufig die Konzeptionierung einer neuen Druckzone und der dazugehörigen Druckerhöhungsanlage vorgenommen. Dies wird erforderlich, wenn sich die Verhältnisse in einem bestehenden Siedlungsgebiet entweder durch einen Rückgang der Verbraucher im Bestand oder durch zusätzliche Neuansiedlungen größerer Verbraucher wesentlich geändert haben. Die Planung verläuft in der Regel in folgenden Schritten:

(1) Festlegen der Grenzen des Versorgungsgebietes (der Druckzone DZ).

(2) Ermittlung des Wasserbedarfs der DZ nach der Einwohnerzahl, dem spezifischen Pro-Kopf-Verbrauch, dem minimalen Verbrauch, der Spitzenverbrauchswerte, der Verbrauchswerte der Industrie, der Löschwassermenge und der Entwicklung des Gebietes.

(3) Berechnung des Wasserverteilungsnetzes evtl. mit einem Notfallplan für den Ausfalls der Druckerhöhungsanlage, Auslegung der Pumpen sowie die Gestaltung der Druckerhöhungsstation. Die Festlegung der Grenzen des Gebietes wird in erster Näherung mit Hilfe eines Höhenschichtenplans durchgeführt, um ein Ansteigen des geodätischen Druckes in der Leitung über den festgelegten Maximaldruck zu vermeiden.

(4) Ermittlung des Wasserbedarfs für die neue Druckzone. Hierzu werden die einwohnerspezifischen Verbrauchswerte der letzten Jahre aus den zurzeit bestehenden Teilgebieten mit vergleichbarer Verbraucherstruktur auf das neue Gebiet übertragen.

(5) Berechnung des Minimal-, Durchschnitts- und Maximalverbrauchs der Druckzone, um die Pumpe der Druckerhöhungsstation auszulegen, wobei die Auswertung des minimalen Nachtverbrauchs die untere Grenze des Verbrauchs, die Auswertung der durchschnittlichen Jahresverbrauchswerte den mittleren Verbrauch und die Auswertung des höchsten Verbrauchs am Tag der größten Abnahmen die Spitzenfaktoren ergibt.

(6) Berechnung des Verbrauchs der ansässigen Großindustrie über die von dem Verbraucher zur Verfügung gestellten Verbrauchsganglinien und die Ermittlung des Löschwasserbedarfs in der Druckzone. Der Löschwasserbedarf wird mit Hilfe des DVGW Arbeitsblattes W405 ermittelt. Für die gesamte Zone muss dabei ein Brandfall betrachtet werden, der dann in dem unmittelbaren Teilgebiet mit einem zusätzlichen mittleren Verbrauch berücksichtigt wird. Um in den übrigen Teilgebieten den Löschwasserbedarf ebenfalls sicher zu stellen, wird im Rohrleitungsnetz in der Regel an den Stellen mit dem geringsten Durchmesser im Berechnungsprogramm ebenfalls ein Brandfall durch die Abnahme der entsprechenden Wassermenge simuliert.

(7) Die Entwicklung des Gebietes wird auf Basis des Flächennutzungsplans und durch Zuhilfenahme z.B. eines Entwicklungskonzeptes des Stadtteils beurteilt. Dabei werden die in Zukunft geplanten Wohneinheiten mit Hilfe des vom Statistischen Bundesamt herausgegebenen Wertes für Einwohner pro Wohneinheit auf Einwohner in der neuen Druckzone umgerechnet. Über den spezifischen Trinkwasserverbrauch (Pro-Kopfverbrauch) wird dann der Mehrverbrauch im Gesamtsystem durch die neue Zone errechnet.

(8) Die Berechnung des vorhandenen Rohrnetzes erfolgt unter Berücksichtigung der ermittelten Grenzen und Planungsparameter. Dabei ist darauf zu achten, dass der Druck an der höchsten Stelle der Druckzone nicht unter 2,7 bar fällt, um eine optimale Versor-

gung der Haushalte in diesem Gebiet zu gewährleisten, und dass der geodätische Druck im Tiefpunkt der Druckzone nicht über 10 bar ansteigt, um eine Gefährdung des Rohrnetzes zu vermeiden. Neben den verschiedenen Lastfällen wie Minimal-, Durchschnitts-, Maximal- und Löschwasserverbrauch wird meist auch der Ausfall der evtl. vorhandenen Druckerhöhungsanlage (DEA) simuliert.

(9) Abschließend wird die Auslegung der Pumpen für die Druckerhöhungsstation vorgenommen. Dabei wird unter Berücksichtigung der ermittelten Minimal- und Maximaldrücke sowie der dazugehörigen Wassermengen aus den von den Herstellern zur Verfügung gestellten Pumpenkennlinien eine Pumpe ausgewählt. Die für diese Anforderungen optimale Pumpenleistung sollte aus Sicherheitsgründen auf mehrere Pumpen verteilt werden, um bei Ausfall einer Pumpe ausreichende Sicherheit vorhalten zu können, indem eine gewisse Redundanz eingeplant wird.

5.7.2 Raum- und Umweltwirkungen der Wasserverteilung

Raumwirkungen

Durch den Ausbau der Versorgung mit Trink- oder Brauchwasser („Erschließung" neuer Gebiete) in Deutschland steigt die Standortgunst solcher Gebiete. Da jedoch eine Versorgungspflicht der bauleitplanerisch ausgewiesenen Gebiete für die kommunalen Wasserversorgungsunternehmen besteht, entstehen hierdurch (anders als z.B. in Entwicklungsländern!) keine besonderen Standortvorteile. Durch eine Vorauserschließung mit Wasser und der übrigen leitungsgebundenen Infrastruktur kann eine Ansiedlung in dem so erschlossenen Gebiet gefördert, durch die Verhinderung des Anschlusses eines geplanten Siedlungsgebietes an das Versorgungsnetz kann eine Siedlungsentwicklung verhindert werden.

Umweltwirkungen

Durch die direkte und gesicherte (unterirdische!) Anlieferung von Trinkwasser geht der direkte Bezug zu der Ressource und deren Knappheit bzw. Kontamination verloren. Dadurch steigt der Verbrauch. Müsste man sich das Wasser holen, würde weniger Wasser verbraucht

Durch das Wasserverteilungsnetz, das unterirdisch in den Straßenräumen verläuft, gehen keine wesentlichen Umweltwirkungen aus.

5.8 Literatur zur Wasserversorgung

5.1 BGW (2004): Statistik aktuell, Berlin

5.2 TrinkwV 2001: Verordnung über die Qualität von Wasser für den menschlichen Gebrauch (TrinkwV) vom 21. Mai 2001 (BGBl. I S. 959), zuletzt geändert am 25. November 2003 durch Artikel 263 der Achten Zuständigkeitsanpassungsverordnung (BGBl. I S. 2304).

5.3 MTVO Mineral- und Tafelwasserverordnung: Verordnung über natürliches Mineralwasser, Quellwasser und Tafelwasser vom 1. August 1984 (BGBl. I S. 1036) in der Fassung vom 6. August 2002 (BGBl. I Nr. 57 vom 14.8.2002 S. 3082)

5.4 ITT Flygt Pumpen GmbH: Informationen für Planer Abwasserpumpwerke: I Hydraulische Grundlagen II Elektrotechnische Grundlagen, Langenhagen 2005 in http://www.flygt.de/1249612.pdf

5.5 Wasserhaushaltsgesetz (WHG): Gesetz zur Ordnung des Wasserhaushalts (WHG) in der Fassung der Bekanntmachung vom 19.08. 2002 (BGBl. I S. 3245) zuletzt geändert am 25.06.2005 durch Artikel 2 des Gesetzes zur Einführung einer Strategischen Umweltprüfung und zur Umsetzung der Richtlinie 2001/42/EG (SUPG) (BGBl. I S. 1746).

5.6 EG-Richtlinie „über die Qualität von Wasser für den menschlichen Gebrauch" (98/83/EG).

5.7 Infektionsschutzgesetz (IfSG): Gesetz zur Verhütung und Bekämpfung von Infektionskrankheiten beim Menschen vom 20.06.2000 (BGBl. I S. 1045), zuletzt geändert am 1.09.2005 durch Artikel 2 § 3 Abs. 4 des Gesetzes zur Neuordnung des Lebensmittel- und des Futtermittelrechts (BGBl. I S. 2618).

5.8 Bundesministerium für Umwelt, Naturschutz und Reaktorsicherheit - BMU (2006): Wasserwirtschaft in Deutschland: Teil 1 – Grundlagen, Berlin

5.9 HHW - Hamburger Wasserwerke in http://www.hww-hamburg.de/

5.10 Mainova AG: Geschichte des Unternehmens in http://www.mainova.de/uebermainova/362.jsp

5.11 Bundesverband der deutschen Gas- und Wasserwirtschaft e.V. –BGW (2001): Die Zukunft der kommunalen Wasserversorgung. Positionierung des Bundesverbandes der deutschen Gas- und Wasserwirtschaft e.V., BGW zur „Zukunft der kommunalen Wasserversorgung"

5.12 Kluge, Thomas; Scheele, Ulrich (2003): Transformationsprozesse in netzgebundenen Infrastruktursektoren. Neue Problemlagen und Regulationserfordernisse. Berlin, 40 S., kostenlos (netWORKS-Papers Heft 1 pdf, 268 kb)

5.13 Brackemann, Holger (2000): Liberalisierung der deutschen Wasserversorgung : Auswirkungen auf den Gesundheits- und Umweltschutz, Skizzierung eines Ordnungsrahmens für eine wettbewerbliche Wasserwirtschaft. Berlin : Umweltbundesamt

5.14 Statistische Ämter des Bundes und der Länder (2003): Wasserstatistik

5.15 Bretschneider, Heinrich (1993): Taschenbuch der Wasserwirtschaft. Parey, Hamburg

5.16 Förstner, Ulrich (2004): Umweltschutztechnik. Springer, Berlin

5.17 Schröder, Dietrich; Stemplewski, Jochen (2005): Wasserwirtschaft. In: Handwörterbuch für Raumordnung, S. 1282 bis 1290, Akademie für Raumforschung und Landesplanung - ARL, Hannover)

5.18 Korda, Martin Hrsg. (2005): Städtebau. Teubner, Wiesbaden

5.19 Mutschmann, Johann; Stimmelmayr, Fritz (2003): Taschenbuch der Wasserversorgung, 13. Auflage ,S. 435

5.20 Bildquelle: Firmenprospekt Fa. Erhard in http://www.erhard.de/

5.21 Institut für Städtebau und Landesplanung - ILS (2006): Vorlesungsmaterialien im Internet www.isl.uni-karlsruhe.de

Standardwerke:

Mutschmann, Johann; Stimmelmayr:, Fritz (2002): Taschenbuch der Wasserversorgung, Vieweg, Wiesbaden
Guijer, Willi (2002): Siedlungswasserwirtschaft. Springer, Berlin
Förstner, Ulrich (2004): Umweltschutztechnik. Springer, Berlin

Internetseiten der Verbände:

Bundesverband der Gas- und Wasserwirtschaft – BGW : www.bgw.de
Deutsche Vereinigung des Gas- und Wasserfaches e.V. – DVGW: www.dvgw.de

6 Abwasserentsorgung

Wie bei der Wasserversorgung wird hier lediglich der öffentliche Teil der Abwasserentsorgung betrachtet. Eine solche liegt vor, wenn andere nicht nur vorübergehend und in einem nicht nur untergeordneten Umfang von Abwasser entsorgt werden. Die Rechtsform des Entsorgungssträgers kann dabei ein öffentlicher Träger, z.B. eine Gemeinde, eine Stadt, ein Landkreis, ein Zweckverband, ein Abwasserverband oder eine natürliche oder juristische Person des Privatrechts sein. Unerheblich ist es dabei, ob die Entsorgung des Abwassers aufgrund öffentlichen oder privaten Rechts erfolgt, wenn diese dauerhaft gesichert und zuverlässig ist.

6.1 Abwasserentsorgung als System

6.1.1 Systemeigenschaften der Abwasserentsorgung

Abwasserentsorgung oder *Abwasserbeseitigung* bedeutet nach § 18a Abs. 1 WHG das Sammeln, Fortleiten, Behandeln, Einleiten, Versickern, Verregnen und Verrieseln von Abwasser sowie das Entwässern von Klärschlamm im Zusammenhang mit der Abwasserbeseitigung.

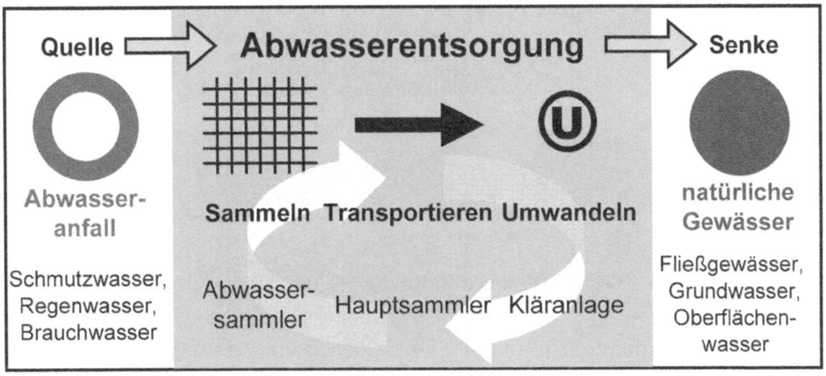

Bild 6-1 Systemkomponenten des Systems Abwasserentsorgung

Abwasserbeseitigungsanlagen sind alle Einrichtungen zur Abwasserbeseitigung, insbesondere zum Sammeln, Fortleiten, Behandeln, Einleiten, Versickern, Verregnen und Verrieseln sowie zum Entwässern von Klärschlamm im Zusammenhang mit der Abwasserbeseitigung aber auch, zum biologischen Abbau schädlicher Wasserinhaltsstoffe.

Abwasser ist das in seiner Eigenschaft veränderte sowie das bei Trockenwetter damit zusammen abfließende Wasser (Schmutzwasser) sowie das von Niederschlägen aus dem Bereich von bebauten oder befestigten Flächen abfließende und gesammelte Wasser (Niederschlagswasser, auch Regenwasser).

Auch wenn in der Industrie heute im Hauptprozess abwasserlose Verfahren zur Anwendung kommen, so ist es im gesamten Produktionsprozess meist doch erforderlich, dass zumindest ein Teil des Wassers für Reinigungszwecke benutzt wird. Daher muss in der Regel auch dieses Abwasser gereinigt werden, bevor es in ein Fließgewässer, fachtechnisch *Vorfluter* genannt, eingeleitet werden kann. Die Abwasserreinigung erfolgt in einem Klärwerk.

Die Art und Weise der Abwasserreinigung richtet sich nach der Verschmutzungsart und dem Verschmutzungsgrad. Industrielles Abwasser mit produktionstypischen Verschmutzungen erfordert häufig andere Reinigungsverfahren als Abwasser aus Wohngebieten mit oder ohne gewerbliche Nutzung.

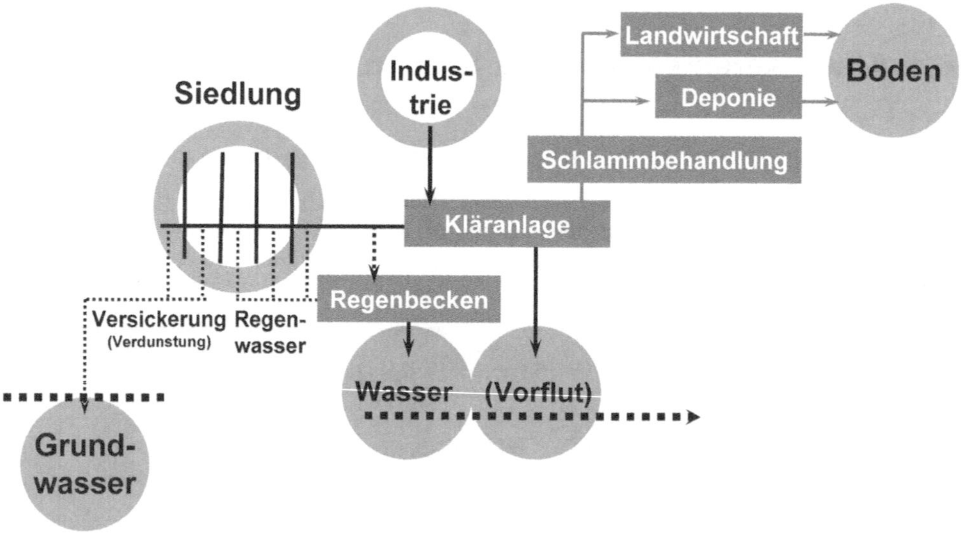

Bild 6-2 Elemente des Systems Abwasserentsorgung [nach 6.1]

Das System Abwasser dient dazu, die Siedlungsflächen von Abwasser zu entsorgen und dieses wieder dem natürlichen Wasserkreislauf zuzuführen. Dazu wird das Abwasser in der Regel in den Häusern gesammelt und meist unterirdisch möglichst unter Ausnutzung des natürlichen Gefälles durch Abwasserleitungen zunächst einer Behandlungsanlage und dann einem Vorfluter zugeführt (Bild 6-2).

6.1.2 Regelungsmöglichkeiten im System Abwasserentsorgung

Mit dem System Abwasserentsorgung werden die menschlichen Fäkalien, das Brauchwasser und das Regenwasser aus den Siedlungsbereichen heraustransportiert, der Stoffstrom Wasser sowie die anderen damit transportieren Stoffe aufbereitet (gereinigt) und wieder den natürlichen Ressourcen zuzuführen. In diesem System fließt also im tatsächlichen Wortsinn Wasser. Darüber hinaus fließen mehr oder weniger hygienische oder toxische Stoffe zusammen mit diesem Wasser. Ihre Qualität und Quantität bestimmen die Qualität des Abwassers. Die Quantität des Abwassers insgesamt ist dagegen weitgehend durch den relativ konstanten Trinkwasserverbrauch der Haushalte sowie durch den in seiner Quantität sehr stark variierenden Anfall von Regenwasser bestimmt.

Die Regelung im System bezieht sich dabei zunächst auf die „Belastung“ des Wassers. Einerseits sollten so wenige wie möglich belastende Stoffe in das Abwasser gelangen, andererseits sind diese Stoffe alle vollständig unter Kontrolle zu halten und wirkungsvoll zu beseitigen. Alle nicht belastenden oder natürlich abbaubaren Stoffe können im Kreislauf verbleiben, zumal der natürliche Stoffkreislauf ebenfalls die Fähigkeit besitzt, sich selbst zu reinigen. Der Umfang dieser natürlichen Selbstreinigungskraft des Wassers oder des Bodens bestimmt, wie viel Belastung noch im System bleiben kann.

Das System Abwasserentsorgung weist eine sehr starke Raumbezogenheit auf, da das Abwasser aus hygienischen Gründen möglichst von den Siedlungsbereichen räumlich abgetrennt werden soll, dieser Vorgang jedoch aus Gründen der Energieeinsparung mit Hilfe der Schwerkraft stattfinden sollte. Das heißt, das Wasser im Abwassersystem sollte bergab fließen und auf möglichst direktem Weg den Wasservorkommen zugeführt werden. Ein wesentlicher Bestandteil der Regelung ist es daher, das System Abwasserentsorgung so den Siedlungsbereichen zuzuordnen, dass dies mit möglichst geringem Aufwand betrieben werden kann.

Aus diesem Grund führen die Abwassersammler aus der Stadt heraus meist bergab in Richtung des nächsten Fließgewässers, welches das Abwasser aufnimmt und mit seiner Selbstreinigungskraft reinigt. Nachdem man bei steigender Abwasserbelastung auf die mechanische, biologische und schließlich auch die chemische Behandlung übergehen musste waren diese Anlagen schließlich zwangsläufig möglichst weit außerhalb der Stadt und doch am Abwassersammler zu errichten, noch bevor die Leitungen in den Fluss münden. Das heißt, eine Regelungsmöglichkeit hinsichtlich des Kläranlagenstandortes besteht so gut wie nicht (solche Anlagen gelten daher im Außenbereich als baugenehmigungsrechtlich privilegiert).

Geregelt werden kann jedoch die Größe der Teilsysteme und der Ort der Einleitung in ein Gewässer. Dies muss nicht immer der nächst gelegene größere Fluss sein, diese Aufgabe kann auch das Grundwasser übernehmen, wenn die Restbelastung des geklärten Abwassers nur noch gering ist oder wenn es sich von vorne herein um das wenig belastete Regenwasser handelt.

Gesellschaftliches und politisches Ziel ist es derzeit jedoch immer noch und aufgrund von Umweltschutzzielen (inzwischen weniger aus hygienischen Gründen), den Anschlussgrad der Siedlungsflächen weiter zu erhöhen. Darüber hinaus lässt sich das System Abwasser durch seine Größe und seinen Einzugsbereich steuern. Hierbei spielen sowohl die Siedlungsdichte als auch die Topographie sowie der Skaleneffekte bei dem Transport und der Behandlung großer Abwassermengen eine Rolle. Auch hier bestimmt die Siedlungsstruktur maßgeblich, welches System raumplanerisch am Besten geeignet ist.

6.2 Grundlagen zum System Abwasserentsorgung

6.2.1 Physikalische Maßeinheiten und technische Erläuterungen

Im Bereich der Abwasserentsorgung spielen neben den allgemeinen Einheiten Leistung oder Arbeit sowohl hydraulische als auch biologische Maßeinheiten eine Rolle. Hierbei sind Volumen, Druck, Nennweite, Arbeit und Leistung bereits in den vorhergehenden Kapiteln Wasserversorgung bzw. Energieversorgung definiert worden.

Biochemischer Sauerstoffbedarf (BSB)

Der biochemische Sauerstoffbedarf (BSB) ist Maßzahl für die Menge an im Wasser gelöstem Sauerstoff, der zum biologischen Abbau gelöster organische Verbindungen im Abwasser benötigt wird.

Als Kennzahl wird meistens der BSB_5 angegeben. Dieser gibt die Menge an Sauerstoff im mg/l an, welche Bakterien und andere Kleinstlebewesen in einer Wasserprobe im Zeitraum von 5 Tagen bei einer Temperatur von 20 °C verbrauchen, um die Wasserinhaltsstoffe aerob abzubauen. BSB ist somit ein indirektes Maß für die Summe aller biologisch abbaubaren organischen Stoffe im Wasser. Der BSB gibt an, wie viel gelöster Sauerstoff in einer bestimmten Zeit für den biologischen Abbau der organischen Abwasserinhaltsstoffe benötigt wird.

Bei der Bestimmung des BSB erfolgt die Oxidation der Wasserinhaltsstoffe durch Luftsauerstoff mittels heterotropher Mikroorganismen (Veratmung). Die Proben werden dabei im Dunkeln bebrütet, und nach einer bestimmten Zeit (n Tage, BSB_n) wird der Verbrauch an Sauerstoff gemessen. Im Ergebnis wird ein Maß für die Sauerstoffzehrung erhalten, die z.B. ein Abwasser in einem Gewässer verursacht. Durch Vergleich von CSB und BSB kann die biologische Abbaubarkeit organischer Stoffe beurteilt werden. Ist der BSB nur wenig kleiner als der CSB (bis zu ca. 50% CSB), dann handelt es sich i.d.R. um biologisch gut abbaubare Stoffe. Ist der CSB jedoch wesentlich größer, so sind die enthaltenen Stoffe entweder persistent, d.h. lange in der Umwelt verbleibend, oder für die Mikroorganismen des Testsystems in der vorliegenden Konzentration toxisch.

Bei industriellen Wässern kann die BSB-Analyse nur dann aussagefähige Ergebnisse liefern, wenn an das spezifische Industrieabwasser adaptierte Mikroorganismen eingesetzt werden, z.B. aus dem Klärwerk eines Industriebetriebes (was eine Abweichung von der DIN-Norm wäre). Erfahrungen zeigen, dass bereits der Einsatz unterschiedlicher Mikroorganismen aus unterschiedlichen kommunalen Klärwerken zu unterschiedlichen Ergebnissen führen kann. Eine das BSB-Ergebnis verfälschende Nitrifikation (da Sauerstoff verbraucht wird) wird durch Nitrifikationshemmstoffe verhindert.

Chemischer Sauerstoffbedarf (CSB)

Der chemische Sauerstoffbedarf (CSB) ist ein Maß für die Summe aller organischen Stoffe im Wasser, einschließlich der schwer abbaubaren. Der CSB-Wert kennzeichnet die Menge an Sauerstoff, welche zur Oxidation der gesamten im Wasser enthaltenen organischen Stoffe verbraucht wird in mg/L oder g/m³. Als chemisches Oxidationsmittel wird üblicherweise Kaliumdichromat ($K_2Cr_2O_7$) verwendet. Das Oxidationsmittel zersetzt die biologisch leicht und schwer abbaubaren und auch die biologisch nicht abbaubaren organischen Stoffe. Für organische Verbindungen bedeutet dies den vollständigen Umsatz zu Kohlendioxid. Einige anorganische Verbindungen wie z. B. Jodid, Nitrit und bestimmte Schwefelverbindungen werden jedoch ebenfalls oxidiert. Der CSB dient zusammen mit anderen Werten der Berechnung und der Kontrolle der Reinigungsleistung einer Kläranlage (Abwasserreinigung) oder u.a. auch zur Ermittlung der zur Desinfektion notwendigen Chlormenge in Trinkwasser. Er ist ferner einer der Parameter, die bei den nach dem Abwasserabgabengesetz erhobenen Abgaben berücksichtigt werden. Durch Vergleich mit dem BSB ist eine Aussage über das Verhältnis von biologisch abbaubaren und persistenten (Persistenz) Stoffen im Abwasser möglich.

Bei häuslichem Abwasser ist der CSB etwa 2-mal höher als der BSB_5 der gleichen untersuchten Wasserprobe. Höhere CSB-Verhältnisse geben Hinweis auf schwer abbaubare organische Stoffe im Abwasser. Der CSB dient auch der Festsetzung der Abgaben entsprechend dem Abwasserabgabengesetz.

Einwohnerwert (EW), Einwohnergleichwert (EGW)

Der Einwohnerwert (EW) stellt eine Rechengröße für die Abwasserreinigung dar. Er ist ein Maß für die Belastung gewerblich-industriell genutzten Abwassers mit organisch abbaubaren Stoffen – gemessen als BSB_5, das angibt, welcher Einwohnerzahl diese Belastung entspricht. Der Verschmutzungsgrad von industriellem Abwasser wird durch das Äquivalent Einwohnerwert (früher EGW, heute EW) angegeben. Ein Einwohnerwert entspricht der täglich von einem Einwohner in das Abwasser abgegebenen Menge an organischen Schadstoffen. Der Wert dieser Schmutzmenge beträgt in Westdeutschland im Mittel 60-65 g BSB_5 je Einwohner und Tag. Nach einem durchschnittlichen Abwasseranfall von 150-200 L (pro Einwohner und Tag) errechnet sich daraus ein mittlerer BSB_5 in unbehandeltem Abwasser von 300-350 mg/L.

Je nach Land und Industrialisierungsgrad nimmt der EW unterschiedliche Werte an, z.B. beträgt er in den USA ca. 75 g BSB_5 je Einwohner und Tag, während er in Ländern mit niedrigerem Lebensstandard kleiner ist. Jede organische Verschmutzung kann über den BSB oder EW bewertet werden. Er dient zum Vergleich von industriellem, gewerblichem und häuslichem Abwasser und wird unter anderem als Maß für die Berechnung der Größe von Kläranlagen (Abwasserreinigung) benutzt. Industriebetriebe, die Indirekteinleiter sind, können hinsichtlich ihrer zu entrichtenden Abgabe nach EW veranlagen, d.h. es wird die von Ihnen abgegebene Schmutzfracht mit der Schmutzfracht eines Einwohners in Vergleich gesetzt. Bringt ein Betrieb z.B. eine BSB_5-Last von 60 kg/d, so entspricht diese Schmutzmenge 1000 EW.

Auch hinsichtlich der pro Tag und Einwohner produzierten Volumenmenge Abwasser gibt es einen Einwohnergleichwert; dieser liegt zurzeit bei 0,14 Kubikmeter pro Einwohner und Tag.

Abwasserlast und Abwasservolumenstrom

Die *Abwasserlast* entspricht der Masse der Abwasserinhaltsstoffe im Abwasservolumenstrom je Zeiteinheit. Sie vermindert den Sauerstoffgehalt des Wassers, indem sie als Substrat der biologischen Oxidation dient. Die Abwasserlast wird aus dem Quotienten aus Einwohnergleichwert (EGW) und Niedrigwasserabfluss des Gewässer berechnet. Die Abwasserlast-Zahlen können die Belastung eines Gewässers an beliebig vielen Stellen anzeigen, wobei die Selbstreinigung des Gewässers zwischen den Einleitungen berücksichtigt werden muss.

Die Menge (bzw. das Volumen) an Abwasser, welche(s) pro Zeiteinheit durch einen Querschnitt strömt, bezeichnet man als *Abwasservolumenstrom*. Zur Dimensionierung der Abwasserkanalisation und von Kläranlagen muss sowohl die Menge, als auch der zeitliche Verlauf des Abwasseranfalls als Planungsgrundlage bekannt sein. Benötigt werden quantitative Angaben über den Abwasservolumenstrom sowie dessen zeitliche Veränderung. In der Praxis bezeichnet man die Größe „Abwasservolumenstrom" oder „Abwassermenge".

Wichtige Komponenten des gesamten Abwasservolumenstroms sind
- Schmutzwasser aus Haushalten,
- Schmutzwasser aus Gewerbebetrieben wie Metzger, Friseur, Kantinen etc.,
- Schmutzwasser aus Industriebetrieben wie Raffinerien, Papierfabriken etc.,
- Fremdwasser, das in die Kanalisation gezielt oder unbeabsichtigt einfließt,
- Niederschlagswasser von Dächern, Straßen und befestigten Flächen.

Der zeitliche Anfall dieser verschiedenen Arten von Abwasser hängt von vielen Faktoren ab. Es kommt zu tages-, wochen- und saisontypischen Schwankungen. Frequenz und Amplitude der Schwankungen hängen von den Ereignissen im Einzugsgebiet des Kanalisationssystems ab, insbesondere von den Aktivitäten der Bevölkerung (Arbeiten, Schlafen), den Produktionsmustern in den Gewerbe- und Industriebetrieben sowie von der Intensität und Dauer der Niederschläge.

Nitrifikation, Nitrifizierung

Die Nitrifikation ist die Umsetzung von Ammoniak bzw. Ammonium zu Nitrat. Sie wird im natürlichen Wasser und bei der biologischen Abwasserreinigung von „nitrifizierenden" Bakterien durchgeführt. Bisher wurde noch kein Bakterium identifiziert, das Ammonium direkt bis hin zum Nitrat oxidieren könnte; vielmehr sind an der Oxidation zwei Arten beteiligt: (1) Die Ammoniumoxidierer (Nitrosomonas) wandeln durch bakterielle Oxidation (pH-Wert abhängig) über diverse Zwischenprodukte zu Nitrit. (2) Die Nitritoxidierer (Nitrobacter) oxidieren das entstandene Nitrit weiter zum Endprodukt Nitrat. Ammonium und Nitrit wirken hierbei als Elektronendonatoren. Die Nitrifikation ist eine Reaktion mit sehr hohem Sauerstoffbedarf, der extern zugeführt werden muss, da die Nitrifikanten zu den aeroben Bakterien gehören, weil sie Sauerstoff als Elektronenakzeptor benötigen. Als Kohlenstoffquelle nutzen sie organisches Kohlendioxid. Eine schnelle Umwandlung der Nitritsalze durch die Bakterien ist lebensnotwendig, da Nitrit für höhere Pflanzen bei niedrigem pH-Wert giftig wirkt. Der Nitrifikationsprozess findet in zwei Stufen statt. Zuerst wird das Ammonium zu Nitrit oxidiert, dann das Nitrit zu Nitrat. Dabei nutzen die beteiligten Mikroorganismen die Ausgangsverbindungen Ammonium bzw. Nitrit zur Veratmung mit Sauerstoff. Bei den Reaktionen erfolgt ein Energiegewinn durch Abgabe von Elektronen.

Denitrifikation

Als Denitrifikation bezeichnet man den durch Bakterien vorgenommener Abbau von Nitrat zu Stickstoff und Sauerstoff durch bestimmte Mikroorganismen (Denitrifikanten). Das Verfahren wird u.a. in der biologischen Abwasserreinigung als Folgeschritt nach der Nitrifikation für den Abbau von Stickstoffverbindungen genutzt. Der Prozess findet nur statt, wenn kein frei gelöster Sauerstoff im Wasser vorhanden ist (anoxisch). Die Denitrifikation ist der einzige biologisch bekannte Prozess, durch den organische oder anorganische Stickstoffverbindungen zu Stickstoffgas zersetzt und letztlich wieder in den Stickstoffkreislauf der Atmosphäre, zurückgeführt werden können. Wie bei der Nitrifikation sind auch bei der Denitrifikation verschiedene bakterielle Enzyme beteiligt. Im Unterschied dazu kann aber die Denitrifikation von einem einzigen Organismus durchgeführt werden. Die Reaktion ist also nicht vom Vorhandensein zweier verschiedener Bakterienstämme abhängig. An der Umwandlung des Nitrat-Stickstoffs sind Organismen beteiligt, die man allgemein als Denitrifikanten bezeichnet.

Phosphatelimination

Im Wesentlichen basiert die Phosphatelimination auf Fällungsbehandlung oder der biologischen Phosphatentfernung aus dem Abwasser. Die Phosphate werden z. B. mit Aluminiumsulfat, Eisen(III)Chlorid oder Kalk gefällt. Die Phosphatelimination kann gleichzeitig mit der biologischen Abwasserreinigung in Belebungsanlagen (sog. Simultanfällung), als Vorfällung in der Vorklärung oder in besonderen Fällungs- und Nachklärbecken (dritte Reinigungsstufe) durchgeführt werden.

Grundlage der biologischen Phosphatelimination ist die Fähigkeit bestimmter Bakterienstämme, über das Zellwachstum notwendige Maß hinaus Phosphor aufzunehmen und in Form von Polyphosphaten zu speichern. Die Bakterien nehmen dann vermehrt Phosphor auf, wenn sie einem schnellen Wechsel von anaeroben und aeroben Zuständen ausgesetzt werden.

6.2.2 Rechtliche Grundlagen

Die Abwasserentsorgung dient neben den hygienischen Aspekten vor allem dem Gewässerschutz. Daher ist hier zunächst auch die aktuelle Gesetzgebung im europäischen Bereich zu betrachten.

EG-Wasserrahmenrichtlinie (WRRL)

Die *EG-Wasserrahmenrichtlinie* (EG-WRRL) schafft einen neuen europaweiten Ordnungsrahmen für den Schutz der Oberflächengewässer, der Küstengewässer und des Grundwassers. Rechtsgrundlage für den Erlass von Richtlinien ist Artikel 249 des EG-Vertrages. Richtlinien sind daher nur im Bereich der Kompetenzen der Europäischen Gemeinschaft möglich, denn die Europäische Union (EU) erlässt keine Richtlinien. Im Zuge ihrer Umsetzung sind für die wasserwirtschaftliche Planung bis 2009 Bewirtschaftungspläne auf der Ebene von Flusseinzugsgebieten zu erarbeiten (Art. 13) und zugehörige Maßnahmenprogramme zur Erreichung eines guten Gewässerzustandes zu erstellen (Art. 11). Die Länderarbeitsgemeinschaft Wasser (LAWA) erarbeitet hierzu einheitliche Bearbeitungskriterien als Rahmen für die Umsetzung in den einzelnen Bundesländern.

Mitte der 90er Jahre kamen die Mitgliedstaaten der EU zu der Erkenntnis, dass lediglich eine Fortschreibung und Aktualisierung der meist aus den 70er Jahren datierenden EG-Gewässerschutzrichtlinien nicht sinnvoll sei. Diese Richtlinien waren an einzelnen Nutzungen orientiert, z.B. formulierten sie Anforderungen zum Schutz von Muschelgewässern, Fischgewässern, Trinkwassergewinnung und Badegewässern, und waren nicht aufeinander abgestimmt. Sie waren unterschiedlich anspruchsvoll und erfassten immer nur Teilbereiche des Gewässerschutzes. Anforderungen an die Überwachung und Berichterstattung waren nicht harmonisiert. Mit der EG-Wasserrahmenrichtlinie (WRRL) wird ein Teil der existierenden EG-Richtlinien ganz abgelöst, während der andere Teil einen Rahmen erhält, in dem diverse neue Bewirtschaftungs- und Planungselemente die Effektivität und Akzeptanz der neuen und alten Regelungen erhöhen sollen.

Der integrative Ansatz der WRRL kommt in folgenden Aspekten zum Ausdruck:

- Der Anwendungsbereich der WRRL umfasst alle Gewässer der Gemeinschaft, d. h. Fließgewässer, Seen, Ästuare, Küstengewässer und das Grundwasser.

- Die Gewässer sollen flusseinzugsgebietsbezogen bewirtschaftet werden, d. h. von der Quelle bis zur Mündung mit allen Zuflüssen, wobei die grenzüberschreitende Dimension in der WRRL betont wird.
- Die WRRL bezieht auch den Schutz der Meeresumwelt ein, indem unter anderem die schrittweise Beendigung des Eintrags von prioritären gefährlichen Stoffen in die Meeresgewässer sichergestellt werden soll.
- Die Gewässerökologie, vor allem die Gewässerbiologie, ist für die Qualität der Oberflächengewässer ebenso relevant wie die chemische und physikalische Beschaffenheit. Hydromorphologische Aspekte werden ebenfalls berücksichtigt.
- Die Grundwasserqualität wird nach stofflichen und mengenmäßigen Kriterien beurteilt.
- Ökonomische Aspekte sind zu berücksichtigen. So müssen kostendeckende Preise für Wasserdienstleistungen (Wasserversorgung und Abwasserentsorgung) unter Einbeziehung der Umwelt- und Ressourcenkosten angestrebt werden und kosteneffiziente (d.h. zugleich wirksame und kostengünstige) Maßnahmen entwickelt werden. Eine große Rolle spielen die ökonomischen Belange auch dann, wenn sich die Mitgliedstaaten auf die in der WRRL vorgesehenen Ausnahmetatbestände berufen wollen, also wenn sie Fristverlängerungen oder Zielabsenkungen erreichen wollen. Dieses ist in der Regel nur dann zulässig, wenn nachgewiesen werden kann, dass die Ziele im vorgesehenen Zeitraum bis 2015 nur mit unverhältnismäßig hohen Kosten erreicht werden könnten. Hier sind ökonomische Zumutbarkeitskriterien und Kosten-Nutzen-Analysen gefragt.
- Es sind Maßnahmenprogramme und Bewirtschaftungspläne aufzustellen, die alle oben erwähnten Elemente beinhalten bzw. auf ihnen aufbauen.
- Die Öffentlichkeit wird in die Planungen einbezogen.

Eine für das deutsche Wasserrecht grundlegende Veränderung liegt in den inhaltlich detaillierten Bewirtschaftungsvorgaben der WRRL, d. h. alle Nutzungen, die sich auf Grund- und Oberflächengewässer auswirken, sind an den Bewirtschaftungszielen auszurichten. Dadurch wird auch das Bewirtschaftungsermessen der Wasserwirtschaftsbehörden eingeschränkt. Damit verbunden sind umfassende Überwachungspflichten. Zudem müssen die räumlichen (Raumplanung und Bauleitplanung) und fachlichen Planungen (z.B. an Bundeswasserstraßen und für die Landwirtschaft) so erstellt und verzahnt werden, dass sie der flussgebietsbezogenen Bewirtschaftungsplanung entsprechen. Eine besondere Herausforderung stellt die von der WRRL geforderte grenzüberschreitende gemeinsame Erstellung des Bewirtschaftungsplans mit den jeweiligen Flussanrainern im Einzugsgebiet dar.

Wasserhaushaltsgesetz (WHG)

Die allgemeinen Grundzüge des *Wasserhaushaltsgesetzes* sind in Kap. 5 ‚Wasserversorgung' beschrieben.

Für den Bereich der Abwasserentsorgung ist es von besonderer Bedeutung, dass seit 1976 durch § 7a WHG bundesweit geltende Mindestanforderungen an das Einleiten von Abwasser in Gewässer und somit an Abwasseranfall, -vermeidung und -behandlung gestellt werden. Grundlage dieser Mindestanforderungen ist seit 1996 der Stand der Technik; die zulässige Schadstofffracht bestimmt sich also danach, wie für die jeweilige Branche die Emissionen in das Wasser bei Einhaltung technisch und wirtschaftlich durchführbarer fortschrittlicher Verfahren minimiert werden kann. Dies gilt unmittelbar für Direkteinleiter. 1986 wurde eine bundeseinheitliche Rahmenregelung für Indirekteinleitungen eingeführt. Die Mindestanforderungen sind seit 1996 nicht mehr in Verwaltungsvorschriften, sondern in einer Rechtsverordnung des Bundes festzulegen. Damit wird den Erfordernissen des EG-Rechts Rechnung getragen, wonach zur Umsetzung bestimmter Verpflichtungen Verwaltungsvorschriften nicht ausreichen, sondern Rechtsvorschriften mit Außenwirkung erforderlich sind. Die entsprechende Rechtsverordnung, die Abwasserverordnung, hat die Bundesregierung im März 1997 erlassen und seither kontinuierlich die bisherigen Regelungen der Abwasserverwaltungsvorschriften für die jeweiligen Branchen in die Verordnung überführt.

Die bundeseinheitliche Konkretisierung des Standes der Technik für Abwassereinleitungen ist ein wichtiger Beitrag zur Verfahrensvereinfachung unter gleichzeitiger Beibehaltung des hohen Umweltschutzniveaus. Bisher wurden in die Abwasserverordnung branchenspezifische Anhänge aufgenommen. Anhang 1 zur Abwasserverordnung gilt für häusliches und kommunales Abwasser, die anderen Anhänge betreffen einzelne Branchen des Gewerbes und der Industrie. Beispielweise regelt Anhang 38 Anforderungen an das Abwasser von Textilherstellungs- und Textilveredlungsbetrieben. Die Abwasserverordnung dient auch dazu, die abwasserbezogenen technischen Anforderungen des EG-Rechts, wie der Richtlinie Ableitung gefährlicher Stoffe, der Kommunalabwasserrichtlinie, der IVU-Richtlinie oder der Abfallverbrennungsrichtlinie umzusetzen. Die Umsetzung der nicht auf Emissionsstandards zurückführenden Anforderungen der Richtlinien erfolgt durch den Erlass von Länderverordnungen.

Abwasserabgabengesetz (AbwAG)

Das *Gesetz über Abgaben für das Einleiten von Abwasser in Gewässer* (AbwAG; in der Fassung vom 18. Januar 2005), auch Abwasserabgabengesetz genannt, regelt die Erhebung einer Abgabe für das direkte Einleiten von Abwasser in ein Gewässer.

Die Abwasserabgabe ist die erste bundesweit erhobene Umweltabgabe mit Lenkungsfunktion. Sie bringt das Verursacherprinzip in der Praxis zur Anwendung, da Direkteinleiter zumindest einen Teil der Kosten der Inanspruchnahme des Umweltmediums Wasser ausgleichen müssen. Die Abgabe richtet sich nach der Menge und der Schädlichkeit bestimmter eingeleiteter Inhaltsstoffe (s. Tabelle 6-1).

Das Abwasserabgabengesetz trägt der Vorgabe der EG-Wasserrahmenrichtlinie Rechnung, wonach zur Kostendeckung auch die Umwelt- und Ressourcenkosten zu internalisieren sind.

Die Abgabe pro Schadeinheit ist von zunächst 12 DM im Jahr 1981 in mehreren Schritten bis 1997 auf 70 DM (jetzt 35,79 Euro) erhöht worden. Die Abgabe soll ökonomische Anreize schaffen, möglichst weitgehend Abwassereinleitungen zu vermindern. Das AbwAG sieht Ermäßigungen des Abgabesatzes für die Fälle vor, in denen der Abgabepflichtige gewisse Mindestanforderungen erfüllt. Außerdem können bestimmte Investitionen zur Verbesserung der Abwasserbehandlung mit der Abgabe verrechnet werden.

Die Abwasserabgabe ist an die Länder zu entrichten. Sie ist zweckgebunden für Maßnahmen der Gewässerreinhaltung zu verwenden. Nach derzeit gültigem Recht stellt die Abwasserentsorgung steuerlich einen Hoheitsbetrieb dar. Kommunen, Zweckverbände oder andere Körperschaften des öffentlichen Rechts unterliegen mit ihrer Betätigung in der Abwasserbeseitigung nicht der Körperschaft-, Gewerbe- und Umsatzsteuer. Wird die Abwasserbeseitigung hingegen in einer privatrechtlichen Gesellschaft durchgeführt, wird diese nach den für sie geltenden Vorschriften besteuert, u. a. mit einem Umsatzsteuersatz von derzeit 16 Prozent.

Tabelle 6-1 Schadstoffe und Schadeinheiten nach dem Abwasserabgabengesetz [6.2]

Nr.	Bewertete Schadstoffe und Schadstoffgruppen	Einer Schadeinheit entspreche jeweils folgende volle Messeinheiten	Schwellenwerte nach Konzentration und Jahresmenge
1	Oxidierbare Stoffe in chemischem Sauerstoffbedarf (CSB)	50 Kilogramm Sauerstoff	20 Milligramm je Liter und 250 Kilogramm Jahresmenge
2	Phosphor	3 Kilogramm	0,1 Milligramm je Liter und 15 Kilogramm Jahresmenge
3	Stickstoff als Summe der Einzelbestimmungen aus Nitratstickstoff, Nitritstickstoff und Ammoniumstickstoff	25 Kilogramm	5 Milligramm je Liter und 125 Kilogramm Jahresmenge
4	Organische Halogenverbindungen als adsorbierbare organisch gebundene Halogene (AOX)	2 Kilogramm Halogen berechnet als organisch gebundenes Chlor	100 Mikrogramm je Liter und 10 Kilogramm Jahresmenge
5	Metalle und ihre Verbindungen		Und
5.1	Quecksilber	20 Gramm	1 Mikrogramm 100 Gramm
5.2	Cadmium	100 Gramm	5 Mikrogramm 500 Gramm
5.3	Chrom	500 Gramm	50 Mikrogramm 2,5 Kilogramm
5.4	Nickel	500 Gramm	50 Mikrogramm 2,5 Kilogramm
5.5	Blei	500 Gramm	50 Mikrogramm 2,5 Kilogramm
5.6	Kupfer	1 000 Gramm Metall	100 Mikrogramm 5 Kilogramm je Liter Jahresmenge
6	Giftigkeit gegenüber Fischeiern	6000 Kubikmeter Abwasser geteilt durch G_{EI}	$G_{EI} = 2$

G_{EI} ist der Verdünnungsfaktor, bei dem Abwasser im Fischeitest nicht mehr giftig ist.

Abwassereinleitung

Die Einleitung von Abwasser in oberirdische Gewässer stellt nach dem Wasserhaushaltsgesetz (WHG) einen Benutzungstatbestand dar und ist daher erlaubnispflichtig. Durch die 4. Novelle zum WHG ist in dieses Gesetz eine für die Praxis grundlegende Bestimmung eingefügt worden, durch die Mindestanforderungen festgelegt werden, unter denen eine Erlaubnis für das Einleiten von Abwasser (nur) erteilt werden darf (§ 7a). Durch die 5. Novelle zum WHG ist diese Vorschrift verschärft worden: für Abwässer mit gefährlichen Stoffen ist künftig der Stand der Technik einzuhalten. Nur wenn dieser eingehalten wird, darf eine Erlaubnis für das Einleiten erteilt werden. Hierzu erlässt die Bundesregierung mit Zustimmung des Bundesrates allgemeine Verwaltungsvorschriften über Mindestanforderungen an das Einleiten von Abwasser, die den allgemein anerkannten Regeln der Technik bzw. bei gefährlichen Abwässern dem Stand der Technik entsprechen müssen. Die in den früheren einzelnen Verwaltungsvorschriften jeweils wiederkehrenden gleichartigen Regelungen wurden im Jahr 1989 in der allgemeinen Rahmen-AbwasserVwV zusammengefasst. In ihrer Anlage sind alle maßgeblichen Analyse- und Messverfahren beschrieben, in ihre Anhänge sind die Beschreibung des jeweiligen Anwendungsbereichs und die Anforderungen für die einzelnen Herkunftsbereiche aufgenommen.

Direkteinleiter und Indirekteinleiter

Gewerbe- und Industriebetriebe, die ihre Abwässer über eigene Kanalisationen direkt in ein Gewässer einleiten nennt man *Direkteinleiter*. Hierzu ist eine wasserrechtliche Erlaubnis nach dem Wasserhaushaltsgesetz erforderlich. Das Einleiten von Abwasser direkt in den Vorfluter (Bach, Fluss, Teich) wird als „Direkteinleitung" bezeichnet. Für diese Einleitungen gelten die „Mindestanforderungen an Abwassereinleitungen" nach dem § 7a des Wasserhaushaltsgesetzes. Im Gegensatz zu der Einleitung von Abwasser in die öffentliche Kanalisation und die nachfolgende Behandlung des Abwassers in eine kommunalen Kläranlage (Indirekteinleitung) ist für die Direkteinleiter die organische Belastung des Abwassers begrenzt. Dies erfolgt über den „Chemischen Sauerstoffbedarf (CSB)" und den „Biochemischen Sauerstoffbedarf (BSB_5)". Darüber hinaus gibt es Anforderungen an die Einleitung des Ammonium-Stickstoffes (NH_4-N).

Als *Indirekteinleiter* bezeichnet der Gesetzgeber einen Abwasserproduzenten, der seine Abwässer – meist ungereinigt bzw. vorgereinigt – über die Kanalisation und kommunale Kläranlage „indirekt" in die Gewässer einleitet. Dies sind in der Regel Gewerbebetriebe oder Privathaushalte, die ihre Abwässer in die öffentliche Kanalisation einleiten.

Die Landeswassergesetze

Bei den Landeswassergesetzen handelt es sich um von den Landtagen der einzelnen Bundesländer auf der Grundlage des Wasserhaushaltsgesetzes (WHG) erlassene Landesgesetze. Die LWGs regeln u.a., welche Körperschaften des öffentlichen Rechts unter welchen Bedingungen zur Abwasserbeseitigung verpflichtet sind. Die LWGs enthalten oft die Ermächtigung zum Erlass von zusätzlichen Verordnungen, z.B. zur Regelung der Indirekteinleitung.

Abwasserverordnung (AbwV)

Die *Verordnung über die Anforderungen an das Einleiten von Abwasser in Gewässer* (Fassung vom 20.9.2001) bestimmt die Anforderungen, die bei der Erteilung einer Erlaubnis für das Einleiten von Abwasser in Gewässer aus den in den Anhängen bestimmten Herkunftsbereichen des Abwassers mindestens festzusetzen sind. Die Anhänge sind in der Regel aufgebaut nach folgendem System: A Anwendungsbereich, B Allgemeine Anforderungen, C Anforderungen an das Abwasser für die Einleitungsstelle, D vor Vermischung, E für den Ort des Anfalls und F Anforderungen für vorhandene Einleitungen.

Klärschlammverordnung (AbfKlärV)

Die Verordnung von 1992 wurde zuletzt durch § 11 Düngemittelverordnung vom November 2003 geändert. Sie regelt das Aufbringen von Klärschlamm aus Abwasserreinigungsanlagen auf landwirtschaftlich, forstwirtschaftlich oder gärtnerisch genutzte Flächen. Die Verordnung bestimmt, dass der Klärschlamm vorher entkeimt sein muss, und setzt für sieben Schwermetalle (Blei, Cadmium, Chrom, Kupfer, Nickel, Quecksilber, Zink) Höchstmengen fest. Die Verordnung regelt weiterhin die Zeitabstände, in denen der Klärschlamm aufgebracht werden kann und begrenzt die jährliche Menge. Das Aufbringen von Klärschlamm auf Gemüse- und Obstanbauflächen sowie auf Dauergrünland und forstwirtschaftlich genutzte Böden ist verboten.

6.3 Abwasserentsorgung in Deutschland

6.3.1 Geschichte der Abwasserentsorgungssysteme

Bereits 1816 beschloss die Regierung von Preußen erstmals, Rinnsteine und Straßen mit Wasser zu spülen, um Unrat und Gestank zu entfernen. Diese Überlegungen wurden nie in die Tat umgesetzt, da nicht so viel Wasser mit dem entsprechenden Druck zu Verfügung stand. Eine vom König Friedrich Wilhelm IV. eingesetzte Studienkommission beschloss 1846 die Errichtung eines Wasserwerkes. Die Stadt Berlin erbaute zu dieser Zeit ein Gaswerk und besaß nicht die nötigen finanziellen Mittel. 1852 schloss die Regierung einen Vertrag über den Bau und Betrieb eines Wasserwerkes mit einem englischen Unternehmen ab, der besagt, dass das Unternehmen kostenlos Wasser für Löschzwecke und die Durchspülung der Rinnsteine zu Verfügung stellt und die Bevölkerung gegen Entgelt mit Wasser versorgt. Auch wurde die Einführung des Water-Closets genehmigt.

Die Entwicklungen in Berlin und München zeigen die historische Entwicklung der Abwasserentsorgungssysteme in Deutschland, die zunächst in den stark verdichteten Großstädten begann, beispielhaft sehr gut auf:

1873 übernahm in *Berlin* die Stadt das Wasserwerk. Die Durchspülung der Rinnsteine entsprach nicht den Erwartungen. Durch die leichte Entnahme von Wasser und die verstärkte Verbreitung von Water-Closets, nahm die Abwassermenge dramatisch zu. Die auf 1 m verbreiterten und tiefer eingeschnittenen Rinnsteine versagten. Obwohl sich das Abwasserproblem Berlins so stark verschlechterte, gab es weiterhin massiven Protest gegen eine Kanalisation. Man war der Auffassung, dass in der Kanalisation auch Fäulnis und Geruch, wie in den bisherigen unterirdischen Kanälen, entsteht [6.3].

1860 wurde ein Mitarbeiter des Ministers für Handel, Gewerbe und öffentliche Arbeiten, beauftragt, eine Studienreise nach Hamburg, Paris und London zu unternehmen und einen Plan für die Beendigung des Abwasserproblems zu erstellen. Als Ergebnis wurden vier Hauptaufgaben für Berlin aufgestellt: 1.Beseitigung von Güllegruben; 2. Abschaffung der Rinnsteingräben, 3. Vermeidung von Vorfluterverunreinigungen innerhalb der Stadt; 4. Keine Überflutung der Straßen und Entwässerung von Kellern.

Das Abwasser sollte unterirdisch gesammelt und dann außerhalb der Stadt in die Spree eingeleitet werden. Da dies ungeklärt erfolgen sollte, entfachten diese Überlegungen einen massiven Meinungsstreit unter Ingenieuren, Medizinern und Politikern. Erst ein Generalbericht unter der Leitung des Arztes an der Berliner Charité und Politiker Dr. Rudolph Virchow führte 1873 dazu, dass mit dem Bau der Abwasserleitungen begonnen werden konnte.

Die Stadt wurde in mehrere Entwässerungsgebiete aufgeteilt und mit einem unabhängigem Kanalsystem (Radialsystem) versehen. Das hatte den Vorteil, dass bei einer Störung nicht alle Kanäle außer Betrieb genommen werden mussten und die restlichen das Wasser des defekten Kanals aufnehmen konnten. Das Wasser wurde durch gebrannte, glasierte Tonröhren geleitet und mittels Pumpstationen durch Dampfkraft auf die Rieselfelder außerhalb der Stadt aufgebracht. Notauslässe für starke Regenfälle wurden auch mit berücksichtigt, da Trenn- und Mischsystem nebeneinander liefen. Der große Fortschritt dieser Neuerung bestand darin, dass das Abwasser nicht mehr in Vorfluter geleitet wurde, sondern durch den Boden gereinigt und als Düngung landwirtschaftlich genutzt wurde. Die Kanalisation sollte, nach Virchow, einen Charakter einer öffentlichen Institution erhalten.

Um für jedes der 12 Entsorgungsgebiete der Stadt eine eigene große Rieselfläche vorhalten zu können, kaufte die Stadt 1874 zunächst zwei Rittergüter. Dort wurde 1876 mit der ersten Abwasserreinigung über Rieselflächen begonnen. 1905 wurde das erste Klärwerk (Wilmersdorf) gebaut, 1930 zwei weitere Klärwerke. Diese sollten die Rieselfelder entlasten. Jedoch stieg die Abwassermenge weiter an. Deshalb wurden seit 1967 1133 ha der Rieselfelder auf Intensiv-Filterbetrieb umgestellt.

Die ständig überfluteten Felder machten die Landwirtschaft in diesen Bereichen nicht mehr möglich. Ab 1974 wurden Oxidationsbecken angelegt. Sie sollten dem stehenden Abwasser Sauerstoff zuführen. 1984 wurde das Klärwerk Nord (Schönerlinde) gebaut und der Rieselbetrieb wurde 1985/86 im Norden Berlins eingestellt, da das Abwasser durch die Klärwerke vollständig gereinigt werden konnte. Die Rieselfelder wurden überflüssig.

1985 wurden schließlich die unrentabelsten Flächen aus der verbleibenden landwirtschaftlichen Nutzung genommen und dem damaligen Forstwirtschaftsbetrieb von Berlin übereignet, um einen Erholungswald für die benachbarten großen Stadtteile von Berlin zu schaffen. Lediglich auf ca. 40% der Fläche verlief die vorgenommene Aufforstung erfolgreich. Auf den restlichen Flächen wuchsen die Pflanzen aufgrund des mit Schadstoffen belasteten Bodens und der Absenkung des Grundwassers (durch den eingestellten Rieselbetrieb) nicht richtig.

In *München* war es der Arzt Max von Pettenkofer der für die Entstehung des ersten planmäßigen Abwassersystems verantwortlich war [6.4]. Er sieht bereits 1836 die Hauptursache für zahlreiche Seuchen und Epidemien in der Stadt in den unhygienischen Zuständen und engagiert sich für eine geordnete Wasserversorgung und Abwasserentsorgung. Zunächst mit mäßigem Erfolg, denn wegen Geldmangels wurden größere Projekte zurückgestellt. Die bestehende Kanalisierung war völlig systemlos, eine Verbindung zwischen den einzelnen Kanälen gab es nicht. Die Bauweise war vielfach mangelhaft, die Kanäle nicht wasserdicht und ohne Spüleinrichtungen. 1854 brach eine schwere Choleraepidemie aus, die für 3.000 der inzwischen ca. 130 000 Bürger den Tod brachte. Ein Großteil des Trinkwassers wurde seinerzeit über Pumpbrunnen aus dem mit Abwasser stark verunreinigten Grundwasser bezogen. In den Jahren 1862 bis 1887 entstand dann schließlich das „Sielsystem" in der Schönfeld-, Max- und Ludwigsvorstadt.

Bereits 1885 wurde auf Magistratsbeschuss in der Bauverwaltung eine eigene Abteilung für die Aufgaben der Stadtentwässerung gegründet. Ein Jahr später richtete die Stadt einen Kanalbetrieb zur Reinigung und Unterhaltung der Kanäle ein, da sich die Bürger immer wieder über üble, durch Ablagerungen hervorgerufene Gerüche aus den Kanälen beschwerten. Die Schwemmkanalisation wurde offiziell im Jahr 1890 eingeführt. Damit setzte sich auch in München das Spülklosett durch, das in England schon seit 1810 üblich war.

1926 ging das erste Münchner Klärwerk Gut Großlappen in Betrieb. Die erste große Regenrückhalteanlage entstand 1973 am Oberwiesenfeld. Heute sind 13 solcher Anlagen in Betrieb. Das zweite Münchner Klärwerk in Dietersheim geht 1988 in Betrieb. 2005 sind 99,9 Prozent aller Münchner Haushalte und Betriebe an die Kanalisation angeschlossen. Die Länge des Kanalnetzes beträgt rund 2400 Kilometer.

6.3.2 Aktuelle Situation der Abwasserentsorgung in Deutschland

Die öffentliche Abwasserentsorgung in Deutschland ist eine hoheitliche Aufgabe, die von Gemeinden und Städten in kommunaler Trägerschaft wahrgenommen wird. Mit ca. 7.000 bis 8.000 kommunalen Abwasserentsorgungsunternehmen ist die deutsche Abwasserwirtschaft extrem kleinteilig organisiert. Seit einigen Jahren ist allerdings eine Tendenz zur Verselbständigung der Abwasserentsorgung von „traditionellen" Regiebetrieben hin zu Eigenbetrieben und privatrechtlichen Organisationsformen zu beobachten. Für Aufgabenträger in der Abwasserentsorgung dominiert die Rechtsform kommunaler Eigenbetrieb mit einem Anteil von 43 Prozent vor dem Regiebetrieb mit 20 Prozent (bezogen auf die erfassten Einwohner). Zweckverbände und Wasserverbände als Aufgabenträger mehrerer Kommunen machen einen Anteil von 13 Prozent aus. Ferner besitzen Anstalten des öffentlichen Rechts einen Anteil von 17 Prozent. Die Durchführung der Abwasserentsorgung kann durch den Träger der Abwasserentsorgungsaufgabe selbst gewährleistet oder auf Dritte übertragen werden. Dabei ergibt die Trennung der Durchführung der Abwasserentsorgung für die Bereiche Abwasserableitung und Abwasserbehandlung unterschiedliche Anteile der Organisationsformen [6.5].

Der Bereich Abwasserableitung, also die Sammlung und der Transport im Sinne der hier vorgenommenen Systematisierung, wird überwiegend von kommunalen Eigenbetrieben mit einem Anteil von 43 Prozent wahrgenommen. Für 20 Prozent der erfassten Einwohner wird die Abwasserableitung durch Regiebetriebe sichergestellt, Zweckverbände und Wasserverbände machen 10 Prozent, Anstalten des öffentlichen Rechts 17 Prozent aus. Privatrechtliche Organisationsformen, im wesentlichen Eigengesellschaften und Betreiber- bzw. Kooperationsgesellschaften in Form einer AG oder GmbH führen ca. 10 Prozent die Abwasserableitung durch. Die Abwasserbehandlung in den Kläranlagen wird überwiegend von Eigenbetrieben (33 %) und Zweck- und Wasserverbänden (26 %) durchgeführt. Regiebetriebe machen einen Anteil an den erfassten Einwohnern von 12 Prozent aus, Anstalten des öffentlichen Rechts 17 Prozent. Privatrechtliche Unternehmen haben die Abwasserbehandlung von 12 Prozent der erfassten Einwohner übernommen.

Kommunale Kläranlagen

Nach der wasserwirtschaftlichen Erhebung des Statistischen Bundesamtes erhöhte sich die Gesamtzahl der öffentlichen Kläranlagen in Deutschland von 9.935 (1991) auf 10.188 (2001). Der Abwasserbehandlungsgrad erhöhte sich von 90 Prozent (1991) auf 95 Prozent (2001). In den öffentlichen Kläranlagen wurden 2001 insgesamt 10,5 Mrd. m^3 Abwasser behandelt. Dies entspricht annähernd der biologisch gereinigten Abwassermenge, die sich zu annähernd gleichen Teilen aus Schmutzwasser und Niederschlags- bzw. Fremdwasser zusammensetzte.

Seit Neuordnung der abwasserwirtschaftlichen Regelungen und der Durchführung umfassender Abwassersanierungsmaßnahmen (unter anderem werden Mittel der zweckgebundenen Abwasserabgabe eingesetzt, um eine Verbesserung der Abwasserbehandlung zu erreichen) konnten beachtliche Erfolge erzielt werden, die sich besonders in der Verbesserung der biologischen Gewässergüte widerspiegeln.

Dazu beigetragen haben der Ausbau der Abwasserbehandlungsanlagen sowie der hohe Anschlussgrad an die Kanalisation als auch an kommunale mechanisch-biologische Anlagen und Anlagen mit gezielter Stickstoff- und Phosphatelimination.

Regen(ab)wasserbewirtschaftung

Mittlerweile werden aus dem kommunalen Abwassersystem durch Mischwasserüberläufe und in geringerem Maße durch Regenwassereinleitungen deutlich höhere Schadstofffrachten in die Gewässer eingetragen als durch die Einleitungen im Normalbetrieb der Kläranlagen.

Dies gilt in besonderem Maße für die partikelgebundenen Substanzen. Die Bedeutung der Regenwassereinleitungen für die Gewässerqualität wurde in der Bestandsaufnahme der Wasserrahmenrichtlinie bestätigt. Daher werden in den kommenden Jahren bedeutende Anstrengungen zur Verminderung der Schadstoffeinleitungen durch Regenereignisse unternommen werden müssen (siehe auch Kapitel 6.5.3). Maßnahmen hierfür sind die dezentrale, ortsnahe Versickerung von Regenwasser, die vor allem in Neubaugebieten zum Tragen kommen wird, der zunehmende Einsatz der Trennkanalisation und die Verbesserung der Misch- und Regenwasserbehandlung.

Die Entkopplung des Niederschlagswassers vom Schmutzwasser und die ortsnahe Regenwasserversickerung führen zur

- natürlichen Grundwasseranreicherung,
- Dämpfung der Hochwasser-Abflussspitzen,
- Vermeidung der überlaufbedingten erheblichen Schadstofffrachten in die Gewässer und
- zu einem deutlich geringeren Aufwand bei der Auslegung der Kanalisation und der Abwasserbehandlungsanlage.

Dabei sind bei Ausbaumaßnahmen die Anbindung belasteter Flächen (zum Beispiel Kupferdächer) an die Schmutzwasserkanalisation, veränderte Niederschlagsmengen aufgrund klimatischer Veränderungen als auch der demographische Wandel in Deutschland zu berücksichtigen. Die dezentrale Regenwasserbewirtschaftung mit ortsnaher Versickerung ist in einigen Bundesländern bereits Teil der Landeswassergesetzgebung und regional erprobt [6.6]. Siehe hierzu auch Kapitel 6.4.3.

Trinkwasser- und Abwassernetze haben eine Lebensdauer von bis zu 100 Jahren. Dies bedeutet, dass die kontinuierliche Instandhaltung und Erneuerung der Netze eine Daueraufgabe ist. Ergebnisse aus einzelnen Untersuchungen zeigen beispielsweise eine durchschnittliche Netzerneuerungsrate (Versorgung) von 0,91 Prozent. Dabei ist zu berücksichtigen, dass 85 Prozent der Netze der hier untersuchten Unternehmen nach 1951 errichtet worden sind [6.9].

Kanalnetze

Die Entsorgungsqualität hängt wesentlich vom Umfang des Anschlusses an Kanalnetze ab. Die Länge der Kanalnetze in Deutschland betrug im Jahr 2001 486.159 km. Hinzu kommen 37.000 Regenentlastungsanlagen. Die Länge der Kanalnetze ist seit dem Jahre 1998 um rund 40.000 km (ca. 10 Prozent) gewachsen.

In Deutschland waren im Jahr 2004 97,6 Prozent der Bevölkerung direkt an die öffentliche Kanalisation angeschlossen. Der nicht angeschlossene Teil der Bevölkerung lebt überwiegend in geografisch abgelegenen Gebieten. Dort wird die Entsorgung über dezentrale Anlagen oder über Fäkalienabfuhr gewährleistet. Unter Berücksichtigung dieser Gruppe der Bevölkerung beträgt der Anschlussgrad an die Abwasserbehandlung (zentral oder dezentral) insgesamt 98,1 Prozent [6.9].

6.4 Abwasseraufkommen und Entsorgungsbedarf

6.4.1 Abwasseranfall aus den Siedlungen

Häusliches Abwasser

Der Abwasseranfall aus den Siedlungsflächen für häusliches Abwasser lässt sich aus dem Trinkwasserverbrauch von ca. 130 Liter pro Einwohner und Tag ermitteln. Dabei geht man davon aus, dass der Abwasseranfall, der ja bei den Haushalten im Gegensatz zum Trinkwasserverbrauch nicht gemessen wird, dem Wasserverbrauch entspricht. Da in dem Wasserverbrauch auch ca. 9 Prozent für das Kleingewerbe enthalten sind, ergeben sich zunächst 117 Liter pro Einwohner und Tag Trinkwasserverbrauch für die privaten Haushalte und somit auch ein Abwasseranfall in gleicher Höhe. Der Anteil an Grauwasser, also leicht verschmutztes Abwasser, das zuvor lediglich für Baden, Duschen oder Waschen verwendet wurde, wird mit ca. 60 Liter pro Einwohner und Tag angenommen. Der Anfall an Schwarzwasser liegt damit bei ca. 57 Liter pro Einwohner und Tag. Im Jahresdurchschnitt rechnet man mit ca. 40 m³ Abwasser pro Person.

Tabelle 6-2 Häusliches Schmutzwasser [6.7]

Siedlungsgröße [E]	täglicher Schmutzwasseranfall ws [L/(E*d)]	Faktor für den stündlichen Spitzenabfluss 1/x * ws	spezif. stündl. Spitzenabfluss qh [L/s*1000 EW]
< 5.000	150	1/8	
5.000 - 10.000	175 – 180	1/10	
10.000 - 50.000	200 – 220	1/12	rd. 5,0
50.000 - 250.000	225 -260	1/14	
> 250.000	250 – 300	1/16	

Beim häuslichen Abwasser gibt es starke Schwankungen bezüglich der Abwassermenge und der Abwasserzusammensetzung über den Tag (siehe Bild 6-3) und von Tag zu Tag.

Es ist bekannt, dass die täglich anfallende einwohnerspezifische Abwassermenge mit abnehmender Besiedlungsdichte geringer wird. Im Regelwerk der ATV (A 118, 1999) werden alle Abwasserbehandlungsanlagen, die für eine Siedlungsgröße < 5000 E ausgelegt sind, in einer Kategorie zusammengefasst und mit einem täglichen häuslichen Schmutzwasseranfall von Ws = 150 L/E*d angegeben. Dieser Pauschalwert täuscht darüber hinweg, dass sich auch in schwach besiedelten, ländlich geprägten Gebieten die Lebensgewohnheiten, die Wohnkultur und Lebensansprüche stark voneinander unterscheiden können, so dass gerade in Gegenden mit geringer Bevölkerungsdichte die häuslichen Schmutzwassermengen stark variieren. Deshalb wird im Arbeitsblatt A 262 [6.8] für den ländlichen Raum mittlerweile eine Unterscheidung zwischen häuslichem und kommunalem Abwasser vorgenommen. Der Richtwert für den häuslichen Schmutzwasseranfall wurde hier auf 100 L/E*d herabgesetzt, während für den kommunalen Schmutzwasseranfall weiterhin mit 150 L/E*d gerechnet wird.

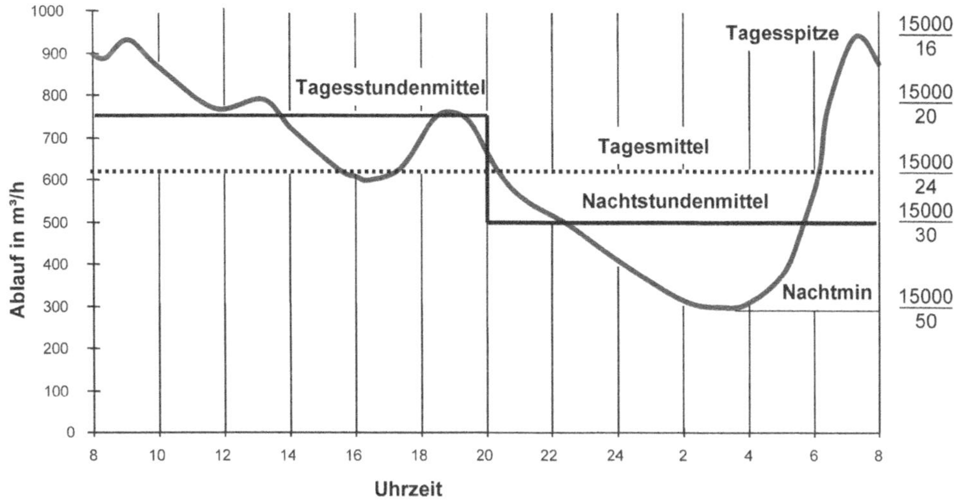

Bild 6-3 Tagesganglinie des Trockenwetterabflusses einer Stadt mit 85.000 Einwohnern inkl. Industrie [6.8]

Fremdwasser

Für die Einrechnung des Fremdwassers gibt es verschiedene Ansätze. Laut ATV-DVWK (1999) – jetzt DWA –, sollten bei der Neubemessung eines Schmutzwasserkanals aus Sicherheitsgründen ein Fremdwasserzuschlag von 100% des Schmutzwasserabflusses gemacht werden. Für Neuplanungen erscheint eine Fremdwasserspende q_f von 0,05 bis 0.15 L/(s*ha) ausreichend.

Niederschlagswasser

Der maßgebende Regenabfluss ist von der Dauer und Häufigkeit sowie vom Intensitätsverlauf abhängig. Dabei geht man von der Erkenntnis aus, dass starke Regenfälle nur kurz andauern, schwache dagegen länger anhalten. Bei der herkömmlichen Berechnung werden Blockregen angesetzt, die aus Regenspendenlinien nach *Reinhold* gewonnen werden. Die Regenspendenlinien sind in eine Formel umgesetzt worden. Nach Umformung dieser Gleichung kann der zeitliche Funktionsverlauf der Regenspendenlinien allgemein durch den Zeitbeiwert φ ausgedrückt werden. Liegen keine verwertbaren Regenbeobachtungen vor, wird bei der Wahl der Regenspende $r_{15,n}$=1 (Dauer T = 15 min, Jährlichkeit = 1) von 120 L/s*ha in Flach- und Hügelland und von 150 L/s*ha im Alpen- und Voralpengebiet ausgegangen. Die Mindestregendauer T_{min} wird bei mittleren Geländeneigungen kleiner 4 Prozent mit 10 Minuten und größer 4 Prozent mit 5 Minuten angesetzt.

Zur Bestimmung des Regenanteils, der in die Kanalisation gelangt, wird ein Abflussbeiwert ψ angenommen. Dieser kann einerseits nach Oberfläche oder Bebauungsart und andererseits für Teileinzugsgebiete in Abhängigkeit von Verbauungsgrad und Geländeneigung angegeben werden. Bei komplexeren Verhältnissen werden Niederschlags-Abfluss-Modelle entwickelt.

6.4.2 Abwasseranfall aus der Industrie

Industrielles- und gewerbliches Abwasser

Im Jahr 2001 wurden in 3.320 betriebseigenen Behandlungsanlagen im Bergbau und Verarbeitenden Gewerbe insgesamt ca. 1,06 Mrd. m³ Abwasser behandelt, etwa halb soviel wie noch 1991. Durch vielfältige technische Entwicklungen (z.B. Kreislaufführung, Kaskadennutzung, Membrantechnologie, Teilstrombehandlung) konnten in der Vergangenheit wirtschaftliche Entwicklung und Gewässerverunreinigung bereits weitgehend voneinander entkoppelt werden [6.9].

Gewerbliche Abwässer

Belastungen durch gewerbliche und industrielle Abwässer sind sehr verschieden – je nach einleitendem Betrieb:

z.B.
- Belastung mit organischen Stoffen:
  Zellstofffabriken, chemische Fabrikation, Zuckerfabriken, Brennereien, Molkereien, Schlachthöfe
- Belastung mit anorganischen Stoffen:
  Stein- und Braunkohlenindustrie, Metallgewinnung und -verarbeitung, Farbenfabriken, chemische Industrie
- Belastung mit toxisch wirkenden Spurenstoffen:
  chemische Industrie, Teerverarbeitung, Produktion von Pflanzenschutzmitteln,
- thermische Belastung:
  Abgabe von warmem Wasser (Kühlwasser) durch thermische Kraftwerke

Industrieabwasser

Unter Industrieabwasser werden alle Abwässer verstanden, die bei Produktions- und Verarbeitungsprozessen in der Industrie anfallen. Einen großen Anteil an den Industrieabwässern bildet das Kühlwasser (Kühlturm), welches unbehandelt in Flüsse geleitet wird.

Belastungen der anderen Industrieabwässer sind: schwer abbaubare organische Stoffe (Tierverarbeitung, Konserven- und Seifenfabriken, Papierindustrie), Öle und Fette (Molkereien, Margarine-, Fleischwaren-, Seifenfabriken, Schlachthäuser, Raffinerie, Metallverarbeitung), Schwermetalle, Säuren (Margarine-, Seifen-, Viskose-, Sprengstofffabriken, Beizereien, Kohlegruben, Galvanisieranstalten, Chemische Industrie, Bleichereien), Alkalien (Gerbereien, Textilindustrie, Metallfabriken, Wäschereien, chemische Industrie), toxische Stoffe (Gerbereien, Färbereien, Kokereien, Galvanisieranstalten, Sprengstofffabriken, chemische Industrie, Produktion von Pflanzenschutzmitteln), radioaktive Substanzen (Uranbergbau, Kernkraftwerke, Nuklearmedizin), Detergenzien (Seifen-, Textilindustrie, Färbereien, Wäschereien) sowie hohe Gehalte an Schwebstoffen, Papier-, Zellstofffabriken, Holzindustrie).

Industrieabwässer müssen vorbehandelt werden, ehe sie in öffentliche Kläranlagen (Abwasserreinigung) eingeleitet werden können (Indirekteinleiter). Industriebetriebe, die in die öffentliche Kanalisation einleiten, werden nach der Indirekteinleiter-Verordnung belangt. Bei direkter Einleitung in Gewässer ist eine vorherige umfangreiche Reinigung in speziellen werkseigenen Kläranlagen erforderlich. Nach dem Abwasserabgabengesetz wird eine Abgabe für Direkteinleiter erhoben, die sich nach der Schädlichkeit des Industrieabwassers richtet (Messgröße ist u.a. der CSB).

6.4.3 Klärschlammanfall

Die Qualität des Klärschlamms spiegelt die Qualität des Abwassers und damit auch das Umweltverhalten der an die Kanalisation angeschlossenen Bewohner und Betriebe wider. Die in den Jahren in Deutschland laufend gestiegene Menge an Klärschlamm deutet auf die verbesserten Reinigungsleistung der Kläranlagen in Deutschland hin: Im Jahr 2001 sind in Deutschland etwa 2,4 Mio. Mg (bzw. Tonnen) Klärschlamm aus kommunalen Kläranlagen angefallen, von denen seinerzeit noch ca. 7 Prozent deponiert wurden. Dieser Entsorgungsweg ist seit Juni 2005 nicht mehr zulässig. Weiterhin wurden 2001 noch fast 58 Prozent des Klärschlamms auf Böden verwertet. Dieser Anteil wird in den kommenden Jahren stark zurückgehen, da die Qualitätsanforderungen (Schadstoffgehalte) an stofflich zu verwertende Klärschlämme ansteigen werden. Wesentliches Standbein der Klärschlammentsorgung wird damit in Zukunft die Verbrennung in dafür geeigneten Verbrennungs- und Mitverbrennungsanlagen sein [6.10].

Schlammarten

Bild 6-4 zeigt die Stoffströme der Klärschlammentsorgung von ihrem Entstehen in der Kläranlage bis zu ihrer Verwendung bzw. Entsorgung. Bei den Schlammarten unterscheidet man Rohschlamm und behandelten Klärschlamm. Rohschlamm fällt auf Kläranlagen als Primärschlamm in der mechanischen Reinigungsstufe oder als Überschussschlamm in der biologischen Stufe (Belebtschlammverfahren) an, bzw. als Mischung aus beiden Stufen. Überschussschlamm besteht überwiegend aus Mikroorganismen, wie z. B. Einzeller und Bakterien. Durch aerobe oder anaerobe Stabilisierung des Rohschlamms erhält man behandelten, weniger geruchsintensiven Klärschlamm. Die anaerobe Behandlung erfolgt auf größeren Kläranlagen in Faultürmen (Faulschlamm). Klärschlamm ist im Ausgangszustand dünnflüssig und dunkel gefärbt. Durch Schwerkrafteindickung werden Feststoffgehalte von ca. 2 bis 5 Prozent erreicht.

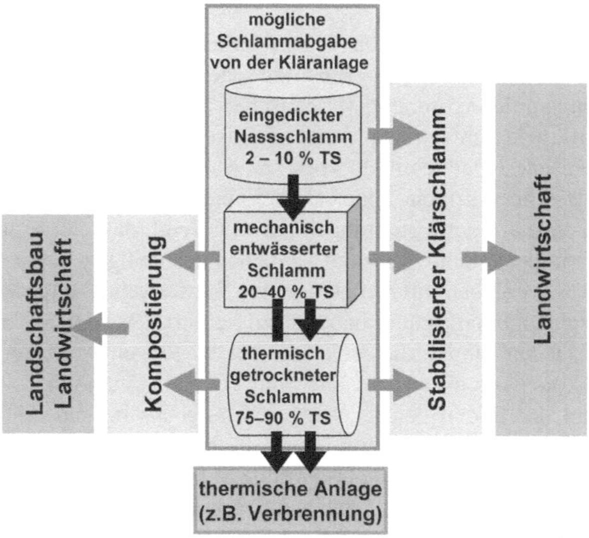

Bild 6-4 Stoffströme der Klärschlammentsorgung (nach [6.10])

Neben der direkten landwirtschaftlichen Verwertung kann Klärschlamm in dafür genehmigten Anlagen gemeinsam mit Strukturmaterial wie Grünschnitt, Rinde und Spänen kompostiert werden. Die so hergestellten Klärschlamm-Komposte können als Dünger in der Landwirtschaft, als Bodenersatzstoffe im Landschaftsbau bzw. der Rekultivierung sinnvoll eingesetzt werden.

Im Jahr 2003 wurden ca. 23 Prozent der Klärschlämme in Deutschland thermisch entsorgt (Bild 6-5). Eine Verbrennung von Klärschlamm bedeutet die Vernichtung der organischen Substanz. Sie sollte deshalb nur erfolgen, wenn die Schlämme aufgrund ihrer Qualität für eine landwirtschaftliche Verwertung nicht geeignet sind oder eine sinnvolle regionale Verwertung aus anderen Gründen nicht möglich ist, z.B. aufgrund fehlender geeigneter landwirtschaftlicher Flächen. Fast 58 Prozent der Klärschlämme wurden bislang stofflich verwertet und weniger als 7 Prozent der Klärschlämme wurden deponiert.

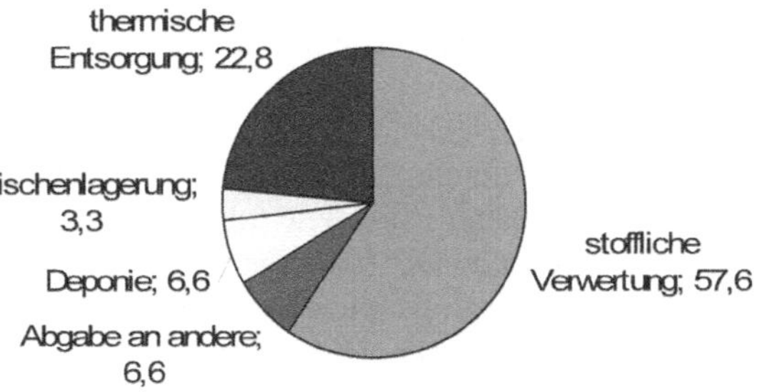

Bild 6-5 Verbleib der Klärschlämme in Deutschland [6.10]

Im Klärschlamm herrschen positive stoffliche Eigenschaften vor (Nährstoffe, organische Substanz). Deshalb kam es 1997 zur offiziellen Einstufung des Klärschlammes als Sekundärrohstoffdünger in der Düngemittelverordnung (organischer N-P-Dünger). Im Klärschlamm sind jedoch auch Schadstoffe wie Schwermetalle und organische Verbindungen enthalten, die jedoch auch in allen organischen Düngemitteln vorkommen. Dabei ist die Schadstofffracht bei einer Düngung mit Klärschlamm nicht höher als bei einer Düngung mit vielen anderen organischen Düngern. Die langjährigen Erfahrungen haben gezeigt, dass der ordnungsgemäße Einsatz von Klärschlamm in der Landwirtschaft zu keinen nachteiligen Bodenveränderungen führt. Strenge rechtliche Vorgaben auf Grundlage des Wasserrechtes und des Chemikalienrechts sowie der Klärschlammverordnung haben dazu geführt, dass der Schadstoffgehalt in Klärschlämmen in den letzten Jahren zum Teil um über 90 Prozent zurückgegangen ist. Betrachtet man z.B. das ökotoxikologisch relevante Schwermetall Cadmium, wird bei einer Düngung mit Klärschlamm der Boden häufig weniger belastet als bei einer Düngung mit vielen Mineraldüngern. Die stoffliche Verwertung nutzt die in den Klärschlämmen enthaltenen Nährstoffe zur Düngung und die wertvolle organische Substanz zur Bodenverbesserung. Dadurch werden natürliche Ressourcen geschont, denn der Einsatz von Klärschlamm als Dünger kann einen Teil der energieaufwendigen Produktion von Mineraldüngern ersetzen.

Dies betrifft insbesondere die Schonung der knappen Vorkommen von zur Düngung geeignetem schadstoffarmem Phosphat. Viele Experten prognostizieren, dass die cadmiumarmen

Phosphatvorkommen bereits in wenigen Jahrzehnten erschöpft sein werden. Voraussetzung für eine landwirtschaftliche Verwertung sind jedoch (1) eine gute Qualität des Klärschlamms durch geringe Schadstoffbelastung, (2) hohe Gehalte des Klärschlamms an pflanzenverfügbaren Nährstoffen und (3) eine regionale Verfügbarkeit geeigneter landwirtschaftlicher Flächen.

6.4.4 Ressourcenschutz

Wie bereits in Bild 6-1 dargestellt, fließt der Stoffstrom Abwasser vom Ort seines Aufkommens (den Siedlungen) zurück zu den natürlichen Ressourcen. Dabei handelt es sich einerseits um die Ressource Wasser, welche diejenige Komponente aufnimmt, die im Wesentlichen die Transportfunktion übernommen hat, andererseits um die Ressource Boden, welche die nach der Abwasserbehandlung noch verbleibenden Feststoffe in Form von Klärschlamm aufnimmt.

Abwasservermeidung

Die Vermeidung der Schadstoffbelastung aus der Abwasserbehandlung ist die wirkungsvollste Maßnahme zur Umsetzung der IVU-Richtlinie (*Integrierte Vermeidung und Verminderung der Umweltverschmutzung*) der Europäischen Union. Es gibt eine Vielzahl von Verfahrenswegen, bei denen eine Abwassereinleitung vermieden werden kann, um Schadwirkungen im Gewässer erst gar nicht entstehen zu lassen. Dafür kommen zum Beispiel folgende Verfahren in Betracht:

- Abwasserfreie (und chlorfreie) Zellstoffherstellung
- Abwasserfreie Altpapier und Papierherstellung
- Abwasserfreie Rauchgasreinigung
- Abwasserfreie Fahrzeugreinigung
- Abwasserfreie Metalloberflächenbehandlung (zum Beispiel Galvanik)
- Abwasserfreie Mehrwegflaschenreinigung
- Abwasserfreier Siebabdruck
- Wasserfreie Stoffsynthesen
- Abwasserfreie Pulverlackierung

In denselben Zusammenhang sind Technologien zu stellen, die nicht zu abwasserfreien, aber zu deutlich belastungsreduzierten Abwassereinleitungen führen. Beispielhaft sind hier Entwicklungen in der Membrantechnologie und in der adiabatischen Verdampfung zu nennen, die einen deutlichen Entwicklungssprung in den letzten zehn Jahren aufweisen und breite Anwendungsoptionen bei den verschiedenen Abwasserbehandlungsverfahren haben. Die deutlichen Vorteile der Membranverfahren wie:

- hygienisch einwandfreies Abwasser,
- weitergehende Abwasserreinigung für nahezu alle Abwasserparameter und
- vielfältige Wiederverwendungsoptionen des Wassers als Produktionsressource entsprechen dem neuen Anforderungsmuster des Standes der Technik.

Rückgewinnung des Wassers als Rohstoff

Die Wasserrückgewinnung als Ressource zur nachhaltigen Stoffbewirtschaftung in Deutschland ist bei einem potentiellen Wasserdargebot von 188 Mrd. m^3/a und einer Wassernutzung von nur rund 38 Mrd. m^3/a nicht zwangsläufig einsichtig. Die IVU-Richtlinie sieht grundsätzlich die Rückgewinnung des Wassers als Rohstoffressource vor, dieser Aspekt wurde mit dem Artikelgesetz in die Definition des Standes der Technik im WHG übernommen.

Damit erhält die Wasserrückgewinnung einen eigenen Stellenwert. Das Abwasser wird dabei nicht als Belastungsquelle für die „Umweltressource Gewässer" verstanden, sondern als Produktionsressource mit Eigenwert gesehen.

Rückgewinnung von Rohstoffen aus Abwasser und Klärschlamm

Neue Verfahren werden auch zur Schließung von Stoffkreisläufen und Verwertung der im Abwasser enthaltenen Nährstoffe entwickelt. Dies betrifft insbesondere die Rückgewinnung von Phosphor aus dem Abwasser. Das Element Phosphor ist einerseits lebensnotwendig für alle Organismen auf der Erde, andererseits kann es zu erheblichen Umweltbelastungen kommen, wenn Phosphor in zu großen Mengen in die Gewässer gelangt (Eutrophierung). Phosphor ist eine nicht substituierbare knappe Rohstoffressource, die in ausreichender Qualität nur noch für wenige Jahrzehnte zur Verfügung steht. Der weltweite Verbrauch liegt pro Jahr bei über 17 Millionen Tonnen Phosphor in Form von Mineraldüngern (Phosphaten). Gegenwärtig besteht für Deutschland und die EU eine vollständige Importabhängigkeit bei mineralischen Phosphat-Düngemitteln, während gleichzeitig phosphatreiche Abfälle und Abwässer entsorgt werden. Die Phosphorgehalte in Abwasser und Klärschlamm liegen in Deutschland in der Größenordnung eines Viertels der jährlichen Phosphormineralsalzimporte. Bereits durch geringen Aufwand können bei Anlagen mit aerober Schlammfaulung etwa 20 Prozent der Phosphorfracht im kommunalen Abwasser zurück gewonnen werden.

Regenwassermanagement

Die zunehmende Versiegelung der Erdoberfläche durch Bebauung und Straßen lässt immer weniger Regenwasser auf natürliche Art und Weise in den Untergrund versickern. Stattdessen wird das zumeist saubere Regenwasser zusammen mit den häuslichen Abwässern in die Kanalisation abgeleitet und wird so ebenfalls zu verschmutztem, behandlungsdürftigem Abwasser.

Aus der zunehmenden Versiegelung resultieren zum einen negative Auswirkungen auf die Umwelt. Das schnell abgeleitete Regenwasser fehlt vor Ort und führt so zu sinkenden Grundwasserständen und Bachläufen, die in den Sommermonaten im Extremfall austrocknen. Dies ist besonders im Hinblick auf zahlreiche Renaturierungsprojekte von großer Bedeutung. Weiterhin wirkt das normalerweise langsam verdunstende Regenwasser positiv auf das Kleinklima ein, indem es die Umgebungstemperatur senkt, die Luftfeuchtigkeit erhöht und gleichzeitig als ein Staubfänger dient. Auch diese wichtige Funktion kann das schnell abgeleitete Regenwasser gerade in städtischen Gebieten oft nicht mehr erfüllen.

In Bild 6-6 sind der natürliche und der gestörte Wasserhaushalt einander gegenübergestellt. Es ist deutlich zu erkennen, dass ein hoher Anteil des Regenwassers durch die versiegelten Flächen dem kleinräumigen Wasserkreislauf verloren geht. Zum anderen ist aber auch unter ökonomischen Gesichtspunkten eine Ableitung des Regenwassers mit dem Abwasser aus heutiger Sicht nicht mehr generell wünschenswert. Das Kanalnetz und die Kläranlagen müssen so dimensioniert werden, dass diese auch die Abwassermengen der seltenen Starkregenereignisse bewältigen können. Ebenso führt die schnelle Ableitung des Regenwassers von der Oberfläche in die Kanalisation immer wieder zu Hochwasserereignissen in den Unterläufen von Bächen und Flüssen, die durch aufwändige Hochwasserschutzmaßnahmen kompensiert werden müssen. Aus den oben aufgeführten Gründen erscheint es sinnvoll, das Regenwasser nicht wie Schmutzwasser zu behandeln, sondern dies gesondert zu behandeln. Dazu sind die entsprechenden Flächen in den Siedlungsgebieten erforderlich. Diese können jedoch zum Teil dadurch gewonnen werden, dass diese Flächen in die Gestaltung der Freiräume einbezogen werden.

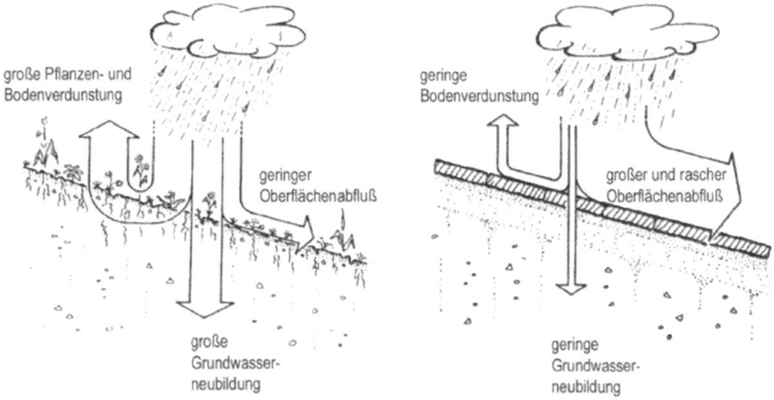

Bild 6-6 Wasserhaushalt unbefestigter und befestigter Flächen [6.6]

Der Regenwasserbewirtschaftung sind jedoch neben der Flächenverfügbarkeit dann Grenzen gesetzt, wenn die Anforderungen des Gewässerschutzes oder des Grundwasserschutzes durch eine starke Verschmutzung des Regenwassers nicht mehr oder nur bei unverhältnismäßig hohen Kosten eingehalten werden können.

Grundsätzlich lassen sich vier Methoden der Regenwasserbewirtschaftung unterscheiden. Dies sind: (1) Ableitung in ein Gewässer, (2) Versickerung in den Untergrund, (3) Nutzung und (4) Retention des Regenwassers. Als begleitende Maßnahme zu den oben genannten Bewirtschaftungsmaßnahmen ist die Flächenentsiegelung zu nennen.

Die Flächenentsiegelung reduziert, im Gegensatz zu den obigen Maßnahmen, als einzige die tatsächlich versiegelte Fläche. Sie ist somit die sinnvollste Methode, den Wasserhaushalt eines Gebietes zu verbessern. Leider ist die vollständige Entsiegelung einer Fläche auch die am schwersten durchzuführende Methode innerhalb städtischer Gebiete, da es hier sehr oft zu Nutzungskonflikten kommt.

- Ableitung

Oft gibt es die Möglichkeit, das anfallende Regenwasser direkt in einen der vielen Bachläufe abzuleiten. Je nach anfallender Wassermenge, ist eine vorgeschaltete Regenrückhaltung notwendig, um das Regenwasser in kontrollierten Mengen zeitversetzt an das Gewässer abgeben zu können. Einschränkungen bezüglich einer Einleitung in ein Gewässer entstehen auch durch die Herkunft des Regenwassers. Nur Regenwasser von unbedenklichen Flächen darf in ein Gewässer eingeleitet werden. Soll Regenwasser von Flächen mit tolerierbaren Verschmutzungen eingeleitet werden, ist eine entsprechende Vorbehandlung notwendig.

- Versickerung

Die Versickerung des Regenwassers ist die am weitesten verbreitete Methode der Regenwasserbewirtschaftung. Im Folgenden werden die unterschiedlichen Verfahren zur Versickerung von Regenwasser vorgestellt. Dies sind die Flächenversickerung, die Muldenversickerung und die Rigolenversickerung. Bei der *Flächenversickerung* wird das Regenwasser statt in die Kanalisation auf eine offene, unversiegelte Fläche geleitet, von wo aus es in den Untergrund versickern kann. Diese einfachste Form der Versickerung ist nur bei Böden mit einer starken bis sehr starken Durchlässigkeit (siehe Tabelle 6-3) möglich.

Tabelle 6-3 Unterschiedliche Bodenarten und deren typische Durchlässigkeiten [6.12]

	Bodenart	Durchlässigkeit	k_f-Wert [m/s]
	Steingeröll	sehr stark durchlässig	> 10
	Grobkies	sehr stark durchlässig	1 bis 10^{-2}
Versickerung möglich	Fein-/Mittelkies	stark durchlässig	10^{-2} bis 10^{-3}
	Sandiger Kies	stark durchlässig	10^{-2} bis 10^{-4}
	Grobsand	stark durchlässig	10^{-2} bis 10^{-4}
	Mittelsand	(stark) durchlässig	10^{-4}
	Feinsand	durchlässig	10^{-4} bis 10^{-5}
	schluffiger Sand	(schwach) durchlässig	10^{-4} bis 10^{-7}
	Schluff	schwach durchlässig	10^{-5} bis 10^{-8}
	toniger Schluff	(sehr) schwach durchlässig	10^{-6} bis 10^{-10}
	schluffiger Ton, Ton	(sehr) schwach durchlässig	10^{-9} bis 10^{-11}

Aufgrund der Tatsache, dass es bei der Flächenversickerung (Bild 6-7) nicht zu einer Zwischenspeicherung des Regenwassers kommt, benötigt die Flächenversickerung von allen Versickerungsverfahren den größten Platzbedarf. Zu beachten ist weiterhin, dass die Versickerungsfläche kein starkes Gefälle aufweisen darf, um ein Abfließen des Regenwassers auf andere Flächen zu unterbinden. Die Versickerung erfolgt über die belebte Bodenzone und gewährleistet dadurch eine gute Reinigung des Regenwassers.

Vorteile Flächenversickerung	Nachteile Flächenversickerung
Fläche kann weiter genutzt werden	Sehr großer Flächenbedarf
Geringe Herstellungskosten	Eingeschränkte Anwendbarkeit (k_f-Wert)
Hohe „Lebensdauer“	
Gute Reinigungswirkung	

Die *Muldenversickerung* (Bild 6-8) findet bei Böden Anwendung, welche eine gute bis mittlere Versickerungsleistung aufweisen oder wenn die Durchlässigkeit des Bodens zwar gut ist, jedoch nur ein begrenztes Platzangebot zur Verfügung steht. Eine Mulde ist eine flache, mit Gras bewachsene Vertiefung, in die das Wasser zur Versickerung eingeleitet wird. Durch die geringere Durchlässigkeit bzw. die geringere Flächendimensionierung – im Verhältnis zur Flächenversickerung – des Bodens kommt es zu einem beabsichtigten, zeitweiligen Wassereinstau in der Mulde.

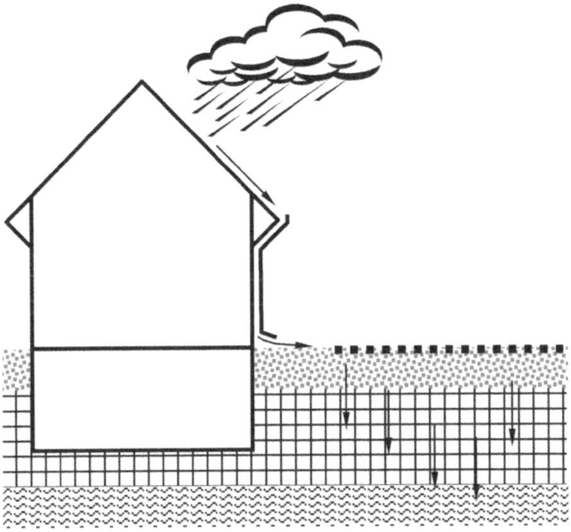

Bild 6-7 Schema einer Flächenversickerung [6.13]

Die maximale Einstaudauer darf 24 Stunden jedoch nicht überschreiten, um Verschlämmungen der Muldensohle zu unterbinden. Weiterhin darf die Einstautiefe einer Mulde 30 cm nicht überschreiten, da sonst ebenfalls eine erhöhte Gefahr der Selbstabdichtung der Muldensohle besteht. Eine Reinigung des Regenwassers durch die Versickerung über die belebte Bodenzone ist, wie bei der Flächenversickerung, gegeben.

Vorteile Muldenversickerung	Nachteile Muldenversickerung
Geringe Herstellungskosten Gute Reinigungswirkung Geringerer Flächenbedarf als bei Flächenversickerung	Flächennutzung wird leicht beschränkt

In Bereichen mit einer nur geringen Durchlässigkeit reicht auch die Mulde nicht mehr aus, um das anfallende Regenwasser schnell genug versickern zu lassen. Hier kommt häufig eine *Rigolenversickerung* zum Einsatz oder eine Kombination einer Mulde mit einer darunter befindlichen Rigole. Eine Rigole kann bei guten Durchlässigkeiten auch alleine eingesetzt werden, wenn z.B. die Freifläche als Parkplatz genutzt werden soll und somit nicht für eine Mulde zur Verfügung steht. In Bild 6-9 ist eine kombinierte Mulden-Rigolen-Versickerung dargestellt.

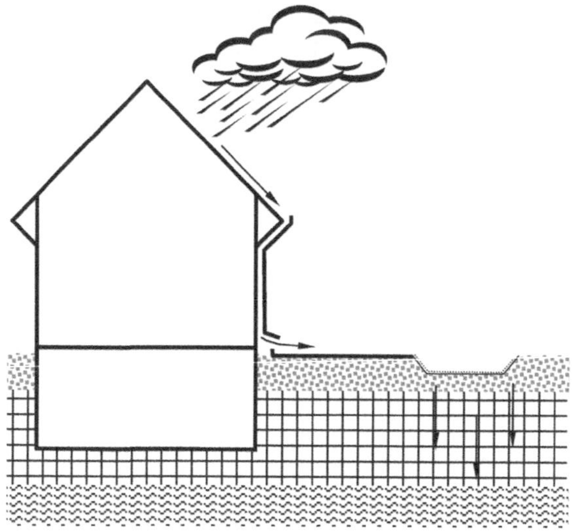

Bild 6-8 Schema einer Muldenversickerung [6.13]

Eine Rigole ist ein in den Boden eingebrachter linienförmiger Körper aus gut durchlässigem Material und einem großen Porenanteil, welcher das versickernde Regenwasser zwischenspeichert und zeitverzögert an den Untergrund abgibt. Traditionell besteht die Rigole aus Kies, in neuerer Zeit werden verstärkt Kunststoffkästen mit einem erhöhten Porenvolumen eingesetzt. Hierdurch wird ein stark verringerter Flächenbedarf erzielt. Bei einer Kiesrigole kann das Speichervolumen durch das Einbringen eines Filterrohres erhöht werden. Man spricht in diesem Fall von einer Rohr-Rigole.

Bei einer reinen Rigolenversickerung ist eine Reinigung des Regenwassers nicht mehr gewährleistet, da das Wasser nicht über die belebte Bodenzone geleitet wird. Daher ist eine Rigolenversickerung bei stärker verschmutztem Regenwasser nicht möglich oder erfordert zuerst eine Vorreinigung des Regenwassers. Um den Bestimmungen bezüglich des Grundwasserflurabstandes zu genügen, ist ein Einbau einer Rigole nur bei größeren Grundwasserflurabständen möglich.

Vorteile Rigolenversickerung	Nachteile Rigolenversickerung
Uneingeschränkte Flächennutzung Auch bei schlechten Durchlässigkeiten möglich	Keine Reinigungsleistung (außer bei Mulden-Rigolen) Hoher Herstellungsaufwand Benötigt großen Grundwasserflurabstand

Meist wird die Muldenversickerung mit der Rigolenversickerung zu einem Mulden-Rigolen-System kombiniert, da die Vorreinigung über einen so genannten „Dreckfang“ je nach Herkunft des Regenwassers meist nicht ausreicht. Eine Vegetationspassage vor der Rigole ist hier meist wirksamer [6.7]

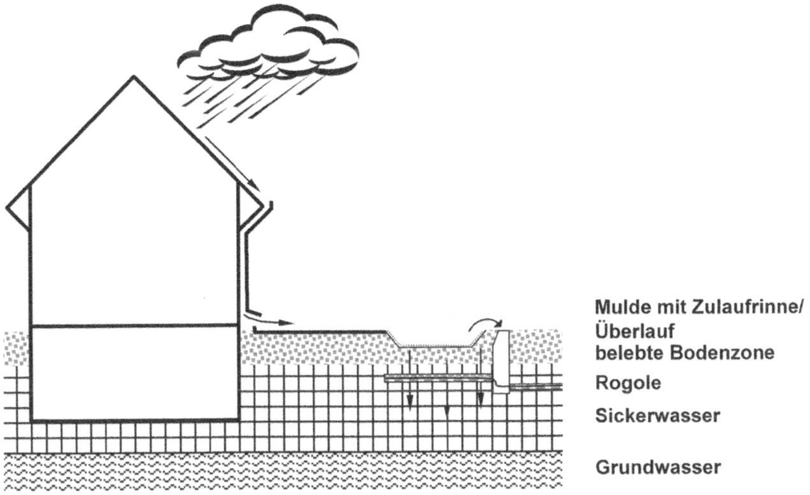

Bild 6-9 Schema einer Mulden-Rigolenversickerung [6.13]

Bei der *Regenwassernutzung* wird ein Teil des Brauchwassers im Haushalt durch (gespeichertes) Regenwasser ersetzt. Die althergebrachte Bewässerung der Gartenflächen mit Regenwasser sollte hier wieder vermehrt zur Anwendung kommen, entweder mit der klassischen Regentonne oder mit einer modernen Zisterne im Untergrund.

Bild 6-10 Schema einer Zisterne mit Notüberlauf zur Rigolenversickerung [6.13]

In allen Fällen muss der Speicherkörper mit einem Überlauf abgesichert werden (Bild 6-10). Je nachdem, ob es sich um eine unterirdische oder oberirdische Anlage handelt, kann der Überlauf in eine Rigole oder Mulde abgeführt werden. Alternativ ist auch eine Anbindung des Überlaufes an das Kanalnetz möglich. Größere Regenwassernutzungsanlagen integrieren das Regenwasser in den Hausbedarf, so kann das Regenwasser zum Beispiel im Bereich der Toilettenspülung und der Waschmaschine meist ohne Vorbehandlung direkt genutzt werden. Durch die Nutzung des Regenwassers kann wertvolles, aufwändig aufbereitetes Trinkwasser eingespart werden. Alle Entnahmestellen des Regenwassers müssen mit dem Hinweis versehen werden, dass es sich nicht um Trinkwasser handelt.

- Retention / Rückhaltung und Dachbegrünung

Maßnahmen, die dazu dienen, einen verzögerten und/oder verringerten Abfluss des Regenwassers zu bewirken, werden als Retentionsmaßnahmen (lat. retentio = zurückhalten) bezeichnet. Man unterscheidet hierbei die Dachbegrünung und die Anlage von Retentionsteichen.

Die *Dachbegrünung* sorgt für eine Zwischenspeicherung des Regenwassers (Bild 6-11). Hierdurch entsteht ein zeitlich versetzter Abfluss. Das Regenwasser bekommt also Zeit, von der Dachfläche zu verdunsten und/oder von den Pflanzen aufgenommen zu werden. Neben der wichtigen Vermeidung von Spitzenabflüssen kommt es durch die Verdunstung und die Pflanzenaufnahme des Regenwassers auch zu einer Verringerung der Gesamtwassermenge. Je nachdem, welche Art der Begrünung gewählt wird, können bis zu 90 % Rückhaltung erreicht werden. Eine Dachbegrünung ist nur bei relativ flachen (< 20° Neigung) Dächern sinnvoll. Grundsätzlich werden verschiedene Arten der Dachbegrünung unterschieden. Eine Auswahl des passenden Verfahrens richtet sich nach dem Klima, der Dachkonstruktion (Statik und Zugänglichkeit), aber auch nach den persönlichen Präferenzen der Investoren.

Dachbegrünungen weisen gegenüber herkömmlichen Dächern eine Reihe von Vorteilen auf:

- Wärmedämmung im Winter und Hitzeschutz im Sommer
- Schallisolation (z.B. gegen Flugzeuglärm)
- Verbesserung des Kleinklimas
- Staubbindung
- Ästhetisch Aufwertung des Wohnumfeldes
- Niedrigere Abwassergebühren

Nicht für jedes Dach ist jede Dachbegrünung geeignet. Die jeweils sinnvolle Konstruktion ist von einem Fachplaner, Architekten oder Systemanbieter zu ermitteln. Es sind hierbei zahlreiche baufachliche Gesichtspunkte (Statik, Bauphysik) zu beachten und zu überprüfen. Im Idealfall erfolgt eine Berücksichtigung einer eventuellen Begrünung bereits in der Planungsphase und kann so in die architektonische Gestaltung einfließen. Die meisten bestehenden Dächer lassen sich nachträglich begrünen; dies ist jedoch meist mit einem höheren finanziellen Aufwand verbunden.

- Retentionsteich

Eine Einleitung des Regenwassers in einen Teich wirkt ähnlich wie eine Dachbegrünung. Auch hier wird das Regenwasser aufgefangen und kann über die Teichoberfläche verdunsten. Im Gegensatz zu einer Dachbegrünung sind für einen Teich zusätzliche Freiflächen notwendig. Andererseits ist ein Teich unabhängig von der Dachneigung realisierbar.

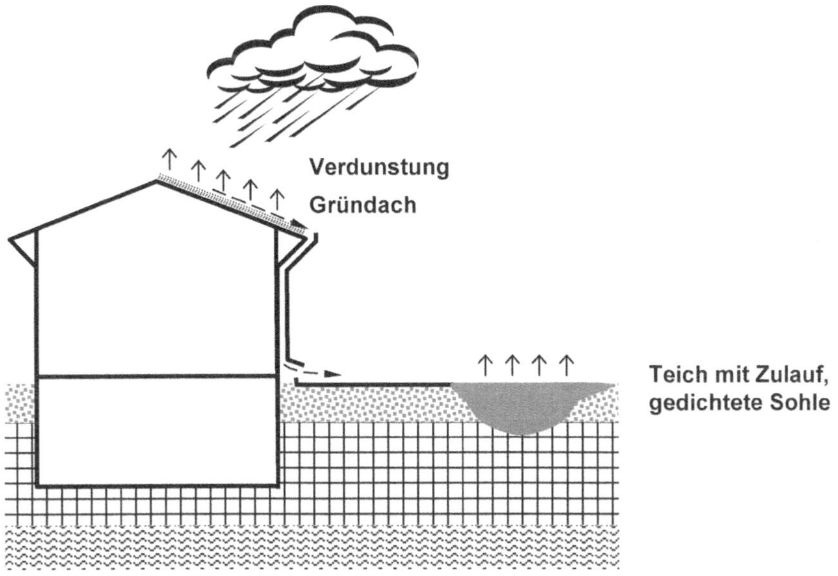

Bild 6-11 Schema einer Verdunstung über ein Gründach und eine Teichoberfläche [6.13]

Beiden Maßnahmen ist gemeinsam, dass für den Fall einer Überlastung der Anlage weiterhin ein Abfluss des Regenwassers in die Kanalisation möglich bleibt. Wünschenswerter ist es allerdings, eine Kombination mit einer der weiter oben beschriebenen Versickerungsmethoden zu realisieren, sodass kein Abfluss in die Kanalisation mehr erfolgt, was auch als Retentionsraumversickerung bezeichnet wird.

Bei der *Entsiegelung* werden bereits versiegelte Flächen wieder in einen versickerungsfähigen Zustand zurückgeführt (Bild 6-12). Dies können z.B. Zufahrten, Abstellplätze, Terrassen usw. sein. Nach dem Entfernen der alten undurchlässigen Oberfläche wird eine neue, versickerungsfähige Oberfläche aufgebracht. Je nach Nutzung/Belastung kommen unterschiedliche Materialien in Betracht. Nicht alle Materialien weisen eine gleich hohe Versickerungsleistung auf. Die Auswahl des Materials orientiert sich an der vorgesehenen Nutzung.

Bei der Verlegung des durchlässigen Bodenbelages ist darauf zu achten, dass auch die Tragschicht aus durchlässigem Material erstellt wird und dieses nicht zu stark verdichtet wird. Außerdem kann es, gerade bei dem so genannten Porenpflaster, zu einer langfristigen Verstopfung der Poren und somit zu einer erneuten – schleichenden – Versiegelung der Oberfläche kommen. In diesem Fall sind entsprechende Pflegemaßnahmen zur Reinigung der Poren zu treffen. Oberflächen mit einer Pflasterung aus Sickerfugenpflaster oder Rasengittersteinen lassen sich leichter pflegen und in einem sickerfähigen Zustand erhalten.

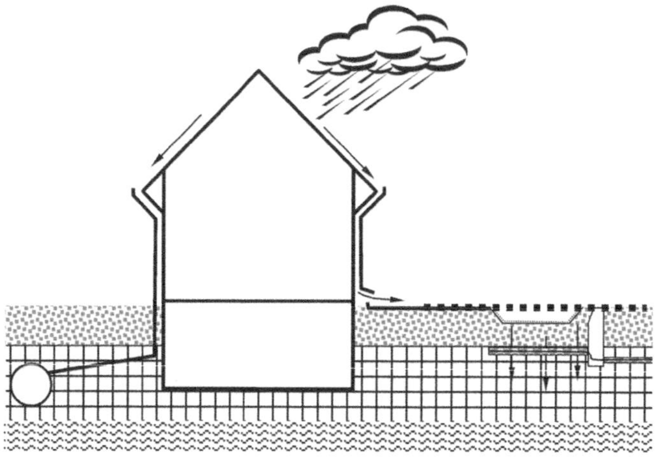

Bild 6-12 Schema einer versiegelten bzw. entsiegelten Fläche [6.13]

Reicht die Versickerungsleistung nicht aus, um das gesamte Regenwasser zu versickern, kann z.B. durch den Einbau einer Zisterne die zu versickernde Wassermenge reduziert werden oder nur eine Teilfläche an die Versickerungsanlage angeschlossen werden.

Ressourcenschutz und Klärschlammverwendung

Im Rahmen der Abwasserentsorgung kann auch die Rückführung der Klärschlämme in den Naturkreislauf zum Ressourcenschutz beitragen. Dabei schneidet der Landschaftsbau von allen Entsorgungsvarianten am schlechtesten ab. Dies liegt im Wesentlichen an dem hohen Schadstoffeintrag in den Boden, da z.B. für Rekultivierungsflächen die Klärschlammverordnung nicht greift und somit die Gehalte an Schadstoffen deutlich über den Werten der Klärschlammverordnung liegen können.

Die landwirtschaftliche Verwertung bringt ebenfalls den Nachteil des Schadstoffeintrags in den Boden mit sich, auch wenn hier die Klärschlammverordnung greift und folglich die maximalen Eintragsfrachten festgelegt sind. Außerdem kann eine ökologische Gutschrift für die Substitution von Mineraldüngern angesetzt werden. Diese wirken sich im Ergebnis jedoch nur durch die Schonung des weltweit begrenzt verfügbaren Phosphaterzes aus. Somit überwiegt gegenüber der Verbrennung der Eintrag von Schadstoffen in den Boden, was zu dem Schluss führen muss, dass landwirtschaftlich nur noch Schlämme mit hohem Nährstoffgehalt (Phosphat) und niedrigem Schadstoffgehalt verwertet werden sollten.

Eine große Bedeutung innerhalb der ökobilanziellen Betrachtung spielt auch die Frage, in welcher Form (nass, entwässert, trocken) und über welche Distanzen der Klärschlamm bis zum Ort der Verwertung oder Beseitigung transportiert wird. Eine ökologische Bewertung zeigt, dass kein Verwertungs- oder Entsorgungsweg einen übermäßig weiten Transportweg rechtfertigt, es sei denn der Transport erfolgte auf der Schiene. Für entwässerten Schlamm sollte die Distanz auf der Straße auf maximal 100 km begrenzt bleiben, für Nassschlamm sogar auf 30 km [6.11].

6.5 Abwassersammlung

Die Abwassersammlung erfolgt im so genannten Kanalnetz. Damit wird die Gesamtheit der Kanäle, Abwasserdruckleitungen und zugehörige Bauwerke in einem Entwässerungsgebiet nach DIN 4045 bezeichnet.

Die Kanalisation ist eine Anlage zur Sammlung und Fortleitung von Niederschlagswasser und Abwasser mit Hilfe von zumeist unterirdisch angebrachten Leitungssystemen, die mit Belüftungsschächten versehen sind, aber auch in Form ausgebauter (begradigter und befestigter) Bachläufe. Die abzuleitenden Wässer werden zunächst in kleineren Kanälen zu größeren Straßenkanälen transportiert und nach Weiterleitung in den Hauptkanälen gebündelt. Von dort gelangen die Wässer in den Hauptsammelkanal zur Reinigung in die Kläranlage.

Schmutzwasser und Niederschlagswasser werden entweder getrennt (Trennkanalisation) oder gemeinsam (Mischkanalisation) abgeleitet

Alte, brüchige Kanäle stellen eine Quelle für die Emission von umweltgefährdenden Flüssigkeiten dar und bergen somit ein hohes Umweltgefährdungspotential. Um solche Gefahren rechtzeitig zu erkennen, ist eine intensive Kanalüberwachung im Rahmen der Eigenüberwachung und der daran gekoppelten Kanalsanierung erforderlich.

6.5.1 Komponenten der Abwassersammlung und deren Funktion

Nach dem Abfluss unterscheidet man folgende Entwässerungssysteme:

Mischkanalisation: Haus-, Industrie und Niederschlagsabwässer werden gemeinsam abgeführt.

Modifizierte Mischkanalisation: Schmutzwässer sowie behandlungsbedürftige Niederschlagsabwässer werden zusammen abgeführt. Nicht behandlungsbedürftige Niederschlagsabwässer werden vor Ort versickert.

Trennkanalisation: Schmutzwässer werden in einem Kanal abgeführt, Niederschlagsabwässer in einem separaten Kanal. Wegen der in der Regel geringen Schmutzfracht von Regenwässern werden diese meist direkt in Gewässer eingeleitet und nicht in Kläranlagen behandelt.

Erweiterte Trennkanalisation: Schmutzwässer und behandlungsbedürftige Niederschlagsabwässer werden in separaten Kanälen abgeleitet. Nicht behandlungsbedürftige Niederschlagsabwässer werden vor Ort versickert.

Sonderverfahren: Bei abgelegenen Gebäuden oder Siedlungen können, abhängig von Abwasseraufkommen und -beschaffenheit, auch Druck- oder Vakuumentwässerungsverfahren und Speicherung in abflusslosen Sammelgruben mit Entsorgung durch Fahrzeuge zur Entsorgung der Abwässer verwendet werden. Auch bei der örtlichen Abwasserreinigung durch Kleinkläranlagen (Tropfkörper, Belebtschlammverfahren, Pflanzenkläranlagen und Abwasserverrieselung) sind Zuleitungskanäle erforderlich.

Nach der Größe unterscheidet man die

- Hauskanalisation (Rohrdurchmesser DN 100 bis DN 200) und die
- Ortskanalisation (Rohrdurchmesser DN 250 bis DN 800.

Zur *Hauskanalisation* gehören die Entwässerungsgegenstände wie Ausgüsse, Toiletten und hausinternen Gullis (ebenerdiger Bodeneinlauf). Die Hauskanalisation wird in das öffentliche

Kanalnetz entsorgt oder mündet in Abwasserreinigungsanlagen beziehungsweise abflusslosen Sammelgruben in der unmittelbaren Nähe des zu entwässernden Objektes. Die Entwässerungsgegenstände eines Hauses werden über Geruchsverschlüsse (z.B. Siphon) angeschlossen und zu den Fallrohren entwässert. Die Fallrohre münden in den Grundkanal, der das Abwasser zum Hausanschlussschacht leitet. Eventuell ist eine Abwasserhebeanlage für tiefliegende Geschosse erforderlich. Um Schäden durch Rückstau aus dem Kanalnetz und daraus resultierende Überflutungen zu vermeiden, sollten alle Entwässerungsgegenstände über der Rückstauebene angeordnet sein. Zumeist ist dies die Straßenoberkante, da bei Überlastung der Ortskanalisation das Abwasser über die Schächte austritt und daher der Wasserspiegel im Ortskanal nur bis dort ansteigen kann. Rückstausicherungen sind für Entwässerungsgegenstände unterhalb der Rückstauebene vorzusehen, sind jedoch nicht völlig zuverlässig, wenn diese nicht den einschlägigen Normen entsprechen. Da im Gebäude die Entwässerung nach dem Trennsystem zu erfolgen hat, darf die Fallleitung der Dachrinnen nicht auf die Grundleitung geschlossen werden. Dies geschieht am besten im Revisionsschacht. Die Fallrohre sind über Dach zu entlüften, um ein Leersaugen von Geruchsverschlüssen zu verhindern sowie eine Abführung der Gerüche aus dem Kanalnetz zu ermöglichen. Aus diesem Grund sollten auch in Grundkanälen keine Geruchsverschlüsse vorgesehen sein.

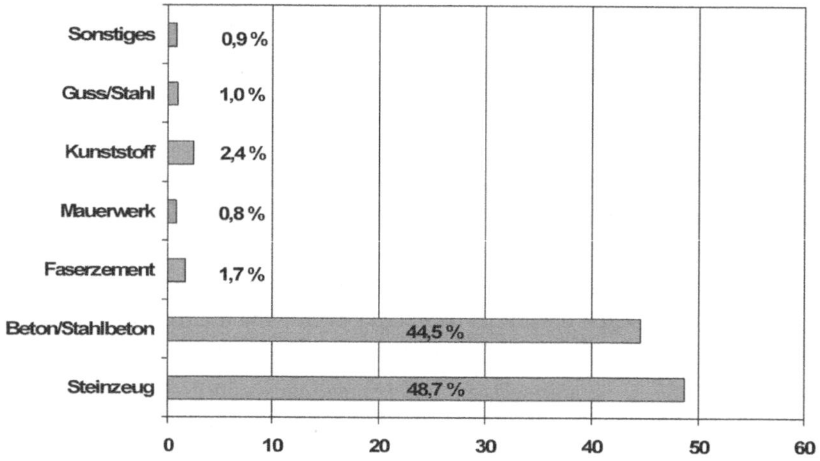

Bild 6-13 Materialverteilung der Kanäle < DN 800 in Deutschland [6.14]

Beim Hausanschlussschacht bzw. im Entwässerungsnetz sollten Reinigungsöffnungen angeordnet werden. Als Material der Hauskanalisation wird zumeist Kunststoff, Grauguss oder Steinzeug eingesetzt. Die Materialwahl richtet sich nach der Aggressivität des Abwassers, dem Rohrdurchmesser, der Verarbeitung und den Kosten.

Zur *Ortskanalisation* gehören die Anschlusskanäle, die in Straßenkanäle münden, welche zu Neben- und Hauptsammlern zusammengeführt werden. Die Hauptsammler leiten die Abwässer einer Kläranlage zu. Diese werden meist aus Beton / Stahlbeton oder Steinzeug hergestellt (siehe Bild 6-13). Steinzeug ist die Bezeichnung für Tonrohre, die durch Brennen bei einer Temperatur von 1200 °C - 1300 °C (je nach Zusammensetzung und Masse) verglasen.

Neben dem Leitungsnetz gibt es Speicherbecken sowie Regenüberläufe und Regenbecken, die direkt in Vorfluter münden. Sind (vor allem im ländlichen Bereich) längere Strecken zu überwinden, werden oft Pumpwerke angeordnet, um die Rohrquerschnitte kleiner halten und Höhenunterschiede überwinden zu können.

Die Haltbarkeit der unterirdischen Rohrleitungen ist sehr groß, dennoch treten mit den Jahren immer wieder Schadensfälle auf, die zu hohen Reparatur- oder Sanierungskosten führen. Bei einer Haltbarkeit von 50 Jahren müssten jährlich 2 Prozent des Leitungsnetzes erneuert werden, um mit dem Verfall der Leitungen Schritt zu halten. Da die Leitungen in unterschiedlichen Zeitintervallen gebaut wurden und die einzelnen verwendeten Materialien unterschiedliche Haltbarkeiten aufweisen, ist das Versagen der Leitungen nicht nur von deren Belastung abhängig. Man geht davon aus, dass in einer Stadt ca. 10 Prozent der Leitungen pro Jahr inspiziert werden sollten, um den Sanierungsbedarf rechtzeitig festzustellen [6.15]. Hierbei konzentriert man sich mit unterschiedlichen Strategien auf diejenigen Bereich, welche aufgrund der bisherigen Erfahrungen die größte Versagenswahrscheinlichkeit aufweisen.

Der klassische Rohrbruch, der mechanische Verschleiß sowie die Rohrkorrosion treten aufgrund der Erneuerungsstrategien der Kanalnetzbetreiber nur mit einer relativ geringen Häufigkeit auf (Bild 6-14). Wesentlich häufiger treten schadhafte Anschlüsse, Risse und undichte Muffen auf. Wurzeln, Hindernisse und Lageabweichungen weisen dagegen eine mittlere Häufigkeit unter den Kanalschadensbildern auf.

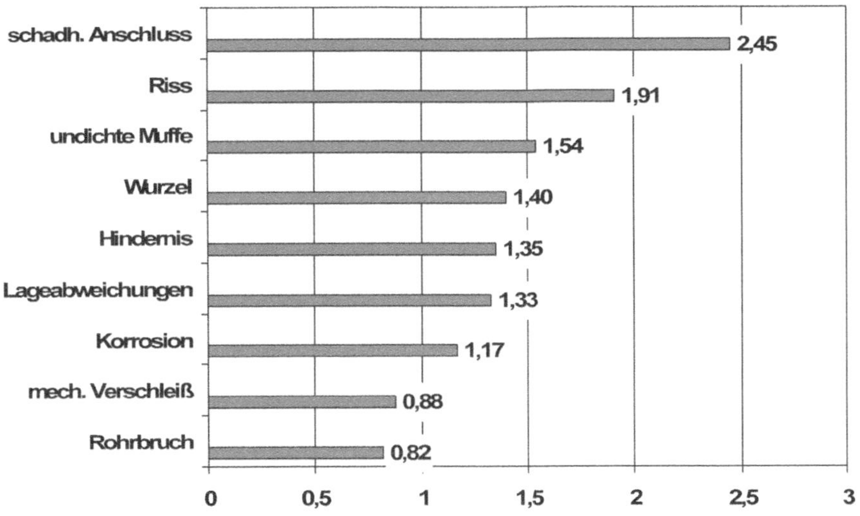

Bild 6-14 Häufigkeit der Kanalschadensbilder [6.16]

6.5.2 Raum- und Umweltwirkungen der Abwassersammlung

Raumwirkungen

Durch den Anschluss der Grundstücke in einem Siedlungsgebiet geht eine positive Raumwirkung aus, da diese hierdurch nutzbar werden. Man kann auch argumentieren, dass durch die Erschließung von Siedlungsgebieten Freiflächen verloren gehen. Daher ist es von großer Bedeutung, dass innerhalb der Siedlungsplanung diejenigen Gebiete erschlossen werden, die insgesamt unter Berücksichtigung der Eingriffe in den Wasserhaushalt durch die Flächenversiegelung die geringsten negativen Raumwirkungen aufweisen

Umweltwirkungen

Auch unter Umweltaspekten weist die Abwassersammlung positive und negative Aspekte auf. Das Beseitigen der hygienisch bedenklichen Fäkalien von den Grundstücken ist auch unter Umweltaspekten unbestritten positiv zu sehen. Dadurch, dass hierfür die natürliche Ressource Wasser als Transportmittel verwendet wird, ergibt sich bei zunehmender Flächenversiegelung und weiter steigenden Anforderungen an den Umweltschutz die Notwendigkeit, das Wasser aus diesem Entsorgungssystem zurückzudrängen. Schon innerhalb des Teilsystems Abwassersammlung ist es möglich, das kaum belastete Abwasser wieder unmittelbar vor Ort naturnah zu reinigen und dort direkt den lokalen Wasserressourcen zuzuführen.

Bei den unterirdisch verlegten Leitungen ergeben sich lediglich beim Bau der Leitungen kurzfristige Eingriffe in den Naturhaushalt, falls wertvolle Freiflächen oder Grundwasser führende Bereiche betroffen sind. Im Betrieb können durch undichte Leitungen Gefährdungen des Grundwassers ausgehen.

6.6 Abwassertransport

Im System der Abwasserentsorgung kommt der Systemkomponente ‚Transport' nur eine geringe Bedeutung zu, da nicht streng zwischen Abwassertransport und Abwassersammlung unterschieden werden kann. In den meisten Fällen übernehmen Transportleitungen auch eine Sammelfunktion, und auch in den Sammelnetzen wird Abwasser über weite Strecken transportiert.

Von Abwassertransport kann man dann sprechen, wenn Hauptsammler eines Systems dazu dienen, das Abwasser über weite Strecken zu einer zentralen, überörtlichen Kläranlage zu transportieren, statt dieses im Sammelgebiet selbst zu klären. Der Grund hierfür kann hierbei in den Stückkostenvorteilen großer Kläranlagen, im Mangel einer geeigneten Fläche für die (dezentrale) Kläranlage oder in dem Fehlen eines geeigneten Vorfluters liegen.

6.6.1 Komponenten des Abwassertransportes und deren Funktion

Auch wenn die Abwasserkanalisation neben ihrer Funktion des Sammelns der Abwässer weitgehend auch die Funktion des Transportes übernimmt, so kann auch hier zwischen beiden Teilsystemen unterschieden werden.

Nachdem sich die Abwasserentsorgungssysteme zunächst auf die jeweiligen Siedlungsflächen beschränkt hatten, sind diese Schritt für Schritt mit den Siedlungsflächen weiter gewachsen, meist bis an die Grenze der Leistungsfähigkeit der zugehörigen Kläranlage. In diesen Fällen wurde in den letzten Jahrzehnten das Abwasser meist zu der nächsten größeren Siedlung weitergeleitet und dort in einer gemeinsamen Anlage behandelt. Hierdurch ließen sich spezifisch geringere Behandlungskosten erzielen. Bei solchen Leitungen, die selbst keine oder nur eine geringe Sammelfunktion übernehmen, kann man dann von Abwassertransport sprechen.

Üblicherweise weisen Abwasserkanäle ein Gefälle von 0,1 bis 2% auf und eine Nennweite zwischen 200 mm (bzw. DN 250 nach den neueren technischen Regeln) und z. T. mehreren Metern auf. Die Kanäle sind in der Regel als so genannte Freispiegelleitungen ausgeführt, d.h. der Wasserstand im Rohr liegt unter dem Rohrscheitel; die Kanäle sind nur in Ausnahmefällen komplett mit Abwässern gefüllt (z.B. bei starken Regenereignissen bei Misch- oder Regenwasserkanalisation).

Ist das Rohrgefälle zu gering oder es sind Steigungen zu überwinden, müssen zusätzliche Pumpenanlagen vorgesehen werden. Zwischen längeren Rohrabschnitten liegen Kontrollschächte. Die Leitungen haben im Vergleich zu Trinkwasserleitungen große Querschnitte. Hauptabwassersammler in Ballungsräumen können begeh- und teilweise sogar mit Booten befahrbar ausgeführt sein. Für entlegene Ansiedlungen (z.B. abgelegene Gehöfte, Wochenendhaussiedlungen) werden in Ausnahmefällen auch Druck- oder Vakuumentwässerungen verwendet. Um zu lange Kanäle zu vermeiden, sollten allerdings dezentrale Kleinkläranlagen zum Einsatz kommen.

Bei Transportleitungen werden teilweise auch Unterdrucksysteme oder Druckleitungen (Leitung zum Transport von Abwasser unter Druck nach DIN 4045) verwendet.

Kanäle werden heute in den verschiedensten Materialien wie Faserbeton, Steinzeug, Kunststoff oder Beton ausgeführt. Früher wurden Kanäle häufig aus Ziegeln aufgemauert oder in

Keramikrohren ausgeführt. Bei Abwassertransportleitungen mit einem Querschnitt von mehr als 80 cm (DN 800) kommen jedoch vorwiegend Beton oder Stahlbetonrohre zum Einsatz (Bild 6-15).

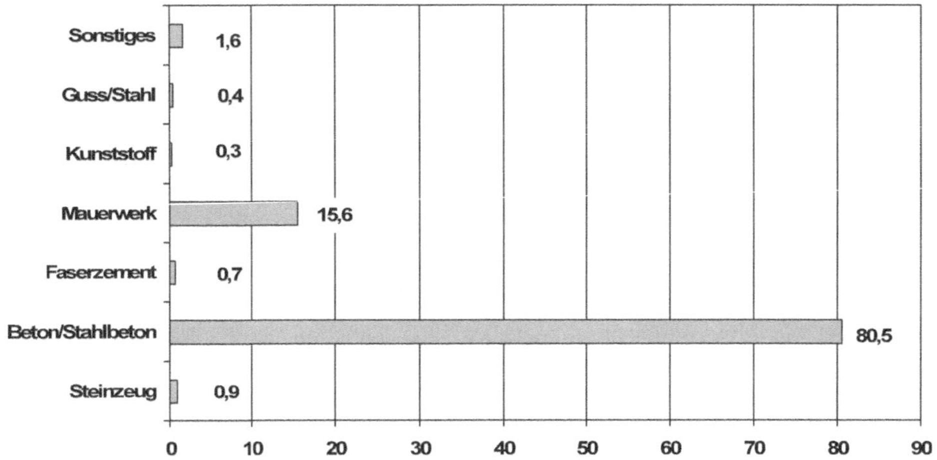

Bild 6-15 Materialverteilung der Kanäle >= DN 800 [6.16]

6.6.2 Raum- und Umweltwirkungen des Abwassertransportes

Raumwirkungen

Positive Raumwirkungen durch einen Abwassertransportes ergeben sich beispielsweise, wenn naturräumlich empfindliche Freiräume und in geringer Entfernung zur Wohnbebauung gelegene Standorte für die Kläranlagen vermieden werden können.

Abwassertransportleitungen verlaufen unterirdisch und können bei entsprechender Tieflage und konstruktiver Ausgestaltung auch überbaut werden, so dass sich hierdurch keine Zerschneidungen der Siedlungsräume ergeben.

Umweltwirkungen

Beim Bau der Leitung gibt es vorübergehende Eingriffe, im Betrieb gibt es in der Regel kaum Umweltwirkungen. Teilweise ergeben sich bei ungünstigen Wetterlagen Geruchsbelastungen über die Revisions- oder Absturzschächte.

6.7 Abwasser- und Klärschlammbehandlung

Im System der Abfallentsorgung sind bei der Systemkomponente Behandlung zwei Stoffströme zu betrachten, den der Ressource Wasser, die teilweise nur Transportaufgaben übernimmt und den der Abfallstoffe, die zunächst mit dem Wasser vermischt sind und die dann nach der Abtrennung in der Kläranlage als Klärschlamm weiterbehandelt und in der Ressource Boden abgelagert werden.

Abwasserbeseitigungsanlagen sind unter Berücksichtigung der Benutzungsbedingungen und Auflagen für das Einleiten von Abwasser (§§ 4 und 5 WHG) nach den hierfür jeweils in Betracht kommenden Regeln der Technik zu errichten und zu betreiben. Hierzu zählen insbesondere die technischen Bestimmungen für den Bau, den Betrieb und die Unterhaltung von Abwasserbeseitigungsanlagen. Entsprechen vorhandene Anlagen nicht diesen Vorschriften, so haben die Länder sicherzustellen, dass die erforderlichen Maßnahmen durchgeführt werden.

6.7.1 Komponenten der Abwasserbehandlung und deren Funktion

Ziele der Abwasserbehandlung sind die Hygienisierung, das heißt die Entfernung von pathogenen Bakterien, Viren und Wurmeiern, die Mineralisierung der organischen Substanz sowie die Entfernung von Pflanzennährstoffen (N, P), die zur Eutrophierung der Gewässer beitragen würden.

Die Abwasserbehandlung kann insgesamt in die drei Behandlungsstufen (1) mechanische Klärung, (2) biologische Klärung und (3) chemische Klärung eingeteilt werden (Bild 6-16).

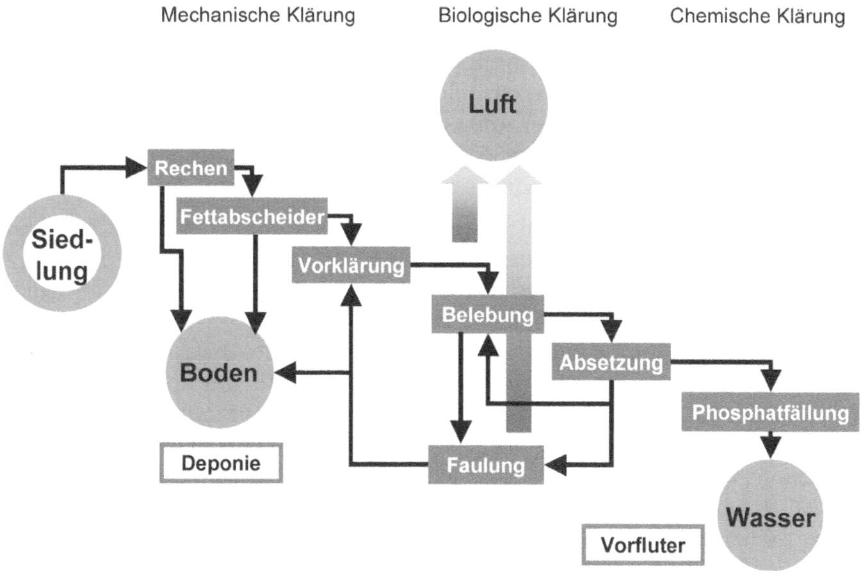

Bild 6-16 Behandlungsschritte einer Kommunalen Kläranlage [6.13]

Mechanische Behandlung [6.17]

Durch *mechanische* Behandlung in Rechenanlagen, Sandfang und Fettabscheider werden die aus dem typischen kommunalen Abwasser absetzbare Stoffe, die einen Anteil von etwa 30 % an den Inhaltsstoffen haben, entfernt und deponiert. In einem Vorklärbecken erhält man bei geringer Bewegung einen sich langsam absetzenden (Primär-)Schlamm, der zur weiteren Behandlung in den Faulturm gebracht wird. Ein Stoff lässt sich nur dann aus dem Abwasser entfernen, wenn er in Wasser unlöslich ist. Daher ist es die wichtigste Aufgabe der Abwasserbehandlung, die Schmutzstoffe durch biologische oder chemische Vorgänge in eine wasserunlösliche Form zu bringen. Ein wasserunlöslicher Feststoff kann als Sediment oder Flocken mechanisch entfernt werden, ein unlösliches Gas entweicht aus dem Abwasser in die Luft. Neben dem Primärschlamm und dem Sandanfall wird dem Abwasser dabei aber auch schon eine Vielzahl organischer Komponenten entnommen (rund 20 Prozent des biologischen Sauerstoffbedarfs, BSB_5).

Zunächst werden mit Rechenanlagen die Grobstoffe aus dem Abwasser entfernt. Die Gitterstäbe der Rechenanlagen sind rund oder linsenförmig gefertigt und haben einen Abstand von ein bis zehn Zentimetern, sie können mehrere Meter groß werden. Rechenanlagen befinden sich normalerweise in geschlossenen und beheizbaren Räumen. Damit vermeidet man ein Einfrieren im Winter und eine Geruchsbelästigung im Sommer. Nachdem die Grobstoffe durch Rechen entfernt sind, müssen die im Abwasser mitgeführten festen mineralischen Bestandteile, vor allem Sand, abgeschieden werden. Dies geschieht noch vor der ersten Pumpstufe, denn der Sand würde die Pumpen und nachfolgende Anlagen verschleißen und unnötigen Platz verbrauchen. Die Abscheidung der Sandkörner geschieht in Sandfängen, die so konstruiert sind, dass sich Feststoffe in ihnen leicht absetzen können. Praktisch überall, wo Abwässer gereinigt werden, fallen außerdem die großen Längs- und Rundbecken auf. Es handelt sich um Absetzbecken, die zur Vor- oder Nachklärung eingesetzt werden. Als Vorklärbecken haben sie die Aufgabe, im Rohwasser enthaltene, absetzbare organische Stoffe zu entfernen. Werden sie im Anschluss an die biologischen Verfahren eingesetzt (den biologischen Verfahren „nachgeschaltet", wie man in der Fachsprache sagt), obliegt ihnen die Trennung der Biomasse vom gereinigten Abwasser. Hierfür werden insbesondere Rundbecken eingesetzt. Schließlich können Absetzbecken auch dazu dienen, den Flockenschlamm zu entfernen, der sich nach einer chemischen Abwasserbehandlung gebildet hat.

Rechteckbecken sind von ihrer Funktion her auf eine Länge von 60 Metern, Rundbecken auf einen Durchmesser von 50 Metern begrenzt; größere Anlagen erfordern bei einer nur unwesentlich höheren Abscheidung einen nicht mehr vertretbaren finanziellen Aufwand. Daher werden bei größeren Anlagen mehrere Becken „parallelgeschaltet". Die Becken sind so gestaltet, dass über die Zu- und Abläufe sowohl eine gleichmäßige Abwasserzuführung als auch ein ruhiger Ablauf gewährleistet ist. Der anfallende Schlamm wird in den Rundbecken mit einem Schlammschild und einer Räumerbrücke kontinuierlich ausgetragen. Die Abscheidung wasserunlöslicher (hydrophober) Partikel, Tropfen oder Flocken kann beschleunigt werden, wenn es gelingt, an sie feine Gasblasen anzulagern. Die Gasblasen erhöhen den Auftrieb der Partikel und treiben sie auf diese Weise an die Wasseroberfläche. Dadurch bildet sich an der Wasseroberfläche ein stabiler Schwimmschlamm, der sich einfach ausräumen lässt. Dieses Verfahren heißt Flotation; durchgeführt wird es in Flotationsbecken (Flotationsabscheidern). Im Vergleich zu Sedimentationsabscheidern benötigen Flotationsabscheider bei einer deutlich geringeren Verweilzeit des Abwassers weniger Klärfläche, die Anlagen sind also kompakter.

Die einzelnen Flotationsverfahren unterscheiden sich hauptsächlich nach der Art, wie die Gasblasen in das Abwasser eingebracht werden.

Biologische Behandlung [6.18]

Gelöste Stoffe werden im Belebtschlamm-Verfahren *biologisch* abgebaut. Dabei wird das Abwasser für einige Stunden homogen gemischt und belüftet. Verfahren zur biologischen Abwasserbehandlung ahmen vom Prinzip her das natürliche Reinigungssystem der Flüsse nach, bei dem unter Sauerstoffzufuhr (aerober Prozess) organisches Material abgebaut wird. Ihr großer Vorteil ist, dass man die Inhaltsstoffe vorher analytisch nicht genau bestimmen muss, da die Mikroorganismen in Mischbiozönosen eingesetzt werden, die eine Vielzahl unterschiedlicher Stoffe abbauen können; je nach Art des Substrats vermehren sich die jeweils benötigten Mikrobenarten. Der hier stattfindende mikrobielle Abbau ist im Grunde genommen ein Verbrennungsprozess, bei dem organische Substanzen durch Oxidation zu anorganischen Verbindungen umgebaut werden. Die hierfür erforderlichen Elektronenspender sind entweder Sauerstoff (aerober Vorgang) oder bei dessen Ausschluss (also im anaeroben Fall) beispielsweise Nitrat oder Sulfat. Beim aeroben Stoffwechsel wird etwa die Hälfte des im Substrat gebundenen Kohlenstoffs zu Kohlendioxid (CO_2) oxidiert, die andere Hälfte bewirkt einen Zuwachs an mikrobieller Biomasse.

Im Nachklärbecken setzen sich die im Belebtschlammbecken gebildeten Flocken ab, so dass klares gereinigtes Abwasser entsteht. Dabei führt man einen großen Teil des gebildeten Belebtschlamms zurück in das Belebtschlammbecken. Damit steht hier mehr Biomasse zur Verfügung, als durch den Nachschub an frischem Abwasser jeweils ernährt werden kann. Dadurch tritt eine Reduzierung der Biomasse durch Selbstverzehr ein. Außerdem erhält das System hierdurch eine gewisse Elastizität gegenüber den von Zeit zu Zeit in kommunalen Kläranlagen üblicherweise auftretenden Abwasserkonzentrationen.

Wesentliche Bestandteile im biologischen Klärvorgang sind die Belebtschlammflocken, die sich im Nachklärbecken absetzen und klares Wasser zurücklassen. Die Flocken bestehen neben anorganischen und organischen Gerüstsubstanzen aus Bakterien, die meist in einen Schleim gehüllt oder fädig sind. Die Bildung der Flocken erfolgt unter dem Selektionsdruck von zahlreichen Protozoen (z.B. Glockentierchen), die teils freischwimmend, teils auf den Flocken festsitzend sind. Sie ernähren sich von freischwimmenden Partikeln und Bakterien. Dabei werden auch pathogene Keime effektiv entfernt werden. Belebtschlammflocken sind hingegen als Nahrungspartikel zu groß für sie. Im Belebtschlammbecken werden abbaubare gelöste Substanzen dann zum Teil mineralisiert, zum Teil in Biomasse überführt. Durch die Schlammrückführung wird eine Reduzierung der Biomasse erreicht. Ein Teil des Schlamms wird in den Faulturm überführt und dort unter Sauerstoffabschluss weiterbehandelt (anarerober Prozess).

Chemische Behandlung [6.18]

Die Stickstoff- und die Phospat-Eliminierung erfolgen durch eine *chemische* Behandlung des Abwassers. Stickstoff liegt in der Biomasse und in frischem Abwasser in reduzierter Form als Aminogruppe oder Ammoniak vor. Seine Entfernung kann mikrobiell in zwei Schritten erfolgen, der Oxidation zu Nitrat (Nitrifikation) und der anschließenden Reduktion zu N_2 (Denitrifikation). Siehe hierzu auch Kapitel 6.2. Diese Vorgänge erfordern einen Wechsel zwischen oxischen und anoxischen Bedingungen. Ein Problem ist, dass die Nitrifikation durch hohe organische Belastung „gehemmt" wird und nur bei einer langen Verweildauer im Belebtschlammbecken abläuft. Die Denitrifikation kann man z.B. dadurch erreichen, dass man für kurze Zeit die Belüftung im Belebtschlammbecken abschaltet. Dadurch kommt es sehr schnell zur vollständigen Sauerstoffzehrung und zum Einsetzen der Denitrifikation..

Bei der Phospat-Eliminierung wird dieses mit mehrwertigen Metall-Ionen ausgefällt. Man verwendet dazu Salze von Eisen, Aluminium oder Calcium. Außerdem werden manchmal organische Flockungsverbesserer zugesetzt. Die Fällung erfolgt entweder in einem der Belebung nachgeschalteten Schritt (dritte oder chemische Reinigungsstufe) oder bereits im Vorklär- oder Belebungsbecken (Vor- oder Simultanfällung).

Faulung und Faulschlamm-Entsorgung [6.18]

Schwermetalle (Pb, Cu, Hg, Cd, Cr u. a.) können anders als organische Stoffe nicht durch Abbau aus dem System entfernt werden. Man findet sie meist akkumuliert im Faulschlamm. Nur die Vermeidung der Verunreinigung des Wassers mit solchen Stoffen kann dieses Problem lösen. Aber auch einige organische Stoffe werden nicht vollständig entfernt. Schwer abbaubare wasserlösliche Verbindungen (etwa Textilfarbstoffe) passieren die Kläranlage unverändert. Reststoffe mit geringer Wasserlöslichkeit (polycyclische aromatische Kohlenwasserstoffe, Pestizide etc.) werden im Faulschlamm akkumuliert.

Der im Vorklär- und Belebungsbecken anfallende Schlamm (etwa 1 % des Abwasservolumens) wird im Faulturm unter Sauerstoffausschluss und leichter Erwärmung für zwei bis drei Wochen inkubiert. Hierbei läuft ein anaerober methanogener Abbau ab, der den organischen Gehalt des Schlamms um 80 % reduziert und gleichzeitig den Schlamm geruchsarm und besser entwässerbar macht.

Im anaeroben Prozess ist der Anteil des Kohlenstoffs, den die Organismen zum Zuwachs verwerten, mit etwa fünf bis zehn Prozent deutlich geringer. Aus den übrigen 90 bis 95 Prozent des im Substrat gebundenen Kohlenstoffs entstehen zu rund zwei Dritteln Methan und zu einem Drittel Kohlendioxid. Das gebildete Methan kann zu Heizzwecken und für einen Teil der Energieversorgung der Belüftung genutzt werden. Ob man den Schlamm nach einer Erhitzung (oder Alkalisierung) zur Abtötung von Wurmeiern als Dünger auf den Acker bringen kann oder ihn auf eine Deponie verbringen muss, hängt von der Belastung durch Schwermetalle und organische Reststoffe ab. Langfristig ist nur die Rückführung in die natürlichen Kreisläufe sinnvoll.

Behandlung in einer Pflanzenkläranlage

Bei Abwasserreinigungsanlagen nach dem Prinzip der Pflanzenkläranlage (Bild 6-17) wird die Selbstreinigungskraft der Natur genutzt. Abwässern werden Teichen mit ausgewählten Sumpfpflanzen zum Zwecke der biologischen Abwasserreinigung zugeführt. Der mit den Pflanzen besetzte Boden- oder Wasserkörper wird vertikal oder horizontal durchströmt. Im Zusammenspiel von Pflanze, Boden und darin lebenden Mikroorganismen werden sowohl organische als auch anorganische Stoffe abgebaut oder durch Bindung an den Bodenkörper aus dem Abwasser eliminiert. Ebenso tragen die Pflanzenkläranlagen zu einer Reinigung des Abwassers durch Verminderung der Gesamtkeimzahl bei. Pflanzenkläranlagen eignen sich aufgrund ihrer Abbauleistungen vorzugsweise für die Reinigung wenig belasteter häuslicher Abwässer.

Eine Pflanzenkläranlage ermöglicht auch die Klärung großer Abwassermengen, z.B. die Klärung kommunaler Abwässer im Stadtrandbereich oder in den ländlichen Raum. Auch stark belastetes Abwasser aus Industrie und Gewerbe, Silosickerwasser aus der Landwirtschaft,

Sickerwasser aus Hausmülldeponien oder anderen stark verschmutzten Abwässern gelten bei geeigneter Anpassung (Adaptation) der Pflanzenkläranlage an die Schadstofffracht und hinreichender Größe als umsetzbar.

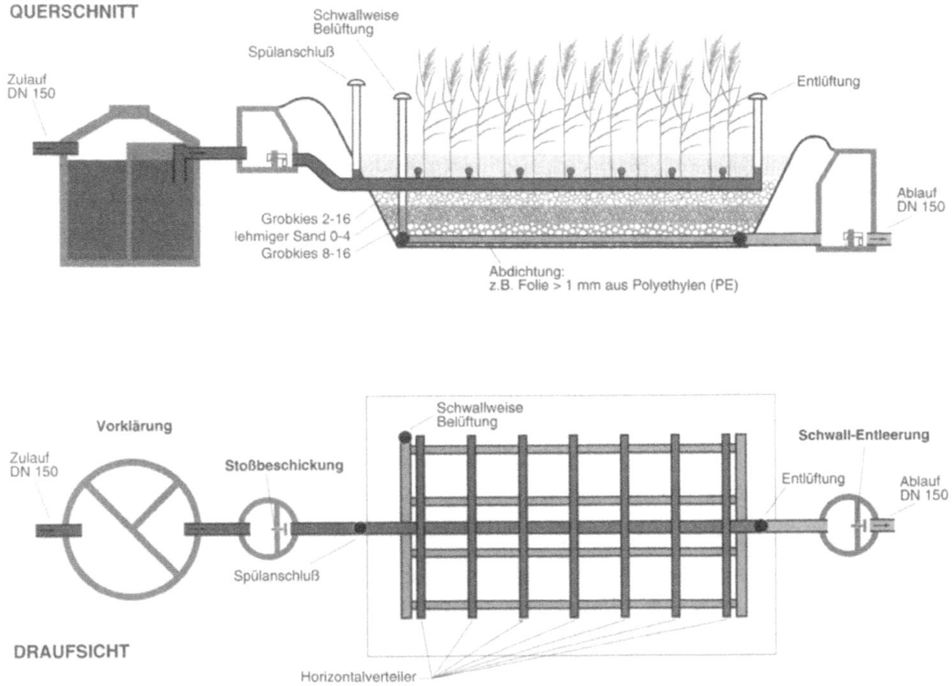

Bild 6-17 Querschnitt (oben) und Draufsicht (unten) einer Pflanzenkläranlage [6.19]

Pflanzenkläranlagen unterscheiden sich von technischen Kläranlagen dadurch, dass in ihnen das Abwasser ohne künstliche Belüftung (d. h. Sauerstoffzufuhr) durch eine Bodenpassage gereinigt werden soll. Während der Passage des Abwassers durch den von Schilf durchwurzelten Boden oder durch mit Schilf oder Binsen bepflanzten Kies/Sandschichten, wird das Abwasser sowohl mechanisch gefiltert, als auch durch die in den Filterschichten vorhandenen Mikroorganismen gereinigt. Gemeinsames Kennzeichen der Pflanzenkläranlagen ist die Bepflanzung mit Sumpfpflanzen (Schilf Binsen u. a.), denen ein aktiver Beitrag zur Reinigung des Abwassers zugeschrieben wird. Die wesentliche Reinigungsleistung einer Pflanzenkläranlage erfolgt durch Bakterien, die sich im Wurzelbereich der Pflanzen ansiedeln und sich aus dem vorbeifliessenden Wasser ernähren. Die Pflanzen dienen als „Wirt", von denen sich die Bakterien vorwiegend mit Sauerstoff versorgen. Neben der Verrieselung von Abwasser, Filtergräben und Filterbeeten bieten die Pflanzenkläranlagen das einfachste Prinzip der Abwasserreinigung. Sie weisen aber, im Gegensatz zu ihrer „Konkurrenz", eine höhere Reinigungsleistung auf und können in bestimmten Einsatzbereichen als Alternative zu Belebungsanlagen und Tropfkörperanlagen betrachtet werden.

Der Nachteil gegenüber den kompakten Behälteranlagen ist der vergleichsweise hohe Platzbedarf. Je nach Verfahren werden mindestens 2-5 m² Fläche pro angeschlossenen Einwohner benötigt (oft sogar 8 - 10 m²/E). Die Mindestfläche eines Pflanzenbeetes wird mit 25 m² angegeben. Um eine große Oberfläche für die zahlreichen Umwandlungsprozesse zur Verfügung zu stellen, ist eine ausreichend tiefe Durchwurzelung notwendig. Rohrschilf zum Beispiel erreicht eine Durchwurzelung bis in 1,20 m Tiefe. Für die meisten Pflanzenkläranlagen ist eine Wurzeltiefe von ca. 60 cm jedoch ausreichend.

- Horizontales Verfahren

Das Abwasser wird über die Mehrkammerabsetzgrube unterhalb der Beetoberfläche in die Anlage eingeleitet. Das Abwasser durchfließt den Bodenkörper und wird auf der Sohle am Ende der Anlage in Filterrohren aufgesammelt und über einen Kontrollschacht in ein Gewässer geleitet oder im Untergrund versickert. Für horizontal durchflossene Anlagen werden mindestens 5 m² Pflanzfläche angesetzt. Bei der Berechnung der notwendigen Fläche sind der Zu- und Ablaufbereich hinzuzurechnen.

- Vertikales Verfahren

Beim vertikalen System wird das Abwasser über ein Verteil-System auf der Pflanzfläche in den Bodenkörper eingebracht. Das Wasser wird gleichmäßig über die gesamte Pflanzfläche verteilt und rieselt aus den Verteilerrohren in den Bodenkörper. Auf der Sohle der Anlage wird das gereinigte Wasser gesammelt und ebenfalls über einen Kontrollschacht in ein Gewässer geführt oder im Untergrund verrieselt.

- Betriebshinweise

Jede Kleinkläranlagen unterliegt nach dem Gesetz der Eigenüberwachung. Für die Pflanzenkläranlage sind neben den Bestimmungen der DIN 4261 weitere, für Pflanzenkläranlagen typische Arbeiten im Rahmen der eigenen Betreuung durchzuführen. Regelmäßige Kontrollen der Pflanzenoberfläche auf Schäden, Pfützenbildung oder sonstige Auffälligkeiten sind ebenso wichtig wie die Kontrolle der bautechnischen Anlagenteile.

- Typen der Pflanzenkläranlagen

Pflanzenkläranlagen werden in drei Grundtypen unterschieden:

- in Pflanzenkläranlagen mit wasserüberstauten Beeten,
- in Pflanzenkläranlagen mit nicht bindigem Filtermaterial auf der Basis von sandig-kiesigem Boden (Boden wird vorwiegend in vertikaler Richtung durchströmt),
- in Pflanzenkläranlagen mit bindigem Filtermaterial (Bodenkörper wird horizontal vom Abwasser durchflossen), hierzu gehört auch die „Wurzelraumentsorgung".

Mischformen dieser Grundtypen ergeben sich manchmal während des Betriebs oder sind als solche von vornherein geplant.

Die mechanische Vorklärung des Abwassers beim Betrieb von Pflanzenkläranlagen ist sinnvoll, da der Verlauf der anfallenden Abwassermenge gleichmäßiger wird. Darüber hinaus wird die Sedimentation ungelöster Abwasserinhaltsstoffe in der Pflanzenstufe verhindert. Diese mechanische Entschlammung vermeidet zusätzlich eine Verschlechterung der hydraulischen Eigenschaften des Bodenkörpers. Hygienische Probleme können so vermieden werden.

Der Platzbedarf für eine Pflanzenkläranlage liegt bei ca. 5 m² pro Einwohnerwert.

6.7.2 Komponenten der Klärschlammbehandlung und deren Funktion

Mechanische Entwässerung

Häufig entwässern mechanische Entwässerungseinrichtungen (Zentrifugen, Kammerfilterpressen, Siebbandpressen, Schneckenpressen) den meist behandelten (stabilisierten) Klärschlamm vor der Nachbehandlung, Verwertung oder Entsorgung. Um Wasser auspressen zu können, ist es erforderlich, dem Flüssigschlamm entweder polymere Flockungsmittel, Eisen oder Kalkmilch zuzugeben. Eine Kalkzugabe beträgt ca. 20 bis 35 Prozent CaO im Feststoffanteil und macht einen wesentlichen Teil des Nutzens bei der Verwertung als Dünger aus. Jedoch wird dabei die ursprüngliche TS-Entsorgungsmenge künstlich erhöht, was zu entsprechenden Mehrkosten führt. Durch die mechanische Entwässerung steigt der Feststoffgehalt von z. B. 3,0 Prozent auf 28 Prozent und ermöglicht die Reduzierung des Klärschlammvolumens bzw. der zu entsorgenden Tonnage auf ein Zehntel der ursprünglichen Menge des Nassschlamms. Der Anteil von organischer Substanz (je nach Schlammbehandlung um die 50 bis 60 % oTS), kann mit biologischer Entwässerung reduziert werden

Biologische Entwässerung

Unter der biologischen Entwässerung versteht man das Aufbringen von *Klärschlamm* auf Vererdungsbeete. In diesen vorwiegend mit Schilf bepflanzten Beeten kommt es zunächst zu einer schnellen Entwässerung des Klärschlamms auf etwa 10 Prozent Feststoffgehalt. Das durch den Bodenfilter sickernde Wasser des Klärschlamms wird mit Drainagesystemen aufgefangen und zur Kläranlage zurückgeführt. In den Vererdungsbeeten der Klärschlammvererdungsanlage verbleiben die organischen und mineralischen Feststoffanteile. Durch biologische Umsetzungsprozesse über einen längeren Zeitraum werden die organischen Anteile aufgespalten und mineralisiert, was einen starken Masseabbau nach sich zieht. Aus dem Reststoff Klärschlamm entsteht dadurch hochwertige Klärschlammerde, die nach Räumung und Nachlagerung Trockensubstanzgehalte bis zu 60 Prozent erreicht. Durch den Abbau von 50 bis 60 Prozent der im Klärschlamm enthaltenen Organik (Massenreduktion) kann Klärschlammvererdung effektiv geringere Restmengen erreichen als z. B. solare Trocknung mit etwa 70 Prozent Trockensubstanz

Verwertung und Entsorgung

Klärschlamm ist reich an Pflanzennährstoffen (insbesondere Stickstoff und Phosphor; je nach Entwässerungsverfahren auch Kalzium) – enthält aber auch geringe Mengen an Schwermetallen (meist < 0,1 %). Daneben kann Klärschlamm auch organische Schadstoffe wie Halogenkohlenwasserstoffe und Dioxine enthalten.

Die Verwertung von Klärschlamm aus kommunalen Kläranlagen als Dünger in der Landwirtschaft unterliegt daher in Deutschland der Klärschlammverordnung (AbfKlärV). Die Verwendung als Dünger ist nur auf Ackerflächen zulässig – nicht auf Dauergrünland oder Obst- und Gemüseanbauflächen. Klärschlämme, die hinsichtlich der Schadstoffgehalte die Vorschriften der Klärschlammverordnung erfüllen und hinsichtlich der Nährstoffgehalte den Vorgaben der Düngemittelverordnung entsprechen, gelten in Deutschland als zugelassenes Düngemittel. Im Jahr 2003 wurden in Deutschland 56 Prozent der behandelten Klärschlämme aus kommunalen Kläranlagen als Dünger in der Landwirtschaft und im Landschaftsbau eingesetzt. Die damit ausgebrachte Schwermetallfracht ist deutlich kleiner als die anderer Düngemittel wie Kompost oder Mineraldünger [6.20].

Aufgrund des hohen Gehaltes an organischer Substanz (ca. 50 %), die bei der Verwertung als Dünger die Humusbilanz des Ackers positiv beeinflusst, ist die Beseitigung des Klärschlamms durch Ablagerung auf Deponien in Deutschland seit dem 1. Juni 2005 nicht mehr möglich. Gemäß deutscher Abfall-Ablagerungsverordnung (AbfAblV) dürfen seit diesem Datum nur noch Abfälle mit höchstens 5 Prozent organischer Substanz deponiert werden. Nicht verwertete Klärschlämme werden durch Verbrennung (thermische Behandlung) beseitigt. Aufgrund zu geringer Heizwerte ist eine thermische Verwertung nicht möglich. Bei der Verbrennung gehen die im Klärschlamm enthaltenen Pflanzennährstoffe dem natürlichem Stoffkreislauf verloren. Dies ist besonders bedauerlich, da die Weltressourcen für Phosphate früher zu Ende gehen werden als Erdöl, darüber hinaus ist die landwirtschaftliche Entsorgung wesentlich preisgünstiger.

Ein nachhaltigerer Verwertungsweg für Klärschlamm kann mit Klärschlammvererdung erreicht werden. Nach der schnellen Entwässerung in Schilfbeeten werden die Gehalte an organischer Trockensubstanz im Klärschlamm durch mikrobielle Stoffumsetzung weitgehend abgebaut und mineralisiert (Masseabbau, Änderung der Materialeigenschaften, Porenvolumen etc.). Dadurch entsteht hygienisierte und humusähnliche Klärschlammerde, die sich zur Herstellung technischer Böden für die Verwendung als Pflanzsubstrat im Garten- und Landschaftsbau und für Wasserhaushaltsschichten bei Deponierekultivierungen eignet und so wieder in den Stoffkreislauf zurückführt, statt die Wertstoffe im Klärschlamm durch Verbrennung zu zerstören (auch wenn Klärschlammerde wie andere entwässerte Schlämme verbrannt werden können)

Gefahren für den Menschen

Nach § 3 BioStoffV (Biostoffverordnung) fällt Klärschlamm in die minder schwere Risikogruppe 2 (von 4 Gruppen). Klärschlamm kann Mikroorganismen enthalten, die beim Menschen Infektionen hervorrufen. Eine Verbreitung solcher Infektionen in der Bevölkerung durch Klärschlamm ist aber unwahrscheinlich. Die Aufnahme von Klärschlamm z.B. durch Verschlucken, über die vorgeschädigte Haut (z.B. offene Wunden, Ekzeme) oder durch Einatmen (Aerosole) ist zu vermeiden

Schlammfaulung

Im Klärwerk kommt es oft zu Faulungsprozessen, bei denen Biogas (Faulgas) freigesetzt wird. Beim anaeroben Stoffwechselprozess werden die im Abwasserschlamm enthaltenen organischen Stoffe im Faulturm zu Methan und Kohlendioxid umgesetzt; in sehr viel geringeren Mengen entstehen auch Wasserstoff, Schwefelwasserstoff und Ammoniak. Überließe man den Schlamm sich selbst, so liefe der Faulungsprozess unkontrolliert ab. Dabei würden die organischen Schlammbestandteile aerob und anaerob abgebaut, der Schlamm würde sich verändern und unangenehme Gerüche freisetzen. Mit einem kontrollierten Faulungsprozess können Geruchsprobleme während und nach der Behandlung jedoch vermieden werden. Dies wird in vielen kommunalen Kläranlagen in Faultürmen durchgeführt, die oft das äußere Erscheinungsbild solcher Anlagen prägen. Das in seiner Zusammensetzung dem Erdgas nicht unähnliche Biogas wird im Klärwerk als Energiequelle weiter genutzt.

Die Faulung kann in drei Temperaturbereichen durchgeführt werden: bei 10 bis 20 Grad Celsius, zwischen 35 und 38 Grad Celsius oder im Bereich von 50 bis 60 Grad Celsius. In Deutschland ist die anaerobe Stabilisierung kommunaler Abwasserschlämme im mittleren Temperaturbereich Stand der Technik. Bei einer Temperatur von etwa 37 Grad Celsius verbleibt der Schlamm drei bis vier Wochen im Behälter. Für niedrig belastete Abwässer kann die Faulung entfallen, da die organischen Stoffe schon weitgehend abgebaut und die anfallenden Schlämme damit inaktiv sind.

Der ausgefaulte, praktisch geruchlose und an Krankheitserregern arme Schlamm kann in einem nachfolgenden Prozess leicht entwässert werden und ist danach ohne Geruchsprobleme lagerfähig. Dieser Vorgang wird auch als Klärschlammstabilisation bezeichnet, da sich der Schlamm nach dem kontrollierten Faulungsprozess nicht mehr von selbst weiter verändert. An die Entwässerung schließen sich meist noch weitere Schritte an: Teiltrocknung und Verbrennung, Volltrocknung, Vergärung, Kompostierung, Deponierung oder stoffliche Verwertung.

Entwässerung und Trocknung

Die Beschaffenheit des Klärschlamms wird durch die Klärschlammverordnung festgelegt. Danach wird als Standardqualität für Klärschlamm ein Trockengranulat mit einem Trockenmasseanteil von 95 Prozent angestrebt. Der durch Sedimentation aus den Verfahren zur Abwasserreinigung im Eindicker anfallende Schlamm weist jedoch aus technischen und physikalischen Gründen einen durchschnittlichen Trockensubstanzanteil von nicht mehr als fünf Prozent auf. Daher steht eine weitere Stufe zur Trennung von festen und flüssigen Bestandteilen am Beginn jedes Aufbereitungsverfahrens.

Entscheidend für die Auswahl der Verfahren ist dabei die vorzugebende Restfeuchte in Abhängigkeit von der vorgesehenen weiteren Verwendung und dem dazu erforderlichen Transport. Stand der Technik sind kontinuierlich arbeitende Dekantierzentrifugen sowie Auspressapparate (Bandfilterpresse, Kammerfilterpresse), mit denen der Wasseranteil auf rund 75 Prozent gesenkt werden kann. Gegebenenfalls lässt sich durch vorgeschaltete Flockungsverfahren (Beimischung von Zuschlagstoffen) der Wasseranteil nochmals um zehn Prozent senken.

Unter der Vielzahl von Trocknungsverfahren zur weiteren Reduzierung des Feuchteanteils haben Wirbelschicht- und Dünnschichttrockner die größte Bedeutung. Um zu verhindern, dass schädliche Zersetzungsprodukte freigesetzt werden, wird dabei der Klärschlamm bei relativ niedrigen Temperaturen getrocknet (circa 85 Grad Celsius). Die Sauerstoffkonzentration im Gasraum ist kleiner als acht Prozent, Geruchsfreisetzungen oder unerwünschte chemische Reaktionen können vermieden werden. Zugleich sinkt auch die Zahl der im Schlamm enthaltenen Krankheitskeime deutlich ab – ein wichtiger Aspekt, denn die meisten im Abwasser vorhandenen Erreger überleben die biologische Abwasserbehandlung.

Stoffliche Verwertung

Die Inhaltsstoffe der Biomasse aus biologischen Abwasserbehandlungsanlagen sind im Wesentlichen Lipide (Fette), Kohlenhydrate, Nukleinsäuren beziehungsweise Proteine (Eiweiße). Grundsätzlich bietet sich die Möglichkeit an, diese Biomasse als Rohstoff zu nutzen. Das setzt eine chemische Behandlung voraus, zum Beispiel durch Hydrolyse, Oxidation oder Vergasung. Außerdem müssen hierbei – im Unterschied zu allen anderen Verfahren – die organischen Reaktionsprodukte separat gewonnen und verwertet werden. Ob sich dieses noch recht neue Konzept praktisch umsetzen lässt, ist derzeit noch nicht endgültig geklärt. Wie bei anderen Verfahren auch hängt die Wirtschaftlichkeit entscheidend von den äußeren Rahmenbedingungen (etwa vom Entsorgungspreis des Klärschlamms) sowie von regionalen Gegebenheiten ab.

Schlammverbrennung

Wie schon erwähnt, kann vorgetrockneter Klärschlamm auch verbrannt werden. Ziel dieses Verfahrens ist eine vollständige Umwandlung der Schlamminhaltsstoffe in anorganische Substanzen bei gleichzeitiger Nutzung des Energiepotenzials, also des Brennwerts. Die freigesetzte Energie kann dabei auch zur Vortrocknung genutzt werden. Als Reaktionsprodukte entstehen bei der Verbrennung vor allem Wasser und Kohlendioxid; auch bilden sich in geringen Mengen Metallsalze (aus den in der Biomasse in geringen Mengen vorhandenen Metallverbindungen). Stäube, lösliche Schlackenbestandteile und nicht umgesetzte Zwischenprodukte müssen anschließend aus den Rauchgasen und Schlacken entfernt werden. Die Rückstände lassen sich ohne Probleme deponieren.

Klärschlamm kann man auch in normalen, mit festen Brennstoffen betriebenen Feuerungen verwerten, falls die Restfeuchte das zulässt (sie muss unter 20 Prozent liegen). Schwerpunkt der industriellen Nutzung des Klärschlamms ist heute schon die Mitverbrennung in Kraftwerken. Aufgrund der Deponieverordnung, welche die Ablagerung von unbehandeltem Klärschlamm seit dem Jahr 2004 untersagt, mussten zusätzliche Kapazitäten für die Vorbehandlung und Entsorgung von Klärschlamm geschaffen werden. Daraus resultiert eine Vielzahl von Anforderungen und Problemen für den praktischen Betrieb. Anders ist dies bei speziellen Klärschlammverbrennungsanlagen. Solche Anlagen gestatten eine optimale Prozessführung und bergen – vorausgesetzt, sie entsprechen dem heutigen Stand der Technik – viel geringere ökologische Risiken. Um eine Klärschlammverbrennungsanlage ohne zusätzliche Stützfeuerung wirtschaftlich betreiben zu können, müssen pro Jahr mindestens 7,2 Kilotonnen Trockenmasse verbrannt werden.

Die *Monoklärschlammverbrennung* dient ausschließlich der Entsorgung von Klärschlämmen in speziell für diesen Zweck errichteten Anlagen. Die Monoverbrennung hat für den Betreiber einer Kläranlage den Vorteil, dass Abwasserbehandlung und Klärschlammentsorgung autark an einem Standort stattfinden. Mit der Verbrennung von Klärschlamm gibt es jahrelange Erfahrungen, und die Grenzwerte der 17. BImSchV lassen sich sicher einhalten. Gegen eine Monoverbrennung sprechen vor allem die hohen Investitionskosten für die Anlage.

Klärschlammverbrennungsanlagen werden bei Temperaturen zwischen 850 und 950°C betrieben. Temperaturen unter 850°C können zu Geruchsemissionen führen, bei Temperaturen über 950°C muss mit einer Versinterung der Asche gerechnet werden. Das sich bei der Verbrennung einstellende Temperaturniveau ist von dem Energieinhalt und der Menge des eingebrachten Klärschlammes sowie von der Verbrennungsluftmenge abhängig. Nach der 17. BImSchV werden ein Sauerstoffgehalt von mindestens 6 Vol.-Prozent, eine Nachverbrennung bei mindestens 850°C sowie eine ausreichende Verweilzeit der Abgase in der Nachbrennkammer von mindestens 2 Sekunden gefordert [6.21].

- Monovergasung von Klärschlamm

Eine Anlage zur Vergasung von reinem Klärschlamm ist seit dem Jahr 2004 am Standort der Kläranlage in Balingen im Dauerbetrieb. In der Anlage mit einer Jahreskapazität von 1.250 t Trockenmasse wird getrockneter Klärschlamm zu Synthesegas umgesetzt. Das Synthesegas wird in einem Blockheizkraftwerk verbrannt und dient damit der gekoppelten Erzeugung von Strom und Wärme.

- Mitverbrennung in Hausmüllverbrennungsanlagen

Kommunale Klärschlämme werden in einer Reihe von Hausmüllverbrennungsanlagen mitentsorgt. Die in MVAs entsorgte Klärschlammmenge hat in den letzten Jahren an Bedeutung verloren. Einige Hausmüllverbrennungsanlagen haben die Klärschlammverbrennung wieder eingestellt. Bei anderen MVAs ist die angelieferte Klärschlammmenge rückläufig oder es kommen gar keine Klärschlämme mehr zur Verbrennung. Ein Grund hierfür könnten die Kosten der Hausmüllverbrennung sein, die mit den an anderen Stellen gebotenen Entsorgungskosten für Klärschlamm nicht konkurrieren können.

- Mitverbrennung in Kohlekraftwerken und Zementwerken

In den letzten Jahren hat die Mitverbrennung von Klärschlamm in Kraftwerken einen immer größeren Anteil an der Klärschlammentsorgung eingenommen. Sowohl in Braunkohle- als auch in Steinkohlekraftwerken kann Klärschlamm mitverbrannt werden. Verbrannt wird im Allgemeinen nur stabilisierter, d.h. ausgefaulter Klärschlamm. Der Einsatz von Rohschlamm bringt zu große Schwierigkeiten bei der Handhabung und bei der Lagerung vor allem durch seine schlechte Entwässerbarkeit sowie durch Gasbildung und Geruchsentwicklung mit sich. In den meisten Kraftwerken hat sich ein Klärschlammanteil von bis zu 5 Prozent der Brennstoffmasse bewährt. Die Erfahrungen haben gezeigt, dass die Mitverbrennung dieser Menge ohne bzw. mit geringen Problemen zu bewältigen ist. Eine Mitverbrennung von 5 Prozent Klärschlamm in allen deutschen Kraftwerken würde ausreichen, um das Doppelte der in Deutschland insgesamt anfallenden Klärschlammmenge zu verbrennen.

Die Zementherstellung ist ein sehr energieintensiver Prozess, in dem schon seit Jahrzehnten Ersatzbrennstoffe aus Abfällen eingesetzt werden. In jüngster Zeit wurden auch verschiedene Versuche mit Klärschlamm durchgeführt. Getrockneter Klärschlamm kann bei der Zementherstellung einerseits fossile Brennstoffe ersetzen. Andererseits kann der mineralische Anteil im Klärschlamm bei der Zementherstellung benötigte mineralische Rohstoffe wie Sand oder Eisenerz ersetzen. Mit Novellierung der 17. BImSchV vom 14.8.2003 gelten die Schwermetallgrenzwerte der Müllverbrennung in vollem Umfang auch für die Mitverbrennung von Klärschlamm in Zementwerken. In einem Versuch im Zementwerk Lägerdorf wurde im Jahr 2003 unter Beteiligung des Landes Schleswig-Holstein der Einsatz von getrocknetem Klärschlamm unter Maximalbedingungen erprobt. Bis zu 10 t Klärschlamm pro Stunde – dies entspricht etwa 15% der benötigten Feuerungswärmeleistung – wurden im Klinkerprozess eingesetzt. Ergebnis des Versuchs war, dass der Klärschlammeinsatz keine Auswirkungen auf den Prozess und die Produktqualität hatte. Abgasseitig war lediglich eine Erhöhung der Quecksilberemissionen messbar, die im Bereich des Grenzwertes der 17. BImSchV lag. Dabei ist zu beachten, dass in dem Versuch bewusst ein relativ hoch mit Quecksilber belasteter kommunaler Klärschlamm verwendet wurde. Als Fazit wurde aus dem Versuch gezogen, dass die Mitverbrennung von Klärschlamm von bis zu 10% der Feuerungswärmeleistung sicher möglich ist und dass damit der Klärschlamm sowohl stofflich als auch energetisch vollständig verwertet werden kann [6.21]

- Überblick über den Erkenntnisstand

Die thermischen Verfahren leisten einen immer größer werdenden Beitrag zur Entsorgung von Klärschlamm. Großtechnisch erprobte Verfahren im Entsorgungsmaßstab sind hier die Monoverbrennung in der Wirbelschicht, die Mitverbrennung in Hausmüllverbrennungsanlagen bzw. die Mitbehandlung in einer Hausmüll-Pyrolyseanlage und die Mitverbrennung in einer Reihe von Kohlekraftwerken. Dabei wird vor allem die Mitverbrennung in Kraftwerken weiter an Bedeutung gewinnen. Bei der Mitverbrennung in Zementwerken wurden in jüngster Zeit einige Erfolg versprechende Versuche durchgeführt. Falls die Verwertung von Klärschlamm in der Zementherstellung zukünftig in die Praxis umgesetzt wird, tun sich hier beachtenswerte Kapazitäten zur Klärschlammentsorgung auf. Seit Juni 2005 stellt die thermische Behandlung von Klärschlämmen einen unverzichtbaren Entsorgungsschritt dar. Hierzu sollten im Rahmen von integrierten regionalen Klärschlamm-Entsorgungskonzepten vorrangig die vorhandenen Behandlungskapazitäten in Monoverbrennungsanlagen und, soweit möglich und ökologisch sinnvoll, die Mitverbrennungsmöglichkeiten genutzt werden [6.21].

6.7.2 Raum- und Umweltwirkungen der Abwasserbehandlung

Raumwirkungen

Eine wesentliche Raumwirkung der Abwasserbehandlung geht vom Flächenbedarf für die Abwasserbehandlung aus. Eine vollständige mechanisch-biologische Kläranlage benötigt eine Fläche in der Größe von 0,5 bis 2,0 Quadratmeter pro Einwohner [6.21]. Da das Abwasser die Abwasserbehandlungsanlage möglichst ohne zusätzliches Pumpen im Freispiegelabfluss erreichen und das gereinigte Wasser möglichst auf kurzem Weg einem leistungsfähigen Vorfluter (möglichst einem Fließgewässer mit hoher Selbstreinigungskraft) zu geführt werden sollte, liegen Kläranlagen häufig in den empfindlichen Flusstälern und damit in Außenbereicht.

Erhebliche Raumwirkungen gehen ebenfalls von den großen Baukörpern einer Kläranlage aus. Das sind die Faultürme und die großen Klärbecken.

Umweltwirkungen

Eine wesentliche Wirkung auf die Umwelt durch die Abwasserbehandlung geht durch die Schwermetalle aus. Diese können weder im Rahmen der Abwasserbehandlung, noch später in den natürlichen Ressourcen abgebaut werden, in die sie entweder über den Stoffstrom Wasser oder den Stoffstrom Klärschlamm gelangen.

Schwermetalle sind chemische Elemente, die auch ohne den Eingriff des Menschen natürlicherweise in der Umwelt vorkommen. Im Vordergrund der Diskussionen und gesetzlichen Regelungen stehen die Metalle Blei, Cadmium, Chrom, Kupfer, Nickel, Quecksilber und Zink. Darüber hinaus ist auch das Halbmetall Arsen, das nicht zu den Schwermetallen zählt, von Bedeutung.

Schwermetalle werden in vielfältiger Weise technisch genutzt und gelangen durch Produktionsabfälle, durch die Anwendung entsprechender Produkte und durch die Abfallentsorgung dieser Produkte in die Umwelt.

In Oberflächengewässer können sie auf verschiedenen Wegen eingetragen werden, z. B.

- über industrielle und kommunale Abwässer
- durch Auswaschung oder Abtrag natürlich vorkommender Gesteine und Böden
- durch Auswaschung oder Abtrag von schwermetallhaltigen Halden, meist ehemaliger Bergbau- und Hüttenbetriebe
- über den Regenwasserabfluss von befestigten Flächen

Schwermetalle sind als chemische Elemente in der Umwelt nicht abbaubar. Zu einer Gefahr für den Menschen und die Umwelt werden sie erst bei erhöhten Konzentrationen und wenn sie von Lebewesen aufgenommen werden können. Die Konzentrationen in der Umwelt sind meist so gering, dass keine akuten Giftwirkungen auftreten. Dagegen sind langfristige, chronische Giftwirkungen dann zu erwarten, wenn einzelne Schwermetalle in die Nahrungskette gelangen und sich in Lebewesen anreichern können. So kann z. B. die jahrzehntelange Aufnahme kleinster Mengen von Cadmium und Quecksilber durch den Menschen im Alter zu Nierenschäden führen. Bekannt ist auch die krebserzeugende Wirkung von Arsen. Die Giftigkeit der einzelnen Metalle ist sehr unterschiedlich und hängt zudem von der jeweils vorkommenden chemischen Bindungsform ab. Zink ist zum Beispiel für den Menschen relativ ungefährlich, während viele Pflanzen empfindlicher reagieren.

In Gewässern lagern sich die Schwermetalle bevorzugt an Feststoff-Teilchen an; sie liegen daher größtenteils an Schwebstoffe gebunden vor. Als *Schwebstoffe* werden allgemein die in Gewässern schwebenden Feststoff-Teilchen bezeichnet. Sie setzen sich aus anorganischen (mineralischen) Stoffen und aus organischem Material zusammen, das aus tierischen und pflanzlichen Lebewesen sowie toter organischer Substanz besteht. Für Eintrag und Entstehung der Schwebstoffe sind hauptsächlich folgende Vorgänge verantwortlich:

- Abrieb des Flussbettes
- Abspülung von Flächen bei Regenfällen
- chemische und biologische Prozesse (z. B. Algenbildung).

Der Schwebstoffgehalt von Fließgewässern ist stark vom jeweiligen Wasserstand abhängig. Bei Niedrigwasser wurden in hessischen Gewässern überwiegend Werte von 2 bis 20 mg Schwebstoff pro Liter Wasser erhalten. Bei Hochwasser beträgt der Schwebstoffgehalt ein Vielfaches dieser Werte. Aus langjährigen Messungen vieler Gewässer resultiert ein Durchschnittswert von 25 mg Schwebstoff in einem Liter Wasser.

Die Neigung von in Gewässern vorhandenen Substanzen, sich an Schwebstoffe anzulagern, ist von Stoff zu Stoff unterschiedlich:

- manche Stoffe kommen ausschließlich im Wasser gelöst vor;
- andere Substanzen reichern sich bevorzugt im Schwebstoff an;
- ein Teil der Stoffe liegt sowohl im Wasser gelöst vor als auch an Schwebstoff gebunden.

Schwermetalle reichern sich relativ stark in Gewässer-Schwebstoffen an. Dieser Effekt bringt messtechnische Vorteile mit sich: In Wasserproben liegen die Konzentrationen der Schwermetalle oftmals so niedrig, dass sie sich gar nicht oder nur ungenau messen lassen. Hingegen ist ihre Konzentration in Schwebstoffproben aufgrund der Anreicherung wesentlich höher als im Wasser.

Arzneimittel im Abwasser

Arzneimittel für Menschen können direkt oder nach Umwandlung mit der menschlichen Ausscheidung über die Kanalisation sowie die Klärwerke, in Oberflächengewässer und von dort über das Uferfiltrat auch in Grundwasserleiter gelangen. Voraussetzung hierfür ist, dass eine ausreichende Stabilität und Mobilität aufweisen und dass diese näherungsweise gut wasserlöslich sind. Werden zur Trinkwassergewinnung Oberflächengewässer oder Uferfiltrat herangezogen, können diese zwar als Trinkwasserkontaminanten nachgewiesen werden, bislang liegen jedoch vergleichsweise nur sehr wenige Arzneimittelfunde vor.

Auf der Basis der Untersuchungsergebnisse hat die 61. Umweltministerkonferenz in einem Beschluss u.a. festgehalten,

- dass zukünftig Arzneistoffe in Untersuchungsprogrammen der Länder und des Bundes zur Überwachung der Umwelt erheblich stärker berücksichtigt werden sollen und die Bundesregierung gebeten, darauf hinzuwirken, dass auf europäischer Ebene ein Altarzneimittelprogramm aufgenommen wird, das auch die Umweltaspekte umfasst;
- dass zukünftig im europäischen Zulassungsverfahren für neue Arzneimittel eine Bewertung möglicher Auswirkungen auf die Umwelt nach gesetzlich festgelegten Ausführungsbestimmungen erfolgt. Wenn bei Tierarzneimitteln im Zulassungsverfahren erhebliche negative Umweltauswirkungen erkennbar sind, soll dies zu Maßnahmen bis hin zur Versagung der Zulassung führen können;
- dass eine EU-weite fachliche Plattform zum Thema Umweltbewertung von Arzneimitteln installiert wird.

6.8 Literatur zur Abwasserentsorgung

6.1 Gujer, Willi (2002): Siedlungswasserwirtschaft, Springer, Berlin

6.2 Gesetz über Abgaben für das Einleiten von Abwasser in Gewässer – AbwAG (Abwasserabgabengesetz), Fassung vom 18. Januar 2005

6.3 Berliner Wasserbetriebe (2005): Geschichte der Abwasserbeseitigung. Berlin

6.4 Stadtentwässerung München (2005): Die Geschichte der Münchner Stadtentwässerung. Auf www.muenchen de/rathaus/bau/wir

6.5 Bundesministerium für Umwelt, Naturschutz und Reaktorsicherheit - BMU (2006): Wasserwirtschaft in Deutschland: Teil 1 – Grundlagen, Berlin

6.6 Geiger, Wolfgang F., Dreiseitl, Herbert (2001): Neue Wege für das Regenwasser – Handbuch zum Rückhalt und zur Versickerung von Regenwasser in Baugebieten. Oldenburg, München

6.7 Korda, Martin (2005): Städtebau. Technische Grundlagen. Teubner, Wiesbaden

6.8 Institut für Siedlungswasserbau, Industriewasserwirtschaft und Gewässerschutz, Department Wasser – Atmosphäre – Umwelt / Universität für Bodenkultur Wien

6.9 BGW et.al. (2006): Branchenbild der deutschen Abwasserwirtschaft 2005. Wirtschafts- und Verlagesgesellschaft Gas und Wasser – wvgw, Bonn

6.10 Hermann, Tim; Goldau, Kerstin (2004): Daten zur Anlagentechnik und zu den Standorten der thermischen Klärschlammentsorgung in der Bundesrepublik Deutschland. Umweltbundesamt Fachgebiet III 3.3 „Abfallbehandlung, Ablagerung"

6.11 Arlt, Andreas (2001): Klärschlammentsorgung in Europa. Tagungsbericht Essen, 29.-30. August 2001. ITAS, Karlsruhe

6.12 Stadt Bottrop (2005): Regenwasserbewirtschaftung – Informationen für den Bürger. Umweltamt der Stadt Bottrop

6.13 Abwassertechnische Vereinigung e.V. – ATV (2006): A 138 – Bau und Bemessung von Anlagen zur dezentralen Versickerung von nicht schädlich verunreinigtem Niederschlagswasser. ATV, Hennef

6.14 DWA (2003): Wie Abwasser wieder wertvoll wird. Deutsche Vereinigung für Wasserwirtschaft, Abwasser und Abfall e.V.

6.15 Herz, Raimund; Krug, Roland (2000): Sanierungsbedarf und Sanierungsstrategien für Abwassernetze. 11. Leipziger Bau-Seminar, Universität Leipzig

6.16 Berger, Christian; Lohaus, Johannes; Wittner, Andreas; Schäfer, Ruth (2001): Zustand der Kanalisation in Deutschland, Ergebnisse der ATV-DVWK-Umfrage 2001

6.17 Imhoff, Karl; Imhoff, Klaus R (2006): Taschenbuch der Stadtentwässerung. 30. Auflage. Oldenbourg Industrieverlag, München.

6.18 Förstner, Ulrich (2005): Umweltschutztechnik. Springer, Berlin

6.19 Lange, Jörg; Otterpohl, Ralf (2000): Abwasser: Handbuch zu einer Zukunftsfähigen Abwasserwirtschaft. Mall-Beton-Verlag, Donaueschingen - Pfohren

6.20 AbfKlärV – Klärschlammverordnung (2003): Vom 15. April 1992 (BGBl. I S. 912), geändert durch Verordnung vom 6. März 1997 (BGBl. I S. 446), durch Art. 3 Gesetz zur Neuregelung des Rechts des Naturschutzes und der Landschaftspflege und zur Anpassung anderer Rechtsvorschriften vom 25. März 2002 (BGBl. I S. 1193), durch Art. 2 Verordnung zur Änderung abfallrechtlicher Nachweisbestimmungen vom 25. April 2002 (BGBl. I S. 1488) und durch § 11 Düngemittelverordnung vom 26. November 2003 (BGBl. I S. 2373).

6.21 Weber, Ekkehard, Görner, Klaus; Hübner, Kurt (1999): Hütte – Umweltschutztechnik. Springer, Berlin

6.22 Institut für Umweltverfahrenstechnik der Universität Bremen (2006): Internetportal für Wasser und Abwasser. www.wasser-wissen.de

Standardwerke:

Guijer, Willi (2002): Siedlungswasserwirtschaft. Springer, Berlin

Imhoff, Karl; Imhoff, Klaus R (2006): Taschenbuch der Stadtentwässerung. 30. Auflage. Oldenbourg Industrieverlag, München.

Geiger, Wolfgang F.; Dreiseitl, Herbert (2001): Neue Wege für das Regenwasser – Handbuch zum Rückhalt und zur Versickerung von Regenwasser in Baugebieten. Oldenburg, München

Sieker, Friedhelm; Kaiser, Mathias; Sieker, Heiko; Bandermann, Stephan (2006): Dezentrale Regenwasserbewirtschaftung im privaten, gewerblichen und kommunalen Bereich. Grundlagen und Ausführungsbeispiele. Fraunhofer IRB, Stuttgart

Verbände:

Deutsche Vereinigung für Wasserwirtschaft, Abwasser und Abfall e.V. – DWA. www.dwa.de

7 Abfallentsorgung

Die Abfallentsorgung ist die Gesamtheit aller Vorkehrungen und Einrichtungen zur Entsorgung eines Gebietes, eines Landes oder einer Region von Abfällen unterschiedlicher Zusammensetzung. In Anlehnung an die übrigen hier betrachteten Ver- und Entsorgungssysteme wird nachfolgend lediglich der öffentliche Teil der Abfallentsorgung für Hausmüll und hausmüllähnliche Gewerbeabfälle mit den dazugehörigen Anlagen und Einrichtungen zu ihrer Behandlung und Aufbereitung betrachtet. Hierbei steht inzwischen die Abfall*wirtschaft* im Vordergrund, deren vorrangiges Ziel die Bewirtschaftung der Ressourcen und nicht nur die schadlose Ablagerung der Abfälle ist.

7.1 Abfallentsorgung als System

7.1.1 Systemeigenschaften der Abfallentsorgung

Das System der Abfallentsorgung dient im Grundsatz dazu, das Abfallaufkommen zu erfassen (durch Sammlung oder Anlieferung) und zu einem Standort zu transportieren, wo dies mit möglichst geringen Umweltwirkungen abgelagert werden kann. Wesentliche Systemeigenschaft ist dabei das Recycling, also die Rückführung der in den Abfällen enthaltenen Wertstoffe in den Stoffkreislauf (Bild 7-1). Man spricht daher schon seit einiger Zeit von der Abfall*wirtschaft* bzw. von der *Kreislaufwirtschaft*, wenn man die Aktivitäten in diesem Infrastrukturbereich bezeichnen will.

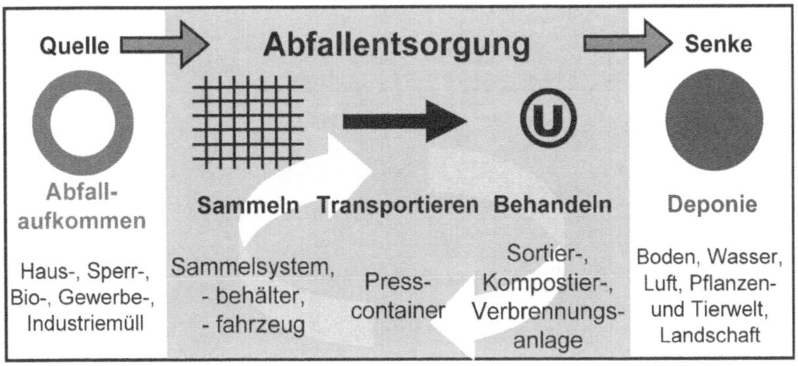

Bild 7-1 Systemkomponenten des Systems Abfallentsorgung

Ziel ist es nach wie vor, die Siedlungen von den Abfällen zu „entsorgen", diese sollen dabei möglichst nicht ungenutzt und als Risikopotential für die Umwelt-Schutzgüter in der „Senke"

Deponie landen, sondern nach einer Behandlung wieder in den Wirtschaftskreislauf einbezogen werden. Die eine wesentliche Quelle des kommunalen Abfallaufkommens sind die *privaten Haushalte* und das Kleingewerbe. Bei Ihnen entsteht derjenige Hausmüll, der in der Regel zusammen mit dem hausmüllähnlichen Gewerbeabfall eingesammelt wird. Die andere sind die Gewerbe- und Industriebetriebe, die ihre Abfälle in der Regel bei den kommunalen Entsorgungsanlagen direkt anliefern oder diese über Mono-Wechselcontainer (Container mit nur einer Abfallfraktion, siehe Kapitel 7.5.1) an ihren Produktionsstandorten abholen lassen. Trotz aller Bemühungen um die Kreislaufwirtschaft wird jedoch auch in Zukunft die Deponie die Senke im System darstellen, in der die nicht mehr verwertbaren Abfälle abgelagert werden. Im Prinzip können diese damit wieder den natürlichen Ressourcen zugeführt werden. Einen naturnahen Zustand erreichen diese Stoffe dort jedoch auch bei entsprechender Vorbehandlung nicht mehr – auch nach vielen Jahrzehnten nicht. Die Deponie ist im System also eher als ein Speicher zu verstehen, in dem die Rohstoffe teilweise sehr lange gelagert werden, bis man diese eventuell wieder braucht oder wirtschaftlich gebrauchen kann.

Das technische System besteht aus unterschiedlichen Sammelsystemen, welche die verschiedenen Abfallfraktionen den zugehörigen Behandlungsanlagen auf unterschiedlichen Transportwegen mit unterschiedlichen Sammelbehältern zuführen. Ein Abfalltransport liegt dann vor, wenn die Abfälle auf dem Weg zur Behandlung (oder auf dem Weg von der Behandlung zur Ablagerung) über ein spezielles Transportsystem befördert werden. Dies verwendet größere Behälter als bei der Sammlung, in die der Abfall zur Volumenreduktion meist auch gepresst wird.

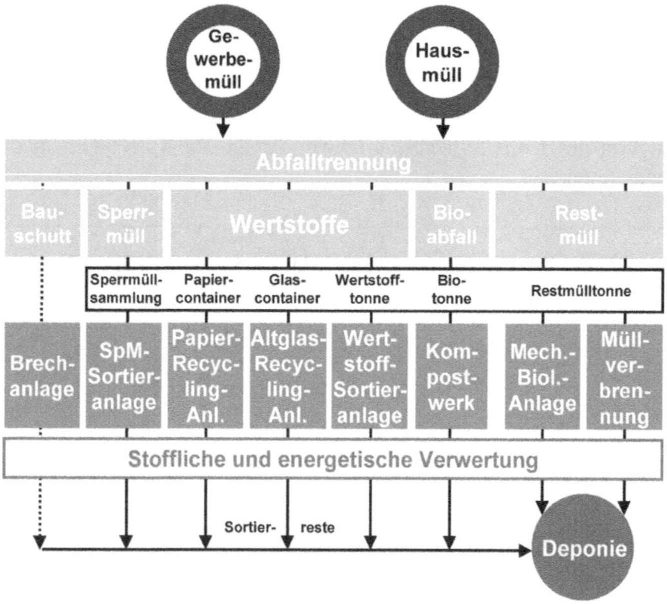

Bild 7-2 Stoffströme im Abfallentsorgungssystem

Bild 7-2 zeigt die Stoffströme in einem typischen Abfallentsorgungssystem mit seinen verschiedenen Behandlungsanlagen. Da es in Deutschland ca. 440 Landkreise und kreisfreie

Städte gibt, die für die Abfallentsorgung zuständig sind, gibt es auch etwa ebenso viele unterschiedliche Konzeptionen für die Abfallentsorgung. Nach der Abfalltrennung in den Haushalten oder bei den Gewerbe- oder Industriebetrieben werden die einzelnen Abfallfraktionen unterschiedlichen Sammelsystemen und über diese den Behandlungsanlagen zugeführt. Diese befinden sich meist an unterschiedlichen Standorten und weisen unterschiedliche Einzugsgebiete auf.

7.1.2 Regelungsmöglichkeiten im System Abfallentsorgung

Im System Abfallentsorgung „fließt" Abfall in Behältern unterschiedlicher Größe und mit sehr unterschiedlicher Zusammensetzung, so dass von diesen Stoffströmen aufgrund ihrer verschiedenen Eigenschaften jeweils durch sehr unterschiedliche Wirkungen auf die Umwelt ausgehen. Anders als beim System Abwasser besteht der Abfall nicht aus einem Trägersystem (Wasser) und Ballaststoffen (Schmutzfracht), die man mehr oder weniger abtrennen kann, sondern aus einer Vielzahl von Stoffen und Stoffgemischen. Ein erster Schritt zur Regelung des Systems ist daher die Einteilung dieser Abfälle in Abfallarten (oder so genannte Abfallfraktionen), für die dann je nach ihrem Rohstoffgehalt eine angepasste Wiederverwendung, Behandlung oder Ablagerung vorgenommen werden kann.

Durch zahlreiche neue gesetzliche Regelungen sind in den vergangenen Jahren die Voraussetzungen geschaffen worden, sehr stark in das bis dahin bestehende System der Abfallentsorgung einzugreifen. Um den Prozess der Kreislaufwirtschaft in Gang zu bringen, begann man bereits vor einigen Jahren damit festzulegen, was auf einer Deponie abgelagert werden darf und was nicht. Inzwischen umfasst das Regelwerk alle Bereiche, von den Maßnahmen zur Reduzierung des Abfallaufkommens in den Siedlungsbereichen (Vermeidung, Verwertung, Wiederverwendung) über die Möglichkeiten über das Sammelsystem (Größe der Abfallbehälter, Abfuhrrhythmus, Abfallgebühren) das Abfallaufkommen zu reduzieren bis hin zu Behandlunsgzielen und Ablagerungsvoraussetzungen. Über diese kann indirekt erreicht werden, dass die Abfälle auf eine bestimmte Art und Weise behandelt werden, bevor diese dann abgelagert werden. Diese Regelungen haben dazu geführt, dass in Deutschland die Abfallströme wie in kaum einem anderen Land schon bei den Abfallproduzenten nach Stoffgruppen aufgetrennt und dann gezielt behandelt und in den Stoffkreislauf zurückgeführt werden. Allerdings steht dem ein hoher Aufwand für das gesamte System der Abfallentsorgung gegenüber, das sich durch seine zahlreichen Kostenpositionen insbesondere auf die Entsorgungsgebühr auswirkt. Solche Kostenparameter und damit auch Systemkomponenten sind:

1. Bereitstellung von Gefäßen, Austausch und Reparatur
2. Sammlung Restmüll und Transport zur Entsorgungsanlage
3. Sammlung Wertstoffe wie z.B. Altpapier, Bioabfall
4. Sammlung Sperrmüll und Transport zur Entsorgungsanlage
5. Sammlung und Transport von weißer / brauner Ware, Kühlgeräten und Sonderabfall
6. Kosten der Verwertung (Papier, Bioabfall, Elektrogeräte)
7. Kosten der Beseitigung (Restabfall, Sperrmüll, Sonderabfall)
8. Unterhaltung von Recyclinghöfen
9. Abfallberatung
10. Verwaltung und Organisation der Abfallentsorgung
11. Kosten der Nachsorge für Altstandorte der Beseitigung
12. Kosten der Leerung von Papierkörben, Beseitigung von „wildem Müll"

7.2 Grundlagen zum System Abfallentsorgung

7.2.1 Physikalische Maßeinheiten und technische Erläuterungen

Die wesentlichen in der Abfallwirtschaft verwendeten Maßeinheiten sind die Masse und das Volumen des zu entsorgenden Abfallstromes. Beide stehen über die Dichte miteinander in Verbindung.

Masse (m)

Die in der Abfallwirtschaft immer noch gebräuchliche Maßeinheit für die Masse ist die *Tonne* (Einheitenzeichen t). In dem jedoch offiziell eingeführten SI-Einheitensystem entspricht eine Tonne 1000 Kilogramm (oder einer Million Gramm) also einem Megagramm [Mg], der hier hauptsächlich verwendeten Maßeinheit.

Das Abfallaufkommen wird in Masse (Menge) pro Einwohner und Jahr (kg / E * a) nach den jeweiligen Abfallarten bezeichnet. Für Gewerbe oder Industrieabfall wird die Menge pro Arbeitsplatz (ArbPl) oder (Geschoß-)Fläche (GF) nach Branche angegeben: (t / ArbPl * a) oder (t / m^2 GF * a) bzw. (Mg / ArbPl * a) oder (Mg / m^2 GF * a).

Volumen (V)

Das *Volumen* (Formelzeichen *V*) ist der räumliche Inhalt eines Körpers – hier der verschiedenen Abfallbehälter. Die Einheit für das Raummaß ist der Kubikmeter [m^3].

Dichte

Dichte ist als ‚Masse pro Volumen' definiert mit der Maßeinheit [kg / m^3].

Das Verhältnis von Menge zu Volumen wird in der Abfallwirtschaft als *Schüttgewicht* bezeichnet. Über die verschiedenen Entsorgungsschritte verändert sich dieses durch das Befüllen der Behälter, durch Umlade- und Abladevorgänge (Tabelle 7-1). Ein voller 240 L-Behälter kann also bis zu 75 kg wiegen, wenn er mit Glas oder Bioabfall befüllt ist.

Tabelle 7-1 Schüttgewicht für verschiedene Abfallstoffe [7.1]

	Im Sammelbehälter [kg / m^3]	Im Müllbunker [kg / m^3]
Restabfall	90 – 200	250 - 400
Altglas	250 – 300	1.000
Altpapier / Mischpapier	80 – 120	90
Altkunststoff (Sack)	25 – 50	30 – 40
Trockener Wertstoff (o. Glas)	60 – 120	-
Duales System (o. Glas/Papier)	25 – 70	-
Bioabfall	200 – 300	-

Umrechnung Jahresleistung / Stundenleistung

Für Abfallbehandlungsanlagen wird in Abfallwirtschaftskonzepten häufig die Jahresleistung bezogen auf den Durchsatz angegeben (Tonnen pro Jahr; t/a bzw. Mg/a). Die Anlagenhersteller geben die Leistung einer Anlage jedoch meist als maximale Stundenleistung an (Tonnen pro Stunde; t/h bzw Mg/h) an. Für die Umrechnung sind die Arbeitstage pro Jahr, die täglichen Betriebsstunden, die wöchentlichen Arbeitstage sowie eventuelle Ausfallzeiten von Bedeutung. Ein Beispiel soll dies zeigen: Eine Behandlungsanlage, die pro Jahr eine Leistungsfähigkeit von 16.000 Mg (Tonnen) erbringen soll [Mg/a] benötigt eine Stundenleistung von 10 Mg, wenn diese an 200 Betriebstagen pro Jahr [d/a] bei 8 Betriebsstunden pro Tag [h/d] zum Einsatz kommen soll. Die 200 Betriebstage ergeben sich aus 50 Wochen mit 5 Betriebstagen (wenn an den Samstagen und Sonntagen kein Abfall eingesammelt wird) und 2 Wochen Revisionszeit pro Jahr. Die 8 Betriebsstunden pro Tag ergeben sich bei Einschichtbetrieb. Wird die Anlage im Zweischichtbetrieb gefahren (was eventuell durch die Betriebsgenehmigung wegen möglicher Belastungen der Nachbarschaft eingeschränkt sein kann) ist nur eine Stundenleistung von 5 Tonnen erforderlich. Muss die Anlage aus betrieblichen Gründen rund um die Uhr gefahren werden (dies ist z.B. bei Verbrennungsanlagen der Fall, die nicht täglich hoch- und heruntergefahren werden können), so ergibt sich eine Stundenleistung von 3,3 Megagramm (Tonnen) pro Stunde.

7.2.2 Rechtliche Grundlagen

EG-Verordnung über die Verbringung von Abfällen

Mit der neuen Verordnung (EG) Nr. 1013/2006 des Europäischen Parlaments und des Rates vom 14. Juni 2006 über die *Verbringung von Abfällen* wird die Verordnung (EWG) Nr. 259/93 zur Überwachung und Kontrolle der Verbringung von Abfällen (EG-Abfallverbringungsverordnung) aus dem Jahr 1975 novelliert. Damit erfolgt zum einen eine Anpassung an die Entwicklungen im Rahmen des „Basler Übereinkommens über die Kontrolle der grenzüberschreitenden Verbringung von gefährlichen Abfällen und ihrer Entsorgung“ der Vereinten Nationen und an den „OECD-Beschluss über die Kontrolle der grenzüberschreitenden Verbringung von zur Verwertung bestimmten Abfällen“ von 2001. Zum anderen wird eine grundlegende Verbesserung der rechtlichen Anforderungen auf Grund der Erfahrungen aus der Anwendung der bisherigen Verordnung erreicht.

Die deutschen Regelungen wie das Abfallverbringungsgesetz und die Muster-Verwaltungsvorschrift der Bund / Länderarbeitsgemeinschaft Abfall (LAGA) sind nun noch möglichst bis zum Zeitpunkt der Anwendung der neuen EG-Verordnung (12. Juli 2007) anzupassen. Eine wichtige Änderung betrifft den Schutz nationaler ökologischer Standards. Behörden können – soweit es keine entsprechenden EG-Regelungen gibt – einem Export von Abfällen widersprechen, wenn diese im Ausland gemäß weniger strengen Rechtsvorschriften als im Versandstaat verwertet werden sollen. Dies gilt jedoch nicht, wenn die Verwertung in der jeweiligen Anlage im Empfängerstaat unter Bedingungen erfolgt, die denen im Versandstaat weitgehend entsprechen. Deutsche Behörden können mit dieser Einwandsmöglichkeit verhindern, dass z. B. zu hoch belastetes Altholz aus Deutschland im Ausland zu Möbeln verarbeitet wird und in der Folge als Möbelbestandteil nach Deutschland zurückkommt. In diesem Zusammenhang ist von Bedeutung, dass ein solcher „Ökologie-Einwand“ bereits in der bisherigen Verordnung enthalten ist. Die neue Verordnung bewirkt auch eine Absicherung der Hausmüll*autarkie*. Exporte von gemischten Siedlungsabfällen aus privaten Haushaltungen (Restmüll) können von den Behörden künftig dadurch verhindert werden, dass unabhängig von einer Beseitigung oder Verwertung der Abfälle die Einwandsmöglichkeiten wie bei der Beseitigung gelten.

Nach der neuen Verordnung wird festgelegt, dass alle Exporte von zur Beseitigung bestimmten Abfällen verboten sind (mit Ausnahme in EFTA-Länder). Ebenso wird das Exportverbot für gefährliche, zur Verwertung bestimmte Abfälle in Nicht-OECD-Länder insbesondere um Haushaltsabfälle – falls diese nicht als Einzeleintrag als grüne Abfälle gelistet sind – und ungelistete Abfälle erweitert.

Kreislaufwirtschafts- und Abfallgesetz (KrW-/AbfG)

Die erste gesetzliche Regelung zur Abfallentsorgung wurde in seiner ersten Fassung 1972 als Abfall*beseitigungs*gesetz verabschiedet. Mit der 4. Novelle 1986 wurden die Begriffe der Abfallvermeidung und -verwertung als vorrangige Ziele eingeführt. Eine wesentliche Umgestaltung des Deutschen Abfallrechts wurde dann mit dem 1994 erlassenen und am im Oktober 1996 in Kraft getretenen *Kreislaufwirtschafts- und Abfallgesetz (KrW-/AbfG)* vollzogen. Es beruht auf der konkurrierenden Gesetzgebungskompetenz des Art. 74 Abs. 1 Nr. 24 GG und hat das „Gesetz über die Vermeidung und Entsorgung von Abfällen“ (Abfallgesetz) von 1986 abgelöst. Neben der Europäisierung prägt die Privatisierung des Abfallrechts das KrW-/AbfG: Abfall zur Beseitigung soll nach wie vor von öffentlichen Entsorgungsträgern bewältigt werden; Abfall zur Verwertung wird der gewerblichen Wirtschaft zur Fortführung des Rohstoffkreislaufs überlassen. Titel und Zweck des KrW-/AbfG zeigen seine Doppelnatur als Umweltschutz- und Wirtschaftslenkungsgesetz. Es trägt dem hohen Rechtsgut der Erhaltung zuträglicher Lebensbedingungen wie auch der erheblichen betrieblichen Bedeutung der Abfallwirtschaft Rechnung. Im KrW-/AbfG wird der Vorrang der Vermeidung vor der Verwertung und der Verwertung vor der Beseitigung in § 4 Abs. 1 eindeutig festgeschrieben. § 4 Abs. 1 KrW-/AbfG stellt klar, dass Abfälle in erster Linie zu vermeiden und in zweiter Linie zu verwerten sind. Innerhalb der Verwertungsarten genießt die umweltverträglichere Variante den Vorrang (§ 6). Nicht verwertete Abfälle sind grundsätzlich ordnungsgemäß zu beseitigen (§ 11).

Elektro- und Elektronikgerätegesetz (ElektroG)

Das *Gesetz über das Inverkehrbringen, die Rücknahme und die umweltverträgliche Entsorgung von Elektro- und Elektronikgeräten* trat im März 2005 in Kraft. Ab diesem Datum können alte Elektro- und Elektronikgeräte kostenlos bei den kommunalen Sammelstellen abgeben werden. Die Hersteller müssen die dort gesammelten Geräte zurücknehmen und entsorgen. Mit dem Gesetz ist Deutschland einer der ersten Mitgliedstaaten der EU, der die beiden EU-Richtlinien über die Entsorgung von Elektro- und Elektronik-Altgeräten und die Verwendung bestimmter gefährlicher Stoffe in Neugeräten umgesetzt hat.

Ab 1. Juli 2006 dürfen gemäß der Richtlinie 2002/95/EG zur Beschränkung der Verwendung bestimmter gefährlicher Stoffe in Elektro- und Elektronikgeräten bestimmte Schwermetalle und bromierte Flammschutzmittel in neuen Geräten nicht mehr verwendet werden. Zu möglichen Ausnahmen von den Verwendungsverboten führt die Kommission Konsultationen unter den Wirtschaftsbeteiligten in der EU durch.

Landesrechtliche Vorschriften

Wegen des im Rahmen der konkurrierenden Gesetzgebungskompetenz erlassenen KrW-/AbfG bleiben den Ländern nur Bereiche, die ihnen der Bund ausdrücklich zugewiesen oder die er nicht geregelt hat. Daher haben auch die Länder jeweils eigene Abfallgesetze erlassen. Diese bestimmen zum Beispiel die zuständigen Behörden oder die öffentlichen Entsorgungsträger (§ 13 KrW-/AbfG).

Gewerbeabfallverordnung (GewAbfV)

Von besonderer Bedeutung für den Bereich des Gewerbeabfalls ist die *Verordnung über die Entsorgung von gewerblichen Siedlungsabfällen und von bestimmten Bau- und Abbruchabfällen* (Gewerbeabfallverordnung – GewAbfV) vom Juni 2002. Kernpunkt der Neuregelungen ist die Verpflichtung zur Getrennthaltung der Abfälle. Um eine möglichst hochwertige Verwertung gewährleisten zu können, müssen folgende Abfallarten getrennt gesammelt, befördert und verwertet werden: 1. Papier und Pappe; 2. Glas; 3. Kunststoffe; 4. Metalle; 5. Kompostierbare Abfälle. Nur dann, wenn Abfälle einer Sortieranlage zugeführt, sortiert und stofflich verwertet werden, ist eine Vermischung im Sammelbehälter zulässig. Außer den unter 1. bis 4. genannten Abfällen darf ein solches Gemisch auch noch Textilien, Holz, Gummi, Kork und Keramik sowie die im Anhang zur GewAbfV aufgeführten Abfälle enthalten.

In den Betrieben muss durch organisatorische Maßnahmen sichergestellt werden, dass Fehlwürfe minimiert werden. Sofern eine Getrennthaltung oder nachträgliche sortenreine Sortierung der Abfallfraktionen technisch nicht möglich oder wirtschaftlich insbesondere aufgrund geringer Menge oder Verschmutzung nicht zumutbar ist, können die Gewerbebetriebe die Abfälle auch gemischt dem jeweiligen kommunalen Abfallwirtschaftsbetrieb als Abfall zur Beseitigung überlassen. Sofern dieser in erheblichen Mengen anfällt und einen hohen Anteil verwertbarer Stoffe enthält, wird es für die Gewerbebetriebe auch wirtschaftlich attraktiv, die Behandlung sortierfähiger Abfälle zur Beseitigung selbst vorzunehmen.

Durch die GewAbfV wird jeder Erzeuger oder Besitzer von gewerblichen Siedlungsabfällen verpflichtet, eine Restmülltonne des öffentlich-rechtlichen Entsorgungsträgers, meist des städtischen Abfallwirtschaftsbetriebes, zu nutzen. Ausnahmen sind nicht möglich, da bei allen Gewerbetreibenden und Freiberuflern auch Abfälle zur Beseitigung anfallen. Welche Restmülltonne genutzt werden muss, richtet sich nach den Festlegungen der städtischen Abfallsatzung.

Grundsätzlich richtet sich die Größe der Restmülltonne im gewerblichen Bereich nach der Menge der tatsächlich anfallenden Abfälle zur Beseitigung. Ist diese nicht bekannt oder wird sie nicht vom Abfallerzeuger angegeben, erfolgt die Festlegung durch den Abfallwirtschaftsbetrieb. Hierbei wird ein Regelvolumen von 15 Litern je Woche pro Einwohnergleichwert (EGW) zugrunde gelegt. Der branchenspezifische Einwohnergleichwert errechnet sich in der Regel aus der Zahl der in einem Betrieb tätigen Mitarbeiter und Mitarbeiterinnen. Teilzeitbeschäftigte werden anteilig berücksichtigt. In der Abfallsatzung kann der EGW zum Beispiel wie folgt festgelegt werden:

Eine Reduzierung des Regelvolumens bis auf ein in jedem Fall vorzuhaltendes Mindestvolumen von 7,5 Litern je EGW und Woche ist möglich, wenn der Abfallerzeuger nachweist, wie alle verwertbaren Abfälle getrennt erfasst und tatsächlich verwertet werden. Die Abfallbehälter für hausmüllähnlichen Gewerbeabfall werden grundsätzlich separat bereitgestellt. Sie können auch durch mehrere Gewerbebetriebe auf einem Grundstück gemeinsam genutzt werden. Restmülltonnen für hausmüllähnlichen Gewerbeabfall sind deutlich kostengünstiger als solche für Haushalte. Wird dennoch die Mitnutzung einer Haushaltstonne gewünscht, wird deren Volumen entsprechend heraufgesetzt und insgesamt die Gebühr für Haushaltungen berechnet.

Die Gebühren für die gewerbliche Abfallentsorgung sind wie die für den Bereich der Haushaltsabfälle in einer kommunalen Abfallgebührensatzung festgelegt. Die Gebühren werden meist dem Grundstückseigentümer durch Bescheid zu Jahresbeginn mitgeteilt.

Verpackungsverordnung (VerpackV)

Die letzte Novellierung der *Verordnung über die Vermeidung und Verwertung von Verpackungsabfällen (Verpackungsverordnung – VerpackV)* ist im August 1998 in Kraft getreten. Die im Jahr 1991 eingeführte Verordnung ist bereits mehrfach novelliert und den EU-Maßgaben angepasst worden und wurde seither zuletzt durch Art. 1 der 4. Änderungsverordnung im Dezember 2005 geändert.

Ziel der VerpackV ist es, den Anfall von Verpackungsabfall zu vermeiden, jedenfalls aber eine Wiederverwendbarkeit oder gute Verwertbarkeit sicherzustellen (§ 1). Sie war zunächst der einleitende Schritt dazu, die Abfallproblematik über den Grundsatz der Vermeidung von Abfällen zu regeln. Die VerpackV will den Verpackungsabfall einschränken, indem sie bestimmte Verpackungen mit Rücknahmepflichten oder mit Pfanderhebungspflichten belegt.

Rücknahmepflichten treffen Hersteller und Vertreiber für Transportverpackungen sowie den Vertreiber für Umverpackungen und Verkaufsverpackungen. Neben der Rücknahme sind diese auch zur erneuten Verwendung oder zur stofflichen Verwertung der Verpackungen verpflichtet. Kern der VerpackV ist die Pflicht der Hersteller und des Handels, Verpackungen zurückzunehmen. Die Verpflichtigten können von der Auflage zur Rücknahme für Verkaufsverpackungen entbunden werden, wenn sie ein System zur Einsammlung und Verwertung gebrauchter Verkaufsverpackungen aufbauen. Dies ist zwischenzeitlich geschehen. Das bestehende System hat gemäß § 6 Abs. 3 VerpackV die Voraussetzung zu erfüllen, dass ein für den Endverbraucher kostenloses und flächendeckendes Systems zur Einsammlung der Abfälle aufgebaut wird und bestimmte Verwertungsquoten, die im Anhang zur VerpackV für einzelne Verpackungsarten konkretisiert sind, jährlich erreicht werden.

Durch die Vierte Änderungsverordnung zur Verpackungsverordnung, die seit dem 7. Januar 2006 in Kraft ist, wird die Europäische Richtlinie 2004/12/EG in nationales Recht umgesetzt. Durch sie werden die Begriffsbestimmungen für Verpackungen ergänzt und neue Zielvorgaben für die Verwertung der einzelnen Verpackungsmaterialien festgelegt. Da Deutschland bereits gegenwärtig bei sämtlichen Materialarten die für Ende 2008 verlangten Quoten erfüllt, haben die Vorgaben keine Auswirkungen auf die Praxis. Nach ihr sind bis zum 31. Dezember 2008 jährlich mindestens 65 Masseprozent der gesamten Verpackungsabfälle und mindestens 55 Masseprozent stofflich zu verwerten. Dabei soll die stoffliche Verwertung der einzelnen Verpackungsmaterialien für Holz 15, für Kunststoffe 22,5, für Metalle 50 und für Glas sowie Papier und Karton 60 Masseprozent erreichen. Dabei wird bei Kunststoffen nur Material berücksichtigt, das durch stoffliche Verwertung wieder zu Kunststoff wird. Die hierfür erforderlichen Erhebungen werden von der Bundesregierung durchgeführt, und die Öffentlichkeit und die Marktteilnehmer werden durch diese informiert.

Bioabfallverordnung (BioAbfV)

Die *Verordnung über die Verwertung von Bioabfällen auf landwirtschaftlich, forstwirtschaftlich und gärtnerisch genutzten Böden* vom September 1998, zuletzt geändert durch die Düngemittelverordnung vom November 2003, enthält Schadstoff-Grenzwerte, die bei der Abgabe von Komposten oder anderen Bioabfällen (z. B. Gärrückständen) zu beachten sind. Die Verordnung sieht in bestimmten Fällen Pflichten zur Untersuchung der Aufbringungsflächen vor. Auf Böden, die bereits stärker durch Schadstoffe belastet sind, dürfen Bioabfälle nicht aufgebracht werden. Die Verordnung gilt nicht für die „Eigenverwertung", also die Verwertung selbst erzeugter Bioabfälle auf betriebseigenen Flächen sowie die durch private Haushalte oder Kleingärtner durchgeführte Eigenkompostierung ist somit von den Vorgaben der Verordnung ausgenommen. Schadstoffuntersuchungen auf den Aufbringungsflächen müssen im Regelfall mindestens im vierteljährlichen Abstand erfolgen oder je 2000 Tonnen eingesetzter Bioabfälle durchgeführt werden. Die zuständige Behörde kann zudem Untersuchungen auf andere Schadstoffe als Schwermetalle vorschreiben, wenn Anhaltspunkte für erhöhte Schadstoffbelastungen vorliegen.

Abfallablagerungsverordnung (AbfAblV)

Die *Verordnung über die umweltverträgliche Ablagerung von Siedlungsabfällen* ist im Februar 2001 gemeinsam mit der 30. Verordnung zur Durchführung des Bundes-Immissionsschutzgesetzes (30. BImSchV)in Kraft getreten und wurde zuletzt durch Artikel 2 V im Juli 2002 geändert. Mit dieser Artikel-Verordnung wurden die wesentlichen Passagen der Technischen Anleitung Siedlungsabfall (TASi) in verbindliche Bundesverordnungen übernommen. Damit wird die Deponierung von unbehandelten Abfällen aus Haushalten und Gewerbe seit dem 01. Juni 2005 verboten.

Deponieverordnung (DepV)

Die *Verordnung über Deponien und Langzeitlager* ist im August 2002 in Kraft getreten und wurde zuletzt im August 2004 geändert.

Mit der Verordnung werden Ablagerung und Langzeitlagerung von Abfällen entsprechend dem Stand der Technik abschließend geregelt. Zusammen mit der Abfallablagerungsverordnung dient die Deponieverordnung zur vollständigen Umsetzung der Deponierichtlinie der EU. Die Deponieverordnung enthält detaillierte technische, betriebliche und organisatorische Anforderungen an Errichtung, Beschaffenheit, Betrieb und Stilllegung sowie für die Nachsorge von Deponien und Langzeitlager.

Als Verordnung sind diese Vorschriften für jeden Anlagenbetreiber unmittelbar rechtsverbindlich. Einen Kernbereich bilden die strengen Zuordnungswerte, die bei einer Vielzahl von Abfällen deren vorherige Behandlung, also Verbrennung oder mechanisch-biologische Vorbehandlung, zwingend erforderlich machen. Ziel ist es, die Menge und insbesondere auch den Schadstoffgehalt, der abgelagert werden kann, auf ein für die Umwelt vertretbares Maß zu begrenzen. Diese Vorgaben, sowie hohe Anforderungen an die Standortauswahl, einen geeigneten Untergrund sowie hochwertige, dauerhaft wirkende Abdichtungssysteme, sollen die Deponierung unter kurz-, mittel- und langfristigen Gesichtspunkten nachhaltig sicher machen.

Die Vorgaben betreffen nicht nur neu zu errichtende Deponien, sondern auch so genannte Altanlagen, also Deponien und Langzeitlager, die zum Zeitpunkt des Inkrafttretens der Verordnung bereits betrieben werden. Die Verordnung stellt in diesen Fällen sicher, dass die

Mindestanforderungen der Deponierichtlinie auch bei einem längerfristigen Weiterbetrieb von Altanlagen umgesetzt werden müssen, sie lässt jedoch bei der Art und Weise, wie eine Deponie stillgelegt werden muss, Entscheidungen zu, die stärker einzelfallbezogen sind. Dies betrifft insbesondere die Ausgestaltung der Oberflächenabdichtungssysteme. Neu ist ferner die Verpflichtung für alle Deponiebetreiber, eine finanzielle Sicherheit für denjenigen Fall bereit zu stellen, dass Weiterbetrieb, Stilllegung oder Nachsorge der Anlage nicht der Zulassung entsprechend durchgeführt werden. Dies gilt auch für Betreiber von Altdeponien, die noch einen längeren Betrieb ihrer Anlage planen. Ausgenommen von dieser Regelung sind nur öffentlich-rechtliche Betreiber.

Deponieverwertungsverordnung (DepVerwV)

Die *Verordnung über die Verwertung von Abfällen* auf *Deponien über Tage* ist im September 2005 in Kraft getreten.

Mit der Abfallablagerungsverordnung aus dem Jahr 2001 wurde bereits festgelegt, dass Abfälle zur Beseitigung auf Deponien thermisch oder mechanisch-biologisch vorzubehandeln sind. Nun werden auch für die Verwertung von Abfällen auf Deponien strenge Maßstäbe vorgegeben. Damit soll verhindert werden, dass Deponien zu „Verwertungsanlagen" umfunktioniert und damit die Vorgaben der Ablagerungsverordnung unterlaufen werden. Nach der Verordnung dürfen Abfälle nur eingesetzt werden, wenn es dafür eine bautechnische Notwendigkeit gibt. Dabei müssen sie strenge Zuordnungswerte einhalten.

Mit der DepVerwV wird die ordnungsgemäße und schadlose Verwertung auf oberirdischen Deponien mit unmittelbarer Rechtswirkung für den Deponiebetreiber, aber auch für denjenigen der vorbehandelt, konkretisiert. Damit wird eine „Scheinverwertung" auf Deponien unterbunden und es soll erreicht werden, dass Deponiebetreiber, die ihre Deponien entsprechend den gesetzlichen Vorschriften nach dem Stand der Technik verfüllen und stilllegen, nicht durch solche Scheinverwertungen wirtschaftlich benachteiligt werden.

Damit wird für den Abfalleinsatz bei der Profilierung des Deponiekörpers ein strenger Rahmen gesetzt. Es ist nicht im Interesse einer nachhaltigen Abfallwirtschaft, wenn Deponien auf diesem Wege noch über viele Jahre weiter betrieben werden, obwohl sie offiziell geschlossen worden sind. Die Verordnung gibt deshalb einen engen Rahmen vor: Abfallverwertung im Rahmen der Profilierung eines Deponiekörpers wird nur zugelassen, wenn die gesamte Deponie stillgelegt worden ist und damit nicht mehr den Charakter einer Beseitigungsanlage hat.

Weitere Verordnungen zum KrW-/AbfG

Das KrW-/AbfG ermächtigt in weiten Bereichen zu Verordnungen (auch als „untergesetzliches Regelwerk" bezeichnet), mit denen eine Umsetzung in der Praxis erst möglich wird. Von dieser Möglichkeit wurde über die bereits genannten Verordnungen inzwischen umfangreich Gebrauch gemacht:

- Verordnung über Abfallwirtschaftskonzepte und Abfallbilanzen (Abfallwirtschaftskonzept- und Bilanzverordnung) vom 13.09.1996 – AbfKoBiV,
- Verordnung über die Überlassung und umweltverträgliche Entsorgung von Altautos (Altauto- Verordnung) vom 04.07.1997 – AltautoV,
- Verordnung über die Rücknahme und Entsorgung gebrauchter Batterien und Akkumulatoren (Batterieverordnung) vom 27.03.1998 – BattV,

- Verordnung zur Bestimmung von besonders überwachungsbedürftigen Abfällen (Bestimmungsverordnung besonders überwachungsbedürftige Abfälle) vom 10.09.1996 – BestbüAbV,
- Verordnung zur Bestimmung von überwachungsbedürftigen Abfällen zur Verwertung (Bestimmungsverordnung überwachungsbedürftige Abfälle zur Verwertung) vom 10.09.1996 – BestüVAbV,
- Verordnung zur Einführung des Europäischen Abfallkatalogs vom 13.09.1996 – EAKV,
- Verordnung über Verwertungs- und Beseitigungsnachweise (Nachweisverordnung) vom 10.09.1996 – NachwV.

Technische Anleitungen

Auch im Bereich der Abfallbeseitigung gibt es, ähnlich wie im Immissionsschutzrecht, Verwaltungsvorschriften in Gestalt von *Technischen Anleitungen*, die die Vorgaben des Gesetzes bzw. der dazu erlassenen Verordnungen präzisieren. Es sind drei allgemeine Verwaltungsvorschriften zum (ehemaligen) Abfallgesetz erlassen worden, die nach Erlass des KrW-/AbfG weiter gelten:

- Erste Allgemeine Verwaltungsvorschrift zum Abfallgesetz:

Diese dient zum Schutz des Grundwassers bei der Lagerung und Ablagerung von Abfällen.

- Zweite Allgemeine Verwaltungsvorschrift zum Abfallgesetz (TA-Abfall):

Die zweite allgemeine Verwaltungsvorschrift zum Abfallgesetz (TA Abfall, auch TA „Sonder"abfall genannt) regelt für den Bereich der besonders überwachungsbedürftigen Abfälle (gemäß § 12 Abs. 2 KrW-/AbfG) die technischen und organisatorischen Mindestanforderungen für die (Zwischen-)Lagerung; die chemisch/physikalische oder biologische Behandlung, die Verbrennung und die Ablagerung. Die TA Abfall regelt Einzelheiten zur Lagerung, Behandlung und Verbrennung besonders überwachungsbedürftiger Abfälle. In den „Allgemeinen Vorschriften" (Nr. 2) werden neben dem „Stand der Technik" eine ganze Reihe von Begriffen definiert. Darüber hinaus beinhaltet die TA Abfall Anforderungen an die Zulassung von Entsorgungsanlagen für besonders überwachungsbedürftige Abfälle. Einen der zentralen Punkte der TA Abfall stellt die Zuordnung der verschiedenen Abfälle zu Entsorgungsverfahren und -anlagen dar. Die TA Abfall bestimmt also die durchzuführende Art der Entsorgung und weist die Abfälle je nach ihrer Beschaffenheit einem bestimmten Typ von Entsorgungsanlagen (z.B. Verbrennungsanlage, Deponie, Untertagedeponie) zu. Weiterhin umfasst die TA Abfall auch ein grundsätzliches Vermischungsverbot, d.h. die Abfälle sind zur Vermeidung einer Umgehung von Anforderungen an die Entsorgung getrennt zu halten.

- Dritte Allgemeine Verwaltungsvorschrift zum Abfallgesetz (TA Siedlungsabfall):

Diese Verwaltungsvorschrift enthält genaue Vorgaben für die Verwertung, Behandlung und sonstige Entsorgung von Siedlungsabfällen, d.h. insbesondere Hausmüll und hausmüllähnliche Gewerbeabfälle. Die TA Siedlungsabfall wirkt als normkonkretisierende Verwaltungsvorschrift (vgl. TA Luft, TA Lärm) zur Ausgestaltung der unbestimmten Rechtsbegriffe u.a. des KrW-/AbfG. Die „TASi", wie diese häufig genannt wird, ist in die *Verordnung über die umweltverträgliche Ablagerung von Siedlungsabfällen* (AbfAblV) eingebettet und dort um Regelungen zur mechanisch-biologischen (Vor-) Behandlung von Abfällen ergänzt worden.

Es wird zunächst festgelegt, welche Abfälle in welchen Anlagen entsorgt werden dürfen, und sodann werden Anforderungen in Bezug auf Beschaffenheit, Betrieb und Nachsorge für die entsprechenden Anlagen aufgestellt. Wesentliche Bedeutung hat die TASi im Hinblick auf Deponien, deren Betrieb dadurch beschränkt wird, dass grundsätzlich nur noch Abfälle abgelagert werden dürfen, die die Zuordnungswerte des Anhangs B der TASi einhalten. Zentral ist dabei die Begrenzung des organischen Anteils im Abfall, der minimiert werden soll, um biologische Abbauprozesse in einer Deponie zu begrenzen („Inertisierung“). Ziel der TA Siedlungsabfall ist die Verringerung der zu deponierenden festen Siedlungsabfälle. Schadstoffe im Hausmüll sollen reduziert werden, um die Erzeugung verwertbarer Fraktionen zu ermöglichen und die Behandlung nicht verwertbarer Restabfälle zu erleichtern. Die „TASi“ regelt im Weiteren die Deponierung der Restabfälle, die auf anorganische Abfälle beschränkt sein soll.

- Normen und Regeln

Die Erarbeitung von Normen im Abfallbereich gehört zu den Aufgaben der Deutschen Vereinigung für Wasserwirtschaft, Abwasser und Abfall (DWA). Sie ist eine Vereinigung für alle übergreifenden Wasserfragen und setzt sich intensiv für die Entwicklung einer sicheren und nachhaltigen Wasserwirtschaft insgesamt ein. Als politisch und wirtschaftlich unabhängige Organisation arbeitet sie fachlich somit auf den Gebieten Wasserwirtschaft, Abwasser, Abfall und Bodenschutz. Sie ist durch den Zusammenschluss der Abwassertechnischen Vereinigung e.V. (ATV) und des Deutschen Verbandes für Wasserwirtschaft und Kulturbau e.V. (DVWK) Anfang 2000entstanden. Die zuvor selbständigen Vereine wirkten stark in der Entwicklung von Regeln für das jeweilige Fach mit.

Der DVWK (Deutscher Verband für Wasserwirtschaft und Kulturbau) ist 1978 aus der Vereinigung der Verbände Kuratorium für Wasser und Kulturbauwesen (KWK) und dem Deutschen Verband für Wasserwirtschaft (DVWW) entstanden. Zweck des DVWK war eine Förderung der Landeskultur und Wahrung der Umweltbelange.

Der Schwerpunkt ihrer Tätigkeit liegt auf der Erarbeitung und Aktualisierung eines einheitlichen technischen Regelwerks, des DWA-Regelwerks, sowie der Mitarbeit bei der Aufstellung fachspezifischer Normen auf nationaler und internationaler Ebene. Hierzu gehören nicht nur technisch-naturwissenschaftliche Themen, sondern auch die wirtschaftlichen und rechtlichen Belange des Umwelt- und Gewässerschutzes.

7.3 Abfallentsorgung in Deutschland

7.3.1 Geschichte der Abfallwirtschaft

Die Geschichte der Abfallentsorgung ist zunächst eng mit der Gesundheitsvorsorge verbunden. Der Zusammenhang zwischen Umwelthygiene und lebensbedrohenden Krankheiten lässt sich auch heute noch in den Entwicklungsländern nachvollziehen. Überall dort, wo die Flüsse als Abfall- und Fäkalienpfade dienen, wo Menschen auf Mülldeponien aus Armut ihr Auskommen suchen, wo eine Abfallentsorgung, Wasser- und Abwasserorganisation aus Gründen von Katastrophen, Kriegen und Unterentwicklung nicht möglich ist, finden selbst zu Beginn des 21. Jahrhunderts Seuchen ihre nahezu unbegrenzbare Ausbreitung. Die „Pestordnung für Hamburg" von Dr. Johannes Bökel aus dem Jahr 1507 weist bereits auf mögliche Zusammenhänge zwischen Seuchen und Stadthygiene hin [7.2]. 1886 werden die Stadtreinigungsaufgaben bereits in die „Baudeputation" eingegliedert und in staatlicher Regie die Straßenreinigung und die Abfuhr von Hausmüllabfällen geplant. Dafür wird die Stadt in zwölf Zonen aufgeteilt, die jeweils von einem verantwortlichen Aufseher sauber gehalten werden müssen. Schließlich beschließt die Hamburger Baudeputation 1893 einen Müllverbrennungsofen für Hamburg nach englischem Vorbild zu bauen. Im Londoner Stadtteil Paddington war bereits 1870 die erste Müllverbrennungsanlage Europas gebaut worden, eine zweizeilige Versuchsanlage war daraufhin 1892 für ein Jahr in Brüssel betrieben worden. 1894 geht auch die Müllverbrennungsanlage am Bullerdeich in Hamburg zunächst in den Versuchsbetrieb, denn in England setzt sich der Abfall anders zusammen, so wird in den Haushalten dort z.B. andere Kohle zum Heizen benutzt als in Hamburg.

Damit steht erstmals eine Technik zur Verfügung, mit der es gelingt, die Behandlungsziele der Hygienisierung der Abfälle, der Schadstoffzerstörung und der Volumenreduktion weitgehend zu erfüllen. Der größte Teil der Abfälle wird jedoch noch viele Jahrzehnte nach wie vor auf Deponien „entsorgt", also abgelagert und sich selbst überlassen.

Als Einstieg in die Abfallwirtschaft kann man das erstmalige Recycling von Wertstoffen aus Hausmüll in der ersten Handsortieranlage bezeichnen. Diese wurde 1898 in den USA in New York City gebaut. Mit ihr wurde damals der Abfall von 116.000 Einwohnern entsorgt, wobei 37 Gewichtsprozent des Inputs als Wertstoff wieder gewonnen wurden. Auch in Deutschland wurden zu dieser Zeit Handsortieranlagen in Berlin-Charlottenburg, Hamburg und München betrieben. Mit einer Kombination von Siebtrommeln und Förderbändern konnte z.B. die Sortieranlage in München 300 Mg Abfall pro Tag verarbeiten [7.3]

Die Abfallwirtschaft in Deutschland begann Mitte der sechziger Jahre, als die rechtlichen Voraussetzungen geschaffen worden waren, um die Städte und Gemeinden als Abfallbeseitigungspflichtige mit entsprechender Strafandrohung zu bestimmen. In Folge des enormen Wirtschaftswachstums hatte sich das Müllaufkommen Anfang der siebziger Jahre bereits zu einer „Mülllawine" entwickelt, wofür die Steigerung der industriellen Produktion und des privaten Konsums maßgeblich verantwortlich waren.

Die Abfälle wurden bis Ende der sechziger Jahre auf einer Vielzahl von kleinen „Kippen" lediglich abgelagert, so dass noch 1972 die im Laufe des Jahres angefallene Hausmüllmenge nur grob auf 9 bis 18 Mio. Mg geschätzt werden konnte [7.4]. Neben den ca. 50.000 Ablagerungsplätzen wurden ungefähr 130 geordnete Deponien, 16 Kompostwerke und 30 Verbrennungsanlagen betrieben, die nur ungefähr 37 Prozent des Hausmülls ansatzweise umweltgerecht entsorgen konnten. Als vordringliches Ziel wurde daher die Schließung einer Vielzahl kleiner Müllkippen erklärt und die Einführung geordneter Entsorgungsanlagen gefordert. Dies wurde schließlich durch das Abfallbeseitigungsgesetz vom Juni 1972 umgesetzt. So wurden im Jahre 1980 nur noch 530, 1984 noch 385 und 1999 310 Deponien betrieben, die seinerzeit etwa 70 Prozent des Hausmülls entsorgten.

Bis 1981 wurde die Verbrennungskapazität für Hausmüll auf 42 Verbrennungsanlagen erhöht. Dies hatte eine Zunahme der Schadgasemissionsmengen zur Folge, die durch den zunehmenden Anteil chemischer Produkte im Hausmüll teilweise überproportional anwuchsen. 1981 besaßen alle Anlagen zwar bereits Entstaubungseinrichtungen, aber nur 1/3 der Anlagen verfügten über eine weitergehende Rauchgasreinigung. 1987 waren demgegenüber schon 2/3 der nunmehr 46 Müllverbrennungsanlagen mit einer weitergehenden Rauchgasreinigung ausgestattet. Die Hälfte dieser Anlagen ist mit Entschwefelungseinrichtungen ausgerüstet, so dass die Schwefelemissionen weitgehend reduziert werden konnten [7.5].

Die Zahl der Hausmüll-Kompostierungsanlagen stieg bis 1987 auf 28. Während Hausmüll früher überwiegend aus leicht abbaubarer organischer Substanz beschaffen war, veränderte sich dessen Zusammensetzung zunehmend zugunsten schwer abbaubarer Inhaltsstoffe bzw. zunehmenden Anteilen an Glas, Metallen und Verbundmaterialien. Diese Veränderung führte unter anderem zu einer Erhöhung der Schwermetallbelastungen im Kompost, mit dem Resultat wachsender Absatzschwierigkeiten dieses Produktes. Der Trend innerhalb der Hausmüllentsorgung ging daher in Richtung einer vom übrigen Hausmüll getrennt erfassten organischen Fraktion, dem so genannten Biomüll, der nach der Rotte ein absatzfähiges Produkt darstellt. Im Jahr 1993 waren bundesweit weniger als 10 Anlagen für die Hausmüllkompostierung und ca. 80 Anlagen für die Bioabfallkompostierung in Betrieb; 18 Anlagen waren im Bau und weitere 71 im Genehmigungsverfahren. 1999 sind 458 Bioabfallkompostierungsanlagen in Betrieb.

Der Druck auf die Industrie und den Handel, sich mit der Abfallvermeidung über Produktgestaltung, Transportsicherung und Konsumentenwirkung auseinanderzusetzen, konnte 1991 bis 1993 durch Erlass verschiedener Verordnungen auf Grundlage des damaligen § 14 AbfG, und jetzigen § 22 KrW-/AbfG, beträchtlich verstärkt werden. Hierdurch wird in den nächsten Jahren als Reaktion von Seiten der Industrie und Verbraucher eine essentielle Auseinandersetzung mit dem Umweltschutzgedanken zu erwarten sein.

Mit der Gründung der *Duales System Deutschland GmbH* (DSD) im Jahr 1990 begann ein neuer Abschnitt in der deutschen Abfallentsorgung. Diese Gesellschaft wurde speziell gegründet, um die in der Verpackungsverordnung von 1991 festgelegten Verpflichtungen von Industrie und Handel zu übernehmen. Ihre Aufgabe ist es, die Erfassung und Verwertung von Verpackungsabfällen zu organisieren. Sie erfüllt diese Aufgabe in Zusammenarbeit mit regionalen Vertragspartnern. Durch das Kreislaufwirtschaftsgesetz 1994 und durch Novellen der Verpackungsverordnung (1998 und 2005) wurden diese Aufgaben konkretisiert und teilweise erweitert. Grundsätzlich hat in diesen Gesetzeswerken die Abfallvermeidung Vorrang vor der Verwertung und diese vor der Deponierung. Die Verwertung ist werkstofflich, rohstofflich oder energetisch möglich. Bei letzterem Verfahren handelt es sich um eine Verbrennung zur Energieerzeugung, wobei Auflagen an die Wirkungsgrade und Emissionsvermeidung beachtet werden müssen.

Eines der wichtigsten Ziele der Verpackungsverordnung war seinerzeit das Zurückdrängen von Einwegverpackungen, die fast die Hälfte des Haushaltsmülls ausmachten. Ursprünglich war geplant, dass Einwegverpackungen generell an den Handel zurückgegeben und von diesem beziehungsweise vom Hersteller entsorgt werden sollten. Zusätzlich war ein Zwangspfand auf Einweggetränkeverpackungen (zum Beispiel Dosen) vorgesehen, um diese mittelfristig vom Markt zu verdrängen. Kerngedanke der Verordnung ist die Produktverantwortung, nach der nicht mehr der Verbraucher, sondern der Produzent und der Verkäufer für die Entsorgung eines Produkts verantwortlich sind.

Unter anderem aufgrund von Interventionen der industriellen Interessenverbände wurde eine Ausnahme von der Rücknahmepflicht der Verordnung angefügt: Wenn die Wirtschaft ein System aufbaut, das Verkaufsverpackungen erfasst und einer zulässigen Form von Wiederverwertung zuführt, also die Produktverantwortung übernimmt, entfällt die Rücknahmepflicht. Auch das Zwangspfand wurde eingeschränkt: Erst wenn bestimmte, je nach Stoffart verschieden festgesetzte Verwertungsquoten für mehr als eineinhalb Jahre unterschritten werden, kann das Bundesumweltministerium Zwangsabgaben für Einwegverpackungen erlassen.

Die „Duales System Deutschland GmbH“ mit Sitz in Köln wurde im September 1990 von 95 Unternehmen aus Handel, Konsumgüter- und Verpackungsindustrie gegründet. Wegen der Vielzahl der Gesellschafter wurde sie mit Wirkung vom 1.1. 1997 in eine nicht börsennotierte Aktiengesellschaft umgewandelt. Seit Dezember 2005 ist sie wieder GmbH mit mittlerweile über 750 Entsorgungspartnern. Für den Aufdruck des Markenzeichens Grüner Punkt auf ihren Verpackungen zahlen die Lizenznehmer nach dem Verursacherprinzip Lizenzentgelte an die DSD GmbH, die sich nach der Stückzahl der Verpackungseinheiten und dem Gewicht der eingesetzten Materialien berechnen.

Aufgabe der DSD war und ist es, die Lizenzgebühr für Verkaufsverpackungen einzutreiben und mit diesem Geld ein Entsorgungssystem für Verpackungsmaterialien aufzubauen. Die DSD AG ist gesetzlich verpflichtet, Sammel- und Sortierquoten einzuhalten: insgesamt 80 Prozent aller Verpackungen müssen erfasst werden und davon wiederum, je nach Material, zwischen 80 und 90 Prozent sortiert werden. Zusätzlich bietet die Duales System Deutschland GmbH weitere Dienstleistungen für bestehende und potenzielle Neukunden in den Geschäftsfeldern Einwegpfand und Umsetzung des ElektroG (*Gesetz über das Inverkehr bringen, die Rücknahme und die umweltverträgliche Entsorgung von Elektro- und Elektronikgeräten*).

Die DSD ist ein nicht profitorientiertes Unternehmen – alle Einnahmen müssen dem Gesellschaftszweck zugeführt werden. Es betreibt selbst keine Müllerfassung oder -verwertung, sondern organisiert eine Vielzahl von Entsorgungspartnern (Unternehmen, die Erfassung und Sortierung des Verpackungsmülls durchführen) und Garantiegebern (Recyclingfirmen und, zum Teil, produzierende Industriebetriebe). Die DSD erstellt jährlich einen Bericht für die Landesumweltministerien, den Mengenstromnachweis, aus dem hervorgeht, ob und in welchem Maße Abfälle erfasst und wieder verwertet wurden.

7.3.2 Aktuelle Situation der Abfallentsorgung in Deutschland

Nach [7.6] wurden im Jahr ca. 69 Mio Mg Abfälle in Deutschland in „ausgewählten" Anlagen entsorgt. Ohne die betriebliche Entsorgung und die besonders überwachungspflichtigen Abfälle. Dabei gelangten ca. 58 Prozent auf die Deponie, ca. 22 Prozent wurden in Müllverbrennungsanlagen behandelt und 3 Prozent in mechnisch-biologischen Anlagen. 17 Prozent in Kompostierungsanlagen (Bild 7-3). Bei der Kompostierung sowie der Wertstoffaufbereitung verbleiben ca. 10 Prozent Restabfälle, die anschließend noch deponiert werden müssen. Bei der MBA gelangt das gesamte Material auf die Deponie, wobei durch Trocknung etwa die Hälfte des Gewichts verloren geht. Bei der MVA verbleiben ca. 30 Prozent Schlacke und Asche sowie 4 Prozent Metalle die jeweils weitgehend verwertet werden können. Die etwa 6 Prozent Rauchgasreinigungsrückstände müssen anschließend auf gesondert abgelagert werden.

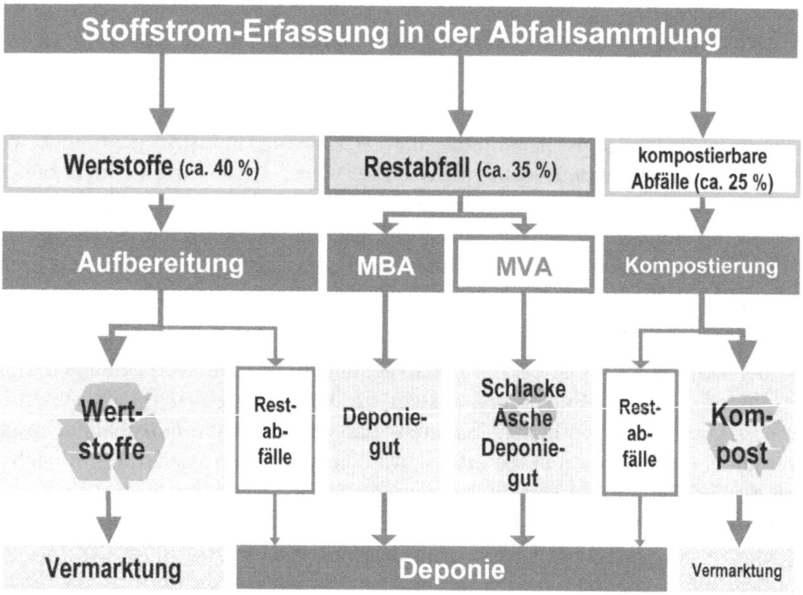

Bild 7-3 Stoffströme der Abfallentsorgung in Deutschland nach 2005

Behandlungskapazitäten

Zur Erfüllung der gesetzlichen Anforderungen zur Behandlung der Restabfälle wurden in den vergangenen Jahren insbesondere die Kapazitäten der thermischen Behandlungsanlagen ausgeweitet. Die Anzahl solcher Anlagen wird sich von 46 Anlagen im Jahr 1985 mit einer Kapazität von rd. 7,9 Mio. t/a auf voraussichtlich 72 Anlagen im Jahr 2005 mit einer Kapazität von rd. 17,9 Mio. t/a erhöhen [7.6]. Die Mitverbrennungskapazitäten (Kraftwerke u. industrielle Anlagen) beläuft sich gem. LAGA-Bericht insgesamt auf 3,5 Mio. t/a. [7.7]. Damit wird der Restabfall von fast 50 Prozent der Einwohner in Deutschland einer thermischen Behandlung unterzogen.

Zwischenzeitlich wurden in den 90er Jahren auch 29 mechanisch-biologische Abfallbehandlungsanlagen (MBA) mit einer Gesamtkapazität von rd. 1,2 Mio. t/a (2001) errichtet. Dabei wurden sowohl technologisch einfache, offene Rotteverfahren als auch eingehauste Verfahren realisiert, die jedoch überwiegend den Anforderungen der 30.BImSchV noch nicht entsprechen und daher nachgerüstet oder stillgelegt werden müssen. Hierbei konnten auch wichtige Betriebserfahrungen über die technische Leistungsfähigkeit und Wirtschaftlichkeit derartiger Anlagen gewonnen werden. Nach bisherigen Planungen sollen im Jahr 2005 voraussichtlich bis zu 66 mechanisch-biologische Anlagen verfügbar sein. Eine Übersicht der Behandlungsanlagen zeigt der Anhang.

Ein Vergleich der 2005 zur Verfügung stehenden Behandlungskapazitäten in Müllverbrennungsanlagen, mechanisch-biologischen Anlagen und der Mitverbrennung mit dem erwarteten Mengenaufkommen macht deutlich, dass sich für die nächsten Jahre ein Defizit an Vorbehandlungskapazitäten ergeben könnte, das in erster Linie durch Gewerbebetriebe und Industrie verursacht wird, die derzeit immer noch lieber billig entsorgen, anstatt in eine rechtskonforme Entsorgung zu investieren [7.6].

Die Abfallwirtschaftsplanung

Das KrW-/AbfG sieht vor, dass die Länder für den Umgang mit dem in ihrem Gebiet anfallenden Abfall entsprechende Pläne aufstellen. Das KrW-/AbfG erweitert die Planung gegenüber dem früheren AbfG auch auf die Abfallvermeidung und die Abfallverwertung und gab eine Frist zur erstmaligen Aufstellung bis spätestens Ende 1999 vor. Die Pläne sind alle fünf Jahre fortzuschreiben. Die Art und Anzahl der Behandlungsanlagen ist nicht nur von der Siedlungsstruktur und der Lage der Verdichtungsräume abhängig (siehe hierzu später Bild 7-6), sondern auch von der Strategie, welche die einzelnen Bundesländer in der Abfallwirtschaft verfolgt haben (Bild 7-4). Bayern hat ganz auf die Müllverbrennung gesetzt, Brandenburg, Sachsen und Niedersachsen auf die mechanisch-biologische Behandlung. Baden-Württemberg und Nordrhein-Westfalen haben beide Strategien verfolgt. Deutlich wird auch, dass sich die Anlagenstandorte insbesondere in den Verdichtungsräumen befinden, dort wo der Abfall auch vorwiegend anfällt.

Die Abfallwirtschaftspläne sollen die Ziele der Abfallvermeidung und -verwertung sowie die erforderlichen Abfallbeseitigungsanlagen darstellen. Sie sollen dabei insbesondere die Standorte der bereits zugelassenen Abfallbeseitigungsanlagen sowie die Flächen, die als zukünftige Standorte für Deponien oder sonstige Abfallbeseitigungsanlagen in Betracht kommen, ausweisen. In den Abfallwirtschaftsplänen kann auch festgelegt werden, wer Träger der jeweiligen Anlage ist und welcher Abfallbeseitigungspflichtige seine Abfälle in welcher Anlage zu entsorgen hat. Die Bundesländer sehen u.a. sog. „Exportverbote" für Abfall zur Beseitigung vor, d.h. das grundsätzliche Verbot der Verbringung von Abfällen zur Beseitigung außerhalb ihres Hoheitsgebiets.

Die Ausweisungen in den Abfallwirtschaftsplänen können für die Entsorgungspflichtigen als verbindlich erklärt werden. Die Aufstellung der Pläne liegt in der Verantwortung der Länder; diese sollen die Pläne untereinander abstimmen sowie die Ziele der Raumordnung und Landesplanung berücksichtigen (§ 29 Abs. 5; sog. Raumordnungsklausel). An der Aufstellung sind aufgrund ihres Selbstverwaltungsrechts auch die betroffenen Gemeinden zu beteiligen.

7.4 Abfallaufkommen und Entsorgungskapazitäten

In der Abfallwirtschaft verwendet man nur den Begriff Abfall. Der Begriff Müll kommt lediglich in Verbindung mit den Abfallarten Hausmüll, Sperrmüll, Gewerbemüll usw. vor. Die Bezeichnung Müll verwendet derjenige, der diesen produziert. Aus Sicht des Entsorgers wird dieser dann begrifflich zu ‚Abfall'. Für das Recycling vorgesehene, wieder verwertbare Abfälle werden schließlich als Wertstoffe bezeichnet. Es kommt also schon bei der Bezeichnung darauf an, wer das Material besitzt und was damit geschehen soll.

7.4.1 Abfallanfall

Der Abfallanfall in Deutschland verteilt sich in den Siedlungen im Bereich der öffentlichen Entsorgung im Wesentlichen auf die privaten Haushalte und das Gewerbe.

Abfallanfall in den privaten Haushalten

Der Abfallanfall in den Siedlungen ist bei den Haushalten abhängig von der Anzahl der Einwohner, der Haushaltsgröße, der Art der Wohnsiedlung, dem Raumtyp (Stadt/Land), dem Sammelsystem und nicht zuletzt auch von dem Gebührensystem. Der Umfang und die Zusammensetzung des Abfalls aus dem Gewerbebereich sind abhängig von der Branche, der Konjunktur, der Anzahl der Arbeitsplätze, der (Geschoß-)Fläche der Gebäude, dem Sammelsystem und von dem Gebührensystem.

Bei zunehmender Haushaltsgröße sinkt aufgrund des Konsumverhaltens, der Mehrfachnutzung und des Abfallverhaltens die einwohnerspezifische Abfallmenge. Ausnahmen bilden Familien mit Kleinkindern bei Benutzung von Einwegwindeln, wodurch temporär die Abfallmenge deutlich ansteigt.

Alter, Bildungsniveau, Einkommen und das hieraus resultierende Konsumverhalten und Abfallbewusstsein, welches auch durch Mode, Trends und Prestige geprägt ist, beeinflussen die häusliche Abfallmenge ebenfalls deutlich. Durch intensive Aufklärungsarbeit lässt sich in diesem Zusammenhang die Abfallmenge nachweislich besonders im Bereich der Verpackungen, des graphischen Papiers und der Bioabfälle (Eigenkompostierung) reduzieren. Hierbei ist zu beachten, dass eine Verwertung z.B. von Verpackungen keine Maßnahme zur Abfallvermeidung darstellt.

Tabelle 7-2 Abfallströme des Hausmülls (nach [7.9])

	[kg / E * a]	Anteil in %
Resthausmüll	130	37
Biomüll	84	24
Glas	35	10
Papier/Pappe	68	19
Leichtverpackungen	27	8
Textilien, Sonderabfall, Sonstiges	7	2
Summe Hausmüll	351	100

Speziell das Aufkommen an Gartenabfällen ist direkt an das Vorhandensein entsprechender Gartenflächen gekoppelt. So sinkt die spezifische Gartenfläche vom freistehenden Einfamilienhaus von 90 m²/E auf 15 m²/E im Mehrgeschosswohnungsbau, in Innenstadtbereichen geht dieser Wert bis auf null zurück. Die hieraus resultierenden Abfallmengen, die bis zu 180 kg/E*a betragen können, werden jedoch abhängig von Gebührensystem, der getrennten Sammlung und dem Abfallbewusstsein der Bevölkerung nicht vollständig der öffentlichen Abfallentsorgung angedient, sondern weitgehend auf dem eigenen Grundstück verwertet .

Die getrennte Sammlung kann erfahrungsgemäß zu einer Verringerung des Resthausmülls von bis zu 65 Prozent führen, ohne die Biotonne zu einer Verringerung um bis zu 45 bis 50 Prozent.

Wie Tabelle 7-2 zeigt fallen bezogen auf das Gewicht gut zwei Drittel des Hausmülls als Restmüll an, der nicht unmittelbar stofflich verwertet werden kann. Rund ein Viertel ist als Biomüll einzustufen, etwa ein Fünftel ist Papier oder Pappe und ein Zehntel ist Glas. Ein hoher Anteil besteht aus Leichtverpackungen, das sind Kunststoffe oder Verbundstoffe aus Papier und Kunststoffen. Pro Einwohner und Jahr fallen damit rund 350 kg an Abfällen an, das ist etwa 1 Kilogramm pro Einwohner und Tag. Hinzu kommen noch ca. 34 kg pro Einwohner und Jahr an Sperrmüll aus den Haushalten, die teilweise auch dem Gewerbemüll zugerechnet werden (siehe später Tabelle 7-3).

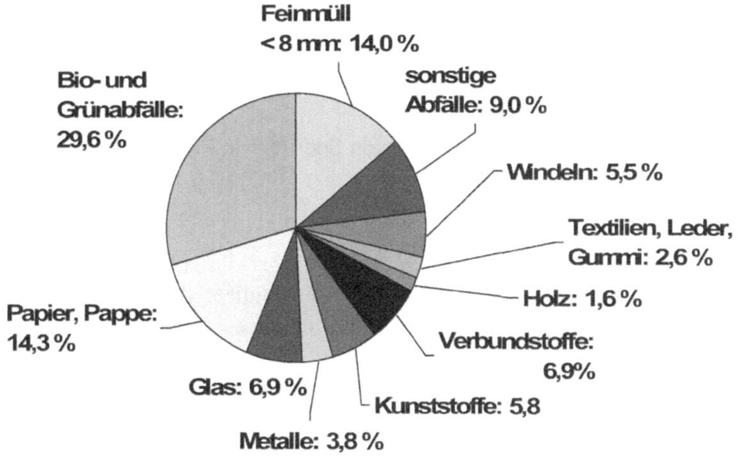

Bild 7-4 Mittlere Zusammensetzung von Resthausmüll in Prozent [7.9]

Beim Gewerbe und Industriemüll wird die Abfallmenge und -zusammensetzung maßgeblich von der Art des Betriebes (Produktion, Handwerk, Handel, Gesundheitswesen, Dienstleistung, Erziehung und Unterricht etc.) beeinflusst. Die Betriebsgröße, welche abhängig von der Art des Betriebes durch Mitarbeiterzahl, Verkaufsfläche, Schülerzahlen, Bettenzahlen u.ä. beschrieben werden kann, beeinflusst nicht nur summarisch, sondern auch auf die Kenngröße bezogen die spezifische Abfallmenge

Der Resthausmüll besteht durchschnittlich trotz der vielfach eingeführten Biotonne zu fast 30 Gewichtsprozent aus Bio- und Grünabfällen und auch der Anteil an Pappe/Papier beträgt noch ca. 14 Prozent. Die übrigen Abfallfraktionen machen weit über die Hälfte des Gesamtaufkommens aus und teilen sich auf zahlreiche Einzelfraktionen auf, die jeweils kleiner als 10 Prozent sind (Bild 7-4). Der Sperrmüll (Bild 7-5) besteht wie zu erwarten aus einem sehr hohen Anteil an Holz/Möbeln (41 %), sowie zahlreichen Verbundstoffen (22 %) und sonstigen Abfällen (14 %). Außer den Metallen mit fast 10 Prozent Anteil am Gesamtaufkommen weisen die übrigen Fraktionen nur jeweils einen kleinen Anteil auf.

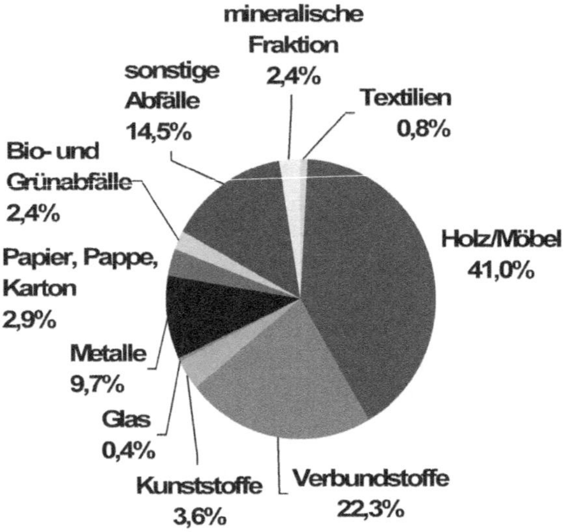

Bild 7-5 Mittlere Zusammensetzung von Sperrmüll in Prozent [7.9]

Abfallanfall im Gewerbe

Unter Einbeziehung des Gewerbemülls sind über die Hälfte der insgesamt rund 200 kg pro Einwohner und Jahr, die als Gewerbemüll anfallen, dem Abfallstrom „hausmüllähnlicher Gewerbeabfall" zuzurechnen. Die Definition dieses Abfallstroms ergibt sich in erster Linie aus der Tatsache, dass er in solchen Siedlungsbereichen anfällt, die durch ein Hausmüll-Sammelsystem entsorgt werden. Es handelt sich also um Gewerbeabfall, der in die Hausmülltonne „passt". Grün-, Garten- und Parkabfälle fallen im Durchschnitt mit 28 kg / E*a an, produktionsspezifische Abfälle mit 35 kg/E*a.

Tabelle 7-3 Abfallströme des Gewerbemülls (nach [7.9]

	[kg / E * a]	Anteil in %
Sperrmüllsammlung	34	17
Grün-, Garten-, Parkabfälle	28	14
hausmüllähnlicher Gewerbeabfall	104	52
produktionsspezifischer Abfall	35	17
Summe Gewerbemüll	201	100

7.4.2 Entsorgungskapazitäten

Bild 7-6 zeigt die im Jahr 2005 in den einzelnen Bundesländern vorhandenen Entsorgungskapazitäten für Siedlungsabfälle. Dabei wird deutlich, dass die Stadtstaaten Bremen, Hamburg und Berlin keinerlei Deponiekapazitäten mehr vorhalten. Die Ablagerung der Reststoffe erfolgt meist im Rahmen einer Arbeitsteilung zwischen den Städten und ihrem Umland in den benachbarten Bundesländern. In den Verdichtungsräumen herrschen die technischen Anlagen zur thermischen oder mechanisch-biologischen Behandlung der Abfälle vor. In den großflächigen und weniger stark verdichteten Bundesländern gibt es im Jahr 2005 dagegen noch zahlreiche Deponien der Klasse II zur Ablagerung der entsprechend vorbehandelten Restabfälle.

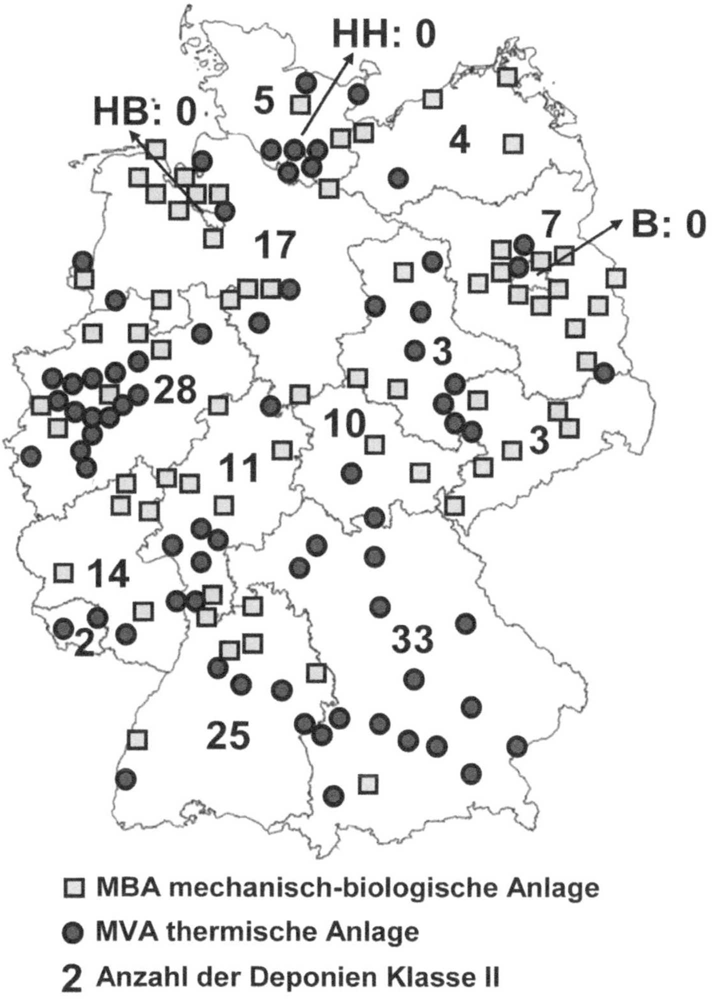

Bild 7-6 Behandlungsanlagen für Siedlungsabfälle in Deutschland im Jahr 2005 MVA [7.6], [7.8]

7.5 Abfallsammlung

Für das System der Abfallsammlung sind die Größe des Sammelgebietes, dessen Wirtschaftsstruktur, die Lebensgewohnheiten der Menschen dort (nach sozio-ökonomischen Merkmalen), die städtebaulichen Gegebenheiten und die Anforderung der Benutzer und des Entsorgers maßgeblich.

7.5.1 Komponenten der Abfallsammlung und deren Funktion

Sammelbehälter

Bei der Abfallsammlung wird in erster Linie zwischen Hol- und Bringsystemen unterschieden.

Bei den *Holsystemen* wird in den Wohngebieten der Abfall in dafür von den Abfallentsorgern zur Verfügung gestellten Behältern bereitgestellt und in einem bestimmten Rhythmus abgeholt (täglich; ein mal in der Woche an einem bestimmten Wochentag; 14-tägig; auf Abruf usw.). Da die Behältergröße einen Einfluss auf die Abfallmenge sowie auf die Verdichtung und Zusammensetzung der Fraktionen hat, werden sehr viele unterschiedliche Behältersysteme angeboten und von den Abfallentsorgern eingesetzt. Von Bedeutung ist hierbei auch der verwendete Typ des Sammelfahrzeuges, da die Behälter auf deren Beladesystem ausgerichtet sein müssen.

Gängige Systeme für Restmüll, Bioabfall oder Wertstoffe sind je nach Haushaltsgröße 60-Liter-Behälter, bzw. 240 Liter-Behälter mit zwei Rädern (Bild 7-7) zum bequemen Transport vom Stellplatz in der Nähe der Wohnung zu dem Platz, an dem der Behälter vom Sammelfahrzeug entlang der Straße abgeholt wird. Diese Tonnen wiegen leer zwischen 8 und 16 kg In Mehrfamilienhäusern und bei gewerblichen Betrieben kommt häufig ein 4-Rad-Behälter mit einem Volumen von 1.000 Litern zum Einsatz (Gewicht ca. 65 kg bei Kunststoff). Teilweise kommen auch Säcke (aus Papier oder Kunststoff) zum Einsatz.

Bild 7-7 Abfall-Sammelbehälter mit einem Volumen von 60, 240 und 1100 Litern [7.10]

Für die Trennung und Sammlung von Hausabfällen bieten wir zwei verschiedene Systeme: Das herkömmliche Holsystem und das zentrale Bringsystem.

Bei den *Bringsystemen* haben sich zentrale Sammelstellen in den Wohngebieten bewährt, die zum Teil durch Recyclinghöfe ergänzt werden. Die Ausstattung der zentralen Sammelstellen erfolgt mit Mono-Containern für bestimmte Abfallfraktionen, die heute meist aus Recyclingkunststoffen hergestellt sind (Bild 7-8). aufheben Die einzelnen Behältnisse sollten möglichst wenig Lärm beim Einwurf des Abfalls und der Wertstoffe verursachen, sollten gegebenenfalls geruchsdicht abschließen sowie eine eindeutige Zuordnung zu den jeweiligen Abfall- oder Wertstofffraktionen zulassen

Bei Industrieabfällen kommen häufig Behälter mit einem Volumen von 60 Litern bis hin zu 1.700 Litern aus Metall zum Einsatz, da diese widerstandsfähiger sind. Sie verursachen jedoch meist mehr Lärm (Bild 7-9). Üblicherweise werden jedoch normierte offene oder geschlossene Mulden mit einem Volumen von 5,5 m³ bis 18 m³ verwendet. Diese werden im Gegensatz zum Hausmüll, der im Einwegverfahren eingesammelt wird, im Wechselverfahren ausgetauscht. Das heißt, die Containerfahrzeuge (Absetzkipper oder Abrollkipper) bringen einen leeren Behälter und nehmen den vollen mit im selben Fahrzeug mit.

Bild 7-8 Zentrale Sammelstelle für Abfälle und Wertstoffe [7.10]

Die Sammelbezirke werden so berechnet, dass die Sammelrouten möglichst kurz sind und die Fahrzeuge im Hinblick auf die Arbeitszeiten und die Entfernung zur Ablieferungsstelle zu günstigen Zeiten voll werden. Durch die inzwischen sehr stark dem Abfallaufkommen angepassten Abfuhrrhythmen und die Möglichkeit, bei mengenbezogenen Entsorgungstarifen die Abfalltonne nur bei Bedarf zur Leerung bereit zu stellen, ergeben sich für die Abfallsammelbetriebe neue planerische Herausforderungen.

Bild 7-9 2- und 4-Rad-Behälter zum Sammeln und transportieren von Industrieabfällen (Otto)

Sammelfahrzeuge

Ein Abfall-Sammelfahrzeug wiegt insgesamt ca. 35 Mg, wobei die Zuladung maximal 14 Mg beträgt (Bild 7-10). Das übrige Gewicht ergibt sich aus dem Motorwagen, dem Sammelbehälter und der Komprimierungs- bzw. Beladeeinrichtung. In die großvolumige Beladewanne kann Abfall in schneller Folge eingeladen werden. Nach Anbau eines entsprechenden Liftersystems können Abfallbehälter von 80 bis 390 Liter und 1,1 m³ bis 5 m³ sowie auch Absetzbehälter von 7 m³ bis 10 m³ entleert werden. Das Behältervolumen der Fahrzeuge reicht von ca. 15 m³ bis 30 m³. Die normale Aufbaubreite beträgt 2500 mm. Mit jedem Ladezyklus wird ca. 2,5 m³ Abfall aus der Beladewanne mit einer Presskraft von bis zu 41 t in den Sammelbehälter verdichtet. So werden Schüttgewichte zwischen 0,4 Mg/m³ und 0,7 Mg/m³ erreicht

Bild 7-10 Abfallsammelfahrzeuge (Haller/Faun)

Ermittlung der Sammelgebiete und Sammelrouten

Die Abfallsammlung erfolgt meist in festgelegten Sammelgebieten auf optimierten Sammelrouten. Diese Sammelgebiete bestimmen sich nach dem Zeitaufwand für die Sammlung und der Entfernung zur Behandlungsanlage. Für die zu entsorgende Bevölkerung ist es wichtig, dass die Abfallsammlung in einem erkennbaren und leicht zu merkenden Rhythmus erfolgt, d.h. möglichst wöchentlich jeweils am gleichen Wochentag.

Durch unterschiedliche Sammelsysteme und unterschiedliche Sammelrhythmen für die einzelnen Wertstoff- oder Abfallfraktionen ist die Tourenoptimierung sehr komplex geworden, zumal in einigen Gebietskörperschaften mit mengenbezogener Abrechnung die Möglichkeit besteht, den jeweiligen Abfallbehälter nur bei Bedarf zur Abholung bereitzustellen. Da die Sammelfahrzeuge nach Beendigung einer Tour aus Kostengründen möglichst voll beladen sein sollten, macht dies Festlegung der Sammelbezirke sehr viel schwieriger als bisher. Andererseits können heute GIS-Systeme und Routenoptimierungsprogrammen zur detaillierten Arbeitsplanung eingesetzt werden. Außerdem sind die Fahrzeuge inzwischen häufig mit GPS ausgestattet.

Eine wesentliche Rolle spielt auch die Frage, welchen Teil des Services die „Kunden“ übernehmen (Transport des Behälters vom Gebäude bis zum Ladepunkt), welche Behältergröße zum Einsatz kommt (große Behälter strecken die Abfuhrintervalle) und welche Ladeleistung aufgrund der Personalbesetzung (Tarifregelungen!) oder durch Einsatz automatisierter Ladefahrzeuge erreicht werden kann.

7.5.2 Raum- und Umweltwirkungen der Abfallsammlung

Raumwirkungen

Die Verfügbarkeit eines leistungsfähigen Abfallsammelsystems gehört mit zur Erschließung eines Siedlungsgebietes. Hierbei ist es nicht zwingend erforderlich, dass jedes Grundstück unmittelbar angeschlossen ist, das heißt, dass dort direkt die Sammelbehälter vom Abfuhrunternehmen abgeholt werden. Es kann auch zugemutet werden, dass der Abfall vom Grundstückseigentümer/Mieter in einiger Entfernung zur Abholung bereitgestellt wird.

Abfallsammelsysteme benötigen Flächen innerhalb der Siedlungssysteme. Einerseits zum Aufstellen der Depotcontainer im Bringsystem, andererseits für die Sammelbehälter im Holsystem, die für alle Abfallfraktionen möglichst nahe bei den Haushalten angeordnet werden sollten, um die Bereitschaft zur Abfalltrennung zu erhöhen.

Bei der Planung der Erschließungsstraßen sollte bereits berücksichtigt werden, dass diese eine ausreichende Breite für die Sammelfahrzeuge aufweisen und dass entsprechende Wendemöglichkeiten vorhanden sind. Allerdings sollte sich dieser Anspruch auch anderen, vor allem gestalterischen Ansprüchen an eine attraktive städtebauliche Gesamtplanung unterordnen können.

Umgekehrt gehen auch von den unterschiedlichen raumstrukturellen Gegebenheiten Wirkungen auf die Abfallsammlung aus. So kann ein Zusammenhang zwischen den sozioökonomischen Merkmalen eines Entsorgungsgebietes und dem Abfallaufkommen hergestellt werden. So kann zum Beispiel festgestellt werden, dass die Bereitschaft zur Abfalltrennung und zum Abfallrecycling mit einem höheren sozialen Status der Bewohner ansteigt. Oder dass das Aufkommen an Bioabfällen dort besonders niedrig ist, wo für die Bewohner aufgrund der Grundstücksgröße die Möglichkeit zur Eigenkompostierung besteht.

Umweltwirkungen

Die wesentlichsten Umweltwirkungen bei der Abfallsammlung im *Holsystem* werden im lokalen Bereich durch die Sammelfahrzeuge verursacht, die Lärm und Luftschadstoffe während des Sammelvorganges in die Wohngebiete hineintragen. Da solche Sammlungen in der Regel nur einmal in der Woche stattfinden, halten sich die Belastungen in Grenzen. Auch dort wo mehrere Abfallfraktionen getrennt eingesammelt werden, erfolgt dies schon aus Kostengründen meist alternierend im Wochenwechsel.

Bei entsprechenden lang anhaltenden hohen Außentemperaturen können auch Geruchsbelastungen durch die Abfallsammelsysteme entstehen. Die sollte ebenfalls bei der Festlegung der Standorte für die Sammelbehälter berücksichtigt werden.

Bringsysteme verursachen meist Lärmbelastungen während des Einwerfens in die Depotcontainer., z.B. von Glasflaschen in Metallcontainer. Hier kann durch die Wahl entsprechender Materialien der Container nur begrenzt entgegengewirkt werden. Bessere Möglichkeiten zur Reduzierung der Belastungen ergeben sich meist durch die Wahl der Stellplätze für die Depotcontainer. Hier hat sich eine Bündelung der Sammelbehälter an ohnehin verlärmten, jedoch gut zugänglichen Standorten bewährt.

7.6 Abfalltransport

Die Notwendigkeit zum Abfalltransport hat in den letzten Jahren stark zugenommen, nachdem zunächst zahlreiche kleine dezentrale Deponien geschlossen wurden, weil sie den hohen Umweltstandards nicht mehr genügt haben. Daher mussten Abfälle zur Ablagerung in die weiter entfernt gelegenen Anlagen transportiert werden. Da das Sammelpersonal aus organisatorischen Gründen meist auch auf den Transportwegen im Fahrzeug mitfährt, bedeutet dies hohe Transportkosten, zumal die Sammelfahrzeuge durch die Ausrüstung mit Beladungs- und Komprimierungseinrichtungen pro Fahrzeug nur ein geringes Transportvolumen aufweisen. Großraumfahrzeuge haben mindestens eine doppelt so hohe Nutzlast. Insbesondere dort, wo in engen Straßen gesammelt werden muss, ist die Fahrzeugkapazität zu Gunsten kleiner und wendiger Fahrzeuge zusätzlich beschränkt.

Durch die zunehmende Diversifizierung der Abfallströme und die Zunahme von Abfallbehandlungsanlagen unterschiedlichster Art hat die Notwendigkeit zum Abfalltransport weiter zugenommen, zumal auch diese Behandlungsanlagen eine gewisse Mindestgröße für einen wirtschaftlichen Betrieb benötigen. Da in vielen Fällen die Abfallbehandlungsanlagen wegen fehlender Akzeptanz in der Bevölkerung nicht dort angesiedelt werden konnten, wo diese aus Gründen der Transportlogistik notwendig wären, haben sich zusätzliche Transportwege ergeben.

7.6.1 Komponenten des Abfalltransportes und deren Funktion

Der Abfalltransport erfolgt in der Regel in Großraumfahrzeugen auf der Straße, dazu sind eine Umladung und eventuell auch eine maschinelle Zusatzverdichtung des Abfalls an stationären Anlagen sowie auch eine maschinelle Entladung der Abfälle erforderlich. Dies führt in der Regel zu Kosteneinsparungen, jedoch auch zu wesentlich längeren Transportzeiten des Abfalls und damit teilweise auch zur Geruchsbildung während des Transportvorganges.

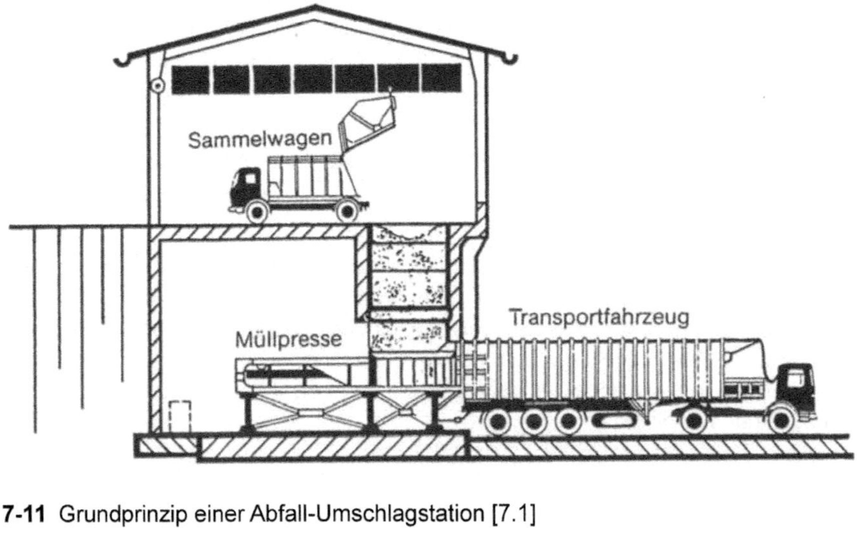

Bild 7-11 Grundprinzip einer Abfall-Umschlagstation [7.1]

Die Umschlaganlagen (siehe Bild 7-11) sind nach 4. BImSchV genehmigungspflichtige Anlagen, da sie neben den Emissionen des An- und Ablieferverkehrs eine nicht unerhebliche Lärm-, Staub- und Geruchsbelastung mit sich bringen können. Die Errichtung solcher Umladeanlagen erfordert einen zusätzlichen Aufwand für die Errichtung und den Unterhalt der erforderlichen Gebäude. Auch der Betrieb solcher Anlagen bringt Zusatzkosten, zumal hier auch Aufwendungen für den Immissionsschutz (Lärm, Geruch, Staub) zu berücksichtigen sind. Dadurch erhöhen sich die Gesamtkosten für den Abfalltransport zunächst deutlich (siehe Bild 7-12). Erst mit zunehmender Abfallmenge, die transportiert wird, können diese Kosten durch geringere spezifische Transportkosten in den größeren Transportfahrzeugen (20 bis 26 Mg pro Fahrzeug gegenüber durchschnittlich etwa 7,5 Mg beim Sammelfahrzeug) wieder eingespart werden.

Wesentliche Kriterien sind dabei auch die Transportentfernung und die Transportzeit, die wiederum von den Standorten abhängig sind, zu denen der Abfall transportiert wird. Außerdem spielt der mögliche Grad der Verdichtung des Abfalls und die Art und Größe der Transportfahrzeuge eine Rolle. Bei mehreren Abfallfraktionen und zahlreichen, teilweise wechselnden Behandlungsstandorten ergeben sich hierbei meist sehr komplexe Verhältnisse, die dann Gegenstand eines Abfalllogistikkonzeptes sein können. Hier werden dann Einzugsbereiche und deren Zuordnung zu bestimmten Behandlungsanlagen, Transportsysteme und deren Größe sowie die Fahrtstrecken ermittelt. Die Ergebnisse haben meist Einfluss auf die Sammelrhythmen und die Behältergrößen. Ihr Ziel ist es insgesamt, die Sammel- und Transportkosten zu minimieren.

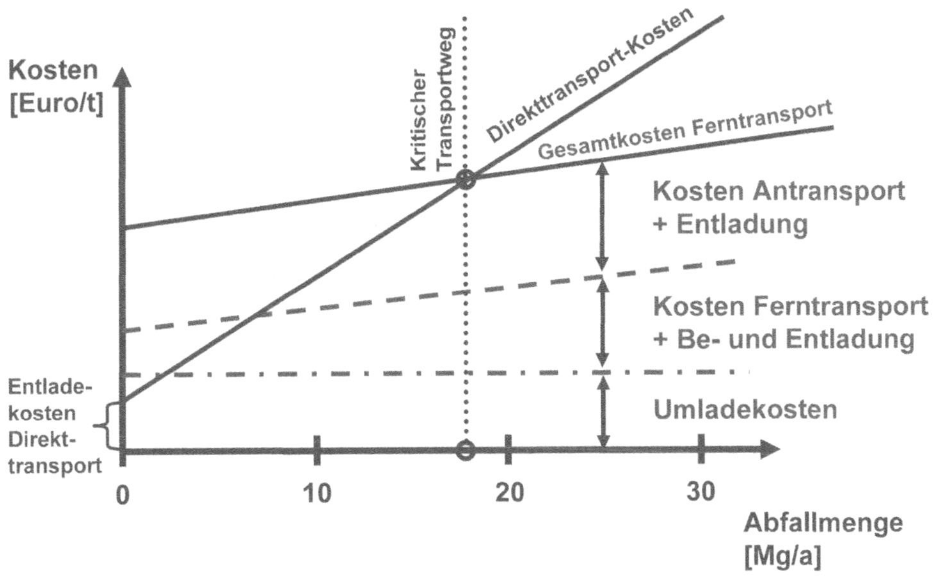

Bild 7-12 Kostenvergleich zwischen Direkttransport und Ferntransport mit Umschlag [7.1]

In der Vergangenheit sind mehrere Transportsysteme eingerichtet worden, bei denen Hausmüll mit der Bahn oder dem Schiff über längere Strecken zu sehr großen und/oder sehr weit entfernten Anlagen transportiert werden. Für den Bahntransport werden die Abfälle dazu teilweise auch stark verdichtet, was dann zusätzlich auch eine mechanische Unterstützung bei der Entladung notwendig macht. Solche Lösungen haben sich jedoch nur in wenigen Fällen bewährt. Durch die Auftrennung in zahlreiche Abfallfraktionen mit unterschiedlichem Bestimmungsort sind solche Lösungen noch schwieriger geworden. Beim Schiffstransport liegt es nahe, den Abfall nur lose in die sehr großen Transportbehältnisse der Schiffe zu schütten. Hierbei sind jeweils sehr große Abfallmengen erforderlich, die dann wiederum nur über sehr lange Zeiträume zusammen kommen. Dies erschwert die Transportlogistik ganz erheblich, unter anderem wegen zeitweise auftretender Geruchsprobleme. Daher sind auch solche Systeme nur sehr selten in ganz speziellen Fällen anwendbar.

7.6.2 Raum- und Umweltwirkungen des Abfalltransportes

Raumwirkungen

Durch die immer geringer werdende Anzahl von Ablagerungsstandorten (zahlreiche Standorte erfüllen nicht mehr die Ablagerungsbedingungen) und die Notwendigkeit der Vorbehandlung in tragfähigen Größeneinheiten nehmen die Transportvorgänge für die Abfallentsorgung künftig insgesamt deutlich zu. Der Transport einer Vielzahl unterschiedlicher Fraktionen von und zu Standorten die kaum über eine Bahn oder Schiffsanbindung verfügen, wird vorwiegend auf der Straße stattfinden.

Damit wird sich auch eine Konzentration auf eine geringere Anzahl von großen Behandlungsstandorten ergeben, die dann wiederum eine größere Raumbedeutsamkeit haben werden. Die Chance zu kleineren, dezentralen Einheiten, die an die Siedlungsstruktur angepasst sind, ergibt sich insbesondere dann, wenn die hierfür erforderlichen Transportvorgänge logistisch optimiert werden können.

Umweltwirkungen

Bei der Optimierung des Transports in speziellen Abfalltransportfahrzeugen (meist mit höherer Verdichtung) ergeben sich neben den Kostenvorteilen auch geringere Umweltbelastungen. Hinzu kommen jedoch die Umweltbelastungen durch die Umladung bzw. die Verdichtungseinrichtungen und die in der Regel längeren Transportwege. Insgesamt dürften sich daher die Belastungen aber nicht wesentlich verändern.

Belastungen durch Geruch, Luftschadstoffe und Lärm an den Umladestationen bzw. den Zwischenlagerplätzen kann gezielt durch entsprechende bauliche, technische und/oder organisatorische Maßnahmen entgegengewirkt werden.

7.7 Abfallbehandlung

Zu den Abfallbehandlungsanlagen werden nachfolgend aus Gründen der hier vorgenommenen Systematisierung der Abfallentsorgung nicht nur die Sortieranlagen, die mechanisch-biologischen und die thermischen Behandlungsanlagen gezählt, sondern auch die Deponien, auf denen die Abfallreststoffe schließlich abgelagert und damit entsorgt werden.

Die Abfallbehandlung findet je nach Abfallart in unterschiedlichen Behandlungsanlagen statt. Diese benötigen Standorte. Bei der Dimensionierung der Behandlungsanlagen kommt es daher auf die technisch vorgegebene minimale bzw. maximale Anlagengröße bzw. auf die wirtschaftlich günstigste Anlagengröße an. Die wirtschaftlichste Anlagengröße ergibt sich wiederum aus der Summe der Behandlungskosten und den Sammel- und Transportkosten in dem jeweiligen Entsorgungsgebiet.

7.7.1 Komponenten der Abfallbehandlung und deren Funktion

Sortieranlagen

Sortieranlagen dienen dazu, gemischt gesammelte Abfälle nachträglich zu sortieren. Dabei unterscheidet man zwischen einer Schadstoff- bzw. Störstoffauslese und einer Sortierung in verschiedene Abfallfraktionen, die dann einer unterschiedlichen Verwertung oder Weiterbehandlung unterzogen werden.

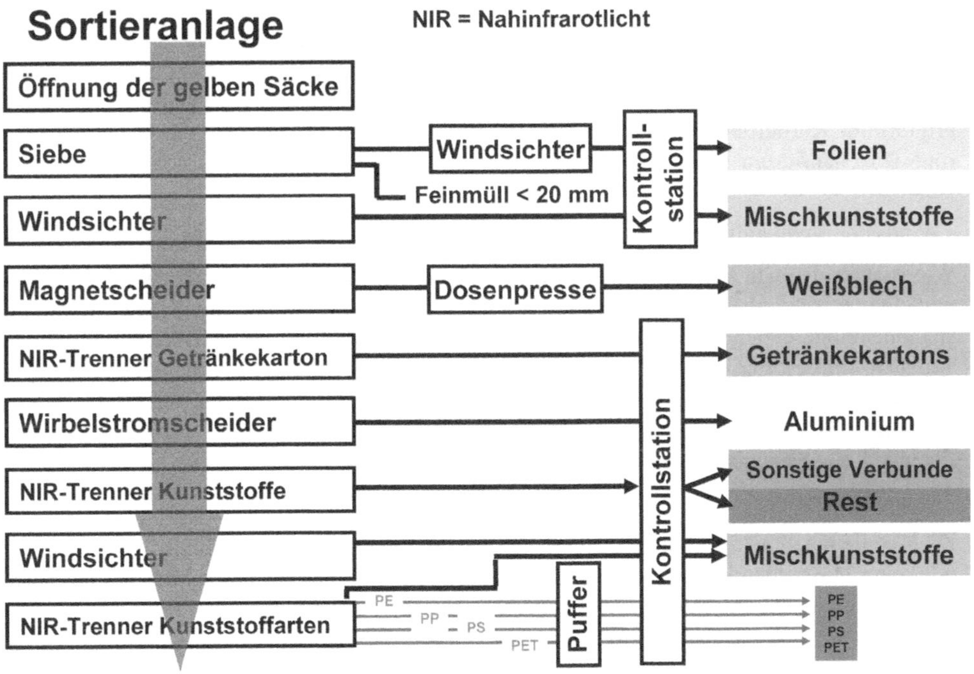

Bild 7-13 Vollautomatische Abfallsortierung mit Nahinfrarotlicht (NIR) [7.11]

Die Entwicklung geht hin zu vollautomatischen Sortieranlagen die z.B. mit Hilfe von Nahinfrarotlicht arbeiten (Bild 7-13). Hierdurch kann die Handsortierung weitgehend vermieden werden, die nicht nur sehr kostenintensiv ist, sondern auch für die dort arbeitenden Personen eine hohe Belastung darstellt.

Nach der Sortierung verbleibt ein so genannter Sortierrest, der dann meist der Restabfallfraktion zuzurechnen ist. Sortieranlagen werden mit ihrer technischen Ausrüstung so weit wie möglich der jeweiligen Abfallzusammensetzung angepasst. Dabei können folgende Arbeitsschritte zum Einsatz kommen:

- Zerkleinerung

Bei vielen Verfahren ist es notwendig, dass der Abfall vor der Sortierung zerkleinert wird. Hierzu stehen schnell- und langsam laufende Mühlen und Scheren unterschiedlicher Bauart zur Verfügung, die jedoch einem hohen Materialverschleiß unterliegen In vielen Fällen wird der Abfall zerkleinert.

- Handsortierung

Die Handsortierung erfolgt auf Lesebühnen. Sie ist sehr arbeitsintensiv und mit hohen hygienischen Belastungen für die Beschäftigten verbunden. Daher sind derzeit automatische Sortieranlagen in der Entwicklung, bei denen der Abfall zunächst zerkleinert wird und dann auf einer „Lesestrecke" durch einscannen identifiziert wird. Anschließend werden die erkannten Stoffgruppen durch automatisierte Verfahren gezielt entnommen und separiert.

- Siebung

Bei der Siebung unterscheidet man Siebrückstand (Siebüberlauf) und Siebdurchlauf (Siebunterlauf). In der Abfallwirtschaft dient die Siebung zur mechanischen Trennung einer Abfallfraktion in unterschiedliche Kornklassen bzw. zur Sortierung von Korngemischen, die aufgrund ihrer Korngröße eine eigene Fraktion bilden. Bei der Haus- und Gewerbemüllsortierung wird häufig ein Trommelsieb mit einer Durchsatzleistung von 20 bis 500 m^3 eingesetzt [7.1].

- Windsichter und ballistische Sichtung

Windsichter beruhen auf der Tatsache, dass einzelne Abfallfraktionen unterschiedliche Dichte und ein unterschiedliches Volumen besitzen. Schwere Teilchen werden auf dem bei der Windsichtung eingesetzten Wurfband stärker beschleunigt und fliegen damit weiter als leichte Teilchen. Ein leichter und flächiger Stoff wird durch den Einsatz eines Luft-Steigstromes, der von unten gegen die Flugbahn aus dem Windsichter geleitet wird, höher und weiter fort getragen als ein kleines und schweres Material. Dieser Effekt wird insbesondere genutzt, um flächige Folien aus den gesammelten Wertstoffen zu separieren.

- Magnetabscheider

Da Metalle magnetisch sind, können sie über einen Überbandmagneten, eine Magnettrommel oder eine Magnetbandrolle abgeschieden werden. Aber auch Nicht-Eisen-Metalle wie Aluminium lassen sich abscheiden, wenn sie elektrisch leitend sind. Diese werden durch einen Wirbelstrom in einem Magnetfeld ausgeschleust (Bild 7-14).

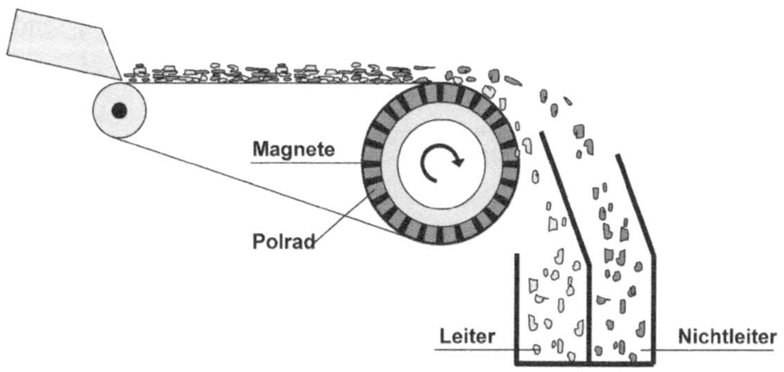

Bild 7-14 Funktionsweise eines Wirbelstromscheiders [7.12]

Kompostierung [7.13]

Kompostierungsanlagen (oder Kompostanlagen) dienen der Behandlung des getrennt gesammelten Bioabfalls. Meist wird noch die Abfallfraktion der Grün- und Gartenabfälle hinzugenommen, da diese ebenfalls rein organischer Natur sind und aufgrund ihrer groben Struktur meist die Kompostierbarkeit des Abfalls verbessern. Die Verfahrensschritte einer Bioabfallkompostierungsanlage sind in Bild 7-15 dargestellt, die Stoffflüsse in Bild 7-16.

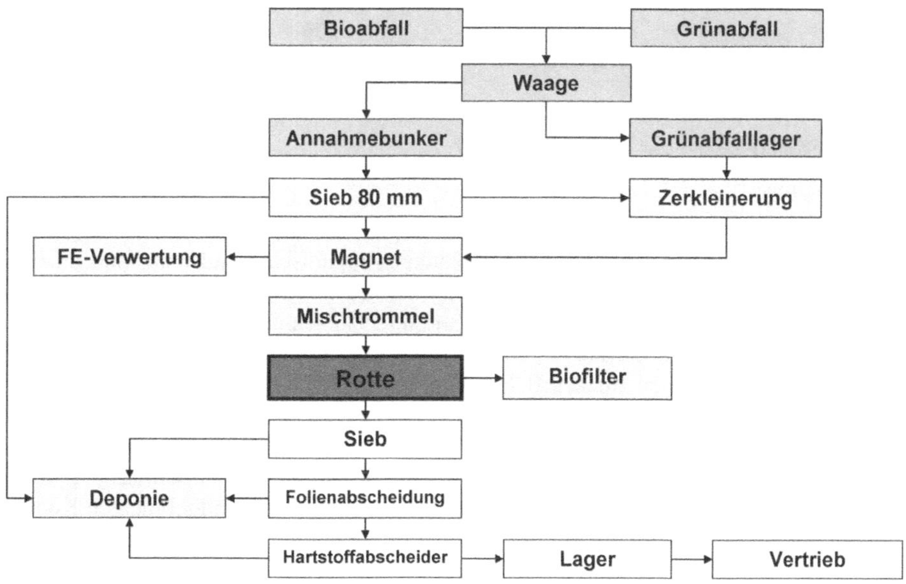

Bild 7-15 Verfahrensschritte der Bioabfallkompostierung [7.14]

Ziel der Kompostierung ist es, die mit etwa 40 Prozent im Abfall enthaltenen organischen Anteile wieder in den natürlichen Kreislauf zurückzuführen. Die BioAbfV vom September 1998 enthält in Anhang 1 eine Liste geeigneter Abfälle mit hohem organischem Anteil. Wesentliche Voraussetzung für eine ausreichende Kompostqualität ist es, dass die organischen

Abfälle der Haushalte (Bioabfälle, d.h. getrennt gesammelte Küchen- und Gartenabfälle) hierzu getrennt in einer so genannten Biotonne gesammelt werden.

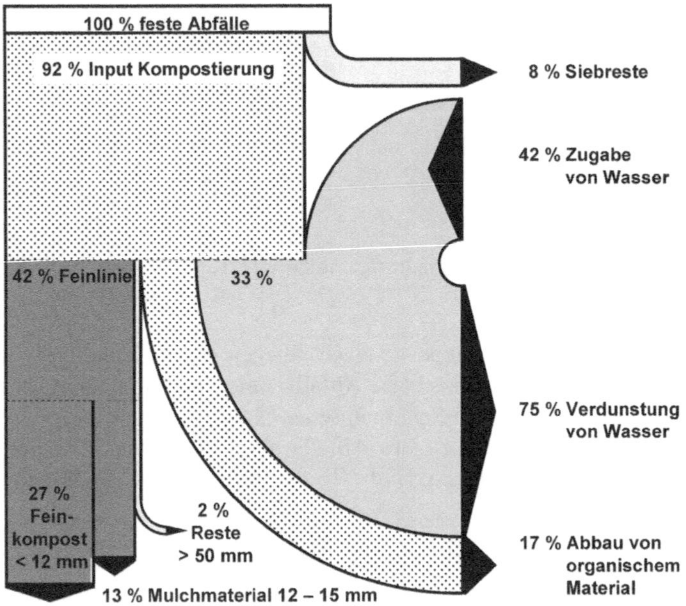

Bild 7-16 Stoffflüsse bei der Kompostierung [7.1]

- C/N-Verhältnis

Da der Abbau organischer Substanz durch Mikroorganismen erfolgt, muss ein ausgewogenes Nährstoffverhältnis vorliegen. Neben der abbaubaren organischen Substanz sind unter anderem mineralische Stoffe als Nährstofflieferanten (Stickstoff, Phosphor, Kalium) und Lieferanten von Spurenelementen für Mikroorganismen und Pflanzen erforderlich. Bei einer aeroben Rotte (also unter Sauerstoffzufuhr) bevorzugen die Mikroorganismen ein optimales Verhältnis von Kohlenstoff (C) zu Stickstoff (N) von 35 zu 1 für ihren Stoffwechsel. Das C/N-Verhältnis kann durch Zugabe von entsprechenden Mengen Altpapier (C/N = 300), Küchenabfällen (C/N = 25), Klärschlamm (C/N = 15), aber auch gezielt durch Sägemehl (C/N = 500) hergestellt werden. Für Kulturböden sollte das C/N-Verhältnis nach Abschluss des Rottevorganges schließlich bei 15 bis 20 liegen. Ist das C/N-Verhältnis des aufgebrachten Kompostes < 20, so wird dem Boden Stickstoff entzogen, ist es wesentlich kleiner als 15, so wird Stickstoff im Boden freigesetzt, der auf Pflanzen eine giftige Wirkung haben kann [7.1]

- Wassergehalt

Der Wassergehalt im Rohkompost sollte für den Rottevorgang bei 50 bis 55 % liegen, er sollte 30 % nicht unterschreiten, unterhalb von 20 % sind keine biologischen Vorgänge mehr möglich. Bioabfälle haben bei der Sammlung je nach Jahreszeit einen Wassergehalt von 20 bis 40 %, so dass für den Rottevorgang Feuchtigkeit zugegeben werden muss. Der Sauerstoffbedarf bei der aeroben Rotte beträgt etwa 2 g O_2 pro Gramm organischer Trockensubstanz.

Das Ziel der Kompostierung ist eine Stabilisierung und Hygienisierung des organischen Materials und die Volumenreduktion insgesamt. Dies soll in einem möglichst emissionsarmen Verfahren geschehen, wobei das Produkt möglichst wirtschaftlich genutzt („vermarktet") werden oder zumindest anderweitig in den Stoffkreislauf zurückgeführt werden sollte (Bodenverbesserungsmaterial).

Zur Vermeidung von geruchsbildenden anaeroben Vorgängen im Rotteprozess ist daher eine kontinuierliche und ausreichende Sauerstoffversorgung von entscheidender Bedeutung. Gleichzeitig ist für die Mikroorganismen eine optimale Feuchte sicherzustellen (55 - 65 % Feuchte). Die wesentlichen Steuerungsgrößen sind dabei die Belüftung durch Umsetzen und/oder in Form einer Zwangsbelüftung sowie die Regulierung des Feuchtigkeitsgehaltes durch eine Bewässerung. Mit ihrer Hilfe erreicht man je nach Verfahren und äußeren Randbedingungen einen bestimmten Rottegrad. Der erreichte Rottegrad wird in einem Selbsterhitzungsversuch nach dem LAGA-Merkblatt M10 durchgeführt. Liegt die dabei gemessene Temperatur über 50 °C so spricht man von Roh- bzw. Frischkompost und dem Rottegrad I bzw. II. Sinkt die Temperatur unter 50 °C ab, so spricht man zunächst noch von Frischkompost des Rottegrades III (50 bis 40 °C) und schließlich von Fertigkompost mit den Rottegraden IV (40 bis 30 °C) und V (30 bis 20 °C).

Die in Deutschland angewandten Kompostierungsverfahren lassen sich in fünf verschiedene Kategorien einteilen: (1) Mietenkompostierung (Dreiecks-, Trapez- oder Tafelmieten), (2) Boxen-/Containerkompostierung, (3) Zeilen- / Tunnelkompostierung, (4) Brikollare-Kompostierung und (5) Trommelkompostierung .

Die Verfahren unterscheiden sich in der Zeitdauer der Intensivrotte sowie der damit angestrebten so genannten Kompostreife. Entweder ist das Intensivrottesystem auf einen *Reifekompost* ausgelegt, dann wird eine Haupt- und eine Nachrotte in die Behandlung integriert, oder die Intensivrotte endet mit einem hygienisierten *Frischkompost*, dann muss zur Erreichung höherer Rottegrade eine Nachrotte folgen. Im Nachrottebereich unterscheiden sich die Verfahren kaum. Bei allen Kompostanlagen findet dieser Rotteabschnitt überwiegend in Tafel- oder Dreiecksmieten statt.

- Mietenkompostierung

Die klassische Form der Kompostierung ist die *offene Mietenkompostierung* als aufgeschüttetes Haufwerk. Bei unbelüfteten Systemen erfolgt der Sauerstoffeintrag durch Diffusion, Thermik oder durch ein manuelles Umsetzen der Mieten. Für den Rotteverlauf ist ein bestimmtes Materialvolumen erforderlich, um die Auskühlung der Mieten bei zu großer Mietenoberfläche in Relation zum Volumen möglichst gering zu halten. Je nach Mietenform kommen heute unterschiedliche Umsetzaggregate zum Einsatz. Das regelmäßige Umsetzen der Mieten bzw. eine Zwangsbelüftung sind Voraussetzung für die Erzeugung eines hochwertigen Kompostes. Umsetzvorgänge erfolgen entweder mit dem Radlader oder mit speziellen Umsetzgeräten, die als seitlich gezogene oder als selbstfahrende Aggregate auf dem Markt sind. Die Anlagen werden als offene (Bild 7-17) oder (teil-)überdachte Systeme betrieben. Der Rotteprozess dauert je nach Umsetzhäufigkeit etwa drei bis sechs Monate.

Bei größeren Inputmengen werden aus Gründen der Reduzierung der Rotteflächen sowie zur Geruchsminimierung meist gekapselte Rottesysteme in Form von *Tafelmieten* eingesetzt. Die

Belüftung der Mieten erfolgt durch eine Zwangsbelüftung (Druck- oder Saugbelüftung) sowie zusätzliche Umsetzaggregate. Beim Umsetzen wird das Rottegut von Schaufelrädern aufgenommen und einige Meter nach hinten versetzt wieder abgelegt oder mittels einer Schneckenfräswelle aufgelockert. Während des Umsetzvorgangs kann bei verschiedenen Systemen der Rotteverlust kompensiert werden, so dass die Tafelmiete nach dem Umsetzvorgang wieder die Ausgangshöhe erreicht. Zudem kann das Material beim Umsetzvorgang befeuchtet werden. In 45 bis 90 Tagen kann ein Reifekompost erzeugt werden.

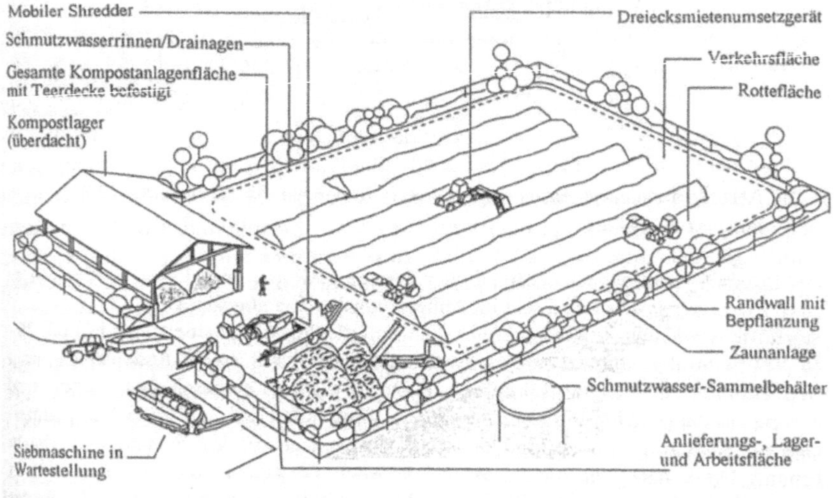

Bild 7-17 Kompostierungsanlage mit Dreiecksmieten als Freiluftanlage [7.1]

- Boxen-/Container-, Zeilen-/Tunnelkompostierung

Boxen- und Containerkompostierung sind im Verfahrensablauf sehr ähnlich. Bei beiden Verfahren erfolgt die Intensivrotte in einem abgeschlossenen, zwangsbelüfteten Raum mit vollständiger Ablufterfassung. Nach Durchlaufen der Intensivrotte wird ein Frischkompost erzeugt (Rottegrad I bis II). Zur weiteren Aufbereitung (Rottegrad III bis V) kann das Material anschließend einer Nachrotte in Form von Tafel-/Dreiecksmieten zugeführt oder erneut in den Bioreaktor verbracht werden. Bei der *Zeilenkompostierung* wird das Rottegut in befestigten, nach oben offenen Rottezeilen abgelegt, die durch feste Zwischenwände voneinander getrennt sind. Jede dieser Zeilen wird separat belüftet und durch ein spezielles Umsetzgerät zeilenweise in verschiedenen Intervallen umgesetzt. Die *Tunnelkompostierung* verschließt die nach oben offenen Zeilen zu einem Tunnel, um so das Abluftvolumen zu reduzieren. Umsetz- und Belüftungstechnik entsprechen der Zeilenkompostierung. Je nach gewünschtem Rottegrad dauert der Kompostierungsprozess zwischen zwei und zwölf Wochen.

- Trommelkompostierung

Rottetrommeln haben eine weite Verbreitung in der Restmüllkompostierung gefunden. Durch die drehende Bewegung der Trommel kommt es zu einer guten Durchmischung und Zerkleinerung des Rottegutes bei gleichzeitig kontinuierlicher Belüftung. Die Behandlung in der Trommel dauert je nach Verfahren zwischen einem bis sieben Tagen. Nach der Trommel wird die Rotte in Form einer Mietenkompostierung nachgeschaltet, so dass eine vollständige Hygienisierung erst in der nachgelagerten Mietenrotte stattfindet.

Mechanisch-biologische Behandlungsanlage

Eine mechanisch-biologische Abfallbehandlungsanlagen (MBA) oder mechanisch-biologische Vorbehandlungsanlage wird in der Regel für Abfälle aus Haushalten und Unternehmen eingesetzt, die als Hausmüll oder hausmüllähnliche Gewerbeabfälle bezeichnet werden. Ziel der Abfallbehandlung generell ist es, die bei der Produktherstellung, beim Produktgebrauch und -verbrauch „abfallende" Materie, so zu behandeln, dass die darin enthaltenen Stoffe keine oder eine möglichst geringe Beeinträchtigung des Lebens auf der Erde bewirken. Um dieses Ziel zu erreichen, wird die beim Abfallerzeuger (Haushalt, Unternehmen, öffentliche Einrichtung) angefallene Abfall(-Materie) durch ein Entsorgungsunternehmen gesammelt, zur Abfallbehandlung transportiert und dort je nach Abfallart physikalisch, chemisch und/oder biologisch behandelt und somit im Sinne der Abfallbehandlung verändert. Hausmüll ist vor allem durch einen hohen Anteil an organischer Substanz gekennzeichnet („Organik"). Dieser liegt je nach Siedlungsstruktur (Land/Stadt), der sozio-ökonomischen und kulturellen Gegebenheiten (Unterschiede zwischen Regionen und Ländern) sowie der gewählten Untersuchungsmethode und Gliederung der Abfallart „Hausmüll" in verschiedene Abfallfraktionen zwischen 30 und 60 %. Weitere Fraktionen des Hausmülls sind Glas, Papier und Kunststoffe.

Die Ziele einer mechanisch-biologischen Abfallbehandlung sind

1. das Volumen der zu deponierenden Abfälle und damit das benötigte Deponievolumen zu vermindern bzw. die Deponielaufzeiten zu erhöhen,

2. die biologische Aktivität des organischen Anteils im Hausmüll soweit herabzusetzen, dass auf der Deponie nur noch geringe Mengen an (klimaschädlichem) Deponiegas unkontrolliert entstehen kann,

3. die Menge an Schadstoffen, die mit dem Sickerwasser bei unkontrollierter Deponierung („wilde Deponie" ohne Abdichtungssysteme) ins Grundwasser oder bei kontrollierter Deponierung in eine Sickerwasserreinigungsanlage („geordnete Deponie" mit Abdichtungssystemen) gelangen würde bzw. behandelt werden müsste, auf ein Mindestmaß zu reduzieren,

4. den Anteil des zu verbrennenden Abfalls zu verringern oder ganz zu vermeiden, wenn eine Abfallverbrennung politisch, technisch und/oder organisatorisch nicht realisierbar ist,

5. ggf. elektrische Energie und Wärme aus Biogas zu erzeugen, sofern im biologischen Teil der MBA eine Vergärung (anaerobe Behandlung) zum Einsatz kommt.

Die mechanisch-biologische Abfallbehandlungsanlage arbeitet mit den beiden mechanischen Verfahrensschritten: Erstens die Zerkleinerung des Hausmülls nach einer groben Vorsichtung und zweitens die Siebung des Mahlgutes und Teilung in zwei oder mehrere Stoffströme („Fraktionen"), so dass der Hauptanteil der organischen Substanz in die „Feinfraktion" (meist Korngröße < 40 mm) gelangt, in der „Grobfraktion" (> 40 mm) befinden sich dann in der sehr „heizwertreichen" Fraktion, die aus Folien, Papier, Hartkunststoffe, Lederstücke, Glas, Steine besteht

Im biologischen Teil der Anlage werden die beiden Fraktionen dann weiterbehandelt:

Die Feinfraktion wird durch Mikroorganismen entweder in belüfteten Mieten, Reaktoren und/oder Hallen aerob (unter Luftzufuhr und damit Sauerstoffzufuhr) oder in geschlossenen, von der Außenluft abgeschlossenen Reaktoren anaerob (unter Luftabschluss) so weit abgebaut, bis ein bestimmter Abbaugrad erreicht wird, der mit einer starken Trocknung und damit einer Volumenreduktion verbunden ist. Diese Fraktion erfüllt anschließend die Bedingungen der Deponierverordnung, so dass diese auch künftig noch abgelagert werden dürfen. Die biologische Aktivität ist dann so gering, dass sich in den Deponien kaum noch Sickerwasser und Deponiegas bildet.

Die Grobfraktion wird entweder direkt zu einer Müllverbrennungsanlage transportiert und dort verbrannt, oder es findet noch eine weitere Aufbereitung dieser Fraktion statt, mit dem Ziel, einen verbrennungstechnisch höherwertigen und lagerbaren Ersatzbrennstoff (EBS) zu erzeugen. Dazu werden der Heizwert erhöht und die physikalischen Verbrennungseigenschaften durch Reduzierung des Wassergehalts und der Korngrößen durch Abtrennung der nicht brennbaren Bestandteile wie Steine, Keramik und Glas verbessert.

Müllverbrennung

Die Müllverbrennung erfolgt in einer Müllverbrennungsanlage (MVA), die als Müllheizkraftwerk (MHKW), als Müllkraftwerk (MKW) oder als Müllheizwerk (MHW) bezeichnet wird, je nachdem, ob diese neben der Entsorgungsaufgabe auch noch Strom (MKW) oder Wärme (MHW) oder beides (MHKW) erzeugt. Man spricht dann auch von einer energetischen bzw. thermischen Verwertung. Von energetischer Verwertung spricht man, wenn der Hauptzweck in der Energierückgewinnung und nicht in der Beseitigung von schadstoffhaltigen Abfällen oder der Volumenreduzierung liegt. Nach § 6 des Kreislaufwirtschafts- und Abfallgesetzes muss dazu der Heizwert des einzelnen Abfalls, ohne Vermischung mit anderen Stoffen, mindestens 11.000 kJ/kg betragen, ein Feuerungswirkungsgrad von mindestens 75% erzielt werden, die entstehende Wärme selbst genutzt oder an Dritte abgegeben werden und die im Rahmen der Verwertung anfallenden weiteren Abfälle möglichst ohne weitere Behandlung abgelagert werden können.

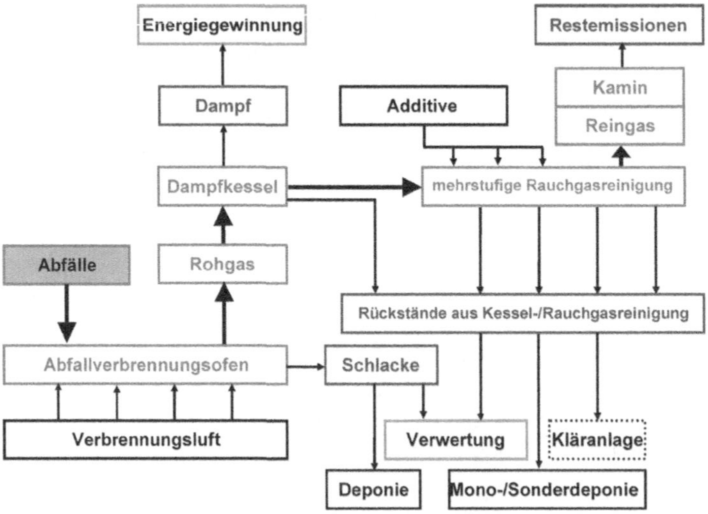

Bild 7-18 Stoffströme einer Müllverbrennungsanlage

Bild 7-18 zeigt die Stoffströme einer Müllverbrennungsanlage. Die Temperatur im Verbrennungsraum kann je nach System mehr als 1000 °C betragen, wobei eine Temperatur von mindestens 850 °C eingehalten werden muss. Um die Freisetzung von Dioxinen und anderen unerwünschten toxischen Verbindungen zu verhindern, werden die Rauchgase nochmals „nachverbrannt", so dass eventuell entstandene Dioxine zerfallen. Moderne Abfallverbrennungsanlagen erreichen eine Reduzierung des Abfallvolumens bei Aufbereitung und Verwertung der Schlacke von rund 95 Prozent, ohne Verwertung der Schlacke von rund 80 Prozent. Die Reduzierung der Masse beträgt 60 bis 70 Prozent.

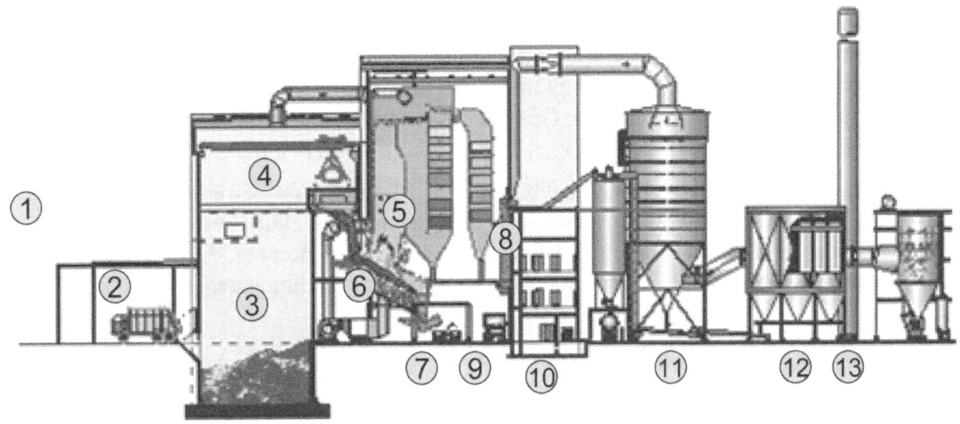

Bild 7-19 Komponenten einer Müllverbrennungsanlage [7.6]

Eine *Müllverbrennung* besteht im Wesentlichen aus folgenden Anlagenteilen (Bild 7-19):

(1) *Wiegestation*, zur Ermittlung des Abfallgewichts durch Eingangs- und Ausgangswiegung

(2) *Müllentladehalle*, in der der Müll über Rutschen in den Müllbunker befördert wird

(3) Müllbunker, der zur Zwischenlagerung und Homogenisierung des Mülls dient

(4) *Greifkran*, über den der Müll in den *Aufgabetrichter* gegeben wird

(5) *Verbrennungsraum*, in dem der Müll verbrennt

(6) *Verbrennungsrost*, über den sich der Müll bewegt und verbrennt

(7) *Entschlacker*, in den die Schlacke fällt und in den *Schlackebunker* transportiert wird

(8) *Dampferzeuger*, heiße Rauchgase erzeugen Dampf, der die Turbine antreibt, über einen *Generator* elektrischer Strom erzeugt oder als Fernwärme genutzt wird

(9) *Gewebefilter*, in dem Staub abgeschieden wird

(10) *HCL-Wäscher*, zum Auswaschen von Salzsäure

(11) *SO_2-Wäscher*, in dem durch Zugabe von Kalkmilch das im Rauchgas enthaltene Schwefeldioxid ausgewaschen wird

(12) *Elektrofilter*, in dem noch eventuell vorhandener Staub entfernt wird

(13) *Schornstein*, durch den die gereinigten Rauchgase, an die Außenluft abgegeben werden

Bei der Technologie *Drehrohrverbrennung* wird der Müll in das obere Ende eines schräg stehenden, sich langsam drehenden Rohres gegeben. Die Länge eines solchen Drehrohrofens kann bis zu 120 m betragen, der Durchmesser zwischen vier und fünf Metern. Dieses Rohr ist mit feuerfesten Steinen ausgekleidet. Der Müll wandert langsam durch das Rohr an das untere Ende und wird dabei bei Temperaturen von 1000–1300 °C verbrannt. Damit ist dieses Verfahren besonders für Sondermüll geeignet. Bei der Technologie *Wirbelschichtverbrennung* wird in den Boden des Ofens ein Düsenbett eingebaut. Durch diese Düsen wird Verbrennungsluft nach oben geblasen. Dazu kommt Sand, der durch die Luft nach oben gewirbelt wird und ein so genanntes Wirbelbett bildet (Fluidisierung des Sandes). Nach Aufheizen des Ofens durch Zündbrenner wird der Müll aus einigen Metern Höhe von der Seite aus auf das Wirbelbett geworfen und dort verbrannt. Bei einer guten Steuerung von Luft- und Müllzufuhr wird der Müll in der Schwebe gehalten und bei Temperaturen von etwa 800°C verbrannt. Der Austrag der Asche erfolgt je nach Gewicht über den Ofenabzug nach oben oder durch Schächte nach unten. Durch die geringen Temperaturen entstehen relativ wenige Stickoxide.

Vorwiegend haben sich im Dauerbetrieb jedoch Rostfeuerungen bewährt. Diese werden unterteilt in Walzenroste, Vorschubroste und Rückschubroste. Die Verbrennung erfolgt im Normalbetrieb ausschließlich unter Zugabe von Luft. Stützbrenner (Gas- oder Ölbrenner) werden nur in seltenen Fällen, bei schlechten Verbrennungsbedingungen gezündet.

Deponierung nach dem Juni 2005 [7.6]

Hausmüll oder der Restmüll bei Gewerbeabfällen darf in Deutschland seit dem 1. Juni 2005 nicht mehr ohne Vorbehandlung abgelagert werden können. Gesetzliche Grundlage ist die TA Siedlungsabfall und Abfallablagerungsverordnung. Nur noch durch Verbrennung oder mechanisch-biologische Anlagen vorbehandelter Restabfall darf auf einer Deponie abgelagert werden.

Für die besonders überwachungsbedürftigen Produktionsabfälle gibt es schon seit langem die Regelung in der Technischen Anleitung Abfall , dass der Abfall nur in bestimmten Anlagen und nach entsprechender Vorbehandlung deponiert werden darf.

Die Anforderungen an Deponien sind streng geregelt. Seit 1999 gibt es die EG-Deponie-Richtlinie, die durch die Entscheidung des Rates vom Dezember 2002 konkretisiert wurde. Sie wurde mit der Deponieverordnung, die im August 2002 in Kraft getreten ist, in deutsches Recht umgesetzt. Durch diese Gesetzgebung wird sichergestellt, dass auch langfristig keinerlei Beeinträchtigungen von Abfällen auf Deponien für Mensch und Umwelt ausgehen können. Das gilt sowohl für Hausmüll-, als auch besonders für Sonderabfalldeponien. Für Hausmüll gibt es in Deutschland im Jahr 2004 noch 297 Deponien, seit dem Jahr 2005 sind es aufgrund der neuen gesetzlichen Regelungen schon nur noch 162 Deponien (siehe auch Bild 7-4).

Abfälle werden in größerem Umfang bei der Errichtung, dem Betrieb und der Stilllegung von Deponien eingesetzt. Es gibt Vorstellungen einzelner Deponiebetreiber, in den nächsten Jahren bei der Deponiestilllegung große Abfallmengen zur Profilierung der Deponieoberfläche einzusetzen. Für diese Form der Verwertung gab es bisher keine rechtsverbindlichen bundeseinheitlichen Vorschriften. Um im Hinblick auf den Vollzug der Ablagerungsverordnung, also das Verbot der Ablagerung unvorbehandelter Siedlungsabfälle seit dem 1. Juni 2005, den Vollzugsbehörden und den Deponiebetreibern eindeutige Vorgaben zu setzen, wurde die *Verordnung über die Verwertung von Abfällen auf Deponien über Tage* verabschiedet. Sie ist im September 2005 in Kraft getreten.

Deponien sind Bauwerke zur Abfallbeseitigung. Sie müssen mindestens eine Basisabdichtung und eine Oberflächenabdichtung aufweisen (Bild7-20). Deponien dienen dazu, anderweitig nicht mehr nutzbare Materialien dauerhaft abzulagern. Trotzdem ist es nicht ausgeschlossen, dass auch auf Deponien Abfälle verwertet werden. So können beispielsweise die Fahrstraßen für die Kipper aus Bauschutt hergestellt oder Abdichtungsfolien mit Schlacken geschützt werden.

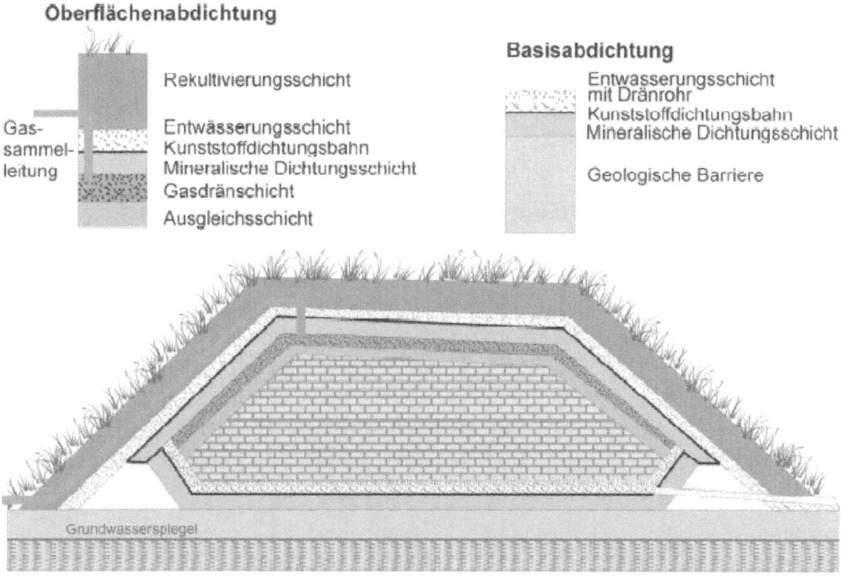

Bild 7-20 Anforderungen an eine Deponie der Klasse II [7.6]

Der Einsatz von Gebrauchtmaterialien ist im Prinzip ganz im Sinne des Kreislaufwirtschaftsgesetzes von 1996, das der Abfallverwertung Vorrang vor der Abfallbeseitigung gibt, weil auf diese Weise Rohstoffe gespart werden. Tatsächlich wurde in den vergangenen Jahren auf den Deponien aber viel Material nur scheinverwertet. So sind manche Deponiestraßen meterdick, und auch die Zwischenabdeckungen dürften häufig zu aufwändig ausgefallen sein. Der Grund: Es gibt in Deutschland deutliche Deponie-Überkapazitäten. Mit niedrigen Preisen versuchten Betreiber vor dem Ablagerungsverbot unvorbehandelter Siedlungsabfälle (1. Juni 2005), zusätzliche Abfälle anzulocken und so ihre Fixkosten auf größere Abfallmengen umzulegen.

Mit der neuen Verordnung gibt es nun strenge und bundeseinheitliche Auflagen für den Einsatz von „Abfällen zur Verwertung" auf Deponien. Ihre Verwendung ist nur dann zulässig, wenn nach wirtschaftlicher Betrachtung der Hauptzweck der Maßnahme in der Nutzung des Abfalls und nicht der Beseitigung des Schadstoffpotenzials besteht. Außerdem müssen die zur Verwertung vorgesehenen Abfälle chemisch, physikalisch und bodenmechanisch so beschaffen sein, dass sie die vorgesehene Funktion des Bauteils auch längerfristig erfüllen können. Es ist also nicht mehr möglich (wie teilweise in den letzten Jahren geschehen), dass die Böschungen einer Deponie mit einer so genannten Schredderleichtfraktion stabilisiert wird (z.B. kleingemahlene Autositze, Türverkleidungen und Gummidichtungen!). Weiter wurde festgelegt, dass ein Deponiebetreiber künftig nur noch so viele Abfälle verbauen darf, wie dies „deponieüblich“ ist.

Mit der Deponieverwertungsverordnung soll auch verhindert werden, dass nicht ausreichend behandelte Abfälle auf die Deponie gelangen können. Da seit Juni 2005 nur noch mineralische oder mineralisierte Abfälle auf Deponien beseitigt werden dürfen, haben viele Anlagen ihre wirtschaftliche Grundlage verloren. Zusammen mit den verschärften Umweltanforderungen hat dies zu der bereits erwähnten Schließung zahlreicher Deponien geführt.

Nach der offiziellen Beendigung der Ablagerungen auf einer Deponie ist es aber erforderlich, eine hochwertige Oberflächenabdichtung aufzubringen. Hierzu muss der Deponiekörper wie ein flacher Hügel modelliert werden. Nur so kann das Regenwasser gut abfließen, nur so können langfristig Umweltbeeinträchtigungen ausgeschlossen werden.

Deponiebesitzer nutzen diese Anforderung gelegentlich dahingehend, dass sie zunächst die Voraussetzungen für einen möglichst großen Materialbedarf nach der Stilllegung schaffen, etwa, indem sie eine zerfurchte, stark strukturierte Deponieoberfläche hinterlassen. Nach Auslaufen der Betriebsgenehmigung akquirierten sie dann große Mengen Abfälle zur Verwertung, um diese Furchen und Täler aufzufüllen. Sie „optimieren“ Verwertungsaktivitäten, indem sie keinen flachen Hügel, sondern einen Berg profilieren, um das Niederschlagswasser noch besser ablaufen zu lassen. Und sie „erweitern den Katalog geeigneter Abfälle“, indem sie für diesen Zweck nur minimal vorbehandelte Abfälle einsetzen. Manche Kommunen, insbesondere die ohne ausreichende Vorbehandlungsanlagen, würden es ihnen sogar danken, hätten sie doch vorübergehend eine billige Entsorgung.

Die Verordnung wird die Modellierung der Deponieoberfläche zwar nicht völlig untersagen. Sie wird aber die Randbedingungen streng eingrenzen. So dürfen Abfälle nur noch in solchen Mengen eingesetzt werden, für die ansonsten unabweisbar Neumaterial verwendet werden müsste. Deshalb verpflichtet die Verordnung die Deponiebesitzer, zunächst Alternativen zu prüfen. So könnten sie beispielsweise den bereits abgelagerten Müll zu einem flachen Hügel umschieben. Auch ein Weiterbetrieb einer Deponie in einer niedrigeren Schadstoffklasse ist möglich, so dass zum Beispiel die noch halbleere Hausmülldeponie mit Bauschutt aufgefüllt wird. Schließlich könnten auch mehrere Landkreise die Müllablagerung entsprechend der Restlaufzeit ihrer Deponien koordinieren.

Weiterhin vereinheitlicht die Deponieverwertungsverordnung die Schadstoffobergrenzen für Abfälle, die auf einer Deponie verwertet werden dürfen. Bisher verfuhren die Länder hier unterschiedlich, so dass auch dadurch ein Sogeffekt in Richtung der großzügigsten Anforderungen entstanden ist. Zukünftig ist eindeutig geregelt: Die zur Verwertung eingesetzten Abfälle dürfen keinen höheren Schadstoffgehalt haben als Abfälle, die auf der Deponie beseitigt werden. Über die Abfallablagerungsverordnung und die Deponieverordnung sind diese Grenzwerte für alle Bundesländer gleich. Das Gleiche gilt für den organischen Gehalt. Die Abfallablagerungsverordnung aus dem Jahr 2000 schreibt vor, dass auf Bauschutt- und Hausmülldeponien ab dem Jahr 2005 nur noch Abfall abgelagert werden darf, der biologisch so gut wie nicht mehr reagiert. Das lässt sich in der Regel nur durch eine Vorbehandlung in einer Müllverbrennungsanlage oder in einer mechanisch-biologischen Behandlungsanlage erreichen.

Die vorgeschrieben Werte für Glühverlust bzw. Feststoff-TOC (Total Organic Contents) sind künftig auch für Abfälle zur Verwertung auf einer Deponie einzuhalten. Wie in der Abfallablagerungsverordnung vorgesehen, sind Überschreitungen nur zulässig bei bestimmten mineralischen Materialien, die keine Deponiegase bilden, wie Bodenaushub, Gießereialtsand oder Gips.

7.7.2 Raum- und Umweltwirkungen der Abfallbehandlung

Raumwirkungen

Die Raumwirkungen der Abfallbehandlung entstehen insbesondere durch den Flächenbedarf der Anlagen und die Schutzabstände, die zwischen den Siedlungsflächen und den Abfallbehandlungsstandorten eingehalten werden müssen.

Die meisten der inzwischen zum Einsatz kommenden Behandlungsanlagen lassen sich anderen Flächennutzungen zuordnen: Größere Müllverbrennungsanlagen können auf Kraftwerksstandorten errichtet oder in die Anlagen dort integriert werden, kleinere Anlagen lassen sich auch an Industriestandorten mit Anlagen ähnlicher Funktion errichten. Die Raumwirkungen von Sortieranlagen (Flächeninanspruchnahme, Lieferverkehr, Lärm) unterscheiden sich nicht von anderen Produktionsstätten, die in Gewerbe- und/oder Industriegebieten erlaubt sind. Biologische Behandlungsanlagen wie die Kompostierung oder die Vergärung unterscheiden sich kaum von landwirtschaftlichen Produktionsanlagen oder den Standorten für die Tierhaltung mit deren Abfallstoffen.

Große zentrale Anlagen verringern zwar die Anzahl der Eingriffe in die Raumstruktur und damit ist auch eine quantitative Verringerung der Konflikte mit anderen Nutzungen zu erwarten. Dezentrale, kleinere Anlagen lassen sich jedoch besser in die bestehenden Strukturen unter Nutzung der dort vorhandenen Standortpotentiale integrieren. Es entstehen damit zwar zahlreiche kleinere Nutzungskonflikte, diese stehen jedoch meist näher in Bezug zu den Verursachern.

Umweltwirkungen

Die Umweltwirkungen der Abfallbehandlung unterscheiden sich je nach der Behandlungsart sehr stark voneinander.

Für die Zukunft kann davon ausgegangen werden, dass die Umweltwirkungen der Abfallablagerung in einer *Deponie* nur noch äußerst gering sind, da nur noch Abfälle abgelagert werden dürfen, deren Restgehalt an organischen Stoffen so gering ist, dass diese auch aufgrund der bautechnischen Maßnahmen (Untergrund- und Oberflächenabdichtung) weder zu einer Deponiegasentwicklung noch zum Entstehen von Sickerwasser führen. Was bestehen bleibt sind die Umweltwirkungen durch die Abfallanlieferung und den Einbau der Abfälle (Luftschadstoffe, Lärm, Staub), sowie die Eingriffe in Natur- und Landschaft sowie gegebenenfalls in den Wasserhaushalt am Standort (durch die Ableitung von Oberflächenwasser).

Die Umweltwirkungen der *mechanisch-biologischen Abfallbehandlungsanlagen* sowie der vorwiegend mechanischen Sortieranlagen für Recyclingstoffe sind entsprechend den unterschiedlichen zum Einsatz kommenden Verfahren vielfältig, jedoch vergleichbar mit anderen industriellen Behandlungsprozessen. Die Wirkungen der An- und Abfuhr der Wertstoffe bzw. der Abfälle sowie die Emissionen durch Lärm, Staub und Geruch stehen hierbei im Vordergrund. Die Flächeninanspruchnahme beschränkt sich auf die mit entsprechenden Planungs-

und Genehmigungsverfahren unter Einbeziehung von Umweltverträglichkeitsprüfungen ermittelten planerisch ausgewiesenen Gebiete.

Da bei der *Müllverbrennung* nicht bekannt ist, welche Inhaltsstoffe in welchen Mengen zu einem bestimmten Zeitpunkt verbrannt werden (kritisch sind beispielsweise PVC, Batterien, Lacke etc.), ist eine Prognose der entstehenden chemischen Verbindungen im Detail sehr schwierig und erschöpfend sicherlich unmöglich. Andererseits ist es daher üblich, dass sich die Technik einer solchen Anlage auf die ungünstigsten zu erwartenden Verhältnisse einstellt und vorsorglich alle Vorkehrungen trifft, die potentiell vorhandenen oder bei der Verbrennung erst entstehenden möglichen Schadstoffe (wieder) zu zerstören, herauszufiltern oder mit sehr geringen Konzentrationen wieder an die Umwelt abzugeben. Bei der Verbrennung entstehen neben Kohlendioxid und Wasser auch Kohlenmonoxid, Schwefeloxide, Stickoxide, aber auch Chlorwasserstoffsäure und Fluorwasserstoff sowie schwermetallhaltige Stäube. In sehr geringen Konzentrationen entstehen auch hochtoxische Stoffe wie polychlorierte Dioxine und Furane. Um sicherzustellen, dass diese Stoffe nicht emittiert werden, verfügen Müllverbrennungsanlagen über eine umfangreiche Rauchgasreinigungsanlage, die aus einer ein- oder zweistufigen Entstaubung, einer nassen oder trockenen Wäsche zur Entfernung saurer Bestandteile, einer Entstickung und einem Filter für Dioxine und Quecksilber bestehen.

Für Müllverbrennungsanlagen gelten das Bundes-Immissionsschutzgesetz (BImSchG) und seine Verordnungen. Speziell die Verordnung über die Verbrennung und die Mitverbrennung von Abfällen (kurz: 17. BImSchV) macht vielerlei Vorgaben zu Betrieb, Technik, Messung/Überwachung etc. So werden insbesondere die Emissionen kontinuierlich überwacht und die Messergebnisse on-line an die zuständigen Behörden übertragen. Die 17. BImSchV nennt in ihrem § 5 und im Anhang auch Grenzwerte und zugehörige Berechnungsmethoden für Emissionen. Für Müllverbrennungsanlagen gelten in Deutschland die strengsten Emissionsvorschriften, was im Vergleich zur Folge hat, dass zum einen der Anteil der Müllverbrennungsanlagen an den Gesamtemissionen weit unter 1% für viele Komponenten liegt, andererseits die zugelassenen Emissionen vieler Industrieanlagen deutlich höher liegen

Die Verbrennungsschlacken werden teilweise deponiert, aber häufiger als Füllmaterial im Straßenbau und Salzstöcken verwendet. Filterstäube und die getrockneten Rückstände aus der chemischen Rauchgasreinigung werden in Deutschland fast ausschließlich in Salzbergwerken eingelagert

7.8 Literatur zur Abfallentsorgung

7.1 Cord-Landwehr, Klaus (2002): Einführung in die Abfallwirtschaft. Teubner, Wiesbaden

7.2 Stadtreinigung Hamburg (1996): Hundert Jahre Müllverbrennung in Hamburg.

7.3 Mahnkopf, Rebecca (2005): Eine Rostocker Policeyordnung von 1677 zur Abfallentsorgung. Philosophische Fakultät der Universität Rostock

7.4 Lersner, H.v.(1972): Aktuelle Fragen der Abfallwirtschaft. Müll und Abfall 3 , 69-73

7.5 Bilitewski, Bernd (2000). Abfallwirtschaft. Handbuch für Praxis und Lehre. Springer, Berlin

7.6 Bundesministerium für Umwelt, Naturschutz und Reaktorsicherheit - BMU (2006): Bericht Siedlungsabfallentsorgung 2005, Stand – Handlungsbedarf – Perspektiven, Stand 1.6.2006

7.7 LAGA (2004): Länderarbeitsgemeinschaft Abfall, Bericht der LAGA zur 63. Umweltministerkonferenz „Umsetzung der Abfallablagerungsverordnung“

7.8 Umweltbundesamt - UBA (2005): UBA-Umfrage bei den Ländern im Juni 2005

7.9 Wiemer, Klaus; Kern, Michael (2005): Abfallwirtschaft und Klimaschutz vor dem Hintergrund des Biomassepotenzials in Abfällen aus Industrie und Haushalten. Witzenhausen-Institut

7.10 Firmenprospekte der Fa. OTTO

7.11 Harant, Manfred; Kröger, Werner (2005): Sortierung von Abfällen aus Haushalten. Bayrisches Landesamt für Umweltschutz

7.12 Hoberg H.; Wolf S.; Schneider C.; Buntenbach S.; Meier-Kortwig J.: Recycling von aluminiumhaltigen Verpackungen – Stoffströme und technische Recyclingquoten. IAR RWTH

7.13 Wiemer, Klaus; Kern, Michael: Abfallwirtschaft und Klimaschutz vor dem Hintergrund des Biomassepotenzials in Abfällen aus Industrie und Haushalten

7.14 Krupp, Michaela (2005): Biologische Abfallbehandlung. Vorlesungsskript, Universität Duisburg-Essen, Fachgebiet Abfallwirtschaft und Abfalltechnik

7.15 Bayerisches Staatsministerium für Landesentwicklung und Umweltfragen (2002): Müllverbrennung: Die thermische Behandlung von Abfällen. Fachinformation 1/2002

7.16 Landesumweltamt NRW – LUA (2005): Deponien zur Abfallablagerung. LUA-Info 21

Standardwerke:

Bilitewski, Bernd (2000): Abfallwirtschaft. Handbuch für Praxis und Lehre. Springer, Berlin

Cord-Landwehr, Klaus (2002): Einführung in die Abfallwirtschaft. Teubner, Wiesbaden

Verbände:

Deutsche Vereinigung für Wasserwirtschaft, Abwasser und Abfall e.V. – DWA: www.dwa.de
Verband kommunaler Abfallwirtschaft und Stadtreinigung im Verband kommunaler Unternehmen – VKU: www.VKSimVKU.de

8 Systemkoordination im Raum

Die verschiedenen in den vorangegangenen Kapiteln einzeln behandelten **V**er- und **E**ntsorgungs**s**ysteme sind bei ihrer Planung, aber auch im Betrieb und dem weiteren Ausbau zum einen mit den Siedlungsräumen abzustimmen, andererseits greifen diese mit ihren Standort- und Trassenansprüchen in die Freiräume ein. Darüber hinaus sind sie auch untereinander abzustimmen und in ihrer Funktion im Raum miteinander zu koordinieren.

8.1 Einbindung in den Siedlungsraum und Freiraum

Die Ver- und Entsorgung gehört zur Raumkategorie ,Infrastruktur', in die sich der Raum neben dem Siedlungsraum und dem Freiraum einteilen lässt (Bild 8-1). Hierbei steht der Begriff Freiraum vereinfachend für den *open space*, die nicht besiedelten Flächen. Diesem Raum können in den meisten Fällen auch die natürlichen Ressourcen zugerechnet werden, die durch die Ver- und Entsorgungssysteme beansprucht werden (auch wenn ein Grundwasservorkommen oder ein Primärenergieträger unterhalb von Siedlungsflächen liegen kann). Die Tatsache, dass in der Sprache der Planer der „Infrastrukturraum" nicht vorkommt, deutet darauf hin, dass Infrastruktur keinen Raum einnehmen soll, sondern sich als Punkt, Linie oder – möglichst unterirdisches – Netz entweder dem Siedlungsraum oder dem Freiraum unterordnet.

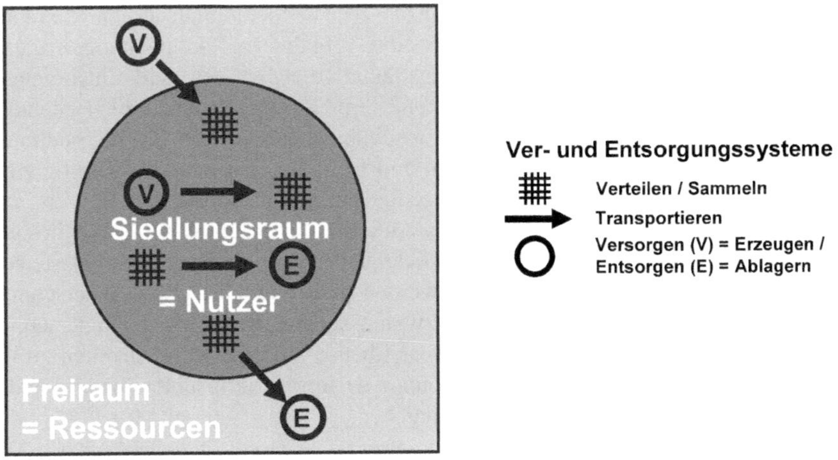

Bild 8-1 Ver- und Entsorgungssysteme innerhalb des Siedlungsraumes

Die Komponenten der Ver- und Entsorgungssysteme können einerseits vollständig innerhalb der Siedlungsflächen liegen (lokale Systeme), andererseits dienen diese dazu, eine Verbindung zwischen den Ressourcen und privilegierten Standortpotentialen in den Freiflächen herzustellen (regionale oder nationale Systeme). Dabei beanspruchen die Ver- und Entsorgungssysteme Fläche. Die wesentlichen Wirkungen gehen von deren Emissionen (Luftschadstoffe, Lärm, Geruch, Abwärme) aus, die in der Regel Abstände zu den Nutzern erforderlich machen.

Dort wo die Ver- und Entsorgungssysteme nicht oder nicht mit ausreichender Qualität oder Leistung vorhanden sind bzw. wo sie zu weit entfernt sind, stellt dies einen erheblichen Nachteil für die Siedlungsentwicklung dar. Ein solcher struktureller Nachteil lässt sich zwar materiell ausgleichen (zum Beispiel durch Transport), ist jedoch häufig mit erheblichen zeitlichen Verzögerungen oder mit finanziell hohem Aufwand für (z.B. nicht leitungsgebundene) Ersatz- oder Übergangslösungen verbunden. Die Ver- und Entsorgungssysteme stehen mit ihrem Anspruch an Boden, Wasser und Luft (natürliche Lebensgrundlagen) insgesamt in unmittelbarer Nutzungskonkurrenz mit den Siedlungsflächen. Durch ihre Erzeugungs- und Entsorgungsstandorte sowie die dazugehörigen Transporttrassen tragen die Ver- und Entsorgungssysteme dazu bei, dass das unbebaute Umland um die Siedlungsflächen mit seinen Ressourcen in das raumplanerische Gesamtsystem einbezogen wird. Dadurch entstehen zusätzlich Agglomerationsvorteile. Dies trifft aber im Prinzip nur dann zu, wenn alle technischen Infrastruktursysteme vollständig bereitgestellt werden können. Fehlt eines dieser Systeme, ergeben sich in diesem Raum trotz allem Standortnachteile. Hierdurch kann ein erheblicher Druck auf den Siedlungsraum und/oder Freiraum entstehen, wenn das noch fehlende System auch bei ungünstigen naturräumlichen Verhältnissen aufgrund dieses „Sachzwanges" realisiert werden soll.

Meist kommt dem Freiraum bei den Ver- und Entsorgungssystemen eine „dienende" Funktion zu, denn er stellt die Ressourcen sowie die zugehörigen Anlagen für deren Gewinnung bereit, und er nimmt häufig die Standorte für die Behandlungsanlagen auf. Dann sind auch Transportleitungen zur Überwindung der Distanzen zu den Siedlungen in den Freiräumen selbst erforderlich. Innerhalb des Freiraumes ist es die Aufgabe der Raumplanung, in Zusammenarbeit mit den entsprechenden Fachplanungsträgern die den Ver- und Entsorgungssystemen zugrunde liegenden Ressourcen entsprechend ihrer Knappheit und ihrer Bedeutung für die Region insgesamt zu bewirtschaften und zu schützen. Ressourcen für die Siedlungsentwicklung sind hierbei nicht nur Wasser, Boden und Luft, sondern auch die günstig zu den Siedlungsflächen gelegenen Standortpotentiale, die ein Raum langfristig für Ver- und Entsorgungsstandorte bietet. Daneben ist es die Aufgabe der Raumplanung, die Infrastruktur so anzuordnen, dass unbelastete Gebiete möglichst unbelastet bleiben, in vorbelasteten Gebieten Belastungsschwellen nicht überschritten werden und möglichst große unzerschnittene Freiräume weitestgehend erhalten beleiben, bzw. nur solche „Restflächen" entstehen, die alleine für sich ökologisch überlebensfähig bleiben. Ebenso sind die Möglichkeiten zu nutzen, die sich durch die Bündelung von leitungsgebundener Infrastruktur untereinander und mit anderer linienförmiger Infrastruktur (Verkehr) ergeben.

Aufgabe der Umweltplanung ist es dagegen, die empfindlichen naturräumlichen Ressourcen vor nachteiligen Nutzungsansprüchen zu sichern, z.B. durch die Formulierung von Schutzzielen und die Ausweisung von Schutzgebieten. Zum Schutz vor indirekten Wirkungen ist es erforderlich, dass Umweltstandards für die maximalen Emissionen sowie die zulässigen, das heißt, die noch zu verkraftenden Zusatzimmissionen festzulegen.

8.2 Systemoptimierung im Raum

8.2.1 Optimierung der einzelnen Ver- bzw. Entsorgungssysteme

Aufgrund des in den vergangenen Kapiteln dargestellten erheblichen Raum- und Umweltbezuges der Ver- und Entsorgungssysteme kann es nicht alleine den jeweiligen sektoralen Fachplanungen überlassen bleiben, die Systeme räumlich zu verorten (Standorte/Trassen) und mit den zahlreichen anderen Nutzungsansprüchen selbst abzustimmen. Hierbei muss die Raumplanung der ihr zugedachten Aufgabe nachkommen und zumindest eine Abstimmung der einzelnen Ansprüche vornehmen, wenn diese untereinander oder mit raum- oder umweltplanerischen Zielen konkurrieren. Gleichzeitig besteht hierbei die Möglichkeit, sowohl die einzelnen Gesamtsysteme der Ver- bzw. Entsorgung als auch deren Teilsysteme in Abhängigkeit der Siedlungsstruktur zu optimieren.

Bei den in den vorangegangenen Kapiteln behandelten Ver- und Entsorgungssystemen handelt es sich jeweils um geschlossene Systeme, da diese nicht im Energie- und Materialaustausch mit ihrem Umfeld stehen. Eine Optimierung in Raum und Zeit im Hinblick auf die Nachhaltigkeit und Sicherheit kann daher vom Grundsatz her für jedes der Systeme einzeln für sich erfolgen. Dabei werden folgende Kriterien herangezogen:

- technische Sicherheit,
- Wirtschaftlichkeit,
- Ver- bzw. Entsorgungssicherheit,
- Sozialverträglichkeit und
- Umweltverträglichkeit.

In der räumlichen Umsetzung heißt dies, dass ein System z.B. dann sicher ist, wenn es die erforderlichen Abstände zu bestimmten Nutzungen (Wohnbebauung, soziale Infrastruktur usw.) einhält. Es ist insbesondere dann wirtschaftlich, wenn sich mit ihm nicht nur die eingesetzten Investitionen zurückgewinnen und Gewinne erzielen lassen, sondern von ihm auch raumwirtschaftliche Effekte auf die von den Standortnachteilen betroffene Region ausgehen. Ebenso sollte ein System nicht nur allgemein und aus Gesamtsicht eines Ver- oder Entsorgers seine Aufgabe erfüllen, sondern auch langfristig im Hinblick auf die Entwicklung eines Raumes (Veränderung der Nutzer durch demographischen Wandel oder Zuwanderungen) Rücksicht nehmen.

Schließlich sollte ein Ver- und Entsorgungssystem gerade in seinem Ver- bzw. Entsorgungsgebiet umwelt- und sozialverträglich sein, also auf lokaler und regionaler Ebene – natürlich auch aus nationaler und globaler Sicht. Schließlich spricht man hier von der ‚Nachhaltigkeit der Systeme' wenn diese nur so viele Ressourcen verbrauchen, wie sich innerhalb einer Generation wieder neu bilden oder die sich in dieser Zeit regenerieren, wenn diese mit Abwasser oder Abfall belastet werden.

Für die Planung heißt dies, dass in dem jeweiligen Planungsraum der Austausch zwischen den dort vorhandenen Ressourcen und den Siedlungen räumlich konkret optimiert werden muss. Siedlungsräume sind daher nur dort zu entwickeln, wo ausreichende Ressourcen vorhanden sind, und im Rahmen der Ressourcennutzung ist deren Inanspruchnahme zu minimieren, zum Beispiel durch die Nutzung von Kreislaufprozessen (Bild 8-2).

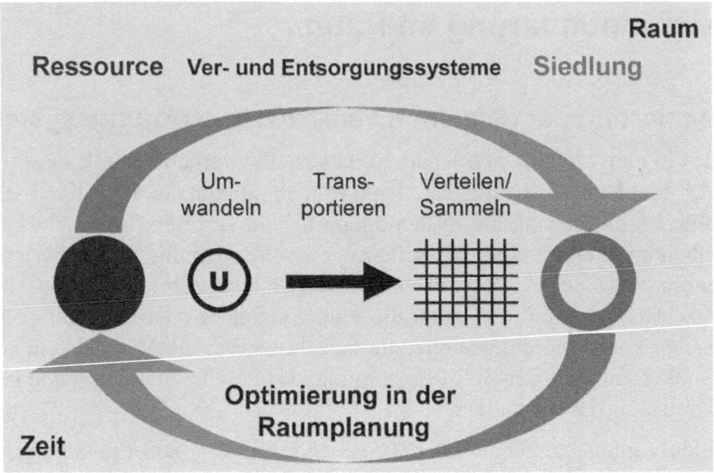

Bild 8-2 Optimierung des Gesamtsystems Ver- und Entsorgung im Raum

Bei diesem Optimierungsprozess in der Planung ist beispielsweise auch ein Ausgleich der Lasten und des Nutzens zwischen den städtischen Verdichtungsräumen und den sie umgebenden ländlichen Räumen zu berücksichtigen.

Siedlungsräume können ihre Funktion nur dann vollständig erfüllen, wenn diese in ausreichendem Umfang mit den nachgefragten Ver- und Entsorgungssystemen ausgestattet sind. Das heißt, dass im Rahmen einer solchen Optimierung auch besondere räumliche Potentiale gesucht und schließlich genutzt werden sollten, die sich für Synergien zwischen einzelnen Ver- und Entsorgungssystemen bieten. Beispiele hierfür sind die Trinkwassertalsperre, die gleichzeitig einem Wasser- als auch einem Stromversorgungssystem zur Wasserbevorratung bzw. zur Energieerzeugung oder -speicherung dienen kann sowie die Müllverbrennungsanlage, die sowohl eine Entsorgungsaufgabe in einem Abfallentsorgungssystem als auch eine Versorgungsaufgabe in einem Strom- und/oder Wärmeversorgungssystem erfüllen kann. Eine Optimierung zwischen den Systemen ist meist dort möglich, wo gemeinsame Standorte oder Trassen genutzt werden können.

Bei den hier als Teilsysteme definierten Komponenten der Ver- und Entsorgung handelt es sich um unteilbare, heterogene Systeme, die jedoch die Eigenschaft aufweisen, dass diese gemeinsame Kriterien zu Integration in den Raum aufweisen. Dabei bewirkt das Teilsystem Stromversorgung auf lokaler Ebene die vergleichsweise geringsten Wechselwirkungen mit dem Siedlungssystem auf und ermöglicht daher eine flexible Anpassung. Das Teilsystem Fernwärme zeichnet sich dagegen durch eine sehr starke lokale Wechselwirkung mit der Siedlungsstruktur aus, da es eine hohe Wärmedichte, möglichst kurze Leitungstrassen zu möglichst großen Versorgungseinheiten benötigt [8.1]. Hier kann daher eine planerische Unterstützung wesentlich wirkungsvoller sein.

In Bild 8-3 sind mögliche Optimierungskriterien genannt, die in der Raum- und Umweltplanung verwendet werden können, um auch die Teilsysteme der Ver- und Entsorgung in der Planung zu optimieren.

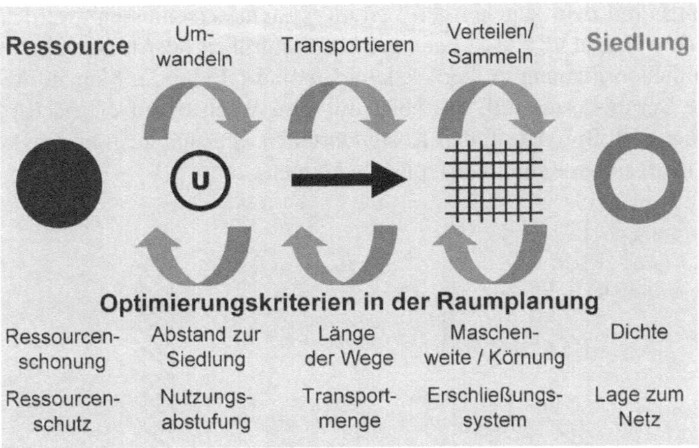

Bild 8-3 Optimierung der Systemelemente im Raum und deren Kriterien

Für jedes einzelne Systemelement sind deren spezifischen Besonderheiten zu beachten, die wiederum nach der technischen Bauart, der Systemgröße und den Wirkungen, die von dem jeweiligen System ausgehen, zu unterscheiden sind. Die Optimierung sollte nicht erst dann beginnen, wenn ein Ver- oder Entsorgungssystem z.B. im Rahmen eines Raumordnungsverfahrens als Einzelfall in die Siedlungsstruktur „eingepasst" wird, sondern bereits dann, wenn die Möglichkeit besteht, die Siedlungsstruktur in einem Teilraum als Ganzes planerisch zu beeinflussen. Hierzu dienen die planerischen Instrumente der Regional- und Landesplanung und der Bauleitplanung.

Systeme können zentral oder dezentral ausgelegt sein oder nach einer Strategie wachsen. Versorgungsinseln entwickeln sich häufig bei der Fernwärme zu größeren Netzen; große Abfallsysteme werden in kleine Untersysteme zur dezentralen Vorbehandlung aufgeteilt. Hier gelten ganz unterschiedliche Determinanten für die Planung solcher Systeme im Raum (Bild 8-4).

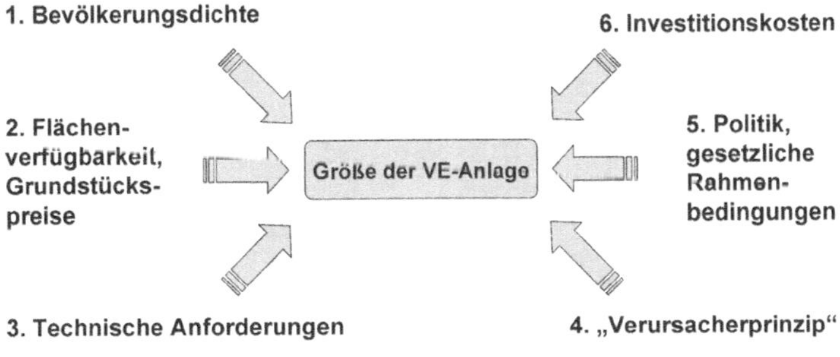

Bild 8-4 Determinanten für die Größe von Ver- und Entsorgungsanlagen

Bei der Planung von Ver- und Entsorgungssystemen spielen ökonomische Randbedingungen eine wesentliche Rolle. Einerseits haben große Anlagen meist geringere spezifische Kosten, andererseits benötigen diese ein entsprechendes Einzugsgebiet. Je größer dieses wird, umso mehr Fläche muss mit dem zugehörigen Leitungssystem „erschlossen" werden. Häufig gibt es für bestimmte Anlagen technisch bedingte Mindestgrößen oder maximale Anlagengrößen, die in der räumlichen Planung zu berücksichtigen sind (Bild 8-5). Manche Anlagen weisen systembedingte Sprungkosten auf, das heißt mit dem Wechsel auf die nächst höhere Anlagengröße ergeben sich Sprünge in den Kostenvorteilen, die sich auch in dem kostendeckend zu ver- bzw. entsorgenden Raum widerspiegeln können.

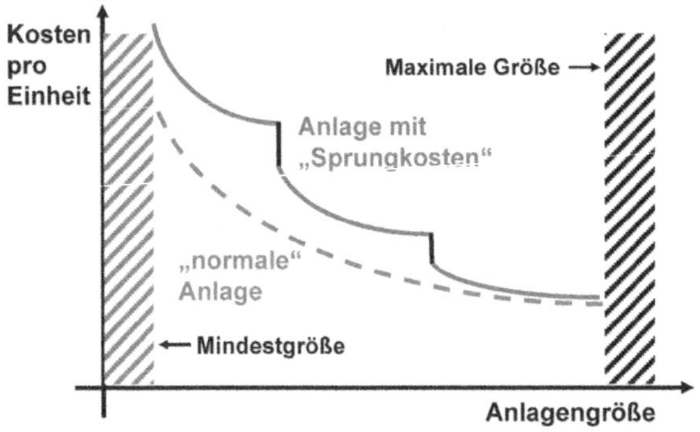

Bild 8-5 Berücksichtigung von Mindestgrößen und Sprungkosten für unterschiedliche Anlagenarten

Berücksichtigt werden müssen zusätzlich noch die Transportkosten, die mit zunehmender Größe des Ver- bzw. Entsorgungsgebietes überproportional ansteigen. Meist können Siedlungsräume nicht linear (entlang einer Leitungstrasse) versorgt werden, sondern das System muss hierzu „in die Fläche" gehen. Insgesamt ergibt sich daher in vielen Fällen eine Situation wie in Bild 8-6 dargestellt. Das heißt, in Abhängigkeit von der Versorgungsgebietsgröße ergibt sich aus den spezifisch immer weiter steigenden Transportkosten und den spezifisch mit der Versorgungsgebietsgröße sinkenden Ver- bzw. Entsorgungskosten ein ökonomisches Optimum. Damit bestimmt sich auch die wirtschaftliche Versorgungsgebietsgröße insgesamt.

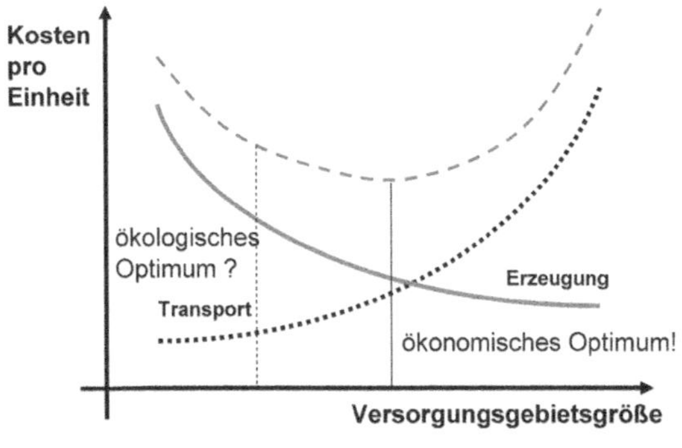

Bild 8-6 Gesamtkosten in Abhängigkeit der Versorgungsgebietsgröße

Nicht berücksichtigt sind dabei jedoch die ökologischen Auswirkungen, die mit dem ökonomisch optimierten System verbunden sind. Dies könnte z.B. dann der Fall sein, wenn mit dem

Transport hohe Umweltwirkungen verbunden sind, die sich nicht in den Transportkosten wieder finden (die nicht „internalisiert" sind). Dies würde eine kleinere Versorgungsgebietsgröße verlangen mit den damit verbundenen ökonomischen Nachteilen.

8.2.2 Bündelung

Durch eine Bündelung der Standorte und Trassen können vom Grundsatz her die Auswirkungen der Ver- bzw. Entsorgungssysteme auf den Raum und die Umwelt reduziert werden, da

- Freihalteflächen (z.B. für den Bewuchs oder die Bebauung) sich überlagern und gemeinsam genutzt werden können (Hochspannungsfrei- /Gashochdruckleitungen),
- einzuhaltende Abstandsflächen unterschiedlicher Standorte und Trassen und unterschiedlicher Systeme sich überlagern können und
- Wirkungen sich bei Lärm nicht proportional aufaddieren (Bündelung von Straßen/Bahnlinien untereinander).

Auf diese Weise bilden sich z.B. so genannte Kraftwerkparks und Trassenkorridore, die wiederum mit Industrieanlagen und anderen Infrastrukturanlagen (vorwiegend mit Straßen) gebündelt werden können. So entstehen auch für die Infrastruktur Zentren und Achsen, welche die Siedlungsstruktur prägen und dabei gliedern. Die Bündelung sollte daher in lokalen oder regionalen Infrastrukturzentren oder entlang von Entwicklungsachsen erfolgen. Dort können diese unter Umständen dann geduldet werden, wenn sie dafür an anderer Stelle die großen, zusammenhängenden Freiflächen, aber auch die ausgewiesenen Siedlungsflächen schonen. Zu berücksichtigen ist allerdings, dass dort die Vorbelastungen (Immissionen) nicht schon so hoch sind, dass dies zu Überlasterscheinungen führt und Grenz- oder Schwellenwerte überschritten werden.

Auswirkungen sind hierbei in erster Linie auf den Boden zu berücksichtigen, z.B. durch Flächenverbrauch und insbesondere durch solche Wirkungen, die von den Standorten oder Trassen in den Raum „strahlen". Das sind die Emissionen der Ver- und Entsorgungsanlagen, die zu Immissionen für die Siedlungs- und Freiräume werden.

Hier ist auch zu beachten, dass nicht jede Bündelung zu einer Reduzierung der Gesamtwirkungen führen muss. Zum Beispiel kann die Bündelung einer Gashochdruckleitung mit einer Mineralölleitung im Betrieb der Leitungen zur Einsparung von Freihalteflächen durch deren Überlagerung führen. Gas ist im Gegensatz zu Öl jedoch kein „wassergefährdender" Stoff. Deshalb gelten für Mineralölleitungen andere Trassierungsprinzipien. Sie müssen zum Grundwasserschutz eventuell Umwege in Kauf nehmen, die Wasserleitungen nicht benötigen. Eine getrennte Führung der Leitungen auf jeweils eigenen optimierten Trassen kann daher zu einer Verkürzung der Trasse und damit zu einer Reduzierung der Eingriffe insgesamt führen.

Eine Bündelung von Hochspannungsfreileitungen mit Gashochdruckleitungen ist dagegen dann sinnvoll, wenn Waldabschnitte durchquert werden müssen und dadurch der Waldeinschlag durch eine teilweise Überlagerung der Freihaltebereiche reduziert werden kann. Hier ist aber auch zu berücksichtigen, dass sich bei der Parallelführung von Gasleitungen mit Hochspannungsleitungen aufgrund deren elektromagnetischer Felder durch Induktion Leistungsverluste in der Stromleitung einerseits und elektromagnetische Aufladungen in der Gasleitung andererseits ergeben können.

8.2.3 Regionalplanung

Grundzüge der Regionalplanung

Die Regionalplanung schließt sich in der Hierarchie der räumlichen Planung an die Bundesraumordnung und die Landesplanung der Bundesländer an. Sie steht über der kommunalen Planung, die insbesondere über die Bauleitplanung wirkt. Auf allen Ebenen werden unterschiedlich konkrete Zielvorstellungen für die jeweils angestrebte räumliche Entwicklung formuliert; die jeweils nachgeordnete Ebene muss die Vorgaben der übergeordneten Ebene beachten und ausformen. Umgekehrt können die nachgeordneten Ebenen bei der Aufstellung von Plänen der übergeordneten Ebene ihre Vorstellungen einbringen. Die Regionalpläne dienen der Steuerung der räumlichen Entwicklung. Sie sollen zur Gestaltung einer Region beitragen, indem sie

- die Grundsätze und Ziele für die Entwicklung der Region unter Beachtung des Landesentwicklungsplans festlegen,
- Prioritäten für die künftige Nutzung von Raum und Fläche setzen,
- Grundlage und Rahmen für Planungen und Maßnahmen von Städten, Gemeinden, Fachbehörden und sonstigen öffentlichen Planungsträgern sind.

Sie sind somit ein wichtiges Instrument zur Koordinierung der raumbedeutsamen öffentlichen Planungen. Mit den jeweiligen Regionalplänen werden Flächen, Trassen und Standorte für die verschiedenen Raumnutzungen gesichert. Er schafft die planerischen und rechtlichen Voraussetzungen für raumbedeutsame Vorhaben und Investitionen.

Die Ziele und Vorgaben eines Regionalplanes sind dabei für die öffentlichen Planungsträger verbindlich. Die Grundsätze sind bei allen nachfolgenden Fachplanungen bei Abwägungsprozessen zu berücksichtigen.

Die Erarbeitung eines Entwurfs für einen Regionalplan ist eine zentrale Aufgabe der Bundesländer, welche diese Aufgabe meist an dezentrale Untereinheiten des Verwaltungsvollzuges (Regierungspräsidien, staatliche Umweltfachämter usw.) delegiert haben. Wichtige Grundlagen für den Regionalplan sind Raumordnungsgutachten und fachliche Konzepte, z.B. zur Windenergie oder zur Sicherung der Grundwasservorkommen. Auch fachliche Pläne, wie der Forstliche Rahmenplan oder der Landschaftsrahmenplan, fließen in den Regionalplan ein. An der Aufstellung des Regionalplans werden die Städte, Gemeinden und sonstigen Planungsträger beteiligt. Auch die Bürgerinnen und Bürger werden aufgefordert, sich zum Planentwurf zu äußern. Die Regionalpläne werden schließlich von einer Verbandsversammlung durch Satzung festgestellt.

Beispiel: Energieversorgung in der Regionalplanung

Die Ver- und Entsorgungssysteme werden meist in einem Kapitel zur Infrastruktur und dort speziell in einem Kapitel zur technischen Infrastruktur behandelt. Dort ist es möglich einige wenige Aspekte der Energieversorgung, der Wasserversorgung, der Abwasserentsorgung und der Abfallentsorgung (teilweise auch der Nachrichtenversorgung/Telekommunikation) mit ihrem jeweiligen regionalplanerischem Bezug zu behandeln. In der Regel sind es Standorte und Trassen, die dort räumlich konkret als Ziele der Raumordnung und Landesplanung dargestellt oder „nachrichtlich“ aus den technischen Fachplanungen übernommen werden.

Die Möglichkeiten der Regionalplanung sind hier jedoch sehr beschränkt, da diese hier kein eigenständiger Planungsträger ist, sondern auf die fachliche Zuarbeit der zuständigen Fachplanungen angewiesen ist.

So kann beispielsweise im Bereich der Energieversorgung lediglich darauf hingewiesen werden, dass durch technische Rationalisierungsmaßnahmen im Leitungsbau und durch Zusammenfassung von Freileitungen sowie gegebenenfalls deren Bündelung mit weiteren Bandinfrastruktureinrichtungen in der Regel eine Verringerung der Beanspruchung von Grund und Boden und eine geringere Beeinträchtigung des Landschaftsbildes erreicht werden kann. Die räumliche Konkretisierung beschränkt sich dann beispielsweise auf Aussagen, dass im Verlauf der überregionalen Entwicklungsachsen eine Häufung von Freileitungen zu verzeichnen oder dass dies im Hinblick auf weitere Industrieansiedlungen noch zu erwarten ist.

In der Regionalplanung besteht jedoch die Möglichkeit, in Abstimmung mit den übrigen Raumansprüchen fachliche Grundsätze und Ziele für die Ver- und Entsorgungssysteme festzulegen sowie bestehende und künftige Standorte und Trassen für diese langfristig zu sichern. Ein Beispiel aus einem Regionalplan [8.2] soll dies für die Energieversorgung aufzeigen (für die anderen Systeme werden jeweils vergleichbare Aussagen gemacht):

> *Energieversorgung*
>
> *1. Allgemeines*
>
> *Der weitere Ausbau der Energieversorgung soll in allen Teilräumen der Region ein ausreichendes, möglichst vielfältiges, preisgünstiges und umweltverträgliches Energieangebot sicherstellen. Die Energieversorgung soll dazu beitragen, vor allem die Standortbedingungen der gewerblichen Wirtschaft, insbesondere in den zentralen Orten und an den Entwicklungsachsen, zu verbessern.*
>
> *2. Elektrizitätsversorgung*
>
> *2.1 Es soll daraufhin gewirkt werden, dass folgender Ausbau des Hochspannungsnetzes (110 kV) entsprechend der Bedarfsentwicklung verwirklicht wird ...*
>
> *2.2 Auf eine Zusammenfassung der Trassen von Hoch- und Höchstspannungsleitungen soll insbesondere im Bereich der überregionalen Entwicklungsachsen ... hingewirkt werden.*
>
> *3. Gasversorgung*
>
> *3.1 Der weitere Ausbau des regionalen Gasversorgungsnetzes soll angestrebt werden. Auf den Anschluss insbesondere folgender Räume soll hingewirkt werden ...*
>
> *3.2 Auf den Auf- oder Ausbau von Ortsnetzen der Gasversorgung soll insbesondere in den Oberzentren ..., in den Mittelzentren ..., in den Unterzentren ... sowie in den Kleinzentren ...hingewirkt werden.*
>
> *4 Nutzung von regenerativen Energien und Abwärme*
>
> *Es soll darauf hingewirkt werden, dass auf der Grundlage eines regionalen Energieversorgungskonzeptes erneuerbare Energien und Abwärme aus Kraftwerken und Industrie vor allem in den Oberzentren ... verstärkt genutzt werden.*

8.3 Ver- und Entsorgungskonzepte und -pläne

Konzepte und Pläne

Hauptaufgabe der Fachplanungen ist die Planung und Gestaltung eines optimalen Material-, Wert- oder Informationsflusses im Rahmen des öffentlichen Planungsprozesses. Dies kann sowohl in Konzepten als auch in Plänen erfolgen. Da diese Aufgabe meist mehrere Planungsbereiche tangiert, zwingt sie dazu, funktionale Abläufe und Maßnahmen nicht isoliert zu betrachten und auszuüben, sondern sie konzeptionell in einem Gesamtzusammenhang und als Rahmen für die einzelnen Systembereiche zu sehen. Aufgabe von Konzepten und Plänen ist es damit auch, Fachegoismen und Ressortdenken überwinden zu helfen und die einzelnen Bereiche zu einer Prozesskette zu verknüpfen. Gleichzeitig werden durch die Offenlegung und Diskussion der Konzepte und Pläne die Verständlichkeit und damit die Akzeptanz der Fachplanungen sowohl unter den Entscheidungsträgern als auch den Betroffenen verbessert.

Ein Konzept zu erstellen bedeutet, die Folgen über den eigenen Bereich hinaus für andere Bereiche zu erkennen bzw. diese Maßnahmen so zu steuern, dass sich auch Auswirkungen auf andere Bereiche der Organisationseinheit ergeben. Ein Konzept muss die Abhängigkeiten einzelner Bereiche und Prozesse voneinander verdeutlichen und berücksichtigen und damit eine bereichsübergreifende Abstimmung erreichen. Grundsätzlich sind für ein Konzept drei Arten des Denkens maßgeblich, die miteinander in Beziehung stehen:

- Systemdenken
- Flussdenken
- Querschnittsfunktionsdenken.

Ziel eines Konzeptes ist die Optimierung der Gesamtleistung. Um dieses Ziel erreichen zu können, müssen zunächst die Einzelaufgaben der Ver- bzw. Entsorgungsaufgabe festgelegt und anschließend die Aufgaben in den einzelnen Bereichen zu einer Aufgabenkette verknüpft werden.

An Ver- bzw. Entsorgungskonzepte sind im Wesentlichen folgende grundsätzlichen Anforderungen zu stellen:

Transparenz: Ein Konzept muss für die Anwender konkret, eindeutig und verständlich formuliert sein.

Überprüfbarkeit: Die Überprüfbarkeit muss gegeben sein. Kontrollsysteme sollen die Erreichung der gestellten Ziele feststellen können.

Vollständigkeit: Es sollten sämtliche Ver- bzw. Entsorgungsprozesse im Planungsgebiet, die Gegenstand des Konzeptes sind, erfasst werden (flächendeckende Planung).

Konsistenz: Die einzelnen Ver- bzw. Entsorgungsprozesse sind im Planungsraum aufeinander abzustimmen.

Flexibilität: Ein Ver- bzw. Entsorgungskonzept muss für die Akteure eine gewisse Flexibilität gegenüber veränderten Randbedingungen sowohl im Planungsgebiet als auch bezüglich zeitlicher Abläufe aufweisen.

Realistik: Ein Ver- bzw. Entsorgungskonzept soll sich nach dem Stand der Technik und mit einem vertretbaren Aufwand realisieren lassen; gegebenenfalls kann ein Konzept dazu dienen, einen neuen Stand der Technik einzuführen; für diesen Fall sind die gegebenenfalls verfügbaren Fördermittel und deren Vergabebedingungen mit in das Konzept einzubeziehen.

Durchsetzbarkeit: Ein Konzept muss im Planungsraum sowohl auf der Grundlage der geltenden Gesetze und Vorschriften als auch im Hinblick auf die zuständigen politischen Gremien durchsetzbar sein.

Wirtschaftlichkeit: Ein Ver- bzw. Entsorgungskonzept muss innerhalb eines vorgegebenen Kostenrahmens möglich sein, der für die Kostenträger zumutbar ist; dieser Kostenrahmen darf im Rahmen der Laufzeit des Konzeptes möglichst nicht überschritten werden.

In den einzelnen Bereichen wird sehr unterschiedlich von der Möglichkeit Gebrauch gemacht, fachliche Entwicklungspläne aufzustellen und über diese die räumliche Entwicklung und die Umweltwirkungen zu steuern. In nur wenigen Fällen ist die Aufstellung solcher Konzepte zwingend vorgeschrieben.

Energieversorgung

Energiekonzepte werden in der Regel von Städten und Gemeinden aufgestellt, da sie im Rahmen der Daseinsfürsorge für ihre Bewohner auch die Versorgung mit Energie zu gewährleisten haben. Während in den 70er Jahren bei den Energieversorgungskonzepten noch vor allem der Versorgungsaspekt im Vordergrund stand und die Energiekonzepte deshalb auch „Energie*versorgungs*konzepte“ genannt wurden, steht nun der Aspekt der Energieeinsparung, der rationellen Energienutzung sowie der Nutzung regenerativer Energiequellen im Vordergrund.

Unmittelbarer Anlass für die Erarbeitung eines Energiekonzeptes ist oft die Untersuchung von Energieeinsparpotentialen in den Gebäuden und Einrichtungen, die der Stadt oder der Gemeinde selbst gehören. Daran schließt sich meist eine Untersuchung der Einsparpotentiale in Haushalt, Gewerbe und Industrie an. Ein weiterer wichtiger Aspekt der Wärmeversorgung ist der konsequente Umwelt- und Klimaschutz durch den weiteren Ausbau leitungsgebundener Energien und die kontinuierliche Verdichtung entlang der gegebenenfalls vorhandenen Fernwärmetrasse. Besonders wichtig ist die Untersuchung der Potentiale der Kraft-Wärme-Kopplung sowie der regenerativen Energiequellen. In einem Energiekonzept werden dann Maßnahmen vorgeschlagen, wie die ermittelten Potentiale zu nutzen sind und welche Investitionen über einen bestimmten Zeithorizont (z.B. 20 Jahre) vorzunehmen sind.

Eine besondere Form der Energiekonzepte stellen die Wärmeversorgungskonzepte dar. Mit ihnen werden zum einen zur Vermeidung einer unwirtschaftlichen Doppelerschließung durch Erdgas und Fernwärme entsprechende Vorranggebiete ermittelt und dargestellt, zum anderen für öffentliche Gebäude eine Minimierung des Wärmebedarfs durch bauliche Maßnahmen sowie ein möglichst effizientes und umweltverträgliches Versorgungssystem entworfen.

Wasserversorgung

Rheinland-Pfalz ist das einige Bundesland, in dem die Wasserwirtschaftsverwaltung auf der Grundlage des Landeswassergesetzes (§ 50) einen Wasserversorgungsplan (WVP) aufstellt. Dieser wird von den Wasserbehörden und kommunalpolitischen Entscheidungsträgern zur überregionalen Grundwasserbewirtschaftung und zur Sicherstellung der Trinkwasserversorgung benutzt. Die Landesfläche wird dabei in naturräumlich und politisch zusammengehörende Untersuchungsräume untergliedert und die Versorgungssituation der öffentlichen Wasserversorgung in 8 Teilplänen beschrieben. Neben der Bestandsaufnahme der Wasserförderung und -verteilung für die aktuellen Bezugsjahre werden die wichtigsten Zielvorgaben zur

Sicherstellung der öffentlichen Wasserversorgung für das Planungsziel 2010 erarbeitet. Besonderer Wert wurde auf die Einschätzung der bestehenden Versorgungssituation (nutzbares Grundwasserdargebot) und die geplanten Maßnahmen aus Sicht der Wasserversorgungsunternehmen gelegt, daher wird der Wasserversorgungsplan in enger Kooperation und mit Zustimmung der Wasserversorgungsunternehmen aufgestellt.

Abwasserentsorgung

- Abwasserbeseitigungspläne

Abwasserbeseitigungspläne gehören zu den Planungsinstrumenten des Wasserhaushaltsgesetzes (WHG). Abwasserbeseitigungspläne werden von den Ländern nach überörtlichen Gesichtspunkten aufgestellt und sollen im Interesse des Gewässerschutzes eine optimale Behandlung der Abwässer durch Festlegung entsprechender Planziele gewährleisten. Die Abwasserbeseitigungspläne bauen auf den Festlegungen der wasserwirtschaftlichen Rahmenplanung auf, welche die wasserwirtschaftliche Grundlage für die Aufstellung der Abwasserbeseitigungspläne bilden. In den Abwasserbeseitigungsplänen sind insbesondere die Standorte für bedeutsame Anlagen zur Behandlung von Abwasser, ihr Einzugsbereich, Grundzüge für die Abwasserbehandlung sowie die Träger der Maßnahmen festzulegen. Diese Aufzählung des Mindestinhalts von Abwasserbeseitigungsplänen ist nicht erschöpfend. Den Ländern bleibt es überlassen, einzelne oder sämtliche Festlegungen der Abwasserbeseitigungspläne für andere Behörden, Planungsträger, Abwasserbeseitigungspflichten und sonstige Dritte für verbindlich zu erklären.

- Klärschlammkonzepte

Da die Klärschlämme bei den Kommunen und Abwasserverbänden als Kläranlagenbetreiber und nicht bei den in einem Entsorgungsgebiet verantwortlichen Trägern der Abfallwirtschaft (Landkreise und kreisfreie Städte) anfallen, werden der Handlungsbedarf und die Rahmenbedingungen für eine künftige Entsorgung teilweise in einem spezielles Klärschlammkonzept dargestellt bzw. in einem Teilplan ‚Abfälle kommunaler Abwasseranlagen' zum Abfallwirtschaftsplan.

Ein Klärschlammkonzept beinhaltet eine Beschreibung des Ist-Zustandes (Mengen und Qualität) und machten Aussagen zum Verbleib des Klärschlammes (direkte Aufbringung im Landschaftsbau und in der Landwirtschaft; Behandlung: Kompostierung bzw. Vererdung). Für das Entsorgungsgebiet werden Aussagen zu den dort vorhandenen Kläranlagen und den derzeitigen und künftigen Rahmenbedingungen für die Behandlung und Verwertung von Klärschlamm gemacht. Auf der Grundlage der entsprechenden Gesetze (Bodenschutzgesetz, Abfallgesetz) und Verordnungen und einer Prognose der künftigen Entwicklung in dem Entsorgungsgebiet sowie in Verbindung mit dem jeweiligen Abfallwirtschaftskonzept werden Ziele und Grundsätze für den künftigen Verbleib der Klärschlämme gemacht.

Die heutige Situation ist dadurch gekennzeichnet, dass Kläranlagen fertig gestellt bzw. weiter ausgebaut und der Anschlussgrad erhöht wurden und dass die Klärschlammmengen zugenommen haben. Die Randbedingungen im Bereich der Abfallwirtschaft und des Umweltrechtes haben sich seit 1992 deutlich verändert, insbesondere ist auf Grund des EU-Beitrittes die Umsetzung entsprechender europäischer Regelungen notwendig geworden. Die EU definiert Klärschlamm als prioritären Abfallstrom, für den eine Nachvollziehbarkeit des Verbleibes notwendig ist und für den eine entsprechende Strategieplanung vorgeschlagen wird.

Der nachfolgende Zielkatalog [8.3] zeigt beispielhaft die Ausrichtung der Klärschlamm-Entsorgung für ein Entsorgungsgebiet auf:

Abfallwirtschaft und Umweltrecht
- Ausschöpfung des Vermeidungspotentiales
- Beachtung des Standes der Technik (Lagerung, Transport, Verwertung, Beseitigung)
- Umsetzung des Prinzips der Nähe sowie der Entsorgungsautarkie
- Gewährleistung der Entsorgungssicherheit (für einen Zeitraum von 10 – 15 Jahren)
- an regionale Strukturen angepasste Entsorgungswege
- Nachhaltigkeit
- Herstellen/Gewährleistung der Nachvollziehbarkeit der Entsorgungswege

Wirtschaftlichkeit
- Freie Auswahl der Übernehmer bzw. Entsorger; Verringerung der Abhängigkeit
- Kostenminimierung für die Kläranlagen (Entsorgungswege; Vorbehandlung)
- Wettbewerbsgleichheit durch gleichwertige Anforderungen an die Behandlung
- Rechtssicherheit z.B. bei Vertragsabschlüssen mit Indirekteinleitern

Gewässerschutz
- Berücksichtigung des Gewässerschutzes
- Standes der Technik: Erfassung und Rückhaltung von Klärschlamm in Kläranlagen

Bodenschutz
- Anpassung an ökologische Gegebenheiten und geogene Vorbelastungen
- Klärschlammfreie Flächen
- kontrollierte Ausbringung, verbesserte Ausbringungstechnik

Nahrungsmittelproduktion
- Produktion unbelasteter Nahrungsmittel
- Berücksichtigung des Trends zu natürlichen, biologischen Produkten
- Sicherung bzw. Erhöhung des Konsumentenvertrauens
- Verzicht auf Flächen, die direkt oder indirekt der Nahrungsmittelproduktion dienen

Abfallentsorgung

Abfallwirtschafts*pläne* dienen der Festlegung landesspezifischer Rahmenbedingungen in der Abfallwirtschaft insbesondere im Hinblick auf die Abfallvermeidung, die schadlose Verwertung oder die umweltverträgliche Beseitigung der verschiedenen Abfallarten und stellen somit ein wichtiges Instrument für die überregionale Planung und Steuerung der Abfallentsorgung dar.

Abfallwirtschaftspläne können durch kommunale Abfallwirtschaftskonzepte weiter präzisiert werden. Der Inhalt solcher Konzepte ergibt sich aus den jeweiligen Landesabfallgesetzen und enthält in Nordrhein-Westfalen [8.4] mindestens:

1. Angaben über Art, Menge und Verbleib der in dem Entsorgungsgebiet anfallenden Abfälle und der dem öffentlich-rechtlichen Entsorgungsträger zu überlassenden Abfälle, wobei das Aufkommen bzw. die Entsorgung von Hausmüll, Sperrmüll und Gewerbeabfällen jeweils getrennt darzustellen sind,

2. Darstellungen der getroffenen und geplanten Maßnahmen zur Vermeidung und Verwertung der dem öffentlich-rechtlichen Entsorgungsträger zu überlassenden Abfälle insbesondere für flächendeckende Angebote zur getrennten Erfassung und Verwertung von biogenen Abfällen,

3. die begründete Festlegung der Abfälle, die durch Satzung von der Entsorgungspflicht ausgeschlossen sind,

4. den Nachweis einer zehnjährigen Entsorgungssicherheit,

5. Angaben über die zeitliche Abfolge und die geschätzten Bau- und Betriebskosten der zur Entsorgung des Gebietes notwendigen Abfallentsorgungsanlagen,

6. die Darstellung der über das eigene Gebiet hinaus notwendigen Zusammenarbeit mit anderen öffentlich-rechtlichen Entsorgungsträgern und der dazu notwendigen Maßnahmen sowie ihrer zeitlichen Abfolge (Kooperationen),

7. eine zusammenfassende Darstellung der Angaben, Darstellungen und Festlegungen nach den oben genannten Nummern 1 bis 6.

Der Inhalt eines kommunalen Abfallwirtschafts*konzeptes* umfasst dann die konkreten Maßnahmen zur Abfallvermeidung (Abfallvermeidungspotenzial, Beratung und Information, Öffentlichkeitsarbeit), zur Abfallverwertung (Erfassungssysteme; Verwertungs- und Behandlungssysteme) und zur Abfallbeseitigung (Deponie; Restabfall(vor)behandlungsanlage)

Bewirtschaftungspläne

Diese müssen bis Ende 2009 für jedes Flusseinzugsgebiet aufgestellt und die Maßnahmen benannt werden, die zur Verwirklichung der Bewirtschaftungsziele erforderlich sind. Oberflächengewässer, die künstlich oder in ihrer Morphologie erheblich verändert sind, können als solche ausgewiesen werden und brauchen dann nur das weniger anspruchsvolle Ziel des guten ökologischen Potenzials zu erreichen. Ausnahmen von der Zielerreichung können unter strengen Voraussetzungen festgelegt werden. So können ausnahmsweise die Fristen verlängert oder weniger strenge Ziele normiert werden. Das Gleiche gilt bei Unfällen oder Katastrophen sowie bei neuen Veränderungen der Gewässerstruktur. Da der Bund die Wasserrahmenrichtlinie nur auf der Grundlage der Rahmenkompetenz umgesetzt hat, enthält das WHG zahlreiche Regelungsaufträge an die Länder, die diese in ihren Landeswassergesetzen und Verordnungen umgesetzt haben.

8.4 Raum- und Umweltverträglichkeit

Die Anlagen zum Betrieb der Ver- und Entsorgungssysteme sind in der Regel genehmigungspflichtig. Wesentliche Genehmigungsverfahren sind das Planfeststellungsverfahren (Deponie, Hochspannungsleitung usw.) und das Genehmigungsverfahren nach dem Bundesimmissionschutzgesetz (sogenanntes BImsch-Verfahren). In beiden Fällen ist ab einer bestimmten Anlagengröße parallel zum eigentlichen Genehmigungsverfahren eine Umweltverträglichkeitsuntersuchung durchzuführen. Liegen die Standorte oder Trassen im unbeplanten Außenbereich oder stehen diese im Konflikt mit anderen Plänen oder Planungen, dann ist eventuell auch ein Raumordnungsverfahren (Standorteignung, Linienbestimmung) durchzuführen.

8.4.1 Genehmigungsverfahren

Planfeststellungsverfahren

Wichtige, überörtliche Infrastrukturvorhaben werden mit Planfeststellungsverfahren (PLF-Verfahren) genehmigt. Das Planfeststellungsverfahren regelt auf der Grundlage der jeweiligen Fachplanungsgesetze und den Verwaltungsverfahrensgesetzen des Bundes bzw. der jeweils betroffenen Bundesländer alle durch den Bau und den Betrieb des Vorhabens verursachten öffentlich-rechtlichen Beziehungen einschließlich der Kostentragung. Im PLF-Verfahren werden sämtliche für das Vorhaben erforderlichen Genehmigungen gebündelt. Man spricht dann von einer *Konzentrationswirkung*.

Die Träger der Maßnahme (Energieversorgungsunternehmen, Wasserverbände usw.) beantragen bei der betroffenen Landesregierung als Planfeststellungsbehörde die Durchführung eines PLF-Verfahrens. Entsprechend dem Verwaltungsaufbau des Bundeslandes oder des Stadtstaates gibt es unterschiedliche Fachbehörden, die für die einzelne Maßnahme zuständig sind. In einem allerersten Gespräch mit der Behörde ist daher zunächst die Zuständigkeit zu klären. Das weitere Verfahren gliedert sich dann in drei wesentliche Schritte:

Die *erste Phase* ist die Anhörung: Hierzu erhalten die betroffenen Gemeinden von der PLF-Behörde die Antragsunterlagen, um sie einen Monat für jedermann öffentlich auszulegen. Gleichzeitig werden die Träger öffentlicher Belange und die anerkannten Verbände und Vereine gehört. Die schriftlich erhobenen Einwände erörtert die PLF-Behörde zusammen mit den Stellungnahmen des Vorhabensträgers zu den Einwänden in meist mehrtägigen Anhörungsterminen. Daraus können sich auch Änderungen der Planunterlagen ergeben, die dann meist nochmals auszulegen und anzuhören sind.

In der *zweiten Phase* entscheidet dann die PLF-Behörde im Planfeststellungsbeschluss sowohl über die Rechtmäßigkeit der Antragsunterlagen als auch über die dagegen erhobenen Einwände. Ein Beschluss kann sehr umfangreich sein. Die Dauer eines PLF-Verfahrens ist trotz gesetzlicher Sollfristen bei der Anhörung besonders wegen möglicher Planänderungen nicht abschätzbar.

Gegen einen Beschluss können – als *dritte Phase* – innerhalb einer Monatsfrist Klagen beim zuständigen Verwaltungsgericht bzw. beim Verwaltungsgerichtshof (für Projekte in der Trägerschaft des Bundes und länderübergreifende Projekte) eingelegt werden.

Die Planfeststellung hat in einem in den Fachgesetzen manchmal unterschiedlich definierten Umfang Konzentrationswirkung. Die so genannte formelle Konzentrationswirkung bedeutet, dass möglicherweise noch anderweit vorgeschriebene Genehmigungen, Erlaubnisse, Bewilligungen oder Zustimmungen nicht mehr erforderlich sind, sondern von der Planfeststellung umfasst werden. So bedarf etwa die Planfeststellung einer Deponie keiner Baugenehmigung mehr, auch wenn es sich beim Deponiekörper um ein Bauwerk im Sinne der Landesbauordnungen handelt; wenn das Oberflächenwasser (von der abzudichtenden Oberfläche) in das Grundwasser eingeleitet wird, bedarf dies normalerweise nach dem Wasserhaushaltsgesetz einer Erlaubnis oder Bewilligung. Auch diese entfällt. Die Planfeststellung als solche ist Planungsentscheidung. Von einer Planungsentscheidung sprechen wir dort, wo der entscheidenden Instanz eine Planungsautonomie eingeräumt worden ist. In diesem Sinne wird als Planung verstanden, dass die konfligierenden öffentlichen und privaten Interessen miteinander abgewogen werden. Dies geschieht allerdings nicht im rechtlich freien Raum, sondern insofern gibt es rechtliche Grenzen, die, wenn sie verlassen wurden, zur Rechtswidrigkeit der Planfeststellung führen. Voraussetzung einer rechtmäßigen Planfeststellung eines Vorhabens ist:

1. Es muss ein Bedürfnis für dieses Vorhaben bestehen (Planrechtfertigung), wobei dies bereits dann anzunehmen ist, wenn vernünftigerweise ein Bedarf angenommen werden kann (dies betrifft insbesondere die inzwischen liberalisierten Bereichen der Ver- und Entsorgungssysteme, in denen Vorhaben mehr und mehr im Wettbewerb untereinander stehen).

2. Es muss eine Abwägung stattgefunden haben. Dem Planungsträger und der Planfeststellungsbehörde muss bewusst sein, dass der Weg zur Zulässigkeit des Vorhabens nur über eine Abwägung führt, und diese muss ersichtlich stattgefunden haben.

3. In diese Abwägung muss alles an Belangen eingestellt sein, was abwägungserhebliche Bedeutung hat. Wenn allerdings die Belange einzelner Betroffener von der Behörde nicht ohne weiteres erkannt werden können, ist es im Anhörungsverfahren, Aufgabe der Betroffenen diese ihre Belange geltend zu machen.

4. Im Rahmen der Abwägung bestehen Spielräume. Die Rechtskontrolle hat nicht zur Aufgabe zu kontrollieren, ob die Planungen sachgemäß sind. Die rechtlichen Grenzen der Planungsautonomie sind aber überschritten und der Planfeststellungsbeschluss ist rechtswidrig, wenn abwägungserhebliche Belange in ihrer Bedeutung verkannt wurden oder in ein Missverhältnis zueinander gesetzt worden sind.

Streitig ist im Rahmen dieses Abwägungsvorgangs auch die so genannte materielle Konzentrationswirkung. In vielen Gesetzen wird der Behörde die Beachtung bestimmter Interessen oder Belange vorgeschrieben. Indem nun im Rahmen der Planfeststellung die dort vorgesehene Genehmigung, Erlaubnis oder Bewilligung durch die formelle Konzentrationswirkung überspielt wird, bleibt fraglich, ob die in diesem Gesetz zur Beachtung vorgeschriebenen Gesichtspunkte durch Abwägung relativiert werden können oder verbindlich vorgegeben bleiben.

Genehmigungsverfahrens nach dem Bundesimmissionsschutzgesetz

Das Genehmigungsverfahren gleicht formell der Planfeststellung. Die Unterschiede liegen darin, dass der Standort zumeist dadurch vorgegeben ist, dass er bauplanerisch durch eine Industrie-Gebietsausweisung in einem Bebauungsplan vorgegeben ist und es sich um eine gebundene Entscheidung (Anspruch auf Genehmigung) handelt.

Genehmigungsbedürftig sind nach § 4 des Bundesimmissionsschutzgesetzes die Errichtung und der Betrieb von Anlagen, die in besonderem Maße geeignet sind, schädliche Umwelteinwirkungen hervorrufen. Die Anlagen werden in der 4. BImSchV in einem Anhang, angelehnt an die Industriestatistik, konkretisiert. Für größere Anlagen (Spalte 1) gilt das Genehmigungsverfahren mit Öffentlichkeitsbeteiligung (§ 10), für kleinere in Spalte 2 das vereinfachte Verfahren ohne Öffentlichkeitsbeteiligung (§ 19).

Nach § 6 ist die Genehmigung zu erteilen, wenn sichergestellt ist, dass die Grundpflichten des § 5 erfüllt werden.

- 1. Schutzpflicht
- 2. Vorsorgepflicht nach dem Stand der Technik (ausgenommen die Unternehmen, die am Emissionshandel teilnehmen)
- 3. Abfallprogramm nach dem Kreislaufwirtschafts- und Abfallgesetz
- 4. Sparsame und effiziente Energieverwendung

Die Grundpflichten werden auf der Ermächtigungsgrundlage des § 7 durch zahlreiche Rechtsverordnungen insbesondere über Grenzwerte konkretisiert.

Die Genehmigung hat nach § 13 begrenzte Konzentrationswirkung. Gegenüber einem genehmigten Betrieb kann privatrechtlich nicht die Einstellung verlangt werden, nur Vorkehrungen nach dem Stand der Technik, die Emissionen ausschließen, oder Schadensersatz.

Der Ablauf eines Genehmigungsverfahrens nach BImSchG läuft wie folgt ab:

1. Schriftlicher Antrag:

Das Genehmigungsverfahren setzt einen schriftlichen Antrag voraus (§ 10 (1) BImSchG), aus seinem Eingangsdatum bestimmt sich der Beginn des Verfahrens

2. Prüfung der Vollständigkeit:

Die Behörde hat zu prüfen, ob der Antrag den Anforderungen des § 3 und die Unterlagen der §§ 4 bis 4e der 9. BImSchV entsprechen (§ 7 (1) 9. BImSchV), die Prüfung hat unverzüglich zu erfolgen, in der Regel innerhalb eines Monats, einmal um 2 Wochen verlängern ist möglich

3. Ergänzung der Unterlagen:

Reichen die Unterlagen für die Prüfung nicht aus, muss sie der Antragsteller auf Verlangen der zuständigen Behörde innerhalb einer angemessenen Frist ergänzen (§ 10 (1) BImSchG; § 7 (1) 9. BImSchV), was angemessen ist, bestimmt die Behörde.

4. Prüfung der Vollständigkeit:

Sind die Unterlagen vollständig, hat die Genehmigungsbehörde den Antragsteller über die voraussichtlich zu beteiligenden Behörden und den geplanten zeitlichen Ablauf des Genehmigungsverfahrens zu unterrichten (§ 7 (2) 9. BImSchV). Die Feststellung der Vollständigkeit erfolgt durch die Behörde.

5. Bekanntmachung des Vorhabens:

Das Vorhaben ist von der Genehmigungsbehörde in ihrem amtlichen Veröffentlichungsblatt und außerdem in örtlichen Tageszeitungen, die im Bereich des Standortes der Anlage verbreitet sind, öffentlich bekannt zu machen (§ 10 (3) BImSchG; § 8 (1) 9. BImSchV). Zwischen der Bekanntmachung des Vorhabens und dem Beginn der Auslegungsfrist soll eine Woche liegen; maßgebend ist dabei der voraussichtliche Tag der Ausgabe des Veröffentlichungsblattes oder der Tageszeitung, die zuletzt erscheint.

6. Zur Einsicht auslegen:

Der Antrag und die Unterlagen sind zur Einsicht auszulegen (§ 10 (3) BImSchG; § 10 (1) 9. BImSchV). Die Auslegungsdauer beträgt einen Monat nach der Bekanntmachung

7. Einwendungen:

Gegen das Vorhaben können schriftlich Einwendungen bei der Genehmigungsbehörde oder bei der Stelle erhoben werden, bei der Antrag und Unterlagen ausliegen (§ 10 (3) BImSchG; § 12 (1) 9. BImSchV). Einwendungen können zwei Wochen nach Ablauf der Auslegungsfrist erfolgen

8. Beteiligung anderer Behörden:

Die Genehmigungsbehörde fordert solche Behörden, deren Aufgabenbereich durch das Vorhaben berührt wird, auf, für ihren Zuständigkeitsbereich eine Stellungnahme abzugeben (§ 10 (5) BImSchG; § 11 9. BImSchV). Die Aufforderung muss spätestens gleichzeitig mit der öffentlichen Bekanntmachung erfolgen, die Stellungnahmen sind innerhalb von einem Monat abzugeben.

9. Erörterung von Einwendungen:

Die Genehmigungsbehörde hat die rechtzeitig gegen das Vorhaben erhobenen Einwendungen mit dem Antragsteller und denjenigen, die Einwendungen erhoben haben, zu erörtern – soweit dies für die Prüfung der Genehmigungsvoraussetzungen von Bedeutung sein kann (§ 10 (6) BImSchG; § 14 (1) 9. BImSchV). „Rechtzeitig“ heißt, innerhalb der Einwendungsfrist eingegangen.

10. Zusammenfassende Darstellung:

Die Genehmigungsbehörde erarbeitet eine zusammenfassende Darstellung der zu erwartenden Auswirkungen durch die Anlagen des UVP-pflichtigen Vorhabens (§ 20 (1a) 9. BImSchV). Dies sollte möglichst innerhalb eines Monats nach Beendigung des Erörterungstermins erfolgen. Zur Beschleunigung des Verfahrens kann sich die Genehmigungsbehörde hierzu in Abstimmung mit dem Antragsteller eines externen Gutachers bedienen.

11. Entscheidung:

Die Genehmigungsbehörde entscheidet über Antrag (§ 10 (6a) BImSchG; bei vereinfachten Verfahren § 19 BImSchG). Die Entscheidung hat innerhalb von 7 Monaten; bei vereinfachten Verfahren innerhalb von 3 Monaten zu erfolgen.

12. Zustellung des Genehmigungsbescheides:

Der Genehmigungsbescheid ist schriftlich zu erlassen, schriftlich zu begründen und dem Antragsteller und den Personen, die Einwendungen erhoben haben, zuzustellen. Wenn ein Vorhaben UVP-pflichtig ist oder wenn der Träger des Vorhabens dies beantragt, kann die ‚Zustellung des Genehmigungsbescheides’ durch öffentliche Bekanntmachung erfolgen (§ 10 (7) BImSchG; § 10 (8) BImSchG; § 21a 9. BImSchV). Der Genehmigungsbescheid ist vom Tag nach der Bekanntmachung an spätestens nach zwei Wochen zu erlassen.

8.4.2 Raumordnungsverfahren

Planungen und Maßnahmen mit erheblichen überörtlichen Auswirkungen müssen in der Regel ein gestuftes Planungsverfahren bis hin zur Genehmigung durchlaufen, bevor sie realisiert werden können. Raumbedeutsame Vorhaben sind Planungen und sonstige Maßnahmen, durch die Grund und Boden in Anspruch genommen oder die räumliche Entwicklung oder Funktion eines Gebietes beeinflusst wird. Von überörtlicher Auswirkung sind solche Vorhaben, die über das Gemeindegebiet ihres Standortes hinausreichen oder hinauswirken.

Eine frühzeitige Stufe in diesem Planungsverfahren ist das Raumordnungsverfahren.

Das Raumordnungsverfahren ist ein Abstimmungsverfahren eigener Art. Es untersucht, inwieweit ein Vorhaben mit den Zielen, Grundsätzen und Erfordernissen der Raumordnung übereinstimmt und wie solche Planungen und raumordnerischen Gesichtspunkte aufeinander abgestimmt werden können. Wegen seines fachübergreifenden Charakters ist das Raumordnungsverfahren besonders geeignet, die oftmals widerstreitenden Planungen und Nutzungsansprüche in Einklang zu bringen. Es schließt die Prüfung von Trassen- und Standortalternativen ein. Mit der in das Verfahren integrierten Umweltverträglichkeitsprüfung ist das Raumordnungsverfahren außerdem darauf ausgerichtet, Eingriffe in schützenswerte Bereiche abzuwenden oder unvermeidbare Eingriffe und Umweltbelastungen auf ein erträgliches Maß zu reduzieren.

Das Ergebnis des Raumordnungsverfahrens entfaltet in der Regel keine unmittelbare Rechtswirkung gegenüber dem Träger des Vorhabens und Einzelnen. Es ersetzt nicht Genehmigungen, Planfeststellungen oder sonstige behördliche Entscheidungen über die Zulässigkeit des Vorhabens. Das Ergebnis des Raumordnungsverfahrens ist aber in den nachfolgenden Zulassungsverfahren zu berücksichtigen. Aufgrund des eher behördenverbindlichen Charakters und der fehlenden unmittelbaren Rechtswirkung nach außen kann das Ergebnis eines Raumordnungsverfahrens nicht mit einem Rechtsmittel angegriffen werden.

Das Raumordnungsverfahren ist bundesrechtlich durch das Raumordnungsgesetz des Bundes (ROG) und die Raumordnungsverordnung (RoV) geregelt. In § 15 ROG wird das Raumordnungsverfahren als Instrument rahmenrechtlich verankert, indem dort bestimmt wird, dass raumbedeutsame Planungen und Maßnahmen in der Regel in einem besonderen Verfahren untereinander und mit den Erfordernissen der Raumordnung abzustimmen sind. In der Raumordnungsverordnung sind Vorhaben aufgezählt, für die in der Regel ein Raumordnungsverfahren durchgeführt werden soll, weil bei solchen Vorhaben in aller Regel von einer Raumbedeutsamkeit und überörtlichen Bedeutung auszugehen ist. Dies setzt jedoch stets eine Einzelfallprüfung voraus. Die Durchführung eines Raumordnungsverfahrens ist somit immer eine Ermessensentscheidung.

In den einzelnen Bundesländern ist das Raumordnungsverfahren in den jeweiligen Landesplanungsgesetzen geregelt. Hier ist u. a. auch bestimmt, dass die Umweltverträglichkeitsprüfung Bestandteil des Raumordnungsverfahrens ist.

In Niedersachsen ist für die Durchführung von Raumordnungsverfahren das Computerassistenz-System CORO entwickelt worden.

Aufgaben

Ein ROV hat die Aufgabe, die Übereinstimmung des konkreten Vorhabens mit den Zielen und Grundsätzen der Raumordnung und der Landesplanung zu überprüfen. Es ist querschnittsorientiert und integriert somit ökonomische, ökologische, kulturelle und auch soziale Aspekte. Es soll für den Investor Planungssicherheit und in der Öffentlichkeit Akzeptanz für das Vorhaben schaffen. Es bildet eine Informations- und Beurteilungsbasis für das nachfolgende Zulassungsverfahren.

Ablauf

Ein ROV kann entweder von Amt wegen oder auf Initiative eines Projektträgers eingeleitet werden.

Zuerst wird die Notwendigkeit des Verfahrens überprüft:

- Wie ist der Planungsstand der Raumordnung und Landesplanung?
- Liegen Planänderungen vor?
- Liegt eine ausreichende Koordination zwischen Raumordnung und Landesplanung vor?
- Besteht ein Anspruch auf das ROV?

Danach wird das ROV mit Hilfe staatlicher Mittelbehörden vorbereitet. Die notwendigen Planunterlagen werden erstellt, und die Träger öffentlicher Belange (TÖB) werden involviert. Im Anschluss kann das ROV durch Zusendung der Unterlagen förmlich eröffnet werden. Im Rahmen der Öffentlichkeitsbeteiligung werden dann die Pläne erörtert und ggf. überarbeitet. Gleichzeitig werden die Programm- und Planungsträger beteiligt und eventuelle Verfahrensprobleme diskutiert.

Abschluss

Nach Abschluss wird das ROV nicht rechtsverbindlich. Es hat dann lediglich einen gutachterlichen Charakter. Grundsätzlich kann es 3 mögliche Ausgänge geben:

- Das Projekt entspricht den Anforderungen der Raumordnung und Landesplanung. Es gibt keine Probleme bei der Umsetzung.
- Das Projekt entspricht nicht den Anforderungen der Raumordnung und Landesplanung. Als Alternative kann auf Initiative der Politik nun nur noch ein sog. Zielabweichungsverfahren angestrebt werden.
- Das Projekt entspricht mit Maßgaben den Anforderungen der Raumordnung und Landesplanung. In diesem Fall werden dem Projektträger Auflagen gestellt, z.B. Ausgleichsmaßnahmen oder Lärmschutzmaßnahmen (dies ist der Fall, der am häufigsten vorkommt).

8.4.3 Umweltverträglichkeitsprüfung

Bevor über die Zulassung besonders umweltrelevanter Projekte entschieden wird, muss überprüft werden, wie sie sich auf die einzelnen Umweltmedien einschließlich der Wechselwirkungen zwischen ihnen und auf die Umwelt als Ganzes auswirken. Bei bestimmten, raumbedeutsamen Vorhaben (siehe oben) wird im Raumordnungsverfahren hinsichtlich der Prüfung der überörtlich raumbedeutsamen Umweltauswirkungen bereits eine raumordnerische Umweltverträglichkeitsprüfung (UVP) durchgeführt. In diesem Fall besteht die Möglichkeit, sich in der UVU im ROV auf die überörtlich bedeutsamen Umweltwirkungen zu beschränken.

Häufig wird jedoch so „abgeschichtet", dass sich die ROV-UVU abschließend mit den Standortbezogenen Wirkungen befasst, die UVU im Zulassungsverfahren dann auf die Anlagenbezogenen Wirkungen konzentriert, da die Detailplanungen hierfür erst mit fortschreitendem Verfahren vorliegen. Ergänzende Untersuchungen werden dann im Rahmen der UVU für das Zulassungsverfahren durchgeführt. Auch wenn bereits eine ROV-UVU durchgeführt worden ist, kann im Zulassungsverfahren nicht auf eine eigene UVU verzichtet werden. Da dort meist die geplante Anlage wesentlich Dort sind aufbauend auf den vorliegenden Erkenntnissen detailliertere Untersuchungen üblich.

Während bei den planungsrechtlichen Maßnahmen die Umweltverträglichkeit meist nur als ein Aspekt unter vielen zur Herbeiführung geordneter Verhältnisse herangezogen wird und regelmäßig auch nur auf ein Umweltgut bezogen ist, geht es bei der Umweltverträglichkeitsprüfung um die Auswirkungen eines konkreten Vorhabens auf die Umwelt als Ganzes („integrativer Ansatz").

Ziel der Umweltverträglichkeitsprüfung ist die Abschätzung der Folgen eines geplanten Vorhabens auf die gesamte Umweltsituation am betreffenden Standort. Nach Abschluss dieses Verfahrens sollen die Umweltfolgen im Rahmen der Prüfung einer beantragten Genehmigung im ermittelten Umfang gewürdigt und eine entsprechende rechtliche Bewertung ermöglicht werden können. Dazu sind Abwägungsentscheidungen oder Ermessensspielräume bei der Interpretation von Zielvorgaben („keine schädlichen Umweltwirkungen"; „keine erheblichen Eingriffe") notwendig [8.5].

Erforderlichkeit

Erforderlich ist eine Umweltverträglichkeitsprüfung nur bei solchen Vorhaben (§3 UVPG), die in der Anlage zum Gesetz genannt sind. Ab einer definierten Mindestgröße trifft dies jedoch für alle Anlagen der Ver- und Entsorgung zu. Sofern Fachrecht gleichlautende oder weitergehende Anforderungen enthält, bedarf es keiner UVP nach UVPG (Grundsatz der Subsidarität).

Verfahren

Wichtigstes Charakteristikum der UVP ist es, dass sie nicht in einem eigenständigen Verfahren durchgeführt wird, sondern „unselbständiger Teil des verwaltungsbehördlichen Verfahrens" ist, in dem die Zulässigkeit des betreffenden Vorhabens allgemein beurteilt wird. Dies kann wie im Fall eines Kraftwerkes das immissionsschutzrechtliche Verfahren oder wie bei einer Hochspannungsleitung das Planfeststellungsverfahren sein.

Es gibt somit keine allgemein zuständige Stelle für die Durchführung der UVP. Zuständig ist jeweils diejenige Behörde, welche über die öffentlich-rechtliche Genehmigung des fraglichen Vorhabens zu entscheiden hat. In der Regel ist dies diejenige Behörde, die für die Hauptwirkungen der Anlage oder aufgrund eines besonderen Fachrechts zuständig ist (z.B. Wasserbehörde; Bergbehörde). Eine einheitliche Aussage ist hier auch deshalb nicht möglich, weil die Zuständigkeiten in den einzelnen Bundesländern sehr unterschiedlich geregelt sind.

- Unterrichtung der zuständigen Behörde über das geplante Vorhaben durch den Vorhabenträger
- Screening
- Durchführung des Scoping-Verfahrens

- Ermittlung und Beschreibung
- Beteiligung anderer Behörden (TÖBS), deren Aufgabenbereich berührt wird (geben eine Stellungnahme ab)
- Einbeziehung der Öffentlichkeit
- Zusammenstellung der Umweltauswirkungen
- Bewertung der Umweltauswirkungen
- Berücksichtigung des Ergebnisses bei der Entscheidung

Begriffe

Wie eingangs erwähnt, existierte vor Inkrafttreten des UVP-Gesetzes eine Begriffsvielfalt. Das Gesetz hat aber nur in Teilen Klarheit geschaffen. Hier sind die folgenden Begriffsdefinitionen zum Verständnis wichtig:

Umweltverträglichkeitsprüfung (UVP): die rechtlich normierte Bezeichnung für den gesamten unselbstständigen Teil von Zulassungsverfahren, das Instrument der Umweltpolitik

Strategische Umweltprüfung (SUP): die rechtlich normierte Bezeichnung für den gesamten unselbstständigen Teil von Planungsverfahren, das Instrument der Umweltpolitik

Umweltprüfung (UP): die rechtlich normierte Bezeichnung für den Teil von Bauleitplanungsverfahren, der verschiedene Instrumente der Umweltpolitik integriert

Umweltbericht (UB): Dokument, das die Umweltauswirkungen von Plänen, auch von Bauleitplänen; beschreibt und bewertet

Umweltverträglichkeitsstudie (UVS): fachlich eingeführter Begriff für die nach § 6 UVPG vom Vorhabenträger beizubringenden Unterlagen

Umweltverträglichkeitsuntersuchungen (UVU): die hierfür durchzuführenden Einzel-Erhebungen

Vorhaben: Projekt, für das die UVP durchgeführt werden soll (Hochspannungsfreileitung, Kläranlage, Kohlekraftwerk usw.)

Vorhabenträger: Antragsteller, Projektbauherr, Investor

Vorhabentyp: Klasse von Projekten, für die eine UVP gemacht werden muss (z. B. Industrieanlagen, Kläranlagen, Schnellstraßen), sind in Anlage 1 des UVPG aufgelistet

Von besonderer Bedeutung für das Verfahren sind die Begriffe *Screening* und *Scoping*:

Beim *Screening* soll festgestellt werden, ob überhaupt erhebliche Beeinträchtigungen der Schutzgüter zu erwarten sind. Ist dies nicht der Fall, kann auf eine UVP ganz verzichtet werden. Projekte, bei denen dies zutreffen kann, sind z. B. Gewässerrenaturierungen, Verlängerungen von Straßenbahnen um eine oder zwei Haltestellen. Ergibt die Umwelterheblichkeitsprüfung, dass Auswirkungen nicht ausgeschlossen werden können, wird eine förmliche UVP in Gang gesetzt.

Die Regelungen des UVPG zum *Scoping* sind nur sehr informell und legen nur strikt fest, dass der Vorhabenträger über den voraussichtlichen Untersuchungsrahmen zu unterrichten ist, sofern er dieses begehrt. Der Vorhabenträger kann auf die Einleitung der Unterrichtung verzichten und sofort Anträge stellen und Projektunterlagen einreichen. Dennoch kann eine Besprechung mit ihm erforderlich werden, und er hat damit zu rechnen, weitere Unterlagen beibringen zu müssen. Von daher wird jeder Vorhabenträger gut beraten sein, frühzeitig Mitteilung über das Vorhaben zu machen und keine zu detaillierte Untersuchung abzuliefern, die sich womöglich als unnötig herausstellt [8.6].

8.4.4 Natura 2000 und FFH-Verträglichkeit

Zu den bekannten Schutzgebietskategorien (z. B. Nationalpark, Naturschutzgebiet, Landschaftsschutzgebiet) wurde in den Mitgliedstaaten der Europäischen Union eine neue Schutzkonzeption hinzugefügt. Diese basiert auf der so genannten Vogelschutzrichtlinie sowie auf der so genannten Fauna-Flora-Habitat-Richtlinie („FFH-Richtlinie"). Diese Richtlinien bilden gemeinsam die rechtliche Grundlage für ein europäisches Schutzgebietssystem „NATURA 2000", mit dem die Mitgliedstaaten zur Erhaltung der biologischen Vielfalt in Europa beitragen wollen.

Ziel der Vogelschutzrichtlinie ist der langfristige Schutz und die Erhaltung aller wildlebenden Vögel und ihrer Lebensräume in Europa. Für ausgewählte Vogelarten, die aufgrund ihres geringen Bestandes bzw. ihrer begrenzten Verbreitung bedroht sind, haben sich die Mitgliedstaaten verpflichtet, die am besten geeigneten Gebiete als besondere Schutzgebiete auszuweisen. Auch die Brut-, Mauser-, Überwinterungs- und Rastgebiete der Zugvogelarten bei der Wanderung zählen dazu.

Ziel der Fauna-Flora-Habitat-Richtlinie (Fauna = Tierwelt, Flora = Pflanzenwelt, Habitat = Lebensraum) ist es, die Erhaltung der biologischen Vielfalt zu fördern. Hierzu soll ein Netz besonderer Schutzgebiete mit der Bezeichnung NATURA 2000 aufgebaut und Bereiche mit seltenen oder gefährdeten Lebensraumtypen, Tier- und Pflanzenarten erhalten werden. Dahinter steht die Erkenntnis, dass viele Arten nicht nur von einem intakten Lebensraum abhängig sind, sondern für ihr langfristiges Überleben auf einen Lebensraumverbund und Austausch angewiesen sind. Darüber hinaus soll die Auswahl der zu schützenden Arten und Lebensraumtypen typische Merkmale der verschiedenen biogeographischen Regionen in Europa berücksichtigen.

Aus den Richtlinien ergeben sich Auswirkungen auf die zukünftige Entwicklung des Raums und seiner Nutzungen. Daher sind die Abgrenzungen und die Beschreibungen zu den NATURA 2000-Gebieten in den jeweiligen Bundesländern im Internet abrufbar (Linkkatalog z.B. über www.nabu.de).

Das Verschlechterungsverbot bedeutet, dass in einem NATURA-2000-Gebiet „alle Vorhaben, Maßnahmen, Veränderungen oder Störungen, die zu erheblichen Beeinträchtigungen des Gebietes in seinen für die Erhaltungsziele maßgeblichen Bestandteilen führen können, unzulässig" sind (§ 33 Abs. 5 BNatSchG). Insgesamt ergibt sich aus dem Verschlechterungsverbot die Verpflichtung zu einer nachhaltigen Entwicklung des NATURA-2000-Gebietes, die eine natur- und landschaftsverträgliche Steuerung aller Nutzungen mit einschließt. Sie bedeutet nicht eine automatische Beschränkung der bisherigen Nutzung. Für Pläne und Projekte, die zu einer möglichen Beeinträchtigung führen können, ist eine Verträglichkeitsprüfung erforderlich.

Trotz des Zieles, die geschützten Lebensräume ohne Verschlechterungen zu erhalten, war sich auch die Europäische Gemeinschaft darüber im Klaren, dass im Einzelfall dennoch Veränderungen erforderlich werden können. Dazu gehört insbesondere der Neu- und Ausbau von Ver-

und Entsorgungssystemen gehören. Diese Entwicklungen sind durch die Richtlinie nicht völlig ausgeschlossen, sondern entsprechende Pläne und Projekte sind dann einer so genannten Verträglichkeitsprüfung zu unterziehen (§ 34 BNatSchG). Zu den prüfpflichtigen Plänen gehören zum Beispiel Regionalpläne, Flächennutzungspläne oder Bebauungspläne (§ 35 BNatSchG). Als Projekte werden unter anderem alle die Vorhaben bezeichnet, die einer behördlichen Entscheidung, Anzeige, Genehmigung, Erlaubnis oder Bewilligung bedürfen. Eine Verträglichkeitsprüfung ist dann zu erstellen, wenn im Rahmen einer Vorabschätzung erhebliche Beeinträchtigungen nicht ausgeschlossen werden können. Diese Prognose erfolgt durch die für die Genehmigung oder Planaufstellung zuständige Behörde.

Im Rahmen der Verträglichkeitsprüfung sind alle Einflüsse zu bewerten, die sich auf die spezifischen Erhaltungsziele beziehen. Weiterhin ist zu prüfen, ob es sich um erhebliche Beeinträchtigungen handelt, die das Erhaltungsziel betreffen oder die für das Gebiet erforderlichen Entwicklungs- und Optimierungsmaßnahmen unmöglich machen. Pläne und Projekte, die nicht zu erheblichen Beeinträchtigungen führen, sind zulässig. Eine FFH - Verträglichkeitsprüfung ist auch erforderlich, wenn nicht im Gebiet selbst, sondern außerhalb, in seiner Umgebung, eingegriffen wird und dies erhebliche Auswirkungen auf das Gebiet und seine Erhaltungsziele besitzt. Durch baubedingte Grundwasserabsenkungen beispielsweise könnten negative Effekte in einem angrenzenden geschützten Feuchtgebiet entstehen. Die Verträglichkeitsprüfung hat auch diesen „Umgebungsschutz" zu untersuchen. Dazu zählen unter anderem auch Einflüsse wie Lärm, Licht, Erschütterung oder Luftbelastungen.

Stellt die zuständige Behörde fest, dass eine Verträglichkeitsprüfung erforderlich ist, wird vom Verursacher bzw. Projektträger in der Regel bei einem Gutachter eine FFH-Verträglichkeitsstudie in Auftrag gegeben. Diese Studie beschreibt das Projekt sowie seine möglichen Folgen in Text und Karten.

Auf der Grundlage der FFH-Verträglichkeitsstudie führt anschließend die zuständige Behörde die Verträglichkeitsprüfung durch. Kommt die Verträglichkeitsprüfung zu dem Ergebnis, dass erhebliche Beeinträchtigungen zu erwarten sind, ist das Vorhaben zunächst unzulässig. Es kann nur dann dennoch zugelassen und durchgeführt werden,

- wenn es keine zumutbaren Alternativen mit geringeren Beeinträchtigungen an anderer Stelle gibt und
- wenn gleichzeitig das Vorhaben aus zwingenden Gründen des überwiegenden öffentlichen Interesses – einschließlich solcher sozialer und/oder wirtschaftlicher Art – notwendig ist (§ 34 Abs. 3 BNatSchG).

In diesem Fall sind spezielle Ausgleichsmaßnahmen erforderlich, die den Schutzzweck von NATURA 2000 insgesamt sichern und die „Lücke" im europaweiten Netz schließen. Bei Gebieten mit besonders gefährdeten (d. h. prioritären) Lebensräumen und Arten ist in bestimmten Fällen vor der Zulassung die Europäische Kommission zu beteiligen [8.7].

8.5 Ver- und Entsorgungssysteme in der Bauleitplanung

Die örtliche raumbezogene Planung erfolgt durch die so genannte Bauleitplanung der Gemeinden, deren Grundsätze im Baugesetzbuch (BauGB) geregelt sind. Mit der Bauleitplanung wird die bauliche und sonstige Nutzung der Grundstücke in einem Gemeindegebiet bzw. von Teilen eines Gemeindegebietes festgelegt. Bauleitpläne sind der Flächennutzungsplan und er Bebauungsplan.

Flächennutzungsplan

Der *Flächennutzungsplan* stellt als vorbereitender Bauleitplan nur die Grundzüge der Bodennutzung dar; er hat für den Bürger oder den Investor grundsätzlich keine unmittelbaren Wirkungen. Der Inhalt des FNP ist in § 5 BauGB näher geregelt.

Die Erstellung eines Flächennutzungsplans läuft in folgenden Schritten ab:

1. Beschaffung von Planunterlagen (Maßstab ca.1:20.000): Topographische und naturräumliche Gegebenheiten; Lage der Gemeinde in der Region.
2. Bestandsaufnahme: Lage und Nutzung der vorhandenen Baugebiete, Art der Bebauung, Verkehrserschließung, Infrastrukturausstattung, Besonderheiten und Probleme.
3. Formulierung von Zielvorstellungen.
4. Prognose der künftigen Entwicklung: Bevölkerung, Wirtschaft, Infrastruktur.
5. Vorschlag für Änderungen im Bestand der Flächennutzung.
6. Berechnung der Größe und Bestimmung der Verteilung neuer Baugebiete einschließlich der erforderlichen sozialen Infrastruktur .
7. Bestimmung von Größe und Verlauf der erforderlichen technischen Infrastruktur (Verkehrserschließung, Ver- und Entsorgung).
8. Aufstellung eines Flächennutzungsplan-Entwurfs mit Erläuterungsbericht; Diskussion des Entwurfs mit der Bevölkerung.
9. Aufstellung des endgültigen Flächennutzungsplans und Abwicklung des Genehmigungsverfahrens.

Die notwendigen Ver- und Entsorgungssysteme werden somit bereits in der Phase der Flächennutzungsplanung entworfen und vordimensioniert. Dies betrifft insbesondere die Auslegung der Ver- bzw. Entsorgungsnetze und die erforderlichen Standorte. Liegen die Standorte zur „Umwandlung" (Erzeugung, Behandlung) nicht unmittelbar in dem Plangebiet, so werden in dieser Phase zumindest die Anschlusspunkte an das bestehende System oder die Übergabepunkte zum Transportsystem festgelegt. Auch die Entscheidung, mit welchem System künftig ver- bzw. entsorgt werden soll, wird in diesem Schritt bereits ganz wesentlich beeinflusst. Die Körnung und die Maschenweite der Netze, die Dichte des Siedlungsgebietes sowie der Verlauf der Erschließungsstraßen beeinflusst ganz wesentlich die Wirtschaftlichkeit des zukünftigen Ver- bzw. Entsorgungssystems.

Der *Bebauungsplan* setzt die zulässige Nutzung der Grundstücke verbindlich fest und bildet damit die wesentliche Grundlage für die Frage der Genehmigungsfähigkeit eines konkreten Bauvorhabens. Der Bebauungsplan ist aus dem Flächennutzungsplan zu entwickeln.

Die Erstellung eines Bebauungsplans läuft in folgenden Schritten ab:

1. Beschaffung von Planunterlagen (meist Maßstab 1:1000); ungefähre Festsetzung der Plangebietsgrenze bzw. Übertragung aus dem Flächennutzungsplan (FNP).
2. Übertragung aller Vorgaben aus dem FNP (Nutzungsart, Hauptverkehrserschließung, Infrastrukturausstattung) und deren exakte Lokalisierung.
3. Erarbeitung eines Nutzungskonzepts (Zielvorstellungen) für das Erschließungssystem sowie Größe und Verteilung unterschiedlicher Nutzungsarten und Nutzungsintensitäten
4. Erarbeitung eines Gestaltungskonzepts (mögliche Bebauung des Plangebiets) einschließlich Vorschlägen für die Grundstücksgrenzen.
5. Trassierung aller Verkehrswege und Festsetzung der Straßenbegrenzungslinie.
6. Festsetzung von Art (WR, WA, MI...) und Maß der baulichen Nutzung (GRZ, GFZ, BMZ, Z, TH), der zulässigen Bauweisen (off., geschl., sonst.) und der überbaubaren Grundstücksflächen (Baulinien, Baugrenzen).
7. Sonstige Festsetzungen (Garagengrundstücke, Leitungsrechte, Pflanzgebote etc.) und Vermassung.
8. Zusammenstellung der voraussichtlichen Kosten für die Erschließung und deren Verteilung.
9. Aufstellung eines Bebauungsplan-Entwurfs (Plan mit Textteil und Begründung); Diskussion des Entwurfs mit der Bevölkerung.
10. Aufstellung des endgültigen Bebauungsplans, Abwicklung des Genehmigungsverfahrens: Beschluss des Bebauungsplans als Ortssatzung und Vorlage bei der Aufsichtsbehörde

Auch der Bebauungsplan prägt ganz wesentlich die künftigen Ver- bzw. Entsorgungssysteme vor. Dabei wirkt der Bebauungsplan mit seinem wesentlich größeren Konkretisierungsgrad insbesondere auf das Verteilungssystem von Strom, Wärme und Wasser sowie auf das Sammelsystem für Abwasser ein. Das Sammelsystem für die verschiedenen Abfallarten sowie die Nachrichtenversorgung werden hierdurch kaum beeinflusst.

Durch die Festsetzung der Art und des Maßes der baulichen Nutzung kann mit Hilfe des Bebauungsplanes in gewissem Umfang und zeitlich beschränkt auch auf den Bedarf im Bereich der Versorgungssysteme und auf den Anfall im Bereich der Entsorgungssysteme eingewirkt werden.

Die Verfügbarkeit von Freiflächen entscheidet in Verbindung mit der Dichte des Baugebietes jedoch auch darüber, ob innerhalb der Siedlungsfläche regenerative Energieträger zum Einsatz kommen können (Flächen für Solarkollektoren) oder ob eine Regenwasserbewirtschaftung (Versickerung, Verdunstung, Rückhaltung) zum Einsatz kommen kann.

Eine wichtige Rolle bei der Erschließung der Baugebiete spielt der öffentliche Straßenraum. Er nimmt im Wesentlichen die Ver- und Entsorgungssysteme auf, auch wenn prinzipiell eine Leitungsführung in den Freiflächen möglich ist, wenn entsprechende eigentumsrechtliche Regelungen getroffen werden (Grunddienstbarkeiten). Bild 8-7 zeigt zusammenfassend, wie die Ver- und Entsorgungssysteme schließlich im Straßenraum gebündelt werden können.

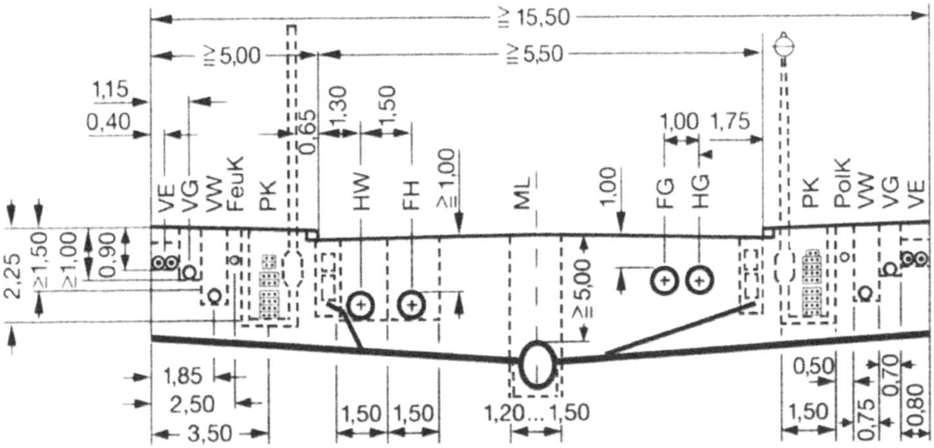

VE	Versorgungsleitung Elektrizität	HW	Hauptleitung Wasser	PK	Postkabel
VG	Versorgungsleitung Gas	FH	Fernheizung	PolK	Polizeikabel
VW	Versorgungsleitung Wasser	ML	Abwasserleitung Mischkanalisation	VW	Versorgungsleitung Wasser
FeuK	Feuerwehrkabel	FG	Fernleitung Gas	VG	Versorgungsleitung Gas
PK	Postkabel	HG	Hauptleitung Gas	VE	Versorgungsleitung Elektrizität

Bild 8-7 Leitungen im öffentlichen Straßenraum [8.9]

Bepflanzung im Bereich der Leitungen und Kabel

Das Bepflanzen einer Trasse mit tiefwurzelnden Bäumen und Sträuchern ist nur mit einem lichten Abstand von mindestens 2,50 m zwischen dem Stamm und der Versorgungsleitung gestattet. Bei Unterschreitungen können Sicherungsmaßnahmen notwendig werden. Wurzelschutz aus Folie ist nicht zulässig.

Das Überpflanzen von vorhandenen Versorgungsleitungen ist nicht gestattet. Besondere Hinweise für Gas- und Wasserleitungen bietet das DVGW-Arbeitsblatt GW 125 und RAS-LP 4.

Das Merkblatt über Baumstandorte und unterirdische Ver- und Entsorgungsanlagen, Ausgabe 1989, der Forschungsanstalt für das Straßen- und Verkehrswesen, Arbeitsausschuss „Kommunaler Straßenbau", ist zu berücksichtigen. Bei Überwachungs-, Wartungs- oder Reparaturarbeiten an einer Versorgungsleitung und/oder einem Fernmelde- und Messkabel kann auf etwaige vorhandene Anpflanzungen und Anlagen im Schutzstreifenbereich bzw. unmittelbar über der Leitung keine Rücksicht genommen werden.

8.6 Literatur zu Systemkoordination im Raum

8.1 Tietz, Hans-Peter (1984): Erschließungs- und Standortplanung für die Fernwärmeversorgung, Schriftenreihe des Instituts für Städtebau und Landesplanung, Universität Karlsruhe

8.2 Regionaler Planungsverband Oberpfalz-Nord -6 (2002): Regionalplan Planungsverband Oberpfalz Nord, Neustadt a.d. Waldnaab

8.3 Amt der Salzburger Landesregierung (2001): Salzburger Klärschlammkonzept 2001

8.4 Höhnberg, Ulrich (2005). Raumordnungsverfahren. In: Handwörterbuch der Raumordnung. Akademie für Raumforschung und Landesplanung – ARL. Hannover S. 884 - 891

8.5 Oberrath, Jörg-Dieter; Hahn, Oliver (2000): Kompendium Umweltrecht. Boorberg, Stuttgart

8.6 Jessel, Beate; Tobias, Kai (2002): Ökologisch orientierte Planung. Ulmer, Stuttgart

8.7 Ssymank, Axel; Hauke, Ulf; Rückriem, Christoph; Schröder, E. unter Mitarbeit von D. Messer (1998): *Das europäische Schutzgebietssystem Natura 2000.* BfN-Handbuch zur Umsetzung der Fauna-Flora-Habitat-Richtlinie und der Vogelschutz-Richtlinie. Schriftenreihe für Landschaftspflege und Naturschutz Bd. 53

8.8 Loske, Reinhard; Schäfer, Roland (2005): Die Zukunft der Infrastrukturen. Intelligente Netzwerke für eine nachhaltige Entwicklung. Metropolis, Marburg

8.9 Korda (2005): Städtebau. Teubner, Wiesbaden

Standardwerke:

Korda, Martin (2005): Städtebau. Teubner, Wiesbaden

Braam, Werner (1999): Stadtplanung - Aufgabenbereiche, Planungsmethodik, Rechtsgrundlagen. Werner, Düsseldorf

Verbände o.ä.:

Deutsches Institut für Urbanistik (Difu), Berlin: www.difu.de

Abkürzungen

AbfKlärV	Klärschlammverordnung
AbwAG	Abwasserabgabengesetz
AbwG	Abwassergesetz
AbwV	Abwasserverordnung
ADSL	Asymetric Digital Suscriber Line
AFeN	Analoges Fernsprechnetz
BauNVO	Baunutzungsverordnung
BGW	Bundesverband der Gas- und Wasserwirtschaft
BHKW	Blockheizkraftwerk
BImSchG	Bundesimmissionsschutzgesetz
BImSchV	Bundeimmissionsschutzverordnung
BK	Breitbandkabel
BNA	Bundesnetzagentur
BSB	Biochemischer Sauerstoffbedarf
CSB	Chemischer Sauerstoffbedarf
DN	Nennweite
DSD	Duales System Deutschland
DVGW	Deutscher Vereinigung des Gas- und Wasserfaches
DWA	Deutscher Vereinigung für Wasserwirtschaft, Abwasser und Abfall
DZ	Druckzone
ECE	Economic Commission for Europe
EEG	Erneuerbare-Energien-Gesetz
EGW	Einwohnergleichwert
EMVU	Elektromagnetische Umweltverträglichkeit
EN	Richtlinie
ENEG	Energieeinsparungsgesetz
ENEV	Energieeinsparverordnung
EnWG	Energiewirtschaftsgesetz
EW	Einwohnerwert
FFH	Fauna-Flora-Habitat
FVST	Fernvermittlungsstelle
GFAVA	Großfeuerungsanlagen- und Gasturbinenanlagen
GFZ	Geschossflächenzahl
GSM	Global System for Mobile Communication
HGÜ	Hochspannungsgleichstromübertragung
Hu	Unterer Heizwert
IEA	International Energy Agency
IfSG	Infektionsschutzgesetz
ISDN	Integrated Services Digital Networks

IVU	Integrierte Vermeidung und Verminderung von Umweltverschmutzungen
KAV	Konzessionsabgabenverordnung
KrW-/AbfG	Kreislaufwirtschafts- und Abfallgesetz
KWK	Kraft-Wärme-Kopplung
LAGA	Länderarbeitsgemeinschaft Abfall
LAN	Local Areal Network
LBP	Landschaftspflegerischer Begleitplan
LWG	Landeswassergesetz
MHKW	Müllheizkraftwerk
MHW	Müllheizwerk
MKW	Müllkraftwerk
MTVO	Mineral- und Tafelwasserverordnung
MVA	Müllverbrennungsanlage
NE	Netzebene
OVST	Ortsvermittlungsstelle
PCL	Powerline Communication
PE	Polyethylen
PN	Nenndruckstufe
REA	Rauchgasentschwefelungsanlage
RegTP	Regulierungsbehörde für Post und Telekommunikation
ROV	Raumordnungsverfahren
SUP	Strategische Umweltprüfung
TA	Technische Anleitung
TEHG	Treibhausgas-Emissionshandelsgesetz
TGA	technische Geräteausstattung
TGK	Telekommunikationsgesetz
TÖB	Träger öffentlicher Belange
UCTE	Union for the Coordination of Transmission of Electricity
UMTS	Universal Mobile Telecommunication System
ÜNB	Übertragungsnetzbetreiber
UVP	Umweltverträglichkeitsprüfung
UVPG	Umweltverträglichkeitsprüfungsgesetz
UVS	Umweltverträglichkeitsstudie
VDE	Verband Deutscher Elektroingenieure
VNB	Verteilungsnetzbetreiber
VPE	Vernetztes Poly-Ethylen
WEA	Windenergieanlage
WHG	Wasserhaushaltsgesetz
WRR	Wasserrahmenrichtlinie
WSVO	Wärmeschutzverordnung
WVU	Wasserversorgungsunternehmen

Verzeichnis der Bilder

Verzeichnis der Tabellen

Sachwortverzeichnis

R

S

T

U

V

W

GPSR Compliance

The European Union's (EU) General Product Safety Regulation (GPSR) is a set of rules that requires consumer products to be safe and our obligations to ensure this.

If you have any concerns about our products, you can contact us on ProductSafety@springernature.com

In case Publisher is established outside the EU, the EU authorized representative is:

Springer Nature Customer Service Center GmbH
Europaplatz 3
69115 Heidelberg, Germany

Batch number: 10816188

Printed by Printforce, the Netherlands